普通高等教育电气工程与自动化类“十三五”规划教材

机器人引论

第2版

张 涛 主编
张 涛 陈学东 罗 欣 杨 丽 编著

机械工业出版社

本书是在第1版的基础上修订而成的。全面介绍了机器人的基本概念、主要技术及其应用，可使读者了解当前机器人技术的最新成果，同时了解这一领域的未来发展方向。另外，本书主要特色之一是通过介绍多种典型机器人，帮助读者对这一领域有更加实际和深入的了解。

通过阅读本书，读者可以掌握机器人领域的必要知识，学会如何设计和研制机器人，特别是建立机器人数学模型以及设计机器人控制系统。通过学习各种典型机器人，不仅能够理解机器人的设计思想和方法，同时为独立设计和运用机器人提供了很好的范例和借鉴。因此，本书具有很强的基础性、先进性和实用性。

本书可作为普通高等院校电类本科生和研究生专业基础课的课程教材，也可供其他大专院校的学生及从事机器人研制、开发及应用的技术人员学习参考。

图书在版编目（CIP）数据

机器人引论/张涛主编．—2版．—北京：机械工业出版社，2016.11（2022.6重印）

普通高等教育电气工程与自动化类“十三五”规划教材

ISBN 978-7-111-55177-5

Ⅰ．①机…　Ⅱ．①张…　Ⅲ．①机器人技术—高等学校—教材　Ⅳ．①TP24

中国版本图书馆CIP数据核字（2016）第248085号

机械工业出版社（北京市百万庄大街22号　邮政编码100037）

策划编辑：于苏华　责任编辑：于苏华　路乙达

责任校对：刘志文　封面设计：马精明

责任印制：郜　敏

北京盛通商印快线网络科技有限公司印刷

2022年6月第2版第4次印刷

184mm×260mm·23.75印张·577千字

标准书号：ISBN 978-7-111-55177-5

定价：59.80元

电话服务　　网络服务

客服电话：010-88361066　机　工　官　网：www.cmpbook.com

　　　　　010-88379833　机　工　官　博：weibo.com/cmp1952

　　　　　010-68326294　金　　书　　网：www.golden-book.com

　机工教育服务网：www.cmpedu.com

全国高等学校电气工程与自动化系列教材
编 审 委 员 会

序

随着科学技术的不断进步，电气工程与自动化技术正以令人瞩目的发展速度，改变着我国工业的整体面貌。同时，对社会的生产方式、人们的生活方式和思想观念也产生了重大的影响，并在现代化建设中发挥着越来越重要的作用。随着与信息科学、计算机科学和能源科学等相关学科的交叉融合，它正在向智能化、网络化和集成化的方向发展。

教育是培养人才和增强民族创新能力的基础，高等学校作为国家培养人才的主要基地，肩负着教书育人的神圣使命。在实际教学中，根据社会需求，构建具有时代特征、反映最新科技成果的知识体系是每个教育工作者义不容辞的光荣任务。

教书育人，教材先行。机械工业出版社几十年来出版了大量的电气工程与自动化类教材，有些教材十几年、几十年长盛不衰，有着很好的基础。为了适应我国目前高等学校电气工程与自动化类专业人才培养的需要，配合各高等学校的教学改革进程，满足不同类型、不同层次的学校在课程设置上的需求，由中国机械工业教育协会电气工程及自动化学科教学委员会、中国电工技术学会高校工业自动化教育专业委员会、机械工业出版社共同发起成立了“全国高等学校电气工程与自动化系列教材编审委员会”，组织出版新的电气工程与自动化类系列教材。这类教材基于**“加强基础，削枝强干，循序渐进，力求创新”**的原则，通过对传统课程内容的整合、交融和改革，以不同的模块组合来满足各类学校特色办学的需要。并力求做到：

1. 适用性：结合电气工程与自动化类专业的培养目标、专业定位，按技术基础课、专业基础课、专业课和教学实践等环节，进行选材组稿。对有的具有特色的教材采取一纲多本的方法。注重课程之间的交叉与衔接，在满足系统性的前提下，尽量减少内容上的重复。

2. 示范性：力求教材中展现的教学理念、知识体系、知识点和实施方案在本领域中具有广泛的辐射性和示范性，代表并引导教学发展的趋势和方向。

3. 创新性：在教材编写中强调与时俱进，对原有的知识体系进行实质性的改革和发展，鼓励教材涵盖新体系、新内容、新技术，注重教学理论创新和实践创新，以适应新形势下的教学规律。

4. 权威性：本系列教材的编委由长期工作在教学第一线的知名教授和学者组成。他们知识渊博，经验丰富。组稿过程严谨细致，对书目确定、主编征集、资料申报和专家评审等都有明确的规范和要求，为确保教材的高质量提供了有力保障。

此套教材的顺利出版，先后得到全国数十所高校相关领导的大力支持和广大骨干教师的积极参与，在此谨表示衷心的感谢，并欢迎广大师生提出宝贵的意见和建议。

此套教材的出版如能在转变教学思想、推动教学改革、更新专业知识体系、创造适应学生个性和多样化发展的学习环境、培养学生的创新能力等方面收到成效，我们将会感到莫大的欣慰。

全国高等学校电气工程与自动化系列教材编审委员会

前　言

本书是在第1版的基础上修订而成的。《机器人引论》第1版自2010年出版以来，受到了广大读者的关注，并于2012年进行了第二次印刷。

机器人是当前科技领域发展的重要方向之一，受到科技界和企业界的广泛重视。特别是近五年来，互联网+、大数据和以深度学习为代表的人工智能技术等推动机器人技术有了进一步发展，人们已经开始预测，机器人或许将成为下一代工业革命的引领者。“机器换人”等现象的不断涌现，表明机器人将推动现有产业升级换代，甚至产生新业态。

在这几年的机器人技术的发展过程中，人工智能技术发挥的作用最大，机器人智能控制也自然是机器人技术中发展最快的技术之一。目前，机器人领域最成功、影响最大的产品多来自家用机器人和空中机器人（无人机），如iRobot扫地机器人、Google无人车、大疆无人机等。这些产品有的已广泛进入人们的生活，有的将在近几年内市场化。因此，面对上述变化，有必要将这些内容加入到本书中，使读者对机器人有更全面的了解，对当前机器人发展有更清晰的认识。

目前，许多高等院校已在或即将在本科阶段设立机器人专业，为此要开设许多与机器人技术相关的课程，因此，本书的修订将会有助于推动机器人领域的教学和人才培养。通过对本书的学习，学生不仅可以对机器人的基础知识有一定的了解，同时还可以接触到机器人领域的最新成果，扩展对机器人技术了解的范围。本书兼顾了对机器人技术教学的基础性和先进性，学生不需要学习有关机器人教学的前期课程。

相对于第1版，本书主要对以下几点内容进行了修订：

1）将第1版第4章机器人控制中智能控制部分作为本书第5章，详细介绍了机器人智能控制，包括：机器人智能控制的基本特点、主要方法和主要应用。

2）本书增加了家用机器人作为第11章，其中主要介绍了家用机器人的定义与发展历程、特点与发展趋势、关键技术与研究课题及其主要应用。

3）本书增加了空中机器人作为第12章，其中主要介绍了空中机器人（无人机）的有关知识，包括其发展历程、分类、应用以及研究热点。

全书分为2部分，共15章。第1部分介绍机器人基础知识，包括5章，分别是绪论、机器人运动学、机器人动力学、机器人控制和机器人智能控制；第2部分介绍典型机器人，包括10章，分别是工业机器人、移动机器人、拟人机器人、仿生机器人、医用机器人、家用机器人、空中机器人、空间机器人、多机器人系统和未来机器人。张涛教授编写了第1、4、5、7、9、11~15章，陈学东教授和罗欣博士编写了第2、3章，杨丽博士编写了第6、8、10章。这里要特别感谢梁荣健、王铎和牟方厉三位研究生的大力帮助。

本书配有电子课件，可供读者学习或教师教学使用。

由于机器人技术发展很快，尽管作者尽力在本书中包含了许多新的内容，但仍然会遗漏许多新的思想、方法和不断涌现的系统。由于作者水平有限，书中不足之处在所难免，敬请读者批评指正。

作　者

目　录

序

前　言

第1部分　机器人基础

第2部分 典型机器人

第1部分

机器人基础

第1章 绪　　论

本章首先介绍机器人和机器人学的定义及其发展历史，然后进一步介绍机器人的基本结构、分类和应用，最后简要地介绍机器人学的研究内容与国内外研究现状。通过本章的介绍，使读者对机器人和机器人学有初步的了解。

1.1　机器人简介

机器人是人类根据想象制作出的一种机器，以代替人来完成各种各样的工作，体现了人类长期以来的一种愿望。从最初人类对机器人的简单想象到现在，人类已经能够制作出外貌近似于人类、初步具有一定智能的机器人。机器人已经具有了质的飞跃。随着近几十年机器人研究的飞速发展，科幻小说中所描写的各种活生生的机器人将出现在人们眼前。像动物世界里的动物一样，机器人也将真正地与人类共生。

1.1.1　机器人的由来

机器人的概念早在几千年前的人类想象中就已诞生。我国西周时期，能工巧匠偃师就研制出了能歌善舞的伶人，这是我国最早记载的具有机器人概念的文字。据《墨经》的记载，春秋后期，我国著名的木匠鲁班曾制造过一只木鸟，能在空中飞行“三日而不下”。东汉时代的著名科学家张衡发明了地动仪、计里鼓车以及指南车，都是具有机器人构想的装置，可算是世界上最早的机器人雏形，如图1-1所示。

有关机器人的发明，包括中国在内的世界上许多国家的历史上都曾出现。1662年，日本的竹田近江利用钟表技术发明了自动机器玩偶，并在大阪道顿崛演出。1738年，法国天才技师杰克·戴·瓦克逊发明了一只机器鸭。1768～1774年，瑞士钟表匠德罗斯父子三人合作制造出三个像真人一样大小的机器人：写字偶人、绘图偶人和弹风琴偶人。1893年，加拿大莫尔设计出能行走的机器人安德罗丁。

a)

b)

图1-1　张衡发明的地动仪和指南车
a）地动仪　b）指南车

“机器人”一词最早出现于1920年捷克剧作家卡雷尔·凯培克（Karel Kapek）的一部幻想剧《罗萨姆的万能机器人》（《Rossums Universal Robots》）中，“Robot”是由斯洛伐克语“Robota”衍生而来的。1950年，美国科幻小说家加斯卡·阿西莫夫（Jassc Asimov）在他的小说《我是机器人》中，提出了著名的“机器人三守则”，即：

1）机器人不能危害人类，不能眼看人类受害而袖手旁观。

2）机器人必须服从于人类，除非这种服从有害于人类。

3）机器人应该能够保护自身不受伤害，除非为了保护人类或者人类命令它做出牺牲。

这三条守则给机器人赋以伦理观。至今，机器人研究者都以这三个原则作为开发机器人的准则。

世界上第一台机器人于1954年诞生于美国，乔治·戴沃尔（George Devol）设想了一种可控制的机械手，并设计制作出世界上第一台机器人实验装置。1962年，美国万能自动化公司（Unimation）制作出Unimate机器人。它是世界上第一代工业机器人，并在美国通用汽车公司（GM）投入使用。从此，机器人出现在人们的生活中。

1.1.2 机器人的定义

目前，虽然机器人已被广泛应用，但世界上对机器人还没有一个统一、严格、准确的定义，不同国家、不同研究领域给出的定义不尽相同。尽管定义的基本原则大体一致，但仍然有较大区别。国际上主要有以下几种：

1）**美国机器人协会**（RIA）**的定义**：机器人是"一种用于移动各种材料、零件、工具或专用装置的，通过可编程的动作来执行各种任务的具有编程能力的多功能机械手"。这个定义叙述具体，更适用于对工业机器人的定义。

2）**美国国家标准局**（NBS）**的定义**：机器人是"一种能够进行编程并在自动控制下执行某些操作和移动作业任务的机械装置"。这也是一种比较广义的工业机器人的定义。

3）**日本工业机器人协会**（JIRA）**的定义**：它将机器人的定义分成两类。工业机器人是"一种能够执行与人体上肢（手和臂）类似动作的多功能机器"；智能机器人是"一种具有感觉和识别能力，并能控制自身行为的机器"。

4）**英国简明牛津字典的定义**：机器人是"貌似人的自动机，具有智力的和顺从于人但不具有人格的机器"。这是一种对理想机器人的描述，到目前为止，尚未有与人类在智能上相似的机器人。

5）**国际标准化组织**（ISO）**的定义**：它的定义较为全面和准确，其定义涵盖如下内容：①机器人的动作机构具有类似于人或其他生物体某些器官（肢体、感官等）的功能；②机器人具有通用性，工作种类多样，动作程序灵活易变；③机器人具有不同程度的智能性，如记忆、感知、推理、决策、学习等；④机器人具有独立性，完整的机器人系统在工作中可以不依赖于人。

总之，随着机器人的进化和机器人智能的发展，机器人的定义将会进一步地修改，进一步地明确和统一。

1.1.3 机器人学的研究领域

机器人学（Robotics）是机器人技术经历数十年的发展形成的一门新的综合性交叉学科。它包括基础研究与应用研究两方面的内容，其主要研究领域包括：机械手设计、机器人运动学和动力学、机器人轨迹规划、机器人驱动技术、机器人传感器、机器人视觉、机器人控制、机器人本体结构、机器人智能等。

机器人学的研究领域所涉及的学科范围有力学、拓扑学、机械学、电子与微电子学、控制论、计算机、生物学、人工智能、系统工程等。这些学科的交叉和融合使机器人技术得以迅速发展。随着机器人技术不断向新的领域拓展，其研究领域将会更加宽阔。

1.2 机器人的发展历史

由于机器人学是在机器人技术发展基础之上逐步形成的，因此，机器人的发展历史要长于机器人学的发展历史。与此同时，机器人与机器人学的发展又是相互促进、共同进步的。

随着第一台机器人在美国的诞生，机器人的发展历程就进入了它的第一阶段，即工业机器人时代。它的几个标志性事件如下：

1954 年 George Devol 开发出第一台可编程机器人。

1955 年 Denavit 与 Hartenberg 提出齐次变换矩阵。

1961 年 George Devol 的“可编程货物运送”获得美国专利，专利号为 2988237，该专利技术是 Unimate 机器人的基础。

1962 年 Unimation 公司成立，出现了最早的工业机器人，GM 公司安装了第一台 Unimation 公司的机器人。

1967 年 Unimation 公司推出 Mark II 机器人，第一台喷涂用机器人出口到日本。

1968 年 第一台智能机器人 Shakey 在斯坦福机器人研究所（SRI）诞生。

1972 年 IBM 公司开发出内部使用的直角坐标机器人，并最终开发出 IBM7565 型商用机器人。

1973 年 Cincinnati Milacron 公司推出 T3 型机器人在工业应用中广受欢迎。

1978 年 第一台 PUMA 机器人由 Unimation 装运到 GM 公司。

1982 年 GM 和日本的 Fanuc 公司签订制造 GM Fanuc 机器人的协议。Westinghouse 兼并 Unimation，随后又将它卖给了瑞士的 Staubli 公司。

1984 年 机器人学无论是在工业生产还是在学术上，都是一门广受欢迎的学科，机器人学开始列入教学计划。

1990 年 Cincinnati Milacron 公司被瑞士 ABB 公司兼并。许多小型的机器人制造公司也从市场上销声匿迹，只有少数主要生产工业机器人的大公司尚存。

随着工业机器人的发展，其他类型机器人也逐步涌现出来。随着计算机技术和人工智能技术的飞速发展，使机器人在功能和技术层次上有了很大的提高，移动机器人和机器人的视觉和触觉等技术就是典型的代表。这些技术的发展推动了机器人概念的延伸。20 世纪 80 年代，将具有感觉、思考、决策和动作能力的系统称为智能机器人。这是一个概括的、含义广泛的概念。这一概念不但指导了机器人技术的研究和应用，而且也赋予了机器人技术向深广发展的巨大空间，水下机器人、空间机器人、空中机器人、地面机器人、微小型机器人等各种用途的机器人相继问世，许多梦想成为了现实。将机器人技术（如传感技术、智能技术、控制技术等）扩散和渗透到各个领域就形成了各式各样的新机器——机器人化机器。当前与信息技术的交互和融合又产生了“软件机器人”、“网络机器人”，这也说明了机器人所具有的创新活力。现代拟人机器人 ASIMO 如图1-2所示。

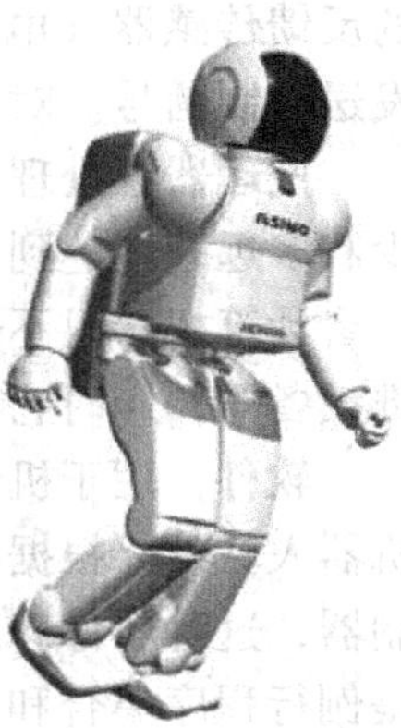

图 1-2 现代拟人机器人 ASIMO

1.3 机器人的基本结构

机器人作为一个系统，具有独特的基本结构。机器人的基本结构包括：

机械手或移动车：这是机器人的主体部分，由连杆、活动关节以及其他结构部件构成。如果没有其他部件，仅机械手本身并不能称为机器人。

末端执行器：连接在机械手最后一个关节上的部件，一般用来抓取物体，与其他机构连接并执行需要的任务。机器人制造商一般不设计或出售末端执行器。多数情况下，他们只提供一个简单的抓持器。一般来说，机器人手部都备有能连接专用末端执行器的大接口，这些末端执行器是为某种用途专门设计的。末端执行器的设计通常由公司工程师或外面的顾问来完成，这些末端执行器安装在机器人上以完成给定环境中的任务，如焊接、喷漆、涂胶以及零件装卸等少数几个可能需要机器人来完成的任务。通常，末端执行器的动作由机器人控制器直接控制，或将机器人控制器的信号传至末端执行器自身的控制装置（如用 PLC）。

驱动器：驱动器是机械手的“肌肉”。常见的驱动器有伺服电动机、步进电动机、气缸及液压缸等，也还有一些用于某些特殊场合的新型驱动器。驱动器受控制器的控制。

传感器：传感器用来收集机器人内部状态的信息或与外部通信。像人一样，机器人控制器也需要知道每个连杆的位置才能知道机器人的总体构型。人即使在完全无光的状态下，也会知道胳膊和腿在哪里，这是因为肌腱内的中枢神经系统中的神经传感器将信息反馈给了人的大脑。大脑利用这些信息来测定肌肉伸缩程度，进而确定胳膊和腿的状态。机器人也一样，集成在机器人内的传感器将每一个关节和连杆的信息发送给控制器，于是控制器就能决定机器人的构型。机器人常配有许多外部传感器，如视觉系统、触觉传感器、语言合成器等，以使机器人能与外界进行通信。

控制器：机器人控制器与人的小脑十分相似，虽然小脑的功能没有人的大脑功能强大，但它却控制着人的运动。机器人控制器从计算机获取数据，控制驱动器的动作，并与传感器反馈信息一起协调机器人的运动。假如要机器人从箱柜里取出一个零件，它的第一关节角度必须为 35°，如果第一关节尚未达到这一角度，控制器就会发出一个信号到驱动器（输送电流到电动机、输送气体到气缸或发送信号到液压缸的伺服阀）使其运动，然后通过关节上的反馈传感器（电位器或编码器等）测量关节角度的变化，当关节达到预定角度时，停止发送控制信号。对于更复杂的机器人，机器人的运动速度和力也由控制器控制。

处理器：处理器是机器人的大脑，用来计算机器人关节的运动，确定每个关节应移动多少和多远才能达到预定的速度和位置，并且监督控制器与传感器协调动作。处理器通常就是一台计算机，只不过是一种专用计算机。它也需要拥有操作系统、程序和像监视器那样的外部设备等，同时它在许多方面也具有与 PC 处理器同样的功能和局限性。

软件：用于机器人的软件大致有三块。第一块是操作系统，用来操作计算机；第二块是机器人软件，根据机器人的运动方程计算每一个关节的必要动作，然后将这些信息传送到控制器，这种软件有多种级别，即从机器语言到现代机器人使用的复杂高级语言不等；第三块是例行程序集合和应用程序，是为了使用机器人外部设备而开发的（如视觉通用程序），或者是为了执行特定任务而开发的。

1.4 机器人的分类

机器人的分类方式很多，并已有众多类型机器人。关于机器人如何分类，国际上没有制定出统一的标准，有的按负载质量分，有的按控制方式分，有的按自由度分，有的按结构分，有的按应用领域分。

按照日本工业机器人学会（JIRA）的标准，可将机器人进行如下分类：

第一类：人工操作机器人。此类机器人由操作员操作具有多自由度。

第二类：固定顺序机器人。此类机器人可以按预定的方法有步骤地依此执行任务，其执行顺序难以修改。

第三类：可变顺序机器人。同第二类，但其顺序易于修改。

第四类：示教再现（playback）机器人。操作员引导机器人手动执行任务，记录下这些动作并由机器人以后再现执行，即机器人按照记录下的信息重复执行同样的动作。

第五类：数控机器人。操作员为机器人提供运动程序，并不是手动示教执行任务。

第六类：智能机器人。机器人具有感知外部环境的能力，即使其工作环境发生变化，也能够成功地完成任务。

美国机器人学会（RIA）只将以上第三类至第六类视作机器人。

法国机器人学会（AFR）将机器人进行如下分类：

类型 A：手动控制远程机器人的操作装置。

类型 B：具有预定周期的自动操作装置。

类型 C：具有连续性轨迹或点轨迹的可编程伺服控制机器人。

类型 D：同类型 C，但能够获取环境信息。

我国的机器人专家从应用环境出发，将机器人分为两大类，即工业机器人和特种机器人。所谓工业机器人就是面向工业领域的多关节机械手或多自由度机器人。而特种机器人则是除工业机器人之外的、用于非制造业并服务于人类的各种先进机器人，包括：服务机器人、水下机器人、娱乐机器人、军用机器人、农业机器人等。在特种机器人中，有些分支发展很快，有独立成体系的趋势，如服务机器人、水下机器人、军用机器人、微操作机器人等。目前，国际上的机器人学者，从应用环境出发将机器人分为两类：制造环境下的工业机器人和非制造环境下的服务与仿人型机器人，这和我国的分类是一致的。机器狗如图 1-3 所示。

图 1-3　机器狗

1.5　机器人的应用

机器人的应用已经随着机器人技术的发展扩展到了许多领域。在一些场合已经完全代替了人类的劳动，并且体现出高于人类的许多优点。

机器人可以在人类无法工作的环境下工作，已在许多工业部门获得了广泛应用。它们可以比人类工作得更好并且成本低廉，例如焊接机器人能够更均匀一致地运动，可以比焊接工人焊得更好。此外，机器人焊接时无需使用护目镜、防护服、通风设备，也不需要考虑防护措施。因此，只要焊接工作设置成由机器人自动操作并不再改变，而且该焊接工作也不是太复杂，那么机器人就比较适合做这样的工作，并且可以提高生产效率。同样，海底勘探机器人远不像人类潜水员工作时需要太多的关注。机器人可以在水下停留更长的时间，并承受更大的压力潜入更深的水底，且不需要氧气。

以下列举机器人的主要应用。

机器加载：指机器人为其他机器装卸工件。在这项工作中，机器人甚至不对工件作任何操作，而只是完成一系列操作中的工件处理任务。

取放操作：指机器人抓取零件并将它们放置到其他位置。这还包括码垛、添装弹药、将两个物件装到一起的简单装配（如将药片装入药瓶）、将工件放入烤炉或从烤炉内取出处理过的工件或其他类似的例行操作。

焊接：这时机器人与焊接及相应配套装置一起将部件焊接在一起，这是机器人在自动化工业中最常见的一种应用。由于机器人连续运动时可以焊接得非常均匀和准确。通常焊接机器人的体积和功率均比较大。焊接机器人如图 1-4 所示。

喷漆：这是另一种常见的机器人应用，尤其是在汽车工业上。由于人工喷漆时要保持通风和清洁，因此创造适合人们工作的环境是十分困难的。不同于人工操作，喷漆机器人可以持续不断地工作，非常“称职”。

图 1-4 焊接机器人

检测：对零部件、电路板以及其他类似产品的检测也是机器人比较常见的应用。一般来说，检测系统中还集成有其他一些设备。它们是视觉系统、X 射线装置、超声波探测仪或其他类似仪器。例如，在其中一种应用中，机器人配有一台超声波裂缝探测仪，并提供有飞机机身和机翼的计算机辅助设计（CAD）的数据。用这些来检查飞机机身轮廓的每一个连接处、焊点或铆接点。在类似的另外一种应用中，机器人用来搜寻并找出每一个铆钉的位置，对它们进行检查并在有裂纹的铆钉处做上记号，然后将它钻出来，再移向下一颗铆钉的位置，最后由技术人员插入安装新的铆钉。机器人还广泛用于电路板和芯片的检测，在大多数这样的应用中，元件的识别、元件的特性（如电路板的电路图、元件的铭牌等）等信息都存储在系统的数据库内，该系统利用检测到的信息与数据库中存储的元件信息比较，并根据检测结果来决定接受还是拒绝元件。

抽样：在许多工业中（包括农业），都采用机器人做抽样实验。抽样只在一定量的产品中进行，除此之外它与取放和检测操作相类似。

装配操作：装配是机器人的所有任务中最难的一种操作。通常，将元件装配成产品需要很多操作，例如，必须首先定位和识别元件，再以特定的顺序移动元件到规定的位置（在元件安装点附近可能还会有许多障碍），然后将元件固定在一起进行装配。许多固定和装配任务也非常复杂，需要推压、旋拧、弯折、扭动、压挤以及摘标牌等很多操作才能将元件连接在一起。元件的微小变化以及由于较大的容许误差所导致的元件直径的变化均可使得装配过程复杂化，所以机器人必须知道合格元件与错误元件之间的区别。

机械制造：用机器人进行制造包含许多不同的操作。例如，去除材料、钻孔、除毛刺、涂胶、切削等。同时还包括插入零部件，如将电子元件插入电路板、电路板安装到VCR的电子设备上及其他类似操作。插入机器人在电子工业中的应用也非常普遍。

监视：我国曾尝试利用机器人执行监视任务，但不是很成功。然而，无论是在安全生产还是在交通控制方面，已广泛使用视觉系统来进行监视。例如，在南加利福尼亚高速公路系统中，有一段车道租给了一个私人企业，该企业对车道进行维护并提供服务，同时也有权向使用者收费。监视摄像机用来监测通过该路段的汽车的车牌号码，随后向他们收取通行费。

医疗应用：机器人在医疗方面的应用现在也越来越常见。例如，Robodoc就是为协助外科医生完成全关节移植手术而设计的机器人。由于要求机器人完成的许多操作（如切开颅骨、在骨体上钻孔、精确铰孔以及安装人造植入关节等）比人工操作更为准确，因此手术中许多机械操作部分都由机器人来完成。此外，骨头的形状和位置可由CAT确定后传输给机器人控制器，从而指导机器人的动作，以使植入物得以放到最合适的位置。同样，还有许多其他机器人用于帮助外科医生完成微型手术，包括在巴黎和莱比锡进行的心脏瓣膜手术。

帮助残疾人：试验用机器人帮助残疾人已取得不错的成果。在日常生活中，机器人可以做很多事情来帮助残疾人，在其中一项研究中，一台小型的如桌子高矮的机器人可以与残疾人交流，并执行一些简单的任务，诸如将盛着食品的盘子放入微波炉，从微波炉中取出盘子，并且将盘子放到残疾人面前等。其他许多任务也可通过编程让机器人来执行。

危险环境：机器人非常适合在危险的环境中使用。在这些危险的环境下工作，人类必须采取严密的保护措施。而机器人可以进入或穿过这些危险区域进行维护和探测等工作，并且不需要得到像人一样的保护。例如，在放射性环境中工作，机器人比人要容易得多。1993年，名为Dante的八腿机器人到达了南极洲常年喷发的Erebus火山熔岩湖，并对那里的气体进行了研究。

水下、太空及远程：机器人也可以用于水下、太空及远程的服务或探测。虽然尚没有人被送到火星，但已有许多太空漫游车在火星登陆并对火星进行探测。在水下也有同样的应用。例如，由于没人能进入到很深的海底，在深海只能探测到很少的沉船。水下机器人的出现使得许多坠机、沉船和潜艇被发现。我国自主研制的月球车如图1-5所示。

除了以上应用外，目前还出现了其他应用。例如，为了清扫蒸气发生器排污管里的赃物而设计的遥控机器人Cecil可以攀爬排污管，使用5000磅/平方英寸（约3515.4吨/平方米）的水流冲洗污物。在另一项应用中，遥控机器人用于微型手术。此时遥控机器人的位置不是主要的，而主要是让遥控机器人重复外科医生的手在小范围内的动作，并尽可能减少手术中的颤抖。

图1-5 我国自主研制的月球车

此外，科学家和工程师们除了对设计类人机器人感兴趣，他们也设计了模仿昆虫和其他动物的机器人。例如六脚和八脚机器人、蠕虫机器人、蛇形机器人、像鱼一样游动的机器人、行为像狗的机器人、虾形机器人以及其他未标定生命形式的机器人。这些机器人中，有的十分庞大而且功能强大，例如 Odex 机器人，有的则小巧轻便。这些机器人多数是为科研目的而开发的，也有为军事、医疗或娱乐而设计开发的。例如，一种小型矿藏扫描机器人就是为了搜索和开采矿藏而开发的。开发理由是在勘探过程中损失一台廉价的机器人远比有人员伤亡要好得多。

生命电子学是指设计并开发生动形象的机器人和机器的系统技术，这些机器人和机器具有类似人或其他动物的外观与行为。例如生命电子嘴唇、生命电子眼睛及生命电子手。随着更为复杂的生命电子部件的出现，它们所代替的行动也将越来越真实。

1.6 机器人学的研究内容

机器人学的研究内容主要有以下几个方面：

1）**空间机构学**：空间机构在机器人中的应用体现在机器人机身和臂部机构的设计、机器人手部机构的设计、机器人行走机构的设计、机器人关节部机构的设计，即机器人机构的型综合和尺寸综合。

2）**机器人运动学**：机器人的执行机构实际上是一个多刚体系统，研究要涉及组成这一系统的各杆件之间以及系统与对象之间的相互关系，为此需要一种有效的数学描述方法。

3）**机器人静力学**：机器人与环境之间的接触会在机器人与环境之间引起相互的作用力和力矩，而机器人的输入关节扭矩由各个关节的驱动装置提供，通过手臂传至手部，使力和力矩作用在环境的接触面上。这种力和力矩的输入、输出关系在机器人控制中是十分重要的。静力学主要讨论机器人手部端点力与驱动器输入力矩的关系。

4）**机器人动力学**：机器人是一个复杂的动力学系统，要研究和控制这个系统，首先必须建立它的动力学方程。动力学方程是指作用于机器人各机构的力或力矩及其位置、速度、加速度关系的方程式。

5）**机器人控制技术**：机器人的控制技术是在传统机械系统的控制技术的基础之上发展起来的，两者之间无根本的不同。但机器人控制系统也有许多特殊之处，它是有耦合的、非线性的多变量的控制系统。其负载、惯量、重心等随时间都可能变化，不仅要考虑运动学关系，还要考虑动力学因素，其模型为非线性，而工作环境又是多变的等。主要研究的内容有机器人控制方式和机器人控制策略。

6）**机器人传感器**：人类具有视觉、听觉、触觉、味觉及嗅觉等五种感觉。机器人的感觉主要通过传感器来实现。机器人所研究的传感器分为两大类：外部传感器和内部传感器。外部传感器又包括远距离传感器（如视觉传感器、听觉传感器等）、非接触传感器和接触传感器（如触觉传感器、力传感器等）。使用传感器的目的是为了对环境产生相适应的动作而取得环境信息。内部传感器包括加速度传感器、速度传感器、位置传感器、姿态传感器等。它根据指令而进行动作，检测机器人各部状态。

7）**机器人语言**：机器人语言分为通用机器人语言和专用机器人语言。通用机器人语言的种类很多，主要采用计算机语言，例如汇编语言、FORTRAN、FORTH、BASIC、C 等。随着作业内容的复杂化，利用程序来控制机器人显得越来越困难。为了寻求用简单的方法描述作业、控制机器人动作，人们开发了一些机器人专用语言，如AL、VAL、IML、PART、AUTOPASS等。作为机器人语言，首先要具有作业内容的描述性，不管作业内容如何复杂，都能准确加以描述；其次要具有环境模型的描述性，要能用简单的模型描述复杂的环境，要能适应操作情况的变化改变环境模型的内容；再其次要求具有人机对话的功能，以便及时描述新的作业及修改作业内容；最后要求在出现危险情况时能及时报警并停止机器人动作。

1.7 机器人学的国内外研究现状

目前，机器人的发展已经由单纯的工业机器人走向多样化、高智能方向。机器人技术正逐步向着具有行走能力、多种感觉能力以及对作业环境的较强自适应能力的方面发展。对全球机器人技术发展最有影响的国家应该是美国和日本。美国在机器人技术的综合研究水平上仍处于领先地位。而日本生产的机器人在数量、种类方面则居世界首位。机器人技术的发展推动了机器人学的建立，许多国家成立了机器人协会，美国、日本、英国、瑞典等国家设立了机器人学学位。

20世纪70年代以来，许多大学开设了机器人课程，开展了机器人学的研究工作。如美国的MIT、Carnegie – Mellon、Purdue等，日本的东京大学、早稻田大学等都是在机器人学方面富有成果的著名学府。随着机器人学的发展，相关的国际学术交流活动也日渐增多。目前最有影响的国际会议是IEEE每年举行的机器人学与自动化国际会议（ICRA），此外还有国际工业机器人会议（ISIR）和国际工业机器人技术会议（CIRT）等。出版的相关刊物有《IEEE Transactions on Robotics》、《Robotics Research》、《Robotics and Automation》等多种。

我国的机器人技术起步较晚，大约于20世纪70年代末、80年代初开始。20世纪90年代中期，6000m以下深水作业机器人实验成功。以后的近10年中，我国在步行机器人、精密装配机器人、多自由度关节机器人的研制等国际前沿领域逐步缩小了与世界先进水平的差距。

第 2 章 机器人运动学

本章主要介绍机器人运动学。首先介绍了刚体位姿的描述方法和点的映射，然后讲述了运动学中重要的齐次坐标和齐次变换，并且介绍了连杆参数、关节变量、连杆坐标系、连杆变换等，从而引出了机器人运动学理论。最后以多足步行机器人为例，简要地介绍了这种类型的机器人的运动学内容。通过阅读本章，使读者对机器人运动学有初步的了解。

2.1 刚体位姿的描述

机器人运动腿或操作臂通常是由一系列连杆和相应的运动附件组合而成的空间开式链，实现复杂的运动，完成规定的操作。因此，要研究机器人运动和操作，首先要描述这些连杆之间，以及它们和操作对象（或者运动目标）之间的相对运动关系。在描述刚体的位置和姿态（简称位姿）时，首先规定一个坐标系，相对于该坐标系，点的位置可以用三维列向量表示；刚体的方位可用 3×3 的旋转矩阵来表示。而 4×4 的齐次变换矩阵则可将刚体位置和姿态（位姿）的描述统一起来。

研究机器人运动腿或操作臂的运动，不仅涉及其内部各连杆之间的位姿关系，还涉及它和周围环境之间的关系。通常将运动腿或操作臂的各个连杆、操作对象、工具、工件和障碍物都当成刚体，采用齐次变换描述刚体位姿、速度和加速度。

2.1.1 位置的描述——位置矢量

对于选定的直角坐标系 $\sum_A$，空间任一点 P 的位置可用 3×1 的列矢量 ${}^A\boldsymbol{P}$ 表示，即位置矢量

$$
{}^A\boldsymbol{P}=\begin{pmatrix}P_x\\P_y\\P_z\end{pmatrix} \tag{2-1}
$$

式中，P_x、P_y、P_z 是点 P 在坐标系 $\sum_A$ 中的三个坐标分量。${}^A\boldsymbol{P}$ 的上标 A 代表选定的参考坐标系 $\sum_A$。除了直角坐标系外，也可采用圆柱坐标系或球（极）坐标系来描述点的位置。

2.1.2 方位的描述——旋转矩阵

为了描述空间某刚体 B 的方位，另设一直角坐标系 $\sum_B$ 与此刚体固接。用坐标系 $\sum_B$ 的三个单位主矢量 $\boldsymbol{X}_B$、$\boldsymbol{Y}_B$、$\boldsymbol{Z}_B$ 相对于坐标系 $\sum_A$ 的方向余弦组成的 3×3 矩阵

$$
{}^A_B\boldsymbol{R}=\begin{pmatrix}{}^A\boldsymbol{X}_B & {}^A\boldsymbol{Y}_B & {}^A\boldsymbol{Z}_B\end{pmatrix} \tag{2-2}
$$

或

$$
{}^A_B\boldsymbol{R}=\begin{pmatrix}r_{11} & r_{12} & r_{13}\\ r_{21} & r_{22} & r_{23}\\ r_{31} & r_{32} & r_{33}\end{pmatrix}
$$

来表示刚体 B 相对于坐标系 $\sum_A$ 的方位。${}_B^A\boldsymbol{R}$ 称为旋转矩阵，上标 A 代表参考坐标系 $\sum_A$，下标 B 代表被描述的坐标系 $\sum_B$。

因为 ${}_B^A\boldsymbol{R}$ 的三个列矢量 ${}^A\boldsymbol{X}_B$、${}^A\boldsymbol{Y}_B$ 和 ${}^A\boldsymbol{Z}_B$ 都是单位主矢量，且两两相互垂直，所以它的九个元素满足六个约束条件（称正交条件）：

$$ {}^A\boldsymbol{X}_B \cdot {}^A\boldsymbol{X}_B = {}^A\boldsymbol{Y}_B \cdot {}^A\boldsymbol{Y}_B = {}^A\boldsymbol{Z}_B \cdot {}^A\boldsymbol{Z}_B = 1 \tag{2-3} $$

$$ {}^A\boldsymbol{X}_B \cdot {}^A\boldsymbol{Y}_B = {}^A\boldsymbol{Y}_B \cdot {}^A\boldsymbol{Z}_B = {}^A\boldsymbol{Z}_B \cdot {}^A\boldsymbol{X}_B = 0 \tag{2-4} $$

因此，旋转矩阵 ${}_B^A\boldsymbol{R}$ 是单位正交的，并且 ${}_B^A\boldsymbol{R}$ 的逆与它的转置相同，其行列式等于 1。即

$$ {}_B^A\boldsymbol{R}^{-1} = {}_B^A\boldsymbol{R}^{\mathrm{T}} \qquad |{}_B^A\boldsymbol{R}| = 1 \tag{2-5} $$

经常用到的旋转变换矩阵是绕 X 轴、绕 Y 轴或绕 Z 轴转一角度 θ。它们可以表示为

$$ \boldsymbol{R}(X,\theta) = \begin{pmatrix} 1 & 0 & 0 \\ 0 & \cos\theta & -\sin\theta \\ 0 & \sin\theta & \cos\theta \end{pmatrix} \tag{2-6} $$

$$ \boldsymbol{R}(Y,\theta) = \begin{pmatrix} \cos\theta & 0 & \sin\theta \\ 0 & 1 & 0 \\ -\sin\theta & 0 & \cos\theta \end{pmatrix} \tag{2-7} $$

$$ \boldsymbol{R}(Z,\theta) = \begin{pmatrix} \cos\theta & -\sin\theta & 0 \\ \sin\theta & \cos\theta & 0 \\ 0 & 0 & 1 \end{pmatrix} \tag{2-8} $$

通常，采用位置矢量描述点的位置，而用旋转矩阵描述物体的方位。

2.1.3　坐标系的描述

为了完全描述刚体 B 在空间的位姿，需要规定它的位置和姿态。通常将物体 B 与坐标系 $\sum_B$ 固连。坐标系 $\sum_B$ 的原点一般选在物体的特征点上，如质心或对称中心等。相对参考坐标系 $\sum_A$，用位置矢量 ${}^A\boldsymbol{P}_{BO}$ 描述坐标系 $\sum_B$ 原点的位置，而用旋转矩阵（${}_B^A\boldsymbol{R}$）描述坐标系 $\sum_B$ 的方位（姿态）。因此，坐标系 $\sum_B$ 可由 ${}^A\boldsymbol{P}_{BO}$ 和 ${}_B^A\boldsymbol{R}$ 描述。即

$$ \{\boldsymbol{B}\} = \{{}_B^A\boldsymbol{R}, {}^A\boldsymbol{P}_{BO}\} \tag{2-9} $$

坐标系的描述概括了刚体位置和方位的描述。当表示位置时，式（2-9）中的旋转矩阵 ${}_B^A\boldsymbol{R}=1$（单位矩阵）；当表示方位时，式（2-9）中的位置矢量 ${}^A\boldsymbol{P}_{BO}=0$。

2.1.4　机器人操作臂手爪位姿的描述

图 2-1 是机器人操作臂手爪坐标系。

为了描述它的位置和姿态（位姿），选定一个参考坐标系 $\sum_A$。另规定一个坐标系与手爪固联，称手爪坐标系 $\sum_B$，此坐标系的 Z 轴设在手指接近物体的方向，称接近矢量 $\boldsymbol{a}$(approach)；Y 轴设在两手指的连线方向，称方位矢量 $\boldsymbol{o}$(orientation)；X 轴

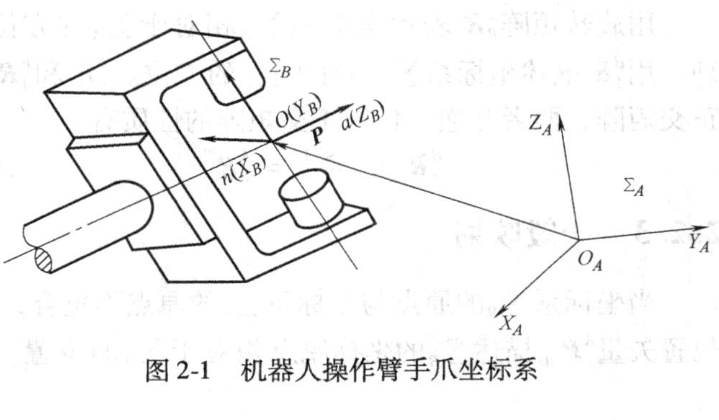

图 2-1　机器人操作臂手爪坐标系

根据右手法则确定，以 $\boldsymbol{n}$ 表示，称为法向矢量（normal），$\boldsymbol{n}=\boldsymbol{o}\times\boldsymbol{a}$。因此，手爪的方位由旋转矩阵

$$ {}_{T}^{A}\boldsymbol{R}=(\boldsymbol{n},\boldsymbol{o},\boldsymbol{a}) \tag{2-10}$$

所规定，三个单位正交列矢量 $\boldsymbol{n}$、$\boldsymbol{o}$、$\boldsymbol{a}$ 描述了手爪的姿态方位。

手爪的位置由其坐标系的原点所规定，用位置矢量 $\boldsymbol{P}$ 来描述。则手爪的位姿可由四个矢量$\{\boldsymbol{n},\boldsymbol{o},\boldsymbol{a},\boldsymbol{p}\}$来描述。即 $\{\boldsymbol{B}\}=\{\boldsymbol{T}\}=\{\boldsymbol{n},\boldsymbol{o},\boldsymbol{a},\boldsymbol{p}\}$。

2.2 点的映射

空间中任一点 P 在不同坐标系中的描述是不同的。在此讨论点 P 从一个坐标系的描述到另一坐标系的描述之间的映射关系。

2.2.1 坐标平移

设两个坐标系 $\sum_B$ 与 $\sum_A$ 具有相同的方位，但是 $\sum_B$ 的坐标原点与 $\sum_A$ 的坐标原点不重合，用位置矢量 ${}^{A}\boldsymbol{P}_{BO}$ 描述它相对于 $\sum_A$ 的位置，如图 2-2 所示。把 ${}^{A}\boldsymbol{P}_{BO}$ 称为 $\sum_B$ 相对于 $\sum_A$ 的平移矢量。

点 P 在坐标系 $\sum_B$ 中的位置为 ${}^{B}\boldsymbol{P}$，则它相对于坐标系 $\sum_A$ 的位置 ${}^{A}\boldsymbol{P}$ 由矢量相加有

$$ {}^{A}\boldsymbol{P}={}^{B}\boldsymbol{P}+{}^{A}\boldsymbol{P}_{BO} \tag{2-11}$$

式（2-11）称为坐标平移，或平移映射。

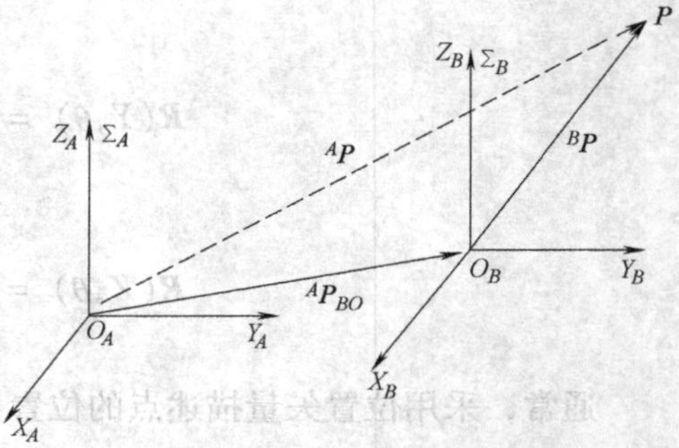

图 2-2 坐标平移

2.2.2 坐标旋转

坐标系 $\sum_B$ 与 $\sum_A$ 有共同的坐标原点，但是两者的方位不同，如图 2-3 所示。用旋转矩阵 ${}_{B}^{A}\boldsymbol{R}$ 描述 $\sum_B$ 相对于 $\sum_A$ 的方位。

同一点 P 在两个坐标系 $\sum_A$ 和 $\sum_B$ 中的描述 ${}^{A}\boldsymbol{P}$ 和 ${}^{B}\boldsymbol{P}$ 具有以下映射关系：

$$ {}^{A}\boldsymbol{P}={}_{B}^{A}\boldsymbol{R}\,{}^{B}\boldsymbol{P} \tag{2-12}$$

式（2-12）称为坐标旋转，或旋转映射。

用旋转矩阵 ${}_{B}^{A}\boldsymbol{R}$ 表示坐标系 $\sum_B$ 相对于 $\sum_A$ 的方位。同理，用 ${}_{A}^{B}\boldsymbol{R}$ 描述坐标系 $\sum_A$ 相对于 $\sum_B$ 的方位。${}_{B}^{A}\boldsymbol{R}$ 和 ${}_{A}^{B}\boldsymbol{R}$ 都是正交矩阵，两者互逆。根据正交矩阵的性质有

$$ {}_{A}^{B}\boldsymbol{R}={}_{B}^{A}\boldsymbol{R}^{-1}={}_{B}^{A}\boldsymbol{R}^{\mathrm{T}} \tag{2-13}$$

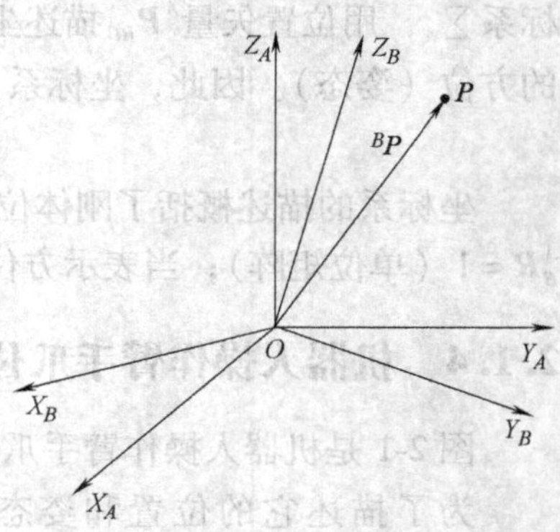

图 2-3 坐标旋转

2.2.3 一般映射

当坐标系 $\sum_B$ 的原点与坐标系 $\sum_A$ 的原点不重合，$\sum_B$ 的方位与 $\sum_A$ 的方位也不相同时，用位置矢量 ${}^{A}\boldsymbol{P}_{BO}$ 描述 $\sum_B$ 的坐标原点相对于 $\sum_A$ 的位置；用旋转矩阵 ${}_{B}^{A}\boldsymbol{R}$ 描述 $\sum_B$ 相对于 $\sum_A$ 的方

位，如图 2-4 所示。

任一点 P 在两坐标系 $\sum_A$ 和 $\sum_B$ 中的描述 $^A\boldsymbol{P}$ 和 $^B\boldsymbol{P}$ 具有以下映射关系：

$$^A\boldsymbol{P} = {}^A_B\boldsymbol{R}\,{}^B\boldsymbol{P} + {}^A\boldsymbol{P}_{BO} \tag{2-14}$$

式（2-14）可以看成是坐标旋转和坐标平移的复合映射。实际上，也可以规定一个过渡坐标系 $\sum_C$（如图 2-4 中虚线所示），$\sum_C$ 的坐标原点与 $\sum_B$ 的重合，而 $\sum_C$ 的方位与 $\sum_A$ 的相同。根据式（2-12），得到向过渡坐标系的映射

$$^C\boldsymbol{P} = {}^C_B\boldsymbol{R}\,{}^B\boldsymbol{P} = {}^A_B\boldsymbol{R}\,{}^B\boldsymbol{P} \tag{2-15}$$

再由式（2-11），得到复合映射

$$^A\boldsymbol{P} = {}^C\boldsymbol{P} + {}^A\boldsymbol{P}_{CO} = {}^A_B\boldsymbol{R}\,{}^B\boldsymbol{P} + {}^A\boldsymbol{P}_{BO} \tag{2-16}$$

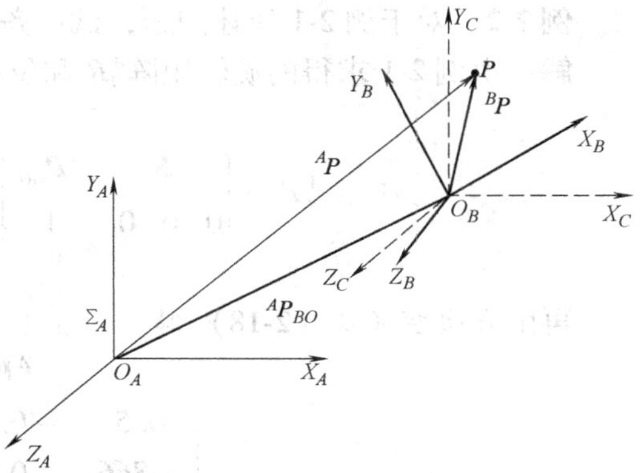

图 2-4　复合映射

例 2-1　已知坐标系 $\sum_B$ 初始位姿与 $\sum_A$ 重合。首先，$\sum_B$ 相对于坐标系 $\sum_A$ 的 Z_A 轴转 60°，又沿 $\sum_A$ 的 X_A 轴移动五个单位，再沿 $\sum_A$ 的 Y_A 轴移动两个单位。求位置矢量 $^A\boldsymbol{P}_{BO}$ 和旋转矩阵 $^A_B\boldsymbol{R}$。若设点 P 在坐标系 $\sum_B$ 的描述为 $^B\boldsymbol{P}=(2，6，0)^{\mathrm{T}}$，求它在坐标系 $\sum_A$ 中的描述 $^A\boldsymbol{P}$。

解：根据式（2-8）和式（2-1），则 $^A_B\boldsymbol{R}$ 和 $^A\boldsymbol{P}_{BO}$ 分别为

$$^A_B\boldsymbol{R} = \boldsymbol{R}(\boldsymbol{Z},30°) = \begin{pmatrix} \cos60° & -\sin60° & 0 \\ \sin60° & \cos60° & 0 \\ 0 & 0 & 1 \end{pmatrix} = \begin{pmatrix} 0.5 & -0.866 & 0 \\ 0.866 & 0.5 & 0 \\ 0 & 0 & 1 \end{pmatrix} \quad {}^A\boldsymbol{P}_{BO} = \begin{pmatrix} 5 \\ 2 \\ 0 \end{pmatrix}$$

由式（2-14），有

$$^A\boldsymbol{P} = {}^A_B\boldsymbol{R}\,{}^B\boldsymbol{P} + {}^A\boldsymbol{P}_{BO} = \begin{pmatrix} 0.5 & -0.866 & 0 \\ 0.866 & 0.5 & 0 \\ 0 & 0 & 1 \end{pmatrix}\begin{pmatrix} 2 \\ 6 \\ 0 \end{pmatrix} + \begin{pmatrix} 5 \\ 2 \\ 0 \end{pmatrix} = \begin{pmatrix} 0.866 \\ 6.732 \\ 0 \end{pmatrix}$$

2.3　齐次坐标和齐次变换

复合映射式（2-14）对于 $^B\boldsymbol{P}$ 而言是非齐次的，可以将它表示成齐次变换的形式

$$\begin{bmatrix} ^A\boldsymbol{P} \\ 1 \end{bmatrix} = \begin{bmatrix} ^A_B\boldsymbol{R} & ^A\boldsymbol{P}_{BO} \\ 0\ 0\ 0 & 1 \end{bmatrix}\begin{bmatrix} ^B\boldsymbol{P} \\ 1 \end{bmatrix} \tag{2-17}$$

或矩阵的形式

$$^A\boldsymbol{P} = {}^A_B\boldsymbol{T}\,{}^B\boldsymbol{P} \tag{2-18}$$

式中，位置矢量 $^A\boldsymbol{P}$ 和 $^B\boldsymbol{P}$ 表示成 4×1 的列矢量，与式（2-17）中的位置矢量不同，加入了第四个分量 1，称为点 P 的齐次坐标。

变换矩阵 $^A_B\boldsymbol{T}$ 是 4×4 的方阵，形式如下：

$$^A_B\boldsymbol{T} = \begin{bmatrix} ^A_B\boldsymbol{R} & ^A\boldsymbol{P}_{BO} \\ 0\ 0\ 0 & 1 \end{bmatrix} \tag{2-19}$$

$^A_B\boldsymbol{T}$ 称为齐次变换矩阵，它综合地表示了平移变换和旋转变换两者的复合。

在实际变换中，位置矢量 $^A\boldsymbol{P}$ 和 $^B\boldsymbol{P}$ 究竟是 3×1 的列矢量（直角坐标），还是 4×1 的列

矢量（齐次坐标），可以根据与它相乘的矩阵是 3×3 的还是 4×4 的来确定。

例 2-2 对于例 2-1 所述问题，试用齐次变换的方法求${}^A\boldsymbol{P}$。

解：由例 2-1 求得的旋转矩阵${}^A_B\boldsymbol{R}$ 和位移矢量${}^A\boldsymbol{P}_{BO}$可以得到齐次变换矩阵

$$
{}^A_B\boldsymbol{T} = \begin{bmatrix} {}^A_B\boldsymbol{R} & {}^A\boldsymbol{P}_{BO} \\ 0\ 0\ 0 & 1 \end{bmatrix} = \begin{pmatrix} 0.5 & -0.866 & 0 & 5 \\ 0.866 & 0.5 & 0 & 2 \\ 0 & 0 & 1 & 0 \\ 0 & 0 & 0 & 1 \end{pmatrix}
$$

再由齐次变换式（2-18）得

$$
{}^A\boldsymbol{P} = {}^A_B\boldsymbol{T}\,{}^B\boldsymbol{P}
$$

$$
{}^A\boldsymbol{P} = \begin{pmatrix} 0.5 & -0.866 & 0 & 5 \\ 0.866 & 0.5 & 0 & 2 \\ 0 & 0 & 1 & 0 \\ 0 & 0 & 0 & 1 \end{pmatrix}\begin{pmatrix} 2 \\ 6 \\ 0 \\ 1 \end{pmatrix} = \begin{pmatrix} 0.804 \\ 6.732 \\ 0 \\ 1 \end{pmatrix}
$$

显然，既可用 3×1 的列矢量（直角坐标）描述点${}^A\boldsymbol{P}$ 的位置，也可用 4×1 的列矢量（齐次坐标）描述点${}^A\boldsymbol{P}$ 的位置。

若空间一点 P 的直角坐标为

$$
P = \begin{pmatrix} x \\ y \\ z \end{pmatrix}
$$

则它的齐次坐标可表示为

$$
P = \begin{pmatrix} x \\ y \\ z \\ 1 \end{pmatrix}
$$

值得注意的是，齐次坐标的表示不是唯一的。将各个元素同乘一非零因子 ω 后，仍然代表同一点 P，即

$$
P = \begin{pmatrix} x \\ y \\ z \\ 1 \end{pmatrix} = \begin{pmatrix} a \\ b \\ c \\ \omega \end{pmatrix}
$$

式中，$a=\omega x$，$b=\omega y$，$c=\omega z$。

还要注意：$\boldsymbol{P}=(0\quad 0\quad 0\quad 0)^{\mathrm{T}}$ 没有意义。

通常规定：列向量 $\boldsymbol{P}=(a\quad b\quad c\quad 0)^{\mathrm{T}}$（其中 $a^2+b^2+c^2\neq 0$）表示空间的无穷远点，包括无穷远点的空间称为扩大空间。而把第四个元素非零的点称为非无穷远点。

无穷远点 $(a\quad b\quad c\quad 0)^{\mathrm{T}}$ 的三元素 a、b、c 称为它的方向数。以下三个无穷远点 $(1\quad 0\quad 0\quad 0)^{\mathrm{T}}$、$(0\quad 1\quad 0\quad 0)^{\mathrm{T}}$、$(0\quad 0\quad 1\quad 0)^{\mathrm{T}}$ 分别代表 OX、OY、OZ 轴上的无穷远点，用它们分别表示这三个坐标轴的方向。而非无穷远点 $(0\quad 0\quad 0\quad 1)^{\mathrm{T}}$ 代表坐标原点。

因此，利用齐次坐标不仅可以规定点的位置，还可以规定矢量的方向。当第四个元素非零时，代表点的位置；第四个元素为零时，代表点的方向。

利用这一性质，可以赋予齐次变换矩阵又一物理解释，齐次变换矩阵${}^A_BT$描述了坐标系$\sum_B$相对于$\sum_A$的位置和方位。${}^A_BT$的第四列矢量${}^AP_{BO}$描述$\sum_B$的坐标原点相对于$\sum_A$的位置；其他三个矢量分别代表$\sum_B$的三个坐标轴相对于$\sum_A$的方向。

例 2-3　以下齐次变换矩阵

$$
{}^A_B\boldsymbol{T}=\begin{pmatrix}0&1&0&2\\0&0&1&-5\\1&0&0&1\\0&0&0&1\end{pmatrix}
$$

描述坐标系$\sum_B$相对于$\sum_A$的位姿。其相关含义如何？

解：${}^A_BT$的含义为$\sum_B$的坐标原点相对于$\sum_A$的位置是$(2\quad -5\quad 1\quad 1)^{\mathrm T}$。$\sum_B$的三个坐标轴相对于$\sum_A$的方向分别是：

$\sum_B$的 x 轴与$\sum_A$的 Z 轴同向，表示为$(0\quad 0\quad 1\quad 0)^{\mathrm T}$；

$\sum_B$的 y 轴与$\sum_A$的 X 轴同向，表示为$(1\quad 0\quad 0\quad 0)^{\mathrm T}$；

$\sum_B$的 z 轴与$\sum_A$的 Y 轴同向，表示为$(0\quad 1\quad 0\quad 0)^{\mathrm T}$。

例 2-4　图 2-5 给出了参考坐标系$\sum_O$中固连在刚体上的坐标系$\sum_C$，其中$\sum_C$的 x 轴平行于$\sum_O$的 Y 轴，$\sum_C$的 y 轴平行于$\sum_O$的 Z 轴，而$\sum_C$的 z 轴平行于$\sum_O$的 X 轴。给定$\sum_O$中$\sum_C$的原点位置矢量为$(1\quad -3\quad 4)^{\mathrm T}$。确定从$\sum_C$到$\sum_O$的齐次变换矩阵。

解：x 轴相对于 X、Y 和 Z 轴的方向余弦分别为 0、1 和 0。因此，x 轴相对于$\sum_O$的方向矢量为$(0\quad 1\quad 0)^{\mathrm T}$；

y 轴相对于 X、Y 和 Z 轴的方向余弦分别为 0、0 和 1，因此，y 轴相对于$\sum_O$的方向矢量为$(0\quad 0\quad 1)^{\mathrm T}$；

z 轴相对于 X、Y 和 Z 轴的方向余弦分别为 1，0 和 0，因此，z 轴相对于$\sum_O$的方向矢量为$(1\quad 0\quad 0)^{\mathrm T}$。

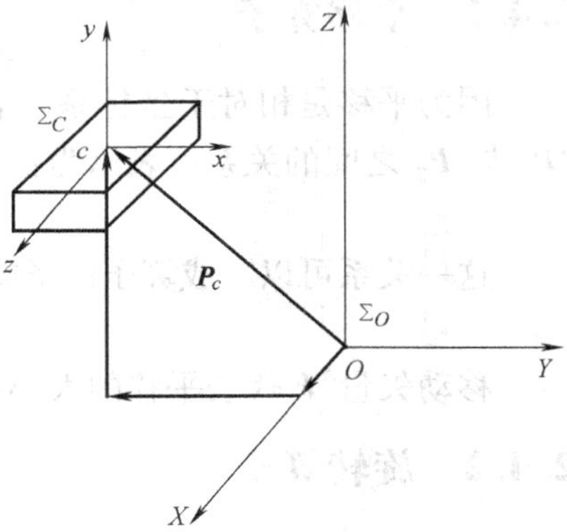

图 2-5　齐次变换矩阵和坐标系的描述

因此，得到从$\sum_C$到$\sum_O$的齐次变换矩阵为

$$
{}^O\boldsymbol{T}_C=\begin{pmatrix}0&0&1&1\\1&0&0&-3\\0&1&0&4\\0&0&0&1\end{pmatrix}
$$

齐次变换矩阵（2-19）作为映射时，代表坐标平移与坐标旋转的复合，将其分解成两个矩阵相乘的形式后就可以看出这一点，即

$$
\begin{bmatrix}{}^A_B\boldsymbol{R}&{}^A\boldsymbol{P}_{BO}\\0\ \ 0\ \ 0&1\end{bmatrix}=\begin{bmatrix}\boldsymbol{I}_{3\times3}&{}^A\boldsymbol{P}_{BO}\\0\ \ 0\ \ 0&1\end{bmatrix}\begin{bmatrix}{}^A_B\boldsymbol{R}&0\\0\ \ 0\ \ 0&1\end{bmatrix}\tag{2-20}
$$

式中，$\boldsymbol{I}_{3\times3}$是 3 ×3 阶单位矩阵。

等式右端第一个矩阵称为平移变换矩阵，常用 $\mathrm{Trans}({}^A\boldsymbol{P}_{BO})$ 表示，第二个矩阵称为旋转变换矩阵，常用 $\mathrm{Rot}(K,\theta)$ 来表示，即：

$$
{}^A_B\boldsymbol{T}=\mathrm{Trans}({}^A\boldsymbol{P}_{BO})\mathrm{Rot}(K,\theta)\tag{2-21}
$$

$$\text{Trans}({}^{A}\boldsymbol{P}_{BO}) = \begin{bmatrix} \boldsymbol{I}_{3\times3} & {}^{A}\boldsymbol{P}_{BO} \\ 0\ 0\ 0 & 1 \end{bmatrix} \tag{2-22}$$

$$\text{Rot}(K,\theta) = \begin{bmatrix} {}^{A}_{B}\boldsymbol{R}(K,\theta) & 0 \\ 0\ 0\ 0 & 1 \end{bmatrix} \tag{2-23}$$

平移变换 $\text{Trans}({}^{A}\boldsymbol{P}_{BO})$ 完全由矢量${}^{A}\boldsymbol{P}_{BO}$所决定，而旋转变换 $\text{Rot}(K,\theta)$ 表示绕过原点的轴 K 转动 θ 角的旋转算子，完全由旋转矩阵 $\boldsymbol{R}(K,\theta)$ 所决定。旋转变换的右上角是个零矢量。

2.4 变换矩阵

本节首先将介绍运动算子。在式（2-18）中，齐次变换${}^{A}_{B}\boldsymbol{T}$表示同一点在两坐标系$\sum_B$和$\sum_A$中描述的映射，在例2-3中，${}^{A}_{B}T$描述坐标系$\sum_B$相对于$\sum_A$的位姿。此外，齐次变换还可用来作为点的运动算子。

设在坐标系$\sum_A$中，点的初始位置${}^{A}\boldsymbol{P}_1$经平移或旋转后到达位置${}^{A}\boldsymbol{P}_2$，讨论从${}^{A}\boldsymbol{P}_1$到${}^{A}\boldsymbol{P}_2$的运动算子。

2.4.1 平移算子

因为平移是相对于坐标系$\sum_A$描述的，因此移动矢量用${}^{A}\boldsymbol{P}$表示。平移前后的位置矢量${}^{A}\boldsymbol{P}_1$与${}^{A}\boldsymbol{P}_2$之间的关系可表示为：

$${}^{A}\boldsymbol{P}_2 = {}^{A}\boldsymbol{P}_1 + {}^{A}\boldsymbol{P} \tag{2-24}$$

这一关系可以写成算子的形式

$${}^{A}\boldsymbol{P}_2 = \text{Trans}({}^{A}\boldsymbol{P})\,{}^{A}\boldsymbol{P}_1 \tag{2-25}$$

移动矢量${}^{A}\boldsymbol{P}$代表平移的大小和方向。平移算子 $\text{Trans}({}^{A}\boldsymbol{P})$ 由表达式（2-19）给出。

2.4.2 旋转算子

在坐标系$\sum_A$中，某点旋转前的位置用${}^{A}\boldsymbol{P}_1$表示，旋转后用${}^{A}\boldsymbol{P}_2$表示，两者之间的关系可用两种方法表示。

（1）用旋转矩阵 $\boldsymbol{R}$

将 $\boldsymbol{R}$ 作为旋转算子，$\boldsymbol{R}$ 作用于矢量${}^{A}\boldsymbol{P}_1$就得到新矢量${}^{A}\boldsymbol{P}_2$，即

$${}^{A}\boldsymbol{P}_2 = \boldsymbol{R}\,{}^{A}\boldsymbol{P}_1 \tag{2-26}$$

旋转矩阵 $\boldsymbol{R}$ 作为算子解释时，不带上、下标，因为两个矢量${}^{A}\boldsymbol{P}_1$和${}^{A}\boldsymbol{P}_2$是相对于同一坐标系$\sum_A$而言的。位置矢量${}^{A}\boldsymbol{P}_1$和${}^{A}\boldsymbol{P}_2$具有相同的上标。

（2）用齐次变换 $\text{Rot}(K,\theta)$

用 $\text{Rot}(K,\theta)$ 作为旋转算子时，明确地表示出转轴 K 和转角 θ。例如，绕 Z 轴转 θ 的齐次变换算子为

$$\text{Rot}(Z,\theta) = \begin{pmatrix} \cos\theta & -\sin\theta & 0 & 0 \\ \sin\theta & \cos\theta & 0 & 0 \\ 0 & 0 & 1 & 0 \\ 0 & 0 & 0 & 1 \end{pmatrix} \tag{2-27}$$

Rot(K, θ) 的左上角 3×3 的子块对应的旋转矩阵是 $\boldsymbol{R}(Z, \theta)$，如式（2-8）所示。

因此，两位置矢量 ${}^{A}\boldsymbol{P}_1$ 和 ${}^{A}\boldsymbol{P}_2$ 之间的算子关系也可以写成

$$ {}^{A}\boldsymbol{P}_2 = \mathrm{Rot}(K,\theta)\ {}^{A}\boldsymbol{P}_1 \tag{2-28} $$

式（2-28）与式（2-26）的不同之处仅在于齐次变换矩阵 Rot(K, θ) 是 4×4 的矩阵，而旋转矩阵 $\boldsymbol{R}(Z, \theta)$ 是 3×3 的矩阵。

2.4.3　变换算子的一般形式

齐次变换矩阵作为算子使用时，描述了点在某一坐标系内移动或转动的情况。位置矢量可以描述平移前、后的位置关系，旋转矩阵可以描述旋转前、后的位置关系。齐次变换矩阵的优点是综合了位置矢量和旋转矩阵的作用，同时表示平移和旋转两种作用。

记在坐标系 $\sum_A$ 中，点 P 经转动和平移前后的位置为 ${}^{A}\boldsymbol{P}_1$ 和 ${}^{A}\boldsymbol{P}_2$，两者的关系可用齐次变换 $\boldsymbol{T}$ 来表示：

$$ {}^{A}\boldsymbol{P}_2 = \boldsymbol{T}\,{}^{A}\boldsymbol{P}_1 \tag{2-29} $$

齐次变换 $\boldsymbol{T}$ 作为算子使用时，不带上、下标。

例 2-5　在坐标系 $\sum_A$ 中，点 P 的运动轨迹如下：首先绕 Z 轴转 60°，再沿 X 平移五个单位，最后沿 Y 轴平移两个单位。已知点 P 原来的位置是 ${}^{A}\boldsymbol{P}_1 = (2\quad 6\quad 0)^{\mathrm{T}}$，求运动后的位置 ${}^{A}\boldsymbol{P}_2$。

解：实现上述旋转和平移的算子 $\boldsymbol{T}$ 为

$$ \boldsymbol{T} = \begin{pmatrix} 0.5 & -0.866 & 0 & 5 \\ 0.866 & 0.5 & 0 & 2 \\ 0 & 0 & 1 & 0 \\ 0 & 0 & 0 & 1 \end{pmatrix} $$

已知：

$$ {}^{A}\boldsymbol{P}_1 = \begin{pmatrix} 2 \\ 6 \\ 0 \\ 1 \end{pmatrix} $$

利用算子 $\boldsymbol{T}$，可得到

$$ {}^{A}\boldsymbol{P}_2 = \boldsymbol{T}\,{}^{A}\boldsymbol{P}_1 = \begin{pmatrix} 0.5 & -0.866 & 0 & 5 \\ 0.866 & 0.5 & 0 & 2 \\ 0 & 0 & 1 & 0 \\ 0 & 0 & 0 & 1 \end{pmatrix} \begin{pmatrix} 2 \\ 6 \\ 0 \\ 1 \end{pmatrix} = \begin{pmatrix} 0.804 \\ 6.732 \\ 0 \\ 1 \end{pmatrix} $$

显然，与例 2-2 的计算结果相同，但对于结果的解释完全不同。

2.4.4　变换矩阵的运算

（1）变换矩阵相乘

对于给定的坐标系 $\sum_A$、$\sum_B$ 和 $\sum_C$，已知 $\sum_B$ 相对于 $\sum_A$ 的描述为 ${}^{A}_{B}\boldsymbol{T}$，$\sum_C$ 相对于 $\sum_B$ 的描述为 ${}^{B}_{C}\boldsymbol{T}$，则有以下关系：

变换矩阵 ${}^{B}_{C}\boldsymbol{T}$ 将 ${}^{C}\boldsymbol{P}$ 映射为 ${}^{B}\boldsymbol{P}$，即

$$ {}^{B}\boldsymbol{P} = {}^{B}_{C}\boldsymbol{T}\,{}^{C}\boldsymbol{P} \tag{2-30}$$

变换矩阵${}^{A}_{B}\boldsymbol{T}$又将${}^{B}\boldsymbol{P}$映射为${}^{A}\boldsymbol{P}$，即

$$ {}^{A}\boldsymbol{P} = {}^{A}_{B}\boldsymbol{T}\,{}^{B}\boldsymbol{P} \tag{2-31}$$

合并上面两次映射的结果，有

$$ {}^{A}\boldsymbol{P} = {}^{A}_{B}\boldsymbol{T}\,{}^{B}_{C}\boldsymbol{T}\,{}^{C}\boldsymbol{P} \tag{2-32}$$

由上式有复合变换

$$ {}^{A}_{C}\boldsymbol{T} = {}^{A}_{B}\boldsymbol{T}\,{}^{B}_{C}\boldsymbol{T} \tag{2-33}$$

将${}^{C}\boldsymbol{P}$映射为${}^{A}\boldsymbol{P}$

$$ {}^{A}\boldsymbol{P} = {}^{A}_{C}\boldsymbol{T}\,{}^{C}\boldsymbol{P} \tag{2-34}$$

利用式（2-19），可以得到$\sum_C$相对$\sum_A$的描述${}^{A}_{C}\boldsymbol{T}$为

$$ {}^{A}_{C}\boldsymbol{T} = {}^{A}_{B}\boldsymbol{T}\,{}^{B}_{C}\boldsymbol{T} = \begin{bmatrix} {}^{A}_{B}\boldsymbol{R}\,{}^{B}_{C}\boldsymbol{R} & {}^{A}_{B}\boldsymbol{R}\,{}^{B}\boldsymbol{P}_{CO} + {}^{A}\boldsymbol{P}_{BO} \\ 0\ \ 0\ \ 0 & 1 \end{bmatrix} \tag{2-35}$$

变换矩阵相乘式（2-33）也可以解释为坐标系的映射变换。因为${}^{A}_{C}\boldsymbol{T}$和${}^{B}_{C}\boldsymbol{T}$分别代表同一坐标系$\sum_C$相对于$\sum_A$和$\sum_B$的描述。式（2-33）则表示映射变换${}^{A}_{B}\boldsymbol{T}$将坐标系$\sum_C$从${}^{B}_{C}\boldsymbol{T}$映射为${}^{A}_{C}\boldsymbol{T}$。

变换矩阵相乘式（2-33）还可解释为坐标系$\sum_C$相对于$\sum_A$的描述${}^{A}_{C}\boldsymbol{T}$可以这样得到：开始时，坐标系$\sum_C$与$\sum_A$重合，首先相对于$\sum_A$作运动${}^{A}_{B}\boldsymbol{T}$到达$\sum_B$，然后相对于$\sum_B$作运动${}^{B}_{C}\boldsymbol{T}$到达最终位置。

应该注意到：变换的次序不能随意调换，因为矩阵的乘法不满足交换律。只有几种特殊情况例外，如两变换都是平移变换，或两变换都是绕同一轴的旋转变换时，变换的次序可以交换。

（2）变换矩阵求逆

如果坐标系$\sum_B$相对于$\sum_A$的齐次变换矩阵已知为${}^{A}_{B}\boldsymbol{T}$，希望得到$\sum_A$相对于$\sum_B$的描述${}^{B}_{A}\boldsymbol{T}$，显然，这是变换矩阵求逆问题。一种求解办法是直接对4×4的齐次变换矩阵求逆；另一办法是利用齐次变换矩阵的特点，简化矩阵求逆运算，下面进行介绍。

为了由${}^{A}_{B}\boldsymbol{T}$求出${}^{B}_{A}\boldsymbol{T}$，只需从${}^{A}_{B}\boldsymbol{R}$和${}^{A}\boldsymbol{P}_{BO}$计算出${}^{B}_{A}\boldsymbol{R}$和${}^{B}\boldsymbol{P}_{AO}$即可。

首先，利用旋转矩阵的正交性质可得出

$$ {}^{B}_{A}\boldsymbol{R} = {}^{A}_{B}\boldsymbol{R}^{-1} = {}^{A}_{B}\boldsymbol{R}^{\mathrm{T}} \tag{2-36}$$

然后，利用复合映射公式（2-16），求出${}^{A}\boldsymbol{P}_{BO}$在坐标系$\sum_B$的描述，即

$$ {}^{B}({}^{A}\boldsymbol{P}_{BO}) = {}^{B}_{A}\boldsymbol{R}\,{}^{A}\boldsymbol{P}_{BO} + {}^{B}\boldsymbol{P}_{AO} $$

上式表示坐标系$\sum_B$的原点O相对于$\sum_B$的描述，因此上式左端为0矢量，从而得到

$$ {}^{B}\boldsymbol{P}_{AO} = -\,{}^{B}_{A}\boldsymbol{R}\,{}^{A}\boldsymbol{P}_{BO} = -\,{}^{A}_{B}\boldsymbol{R}^{\mathrm{T}}\,{}^{A}\boldsymbol{P}_{BO} \tag{2-37}$$

综合式（2-36）和式（2-37）可以写出${}^{B}_{A}\boldsymbol{T}$的表达式，即

$$ {}^{B}_{A}\boldsymbol{T} = \begin{bmatrix} {}^{A}_{B}\boldsymbol{R}^{\mathrm{T}} & -\,{}^{A}_{B}\boldsymbol{R}^{\mathrm{T}}\,{}^{A}\boldsymbol{P}_{BO} \\ 0\ \ 0\ \ 0 & 1 \end{bmatrix} \tag{2-38}$$

容易证明，这样求得的${}^{B}_{A}\boldsymbol{T}$满足

$$ {}^{B}_{A}\boldsymbol{T} = {}^{A}_{B}\boldsymbol{T}^{-1} \tag{2-39}$$

式（2-38）为计算齐次变换逆阵提供了一种非常简便有效的方法。

2.5 旋转矩阵的导数

在 2.1 节中已经定义了旋转变换，即旋转矩阵 $\boldsymbol{R}(k,\ \theta)$ 表示坐标系绕 k 轴旋转 θ 角度得到的新坐标系。当 k 轴分别为 x、y 和 z 轴时，旋转矩阵分别由方程（2-6）、方程（2-7）和方程（2-8）描述。在此，则进一步给出旋转变换的一般公式，也即如果令 k 为

$$\boldsymbol{k} = k_x\boldsymbol{x} + k_y\boldsymbol{y} + k_z\boldsymbol{z} \tag{2-40}$$

式中，k_x、k_y 和 k_z 分别表示矢量 $\boldsymbol{k}$ 在 x、y 和 z 轴上的投影。

记原坐标系为 $\sum_A$，经过旋转变换之后的坐标系记为 $\sum_B$。这里进一步引入两个分别固定在 $\sum_A$ 和 $\sum_B$ 上的参考坐标系 $\sum_{A^*}$ 和 $\sum_{B^*}$。令 $\sum_{A^*}$ 和 $\sum_{B^*}$ 的 z 轴与 k 重合，且旋转变换前 $\sum_{A^*}$ 和 $\sum_{B^*}$ 重合，于是有

$${}^A\boldsymbol{R}_{A^*} = {}^B\boldsymbol{R}_{B^*} = \begin{pmatrix} n_x & o_x & k_x \\ n_y & o_y & k_y \\ n_z & o_z & k_z \end{pmatrix} \tag{2-41}$$

式中，$(n_x \quad n_y \quad n_z)^{\mathrm{T}}$ 表示 $\sum_{A^*}$ 和 $\sum_{B^*}$ 的 x 轴相对于 $\sum_A$ 和 $\sum_B$ 的方向矢量，而 $(o_x \quad o_y \quad o_z)^{\mathrm{T}}$ 表示 $\sum_{A^*}$ 和 $\sum_{B^*}$ 的 y 轴相对于 $\sum_A$ 和 $\sum_B$ 的方向矢量。容易理解 $\sum_B$ 相对于 $\sum_A$ 绕 $\boldsymbol{k}$ 轴旋转一个角度 θ 的变换与 $\sum_{B^*}$ 绕 $\sum_{A^*}$ 的 z 轴旋转一个角度 θ 的变换是等效的。于是有

$${}^A\boldsymbol{R}_B = \boldsymbol{R}(k,\theta) = {}^A\boldsymbol{R}_{A^*}\ {}^{A^*}\boldsymbol{R}_{B^*}\ {}^{B^*}\boldsymbol{R}_B \tag{2-42}$$

从而可得到

$$\begin{aligned}\boldsymbol{R}(k,\theta) &= {}^A\boldsymbol{R}_{A^*}\boldsymbol{R}(z,\theta)\ {}^B\boldsymbol{R}_{B^*}^{-1} \\ &= {}^A\boldsymbol{R}_{A^*}\boldsymbol{R}(z,\theta)\ {}^B\boldsymbol{R}_{B^*}^{T}\end{aligned} \tag{2-43}$$

将方程（2-8）和方程（2-41）代入方程（2-43），得到

$$\boldsymbol{R}(k,\theta) = \begin{pmatrix} n_x & o_x & k_x \\ n_y & o_y & k_y \\ n_z & o_z & k_z \end{pmatrix}\begin{pmatrix} \cos\theta & -\sin\theta & 0 \\ \sin\theta & \cos\theta & 0 \\ 0 & 0 & 1 \end{pmatrix}\begin{pmatrix} n_x & n_y & n_z \\ o_x & o_y & o_z \\ k_x & k_y & k_z \end{pmatrix} \tag{2-44}$$

利用旋转矩阵的正交性质，化简并重新整理上述方程，得到如下旋转变换的一般公式：

$$\boldsymbol{R}(k,\theta) = \begin{pmatrix} k_x^2V(\theta) + \cos\theta & k_xk_yV(\theta) - k_z\sin\theta & k_xk_zV(\theta) + k_y\sin\theta \\ k_xk_yV(\theta) + k_z\sin\theta & k_y^2V(\theta) + \cos\theta & k_yk_zV(\theta) - k_x\sin\theta \\ k_xk_zV(\theta) - k_y\sin\theta & k_yk_zV(\theta) + k_x\sin\theta & k_z^2V(\theta) + \cos\theta \end{pmatrix} \tag{2-45}$$

式中，$V(\theta) = 1 - \cos\theta$。

根据导数的定义，对旋转矩阵 $\boldsymbol{R}$ 求时间的导数

$$\dot{\boldsymbol{R}}(t) = \lim_{\Delta t \to 0}\frac{\boldsymbol{R}(t+\Delta t) - \boldsymbol{R}(t)}{\Delta t} = \lim_{\Delta t \to 0}\frac{\Delta\boldsymbol{R}(t)}{\Delta t} \tag{2-46}$$

事实上，由方程（2-45）可以知道，$\boldsymbol{R}(t+\Delta t)$ 是坐标系 $\boldsymbol{R}(t)$ 在微小时间段 Δt 里绕 $\boldsymbol{k}$ 轴旋转一个微小角度 $\Delta\theta$ 得到的，也即

$$\boldsymbol{R}(t+\Delta t) = \boldsymbol{R}(k,\Delta\theta)\boldsymbol{R}(t) \tag{2-47}$$

于是

$$
\begin{aligned}
\Delta \boldsymbol{R}(t) &= \boldsymbol{R}(t+\Delta t) - \boldsymbol{R}(t) \\
&= [\boldsymbol{R}(k,\Delta\theta) - \boldsymbol{I}]\boldsymbol{R}(t) \\
&= \boldsymbol{\Lambda}(k,\Delta\theta)\boldsymbol{R}(t)
\end{aligned} \tag{2-48}
$$

式中，$\boldsymbol{I}$ 为单位矩阵，而 $\boldsymbol{\Lambda}(k, \Delta\theta)$ 称为微分旋转算子。

由于 $\Delta\theta$ 很小，假定 $\sin\Delta\theta = \Delta\theta$，$\cos\Delta\theta = 1$，$V(\theta) = 0$。于是，由方程（2-45）得到

$$
\boldsymbol{\Lambda}(k,\Delta\theta) = \begin{pmatrix} 0 & -k_z\Delta\theta & k_y\Delta\theta \\ k_z\Delta\theta & 0 & -k_x\Delta\theta \\ -k_y\Delta\theta & k_x\Delta\theta & 0 \end{pmatrix} \tag{2-49}
$$

进一步定义角速度算子矩阵，以 $\boldsymbol{S}(\boldsymbol{\omega})$ 表示，则有

$$
\boldsymbol{S}(\boldsymbol{\omega}) = \lim_{\Delta t \to 0} \frac{\boldsymbol{\Lambda}(k,\Delta\theta)}{\Delta t} \tag{2-50}
$$

于是有

$$
\boldsymbol{S}(\boldsymbol{\omega}) = \begin{pmatrix} 0 & -k_z\dot{\theta} & k_y\dot{\theta} \\ k_z\dot{\theta} & 0 & -k_x\dot{\theta} \\ -k_y\dot{\theta} & k_x\dot{\theta} & 0 \end{pmatrix} = \begin{pmatrix} 0 & -\omega_z & \omega_y \\ \omega_z & 0 & -\omega_x \\ -\omega_y & \omega_x & 0 \end{pmatrix} \tag{2-51}
$$

这里对应的角速度矢量 $\boldsymbol{\omega}$ 为

$$
\boldsymbol{\omega} = \begin{pmatrix} \omega_x \\ \omega_y \\ \omega_z \end{pmatrix} = \begin{pmatrix} k_x\dot{\theta} \\ k_y\dot{\theta} \\ k_z\dot{\theta} \end{pmatrix} = k\dot{\theta} \tag{2-52}
$$

因此，根据方程(2-46)～方程(2-50)得到如下旋转矩阵的导数

$$
\dot{\boldsymbol{R}}(t) = \boldsymbol{S}(\boldsymbol{\omega})\boldsymbol{R} = \boldsymbol{\omega} \times \boldsymbol{R} \tag{2-53}
$$

2.6 连杆参数和关节变量

机器人的运动腿或者操作臂可以看成是由一系列连杆通过关节顺次相连的开式运动链。关节决定两相邻连杆（构件）副之间的连接关系，也称为运动副。运动副分两类：高副和低副。

通常，机器人的腿或者操作臂都是由旋转关节和移动关节构成的，它们具有一个自由度。

2.6.1 连杆描述

连杆的运动学功能在于保持其两端的关节轴线具有固定的几何关系。连杆的特征也是由这两条关节轴线所决定的。

如图2-6 所示，连杆 $i-1$ 是由关节轴线 $i-1$ 和关节轴线 i 的公法线长度 a_{i-1} 以及两轴线间的夹角 α_{i-1} 所规定的。a_{i-1} 称为连杆 $i-1$ 的长度，α_{i-1} 称为连杆 $i-1$ 的扭角。扭角 α_{i-1} 的

指向规定为轴线 $i-1$ 绕公法线转至轴线 i；而公法线 a_{i-1} 被认为是由关节 $i-1$ 指向关节 i。当两关节 $i-1$ 和 i 的轴线平行时，$\alpha_{i-1}=0$；当两轴线相交时，$a_{i-1}=0$。这时扭角 α_{i-1} 的指向不定，可以任意规定。

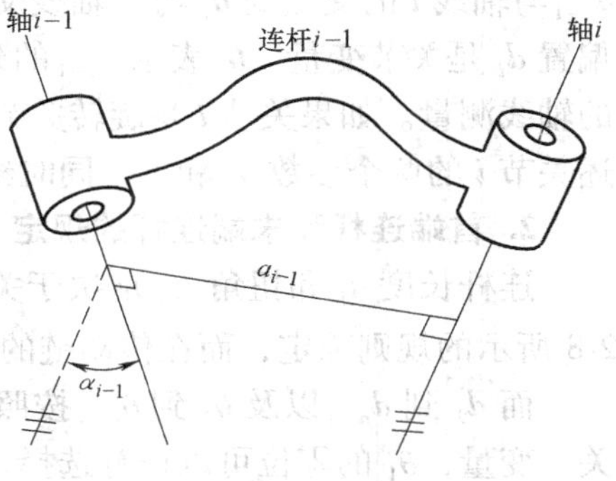

图 2-6　连杆的描述

通常用连杆长度 a_{i-1} 和扭角 α_{i-1} 来规定连杆 $i-1$ 本身的特征。实际上，公法线长度和扭角可以用来规定任意两条空间直线之间的相对位置。

例 2-6　图 2-7 表示某连杆的结构示意图。支承 A 和 B 分别代表关节 $i-1$ 和关节 i，求连杆 $i-1$ 的连杆长度 a_{i-1} 和扭角 α_{i-1}。

解：由图 2-7 可以看出：$a_{i-1}=170\text{mm}$，$\alpha_{i-1}=45°$（表示绕公法线从轴 $i-1$ 到轴 i 转角为 45°）。

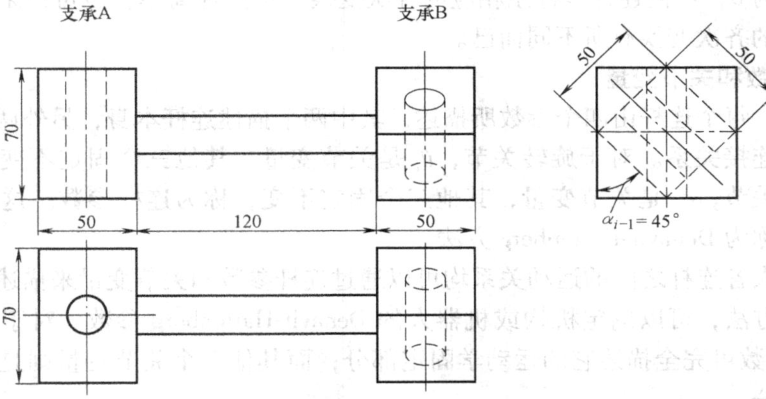

图 2-7　连杆的结构示意图

2.6.2　连杆连接的描述

1. 中间连杆连接的描述

相邻两连杆之间有一个共同的关节轴线。因此，每一关节轴线有两条公法线与它垂直，每条公法线相应于一条连杆。这两条公法线（连杆）的距离称为连杆的偏置，记为 d_i，它代表连杆 i 相对于连杆 $i-1$ 的偏置。两公法线（连杆）之间的夹角称为关节角，记为 θ_i，表示连杆 i 相对连杆 $i-1$ 绕该轴线 i 的旋转角度。

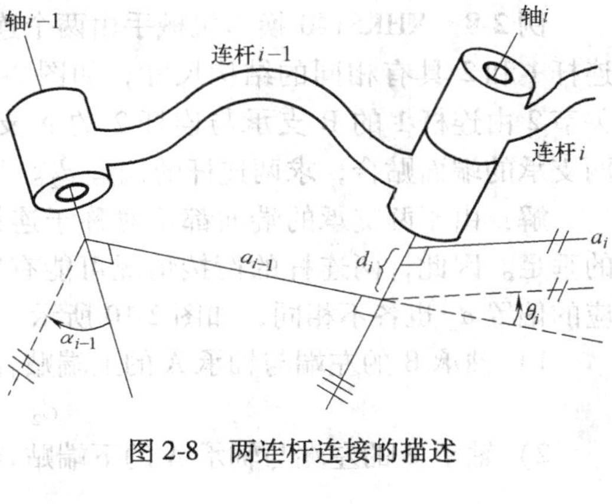

图 2-8　两连杆连接的描述

图 2-8 表示连杆 $i-1$ 和连杆 i 的相互连接关系。a_{i-1} 是连杆 $i-1$ 的两轴线的公垂线，a_i 是连杆 i 相应的公垂线。表示连杆 i 与连杆 $i-1$ 连接关系的第一个参数是连杆偏置 d_i，第二个参数是关节角 θ_i。d_i 和 θ_i 都带正负号。d_i 表示

a_{i-1}与轴线 i 的交点到 a_i 与该轴线交点的距离，沿轴线 i 测量。如果关节 i 是移动关节，则偏置 d_i 是关节变量。θ_i 表示 a_{i-1}的延伸线与 a_i 的延伸线（或平行线）间的夹角，绕关节 i 的轴线测量。如果关节 i 是旋转关节，则 θ_i 是关节变量，d_i 固定不变。在图 2-8 中表示出描述关节 i 的两个参数 d_i 和 θ_i，同时给出了描述连杆 $i-1$ 的两个参数 α_{i-1}和 a_{i-1}。

2. 首端连杆和末端连杆的规定

连杆长度 a_i 和扭角 α_i 取决于关节轴线 i 和 $i+1$。因此 a_1 到 a_{n-1}以及 α_1 到 α_{n-1}按照图 2-8 所示的规则确定，而在传动链的两端，习惯约定：$a_0=a_n=0$ 和 $\alpha_0=\alpha_n=0^0$。

而 d_2 到 d_{n-1}以及 θ_2 到 θ_{n-1}按照上面讨论的方法规定。如果关节 1 是旋转关节，则 θ_1 是关节变量，θ_1 的零位可以任意选择，d_1 固定不变，通常习惯约定：$d_1=0$。

如果关节 1 是移动付，则 d_1 是关节变量，d_1 的零位任意选择，θ_1 固定不变，通常习惯约定：$\theta_1=0$。

上面的规定完全适用于关节 n。这样的规定可使后续的计算简便。显然，一个量任意选定，另一量取为 0，可使连杆坐标系相应的齐次变换尽可能地简单。也可以采用其他的约定值，只是相应的齐次变换有所不同而已。

3. 连杆参数和关节变量

由上所述，每个连杆由四个参数所描述，其中两个描述连杆本身，另外两个描述该连杆与相邻连杆的连接关系。对于旋转关节，θ_i 是关节变量，其他三个固定不变，称为连杆参数。对于移动关节，d_i 是关节变量，其他三个固定不变，称为连杆参数。这种描述机构运动关系的规则称为 Denavit-Hartenberg 方法。

任何机器人各连杆之间的运动关系均可以通过连杆参数和关节变量来描述。

根据上述方法，可以确定机构或机器人的 Denavit-Hartenberg 参数。对于六关节的机器人，用 18 个参数可完全描述它的运动学固定部分；而其他六个关节变量则是机器人运动方程中的变量部分。

例 2-7 机器人由两个连杆组成。连杆 1 和 2 具有相同的结构。如图 2-9 所示，关节 2 由连杆 1 的 B 支承和连杆 2 的 A 支承组成，两支承的端面贴合，求连杆偏置 d_2。

解： 连杆偏置 d_2 是在关节 2 上的偏置，它沿关节 2 轴线测量，表示从连杆 1 的公垂线到连杆 2 的公垂线之间的距离。由图 2-9 可见，$d_2=60\text{mm}$。

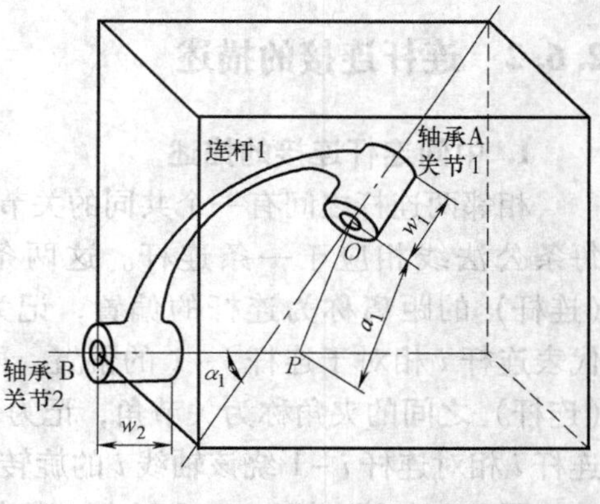

图 2-9 XHK5140 换刀机械手的连杆

例 2-8 XHK5140 换刀机械手由两个连杆组成，连杆 1 和 2 具有相同的结构尺寸，如图 2-10 所示。关节 2 由连杆 1 的 B 支承与连杆 2 的 A 支承组成，两支承的端面贴合，求两连杆的偏置 d_2。

解： 由于两支承的端面都不对称于连杆公垂线的垂足。因此，两连杆的衔接情况可能有四种，相应的偏置 d_2 也各不相同，如图 2-10 所示。

1）轴承 B 的左端与轴承 A 的上端贴合，如图 2-10a 所示。

$$d_2 = L/2 + w_1$$

2）轴承 B 的左端与轴承 A 的下端贴合，如图 2-10b 所示。

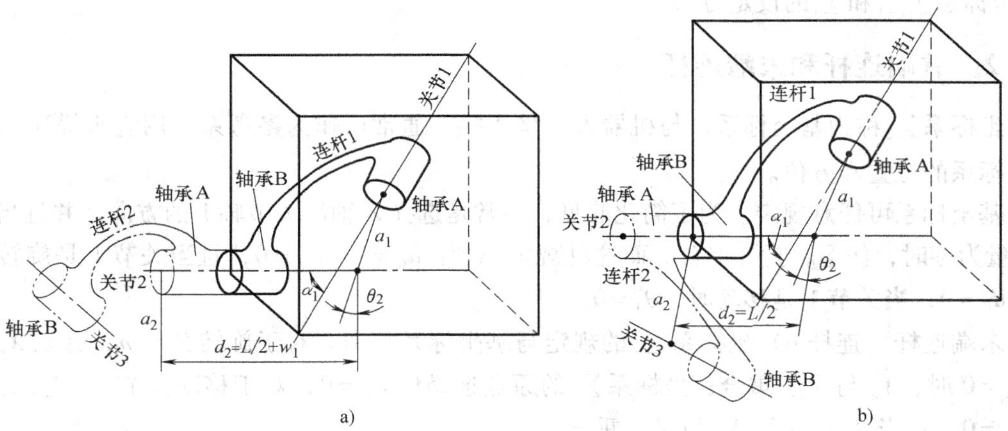

图 2-10　换刀机械手的两连杆连接举例（偏置和关节角）

$$d_2 = L/2$$

3）轴承 B 的右端与轴承 A 的下端贴合，图中未示出，读者可以自己练习。

$$d_2 = L/2 - w_1$$

4）轴承 B 的右端与轴承 A 的上端贴合，图中未示出，读者可以自己练习。

$$d_2 = L/2 - w_1 - w_2$$

2.7　连杆坐标系

为了确定各连杆之间的相对运动和位姿关系，在每一连杆上固接一个坐标系。与基座（连杆 0）固接的称基坐标系，与连杆 1 固接的称坐标系 $\sum_1$，与连杆 i 固接的坐标系称为坐标系 $\sum_i$。下面介绍连杆坐标系规定的方法。

2.7.1　中间连杆 i 的坐标系 $\sum_i$

中间连杆 i 的坐标系 $\sum_i$ 设置如图 2-11 所示。

坐标系 $\sum_i$ 的 Z 轴 Z_i 与关节轴 i 共线，指向任意规定。

坐标系 $\sum_i$ 的 X 轴 X_i 与连杆公垂线重合，指向为从关节 i 到关节 $i+1$；当 $a_i=0$ 时，取 $X_i = \pm Z_{i+1}\times Z_i$。

坐标系 $\sum_i$ 的 Y 轴 Y_i 按右手法则确定，即 $Y_i = Z_i \times X_i$。

坐标系 $\sum_i$ 的原点 O_i 取 X_i 与 Z_i 的交点。当 Z_i 和 Z_{i+1} 相交时（$a_i=0$），取其交点作为原点；当 Z_i 和 Z_{i+1} 平行时，原点取使 $d_{i+1}=0$ 处。图 2-11 表示了连杆 $i-1$ 和连杆

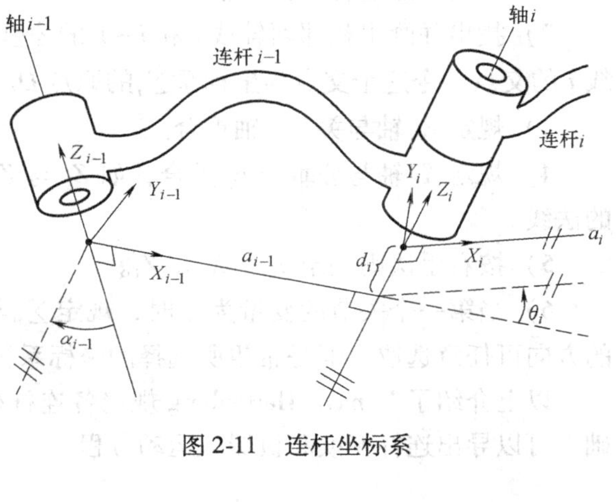

图 2-11　连杆坐标系

i 的坐标系 $\sum_{i-1}$ 和 $\sum_i$ 的设定方法。

2.7.2 首端连杆和末端连杆

坐标系 $\sum_0$ 称为基坐标系，与机器人基坐固接，通常可作为参考系，用它来描述其他连杆坐标系的位置和方位。

基坐标系可任意规定。为了简化起见，通常是选择 Z 轴沿关节轴 1 的方向。并且当关节 1 变量为零时，使 $\sum_0$ 与 $\sum_1$ 重合。而这种规定隐含：$a_0=0$，$\alpha_0=0$，且当关节 1 是旋转关节时，$d_0=0$；当关节 1 是移动时，$\theta_0=0$。

末端连杆（连杆 n）坐标系 $\sum_n$ 的规定与基坐标系相似。对于旋转关节 n，选取 X_n，使当 $\theta_n=0$ 时，X_n 与 X_{n-1} 重合；坐标系 $\sum_n$ 的原点选择使 $d_n=0$；对于移动关节 n，$\sum_n$ 的选取使 $\theta_n=0$，且当 $d_n=0$ 时，X_n 与 X_{n-1} 重合。

2.7.3 用连杆坐标系规定连杆参数

利用连杆坐标系，则连杆参数可以明确地定义为：

1）a_i 为从 Z_i 到 Z_{i+1} 沿 X_i 测量的距离。

2）α_{i-1} 为从 Z_i 到 Z_{i+1} 绕 X_i 旋转的角度。

3）d_i 为从 X_{i-1} 到 X_i 沿 Z_i 测量的距离。

4）θ_i 为从 X_{i-1} 到 X_i 绕 Z_i 旋转的角度。

通常选择 $a_i \geqslant 0$，因它代表连杆长度；而 α_i，d_i 和 θ_i 可为正亦可为负。

应该注意到：上述有关连杆坐标系的规定并不能保证坐标系的唯一性。例如，虽然 Z_i 与关节轴 i 一致，但 Z_i 的指向可有两种选择；当 Z_i 与 Z_{i+1} 相交时($a_i=0$)，X_i 的方向是由 Z_i 和 Z_{i+1} 决定的平面法线的方向，X_i 的指向也有两种选择。此外，对于移动关节，坐标系的规定也有一定的任意性。

2.7.4 连杆坐标系建立的步骤

对于给定的机器人，各个连杆坐标系建立的步骤如下：

1）找出并画出各个关节轴线。

2）找出并画出相邻两轴线 i 和 $i+1$ 的公垂线 a_i，或两轴线的交点。求出公垂线 a_i 与轴线 i 的交点，令这个交点为坐标系 $\sum_i$ 的原点 O_i。

3）规定 Z_i 轴与关节 i 轴重合。

4）规定 X_i 轴与公垂线 a_i 重合，如 Z_i 与 Z_{i+1} 相交，则规定 X_i 是 Z_i 和 Z_{i+1} 所组成平面的法线。

5）按右手法则决定 $Y_i = X_i \times Z_i$。

6）当第一个关节的变量为零时，规定 $\sum_0$ 与 $\sum_1$ 重合。对于末端坐标系 $\sum_n$，原点和 X_n 的方向可任意选取。但是希望所选择的坐标系 $\sum_n$ 能使连杆参数尽可能为零。

以上介绍了 Denavit-Hartenberg 规定各连杆坐标系和确定连杆参数的一般方法。在此基础上可以导出连杆变换和机器人运动方程。

2.8 连杆变换和运动学方程

在此，首先推导相邻两连杆坐标系之间的变换矩阵。然后，将这些变换依次相乘便得到操作臂的运动方程。

2.8.1 相邻两连杆坐标系之间的变换矩阵

坐标系$\sum_i$与$\sum_{i-1}$通过a_{i-1}、α_{i-1}、d_i 和 θ_i 四个参数联系起来。因此坐标系$\sum_i$相对于坐标系$\sum_{i-1}$的变换矩阵${}^{i-1}_{i}T$通常也是连杆的这四个参数的函数。对于机器人而言，这个变换只是一个变量（关节变量）的函数，其他三个参数由机器人的结构决定，固定不变。把连杆变换${}^{i-1}_{i}\boldsymbol{T}$分解为四个基本的子变换。其中每一个都仅依赖于一个连杆参数，就能够直接写出这些子变换公式。

坐标系$\sum_i$相对于坐标系$\sum_{i-1}$的变换${}^{i-1}_{i}\boldsymbol{T}$可以看成是以下的四个子变换的乘积：

1）绕 X_{i-1} 轴转 α_{i-1} 角。

2）沿 X_{i-1} 轴移动 a_{i-1}。

3）绕 Z_i 轴转 θ_i 角。

4）沿 Z_i 轴移动 d_i。

因为这些变换是相对于动坐标系描述的，按照“从左到右”的原则，得到

$$ {}^{i-1}_{i}\boldsymbol{T} = \mathrm{Rot}(X,\alpha_{i-1})\mathrm{Trans}(X,a_{i-1})\mathrm{Rot}(Z,\theta_i)\mathrm{Trans}(Z,d_i) \tag{2-54} $$

亦可表示为

$$ {}^{i-1}_{i}\boldsymbol{T} = \mathrm{Screw}(X,a_{i-1},\alpha_{i-1})\mathrm{Screw}(Z,d_i,\theta_i) \tag{2-55} $$

式中，Screw(Q, r, ϕ) 称为旋量，表示沿 Q 轴平移 r 并绕 Q 转动 ϕ 角的变换。

由式（2-50），得到连杆变换矩阵${}^{i-1}_{i}T$的一般表达式为

$$ {}^{i-1}_{i}\boldsymbol{T} = \begin{pmatrix} c\theta_i & -s\theta_i & 0 & a_{i-1} \\ s\theta_i c\alpha_{i-1} & c\theta_i c\alpha_{i-1} & -s\alpha_{i-1} & -d_i s\alpha_{i-1} \\ s\theta_i s\alpha_{i-1} & c\theta_i s\alpha_{i-1} & c\alpha_{i-1} & d_i s\alpha_{i-1} \\ 0 & 0 & 0 & 1 \end{pmatrix} \tag{2-56} $$

式中，$c\theta_i=\cos\theta_i$，$s\theta_i=\sin\theta_i$，其余类似。

从式中可以看出，连杆变换矩阵${}^{i-1}_{i}\boldsymbol{T}$依赖于四个连杆参数：$a_{i-1}$，$\alpha_{i-1}$，$d_i$ 和 θ_i，其中只有一个是变动的，称为关节变量。对于转动关节 i，θ_i 是关节变量；对于移动关节 i，d_i 是关节变量。为了方便描述，可用 q_i 表示第 i 个关节变量，$q_i=\theta_i$ 表示转动关节 i；$q_i=d_i$ 表示移动关节 i。

2.8.2 运动学方程的建立

利用式（2-50）、式（2-51）、式（2-52），可将各连杆变换矩阵${}^{i-1}_{i}\boldsymbol{T}(i=1, 2, \cdots, n-1, n)$，顺序相乘，得到末端连杆坐标系$\sum_n$相对于基坐标系$\sum_0$的变换矩阵

$$ {}^{0}_{n}\boldsymbol{T} = {}^{0}_{1}\boldsymbol{T}\,{}^{1}_{2}\boldsymbol{T}\cdots{}^{n-1}_{n}\boldsymbol{T} = {}^{0}_{1}\boldsymbol{T}(q_1)\,{}^{1}_{2}\boldsymbol{T}(q_2)\cdots{}^{n-1}_{n}\boldsymbol{T}(q_n) \tag{2-57} $$

通常把${}^{0}_{n}\boldsymbol{T}$称为操作臂的变换矩阵。显然它是 n 个关节变量 q_i，$(i=1, 2, \cdots, n-1, n)$，

的函数。如果能够获得这 n 个关节变量的值，则可算出末端连杆相对于基坐标系的位姿。按照 2.1 节中图 2-1 中对手爪位姿的描述方法，用位置矢量 $\boldsymbol{P}$ 表示末端连杆的位置，用旋转矩阵 $\boldsymbol{R}=[\boldsymbol{n}\quad \boldsymbol{o}\quad \boldsymbol{a}]$ 代表末端连杆的方位，则式（2-53）可以写成

$$\begin{bmatrix} {}_{n}^{0}\boldsymbol{n} & {}_{n}^{0}\boldsymbol{o} & {}_{n}^{0}\boldsymbol{a} & {}_{n}^{0}\boldsymbol{p} \\ 0 & 0 & 0 & 1 \end{bmatrix} = \begin{bmatrix} {}_{n}^{0}\boldsymbol{R} & {}_{n}^{0}\boldsymbol{P} \\ 0\ 0\ 0 & 1 \end{bmatrix} = {}_{1}^{0}\boldsymbol{T}(q_1)\,{}_{2}^{1}\boldsymbol{T}(q_2)\cdots{}_{n}^{n-1}\boldsymbol{T}(q_n) \tag{2-58}$$

式（2-58）称为操作臂的运动学方程，它表示末端连杆的位姿与关节变量之间的联系。

2.9 多足步行机器人的运动学

2.9.1 引言

作为一种多支链运动机构，多足步行机器人不仅是一种拓扑运动结构，也是一种冗余驱动系统。一般而言，具有全方位机动性的多足步行机器人每条腿上至少有 3 个驱动关节，一个四足机器人就有 12 个驱动关节，而六足机器人则就有 18 个驱动关节。机器人的驱动关节数远多于其机体的运动自由度数。这是诸如轮式或履带式等移动机器人所不具备的特点，也正因为如此，多足步行机器人的运动学问题比一般移动机器人的运动学问题要复杂得多。

多足机器人步行过程中，每条腿根据一定的顺序和运动轨迹提起和放下，这一过程就叫作步态。在腿的提起和放下过程之间，多足机器人的运动类似于一个并联机器人的运动。从瞬时性的角度，多足步行机器人就像一个具有冗余自由度的并联机构，它的运动过程可以被看成具有不同地面支撑位置的一系列冗余驱动并联机器人的运动组合，类似于并联机器人。

2.9.2 多足步行机器人机构特征

多足步行机器人由机体和若干条腿所组成。通常，机器人机体是一个规则平台，每条腿通过髋关节与机体相连。根据髋关节不同的布置方式，机器人的机构及其运动特征有所区别。图 2-12a 表示类似爬行动物的四足机器人的运动机构，图 2-12b 表示类似爬行动物的六足机器人的运动机构，而图 2-12c 则表示类似哺乳动物的四足机器人的运动机构。不难理解，髋关节轴心线和机器人机体平面平行时，机器人类似于哺乳动物的运动形式，而当髋关节轴心线和机体平面垂直时，机器人类似于爬行动物的运动形式。

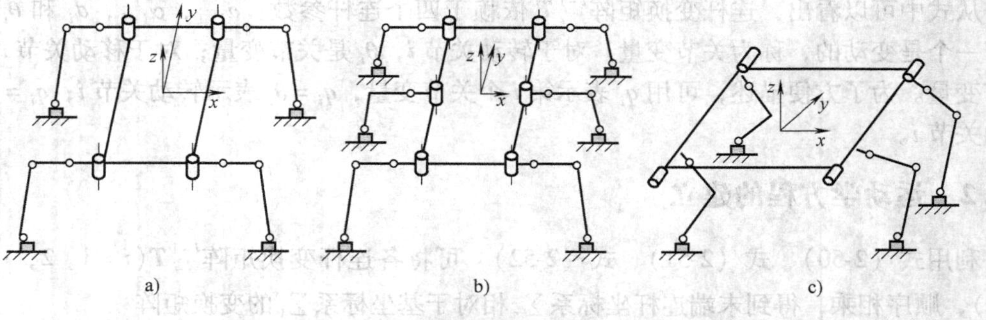

图 2-12 多足步行机器人的机构特征

a）爬行类四足机器人 b）爬行类六足机器人 c）哺乳类四足机器人

机器人的步行腿由一个平面连杆机构、臀关节机构和脚及其关节组成。通常，脚关节是球铰，它具有三个转动自由度，这样整条腿就有六个自由度。每条腿上的主动关节通常都有驱动。由于机器人的质量主要集中在其机体上，臀关节连接着腿和机体，一般设计时都尽可能地使机器人的重心与其几何中心重合。

2.9.3　站立腿的运动学计算

图 2-13 给出了爬行类多足步行机器人站立腿的结构示意图。图中，A_i 为站立腿的立足点，B_i 代表机器人机体上臀关节的连接点。l_j（$j=1, 2, \cdots, 5$）代表第 j 个连杆的长度，其中 l_1、l_2 和 l_3 属于平面连杆机构，ϕ_i、φ_i 和 χ_i 代表驱动关节的位置（角度），而 ε_i、δ_i 和 θ_i 代表被动关节的位置。$\sum_O(o-XYZ)$ 为固定在地面上的参考坐标系。$\sum_{B_i}(B_i-xyz)$ 代表固定在臀关节 B_i 上，并置旋转轴线和 z 轴重合的相对坐标系。${}^O\boldsymbol{p}_{A_i}$ 和 ${}^O\boldsymbol{p}_{B_i}$ 为 A_i 和 B_i 在参考坐标系 $\sum_O$ 中的位置矢量。脚关节模型化为三个相互正交的旋转关节 θ_i、δ_i 和 ε_i，以及两个连杆 l_4 和 l_5。一般而言，$l_4=l_5=0$。

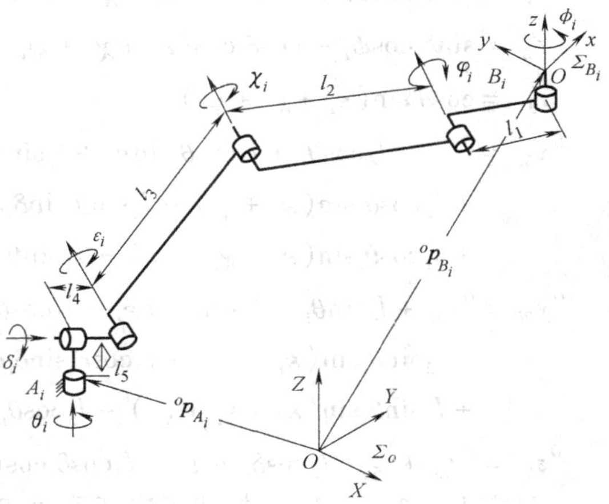

图 2-13　爬行类多足步行机器人站立腿结构示意图

1. 齐次变换

腿上各连杆、机器人机体和地面间几何关系的数学描述是至关重要的，这些关系是通过坐标系来建立的。齐次变换是解决此问题的重要手段。在三维空间中，机体的位置和方向可以用齐次变换矩阵来描述。

对于图 2-13 所示的站立腿，利用 2.3 节中所述的齐次变换理论，假定起初 $\sum_{B_i}$ 与 $\sum_O$ 重合，然后从 A_i 到 B_i 进行平移和旋转变换，通过下述齐次变换得到 $\sum_{B_i}$ 最后的姿态（位置和方向）：

$$\begin{aligned}\boldsymbol{T}_{B_i} = {} & \mathrm{Trans}({}^Ox_{Ai}, {}^Oy_{Ai}, {}^Oz_{Ai})\mathrm{Rot}(z,\theta_i)\mathrm{Trans}(0,0,l_5)\mathrm{Trans}(l_4,0,0) \\ & \mathrm{Rot}(y,\varepsilon_i)\mathrm{Trans}(0,0,l_3)\mathrm{Rot}(y,\chi_i)\mathrm{Trans}(0,0,l_2)\mathrm{Rot}(y,\varphi_i) \\ & \mathrm{Trans}(0,0,l_1)\mathrm{Rot}\left(y,-\frac{\pi}{2}\right)\mathrm{Rot}(z,\phi_i)\end{aligned} \tag{2-59}$$

式中，（${}^Ox_{Ai}$，${}^Oy_{Ai}$，${}^Oz_{Ai}$）为 A_i 在 $\sum_O$ 中的位置坐标。展开方程（2-59），可以得到

$$\boldsymbol{T}_{B_i} = \begin{pmatrix} \boldsymbol{R}_{B_i} & {}^O\boldsymbol{p}_{B_i} \\ \boldsymbol{0} & 1 \end{pmatrix} = \begin{pmatrix} r_{11}^i & r_{12}^i & r_{13}^i & {}^Ox_{Bi} \\ r_{21}^i & r_{22}^i & r_{23}^i & {}^Oy_{Bi} \\ r_{31}^i & r_{32}^i & r_{33}^i & {}^Oz_{Bi} \\ 0 & 0 & 0 & 1 \end{pmatrix} \tag{2-60}$$

这里：

$$r_{11}^i = \cos\theta_i\sin(\varepsilon_i+\chi_i+\varphi_i)\cos\phi_i + \sin\theta_i\sin\delta_i\cos(\varepsilon_i+\chi_i+\varphi_i)\cos\phi_i - \sin\theta_i\cos\delta_i\sin\phi_i$$

$$r_{12}^i = -\cos\theta_i\sin(\varepsilon_i+\chi_i+\varphi_i)\sin\phi_i - \sin\theta_i\sin\delta_i\cos(\varepsilon_i+\chi_i+\varphi_i)\sin\phi_i - \sin\theta_i\cos\delta_i\cos\phi_i$$

$$r_{13}^{i}=-\cos\theta_i\cos(\varepsilon_i+\chi_i+\varphi_i)+\sin\theta_i\sin\delta_i\sin(\varepsilon_i+\chi_i+\varphi_i)$$

$$r_{21}^{i}=\sin\theta_i\sin(\varepsilon_i+\chi_i+\varphi_i)\cos\phi_i-\cos\theta_i\sin\delta_i\cos(\varepsilon_i+\chi_i+\varphi_i)\cos\phi_i+\cos\theta_i\cos\delta_i\sin\phi_i$$

$$r_{22}^{i}=-\sin\theta_i\sin(\varepsilon_i+\chi_i+\varphi_i)\sin\phi_i+\cos\theta_i\sin\delta_i\cos(\varepsilon_i+\chi_i+\varphi_i)\sin\phi_i+\cos\theta_i\cos\delta_i\cos\phi_i$$

$$r_{23}^{i}=-\sin\theta_i\cos(\varepsilon_i+\chi_i+\varphi_i)-\cos\theta_i\sin\delta_i\sin(\varepsilon_i+\chi_i+\varphi_i)$$

$$r_{31}^{i}=\sin\delta_i\sin\phi_i+\cos\delta_i\cos(\varepsilon_i+\chi_i+\varphi_i)\cos\phi_i$$

$$r_{32}^{i}=\sin\delta_i\cos\phi_i-\cos\delta_i\cos(\varepsilon_i+\chi_i+\varphi_i)\sin\phi_i$$

$$r_{33}^{i}=\cos\delta_i\sin(\varepsilon_i+\chi_i+\varphi_i)$$

$$\begin{aligned}{}^{O}x_{Bi}={}&{}^{O}x_{Ai}+l_4\cos\theta_i+l_3\cos\theta_i\sin\varepsilon_i+l_3\sin\theta_i\sin\delta_i\cos\varepsilon_i\\&+l_2\cos\theta_i\sin(\varepsilon_i+\chi_i)+l_2\sin\theta_i\sin\delta_i\cos(\varepsilon_i+\chi_i)\\&+l_1\cos\theta_i\sin(\varepsilon_i+\chi_i+\varphi_i)+l_1\sin\theta_i\sin\delta_i\cos(\varepsilon_i+\chi_i+\varphi_i)\end{aligned}$$

$$\begin{aligned}{}^{O}y_{Bi}={}&{}^{O}y_{Ai}+l_4\sin\theta_i+l_3\sin\theta_i\sin\varepsilon_i-l_3\cos\theta_i\sin\delta_i\cos\varepsilon_i\\&+l_2\sin\theta_i\sin(\varepsilon_i+\chi_i)-l_2\cos\theta_i\sin\delta_i\cos(\varepsilon_i+\chi_i)\\&+l_1\sin\theta_i\sin(\varepsilon_i+\chi_i+\varphi_i)-l_1\cos\theta_i\sin\delta_i\cos(\varepsilon_i+\chi_i+\varphi_i)\end{aligned}$$

$${}^{O}z_{Bi}={}^{O}z_{Ai}+l_5+l_3\cos\delta_i\cos\varepsilon_i+l_2\cos\delta_i\cos(\varepsilon_i+\chi_i)+l_1\cos\delta_i\cos(\varepsilon_i+\chi_i+\varphi_i)$$

事实上，θ_i、δ_i 和 ε_i 描述了连杆平面和接触地面间的几何关系，而 ϕ_i 则表明连杆平面和机器人机体之间的方向关系（因为臀关节固定在机器人机体上）。

需要注意的是，在下面的计算中为表述方便，ϕ_i 定义为根据右手法则得到的连杆平面和$\sum_{B_i}$中 x 轴之间的夹角，相应的四种情况见图2-14。其中 A_i^* 表示点 A_i 在$\sum_{B_i}$中 $x-y$ 平面上的投影。

方程（2-60）为站立腿的正运动学解，即臀关节$\sum_{B_i}$的位姿是由给定的关节角度确定的，由于臀关节轴固定在机器人机体上，所以 $\boldsymbol{T}_{B_i}$实际上给出了机器人机体的位姿。

例 2-9 图 2-15 给出了某时刻一站立腿的位姿，此时连杆平面(A_i-yz)与地面($o-XY$)垂直，连杆 l_3 与地面夹角为75°，连杆平面与$\sum_O$ 中($o-YZ$)面夹角为45°。设 $l_1=50\text{mm}$，$l_2=150\text{mm}$，$l_3=200\text{mm}$，$l_4=l_5=0$，$\delta_i=0$，$\varphi_i=0$，$\chi_i=75°$，且${}^{O}\boldsymbol{p}_{A_i}=[-100\quad 100\quad 0]^{\mathrm{T}}$（单位：mm），确定此时$\sum_{B_i}$的位置和方向。

解：据已知条件，得到 $\phi_i=45°$，$\delta_i=0$ 且$\varepsilon_i=90°-75°=15°$。将所有已知参数代入方程（2-60），解得

$$\boldsymbol{T}_{B_i}=\begin{pmatrix}\cos60° & -\sin60° & 0 & 78\\ \sin60° & \cos60° & 0 & 278\\ 0 & 0 & 1 & 193\\ 0 & 0 & 0 & 1\end{pmatrix}$$

即$\sum_{B_i}$的位置矢量和方向矩阵分别是

$${}^{O}\boldsymbol{p}_{B_i}=\begin{pmatrix}78\\278\\193\end{pmatrix}\quad \boldsymbol{R}_{B_i}=\begin{pmatrix}\cos60° & -\sin60° & 0\\ \sin60° & \cos60° & 0\\ 0 & 0 & 1\end{pmatrix}$$

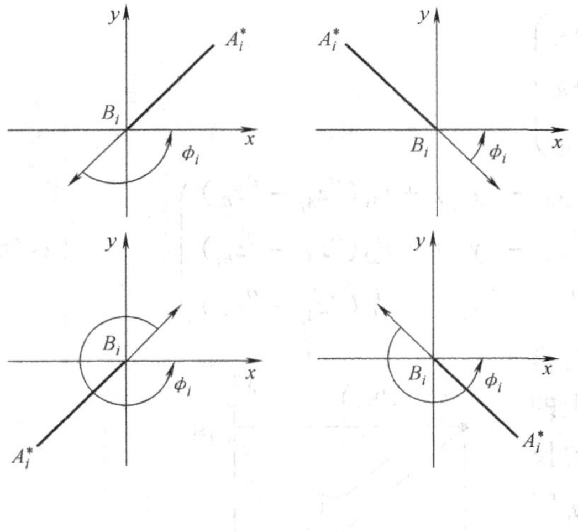

图 2-14　连杆平面与 $\sum_{B_i}$ 中 x 轴夹角的四种情况

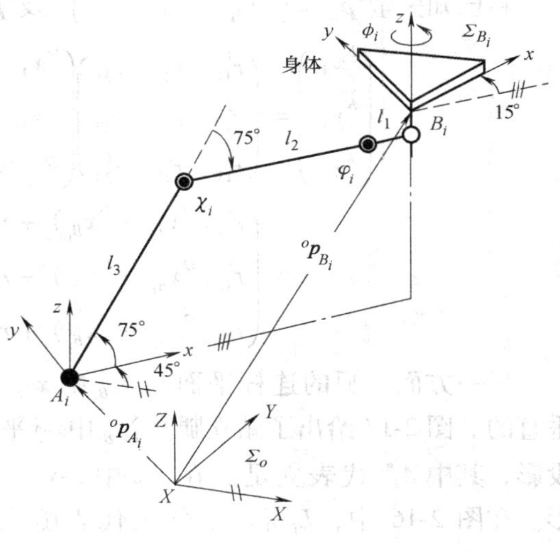

图 2-15　某时刻一站立腿的位姿

2. 站立腿的逆运动学计算

机器人机体的运动可以通过控制所有站立腿驱动关节来实现，这就引出了站立腿的逆运动学问题。此处所谓的逆运动学，指的是根据机器人位姿和已知的立足点位置，计算机器人所有驱动关节的变量值。图 2-16 给出了具有六自由度的三驱动关节站立腿，其中已知 ${}^{O}\boldsymbol{p}_{B_i}$、$\boldsymbol{R}_{B_i}$ 和 ${}^{O}\boldsymbol{p}_{A_i}$，而驱动关节变量 ϕ_i，φ_i 和 χ_i 为未知。

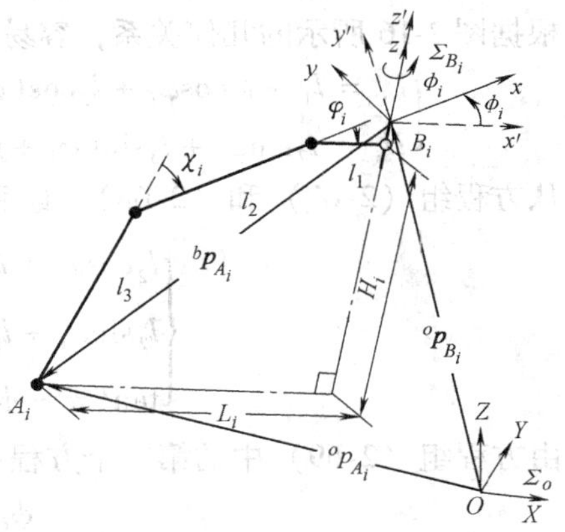

图 2-16　具有六自由度的三驱动关节

根据矢量在坐标系间的变换关系，可得

$$ {}^{O}\boldsymbol{p}_{A_i} = {}^{O}\boldsymbol{p}_{B_i} + \boldsymbol{R}_{B_i}\,{}^{b}\boldsymbol{p}_{A_i} \tag{2-61} $$

式中，${}^{b}\boldsymbol{p}_{A_i} = ({}^{b}x_{A_i}\quad {}^{b}y_{A_i}\quad {}^{b}z_{A_i})^{\mathrm{T}}$ 为立足点在 $\sum_{B_i}$ 中的位置矢量。从而有

$$ {}^{b}\boldsymbol{p}_{A_i} = \boldsymbol{R}_{B_i}^{-1}({}^{O}\boldsymbol{p}_{A_i} - {}^{O}\boldsymbol{p}_{B_i}) \tag{2-62} $$

注意到方向矩阵 $\boldsymbol{R}_{B_i}$ 为正交矩阵，于是存在

$$ \boldsymbol{R}_{B_i}^{-1} = \boldsymbol{R}_{B_i}^{\mathrm{T}} \tag{2-63} $$

因此，根据给定位姿的方向矩阵，

$$ \boldsymbol{R}_{B_i} = \begin{pmatrix} r_{11}^{i} & r_{12}^{i} & r_{13}^{i} \\ r_{21}^{i} & r_{22}^{i} & r_{23}^{i} \\ r_{31}^{i} & r_{32}^{i} & r_{33}^{i} \end{pmatrix} \tag{2-64} $$

可推出

$$ \boldsymbol{R}_{B_i}^{-1} = \begin{pmatrix} r_{11}^{i} & r_{21}^{i} & r_{31}^{i} \\ r_{12}^{i} & r_{22}^{i} & r_{32}^{i} \\ r_{13}^{i} & r_{23}^{i} & r_{33}^{i} \end{pmatrix} \tag{2-65} $$

将已知矢量${}^{O}\boldsymbol{p}_{A_i}=({}^{O}x_{A_i}\quad {}^{O}y_{A_i}\quad {}^{O}z_{A_i})^{\mathrm{T}}$及${}^{O}\boldsymbol{p}_{B_i}=({}^{O}x_{B_i}\quad {}^{O}y_{B_i}\quad {}^{O}z_{B_i})^{\mathrm{T}}$代入方程（2-62），得到

$$\begin{pmatrix} {}^{b}x_{A_i} \\ {}^{b}y_{A_i} \\ {}^{b}z_{A_i} \end{pmatrix} = \begin{pmatrix} r_{11}^{i} & r_{21}^{i} & r_{31}^{i} \\ r_{12}^{i} & r_{22}^{i} & r_{32}^{i} \\ r_{13}^{i} & r_{23}^{i} & r_{33}^{i} \end{pmatrix} \begin{pmatrix} {}^{O}x_{A_i} - {}^{O}x_{B_i} \\ {}^{O}y_{A_i} - {}^{O}y_{B_i} \\ {}^{O}z_{A_i} - {}^{O}z_{B_i} \end{pmatrix}$$

$$= \begin{pmatrix} r_{11}^{i}({}^{O}x_{A_i} - {}^{O}x_{B_i}) + r_{21}^{i}({}^{O}y_{A_i} - {}^{O}y_{B_i}) + r_{31}^{i}({}^{O}z_{A_i} - {}^{O}z_{B_i}) \\ r_{12}^{i}({}^{O}x_{A_i} - {}^{O}x_{B_i}) + r_{22}^{i}({}^{O}y_{A_i} - {}^{O}y_{B_i}) + r_{32}^{i}({}^{O}z_{A_i} - {}^{O}z_{B_i}) \\ r_{13}^{i}({}^{O}x_{A_i} - {}^{O}x_{B_i}) + r_{23}^{i}({}^{O}y_{A_i} - {}^{O}y_{B_i}) + r_{33}^{i}({}^{O}z_{A_i} - {}^{O}z_{B_i}) \end{pmatrix} \tag{2-66}$$

另一方面，腿的连杆平面与$\sum_{B_i}$中 x-y 平面是垂直的。图 2-17 给出了站立腿在$\sum_{B_i}$中x-y平面上的投影，其中A_i^*代表立足点在$\sum_{B_i}$中 x-y 平面的投影。在图 2-16 中，L_i 和 H_i 分别代表腿在$\sum_{B_i}$中 $x-y$平面和 z 轴上的伸展长度，于是有

$$\begin{cases} L_i = \sqrt{{}^{b}x_{A_i}^2 + {}^{b}y_{A_i}^2} \\ H_i = -{}^{b}z_{A_i} \\ \tan(\pi - \phi_i) = {}^{b}y_{A_i}/{}^{b}x_{A_i} \end{cases} \tag{2-67}$$

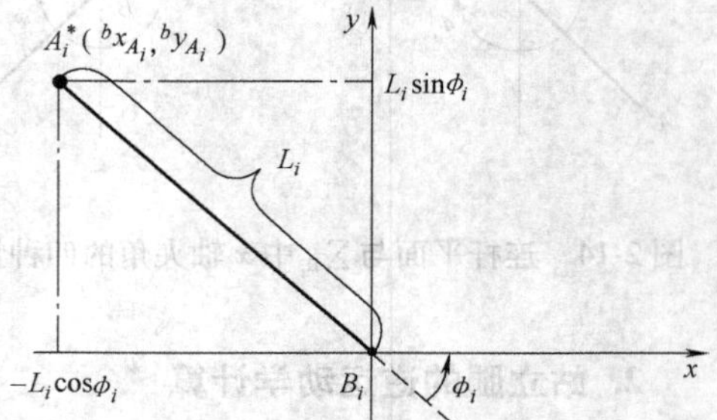

图 2-17 站立腿在$\sum_{B_i}$中 $x-y$ 平面上的投影

根据图 2-16 所示的几何关系，容易得到

$$\begin{cases} L_i = l_1 + l_2\cos\varphi_i + l_3\cos(\varphi_i + \chi_i) \\ H_i = l_2\sin\varphi_i + l_3\sin(\varphi_i + \chi_i) \end{cases} \tag{2-68}$$

从方程组（2-67）和（2-68），最后得到由已知参数表示的驱动关节参数的方程

$$\begin{cases} l_2\cos\varphi_i + l_3\cos(\varphi_i + \chi_i) = \sqrt{{}^{b}x_{A_i}^2 + {}^{b}y_{A_i}^2} - l_1 \\ l_2\sin\varphi_i + l_3\sin(\varphi_i + \chi_i) = -{}^{b}z_{A_i} \\ \tan(\pi - \phi_i) = {}^{b}y_{A_i}/{}^{b}x_{A_i} \end{cases} \tag{2-69}$$

由方程组（2-69）中的第三个方程可得

$$\phi_i = \pi - \mathrm{Atan2}({}^{b}y_{A_i}, {}^{b}x_{A_i}) \tag{2-70}$$

其中Atan2（${}^{b}y_{A_i}$，${}^{b}x_{A_i}$）是一个计算 arctan（${}^{b}y_{A_i}/{}^{b}x_{A_i}$）双参数反正切函数，它通过${}^{b}x_{A_i}$和${}^{b}y_{A_i}$的符号确定角的象限。例如，Atan2（−1.0，−1.0）=−135°；而 Atan2（1.0，1.0）=45°，这是单参数反正切函数所不具备的一个特点。令$\rho_i=\varphi_i-\chi_i$，于是

$$\chi_i = \varphi_i - \rho_i \tag{2-71}$$

从数学上讲，方程组（2-69）中第一和第二个方程可以联立为

$$\begin{cases} a_{i1}\sin\varphi_i + a_{i2}\cos\varphi_i = a_{i3} \\ b_{i1}\sin\rho_i + b_{i2}\cos\rho_i = b_{i3} \end{cases} \tag{2-72}$$

式中，a_{i1}、a_{i2}、a_{i3}和 b_{i1}、b_{i2}、b_{i3}为已知常量，且

$$a_{i1} = -2l_2{}^{b}z_{A_i}$$

$$a_{i2} = 2l_2\left(\sqrt{{}^{b}x_{A_i}^{\ 2} + {}^{b}y_{A_i}^{\ 2}} - l_1\right)$$

$$a_{i3} = {}^b z_{A_i}{}^2 + \left(\sqrt{{}^b x_{A_i}{}^2 + {}^b y_{A_i}{}^2} - l_1\right)^2 + l_2^2 - l_3^2$$

$$b_{i1} = -2l_3\,{}^b z_{A_i}$$

$$b_{i2} = 2l_3\left(\sqrt{{}^b x_{A_i}{}^2 + {}^b y_{A_i}{}^2} - l_1\right)$$

$$b_{i3} = {}^b z_{A_i}{}^2 + \left(\sqrt{{}^b x_{A_i}{}^2 + {}^b y_{A_i}{}^2} - l_1\right)^2 + l_3^2 - l_2^2$$

由于任意角 α 在区间 $0 \leqslant \alpha \leqslant 360°$ 上由 $\tan(\alpha/2)$ 唯一确定，令

$$t_1 = \tan(\varphi_i/2) \text{ 及 } t_2 = \tan(\rho_i/2)$$

于是有 $\cos\varphi_i = (1-t_1{}^2)/(1+t_1{}^2)$，$\sin\varphi_i = 2t_1/(1+t_1{}^2)$，$\cos\rho_i = (1-t_2{}^2)/(1+t_2{}^2)$ 及 $\sin\rho_i = 2t_2/(1+t_2{}^2)$。

将这些表达式代入方程组（2-72），得到

$$\begin{cases}(a_{i2}+a_{i3})t_1^2 - 2a_{i1}t_1 - a_{i2} + a_{i3} = 0 \\ (b_{i2}+b_{i3})t_2^2 - 2b_{i1}t_2 - b_{i2} + b_{i3} = 0\end{cases} \tag{2-73}$$

解方程组（2-73），得到 t_1 及 t_2 如下：

$$t_1 = \frac{a_{i1} \pm \sqrt{a_{i1}{}^2 + a_{i2}{}^2 - a_{i3}{}^2}}{a_{i2}+a_{i3}} \tag{2-74}$$

$$t_2 = \frac{b_{i1} \pm \sqrt{b_{i1}{}^2 + b_{i2}{}^2 - b_{i3}{}^2}}{b_{i2}+b_{i3}} \tag{2-75}$$

因此，最终得到

$$\varphi_i = 2\arctan t_1 \tag{2-76}$$

$$\chi_i = 2\arctan t_2 - 2\arctan t_1 \tag{2-77}$$

方程（2-70）、方程（2-76）、方程（2-77）分别给出了站立腿的驱动关节的位置解。通常情况下由方程（2-74）和方程（2-75）可得到关于 φ_i 和 χ_i 的两组可能解，其几何意义如图 2-18 所示。

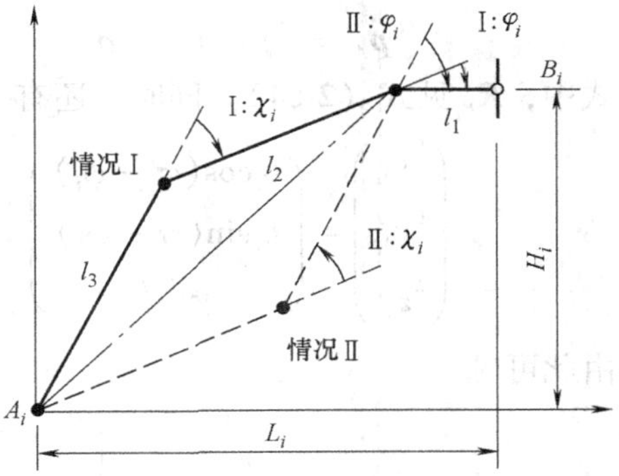

图 2-18　φ_i 和 χ_i 的两组解的几何意义

例 2-10　如图 2-15 所示，$l_1 = 50\text{mm}$，$l_2 = 150\text{mm}$，$l_3 = 200\text{mm}$。给定 ${}^O\boldsymbol{p}_{A_i} = (-100 \quad 100 \quad 0)^{\mathrm{T}}$，${}^O\boldsymbol{p}_{B_i} = (78.024 \quad 278.124 \quad 193.185)^{\mathrm{T}}$（单位：mm），且

$$\boldsymbol{R}_{B_i} = \begin{pmatrix} 0.500 & -0.866 & 0.00 \\ 0.866 & 0.500 & 0.00 \\ 0.00 & 0.00 & 1.00 \end{pmatrix}$$

确定此时的驱动关节变量 ϕ_i、φ_i 和 χ_i。

解：将已知参数 ${}^O\boldsymbol{p}_{A_i}$、${}^O\boldsymbol{p}_{B_i}$ 和 $\boldsymbol{R}_{B_i}$ 代入方程（2-62），得到

$$\begin{pmatrix} {}^b x_{A_i} \\ {}^b y_{A_i} \\ {}^b z_{A_i} \end{pmatrix} = \begin{pmatrix} -243.181 \\ 65.157 \\ -193.185 \end{pmatrix}$$

根据方程（2-66），得到

$$\phi_i = \pi - A\tan2(65.157 \quad -243.181)$$

$$= \pi - \left(\pi - \arctan\frac{65.157}{243.181}\right)$$

$$=15°$$

根据${}^{b}\boldsymbol{p}_{A_i}$，由方程（2-68）可进一步得到下列系数

$$a_{i1}=57955.555 \quad a_{i2}=60529.143 \quad a_{i3}=60529.220$$
$$b_{i1}=77274.066 \quad b_{i2}=80705.524 \quad b_{i3}=95529.220$$

分别将这些系数代入方程(2-70)、方程(2-71)、方程(2-72)、方程(2-73)，则得

$$\varphi_i=0 \text{ 和 } \varphi_i=87.5°$$
$$\chi_i=75° \text{ 和 } \chi_i=-75°$$

因此，驱动关节变量的两组解如下：

$$\begin{cases}\phi_i=15°\\ \varphi_i=0\\ \chi_i=75°\end{cases} \quad \text{和} \quad \begin{cases}\phi_i=15°\\ \varphi_i=87.5°\\ \chi_i=-75°\end{cases}$$

它们分别对应于图 2-18 中的情况Ⅰ和情况Ⅱ。

2.9.4 摆动腿的运动学计算

图 2-19 给出了具有三个主动驱动关节的摆动腿运动示意。

摆动腿的正运动学问题就是根据机器人机体的位姿${}^{o}\boldsymbol{p}_{B_i}$、$\boldsymbol{R}_{B_i}$和腿的驱动关节变量来确定机器人的脚在$\sum_O$中的位置${}^{o}\boldsymbol{p}_{A_i}$。根据图 2-19，有

$${}^{o}\boldsymbol{p}_{A_i}={}^{o}\boldsymbol{p}_{B_i}+\boldsymbol{R}_{B_i}{}^{b}\boldsymbol{p}_{A_i} \tag{2-78}$$

式中，$\boldsymbol{R}_{B_i}$见式（2-64）。同时，还有

$$\begin{pmatrix}{}^{b}x_{A_i}\\ {}^{b}y_{A_i}\\ {}^{b}z_{A_i}\end{pmatrix}=\begin{pmatrix}L_i\cos(\pi-\phi_i)\\ L_i\sin(\pi-\phi_i)\\ -H_i\end{pmatrix} \tag{2-79}$$

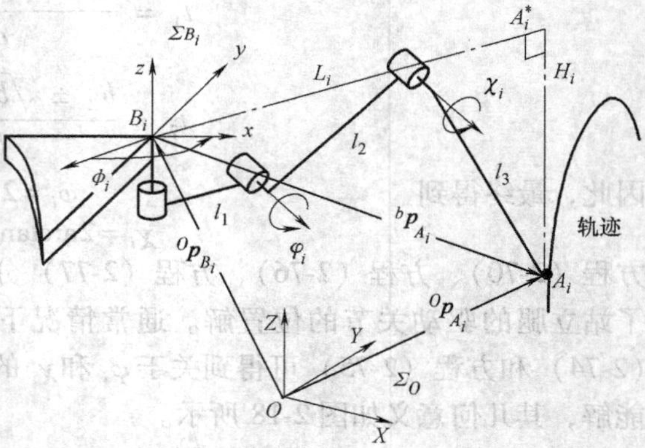

图 2-19 具有三个主动驱动关节的摆动腿运动示意

由此可见

$$\begin{pmatrix}{}^{o}x_{A_i}\\ {}^{o}y_{A_i}\\ {}^{o}z_{A_i}\end{pmatrix}=\begin{pmatrix}{}^{o}x_{B_i}-r_{11}{}^{i}L_i\cos\phi_i+r_{12}{}^{i}L_i\sin\phi_i-r_{13}{}^{i}H_i\\ {}^{o}y_{B_i}-r_{21}{}^{i}L_i\cos\phi_i+r_{22}{}^{i}L_i\sin\phi_i-r_{23}{}^{i}H_i\\ {}^{o}z_{B_i}-r_{31}{}^{i}L_i\cos\phi_i+r_{32}{}^{i}L_i\sin\phi_i-r_{33}{}^{i}H_i\end{pmatrix} \tag{2-80}$$

将方程（2-68）代入方程（2-80），最后得到A_i在$\sum_O$中的位置坐标：

$$\begin{cases}{}^{o}x_{A_i}={}^{o}x_{B_i}-[l_1+l_2\cos\varphi_i+l_3\cos(\varphi_i+\chi_i)](r_{11}{}^{i}\cos\phi_i-r_{12}{}^{i}\sin\phi_i)\\ \qquad -r_{13}{}^{i}[l_2\sin\varphi_i+l_3\sin(\varphi_i+\chi_i)]\\ {}^{o}y_{A_i}={}^{o}y_{B_i}-[l_1+l_2\cos\varphi_i+l_3\cos(\varphi_i+\chi_i)](r_{21}{}^{i}\cos\phi_i-r_{22}{}^{i}\sin\phi_i)\\ \qquad -r_{23}{}^{i}[l_2\sin\varphi_i+l_3\sin(\varphi_i+\chi_i)]\\ {}^{o}z_{A_i}={}^{o}z_{B_i}-[l_1+l_2\cos\varphi_i+l_3\cos(\varphi_i+\chi_i)](r_{31}{}^{i}\cos\phi_i-r_{32}{}^{i}\sin\phi_i)\\ \qquad -r_{33}{}^{i}[l_2\sin\varphi_i+l_3\sin(\varphi_i+\chi_i)]\end{cases} \tag{2-81}$$

例 2-11　如图 2-19 所示，$l_1=0.25\text{m}$，$l_2=1.75\text{m}$，$l_3=1.5\text{m}$。在某时刻，已知 B_i 位置为 ${}^O\boldsymbol{p}_{B_i}=(2\quad 2\quad 1.5)^{\mathrm{T}}$（单位：m），给定摆动腿驱动关节变量 $\phi_i=120°$，$\varphi_i=-30°$ 及 $\chi_i=60°$，并有机器人机体的方向矩阵

$$\boldsymbol{R}_{B_i}=\begin{pmatrix}0.5 & -0.707 & 0.5\\ 0.5 & 0.707 & 0.5\\ -0.707 & 0 & 0.707\end{pmatrix}$$

确定机器人脚 A_i 在 $\sum_O$ 中的位置。

解：根据已知条件可得

$$\begin{array}{lll} {}^Ox_{B_i}=2 & {}^Oy_{B_i}=2 & {}^Oz_{B_i}=1.5\\ \phi_i=120° & \varphi_i=-30° & \chi_i=60°\\ r_{11}{}^i=0.5 & r_{12}{}^i=-0.707 & r_{13}{}^i=0.5\\ r_{21}{}^i=0.5 & r_{22}{}^i=0.707 & r_{23}{}^i=0.5\\ r_{31}{}^i=0.5 & r_{32}{}^i=0 & r_{33}{}^i=0.707\end{array}$$

将这些参数代入方程（2-77），得到 A_i 在 $\sum_O$ 中的位置坐标

$$\begin{cases}{}^Ox_{A_i}=0.952\\ {}^Oy_{A_i}=4.705\\ {}^Oz_{A_i}=0.505\end{cases}$$

摆动腿的逆运动学问题就是根据已知的机器人位姿 ${}^O\boldsymbol{p}_{B_i}$ 和 $\boldsymbol{R}_{B_i}$，以及脚的运动轨迹 ${}^O\boldsymbol{p}_{A_i}$ 来确定驱动关节变量 ϕ_i、φ_i 和 χ_i 的。以站立腿的逆运动学计算的相关公式作为基础，只要将给定的机器人脚的轨迹变化代入方程（2-62）中的 ${}^O\boldsymbol{p}_{A_i}$，就可以得到逆运动学问题的解。

2.9.5　多足步行机器人的运动学计算

前面已经分别讨论了处于站立状态和摆动状态的单条腿的运动学问题。在此将介绍多足步行机器人整体运动链系统的运动学计算方法。对于多足机器人静态稳定的步行运动，最基本的步行模式是三条腿同时支撑于地面上，其余的腿向前摆动，通过这种基本模式的分析可以推广到一般的多足步行机器人，这里就以四足步行机器人为例进行具体描述。机器人步行时，它的运动机构可以看成由机器人机体（运动平台）、地面（固定平台）和三条站立腿构成的并联机械手和摆动腿组合而成。图 2-20 给出了当第 I 条腿处于摆动状态时四足机器人的结构简图，其中 $\sum_O$ 代表参考坐标系，$\sum_C$ 代表固定在机器人机体上、原点 c 与机器人几何中心重合的坐标系，机器人矩形机体的两边尺寸为 $2m$ 和 $2n$。

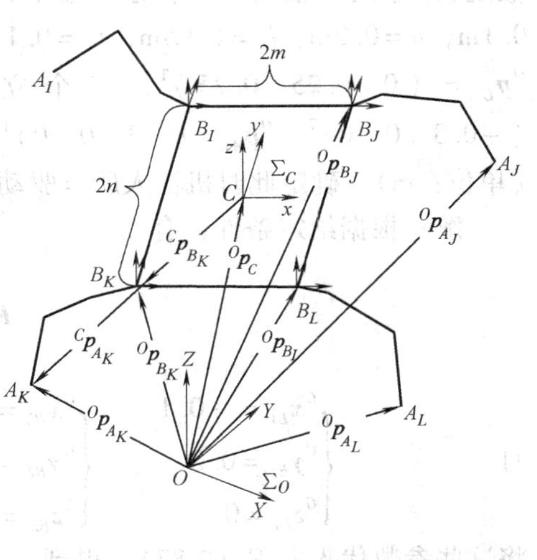

图 2-20　爬行状态下四足机器人结构简图

根据前面所述有

$$\boldsymbol{R}_{B_i}=\boldsymbol{R}_C(i=I,J,K,L)\tag{2-82}$$

式中，$\boldsymbol{R}_C$ 代表机器人机体坐标系 $\sum_C$ 相对于参考坐标系 $\sum_O$ 的方向矩阵。

另外，${}^C\boldsymbol{p}_{B_i}$ 是常数矢量，它们都是 m 和 n 的函数。以下将具体介绍机器人步行的逆运动学和正运动学的计算。

1. 多足步行机器人的逆运动学

根据希望的步态轨迹确定机器人各驱动关节控制变量的过程就是逆运动学的计算过程，此时机器人被视为一个整体运动链系统。具体而言，根据机器人机体的位姿 ${}^O\boldsymbol{p}_C$ 和 $\boldsymbol{R}_C$ 以及站立腿的立足点 ${}^O\boldsymbol{p}_{A_i}(i=J,\ K,\ L)$ 和摆动腿脚的轨迹 ${}^O\boldsymbol{p}_{A_I}$，求机器人所有驱动关节变量 ϕ_i、φ_i 和 $\chi_i(i=I,\ J,\ K,\ L)$。

在图 2-20 中存在如下关系：

$$ {}^O\boldsymbol{p}_{A_i} = {}^O\boldsymbol{p}_C + \boldsymbol{R}_C\,{}^C\boldsymbol{p}_{A_i} \tag{2-83} $$

于是

$$ {}^C\boldsymbol{p}_{A_i} = \boldsymbol{R}_C^{\ -1}({}^O\boldsymbol{p}_{A_i} - {}^O\boldsymbol{p}_C) \tag{2-84} $$

而且

$$ {}^C\boldsymbol{p}_{A_i} = {}^C\boldsymbol{p}_{B_i} + {}^b\boldsymbol{p}_{A_i} \tag{2-85} $$

其中 ${}^b\boldsymbol{p}_{A_i}$ 与方程（2-61）中的相同。利用 $\boldsymbol{R}_C^{\ -1} = \boldsymbol{R}_C^{\ T}$，得到

$$ {}^b\boldsymbol{p}_{A_i} = \boldsymbol{R}_C^{\ T}({}^O\boldsymbol{p}_{A_i} - {}^O\boldsymbol{p}_C) - {}^C\boldsymbol{p}_{B_i} \tag{2-86} $$

因此

$$ \begin{cases} {}^b x_{Ai} = r_{11}^i({}^O x_{Ai} - {}^O x_C) + r_{21}^i({}^O y_{Ai} - {}^O y_C) + r_{31}^i({}^O z_{Ai} - {}^O z_C) - {}^C x_{Bi} \\ {}^b y_{Ai} = r_{12}^i({}^O x_{Ai} - {}^O x_C) + r_{22}^i({}^O y_{Ai} - {}^O y_C) + r_{32}^i({}^O z_{Ai} - {}^O z_C) - {}^C y_{Bi} \\ {}^b z_{Ai} = r_{13}^i({}^O x_{Ai} - {}^O x_C) + r_{23}^i({}^O y_{Ai} - {}^O y_C) + r_{33}^i({}^O z_{Ai} - {}^O z_C) - {}^C z_{Bi} \end{cases} \tag{2-87} $$

考虑图 2-16 和图 2-19 中的单腿模型可以得到方程（2-69），因此，整体机器人的逆运动学问题可以由它类推到任意多条腿的情形。

例 2-12 如图 2-20 所示，一个四足机器人沿 y 轴方向步行，其机体与地面保持平行。假定 $\sum_C$ 中的 y 轴与 $\sum_O$ 中的 Y 轴平行。四条腿标记为 $I=1$，$J=2$，$K=3$ 及 $L=4$。$m=0.1\text{m}$，$n=0.2\text{m}$，$l_1=0.05\text{m}$，$l_2=0.15\text{m}$，$l_3=0.25\text{m}$。根据步态要求，机器人机体的位置 ${}^O\boldsymbol{p}_C=(0\quad 0.25\quad 0.25)^{\mathrm{T}}$，三个立足点分别为 ${}^O\boldsymbol{p}_{A_2}=(0.3\quad 0.4\quad 0)^{\mathrm{T}}$、${}^O\boldsymbol{p}_{A_3}=(-0.3\quad 0\quad 0)^{\mathrm{T}}$、${}^O\boldsymbol{p}_{A_4}=(0.3\quad 0\quad 0)^{\mathrm{T}}$，摆动腿脚的空间位置 ${}^O\boldsymbol{p}_{A_1}=(-0.3\quad 0.45\quad 0.45)^{\mathrm{T}}$（单位：m）。确定此时机器人所有驱动关节变量。

解： 根据给定条件，有

$$ \boldsymbol{R}_C = \begin{pmatrix} 1 & 0 & 0 \\ 0 & 1 & 0 \\ 0 & 0 & 1 \end{pmatrix} $$

且

$$ \begin{cases} {}^C x_{B1} = -0.1 \\ {}^C y_{B1} = 0.2 \\ {}^C z_{B1} = 0 \end{cases} \quad \begin{cases} {}^C x_{B2} = 0.1 \\ {}^C y_{B2} = 0.2 \\ {}^C z_{B2} = 0 \end{cases} \quad \begin{cases} {}^C x_{B3} = -0.1 \\ {}^C y_{B3} = -0.2 \\ {}^C z_{B3} = 0 \end{cases} \quad \begin{cases} {}^C x_{B4} = 0.1 \\ {}^C y_{B4} = -0.2 \\ {}^C z_{B4} = 0 \end{cases} $$

将这些参数代入方程（2-87），得到

$$\begin{cases} {}^bx_{A1} = -0.2 \\ {}^by_{A1} = 0 \\ {}^bz_{A1} = -0.2 \end{cases} \quad \begin{cases} {}^bx_{A2} = 0.2 \\ {}^by_{A2} = -0.05 \\ {}^bz_{A2} = -0.25 \end{cases} \quad \begin{cases} {}^bx_{A3} = -0.2 \\ {}^by_{A3} = -0.05 \\ {}^bz_{A3} = -0.25 \end{cases} \quad \begin{cases} {}^bx_{A4} = 0.2 \\ {}^by_{A4} = -0.05 \\ {}^bz_{A4} = -0.25 \end{cases}$$

根据方程（2-70）得到

$$\phi_1 = \pi - Atan2(0, -0.2) = 180°$$
$$\phi_2 = \pi - Atan2(-0.05, 0.2) = 194°$$
$$\phi_3 = \pi - Atan2(-0.05, -0.2) = 346°$$
$$\phi_4 = \pi - Atan2(-0.05, 0.2) = 194°$$

从方程（2-72），得到：

$$\begin{cases} a_{11} = 0.06 \\ a_{12} = 0.045 \\ a_{13} = 0.0225 \\ b_{11} = 0.1 \\ b_{12} = 0.075 \\ b_{13} = 0.1025 \end{cases} \quad \begin{cases} a_{21} = 0.075 \\ a_{22} = 0.04685 \\ a_{23} = 0.04688 \\ b_{21} = 0.125 \\ b_{22} = 0.07808 \\ b_{23} = 0.12688 \end{cases} \quad \begin{cases} a_{31} = 0.075 \\ a_{32} = 0.04685 \\ a_{33} = 0.04688 \\ b_{31} = 0.125 \\ b_{32} = 0.07808 \\ b_{33} = 0.12688 \end{cases} \quad \begin{cases} a_{41} = 0.075 \\ a_{42} = 0.04685 \\ a_{43} = 0.04688 \\ b_{41} = 0.125 \\ b_{42} = 0.07808 \\ b_{43} = 0.12688 \end{cases}$$

因此，φ_i 和 χ_i 可以通过方程（2-73）～方程（2-77）得到。这样最终解如下：

$$\begin{cases} \phi_1 = 180° \\ \varphi_1 = -19.41° \\ \chi_1 = 107.46° \\ \phi_2 = 194° \\ \varphi_2 = 0.02° \\ \chi_2 = 88.07° \\ \phi_3 = 346° \\ \varphi_3 = 0.02° \\ \chi_3 = 88.07° \\ \phi_4 = 194° \\ \varphi_4 = 0.02° \\ \chi_4 = 88.07° \end{cases} \quad 或 \quad \begin{cases} \phi_1 = 180° \\ \varphi_1 = 125.67° \\ \chi_1 = -107.45° \\ \phi_2 = 194° \\ \varphi_2 = 115.99° \\ \chi_2 = -88.56° \\ \phi_3 = 346° \\ \varphi_3 = 115.99° \\ \chi_3 = -88.56° \\ \phi_4 = 194° \\ \varphi_4 = 115.99° \\ \chi_4 = -88.56° \end{cases}$$

2. 多足步行机器人的正运动学

这里讨论的正运动学是指，根据机器人的立足点位置和独立驱动关节变量，确定机器人机体的位姿。应该注意到：因为机器人机体最多只有六个运动自由度，所以机器人的所有驱动关节中最多也只有六个独立驱动关节。一般而言，多足机器人步行时通常用三条腿支撑和推动其机体，而另外的腿则为摆动腿；有时作为过渡，也会出现多于三条腿处于站立状态的情况。事实上，后者可以认为是前者的一种特例，即这些摆动腿结束摆动状态后与地面接触。所以，下面以前者为例分析机器人的正运动学的求解过程。

前面已经描述了根据单条腿的所有关节变量来确定固连在机器人机体上的臀关节轴的位姿 $\boldsymbol{T}_{B_i}$ 的方法。由于这里的正运动学是关于整个机器人运动链的，所以需要根据独立驱动关节变量来确定从属驱动关节变量和被动关节变量的问题。也就是说，当机器人机体具有六个运动自由度时，三条站立腿上只有六个独立驱动关节，因此必须先利用这些独立关节驱动变量来求得三条站立腿上所有 18 个关节中其余 12 个关节变量（三个从属驱动关节和九个被动关节）。这一过程需要求解机器人的自然约束方程组，这些约束方程是根据机器人的结构约束而得到的。

考虑图 2-20，在此状态下第 i 条腿为摆动腿，站立腿的立足点 A_J、A_K 和 A_L 不变。不难理解，这些立足点之间的距离不管是在 $\sum_O$ 中还是在 $\sum_C$ 中都是一样的。由于站立腿的立足点在参考坐标系 $\sum_O$ 中是已知的，任意两立足点间的距离可依下式得到

$$d_{JK} = \sqrt{({}^{O}x_{AJ} - {}^{O}x_{AK})^2 + ({}^{O}y_{AJ} - {}^{O}y_{AK})^2 + ({}^{O}z_{AJ} - {}^{O}z_{AK})^2} \tag{2-88}$$

$$d_{JL} = \sqrt{({}^{O}x_{AJ} - {}^{O}x_{AL})^2 + ({}^{O}y_{AJ} - {}^{O}y_{AL})^2 + ({}^{O}z_{AJ} - {}^{O}z_{AL})^2} \tag{2-89}$$

$$d_{KL} = \sqrt{({}^{O}x_{AK} - {}^{O}x_{AL})^2 + ({}^{O}y_{AK} - {}^{O}y_{AL})^2 + ({}^{O}z_{AK} - {}^{O}z_{AL})^2} \tag{2-90}$$

式中，d_{ij}为第 i 条腿和第 j 条腿的立足点之间的距离，且${}^{O}x_{Ai}$、${}^{O}y_{Ai}$和${}^{O}z_{Ai}$对于 $i=J$、K、L 为已知参数。

图 2-21 给出了四足机器人在 $\sum_C$ 中 x-y 平面上的投影。在坐标系 $\sum_C$ 中考虑四足机器人，得到

$$\begin{pmatrix} {}^{C}x_{Ai} \\ {}^{C}y_{Ai} \\ {}^{C}z_{Ai} \end{pmatrix} = \begin{pmatrix} {}^{C}x_{Bi} - L_i\cos\phi_i \\ {}^{C}y_{Bi} + L_i\sin\phi_i \\ {}^{C}z_{Bi} - H_i \end{pmatrix} \tag{2-91}$$

式中，$i=J$、K、L，${}^{C}x_{Bi}$、${}^{C}y_{Bi}$和${}^{C}z_{Bi}$是 m 和 n 的函数，例如，在图 2-21 中有

$$\begin{pmatrix} {}^{C}x_{BJ} \\ {}^{C}y_{BJ} \\ {}^{C}z_{BJ} \end{pmatrix} = \begin{pmatrix} m \\ n \\ 0 \end{pmatrix},\ \begin{pmatrix} {}^{C}x_{BK} \\ {}^{C}y_{BK} \\ {}^{C}z_{BK} \end{pmatrix} = \begin{pmatrix} -m \\ -n \\ 0 \end{pmatrix},\ \begin{pmatrix} {}^{C}x_{BL} \\ {}^{C}y_{BL} \\ {}^{C}z_{BL} \end{pmatrix} = \begin{pmatrix} m \\ -n \\ 0 \end{pmatrix}$$

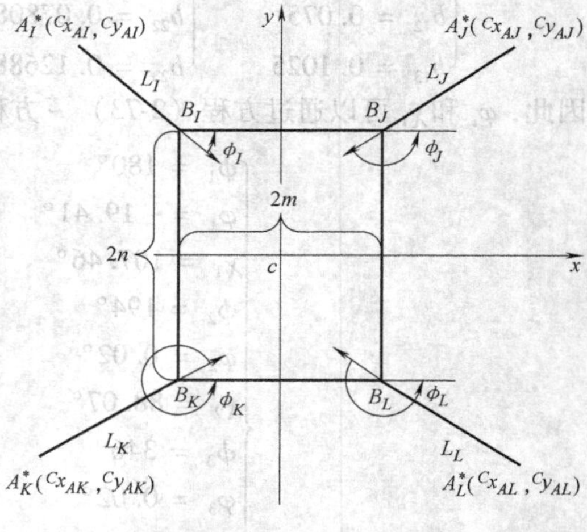

图 2-21 四足机器人在 $\sum_C$ 中 x-y 平面上的投影

根据方程（2-68），可以得到第 i 条腿的立足点在 $\sum_C$ 中的位置坐标：

$$\begin{pmatrix} {}^{C}x_{Ai} \\ {}^{C}y_{Ai} \\ {}^{C}z_{Ai} \end{pmatrix} = \begin{pmatrix} {}^{C}x_{Bi} - [l_1 + l_2\cos\varphi_i + l_3\cos(\varphi_i + \chi_i)]\cos\phi_i \\ {}^{C}y_{Bi} + [l_1 + l_2\cos\varphi_i + l_3\cos(\varphi_i + \chi_i)]\sin\phi_i \\ -[l_2\sin\varphi_i + l_3\sin(\varphi_i + \chi_i)] \end{pmatrix} \tag{2-92}$$

由于在 $\sum_O$ 和 $\sum_C$ 中站立腿的立足点的距离是相同的，于是得到如下显含三条站立腿驱动关节变量的方程

$$\begin{cases} ({}^{C}x_{AJ} - {}^{C}x_{AK})^2 + ({}^{C}y_{AJ} - {}^{C}y_{AK})^2 + ({}^{C}z_{AJ} - {}^{C}z_{AK})^2 = d_{JK}^2 \\ ({}^{C}x_{AJ} - {}^{C}x_{AL})^2 + ({}^{C}y_{AJ} - {}^{C}y_{AL})^2 + ({}^{C}z_{AJ} - {}^{C}z_{AL})^2 = d_{JL}^2 \\ ({}^{C}x_{AK} - {}^{C}x_{AL})^2 + ({}^{C}y_{AK} - {}^{C}y_{AL})^2 + ({}^{C}z_{AK} - {}^{C}z_{AL})^2 = d_{KL}^2 \end{cases} \tag{2-93}$$

在这些站立腿中共有九个驱动关节，其中只能给定六个作为独立驱动关节，显然剩余的三个就是为从属驱动关节，这些从属关节变量可以通过方程（2-93）中的独立关节变量来表示。

为简化起见，令三条站立腿上的 φ_i 和 χ_i 为独立驱动关节变量，因此，L_i 和 H_i 可由方程（2-68）求得，而三条站立腿的 ϕ_i 为待求变量，这里 $i=J$、K、L。于是，方程（2-93）变为

$$\begin{cases}({}^Cx_{BK}-{}^Cx_{BL}-L_K\cos\phi_K+L_L\cos\phi_L)^2+\\ \qquad({}^Cy_{BK}-{}^Cy_{BL}+L_K\sin\phi_K-L_L\sin\phi_L)^2+(H_K-H_L)^2=d_{KL}^2\\ ({}^Cx_{BJ}-{}^Cx_{BL}-L_J\cos\phi_J+L_L\cos\phi_L)^2+\\ \qquad({}^Cy_{BJ}-{}^Cy_{BL}+L_J\sin\phi_J-L_L\sin\phi_L)^2+(H_J-H_L)^2=d_{JL}^2\\ ({}^Cx_{BJ}-{}^Cx_{BK}-L_J\cos\phi_J+L_K\cos\phi_K)^2+\\ \qquad({}^Cy_{BJ}-{}^Cy_{BK}+L_J\sin\phi_J-L_K\sin\phi_K)^2+(H_J-H_K)^2=d_{JK}^2\end{cases} \tag{2-94}$$

将方程（2-94）展开，得到

$$\begin{cases}a_1\sin\phi_K\sin\phi_L+a_2\cos\phi_K\cos\phi_L+a_3\sin\phi_K+a_4\cos\phi_K+a_5\sin\phi_L+a_6\cos\phi_L+a_7=0\\ b_1\sin\phi_J\sin\phi_L+b_2\cos\phi_J\cos\phi_L+b_3\sin\phi_J+b_4\cos\phi_J+b_5\sin\phi_L+b_6\cos\phi_L+b_7=0\\ c_1\sin\phi_J\sin\phi_K+c_2\cos\phi_J\cos\phi_K+c_3\sin\phi_J+c_4\cos\phi_J+c_5\sin\phi_K+c_6\cos\phi_K+c_7=0\end{cases} \tag{2-95}$$

式中

$$\begin{aligned}
a_1&=2L_KL_L\\
a_2&=2L_KL_L\\
a_3&=-2({}^Cy_{BK}-{}^Cy_{BL})L_K\\
a_4&=2({}^Cx_{BK}-{}^Cx_{BL})L_K\\
a_5&=2({}^Cy_{BK}-{}^Cy_{BL})L_L\\
a_6&=-2({}^Cx_{BK}-{}^Cx_{BL})L_L\\
a_7&=d_{KL}^2-(H_K-H_L)^2-({}^Cx_{BK}-{}^Cx_{BL})^2-({}^Cy_{BK}-{}^Cy_{BL})^2-L_K^2-L_L^2\\
b_1&=2L_JL_L\\
b_2&=2L_JL_L\\
b_3&=-2({}^Cy_{BJ}-{}^Cy_{BL})L_J\\
b_4&=2({}^Cx_{BJ}-{}^Cx_{BL})L_J\\
b_5&=2({}^Cy_{BJ}-{}^Cy_{BL})L_L\\
b_6&=-2({}^Cx_{BJ}-{}^Cx_{BL})L_L\\
b_7&=d_{JL}^2-(H_J-H_L)^2-({}^Cx_{BJ}-{}^Cx_{BL})^2-({}^Cy_{BJ}-{}^Cy_{BL})^2-L_J^2-L_L^2\\
c_1&=2L_JL_K\\
c_2&=2L_JL_K\\
c_3&=-2({}^Cy_{BJ}-{}^Cy_{BK})L_J\\
c_4&=2({}^Cx_{BJ}-{}^Cx_{BK})L_J\\
c_5&=2({}^Cy_{BJ}-{}^Cy_{BK})L_K\\
c_6&=-2({}^Cx_{BJ}-{}^Cx_{BK})L_K\\
c_7&=d_{JK}^2-(H_J-H_K)^2-({}^Cx_{BJ}-{}^Cx_{BK})^2-({}^Cy_{BJ}-{}^Cy_{BK})^2-L_J^2-L_K^2
\end{aligned}$$

类似于前面的做法，令 $t_1=\tan(\phi_J/2)$，$t_2=\tan(\phi_K/2)$ 及 $t_3=\tan(\phi_L/2)$

那么，$\sin\phi_J=2t_1/(1+t_1^2)$，$\cos\phi_J=(1-t_1^2)/(1+t_1^2)$，$\sin\phi_K=2t_2/(1+t_2^2)$，$\cos\phi_K=$

$(1-t_2^2)/(1+t_2^2)$，$\sin\phi_L=2t_3/(1+t_3^2)$，$\cos\phi_L=(1-t_3^2)/(1+t_3^2)$。

将这些表达式代入方程（2-95），并化简得到

$$\begin{cases}(d_1t_2^2+d_2t_2+d_3)t_3^2+(d_4t_2^2+d_5t_2+d_6)t_3+(d_7t_2^2+d_8t_2+d_9)=0\\(e_1t_1^2+e_2t_1+e_3)t_3^2+(e_4t_1^2+e_5t_1+e_6)t_3+(e_7t_1^2+e_8t_1+e_9)=0\\(f_1t_1^2+f_2t_1+f_3)t_2^2+(f_4t_1^2+f_5t_1+f_6)t_2+(f_7t_1^2+f_8t_1+f_9)=0\end{cases}\tag{2-96}$$

式中

$$\begin{array}{lll}d_1=a_2-a_4-a_6+a_7 & d_2=2a_3 & d_3=-a_2+a_4-a_6+a_7\\ d_4=2a_5 & d_5=4a_1 & d_6=2a_5\\ d_7=-a_2-a_4+a_6+a_7 & d_8=2a_3 & d_9=a_2+a_4+a_6+a_7\\ e_1=b_2-b_4-b_6+b_7 & e_2=2b_3 & e_3=-b_2+b_4-b_6+b_7\\ e_4=2b_5 & e_5=4b_1 & e_6=2b_5\\ e_7=-b_2-b_4+b_6+b_7 & e_8=2b_3 & e_9=b_2+b_4+b_6+b_7\\ f_1=c_2-c_4-c_6+c_7 & f_2=2c_3 & f_3=-c_2+c_4-c_6+c_7\\ f_4=2c_5 & f_5=4c_1 & f_6=2c_5\\ f_7=-c_2-c_4+c_6+c_7 & f_8=2c_3 & f_9=c_2+c_4+c_6+c_7\end{array}$$

通过 Bezout 方法，可以从方程（2-96）中消除变量 t_2 和 t_3，剩下的方程中只含有 t_1。

具体过程介绍如下：令 $g_1=d_1t_2^2+d_2t_2+d_3$，$h_1=d_4t_2^2+d_5t_2+d_6$，$p_1=d_7t_2^2+d_8t_2+d_9$，$g_2=e_1t_1^2+e_2t_1+e_3$，$h_2=e_4t_1^2+e_5t_1+e_6$，$p_2=e_7t_1^2+e_8t_1+e_9$，于是有

$$g_1t_3^2+h_1t_3+p_1=0\tag{2-97}$$

$$g_2t_3^2+h_2t_3+p_2=0\tag{2-98}$$

方程（2-97）乘以 g_2，方程（2-98）乘以 g_1，然后相减，得到

$$(h_1g_2-h_2g_1)t_3+(p_1g_2-p_2g_1)=0\tag{2-99}$$

方程（2-97）乘以 p_2，方程（2-98）乘以 p_1，相减然后除以 t_3，得到

$$(g_1p_2-g_2p_1)t_3+(h_1p_2-h_2p_1)=0\tag{2-100}$$

式（2-99）和式（2-100）表示关于一个未知量的两个线性方程。对其消元意味着

$$\begin{vmatrix}h_1g_2-h_2g_1 & p_1g_2-p_2g_1\\ g_1p_2-g_2p_1 & h_1p_2-h_2p_1\end{vmatrix}=0\tag{2-101}$$

展开方程（2-101）并将 g_1、h_1、p_1、g_2、h_2、p_2 的表达式代入其中，进一步得到

$$q_1t_2^4+q_2t_2^3+q_3t_2^2+q_4t_2+q_5=0\tag{2-102}$$

此处

$$\begin{aligned}q_1&=s_1t_1^4+s_2t_1^3+s_3t_1^2+s_4t_1+s_5\\ q_2&=s_6t_1^4+s_7t_1^3+s_8t_1^2+s_9t_1+s_{10}\\ q_3&=s_{11}t_1^4+s_{12}t_1^3+s_{13}t_1^2+s_{14}t_1+s_{15}\\ q_4&=s_{16}t_1^4+s_{17}t_1^3+s_{18}t_1^2+s_{19}t_1+s_{20}\\ q_5&=s_{21}t_1^4+s_{22}t_1^3+s_{23}t_1^2+s_{24}t_1+s_{25}\end{aligned}$$

式中

$$s_1=(d_4^2-2d_1d_7)e_1e_7-d_4d_7e_1e_4-d_1d_4e_4e_7+d_1d_7e_4^2+d_7^2e_1^2+d_1^2e_7^2$$

$$s_2=(d_4^2-2d_1d_7)(e_1e_8+e_2e_7)-d_4d_7(e_1e_5+e_2e_4)-d_1d_4(e_4e_8+e_5e_7)+2d_1d_7e_4e_5+2d_7^2e_1e_2+2d_1^2e_7e_8$$

$$s_3=(d_4^2-2d_1d_7)(e_1e_9+e_2e_8+e_3e_7)-d_4d_7(e_1e_6+e_2e_5+e_3e_4)+d_1^2(e_8^2+2e_7e_9)-d_1d_4(e_4e_9+e_5e_8+e_6e_7)+d_1d_7(e_5^2+2e_4e_6)+d_7^2(e_2^2+2e_1e_3)$$

$$s_4=(d_4^2-2d_1d_7)(e_2e_9+e_3e_8)-d_4d_7(e_2e_6+e_3e_5)-d_1d_4(e_5e_9+e_6e_8)+2d_1^2e_8e_9+2d_1d_7e_5e_6+2d_7^2e_2e_3$$

$$s_5=(d_4^2-2d_1d_7)e_3e_9-d_4d_7e_3e_6-d_1d_4e_6e_9+d_1d_7e_6^2+d_7^2e_3^2+d_1^2e_9^2$$

$$s_6=2(d_4d_5-d_1d_8-d_2d_7)e_1e_7-(d_4d_8+d_5d_7)e_1e_4-(d_1d_5+d_2d_4)e_4e_7+(d_1d_8+d_2d_7)e_4^2+2d_7d_8e_1^2+2d_1d_2e_7^2$$

$$s_7=2(d_4d_5-d_1d_8-d_2d_7)(e_1e_8+e_2e_7)-(d_4d_8+d_5d_7)(e_1e_5+e_2e_4)+4d_1d_2e_7e_8-(d_1d_5+d_2d_4)(e_4e_8+e_5e_7)+2(d_1d_8+d_2d_7)e_4e_5+4d_7d_8e_1e_2$$

$$s_8=2(d_4d_5-d_1d_8-d_2d_7)(e_1e_9+e_2e_8+e_3e_7)-(d_4d_8+d_5d_7)(e_1e_6+e_2e_5+e_3e_4)-(d_1d_5+d_2d_4)(e_4e_9+e_5e_8+e_6e_7)+(d_1d_8+d_2d_7)(e_5^2+2e_4e_6)+2d_7d_8(e_2^2+2e_1e_3)+2d_1d_2(e_8^2+2e_7e_9)$$

$$s_9=2(d_4d_5-d_1d_8-d_2d_7)(e_2e_9+e_3e_8)-(d_4d_8+d_5d_7)(e_2e_6+e_3e_5)+4d_1d_2e_8e_9-(d_1d_5+d_2d_4)(e_5e_9+e_6e_8)+2(d_1d_8+d_2d_7)e_5e_6+4d_7d_8e_2e_3$$

$$s_{10}=2(d_4d_5-d_1d_8-d_2d_7)e_3e_9-(d_4d_8+d_5d_7)e_3e_6-(d_1d_5+d_2d_4)e_6e_9+(d_1d_8+d_2d_7)e_6^2+2d_7d_8e_3^2+2d_1d_2e_9^2$$

$$s_{11}=(d_5^2+2d_4d_6-2d_1d_9-2d_2d_8-2d_3d_7)e_1e_7-(d_4d_9+d_5d_8+d_6d_7)e_1e_4-(d_1d_6+d_2d_5+d_3d_4)e_4e_7+(d_1d_9+d_2d_8+d_3d_7)e_4^2+(d_8^2+2d_7d_9)e_1^2+(d_2^2+2d_1d_3)e_7^2$$

$$s_{12}=(d_5^2+2d_4d_6-2d_1d_9-2d_2d_8-2d_3d_7)(e_1e_8+e_2e_7)+2(d_2^2+2d_1d_3)e_7e_8-(d_4d_9+d_5d_8+d_6d_7)(e_1e_5+e_2e_4)-(d_1d_6+d_2d_5+d_3d_4)(e_4e_8+e_5e_7)+2(d_1d_9+d_2d_8+d_3d_7)e_4e_5+2(d_8^2+2d_7d_9)e_1e_2$$

$$s_{13}=(d_5^2+2d_4d_6-2d_1d_9-2d_2d_8-2d_3d_7)(e_1e_9+e_2e_8+e_3e_7)-(d_4d_9+d_5d_8+d_6d_7)(e_1e_6+e_2e_5+e_3e_4)-(d_1d_6+d_2d_5+d_3d_4)(e_4e_9+e_5e_8+e_6e_7)+(d_1d_9+d_2d_8+d_3d_7)(e_5^2+2e_4e_6)+(d_8^2+2d_7d_9)(e_2^2+2e_1e_3)+(d_2^2+2d_1d_3)(e_8^2+2e_7e_9)$$

$$s_{14}=(d_5^2+2d_4d_6-2d_1d_9-2d_2d_8-2d_3d_7)(e_2e_9+e_3e_8)-(d_4d_9+d_5d_8+d_6d_7)(e_2e_6+e_3e_5)-(d_1d_6+d_2d_5+d_3d_4)(e_5e_9+e_6e_8)+2(d_1d_9+d_2d_8+d_3d_7)e_5e_6+2(d_8^2+2d_7d_9)e_2e_3+2(d_2^2+2d_1d_3)e_8e_9$$

$$s_{15}=(d_5^2+2d_4d_6-2d_1d_9-2d_2d_8-2d_3d_7)e_3e_9-(d_4d_9+d_5d_8+d_6d_7)e_3e_6-(d_1d_6+d_2d_5+d_3d_4)e_6e_9+(d_1d_9+d_2d_8+d_3d_7)e_6^2+(d_8^2+2d_7d_9)e_3^2$$

$$+(d_2^2+2d_1d_3)e_9^2$$

$$s_{16}=2(d_5d_6-d_2d_9-d_3d_8)e_1e_7-(d_5d_9+d_6d_8)e_1e_4-(d_2d_6+d_3d_5)e_4e_7$$
$$+(d_2d_9+d_3d_8)e_4^2+2d_8d_9e_1^2+2d_2d_3e_7^2$$

$$s_{17}=2(d_5d_6-d_2d_9-d_3d_8)(e_1e_8+e_2e_7)-(d_5d_9+d_6d_8)(e_1e_5+e_2e_4)$$
$$-(d_2d_6+d_3d_5)(e_4e_8+e_5e_7)+2(d_2d_9+d_3d_8)e_4e_5+4d_8d_9e_1e_2+4d_2d_3e_7e_8$$

$$s_{18}=2(d_5d_6-d_2d_9-d_3d_8)(e_1e_9+e_2e_8+e_3e_7)-(d_5d_9+d_6d_8)(e_1e_6+e_2e_5+e_3e_4)$$
$$-(d_2d_6+d_3d_5)(e_4e_9+e_5e_8+e_6e_7)+(d_2d_9+d_3d_8)(e_5^2+2e_4e_6)$$
$$+2d_8d_9(e_2^2+2e_1e_3)+2d_2d_3(e_8^2+2e_7e_9)$$

$$s_{19}=2(d_5d_6-d_2d_9-d_3d_8)(e_2e_9+e_3e_8)-(d_5d_9+d_6d_8)(e_2e_6+e_3e_5)$$
$$-(d_2d_6+d_3d_5)(e_5e_9+e_6e_8)+2(d_2d_9+d_3d_8)e_5e_6+4d_8d_9e_2e_3+4d_2d_3e_8e_9$$

$$s_{20}=2(d_5d_6-d_2d_9-d_3d_8)e_3e_9-(d_5d_9+d_6d_8)e_3e_6-(d_2d_6+d_3d_5)e_6e_9$$
$$+(d_2d_9+d_3d_8)e_6^2+2d_8d_9e_3^2+2d_2d_3e_9^2$$

$$s_{21}=(d_6^2-2d_3d_9)e_1e_7-d_6d_9e_1e_4-d_3d_6e_4e_7+d_3d_9e_4^2+d_9^2e_1^2+d_3^2e_7^2$$

$$s_{22}=(d_6^2-2d_3d_9)(e_1e_8+e_2e_7)-d_6d_9(e_1e_5+e_2e_4)-d_3d_6(e_4e_8+e_5e_7)+2d_3d_9e_4e_5$$
$$+2d_9^2e_1e_2+2d_3^2e_7e_8$$

$$s_{23}=(d_6^2-2d_3d_9)(e_1e_9+e_2e_8+e_3e_7)-d_6d_9(e_1e_6+e_2e_5+e_3e_4)$$
$$-d_3d_6(e_4e_9+e_5e_8+e_6e_7)+d_3d_9(e_5^2+2e_4e_6)+d_9^2(e_2^2+2e_1e_3)+d_3^2(e_8^2+2e_7e_9)$$

$$s_{24}=(d_6^2-2d_3d_9)(e_2e_9+e_3e_8)-d_6d_9(e_2e_6+e_3e_5)-d_3d_6(e_5e_9+e_6e_8)$$
$$+2d_3d_9e_5e_6+2d_9^2e_2e_3+2d_3^2e_8e_9$$

$$s_{25}=(d_6^2-2d_3d_9)e_3e_9-d_6d_9e_3e_6-d_3d_6e_6e_9+d_3d_9e_6^2+d_9^2e_3^2+d_3^2e_9^2$$

对于方程（2-96）中的第三个方程，令 $u_1=f_1t_1^2+f_2t_1+f_3$，$u_2=f_4t_1^2+f_5t_1+f_6$，$u_3=f_7t_1^2+f_7t_1+f_9$，于是得到

$$u_1t_2^2+u_2t_2+u_3=0 \tag{2-103}$$

方程（2-102）乘以 u_1，方程（2-103）乘以 $q_1t_2^2$，然后相减，得到

$$(q_2u_1-q_1u_2)t_2^3+(q_3u_1-q_1u_3)t_2^2+q_4u_1t_2+q_5u_1=0 \tag{2-104}$$

方程（2-102）乘以 $u_1t_2+u_2$，方程（2-103）乘以（$q_1t_2^3+q_2t_2^2$），然后相减，得到

$$(q_3u_1-q_1u_3)t_2^3+(q_4u_1+q_3u_2-q_2u_3)t_2^2+(q_5u_1+q_4u_2)t_2+q_5u_2=0 \tag{2-105}$$

方程（2-103）乘以 t_2，得到

$$u_1t_2^3+u_2t_2^2+u_3t_2=0 \tag{2-106}$$

视方程（2-104）、方程（2-105）、方程（2-106）、方程（2-103）为关于三个未知变量 t_2^3、t_2^2、t_2 的四个线性方程。对其消元，就意味着

$$\begin{vmatrix} q_2u_1-q_1u_2 & q_3u_1-q_1u_3 & q_4u_1 & q_5u_1 \\ q_3u_1-q_1u_3 & q_4u_1+q_3u_2-q_2u_3 & q_5u_1+q_4u_2 & q_5u_2 \\ u_1 & u_2 & u_3 & 0 \\ 0 & u_1 & u_2 & u_3 \end{vmatrix}=0 \tag{2-107}$$

将方程（2-107）展开，得到

$$v_1 t_1^{16} + v_2 t_1^{15} + v_3 t_1^{14} + v_4 t_1^{13} + v_5 t_1^{12} + v_6 t_1^{11} + v_7 t_1^{10} + v_8 t_1^{9} + v_9 t_1^{8} + v_{10} t_1^{7} + v_{11} t_1^{6} + v_{12} t_1^{5} + v_{13} t_1^{4} + v_{14} t_1^{3} + v_{15} t_1^{2} + v_{16} t_1 + v_{17} = 0 \tag{2-108}$$

式中，系数 v_i（$i=1, 2, \cdots, 17$）是关于已知变量的函数。求解此方程可得到 t_1，然后将 t_1 回代到方程（2-96），最后解出 t_2 和 t_3，自然就可以确定 $\phi_i(i=J, K, L)$。

将解出的关节变量 $\phi_i(i=J, K, L)$ 代入方程（2-88），分别求出 ${}^C\boldsymbol{p}_{A_i}(i=J, K, L)$。由方程（2-83）可得

$${}^O\boldsymbol{p}_{A_i} = {}^O\boldsymbol{p}_C + \boldsymbol{R}_C\, {}^C\boldsymbol{p}_{A_i} \tag{2-109}$$

$${}^O\boldsymbol{p}_{A_j} = {}^O\boldsymbol{p}_C + \boldsymbol{R}_C\, {}^C\boldsymbol{p}_{A_j} \tag{2-110}$$

式中 ${}^O\boldsymbol{p}_{A_i}$、${}^O\boldsymbol{p}_{A_j}$、${}^C\boldsymbol{p}_{A_i}$、${}^C\boldsymbol{p}_{A_j}$ 已知，但 ${}^O\boldsymbol{p}_C$ 和 $\boldsymbol{R}_C$ 需要确定。方程（2-109）和方程（2-110）相减，得到

$${}^O\boldsymbol{p}_{A_i} - {}^O\boldsymbol{p}_{A_j} = \boldsymbol{R}_C({}^C\boldsymbol{p}_{A_i} - {}^C\boldsymbol{p}_{A_j}) \tag{2-111}$$

令

$${}^O\boldsymbol{p}_{A_i} - {}^O\boldsymbol{p}_{A_j} = {}^O\boldsymbol{e}_{ij} = \begin{pmatrix} e_{ij}^O \\ f_{ij}^O \\ g_{ij}^O \end{pmatrix} \tag{2-112}$$

$${}^C\boldsymbol{p}_{A_i} - {}^C\boldsymbol{p}_{A_j} = {}^C\boldsymbol{e}_{ij} = \begin{pmatrix} e_{ij}^C \\ f_{ij}^C \\ g_{ij}^C \end{pmatrix} \tag{2-113}$$

于是，${}^O\boldsymbol{e}_{ij}$ 和 ${}^C\boldsymbol{e}_{ij}$ 可由已知的 ${}^O\boldsymbol{p}_{A_i}$、${}^O\boldsymbol{p}_{A_j}$、${}^C\boldsymbol{p}_{A_i}$、${}^C\boldsymbol{p}_{A_j}$ 得到。方程（2-111）可写为

$${}^O\boldsymbol{e}^{ij} = \boldsymbol{R}_C\, {}^C\boldsymbol{e}_{ij} \tag{2-114}$$

给定如下矢量 $\boldsymbol{r}$

$$\boldsymbol{r} = (r_{11} \quad r_{12} \quad r_{13} \quad r_{21} \quad r_{22} \quad r_{23} \quad r_{31} \quad r_{32} \quad r_{33})^{\mathrm{T}} \in \Re^9 \tag{2-115}$$

式中，$r_{ij}(i=1, 2, 3; j=1, 2, 3)$ 表示 $\boldsymbol{R}_C$ 第 i 行第 j 列的元素。因此，方程（2-114）可写为

$${}^O\boldsymbol{e}_{ij} = \boldsymbol{H}_{ij}\boldsymbol{r} \tag{2-116}$$

式中

$$\boldsymbol{H}_{ij} = \begin{pmatrix} e_{ij}^C & f_{ij}^C & g_{ij}^C & 0 & 0 & 0 & 0 & 0 & 0 \\ 0 & 0 & 0 & e_{ij}^C & f_{ij}^C & g_{ij}^C & 0 & 0 & 0 \\ 0 & 0 & 0 & 0 & 0 & 0 & e_{ij}^C & f_{ij}^C & g_{ij}^C \end{pmatrix} \in \Re^{3\times 9} \tag{2-117}$$

基于已知参数 ${}^O\boldsymbol{p}_{A_i}$ 和 ${}^C\boldsymbol{p}_{A_i}(i=J, K, L)$，得到如下联立方程

$$\begin{pmatrix} \boldsymbol{H}_{JK} \\ \boldsymbol{H}_{JL} \\ \boldsymbol{H}_{KL} \end{pmatrix} \boldsymbol{r} = \begin{pmatrix} {}^O\boldsymbol{e}_{JK} \\ {}^O\boldsymbol{e}_{JL} \\ {}^O\boldsymbol{e}_{KL} \end{pmatrix} \tag{2-118}$$

方程（2-118）很容易进一步整理为

$$\begin{cases}\begin{pmatrix}e_{JK}^C & f_{JK}^C & g_{JK}^C\\ e_{JL}^C & f_{JL}^C & g_{JL}^C\\ e_{KL}^C & f_{KL}^C & g_{KL}^C\end{pmatrix}\begin{pmatrix}r_{11}\\ r_{12}\\ r_{13}\end{pmatrix}=\begin{pmatrix}e_{JK}^O\\ e_{JL}^O\\ e_{KL}^O\end{pmatrix}\\ \begin{pmatrix}e_{JK}^C & f_{JK}^C & g_{JK}^C\\ e_{JL}^C & f_{JL}^C & g_{JL}^C\\ e_{KL}^C & f_{KL}^C & g_{KL}^C\end{pmatrix}\begin{pmatrix}r_{21}\\ r_{22}\\ r_{23}\end{pmatrix}=\begin{pmatrix}f_{JK}^O\\ f_{JL}^O\\ f_{KL}^O\end{pmatrix}\\ \begin{pmatrix}e_{JK}^C & f_{JK}^C & g_{JK}^C\\ e_{JL}^C & f_{JL}^C & g_{JL}^C\\ e_{KL}^C & f_{KL}^C & g_{KL}^C\end{pmatrix}\begin{pmatrix}r_{31}\\ r_{32}\\ r_{33}\end{pmatrix}=\begin{pmatrix}g_{JK}^O\\ g_{JL}^O\\ g_{KL}^O\end{pmatrix}\end{cases} \tag{2-119}$$

以 $\boldsymbol{E}$ 代表这一系数矩阵，即

$$\boldsymbol{E}=\begin{pmatrix}e_{JK}^C & f_{JK}^C & g_{JK}^C\\ e_{JL}^C & f_{JL}^C & g_{JL}^C\\ e_{KL}^C & f_{KL}^C & g_{KL}^C\end{pmatrix} \tag{2-120}$$

应该注意到，如果系数矩阵 $\boldsymbol{E}$ 为满秩矩阵，也即 $\det\boldsymbol{E}\neq 0$，那么方程（2-119）可以唯一确定 $\boldsymbol{r}$；否则，$\boldsymbol{r}$ 不能由方程（2-119）直接解得。在这种情况下，就需要考虑标准正交矩阵 $\boldsymbol{R}_C$ 中各元素之间的关系，即

$$r_{1i}^2+r_{2i}^2+r_{3i}^2=1,\quad r_{i1}^2+r_{i2}^2+r_{i3}^2=1,\quad (i=1,2,3) \tag{2-121}$$

为了更深入地理解这个问题，下面给出一个例子。

例 2-13 在参考坐标系 $\sum_O$ 中，给定四足机器人三条站立腿的立足点 A_1、A_2 和 A_3 的位置如下：${}^O\boldsymbol{p}_{A_1}=(1\quad 2\quad 0)^{\mathrm{T}}$，${}^O\boldsymbol{p}_{A_2}=(0\quad 0\quad 0)^{\mathrm{T}}$，${}^O\boldsymbol{p}_{A_3}=(2\quad -1\quad 0)^{\mathrm{T}}$。在机体坐标系 $\sum_C$ 中的位置为 ${}^C\boldsymbol{p}_{A_1}=(-0.5\quad 1.5\quad -1)^{\mathrm{T}}$，${}^C\boldsymbol{p}_{A_2}=(-1.5\quad -0.5\quad -1)^{\mathrm{T}}$，${}^C\boldsymbol{p}_{A_3}=(0.5\quad -1.5\quad -1)^{\mathrm{T}}$。确定机器人机体相对于参考坐标系的方向矩阵 $\boldsymbol{R}_C$。

解：根据方程（2-112）和方程（2-113），得到

$$\begin{cases}e_{12}^O={}^Ox_{A1}-{}^Ox_{A2}=1\\ f_{12}^O={}^Oy_{A1}-{}^Oy_{A2}=2\\ g_{12}^O={}^Oz_{A1}-{}^Oz_{A2}=0\end{cases}\qquad\begin{cases}e_{12}^C={}^Cx_{A1}-{}^Cx_{A2}=1\\ f_{12}^C={}^Cy_{A1}-{}^Cy_{A2}=2\\ g_{12}^C={}^Cz_{A1}-{}^Cz_{A2}=0\end{cases}$$

$$\begin{cases}e_{13}^O={}^Ox_{A1}-{}^Ox_{A3}=-1\\ f_{13}^O={}^Oy_{A1}-{}^Oy_{A3}=3\\ g_{13}^O={}^Oz_{A1}-{}^Oz_{A3}=0\end{cases}\qquad\begin{cases}e_{13}^C={}^Cx_{A1}-{}^Cx_{A3}=-1\\ f_{13}^C={}^Cy_{A1}-{}^Cy_{A3}=3\\ g_{13}^C={}^Cz_{A1}-{}^Cz_{A3}=0\end{cases}$$

$$\begin{cases}e_{23}^O={}^Ox_{A2}-{}^Ox_{A3}=-2\\ f_{23}^O={}^Oy_{A2}-{}^Oy_{A3}=1\\ g_{23}^O={}^Oz_{A2}-{}^Oz_{A3}=0\end{cases}\qquad\begin{cases}e_{23}^C={}^Cx_{A2}-{}^Cx_{A3}=-2\\ f_{23}^C={}^Cy_{A2}-{}^Cy_{A3}=1\\ g_{23}^C={}^Cz_{A2}-{}^Cz_{A3}=0\end{cases}$$

于是，根据方程（2-120），有

$$E = \begin{pmatrix} 1 & 2 & 0 \\ -1 & 3 & 0 \\ -2 & 1 & 0 \end{pmatrix}$$

因为 $\det E = 0$，必须考虑方程（2-121）。由方程（2-115）只能得到下述独立方程：

$$\begin{cases} \begin{cases} r_{11} + 2r_{12} = 1 \\ -r_{11} + 3r_{12} = -1 \end{cases} \\ \begin{cases} r_{21} + 2r_{22} = 2 \\ -r_{21} + 3r_{22} = 3 \end{cases} \\ \begin{cases} r_{31} + 2r_{32} = 0 \\ -r_{31} + 3r_{32} = 0 \end{cases} \end{cases}$$

解出这些方程，得到

$$\begin{cases} r_{11} = 1 \\ r_{12} = 0 \end{cases} \quad \begin{cases} r_{21} = 0 \\ r_{22} = 1 \end{cases} \quad \begin{cases} r_{31} = 0 \\ r_{32} = 0 \end{cases}$$

利用方程（2-121），进一步得到

$$r_{13} = 0 \quad r_{23} = 0 \quad r_{33} = 1$$

因此，得到 $\sum_C$ 相对于 $\sum_O$ 的方向矩阵如下：

$$R_C = \begin{pmatrix} 1 & 0 & 0 \\ 0 & 1 & 0 \\ 0 & 0 & 1 \end{pmatrix}$$

最后，根据已知参数确定机器人机体位置 ${}^O\boldsymbol{p}_C$。由方程（2-109）推得

$${}^O\boldsymbol{p}_C = {}^O\boldsymbol{p}_{A_i} - \boldsymbol{R}_C\,{}^C\boldsymbol{p}_{A_i} \tag{2-122}$$

将已知的 ${}^O\boldsymbol{p}_{A_i}$、${}^C\boldsymbol{p}_{A_i}$ 以及 $\boldsymbol{R}_C$ 代入方程（2-122），则可求得 ${}^O\boldsymbol{p}_C$。到此为止，在已知机器人立足点位置和独立驱动关节变量的条件下，完成了作为一个整体系统的四足机器人的正运动学的计算。下面给出一个综合例子来具体阐述这一过程。

例 2-14　如图 2-22 所示，四足机器人三条站立腿的尺寸为 $l_1 = 0.2\text{m}$，$l_2 = 0.8\text{m}$，$l_3 = 1\text{m}$。其机体尺寸为 $m = 0.5\text{m}$，$n = 0.5\text{m}$。机器人立足点在参考坐标系 $\sum_O$ 中位置为（单位：m）：${}^O\boldsymbol{p}_{A_1} = (1\quad 2\quad 0)^T$，${}^O\boldsymbol{p}_{A_2} = (0\quad 0\quad 0)^T$，${}^O\boldsymbol{p}_{A_3} = (2\quad -1\quad 0)^T$。已知某时刻六个独立关节变量为 $\varphi_1 = 0$、$\chi_1 = 90°$、$\varphi_2 = 0$、$\chi_2 = 90°$、$\varphi_3 = 0$ 和 $\chi_3 = 90°$。确定此时机器人机体的位姿（位置和姿态）。

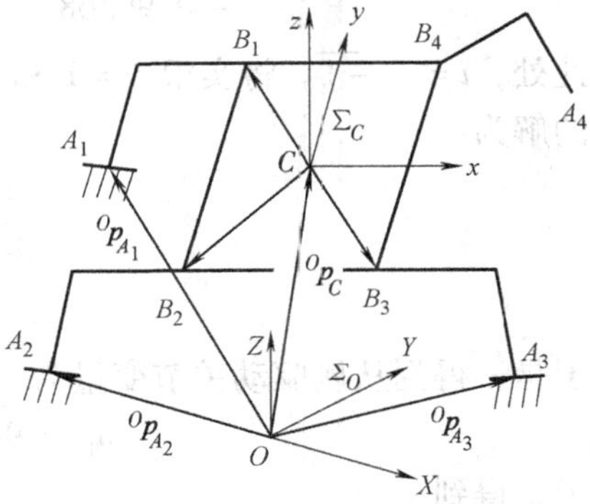

图 2-22　四足机器人瞬时步行状态

解：由图 2-22 及已知条件可得

$$\begin{cases} {}^Cx_{B1} = -0.5 \\ {}^Cy_{B1} = 0.5 \\ {}^Cz_{B1} = 0 \end{cases} \quad \begin{cases} {}^Cx_{B2} = -0.5 \\ {}^Cy_{B2} = -0.5 \\ {}^Cz_{B2} = 0 \end{cases} \quad \begin{cases} {}^Cx_{B3} = 0.5 \\ {}^Cy_{B3} = 0.5 \\ {}^Cz_{B3} = 0 \end{cases}$$

根据方程（2-88）、方程（2-89）和方程（2-90），取 $J = 1$、$K = 2$、$L = 3$，有

$$d_{12} = \sqrt{5}, \quad d_{13} = \sqrt{10} \quad d_{23} = \sqrt{5}$$

根据给定的独立关节变量，得到腿在$\sum_C$中的伸展长度如下：

$$\begin{cases}L_1=1\\H_1=1\end{cases}\quad\begin{cases}L_2=1\\H_2=1\end{cases}\quad\begin{cases}L_3=1\\H_3=1\end{cases}$$

于是，从方程（2-91）可进一步得到

$$\begin{cases}{}^Cx_{A1}=-0.5-\cos\phi_1\\{}^Cy_{A1}=0.5+\sin\phi_1\\{}^Cz_{A1}=-1\end{cases}\quad\begin{cases}{}^Cx_{A2}=-0.5-\cos\phi_2\\{}^Cy_{A2}=-0.5+\sin\phi_2\\{}^Cz_{A2}=-1\end{cases}\quad\begin{cases}{}^Cx_{A3}=0.5-\cos\phi_3\\{}^Cy_{A3}=-0.5+\sin\phi_3\\{}^Cz_{A3}=-1\end{cases}$$

然后将它们代入方程（2-93），得到

$$\begin{cases}\sin\phi_2\sin\phi_3+\cos\phi_2\cos\phi_3-\cos\phi_2+\cos\phi_3+1=0\\\sin\phi_1\sin\phi_3+\cos\phi_1\cos\phi_3-\sin\phi_1-\cos\phi_1+\sin\phi_3+\cos\phi_3+3=0\\\sin\phi_1\sin\phi_2+\cos\phi_1\cos\phi_2-\sin\phi_1+\sin\phi_2+1=0\end{cases}$$

令$t_i=\tan\phi_i/2$，那么$\sin\phi_i=2t_i/(1+t_i^2)$，$\cos\phi_i=(1-t_i^2)/(1+t_i^2)$，$(i=1,2,3)$，然后将这些表达式代入上述方程，得到

$$\begin{cases}(t_2^2-1)t_3^2+2t_2t_3+(t_2^2+1)=0\\(2t_1^2-t_1)t_3^2+(t_1^2+2t_1+1)t_3+(2t_1^2-t_1+2)=0\\(t_1^2-t_1)t_2^2+(t_1^2+2t_1+1)t_2+(-t_1+1)=0\end{cases}$$

利用 Bezout 方法，得到 16 次多项式方程

$$600t_1^{16}+640t_1^{15}+1884t_1^{14}+2812t_1^{13}+5804t_1^{12}+2432t_1^{11}+4432t_1^{10}+148t_1^9$$
$$-1392t_1^8-5840t_1^7-2360t_1^6-5460t_1^5-1080t_1^4-2120t_1^3-200t_1^2-300t_1=0$$

解此 16 次方程，得到下述根

1	0
$-0.03305\pm0.562847i$	$0.298810\pm1.046240i$
$-1.14153\pm1.032230i$	$0.252805\pm0.633576i$
$-0.19021\pm0.587563i$	$0.683686\pm1.516510i$
$-0.90368\pm0.570499i$	

此处，$i=\sqrt{-1}$。将实根$t_1=1$和$t_1=0$代入原方程，发现$t_1=0$对原方程无意义，而有意义的解为

$$\begin{cases}t_1=1\\t_2=0\\t_3=-1\end{cases}$$

于是，得到从属驱动关节变量为

$$\phi_1=90°,\qquad\phi_2=0,\qquad\phi_3=-90°$$

于是得到

$$\begin{cases}{}^Cx_{A1}=-0.5\\{}^Cy_{A1}=1.5\\{}^Cz_{A1}=-1\end{cases}\quad\begin{cases}{}^Cx_{A2}=-1.5\\{}^Cy_{A2}=-0.5\\{}^Cz_{A2}=-1\end{cases}\quad\begin{cases}{}^Cx_{A3}=0.5\\{}^Cy_{A3}=-1.5\\{}^Cz_{A3}=-1\end{cases}$$

根据已知的${}^O\boldsymbol{p}_{A_i}$和${}^C\boldsymbol{p}_{A_i}$（$i=1,2,3$），机器人机体相对于参考坐标系$\sum_O$的方向矩阵就

可求出（参见例 2-13），即

$$\boldsymbol{R}_C=\begin{pmatrix}1&0&0\\0&1&0\\0&0&1\end{pmatrix}$$

将${}^O\boldsymbol{p}_{A_i}$、${}^C\boldsymbol{p}_{A_i}$和$\boldsymbol{R}_C$ 代入方程（2-122），得到

$${}^O\boldsymbol{p}_C=\begin{pmatrix}1.5\\0.5\\1\end{pmatrix}$$

因此，最后得到机器人机体在$\sum_O$ 中的位姿

$$\boldsymbol{T}_C=\begin{pmatrix}1&0&0&1.5\\0&1&0&0.5\\0&0&1&1\\0&0&0&1\end{pmatrix}$$

2.9.6　多足步行机器人的速度和加速度计算

1. 多足步行机器人的速度计算

分析图 2-20 所示的四足机器人的速度，分逆问题及正问题。机器人的速度分析的逆问题为，根据给定的机器人机体位姿和速度，${}^O\boldsymbol{p}_C$、${}^O\dot{\boldsymbol{p}}_C$、$\boldsymbol{R}_C$ 以及 $\boldsymbol{S}(\boldsymbol{\omega})$ ［$\boldsymbol{S}(\boldsymbol{\omega})$ 的表达式见式（2-52）］，来确定驱动关节的速度 $\dot{\phi}_i$、$\dot{\varphi}_i$ 和 $\dot{\chi}_i(i=I,\ J,\ K,\ L)$。而机器人速度分析的正问题与逆问题的过程正好相反。

（1）多足步行机器人的速度分析的逆问题

多足步行机器人的速度分析的逆问题就是分析其每条腿的速度，这是比较简单的。事实上，将方程（2-83）两边对时间微分之后，就可得到

$${}^O\dot{\boldsymbol{p}}_{A_i}={}^O\dot{\boldsymbol{p}}_C+\boldsymbol{R}_C{}^C\dot{\boldsymbol{p}}_{A_i}+\dot{\boldsymbol{R}}_C{}^C\boldsymbol{p}_{A_i} \tag{2-123}$$

进一步将方程（2-68）和方程（2-91）两边对时间微分，然后合并，得到

$${}^C\dot{\boldsymbol{p}}_{A_i}=\boldsymbol{A}_i\begin{pmatrix}\dot{\phi}_i\\\dot{\varphi}_i\\\dot{\chi}_i\end{pmatrix} \tag{2-124}$$

式中

$$\boldsymbol{A}_i=\begin{pmatrix}L_i\sin\phi_i & H_i\cos\phi_i & l_3\cos\phi_i\sin(\varphi_i+\chi_i)\\L_i\cos\phi_i & -H_i\sin\phi_i & -l_3\sin\phi_i\sin(\varphi_i+\chi_i)\\0 & -L_i+l_1 & -l_3\cos(\varphi_i+\chi_i)\end{pmatrix} \tag{2-125}$$

将方程（2-53）和方程（2-124）代入方程（2-123），整理后得到

$$\boldsymbol{R}_C\boldsymbol{A}_i\begin{pmatrix}\dot{\phi}_i\\\dot{\varphi}_i\\\dot{\chi}_i\end{pmatrix}={}^O\dot{\boldsymbol{p}}_{A_i}-{}^O\dot{\boldsymbol{p}}_C-\boldsymbol{S}(\boldsymbol{\omega})\boldsymbol{R}_C{}^C\dot{\boldsymbol{p}}_{A_i} \tag{2-126}$$

继而有

$$\begin{pmatrix}\dot{\phi}_i\\ \dot{\varphi}_i\\ \dot{\chi}_i\end{pmatrix}=\boldsymbol{A}_i^{-1}\boldsymbol{R}_C^{\mathrm{T}}\,{}^{O}\dot{\boldsymbol{p}}_{A_i}-\boldsymbol{A}_i^{-1}\boldsymbol{R}_C^{\mathrm{T}}\,{}^{O}\dot{\boldsymbol{p}}_C-\boldsymbol{A}_i^{-1}\boldsymbol{R}_C^{\mathrm{T}}\boldsymbol{S}(\boldsymbol{\omega})\,\boldsymbol{R}_C\,{}^{C}\boldsymbol{p}_{A_i} \tag{2-127}$$

应该注意，如果腿是站立腿，则${}^{O}\dot{\boldsymbol{p}}_{A_i}=\boldsymbol{0}$，如果腿为摆动腿，则${}^{O}\dot{\boldsymbol{p}}_{A_i}$随对应脚的速度变化而变化。

例 2-15 考虑例 2-12，进一步给出机器人机体的速度：${}^{O}\dot{\boldsymbol{p}}_C=(0\quad 0.1\quad 0.05)^{\mathrm{T}}\mathrm{m/s}$，$\boldsymbol{\omega}=(0\quad 0.1\quad 0.1)^{\mathrm{T}}\mathrm{rad/s}$。确定这条腿的驱动关节的速度。

解： 根据已知条件和例 2-12 的结果有

$$\boldsymbol{R}_C=\begin{pmatrix}1&0&0\\0&1&0\\0&0&1\end{pmatrix},\ {}^{O}\boldsymbol{p}_{A_2}=\begin{pmatrix}0.3\\0.4\\0\end{pmatrix},\ {}^{C}\boldsymbol{p}_{B_2}=\begin{pmatrix}0.1\\0.2\\0\end{pmatrix},\ \begin{cases}\phi_2=194^\circ\\ \varphi_2=0.02^\circ\\ \chi_2=88.07^\circ\end{cases}$$

由方程（2-68），得到$L_2=0.20833$，$H_2=0.24986$，于是

$${}^{C}\boldsymbol{p}_{A_2}=\begin{pmatrix}{}^{C}x_{B2}-L_2\cos\phi_2\\ {}^{C}y_{B2}+L_2\sin\phi_2\\ {}^{C}z_{B2}-H_2\end{pmatrix}=\begin{pmatrix}0.30214\\0.14960\\-0.24986\end{pmatrix}$$

由方程（2-125）

$$\boldsymbol{A}_2=\begin{pmatrix}L_2\sin\phi_2 & H_2\cos\phi_2 & l_3\cos\phi_2\sin(\varphi_2+\chi_2)\\ L_2\cos\phi_2 & -H_2\sin\phi_2 & -l_3\sin\phi_2\sin(\varphi_2+\chi_2)\\ 0 & -L_2+l_1 & -l_3\cos(\varphi_2+\chi_2)\end{pmatrix}$$

$$=\begin{pmatrix}-0.0504 & -0.24244 & -0.24244\\ -0.20214 & 0.06045 & 0.06045\\ 0 & -0.15833 & -0.00833\end{pmatrix}$$

所以

$$\boldsymbol{A}_2^{-1}=\begin{pmatrix}-1.16163 & -4.65804 & 0\\ 0.21516 & -0.05379 & -6.66624\\ -4.09836 & 1.02203 & 6.66624\end{pmatrix}$$

另外，根据已知条件

$${}^{O}\dot{\boldsymbol{p}}_C=\begin{pmatrix}0\\0.1\\0.05\end{pmatrix},\quad \boldsymbol{S}(\boldsymbol{\omega})=\begin{pmatrix}0&-0.1&0.1\\0.1&0&0\\-0.1&0&0\end{pmatrix},\quad {}^{O}\dot{\boldsymbol{p}}_{A_2}=\boldsymbol{0}$$

将上面得到的参数代入方程（2-127），最后得到

$$\begin{pmatrix}\dot{\phi}_i\\ \dot{\varphi}_i\\ \dot{\chi}_i\end{pmatrix}=\begin{pmatrix}-1.16163 & -4.65804 & 0\\ 0.21516 & -0.05379 & -6.66624\\ -4.09836 & 1.02203 & 6.66624\end{pmatrix}\begin{pmatrix}1&0&0\\0&1&0\\0&0&1\end{pmatrix}$$

$$\left(-\begin{pmatrix}0\\0.1\\0.05\end{pmatrix}-\begin{pmatrix}0&-0.1&0.1\\0.1&0&0\\-0.1&0&0\end{pmatrix}\begin{pmatrix}1&0&0\\0&1&0\\0&0&1\end{pmatrix}\begin{pmatrix}0.30214\\0.14960\\-0.24986\end{pmatrix}\right)=\begin{pmatrix}0.58877\\0.144221\\-0.32750\end{pmatrix}\text{rad/s}$$

（2）多足步行机器人的速度分析的正问题

多足步行机器人的速度的正问题，也就是在前面介绍的位置分析的基础上，进一步给定独立驱动关节的速度，从而确定机器人机体的运动速度，即${}^{O}\dot{\boldsymbol{p}}_C$ 和 $\boldsymbol{\omega}$。同样假定三条腿上的 φ_i 和 χ_i 为独立驱动关节变量，因此图 2-20 中，φ_i、χ_i、$\dot{\varphi}_i$、$\dot{\chi}_i$ 为已知量($i=J, K, L$)。

根据方程（2-68），很容易得到

$$\begin{pmatrix}\dot{L}_i\\\dot{H}_i\end{pmatrix}=\begin{bmatrix}-H_i & -l_3\sin(\varphi_i+\chi_i)\\L_i-l_1 & l_3\cos(\varphi_i+\chi_i)\end{bmatrix}\begin{pmatrix}\dot{\varphi}_i\\\dot{\chi}_i\end{pmatrix}\tag{2-128}$$

进一步将方程（2-94）两边对时间微分，可以求出从属驱动关节速度如下：

$$\boldsymbol{B}\begin{pmatrix}\dot{\phi}_J\\\dot{\phi}_K\\\dot{\phi}_L\end{pmatrix}=\boldsymbol{C}\begin{pmatrix}\dot{L}_J\\\dot{H}_J\\\dot{L}_K\\\dot{H}_K\\\dot{L}_L\\\dot{H}_L\end{pmatrix}\tag{2-129}$$

这里

$$\boldsymbol{B}=(\boldsymbol{B}_1\quad\boldsymbol{B}_2\quad\boldsymbol{B}_3)$$
$$\boldsymbol{C}=(\boldsymbol{C}_1\quad\boldsymbol{C}_2\quad\boldsymbol{C}_3)$$

式中

$$\boldsymbol{B}_1=\begin{pmatrix}0\\\Delta x_{JL}L_J\sin\phi_J+\Delta y_{JL}L_J\cos\phi_J\\\Delta x_{JK}L_J\sin\phi_J+\Delta y_{JK}L_J\cos\phi_J\end{pmatrix}$$

$$\boldsymbol{B}_2=\begin{pmatrix}\Delta x_{KL}L_K\sin\phi_K+\Delta y_{KL}L_K\cos\phi_K\\0\\-\Delta x_{JK}L_K\sin\phi_K-\Delta y_{JK}L_K\cos\phi_K\end{pmatrix}$$

$$\boldsymbol{B}_3=\begin{pmatrix}-\Delta x_{KL}L_L\sin\phi_L-\Delta y_{KL}L_L\cos\phi_L\\-\Delta x_{JL}L_L\sin\phi_L-\Delta y_{JL}L_L\cos\phi_L\\0\end{pmatrix}$$

$$\boldsymbol{C}_1=\begin{pmatrix}0 & 0\\\Delta x_{JL}\cos\phi_J-\Delta y_{JL}\sin\phi_J & -H_J+H_L\\\Delta x_{JK}\cos\phi_J-\Delta y_{JK}\sin\phi_J & -H_J+H_K\end{pmatrix}$$

$$C_2 = \begin{pmatrix} \Delta x_{KL}\cos\phi_K - \Delta y_{KL}\sin\phi_K & -H_K + H_L \\ 0 & 0 \\ -\Delta x_{JK}\cos\phi_K + \Delta y_{JK}\sin\phi_K & -H_K + H_J \end{pmatrix}$$

$$C_3 = \begin{pmatrix} -\Delta x_{KL}\cos\phi_L + \Delta y_{KL}\sin\phi_L & H_K - H_L \\ -\Delta x_{JL}\cos\phi_L + \Delta y_{JL}\sin\phi_L & H_J - H_L \\ 0 & 0 \end{pmatrix}$$

$$\begin{aligned}
\Delta x_{KL} &= {}^C x_{BK} - {}^C x_{BL} - L_K\cos\phi_K + L_L\cos\phi_L \\
\Delta y_{KL} &= {}^C y_{BK} - {}^C y_{BL} + L_K\sin\phi_K - L_L\sin\phi_L \\
\Delta x_{JL} &= {}^C x_{BJ} - {}^C x_{BL} - L_J\cos\phi_J + L_L\cos\phi_L \\
\Delta y_{JL} &= {}^C y_{BJ} - {}^C y_{BL} + L_J\sin\phi_J - L_L\sin\phi_L \\
\Delta x_{JK} &= {}^C x_{BJ} - {}^C x_{BK} - L_J\cos\phi_J + L_K\cos\phi_K \\
\Delta y_{JK} &= {}^C y_{BJ} - {}^C y_{BK} + L_J\sin\phi_J - L_K\sin\phi_K
\end{aligned}$$

根据所有站立腿的驱动关节变量，很容易求解 $\boldsymbol{\omega}$ 和 ${}^O\dot{\boldsymbol{p}}_C$。首先，将方程（2-107）两边对时间微分，考虑到站立腿有 ${}^O\dot{\boldsymbol{p}}_{A_i} = {}^O\dot{\boldsymbol{p}}_{A_j} = \boldsymbol{0}$，推得

$$\dot{\boldsymbol{R}}_C({}^C\boldsymbol{p}_{A_i} - {}^C\boldsymbol{p}_{A_j}) + \boldsymbol{R}_C({}^C\dot{\boldsymbol{p}}_{A_i} - {}^C\dot{\boldsymbol{p}}_{A_j}) = \boldsymbol{0} \tag{2-130}$$

利用方程（2-57）、方程（2-128）和方程（2-129），并记 $\dot{\boldsymbol{\phi}}_i = (\dot{\phi}_i \quad \dot{\varphi}_i \quad \dot{\chi}_i)^{\mathrm{T}}$，$\dot{\boldsymbol{\phi}}_j = (\dot{\phi}_j \quad \dot{\varphi}_j \quad \dot{\chi}_j)^{\mathrm{T}}$，有

$$\boldsymbol{\omega} \times \boldsymbol{R}_C({}^C\boldsymbol{p}_{A_i} - {}^C\boldsymbol{p}_{A_j}) = (-\boldsymbol{R}_C\boldsymbol{A}_i \quad \boldsymbol{R}_C\boldsymbol{A}_j)\begin{pmatrix} \dot{\boldsymbol{\phi}}_i \\ \dot{\boldsymbol{\phi}}_j \end{pmatrix} \tag{2-131}$$

令

$$\boldsymbol{\omega}_{ij} = \boldsymbol{R}_C({}^C\boldsymbol{p}_{A_i} - {}^C\boldsymbol{p}_{A_j}) = \begin{pmatrix} \omega_1 \\ \omega_2 \\ \omega_3 \end{pmatrix} \tag{2-132}$$

这可以根据前面求得的位置解确定。方程（2-131）还可改写为

$$-\boldsymbol{\omega}_{ij} \times \boldsymbol{\omega} = (-\boldsymbol{R}_C\boldsymbol{A}_i \quad \boldsymbol{R}_C\boldsymbol{A}_j)\begin{pmatrix} \dot{\boldsymbol{\phi}}_i \\ \dot{\boldsymbol{\phi}}_j \end{pmatrix} \tag{2-133}$$

建立如下反对称矩阵

$$\boldsymbol{S}(\boldsymbol{\omega}_{ij}) = \begin{pmatrix} 0 & -\omega_3 & \omega_2 \\ \omega_3 & 0 & -\omega_1 \\ -\omega_2 & \omega_1 & 0 \end{pmatrix} \tag{2-134}$$

于是方程（2-133）可以改写为

$$-\boldsymbol{S}(\boldsymbol{\omega}_{ij})\boldsymbol{\omega} = (-\boldsymbol{R}_C\boldsymbol{A}_i \quad \boldsymbol{R}_C\boldsymbol{A}_j)\begin{pmatrix} \dot{\boldsymbol{\phi}}_i \\ \dot{\boldsymbol{\phi}}_j \end{pmatrix} \tag{2-135}$$

因此，在 $\det\boldsymbol{S}(\boldsymbol{\omega}_{ij})\neq 0$ 的情况下，有

$$\boldsymbol{\omega}=\boldsymbol{S}^{-1}(\boldsymbol{\omega}_{ij})(\boldsymbol{R}_C\boldsymbol{A}_i \quad -\boldsymbol{R}_C\boldsymbol{A}_j)\begin{pmatrix}\dot{\boldsymbol{\phi}}_i\\ \dot{\boldsymbol{\phi}}_j\end{pmatrix} \tag{2-136}$$

需要注意的是，如果 $\det\boldsymbol{S}(\boldsymbol{\omega}_{ij})=0$，也就是说 $\boldsymbol{S}(\boldsymbol{\omega}_{ij})$ 不是满秩矩阵，则必须增加一些类似于方程（2-135）的独立方程，以便构造一个满秩矩阵。

然后，将方程（2-109）两边对时间微分，得到

$$^{O}\dot{\boldsymbol{p}}_C+\dot{\boldsymbol{R}}_C\,{}^{C}\boldsymbol{p}_{A_i}+\boldsymbol{R}_C\,{}^{C}\dot{\boldsymbol{p}}_{A_i}=0 \tag{2-137}$$

类似的，容易得到

$$^{O}\dot{\boldsymbol{p}}_C=-\boldsymbol{R}_C\boldsymbol{A}_i\dot{\boldsymbol{\phi}}_i-\boldsymbol{S}(\boldsymbol{\omega})\boldsymbol{R}_C\,{}^{C}\boldsymbol{p}_{A_i} \tag{2-138}$$

到此为止，$\boldsymbol{\omega}$ 和 $^{O}\dot{\boldsymbol{p}}_C$ 都可以解出来。

例 2-16　考虑例 2-14，进一步给定 $\dot{\varphi}_1=0$、$\dot{\chi}_1=-0.05\text{rad/s}$、$\dot{\varphi}_2=0$、$\dot{\chi}_2=-0.05\text{rad/s}$、$\dot{\varphi}_3=0$、$\dot{\chi}_3=-0.05\text{rad/s}$。确定此时的 $\boldsymbol{\omega}$ 和 $^{O}\dot{\boldsymbol{p}}_C$。

解：根据例 2-14 中位置问题的结果，有

$$\begin{cases}L_1=1\\H_1=1\end{cases}\quad\begin{cases}L_2=1\\H_2=1\end{cases}\quad\begin{cases}L_3=1\\H_3=1\end{cases}$$

$$\begin{cases}^{C}x_{A1}=-0.5\\ ^{C}y_{A1}=1.5\\ ^{C}z_{A1}=-1\end{cases}\quad\begin{cases}^{C}x_{A2}=-1.5\\ ^{C}y_{A2}=-0.5\\ ^{C}z_{A2}=-1\end{cases}\quad\begin{cases}^{C}x_{A3}=0.5\\ ^{C}y_{A3}=-1.5\\ ^{C}z_{A3}=-1\end{cases}$$

$$\begin{cases}\phi_1=90^\circ\\ \phi_2=0\\ \phi_3=-90^\circ\end{cases}\quad {}^{O}\boldsymbol{p}_C=\begin{pmatrix}1.5\\0.5\\1\end{pmatrix}\quad \boldsymbol{R}_C=\begin{pmatrix}1&0&0\\0&1&0\\0&0&1\end{pmatrix}$$

由方程（2-128）得

$$\begin{bmatrix}\dot{L}_1\\ \dot{H}_1\end{bmatrix}=\begin{bmatrix}-1&-1\\0.8&0\end{bmatrix}\begin{bmatrix}0\\-0.05\end{bmatrix}=\begin{bmatrix}0.05\\0\end{bmatrix}$$

$$\begin{bmatrix}\dot{L}_2\\ \dot{H}_2\end{bmatrix}=\begin{bmatrix}-1&-1\\0.8&0\end{bmatrix}\begin{bmatrix}0\\-0.05\end{bmatrix}=\begin{bmatrix}0.05\\0\end{bmatrix}$$

$$\begin{bmatrix}\dot{L}_3\\ \dot{H}_3\end{bmatrix}=\begin{bmatrix}-1&-1\\0.8&0\end{bmatrix}\begin{bmatrix}0\\-0.05\end{bmatrix}=\begin{bmatrix}0.05\\0\end{bmatrix}$$

由方程（2-129）得到

$$\boldsymbol{B}=\begin{pmatrix}0&1&-2\\-1&0&-1\\1&-2&0\end{pmatrix}\quad \boldsymbol{C}=\begin{pmatrix}0&0&-2&0&-1&0\\-3&0&0&0&-3&0\\-2&0&-1&0&0&0\end{pmatrix}$$

从而

$$\begin{pmatrix}0 & 1 & -2\\-1 & 0 & -1\\1 & -2 & 0\end{pmatrix}\begin{pmatrix}\dot{\phi}_1\\\dot{\phi}_2\\\dot{\phi}_3\end{pmatrix}=\begin{pmatrix}0 & 0 & -2 & 0 & -1 & 0\\-3 & 0 & 0 & 0 & -3 & 0\\-2 & 0 & -1 & 0 & 0 & 0\end{pmatrix}\begin{pmatrix}0.05\\0\\0.05\\0\\0.05\\0\end{pmatrix}$$

解得

$$\begin{cases}\dot{\phi}_1 = 0.15\\\dot{\phi}_2 = 0.15\\\dot{\phi}_3 = 0.15\end{cases}$$

根据方程（2-132）可得

$$\boldsymbol{\omega}_{12}=\begin{pmatrix}1 & 0 & 0\\0 & 1 & 0\\0 & 0 & 1\end{pmatrix}\left[\begin{pmatrix}-0.5\\1.5\\-1\end{pmatrix}-\begin{pmatrix}-1.5\\-0.5\\-1\end{pmatrix}\right]=\begin{pmatrix}1\\2\\0\end{pmatrix}$$

由此可得

$$\boldsymbol{S}(\boldsymbol{\omega}_{12})=\begin{pmatrix}0 & 0 & 2\\0 & 0 & -1\\-2 & 1 & 0\end{pmatrix}$$

由于 $det\boldsymbol{S}(\boldsymbol{\omega}_{12})=0$，同理构造 $\boldsymbol{S}(\boldsymbol{\omega}_{13})$ 如下

$$\boldsymbol{S}(\boldsymbol{\omega}_{13})=\begin{pmatrix}0 & 0 & 3\\0 & 0 & 1\\-3 & -1 & 0\end{pmatrix}$$

进一步由方程（2-125）得到

$$\boldsymbol{A}_1=\begin{pmatrix}1 & 0 & 0\\0 & -1 & -1\\0 & -0.8 & 0\end{pmatrix}\quad \boldsymbol{A}_2=\begin{pmatrix}0 & 1 & 1\\1 & 0 & 0\\0 & -0.8 & 0\end{pmatrix}\quad \boldsymbol{A}_3=\begin{pmatrix}-1 & 0 & 0\\0 & 1 & 1\\0 & -0.8 & 0\end{pmatrix}$$

于是，根据方程（2-135），对于 $i=1$ 和 $j=2$，$i=1$ 和 $j=3$，得到

$$-\begin{pmatrix}0 & 0 & 2\\0 & 0 & -1\\-2 & 1 & 0\end{pmatrix}\begin{pmatrix}\omega_x\\\omega_y\\\omega_z\end{pmatrix}=\begin{pmatrix}-1 & 0 & 0 & 0 & 1 & 1\\0 & 1 & 1 & 1 & 0 & 0\\0 & 0.8 & 0 & 0 & -0.8 & 0\end{pmatrix}\begin{pmatrix}0.15\\0\\-0.05\\0.15\\0\\-0.05\end{pmatrix}$$

$$
-\begin{pmatrix} 0 & 0 & 3 \\ 0 & 0 & 1 \\ -3 & -1 & 0 \end{pmatrix}\begin{pmatrix} \omega_x \\ \omega_y \\ \omega_z \end{pmatrix} = \begin{pmatrix} -1 & 0 & 0 & -1 & 0 & 0 \\ 0 & 1 & 1 & 0 & 1 & 1 \\ 0 & 0.8 & 0 & 0 & -0.8 & 0 \end{pmatrix}\begin{pmatrix} 0.15 \\ 0 \\ -0.05 \\ 0.15 \\ 0 \\ -0.05 \end{pmatrix}
$$

这些方程中有如下三个相互独立的方程

$$
\begin{cases} 2\omega_x - \omega_y = 0 \\ 3\omega_x + \omega_y = 0 \\ \omega_z = 0.1 \end{cases}
$$

于是得到（单位rad/s）

$$
\begin{cases} \omega_x = 0 \\ \omega_y = 0 \\ \omega_z = 0.1 \end{cases}
$$

也即

$$
\boldsymbol{S}(\boldsymbol{\omega}) = \begin{pmatrix} 0 & -0.1 & 0 \\ 0.1 & 0 & 0 \\ 0 & 0 & 0 \end{pmatrix}
$$

相应的，对于 $i=1$，由方程（2-138）得到（单位rad/s）

$$
{}^{O}\dot{\boldsymbol{p}}_C = -\begin{pmatrix} 1 & 0 & 0 \\ 0 & 1 & 0 \\ 0 & 0 & 1 \end{pmatrix}\begin{pmatrix} 1 & 0 & 0 \\ 0 & -1 & -1 \\ 0 & -0.8 & 0 \end{pmatrix}\begin{pmatrix} 0.15 \\ 0 \\ -0.05 \end{pmatrix} - \begin{pmatrix} 0 & -0.1 & 0 \\ 0.1 & 0 & 0 \\ 0 & 0 & 0 \end{pmatrix}\begin{pmatrix} 1 & 0 & 0 \\ 0 & 1 & 0 \\ 0 & 0 & 1 \end{pmatrix}\begin{pmatrix} -0.5 \\ 1.5 \\ -1 \end{pmatrix} = \begin{pmatrix} 0 \\ 0 \\ 0 \end{pmatrix}
$$

2. 多足步行机器人的加速度计算

基于前面的位置和速度问题的分析，现在进行机器人步行加速度的计算。与速度分析类似，加速度分析也分逆问题及正问题。

（1）加速度分析中的逆问题

加速度分析的逆问题就是根据给定的机器人机体的位姿、速度、加速度以及每条腿的速度，求解每条腿的加速度。

将方程（2-130）改写如下：

$$
\boldsymbol{R}_C\boldsymbol{A}_i\dot{\boldsymbol{\phi}}_i = {}^{O}\dot{\boldsymbol{p}}_{A_i} - {}^{O}\dot{\boldsymbol{p}}_C - \boldsymbol{S}(\boldsymbol{\omega})\boldsymbol{R}_C\,{}^{C}\boldsymbol{p}_{A_i} \tag{2-139}
$$

将方程两边对时间微分，得到

$$
\begin{aligned} \dot{\boldsymbol{R}}_C\boldsymbol{A}_i\dot{\boldsymbol{\phi}}_i + \boldsymbol{R}_C\dot{\boldsymbol{A}}_i\dot{\boldsymbol{\phi}}_i + \boldsymbol{R}_C\boldsymbol{A}_i\ddot{\boldsymbol{\phi}}_i &= {}^{O}\ddot{\boldsymbol{p}}_{A_i} - {}^{O}\ddot{\boldsymbol{p}}_C - \boldsymbol{S}(\dot{\boldsymbol{\omega}})\boldsymbol{R}_C\,{}^{C}\boldsymbol{p}_{A_i} \\ &\quad - \boldsymbol{S}(\boldsymbol{\omega})\dot{\boldsymbol{R}}_C\,{}^{C}\boldsymbol{p}_{A_i} - \boldsymbol{S}(\boldsymbol{\omega})\boldsymbol{R}_C\,{}^{C}\dot{\boldsymbol{p}}_{A_i} \end{aligned} \tag{2-140}
$$

式中

$$
\ddot{\boldsymbol{\phi}}_i = (\ddot{\phi}_i \quad \ddot{\varphi}_i \quad \ddot{\chi}_i)^{\mathrm{T}}
$$

$$S(\dot{\boldsymbol{\omega}}) = \begin{pmatrix} 0 & -\dot{\omega}_z & \dot{\omega}_y \\ \dot{\omega}_z & 0 & -\dot{\omega}_x \\ -\dot{\omega}_y & \dot{\omega}_x & 0 \end{pmatrix}$$

于是有

$$\begin{aligned} \ddot{\boldsymbol{\phi}} &= \boldsymbol{A}_i^{-1}\boldsymbol{R}_C^{\mathrm{T}}\,{}^C\ddot{\boldsymbol{p}}_{A_i} - \boldsymbol{A}_i^{-1}\boldsymbol{R}_C^{\mathrm{T}}\,{}^O\ddot{\boldsymbol{p}}_C - \boldsymbol{A}_i^{-1}\boldsymbol{R}_C^{\mathrm{T}}\boldsymbol{S}(\dot{\boldsymbol{\omega}})\boldsymbol{R}_C\,{}^C\boldsymbol{p}_{A_i} - \\ &\quad \boldsymbol{A}_i^{-1}\boldsymbol{R}_C^{\mathrm{T}}\boldsymbol{S}(\boldsymbol{\omega})\boldsymbol{S}(\boldsymbol{\omega})\boldsymbol{R}_C\,{}^C\boldsymbol{p}_{A_i} - 2\boldsymbol{A}_i^{-1}\boldsymbol{R}_C^{\mathrm{T}}\boldsymbol{S}(\boldsymbol{\omega})\boldsymbol{R}_C\boldsymbol{A}_i\dot{\boldsymbol{\phi}}_i - \\ &\quad \boldsymbol{A}_i^{-1}\boldsymbol{R}_C^{\mathrm{T}}\boldsymbol{R}_C\dot{\boldsymbol{A}}_i\dot{\boldsymbol{\phi}}_i \end{aligned} \tag{2-141}$$

因此，给定机器人机体运动的加速度${}^O\ddot{\boldsymbol{p}}_C$和$\dot{\boldsymbol{\omega}}$，以及每只脚的加速度${}^O\ddot{\boldsymbol{p}}_{A_i}$（注意，对于站立腿，${}^O\ddot{\boldsymbol{p}}_{A_i}=\boldsymbol{0}$），在前面位置和速度分析的基础上，可以通过方程（2-141）很容易地求出机器人每条腿上的关节加速度。

（2）机器人步行加速度的正问题

所谓机器人步行加速度的正问题，即给定关节的加速度，在机器人位置和速度分析的基础上，确定机器人机体运动的加速度${}^O\ddot{\boldsymbol{p}}_c$和$\dot{\boldsymbol{\omega}}$。

将方程（2-128）的两边对时间微分，得到

$$\begin{pmatrix} \ddot{L}_i \\ \ddot{H}_i \end{pmatrix} = \begin{pmatrix} -(L_i - l_1)\dot{\varphi}_i^2 - 2l_3\cos(\varphi_i+\chi_i)\dot{\varphi}\dot{\chi}_i - l_3\cos(\varphi_i+\chi_i)\dot{\chi}_i^2 \\ -H_i\dot{\varphi}_i^2 - 2l_3\sin(\varphi_i+\chi_i)\dot{\varphi}\dot{\chi}_i - l_3\sin(\varphi_i+\chi_i)\dot{\chi}_i^2 \end{pmatrix} + \begin{bmatrix} -H_i & -l_3\sin(\varphi_i+\chi_i) \\ L_i - l_1 & l_3\cos(\varphi_i+\chi_i) \end{bmatrix}\begin{pmatrix} \ddot{\varphi}_i \\ \ddot{\chi}_i \end{pmatrix} \tag{2-142}$$

同样由方程（2-129）得到

$$\begin{pmatrix} \ddot{\phi}_J \\ \ddot{\phi}_K \\ \ddot{\phi}_L \end{pmatrix} = \boldsymbol{B}^{-1}\dot{\boldsymbol{C}}\begin{pmatrix} \dot{L}_J \\ \dot{H}_J \\ \dot{L}_K \\ \dot{H}_K \\ \dot{L}_L \\ \dot{H}_L \end{pmatrix} + \boldsymbol{B}^{-1}\boldsymbol{C}\begin{pmatrix} \ddot{L}_J \\ \ddot{H}_J \\ \ddot{L}_K \\ \ddot{H}_K \\ \ddot{L}_L \\ \ddot{H}_L \end{pmatrix} - \boldsymbol{B}^{-1}\dot{\boldsymbol{B}}\begin{pmatrix} \dot{\phi}_J \\ \dot{\phi}_K \\ \dot{\phi}_L \end{pmatrix} \tag{2-143}$$

此处

$$\dot{\boldsymbol{B}} = [\dot{\boldsymbol{B}}_1 \quad \dot{\boldsymbol{B}}_2 \quad \dot{\boldsymbol{B}}_3]$$

$$\dot{\boldsymbol{C}} = [\dot{\boldsymbol{C}}_1 \quad \dot{\boldsymbol{C}}_2 \quad \dot{\boldsymbol{C}}_3]$$

式中，$\dot{\boldsymbol{B}}_1$、$\dot{\boldsymbol{B}}_2$、$\dot{\boldsymbol{B}}_3$、$\dot{\boldsymbol{C}}_1$、$\dot{\boldsymbol{C}}_2$和$\dot{\boldsymbol{C}}_3$很容易通过将相应的矩阵对时间微分得到。

现在站立腿上驱动关节的加速度都已知，即 $\ddot{\boldsymbol{\phi}}_i = (\ddot{\phi}_i \quad \ddot{\varphi}_i \quad \ddot{\chi}_i)^{\mathrm{T}} (i = J, K, L)$。方程（2-130）可以改写为

$$\boldsymbol{S}(\boldsymbol{\omega})\boldsymbol{R}_C({}^C\boldsymbol{p}_{A_i} - {}^C\boldsymbol{p}_{A_j}) + \boldsymbol{R}_C({}^C\dot{\boldsymbol{p}}_{A_i} - {}^C\dot{\boldsymbol{p}}_{A_j}) = 0 \tag{2-144}$$

继而有

$$\begin{aligned}\boldsymbol{S}(\dot{\boldsymbol{\omega}})\boldsymbol{R}_C({}^C\boldsymbol{p}_{A_i} - {}^C\boldsymbol{p}_{A_j}) = &- \boldsymbol{S}(\boldsymbol{\omega})\boldsymbol{S}(\boldsymbol{\omega})\boldsymbol{R}_C({}^C\boldsymbol{p}_{A_i} - {}^C\boldsymbol{p}_{A_j}) \\ &- 2\boldsymbol{S}(\boldsymbol{\omega})\boldsymbol{R}_C({}^C\dot{\boldsymbol{p}}_{A_i} - {}^C\dot{\boldsymbol{p}}_{A_j}) \\ &- \boldsymbol{R}_C({}^C\ddot{\boldsymbol{p}}_{A_i} - {}^C\ddot{\boldsymbol{p}}_{A_j})\end{aligned} \tag{2-145}$$

其中 ${}^C\ddot{\boldsymbol{p}}_{A_i}$ 和 ${}^C\ddot{\boldsymbol{p}}_{A_j}$ 可由下述方程表示

$${}^C\ddot{\boldsymbol{p}}_{A_i} = \dot{\boldsymbol{A}}_i\dot{\boldsymbol{\phi}}_l + \boldsymbol{A}_i\ddot{\boldsymbol{\phi}}_l \tag{2-146}$$

这里

$$\dot{\boldsymbol{A}}_i = \begin{pmatrix} \dot{L}_i\sin\phi_i + L_i\dot{\phi}_i\cos\phi_i & \dot{H}_i\cos\phi_i - H_i\dot{\phi}_i\sin\phi_i & -l_3\dot{\phi}_i\sin\phi_i\sin(\varphi_i+\chi_i) + l_3(\dot{\varphi}_i+\dot{\chi}_i)\cos\phi_i\cos(\varphi_i+\chi_i) \\ \dot{L}_i\cos\phi_i - L_i\dot{\phi}_i\sin\phi_i & -\dot{H}_i\sin\phi_i - H_i\dot{\phi}_i\cos\phi_i & -l_3\dot{\phi}_i\cos\phi_i\sin(\varphi_i+\chi_i) - l_3(\dot{\varphi}_i+\dot{\chi}_i)\sin\phi_i\cos(\varphi_i+\chi_i) \\ 0 & -\dot{L}_i & l_3(\dot{\varphi}_i+\dot{\chi}_i)\sin(\varphi_i+\chi_i) \end{pmatrix}$$

类似于方程（2-131）~方程（2-135）中的速度问题，方程（2-145）中三个独立方程含有未知变量 $\dot{\omega}_x$，$\dot{\omega}_y$ 和 $\dot{\omega}_z$，对于 i，$j = J$，K，$L(i \neq j)$。于是，$\dot{\boldsymbol{\omega}}$ 即 $\boldsymbol{S}(\dot{\boldsymbol{\omega}})$ 就可以由这些方程确定。

进一步将方程（2-138）两边分别对时间微分，整理之后得到

$$\begin{aligned}{}^O\ddot{\boldsymbol{p}}_C = &- 2\boldsymbol{S}(\boldsymbol{\omega})\boldsymbol{R}_C\boldsymbol{A}_i\dot{\boldsymbol{\phi}}_l - \boldsymbol{R}_C\dot{\boldsymbol{A}}_i\dot{\boldsymbol{\phi}}_l - \boldsymbol{R}_C\boldsymbol{A}_i\ddot{\boldsymbol{\phi}}_l \\ &- \boldsymbol{S}(\dot{\boldsymbol{\omega}})\boldsymbol{R}_C{}^C\boldsymbol{p}_{A_i} - \boldsymbol{S}(\boldsymbol{\omega})\boldsymbol{S}(\boldsymbol{\omega})\boldsymbol{R}_C{}^C\boldsymbol{p}_{A_i}\end{aligned} \tag{2-147}$$

因此，在已知三条站立腿独立驱动关节的位置、速度和加速度的基础上，就可以通过上述方程解决多足机器人步行加速度的正问题。

第 3 章　机器人动力学

动力学主要研究物体的运动和作用力之间的关系。机器人的动力学问题通常可以分为两类：根据关节驱动力矩或力，计算操作臂或者运动腿的运动（关节的位移、速度、加速度），这是动力学的正问题；反过来，已知关节的位移、速度、加速度，求驱动关节所需要的关节力与力矩，这是动力学的逆问题。

机器人的操作臂或者步行机器人的运动腿是一个复杂的动力学系统，存在严重的非线性，通常由多个关节和多个连杆组成，具有多个输入和多个输出，它们之间存在着错综复杂的耦合关系。机器人动力学的分析方法很多，有拉格朗日（Lagrange）方法，牛顿-欧拉（Newton-Euler）方法，高斯（Gauss）方法，凯恩（Kane）方法、旋量（对偶数）方法和罗伯逊-魏登堡（Roberson-Wittenburg）方法等。

本章主要介绍拉格朗日方法及牛顿-欧拉方法。拉格朗日方法能以最简单的形式求得复杂的系统动力学方程，且具有显式结构。牛顿-欧拉方法是最基本的方法之一，它是基于运动坐标系和达朗贝尔原理建立起来的，没有多余信息，计算速度快。

研究机器人动力学的目的是多方面的。首先是为了实时控制，利用机器人的动力学模型，才有可能进行最优控制，以期达到最优指标或更好的动态性能。

对机器人动力学模型的研究，在机器人的设计过程中也十分重要。设计人员可以根据连杆质量、负载大小、传动机构的特征进行动态仿真。现在已有多种仿真软件可供使用，既可利用仿真结果选择适当尺寸的传动机构，也可以使用仿真结果判定是否需要重新设计机械结构。

为了估计在高速运动时，对机器人路径偏差的最严重情况，也要进行路径控制仿真，仿真时要考虑它的动态模型。

本章首先介绍动力学分析的基础知识，对连杆运动的传递、静力学分析、牛顿-欧拉方法的递推动力学方程，用拉格朗日方法建立动力学方程进行了描述，最后对多足步行机器人的动力学模型进行了研究。

3.1　动力学分析基础

3.1.1　机器人的坐标系

为了规范起见，有必要给机器人和工作空间专门命名和确定专门的“标准”坐标系，如图 3-1 所示。图 3-1 给出了一典型的机器人工作情况，机器人抓持某种工具，并把工具末端移动到操作者指定的位置。图中所示的五个坐标系就是需要进行命名的坐标系。通常，机器人的运动都可按照这些坐标系描述。以下为图 3-1 所示坐标系的简化定义。

（1）基本坐标 $\sum_B$

基本坐标 $\sum_B$ 位于操作臂的基座上，它仅是赋予坐标系 $\sum_O$ 的另一个名称。因为它固连在机器人的静止部位，所以有时称为连杆 0。

(2) 工作台坐标系 $\sum_S$

工作台坐标系 $\sum_S$ 的位置与任务相关。在图 3-1 中，它位于机器人工作台的一个角上。对机器人系统的用户来说，工作台坐标系 $\sum_S$ 是一个通用坐标系，机器人所有的运动都是相对于它来执行的。有时称它为任务坐标系、世界坐标系或通用坐标系。工作台坐标系通常根据基坐标系确定，即 ${}^B_S\boldsymbol{T}$。

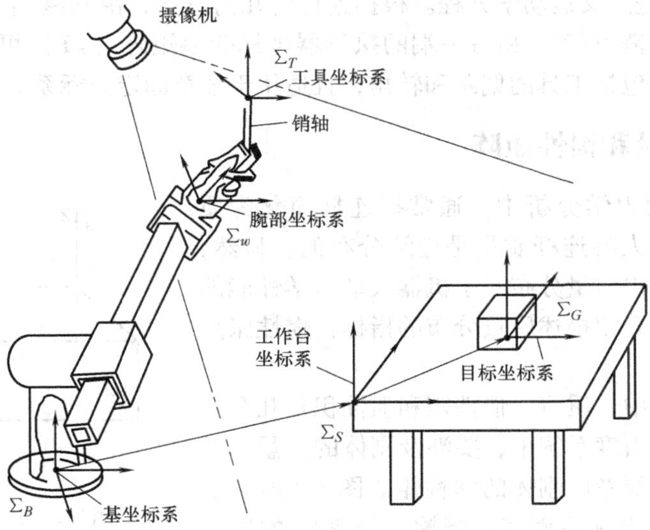

图 3-1　机器人的坐标系

(3) 腕部坐标系 $\sum_w$

腕部坐标系 $\sum_w$ 附于操作臂的末端连杆。这个固连在机器人末端连杆上的坐标系也可以称为坐标系 $\sum_N$。大多数情况，腕部坐标系 $\sum_w$ 的原点位于操作臂手腕上，它随着操作臂的末端连杆移动。它相对于基坐标系定义，即 ${}^B_w\boldsymbol{T} = {}^0_N\boldsymbol{T}$。

(4) 工具坐标系 $\sum_T$

工具坐标系 $\sum_T$ 附于机器人所夹持工具的末端。当手部没有夹持工具时，工具坐标系 $\sum_T$ 的原点位于机器人的指端之间。工具坐标系通常根据腕部坐标系来确定。在图 3-1 中，工具坐标系的原点定义在机器人抓持销轴的末端。

(5) 目标坐标系 $\sum_G$

目标坐标系 $\sum_G$ 是机器人移动工具时对工具位置的描述，特指在机器人运动结束时，工具坐标系应当与目标坐标系重合。目标坐标系 $\sum_G$ 通常根据工作台坐标系来确定。在图 3-1 中，目标坐标系位于将要插入销轴的轴孔处。

不失一般性而言，所有机器人的运动都可以按照这些坐标系描述，它们为描述机器人的操作提供了一个标准语言。

3.1.2　工具的定位

机器人的首要功能之一是能够计算它所夹持的工具（或未夹持的工具）相对于规范坐

标系的位姿，也就是说需要计算工具坐标系 $\sum_T$ 相对于工作台坐标系 $\sum_S$ 的变换矩阵。只要通过运动学方程计算出 ${}^B_W\boldsymbol{T}$，就可以应用第 2 章所述的坐标变换计算 $\sum_T$ 相对于 $\sum_S$ 的变换矩阵。求解一个简单的变换方程，得出

$$ {}^S_T\boldsymbol{T} = {}^B_S\boldsymbol{T}^{-1}\ {}^B_W\boldsymbol{T}\ {}^W_T\boldsymbol{T} \tag{3-1}$$

方程（3-1）在某些机器人系统中称为 WHERE 函数，用它可计算手臂的位置。对于图 3-1 中情况，WHERE 的输出是轴销相对于工作台顶角处的位姿。

方程（3-1）是广义运动学方程。根据连杆的几何形状，由基座端（可看成一个固定连杆）的广义变换矩阵（${}^B_S\boldsymbol{T}$）和另一端的执行器坐标变换矩阵（${}^W_T\boldsymbol{T}$）可以计算运动学方程。这些附加变换可以包括工具的偏距和转角，且适用于任意固定坐标系。

3.1.3 惯性张量和惯性矩阵

在机器人的动力学分析中，通常把连杆简化为质点。实际上，机器人各连杆质量是连续分布的。显然，这种简化没有反映出质量分布对于机器人动力学性能的影响。在此，首先介绍描述质量分布的指标：惯性张量和惯性矩阵。

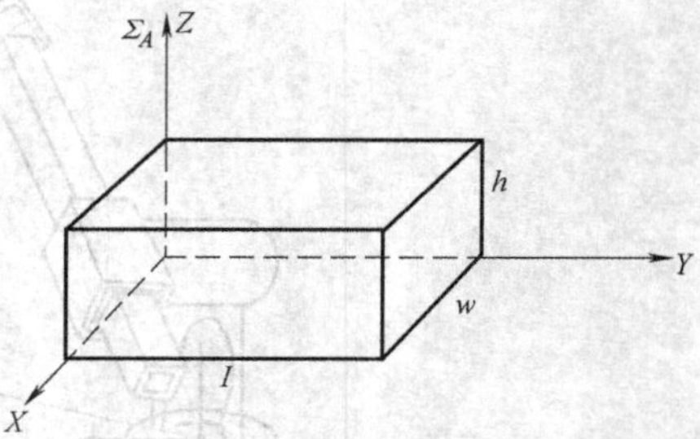

图 3-2 密度均匀的长方体

在刚体动力学中，质量、惯性矩和惯性积是几个重要的概念。在单自由度系统中，要涉及刚体的质量；在绕轴线转动时，则要考虑刚体的惯性矩。图 3-2 所示的刚体相对于给定的坐标系而言，绕轴 x、y 和 z 的质量惯性矩分别为

$$\begin{aligned} I_{xx} &= \iiint_v (y^2+z^2)\rho \mathrm{d}v = \iiint_m (y^2+z^2)\mathrm{d}m \\ I_{yy} &= \iiint_v (z^2+x^2)\rho \mathrm{d}v = \iiint_m (z^2+x^2)\mathrm{d}m \\ I_{zz} &= \iiint_v (x^2+y^2)\rho \mathrm{d}v = \iiint_m (x^2+y^2)\mathrm{d}m \end{aligned} \tag{3-2}$$

式中，ρ 为密度，dv 为质量单元的体积。式（3-2）分别表示质量元素 $\mathrm{d}m=\rho \mathrm{d}v$ 乘以到相应轴的垂直距离的二次方。

为了描述刚体质量在同一坐标系的分布情况，除了上述的三个惯性矩之外，还采用三个混合矩（称为惯性积）：

$$\begin{aligned} I_{xy} &= \iiint_v xy\rho \mathrm{d}v = \iiint_m xy\mathrm{d}m \\ I_{yz} &= \iiint_v yz\rho \mathrm{d}v = \iiint_m yz\mathrm{d}m \\ I_{zx} &= \iiint_v zx\rho \mathrm{d}v = \iiint_m zx\mathrm{d}m \end{aligned} \tag{3-3}$$

相对于给定的坐标系 $\sum_A$，可以用以上六个量组成一个矩阵：

$$
{}^{A}\boldsymbol{I} = \begin{pmatrix} I_{xx} & -I_{xy} & -I_{xz} \\ -I_{xy} & I_{yy} & -I_{yz} \\ -I_{xz} & -I_{yz} & I_{zz} \end{pmatrix} \tag{3-4}
$$

来表示物体的质量分布特征。将${}^{A}\boldsymbol{I}$称为惯性张量。它可以被看成是对一个物体惯量的广义度量，和选取的坐标系有关。如果选取坐标系的方位，使得各惯性积为零，则相对于这一坐标系，惯性张量是对角型。此坐标系的轴叫惯性主轴，相应的惯性矩叫主惯性矩。

显然，惯性张量$\boldsymbol{I}$是由刚体相对于某一坐标系的质量分布的二阶矩组成的矩阵。刚体的质量和分布的一阶矩分别为

$$
\begin{aligned}
m &= \iiint_v \rho \mathrm{d}v \\
m\bar{x} &= \iiint_v x\rho \mathrm{d}v = \iiint_m x\mathrm{d}m \\
m\bar{y} &= \iiint_v y\rho \mathrm{d}v = \iiint_m y\mathrm{d}m \\
m\bar{z} &= \iiint_v z\rho \mathrm{d}v = \iiint_m z\mathrm{d}m
\end{aligned} \tag{3-5}
$$

以I_0表示刚体相对于原点的惯性矩，其表达为

$$
I_0 = I_{xx} + I_{yy} + I_{zz} \tag{3-6}
$$

例 3-1 求图 3-2 所示坐标系中，密度为ρ的均匀长方体的惯性张量。

解： 长方体的质量为

$$
m = \rho lwh
$$

质心的坐标为

$$
\bar{x} = \frac{1}{2}w,\ \bar{y} = \frac{1}{2}l,\ \bar{z} = \frac{1}{2}h
$$

惯性矩为

$$
\begin{aligned}
I_{xx} &= \int_0^h\int_0^l\int_0^w (y^2 + z^2)\rho \mathrm{d}x\mathrm{d}y\mathrm{d}z = \int_0^h\int_0^l (y^2 + z^2) w\rho \mathrm{d}y\mathrm{d}z \\
&= \int_0^h \left[\frac{l^3}{3} + z^2 l\right] w\rho \mathrm{d}z = \left[\frac{hl^3}{3} + \frac{h^3 l}{3}\right] w\rho = \frac{m}{3}(l^2 + h^2)
\end{aligned}
$$

式中，m是长方体的质量。

同样可得

$$
I_{yy} = \frac{m}{3}(w^2 + h^2)
$$

$$
I_{zz} = \frac{m}{3}(l^2 + w^2)
$$

长方体的惯性积为

$$
I_{xy} = \int_0^h\int_0^l\int_0^w xy\rho \mathrm{d}x\mathrm{d}y\mathrm{d}z = \int_0^h\int_0^l \frac{w^2}{2} y\rho \mathrm{d}y\mathrm{d}z = \int_0^h \frac{w^2}{2}\frac{l^2}{2}\rho \mathrm{d}z = \frac{m}{4}wl
$$

类似可以推出

$$
I_{yz} = \frac{m}{4}lh
$$

$$I_{zx} = \frac{m}{4}hw$$

因此，该长方体的惯性张量是

$$\boldsymbol{I} = \begin{pmatrix} \frac{m}{3}(l^2 + h^2) & -\frac{m}{4}wl & -\frac{m}{4}hw \\ -\frac{m}{4}wl & \frac{m}{3}(w^2 + h^2) & -\frac{m}{4}hl \\ -\frac{m}{4}hw & -\frac{m}{4}hl & \frac{m}{3}(l^2 + w^2) \end{pmatrix}$$

相对于原点的惯性矩为

$$I_O = \frac{1}{2}(I_{xx} + I_{yy} + I_{zz}) = \frac{1}{3}m(w^2 + l^2 + h^2)$$

惯性张量与坐标系的原点和方位的选择有关。坐标轴平移或旋转后，惯性张量和惯性矩阵的各个元素会发生变化（刚体的质量 m 除外）。设坐标系 $\sum_C$ 的原点设在刚体的质心，坐标系 $\sum_A$ 的各轴与 $\sum_C$ 平行，根据平行轴理论，刚体相对于两坐标系的惯性矩和惯性积存在以下关系：

$$^{A}I_{zz} = {^{C}I_{zz}} + m(x_C^2 + y_C^2)$$

$$^{A}I_{xy} = {^{C}I_{xy}} + mx_Cy_C$$

式中，x_C、y_C 是刚体质心 A_C 在 $\sum_A$ 中的坐标。其余各惯性矩和惯性积的坐标转换公式类似。平行轴定理可以表示成以下矢量形式：

$$^{A}\boldsymbol{I} = {^{C}\boldsymbol{I}} + m(\boldsymbol{P}_C^{\mathrm{T}}\boldsymbol{P}_C\boldsymbol{I}_3 - \boldsymbol{P}_C\boldsymbol{P}_C^{\mathrm{T}}) \tag{3-7}$$

式中，$\boldsymbol{I}_3$ 为 3×3 的单位阵，$\boldsymbol{P}_C = [x_C \quad y_C \quad z_C]^{\mathrm{T}}$。

惯性张量实质上代表刚体质量分布相对于某一坐标系的二阶矩，它们具有以下性质：

1）所有惯性矩恒为正，而惯性积可正可负。

2）当坐标系（参考系）的方位改变时，I_0 不变。

3）惯性张量的特性值是刚体相应的主惯性矩，其相应的特征矢量分别是惯性主轴。

由于机器人操作臂或者运动腿的几何形状及结构组成都比较复杂，一般使用测量装置（如惯性摆）来测量每个连杆的惯性矩。

3.1.4 连杆运动的传递

为了描述刚体在不同坐标系中的运动，设有两个坐标系：参考坐标系 $\sum_A$ 和运动坐标系 $\sum_B$。$\sum_B$ 相对于 $\sum_A$ 的位置矢量为 $^{A}\boldsymbol{P}_{BO}$，旋转矩阵为 $^{A}_{B}\boldsymbol{R}$，任一点 P 在坐标系中的描述 $^{A}\boldsymbol{P}$ 与 $^{B}\boldsymbol{P}$ 之间存在如下关系

$$^{A}\boldsymbol{P} = {^{A}\boldsymbol{P}_{BO}} + {^{A}_{B}\boldsymbol{R}}\,{^{B}\boldsymbol{P}} \tag{3-8}$$

速度 $^{A}\boldsymbol{v}_P$ 和 $^{B}\boldsymbol{v}_P$ 之间的关系为

$$^{A}\boldsymbol{v}_P = {^{A}\dot{\boldsymbol{P}}} = {^{A}\dot{\boldsymbol{P}}_{BO}} + {^{A}_{B}\boldsymbol{R}}\,{^{B}\dot{\boldsymbol{P}}} + {^{A}_{B}\dot{\boldsymbol{R}}}\,{^{B}\boldsymbol{P}}$$

根据方程（2-53）有 $\dot{\boldsymbol{R}}(t) = \boldsymbol{S}(\boldsymbol{\omega})\boldsymbol{R} = \boldsymbol{\omega}\times\boldsymbol{R}$

即 ${}_B^A\dot{\boldsymbol{R}} = \boldsymbol{S}({}^A\omega_B){}_B^A\boldsymbol{R}$, 得到

$$ {}^A\boldsymbol{v}_P = {}^A\boldsymbol{v}_{BO} + {}_B^A\boldsymbol{R}{}^B\boldsymbol{v}_P + \boldsymbol{S}({}^A\boldsymbol{\omega}_B){}_B^A\boldsymbol{R}{}^B\boldsymbol{P} \tag{3-9} $$

加速度${}^A\dot{\boldsymbol{v}}_P$和${}^B\dot{\boldsymbol{v}}_P$之间的关系为

$$ {}^A\dot{\boldsymbol{v}}_P = {}^A\dot{\boldsymbol{v}}_{BO} + {}_B^A\boldsymbol{R}{}^B\dot{\boldsymbol{v}}_P + 2\boldsymbol{S}({}^A\boldsymbol{\omega}_B){}_B^A\boldsymbol{R}{}^B\boldsymbol{v}_P + \boldsymbol{S}({}^A\dot{\boldsymbol{\omega}}_B){}_B^A\boldsymbol{R}{}^B\boldsymbol{P} + \boldsymbol{S}({}^A\boldsymbol{\omega}_B)\boldsymbol{S}({}^A\boldsymbol{\omega}_B){}_B^A\boldsymbol{R}{}^B\boldsymbol{P} \tag{3-10} $$

式（3-9）、式（3-10）表示在不同坐标系中运动速度和加速度的转换公式。根据不同的情况，相关公式可以进一步简化。

1）若坐标系$\sum_A$固定不动，而刚体与$\sum_B$固接在一起，则

$$ {}^B\boldsymbol{P} = \text{常数} $$

$$ {}^B\boldsymbol{v}_P = {}^B\dot{\boldsymbol{v}}_P = 0 $$

那么，式（3-9）和式（3-10）分别简化为

$$ {}^A\boldsymbol{v}_P = {}^A\boldsymbol{v}_{BO} + \boldsymbol{S}({}^A\boldsymbol{\omega}_B){}_B^A\boldsymbol{R}{}^B\boldsymbol{P} \tag{3-11} $$

$$ {}^A\dot{\boldsymbol{v}}_P = {}^A\dot{\boldsymbol{v}}_{BO} + \boldsymbol{S}({}^A\dot{\boldsymbol{\omega}}_B){}_B^A\boldsymbol{R}{}^B\boldsymbol{P} + \boldsymbol{S}({}^A\boldsymbol{\omega}_B)\boldsymbol{S}({}^A\boldsymbol{\omega}_B){}_B^A\boldsymbol{R}{}^B\boldsymbol{P} \tag{3-12} $$

2）如果运动坐标系$\sum_B$相对于固定参考系$\sum_A$移动，即${}_B^A\boldsymbol{R}$固定不变，则${}^A\boldsymbol{\omega}_B = {}^A\dot{\boldsymbol{\omega}}_B = 0$，式（3-9）和式（3-10）变成

$$ {}^A\boldsymbol{v}_P = {}^A\boldsymbol{v}_{BO} + {}_B^A\boldsymbol{R}{}^B\boldsymbol{v}_P \tag{3-13} $$

$$ {}^A\dot{\boldsymbol{v}}_P = {}^A\dot{\boldsymbol{v}}_{BO} + {}_B^A\boldsymbol{R}{}^B\dot{\boldsymbol{v}}_P \tag{3-14} $$

3）如果$\sum_B$相对$\sum_A$纯转动，${}^A\boldsymbol{P}_{BO}$固定不变，则式（3-9）和式（3-10）变为

$$ {}^A\boldsymbol{v}_P = {}_B^A\boldsymbol{R}{}^B\boldsymbol{v}_P + \boldsymbol{S}({}^A\boldsymbol{\omega}_B){}_B^A\boldsymbol{R}{}^B\boldsymbol{P} \tag{3-15} $$

$$ {}^A\dot{\boldsymbol{v}}_P = {}_B^A\boldsymbol{R}{}^B\dot{\boldsymbol{v}}_P + 2\boldsymbol{S}({}^A\boldsymbol{\omega}_B){}_B^A\boldsymbol{R}{}^B\boldsymbol{v}_P + \boldsymbol{S}({}^A\dot{\boldsymbol{\omega}}_B){}_B^A\boldsymbol{R}{}^B\boldsymbol{P} + \boldsymbol{S}({}^A\boldsymbol{\omega}_B)\boldsymbol{S}({}^A\boldsymbol{\omega}_P){}_B^A\boldsymbol{R}{}^B\boldsymbol{P} \tag{3-16} $$

因为角速度矢量是自由矢量，记坐标系$\sum_B$相对$\sum_A$的转动角速度为${}^A\boldsymbol{\omega}_B$，$\sum_C$相对$\sum_B$的转动角速度${}^B\boldsymbol{\omega}_C$，则$\sum_C$相对$\sum_A$的转动角速度${}^A\boldsymbol{\omega}_C$为

$$ {}^A\boldsymbol{\omega}_C = {}^A\boldsymbol{\omega}_B + {}_B^A\boldsymbol{R}\,{}^B\boldsymbol{\omega}_C \tag{3-17} $$

将式（3-17）两端微分得

$$ {}^A\dot{\boldsymbol{\omega}}_C = {}^A\dot{\boldsymbol{\omega}}_B + {}_B^A\boldsymbol{R}{}^B\dot{\boldsymbol{\omega}}_C + \boldsymbol{S}({}^A\boldsymbol{\omega}_B){}_B^A\boldsymbol{R}{}^B\boldsymbol{\omega}_C \tag{3-18} $$

式（3-13）~式（3-16）用于计算连杆的速度和加速度；式（3-17）和式（3-18）用来计算连杆的角速度和角加速度。

通常，连杆的运动由连杆坐标系原点的线速度和线加速度，以及连杆坐标系的角速度和角加速度来表示的。下面利用 Denavit-Hartenberg 的连杆参数表示方法，依次递推出机器人操作臂或者步行机器人运动腿各连杆的速度和加速度。

在描述机器人操作臂或者运动腿各连杆的运动时，把基坐标系$\sum_O$当成参考系，$\boldsymbol{v}_i$表示连杆坐标系$\sum_i$原点的线速度，$\boldsymbol{\omega}_i$表示坐标系$\sum_i$的角速度。

在任一瞬时，各个连杆具有一定的线速度和角速度。图 3-3 标出了连杆的线速度和角速度分别为${}^i\boldsymbol{v}_i$和${}^i\boldsymbol{\omega}_i$。左上标表示这些矢量是在坐标系$\sum_i$中表示的。连杆$i+1$的线速度和角速度分别为${}^{i+1}\boldsymbol{v}_{i+1}$和${}^{i+1}\boldsymbol{\omega}_{i+1}$。

操作臂或者运动腿由一系列连杆串联而成，每一连杆相对于前一连杆运动。根据这一结构特点，从基座开始，依次计算各个连杆的速度和角速度，加速度和角加速度。

1. 旋转关节的速度传递

如图 3-3 所示，连杆 $i+1$ 相对于连杆 i 转动的角向量是关节运动造成的，即

$$\dot{\theta}_{i+1}\ {}^{i+1}\boldsymbol{Z}_{i+1} = {}^{i+1}\begin{pmatrix}0\\0\\1\end{pmatrix}\dot{\theta}_{i+1} \tag{3-19}$$

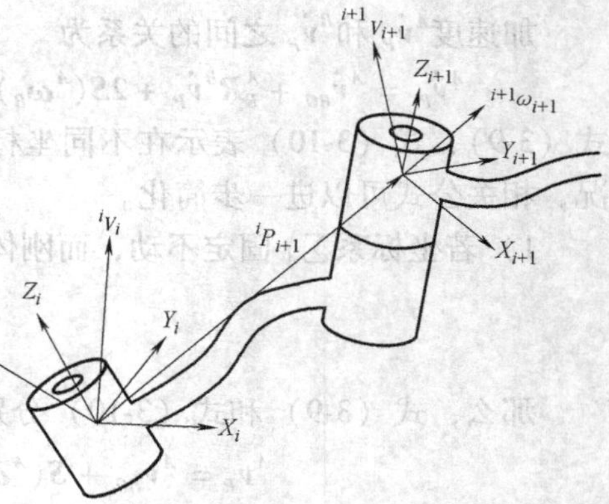

图 3-3 相邻两连杆速度的传递

式中，$\dot{\theta}_{i+1}$ 为关节角速度，$^{i+1}\boldsymbol{Z}_{i+1}$ 为坐标系 $\sum_{i+1}$的 Z 轴单位向量。

由于同一坐标系中的向量可以相加，因而，连杆 $i+1$ 的角速度等于连杆 i 的角速度与连杆 $i+1$ 绕关节 $i+1$ 旋转的角速度的矢量和。相对于坐标系 $\sum_i$ 的表示为

$$^{i}\boldsymbol{\omega}_{i+1} = {}^{i}\boldsymbol{\omega}_{i} + {}_{i+1}^{i}\boldsymbol{R}\dot{\boldsymbol{\theta}}_{i+1}\ {}^{i+1}\boldsymbol{Z}_{i+1} \tag{3-20}$$

将上式两端左乘旋转矩阵$^{i+1}_{i}\boldsymbol{R}$，则得到相对于连杆本身坐标系 $\sum_{i+1}$中表达式：

$$^{i+1}\boldsymbol{\omega}_{i+1} = {}^{i+1}_{i}\boldsymbol{R}\,{}^{i}\boldsymbol{\omega}_{i} + \dot{\boldsymbol{\theta}}_{i+1}\ {}^{i+1}\boldsymbol{Z}_{i+1} \tag{3-21}$$

坐标系 $\sum_{i+1}$原点的线速度等于坐标系 $\sum_i$ 原点的线速度加上连杆 i 转动速度引起的分量，见式（3-12）。只是$^{i}\boldsymbol{P}_{i+1}$表示的坐标系 $\sum_{i+1}$的原点在坐标系 $\sum_i$ 中的位置矢量是常量，因此

$$^{i}\boldsymbol{v}_{i+1} = {}^{i}\boldsymbol{v}_{i} + {}^{i}\boldsymbol{\omega}_{i} \times {}^{i}\boldsymbol{P}_{i+1} \tag{3-22}$$

式（3-22）两端都左乘$^{i+1}_{i}\boldsymbol{R}$，有相对于坐标系 $\sum_{i+1}$中的表示：

$$^{i+1}\boldsymbol{v}_{i+1} = {}^{i+1}_{i}\boldsymbol{R}({}^{i}\boldsymbol{v}_{i} + {}^{i}\boldsymbol{\omega}_{i} \times {}^{i}\boldsymbol{P}_{i+1}) \tag{3-23}$$

2. 移动关节的速度传递

当第 $i+1$ 个关节是转动关节时，连杆 $i+1$ 相对于坐标系 $\sum_i$ 的 Z 轴移动，不能绕该轴线转动，相应的运动“传递”公式为

$$^{i+1}\boldsymbol{\omega}_{i+1} = {}^{i+1}_{i}\boldsymbol{R}\,{}^{i}\boldsymbol{\omega}_{i} \tag{3-24}$$

$$^{i+1}\boldsymbol{v}_{i+1} = {}^{i+1}_{i}\boldsymbol{R}({}^{i}\boldsymbol{v}_{i} + {}^{i}\boldsymbol{\omega}_{i} \times {}^{i}\boldsymbol{P}_{i+1}) + \dot{\boldsymbol{d}}_{i+1}\ {}^{i+1}\boldsymbol{Z}_{i+1} \tag{3-25}$$

式（3-20）~式（3-25）是计算机器人操作臂或者运动腿各个连杆速度和角速度的递推公式，利用这些公式即可依次从基座开始递推到末端连杆的$^{n}\boldsymbol{\omega}_{n}$ 和$^{n}\boldsymbol{v}_{n}$ 值。这样递推得到的速度、角速度是相对于连杆本身坐标系表示的。例如$^{n}\boldsymbol{\omega}_{n}$ 和$^{n}\boldsymbol{v}_{n}$ 是相对于末端连杆坐标系 $\sum_n$ 表示的，如果将这些速度转换到基坐标系 $\sum_0$ 中，只需要左乘旋转矩阵$^{0}_{n}\boldsymbol{R}$ 就可以了，即

$$^{0}\boldsymbol{\omega}_{n} = {}^{0}_{n}\boldsymbol{R}\,{}^{n}\boldsymbol{\omega}_{n},\ {}^{0}\boldsymbol{v}_{n} = {}^{0}_{n}\boldsymbol{R}\,{}^{n}\boldsymbol{v}_{n} \tag{3-26}$$

3. 旋转关节的加速度传递

由式（3-20）~式（3-25）可以得出角加速度和线加速度从一个连杆向下一连杆传递的表达式。若关节 $i+1$ 是旋转关节，有

$$^{i+1}\dot{\boldsymbol{\omega}}_{i+1} = {}^{i+1}_{i}\boldsymbol{R}\,{}^{i}\dot{\boldsymbol{\omega}}_{i} + {}^{i+1}_{i}\boldsymbol{R}\,{}^{i}\boldsymbol{\omega}_{i} \times \dot{\boldsymbol{\theta}}_{i+1}\ {}^{i+1}\boldsymbol{Z}_{i+1} + \ddot{\boldsymbol{\theta}}_{i+1}\ {}^{i+1}\boldsymbol{Z}_{i+1} \tag{3-27}$$

$$^{i+1}\dot{\boldsymbol{v}}_{i+1} = {}^{i+1}_{i}\boldsymbol{R}[{}^{i}\dot{\boldsymbol{v}}_{i} + {}^{i}\dot{\boldsymbol{\omega}}_{i} \times {}^{i}\boldsymbol{P}_{i+1} + {}^{i}\boldsymbol{\omega}_{i} \times ({}^{i}\boldsymbol{\omega}_{i} \times {}^{i}\boldsymbol{P}_{i+1})] \tag{3-28}$$

4. 移动关节加速度的传递

当关节 $i+1$ 是移动关节时，角加速度和线加速度的传递表达式为

$$ {}^{i+1}\dot{\boldsymbol{\omega}}_{i+1} = {}^{i+1}_{i}\boldsymbol{R}\,{}^{i}\dot{\boldsymbol{\omega}}_{i} \tag{3-29}$$

$$\begin{aligned} {}^{i+1}\dot{\boldsymbol{v}}_{i+1} &= {}^{i+1}_{i}\boldsymbol{R}[{}^{i}\dot{\boldsymbol{v}}_{i} + {}^{i}\dot{\boldsymbol{\omega}}_{i} \times {}^{i}\boldsymbol{P}_{i+1} + {}^{i}\boldsymbol{\omega}_{i} \times ({}^{i}\boldsymbol{\omega}_{i} \times {}^{i}\boldsymbol{P}_{i+1})] \\ &\quad + 2\,{}^{i+1}\boldsymbol{\omega}_{i+1} \times \dot{d}_{i+1}\,{}^{i+1}\boldsymbol{Z}_{i+1} + \ddot{d}_{i+1}\,{}^{i+1}\boldsymbol{Z}_{i+1} \end{aligned} \tag{3-30}$$

5. 质心的加速度

根据式（3-9）、式（3-10）可得到各个连杆质心的线速度与线加速度，即

$$ {}^{i}\boldsymbol{v}_{ci} = {}^{i}\boldsymbol{v}_{i} + {}^{i}\boldsymbol{\omega}_{i} \times {}^{i}\boldsymbol{P}_{ci} \tag{3-31}$$

$$ {}^{i}\dot{\boldsymbol{v}}_{ci} = {}^{i}\dot{\boldsymbol{v}}_{i} + {}^{i}\dot{\boldsymbol{\omega}}_{i} \times {}^{i}\boldsymbol{P}_{ci} + {}^{i}\boldsymbol{\omega}_{i} \times ({}^{i}\boldsymbol{\omega}_{i} \times {}^{i}\boldsymbol{P}_{ci}) \tag{3-32}$$

式中，坐标系 $\sum_{ci}$ 与连杆 i 固连，坐标原点位于连杆 i 的质心，坐标方向与 $\sum_i$ 同向。注意上式不包含关节运动，因此，不论关节 $i+1$ 是转动还是移动都适用。

上述各式为计算连杆运动的递推公式，递推计算首先从连杆开发，对于基座而言，${}^{O}\boldsymbol{\omega}_{O} = {}^{O}\dot{\boldsymbol{\omega}}_{O} = 0$，${}^{O}\boldsymbol{v}_{O} = {}^{O}\dot{\boldsymbol{v}}_{O} = 0$，作为递推的初值。

例 3-2　$2R$ 平面机械手如图 3-4 所示，用递推方法求出手臂末端的速度和角速度。

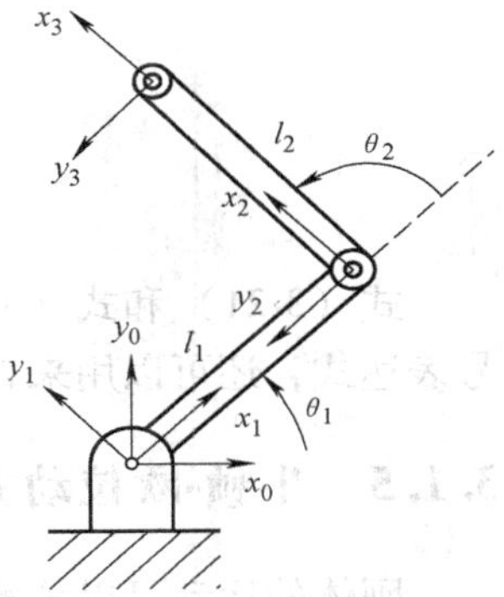

图 3-4　$2R$ 平面机械手

解： 各连杆坐标系如图所示，其中 $\sum_3$ 固结在手臂末端。因此连杆坐标系之间的变换矩阵为

$$ {}^{0}_{1}\boldsymbol{T} = \begin{pmatrix} c_1 & -s_1 & 0 & 0 \\ s_1 & c_1 & 0 & 0 \\ 0 & 0 & 1 & 0 \\ 0 & 0 & 0 & 1 \end{pmatrix} \qquad {}^{1}_{2}\boldsymbol{T} = \begin{pmatrix} c_2 & -s_2 & 0 & l_1 \\ s_2 & c_2 & 0 & 0 \\ 0 & 0 & 1 & 0 \\ 0 & 0 & 0 & 1 \end{pmatrix} \qquad {}^{2}_{3}\boldsymbol{T} = \begin{pmatrix} 1 & 0 & 0 & l_2 \\ 0 & 1 & 0 & 0 \\ 0 & 0 & 1 & 0 \\ 0 & 0 & 0 & 1 \end{pmatrix}$$

利用式（3-21）和式（3-23）依次算出各连杆的角速度和线速度。

由于基坐标系 $\sum_O$ 固定不动，因而 ${}^{O}\omega_O = 0$，${}^{O}\boldsymbol{v}_O = 0$。其余各连杆的速度和角速度为

$$ {}^{1}\boldsymbol{\omega}_1 = \begin{pmatrix} 0 \\ 0 \\ \dot{\theta}_1 \end{pmatrix} \qquad {}^{1}\boldsymbol{v}_1 = \begin{pmatrix} 0 \\ 0 \\ 0 \end{pmatrix} \qquad {}^{2}\boldsymbol{\omega}_2 = \begin{pmatrix} 0 \\ 0 \\ \dot{\theta}_1 + \dot{\theta}_2 \end{pmatrix}$$

$$ {}^{2}\boldsymbol{v}_2 = \begin{pmatrix} c_2 & s_2 & 0 \\ -s_2 & c_2 & 0 \\ 0 & 0 & 1 \end{pmatrix} \left\{ \begin{pmatrix} 0 \\ 0 \\ \dot{\theta}_1 \end{pmatrix} \begin{pmatrix} l_1 \\ 0 \\ 0 \end{pmatrix} \right\} = \begin{pmatrix} l_1 s_2 \dot{\theta}_1 \\ l_1 c_2 \dot{\theta}_1 \\ 0 \end{pmatrix}$$

$$ {}^{3}\boldsymbol{\omega}_3 = {}^{2}\boldsymbol{\omega}_2$$

$$ {}^{3}\boldsymbol{v}_3 = \begin{pmatrix} 1 & 0 & 0 \\ 0 & 1 & 0 \\ 0 & 0 & 1 \end{pmatrix} \left\{ \begin{pmatrix} l_1 s_2 \dot{\theta}_1 \\ l_1 c_2 \dot{\theta}_1 \\ 0 \end{pmatrix} + \begin{pmatrix} 0 \\ 0 \\ \dot{\theta}_1 + \dot{\theta}_2 \end{pmatrix} \begin{pmatrix} l_2 \\ 0 \\ 0 \end{pmatrix} \right\} = \begin{pmatrix} l_1 s_2 \dot{\theta}_1 \\ l_1 c_2 \dot{\theta}_1 + l_2(\dot{\theta}_1 + \dot{\theta}_2) \\ 0 \end{pmatrix}$$

为了求出相对于基坐标系 $\sum_0$ 的速度 ${}^0\boldsymbol{v}_3$，求旋转矩阵 ${}^0_3\boldsymbol{R}$。

$$ {}^0_3\boldsymbol{R} = {}^0_1\boldsymbol{R}\,{}^1_2\boldsymbol{R}\,{}^2_3\boldsymbol{R} = \begin{pmatrix} c_{12} & -s_{12} & 0 \\ s_{12} & c_{12} & 0 \\ 0 & 0 & 1 \end{pmatrix} $$

有

$$ {}^0\boldsymbol{\omega}_3 = {}^0_3\boldsymbol{R}\,{}^3\boldsymbol{\omega}_3 = \begin{pmatrix} 0 \\ 0 \\ \dot{\theta}_1 + \dot{\theta}_2 \end{pmatrix} $$

$$ {}^0\boldsymbol{v}_3 = {}^0_3\boldsymbol{R}\,{}^3\boldsymbol{v}_3 = \begin{pmatrix} -l_1 s_1 \dot{\theta}_1 - l_2 s_{12}(\dot{\theta}_1 + \dot{\theta}_2) \\ l_1 c_1 \dot{\theta}_1 + l_2 c_{12}(\dot{\theta}_1 + \dot{\theta}_2) \\ 0 \end{pmatrix} $$

式（3-21）和式（3-23）是两个重要的递推公式。可以用来推导操作臂运动学方程的符号表达式，还可以用来直接计算各连杆的速度值。

3.1.5 牛顿-欧拉动力学方程

刚体的运动可以分解为刚体质心的移动和刚体绕质心的转动。应用牛顿-欧拉方程来建立机器人机构的动力学方程，是指相对质心的移动用牛顿方程，相对于质心的转动用欧拉方程。

牛顿方程和欧拉方程都是由牛顿第二定律推导出来的，即用力和动量、力矩和动量矩描述刚体的动力学性能。

设 B 为过基础坐标系 $\sum$ 原点的任意方向轴线，在 $\sum$ 内 B 的方向余弦为 l、m、n 绕 B 轴旋转的刚体 S 上一点 P_j，其坐标为 x_j、y_j、z_j，如图 3-5 所示。

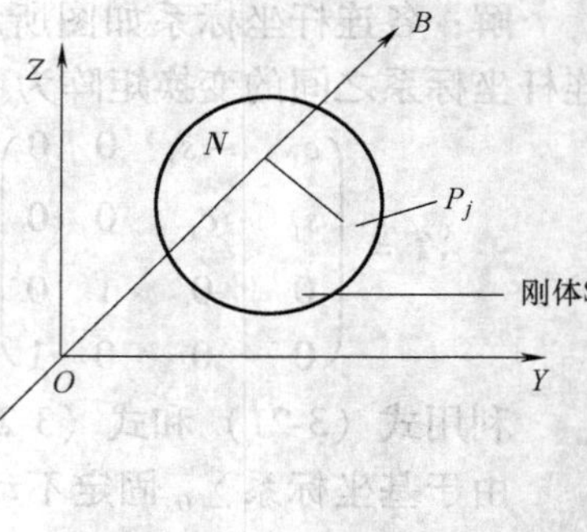

图 3-5 绕 B 轴旋转的刚体

$$ |\overline{op_j}| = \sqrt{(x_j^2 + y_j^2 + z_j^2)} \tag{3-33} $$

$$ |\overline{oN}| = x_j l + y_j m + z_j n \tag{3-34} $$

点 P_j 对 B 轴的旋转半径 $r_j = |\overline{NP_j}|$，而

$$ \begin{aligned} r_j^2 &= |\overline{OP_j}|^2 - |\overline{ON}|^2 = l^2(y_j^2 + z_j^2) + m^2(z_j^2 + x_j^2) + n^2(x_j^2 + y_j^2) \\ &\quad - 2mny_jz_j - 2nlz_jx_j - 2lmx_jy_j \end{aligned} \tag{3-35} $$

设点 P_j 的质量为 m_j，则刚体 S 绕 B 轴的旋转惯性矩 I 为

$$ I = \sum_j m_j r_j^2 \tag{3-36} $$

将式（3-35）代入式（3-36），得

$$ I = l^2 \sum_j m_j(y_j^2 + z_j^2) + m^2 \sum_j m_j(z_j^2 + x_j^2) + n^2 \sum_j m_j(x_j^2 + y_j^2) $$

$$-2mn\sum_j m_j y_j z_j - 2nl\sum_j m_j z_j x_j - 2lm\sum_j m_j x_j y_j$$
$$= l^2 I_{xx} + m^2 I_{yy} + n^2 I_{zz} - 2mnI_{yz} - 2nlI_{zx} - 2lmI_{xy} \tag{3-37}$$

式中，I_{xx}为刚体 S 绕 x 轴的惯性矩，$I_{xx}=\sum_j m_j\ (y_j^2+z_j^2)$；$I_{yy}$为刚体 S 绕 y 轴的惯性矩，$I_{yy}=\sum_j m_j\ (x_j^2+z_j^2)$；$I_{zz}$为刚体 S 绕 z 轴的惯性矩，$I_{zz}=\sum_j m_j\ (x_j^2+y_j^2)$；$I_{yx}$为刚体 S 绕坐标系$\sum$的惯性积，$I_{yx}=\sum_j m_j y_j x_j$；$I_{xz}$为刚体 S 绕坐标系$\sum$的惯性矩，$I_{xz}=\sum_j m_j x_j z_j$；$I_{yz}$为刚体 S 绕坐标系$\sum$的惯性矩，$I_{yz}=\sum_j m_j y_j z_j$。

根据 3. 1. 3 节的理论，选取基准坐标系的三个轴为刚体的惯性主轴，则惯性积 $I_{yx}=I_{xz}=I_{yz}=0$。相对于惯性主轴，刚体的惯性矩 I 为 I_m，即

$$I_m = l^2 I_{xx} + m^2 I_{yy} + n^2 I_{zz} \tag{3-38}$$

在移动和转动的刚体 S 上任选固定在刚体上的一点 O，将基准坐标系$\sum$的原点移至点 O 上成为随行坐标系$\sum'$，随行坐标系$\sum'$随 S 移动，但不随 S 转动，以便观察 S 相对坐标系$\sum'$的转动运动，如图 3-6 所示。

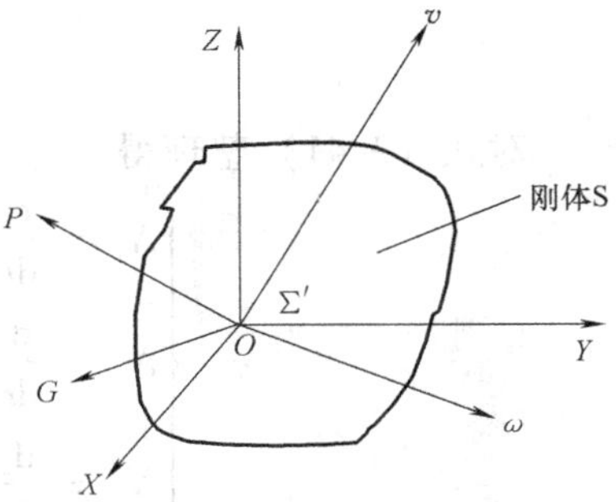

图 3-6　S 相对随行$\sum'$的转动运动

设原点 O 的移动速度为 $\boldsymbol{v}=(v_x\ v_x\ v_x)^{\mathrm{T}}$，$v_x$、$v_x$、$v_x$ 为 $\boldsymbol{v}$ 在坐标系$\sum'$各坐标轴上的方向分量。刚体 S 绕过点 O 任意轴转动速度为

$$\boldsymbol{\omega} = (\omega_x\ \omega_y\ \omega_z)^{\mathrm{T}}$$

ω_x、ω_y、ω_z 是 $\boldsymbol{\omega}$ 在坐标系$\sum$各坐标轴上的方向分量。

刚体上点 A 在坐标系$\sum'$中的位置矢量为 $\boldsymbol{p}[\boldsymbol{p}=(x,y,z)^{\mathrm{T}}]$，其移动速度为 $\boldsymbol{v}_A^{\sum'}[\boldsymbol{v}_A^{\sum'}=(\dot{x},\dot{y},\dot{z})^{\mathrm{T}}]$，绝对速度为

$$\boldsymbol{v}_A = \boldsymbol{v}_A^{\sum'} + \boldsymbol{v} = (v_x+\dot{x}, v_y+\dot{y}, v_z+\dot{z})^{\mathrm{T}} \tag{3-39}$$

点 A 绕随行$\sum'$各轴的动量矩为

$$\begin{cases} H_{Ax} = ym_A(v_z+\dot{z}) - zm_A(v_y+\dot{y}) \\ H_{Ay} = zm_A(v_x+\dot{x}) - xm_A(v_z+\dot{z}) \\ H_{Az} = xm_A(v_y+\dot{y}) - ym_A(v_x+\dot{x}) \end{cases} \tag{3-40}$$

式中，m_A 为点 A 的质量。

若刚体 S 在 t 时刻受到相对于随行坐标系$\sum'$的外力矩 $\boldsymbol{N}=(N_x,N_y,N_z)^{\mathrm{T}}$ 的作用，则根据动量矩定理有

$$\begin{cases} N_x = \dfrac{\mathrm{d}}{\mathrm{d}t}\sum_A H_{Ax} = \dfrac{\mathrm{d}}{\mathrm{d}t}\sum_A[ym_A(v_z+\dot{z}) - zm_A(v_y+\dot{y})] \\ N_y = \dfrac{\mathrm{d}}{\mathrm{d}t}\sum_A H_{Ay} = \dfrac{\mathrm{d}}{\mathrm{d}t}\sum_A[zm_A(v_x+\dot{x}) - xm_A(v_z+\dot{z})] \\ N_z = \dfrac{\mathrm{d}}{\mathrm{d}t}\sum_A H_{Az} = \dfrac{\mathrm{d}}{\mathrm{d}t}\sum_A[xm_A(v_y+\dot{y}) - ym_A(v_x+\dot{x})] \end{cases} \tag{3-41}$$

因为 $\boldsymbol{v}=\boldsymbol{\omega}\times\boldsymbol{r}$，所以对于随行坐标系$\sum'$有

$$\begin{cases}\dot{x}=\omega_y z-\omega_z y,\ddot{x}=\omega_y\dot{z}+\dot{\omega}_y z-\omega_z\dot{y}-\dot{\omega}_z y\\ \dot{y}=\omega_z x-\omega_x z,\ddot{y}=\omega_z\dot{x}+\dot{\omega}_z x-\omega_x\dot{z}-\dot{\omega}_x z\\ \dot{z}=\omega_x y-\omega_y x,\ddot{z}=\omega_x\dot{y}+\dot{\omega}_x y-\omega_y\dot{x}-\dot{\omega}_y x\end{cases} \tag{3-42}$$

设刚体 S 的质量为 m_g，其质心 G 在坐标系$\sum$中的位置矢量为

$$\boldsymbol{\rho}=[x_g,y_g,z_g]^{\mathrm{T}}$$

所以

$$\begin{cases}\sum_A m_A x=m_g x_g\\ \sum_A m_A y=m_g y_g\\ \sum_A m_A z=m_g z_g\end{cases} \tag{3-43}$$

对式（3-41）整理得

$$\begin{cases}N_x=\dfrac{\mathrm{d}}{\mathrm{d}t}\sum_A m_A(y\dot{z}-z\dot{y})+\dfrac{\mathrm{d}}{\mathrm{d}t}\sum_A m_A(yv_z-zv_y)\\ N_y=\dfrac{\mathrm{d}}{\mathrm{d}t}\sum_A m_A(z\dot{x}-x\dot{z})+\dfrac{\mathrm{d}}{\mathrm{d}t}\sum_A m_A(zv_x-xv_z)\\ N_z=\dfrac{\mathrm{d}}{\mathrm{d}t}\sum_A m_A(x\dot{y}-y\dot{x})+\dfrac{\mathrm{d}}{\mathrm{d}t}\sum_A m_A(xv_y-yv_x)\end{cases}$$

将上式进一步变换，并将式（3-43）代入整理后得

$$\begin{cases}N_x=\sum_A m_A(y\ddot{z}+\dot{y}\dot{z}-z\ddot{y}-\dot{z}\dot{y})+\dfrac{\mathrm{d}}{\mathrm{d}t}m_g(y_g v_z-z_g v_y)\\ N_y=\sum_A m_A(z\ddot{x}+\dot{z}\dot{x}-x\ddot{z}-\dot{x}\dot{z})+\dfrac{\mathrm{d}}{\mathrm{d}t}m_g(z_g v_x-x_g v_z)\\ N_z=\sum_A m_A(x\ddot{y}+\dot{x}\dot{y}-y\ddot{x}-\dot{y}\dot{x})+\dfrac{\mathrm{d}}{\mathrm{d}t}m_g(x_g v_y-y_g v_x)\end{cases}$$

将式（3-42）代入上式，整理得

$$\begin{cases}N_x=\sum_A m_A(y^2+z^2)\dot{\omega}_x-\sum_A m_A xy\dot{\omega}_y-\sum_A m_A xz\dot{\omega}_z-\sum_A m_A yz(\omega_y^2-\omega_z^2)\\ \qquad+\sum_A m_A(y_y^2-z_z^2)\omega_y\omega_z-\sum_A m_A zx\omega_y\omega_x+\sum_A m_A xy\omega_z\omega_x+\dfrac{\mathrm{d}}{\mathrm{d}t}m_g(y_g v_z-z_g v_y)\\ \quad=I_{xx}\dot{\omega}_x-I_{xy}\dot{\omega}_y-I_{xz}\dot{\omega}_z-I_{yz}(\omega_y^2-\omega_z^2)-(I_{yy}-I_{zz})\omega_y\omega_z-I_{xz}\omega_y\omega_x+I_{xy}\omega_z\omega_x\\ \qquad+\dfrac{\mathrm{d}}{\mathrm{d}t}m_g(y_g v_z-z_g v_y)\\ N_y=I_{yy}\dot{\omega}_y-I_{yz}\dot{\omega}_z-I_{xy}\dot{\omega}_x-I_{zx}(\omega_z^2-\omega_x^2)-(I_{zz}-I_{xx})\omega_z\omega_x-I_{xy}\omega_z\omega_y+I_{yz}\omega_x\omega_y\\ \qquad+\dfrac{\mathrm{d}}{\mathrm{d}t}m_g(z_g v_x-x_g v_z)\\ N_z=I_{zz}\dot{\omega}_z-I_{zx}\dot{\omega}_x-I_{zy}\dot{\omega}_y-I_{xy}(\omega_x^2-\omega_y^2)-(I_{xx}-I_{yy})\omega_x\omega_y-I_{yz}\omega_x\omega_z+I_{zx}\omega_y\omega_z\\ \qquad+\dfrac{\mathrm{d}}{\mathrm{d}t}m_g(x_g v_y-y_g v_x)\end{cases} \tag{3-44}$$

参见式（3-4），记刚体的惯性张量为 $\boldsymbol{I}$，则式（3-44）可写成矩阵形式

$$\boldsymbol{N} = \boldsymbol{I} \cdot \dot{\boldsymbol{\omega}} + \boldsymbol{\omega} \times (\boldsymbol{I} \cdot \boldsymbol{\omega}) + \frac{\mathrm{d}}{\mathrm{d}t} m_g (\boldsymbol{\rho} \times \boldsymbol{v}) \tag{3-45}$$

式中，$\boldsymbol{N}$ 为外力矩，$\boldsymbol{N} = (N_x, N_y, N_z)^{\mathrm{T}}$；$\boldsymbol{\omega}$ 为刚体转动角速度，$\boldsymbol{\omega} = (\omega_x, \omega_y, \omega_z)^{\mathrm{T}}$；$\dot{\boldsymbol{\omega}}$ 为刚体转动角加速度，$\dot{\boldsymbol{\omega}} = (\dot{\omega}_x, \dot{\omega}_y, \dot{\omega}_z)^{\mathrm{T}}$；$m_g$ 为刚体的质量；$\boldsymbol{\rho}$ 为刚体 S 质心 G 在随行坐标系 $\sum'$ 中的位置矢量；$\boldsymbol{v}$ 为随行坐标系 $\sum'$ 原点的移动速度。

某随行坐标系 $\sum'$ 原点不动，即 $\boldsymbol{v}=0$，则式（3-45）变为

$$\boldsymbol{N} = \boldsymbol{I} \cdot \dot{\boldsymbol{\omega}} + \boldsymbol{\omega} \times (\boldsymbol{I} \cdot \boldsymbol{\omega}) \tag{3-46}$$

若随行坐标系 $\sum'$ 的三轴方向和刚体 S 的惯性主轴方向一致，则有

$$I_{yz} = I_{zx} = I_{xy} = 0$$

则式（3-45）变为

$$\boldsymbol{N} = \boldsymbol{I}_m \cdot \dot{\boldsymbol{\omega}} + \boldsymbol{\omega} \times (\boldsymbol{I}_m \cdot \boldsymbol{\omega}) + \frac{\mathrm{d}}{\mathrm{d}t} m_g (\boldsymbol{\rho} \times \boldsymbol{v}) \tag{3-47}$$

式中，$\boldsymbol{I}_m$ 为主惯性张量。其表达为

$$\boldsymbol{I}_m = \begin{pmatrix} I_{xx} & 0 & 0 \\ 0 & I_{yy} & 0 \\ 0 & 0 & I_{zz} \end{pmatrix}$$

若再取随行坐标系 $\sum'$ 的原点 O 和刚体 S 的质心重合，则有 $\boldsymbol{\rho}=0$；或是随行坐标系 $\sum'$ 的原点 O 不动，则 $\boldsymbol{v}=0$；或者 $\boldsymbol{\rho}=\boldsymbol{v}=0$。在这三种情况下，式（3-45）变为

$$\boldsymbol{N} = \boldsymbol{I}_m \cdot \dot{\boldsymbol{\omega}} + \boldsymbol{\omega} \times (\boldsymbol{I}_m \cdot \boldsymbol{\omega}) \tag{3-48}$$

这就是描述刚体转动动力学性能的欧拉方程。

3.1.6 拉格朗日方程

拉格朗日动力学描述基于系统能量的概念。对于任何机械系统而言，拉格朗日函数 L 定义为系统的动能 E_K 和势能 E_P 之差

$$L(\boldsymbol{q}, \dot{\boldsymbol{q}}) = E_K(\boldsymbol{q}, \dot{\boldsymbol{q}}) - E_P(\boldsymbol{q}) \tag{3-49}$$

式中，$\boldsymbol{q} = [q_1, q_2, \cdots, q_n]$ 为表示动能和势能的广义坐标；$\dot{\boldsymbol{q}} = [\dot{q}_1, \dot{q}_2, \cdots, \dot{q}_n]$ 为相应的广义速度。

例如，连杆 i 具有的动能 E_{ki} 为

$$E_{ki} = \frac{1}{2} m_i \boldsymbol{v}_{ci}^{\mathrm{T}} \boldsymbol{v}_{ci} + \frac{1}{2} {}^i\boldsymbol{\omega}_i^{\mathrm{T}} \, {}^{ci}\boldsymbol{I}_i \, {}^i\boldsymbol{\omega}_i \tag{3-50}$$

式中，等式右边第一项为连杆质心线速度引起的动能；第二项为连杆角速度产生的动能。

对于机器人操作臂或者多足机器人运动腿，其所具有的动能是 n 个连杆的动能之和，即

$$E_K = \sum_{i=1}^{n} E_{ki} \tag{3-51}$$

由第2章介绍的速度分析可知，$\boldsymbol{v}_{ci}$ 和 ${}^i\boldsymbol{\omega}_i$ 是机器人操作臂或者多足机器人运动腿关节变量 $\boldsymbol{q}$ 和关节速度 $\dot{\boldsymbol{q}}$ 的函数。因此，操作臂的动能是关节变量和关节速度的标量函数，记为 $E_k(\boldsymbol{q}, \dot{\boldsymbol{q}})$。操作臂的动能可以写为

$$E_k(\boldsymbol{q},\dot{\boldsymbol{q}}) = \frac{1}{2}\dot{\boldsymbol{q}}^{\mathrm{T}}D(\boldsymbol{q})\dot{\boldsymbol{q}} \tag{3-52}$$

式中，$\boldsymbol{D}(\boldsymbol{q})$ 是 $n \times n$ 阶的操作臂惯性矩阵。显然，操作臂的动能 E_k 是其惯性矩阵的二次型。由于动能 E_k 为正，因而 $\boldsymbol{D}(\boldsymbol{q})$ 是正定的矩阵。

显然，质点的动能为式（3-52）的特殊情况，即

$$E_k = \frac{1}{2}mv^2 \tag{3-53}$$

连杆 i 具有势能为

$$E_{pi} = -m_i\,{}^0\boldsymbol{g}^{\mathrm{T}}\,{}^0\boldsymbol{p}_{ci} \tag{3-54}$$

式中，${}^0\boldsymbol{g}$ 是 3×1 的重力加速度向量，${}^0\boldsymbol{p}_{ci}$是连杆 i 质心的位置矢量。操作臂所具有的势能为各连杆势能之和，即

$$E_P = \sum_{i=1}^{n} E_{pi} \tag{3-55}$$

由于位置矢量${}^0\boldsymbol{p}_{ci}$是关节变量 $\boldsymbol{q}$ 的函数，因此势能也为 $\boldsymbol{q}$ 的标量函数，记为 $E_P(\boldsymbol{q})$。

利用拉格朗日函数 L，系统的动力学方程（称第二类拉格朗日方程）为

$$\boldsymbol{\tau} = \frac{\mathrm{d}}{\mathrm{d}t}\frac{\partial L}{\partial \dot{\boldsymbol{q}}} - \frac{\partial L}{\partial \boldsymbol{q}} \tag{3-56}$$

式中，$\boldsymbol{\tau}$ 是 $n \times 1$ 的关节驱动力矩矢量。由于势能 E_P 不显含 $\dot{\boldsymbol{q}}$，因而动力学方程（3-56）变为

$$\boldsymbol{\tau} = \frac{\mathrm{d}}{\mathrm{d}t}\frac{\partial E_K}{\partial \dot{\boldsymbol{q}}} - \frac{\partial E_K}{\partial \boldsymbol{q}} + \frac{\partial E_P}{\partial \boldsymbol{q}} \tag{3-57}$$

3.2 机器人的静力分析

3.2.1 等效关节力和力雅可比

为了方便起见，将操作臂或者运动腿末端受到的外力 f 和力矩 n 组合而成的六维矢量 $\boldsymbol{F}$，即

$$\boldsymbol{F} = \begin{bmatrix} f \\ n \end{bmatrix} \tag{3-58}$$

称为终端广义力矢量，如操作臂提取重物时承受的外载作用力和力矩；多足步行机器人与地面的作用力和力矩等。在静止状态下，广义操作力矢量 $\boldsymbol{F}$ 应与各关节的驱动力（或力矩）相平衡。将各个关节驱动力（或力矩）组成的 n 维矢量

$$\boldsymbol{\tau} = (\tau_1 \quad \tau_2 \ldots \tau_n)^{\mathrm{T}} \tag{3-59}$$

称为关节力（矩）矢量。若将关节力（矩）矢量看成是驱动装置的输入，在末端产生的广义力作为输出，可以建立两者之间的关系。

利用虚功原理，可以导出与关节力（矩）矢量 $\boldsymbol{\tau}$ 相应的终端广义力矢量 $\boldsymbol{F}$。

令各关节的虚位移为 δq_i，运动链末端操作器相应的虚位移为 $\boldsymbol{D}$。所谓的虚位移是满足机械系统的几何约束条件的无限小位移。相应地，各关节所做的虚功之和为

$$w = \boldsymbol{\tau}^{\mathrm{T}}\boldsymbol{\delta q} = \tau_1\delta q_1 + \tau_2\delta q_2 + \cdots + \tau_n\delta q_n$$

末端操作器所做的虚功为：

$$w = \boldsymbol{F}^{\mathrm{T}}\boldsymbol{D} = f_x\mathrm{d}x + f_y\mathrm{d}y + f_z\mathrm{d}z + n_x\delta_x + n_y\delta_y + n_z\delta_z$$

式中，f_i、$\mathrm{d}i$、n_i、δ_i（$i=x$，y，z）为相应的力、力矩及对应的虚位移。

根据虚功原理，操作臂在平衡情况下，由任意虚位移产生的虚功总和为 0。即关节空间虚位移产生的虚功等于操作空间虚位移产生的虚功，即

$$\boldsymbol{\tau}^{\mathrm{T}}\boldsymbol{\delta q} = \boldsymbol{F}^{\mathrm{T}}\boldsymbol{D} \tag{3-60}$$

注意到虚位移 $\boldsymbol{\delta q}$ 和 $\boldsymbol{D}$ 并非独立，应该满足几何约束条件。两者之间的几何约束满足

$$\boldsymbol{D} = \boldsymbol{J}(\boldsymbol{q})\boldsymbol{\delta q} \tag{3-61}$$

式中，$\boldsymbol{J}(\boldsymbol{q})$ 为机器人的雅可比矩阵，通常简称雅可比。通常指从关节空间向操作空间运动速度传递的广义传动比。可以写为

$$\boldsymbol{v} = \dot{\boldsymbol{x}} = \boldsymbol{J}(\boldsymbol{q})\dot{\boldsymbol{q}} \tag{3-62}$$

式中，$\dot{\boldsymbol{q}}$ 为关节的速度矢量；$\dot{\boldsymbol{x}}$ 为操作空间的速度矢量。

应该注意的是雅可比矩阵依赖于 $\boldsymbol{q}$，即依赖于机器人的位姿，是一个依赖于 $\boldsymbol{q}$ 的线性变换矩阵。$\boldsymbol{J}(\boldsymbol{q})$ 不一定是方矩阵，其行数等于机器人操作空间的维数，而列数等于它的关节数。如平面操作手的雅可比矩阵一般有三行，而空间操作手的雅可比矩阵一般有六行。具有 n 个关节的机器人，雅可比矩阵 $\boldsymbol{J}(\boldsymbol{q})$ 是 $6\times n$ 阶矩阵，其中前三行是对末端线速度的传递，而后三行则与末端角速度有关。每一个列向量代表相应的关节速度对末端线速度和角速度的影响。

机器人雅可比矩阵也可以表示为分块矩阵的形式，即

$$\begin{bmatrix}\boldsymbol{v}\\ \boldsymbol{\omega}\end{bmatrix} = \begin{bmatrix}\boldsymbol{J}_{L1} & \boldsymbol{J}_{L2} & \cdots & \boldsymbol{J}_{Ln}\\ \boldsymbol{J}_{A1} & \boldsymbol{J}_{A2} & \cdots & \boldsymbol{J}_{An}\end{bmatrix}\begin{pmatrix}\dot{q}_1\\ \dot{q}_2\\ \vdots\\ \dot{q}_n\end{pmatrix} \tag{3-63}$$

则末端执行器的线速度 $\boldsymbol{v}$ 和角速度 $\boldsymbol{\omega}$ 可以表示为

$$\begin{cases}\boldsymbol{v} = \boldsymbol{J}_{L1}\dot{q}_1 + \boldsymbol{J}_{L2}\dot{q}_2 + \cdots + \boldsymbol{J}_{Ln}\dot{q}_n\\ \boldsymbol{\omega} = \boldsymbol{J}_{A1}\dot{q}_1 + \boldsymbol{J}_{A2}\dot{q}_2 + \cdots + \boldsymbol{J}_{An}\dot{q}_n\end{cases} \tag{3-64}$$

类似，末端执行器的微分移动矢量 $\boldsymbol{d}$ 和微分转动矢量 $\boldsymbol{\delta}$ 与各关节的微分运动 $\mathrm{d}\boldsymbol{q}$ 之间有关系：

$$\begin{cases}\boldsymbol{d} = \boldsymbol{J}_{L1}\mathrm{d}q_1 + \boldsymbol{J}_{L2}\mathrm{d}q_2 + \cdots + \boldsymbol{J}_{Ln}\mathrm{d}q_n\\ \boldsymbol{\delta} = \boldsymbol{J}_{A1}\mathrm{d}q_1 + \boldsymbol{J}_{A2}\mathrm{d}q_2 + \cdots + \boldsymbol{J}_{An}\mathrm{d}q_n\end{cases} \tag{3-65}$$

式（3-63）~式（3-65）中 $\boldsymbol{J}_{Li}$ 和 $\boldsymbol{J}_{Ai}$ 分别代表第 i 个关节单独微分运动引起的末端执行器的微分移动和微分转动。

将式（3-61）代入式（3-60），整理有

$$\boldsymbol{\tau} = J^{\mathrm{T}}(q)\boldsymbol{F} \tag{3-66}$$

上式表明，若不考虑关节之间的摩擦力，在外力 F 的作用下，操作臂或者运动腿保持平衡的条件是关节驱动力矩满足式（3-66）。

$J(q)$ 的转置 $J^{\mathrm{T}}(q)$ 把作用在末端的广义外力映射为相应关节驱动力（矩）。因此，将

$J^T(q)$ 称为操作臂的力雅可比矩阵。

将雅可比矩阵写成如下形式

$$J_{m\times n} = \begin{pmatrix} J_{11} & J_{12} & \cdots & J_{1n} \\ J_{21} & J_{22} & \cdots & J_{2n} \\ \vdots & \vdots & & \vdots \\ J_{m1} & J_{m1} & \cdots & J_{mn} \end{pmatrix} \tag{3-67}$$

式（3-63）可以简写为

$$\dot{x}_{m\times 1} = J_{m\times n}\dot{q}_{n\times 1} \tag{3-68}$$

式中，m 为机器人操作手末端执行器的自由度数；n 为机器人操作手运动链的自由度数，由具体的结构而定。一般情况下，自由度数等于独立的关节变量数；$\dot{x}$ 为末端执行器广义速度列向量；$\dot{q}$ 为关节广义速度列向量。

当 $m\neq n$，J 为非方阵，为求逆，可以引出 J 的伪逆矩阵的方法。在式（3-68）两边各乘 J^T，即

$$J^T\dot{x} = J^TJ\dot{q} \tag{3-69}$$

$$\dot{q} = [J^TJ]^{-1}J^T\dot{x} \tag{3-70}$$

当 $m>n$，机器人操作臂的独立关节变量少于末端执行器的运动自由度数。一般情况下，式（3-68）无逆解。也就是说，在此情况下，无法对操作手末端的速度进行全面的控制。

当 $m<n$，机器人操作臂的独立关节变量多于末端执行器的运动自由度数，其中 $n-m$ 个关节变量可以选择为自由变量，即冗余变量，可以取为任意的值，这构成了多组解，可以从中优选。

当 $m=n$ 时，分为两种情况：

如果 $|J|\neq 0$，J 存在逆阵，此时式（3-68）有唯一的逆解；

如果 $|J|=0$，J 出现奇异，此时 J 不存在逆阵，在 J 中存在线性相关的行（列）向量，即某个关节或几个关节丧失了自由度。这时由关节速度所引起的末端执行器的速度向量只对应某一特定方向，获得任意的速度向量是不可能的。在计算上将出现某些关节的速率为无穷大。

简单说，如果雅可比 $J(q)$ 不是满秩的话，那么，沿某些方向的末端操作器处于失控状态，不能施加所需要的静力（和力矩）。这时，沿这些方向［组成雅可比 $J^T(q)$ 的零空间 $N(J^T(q))$］的广义力 F 可随意增加或减少，对于关节力矩 τ 的大小不产生影响。这表明，当机构的形态接近奇异状态时，很小的关节力矩可能产生非常大的末端操作力。例如双连杆操作臂的两连杆接近直线时（靠近奇异状态），如果终端顶住固定表面，那么，以很小的关节力矩就能克服非常大的外界作用力。又如多足步行机器人的运动腿的两连杆接近直线时，如果足端垂直支撑表面，同样有类似的情况。可见在力域内与在位移域一样，同样存在奇异状态。

式（3-66）将操作力（力矩）转换为关节驱动力矩，对于机器人的控制十分重要。

3.2.2 连杆的静力学分析

在对操作臂进行静力学分析时（对多足步行机器人的运动腿可以类似处理），首先考虑

其中的一个连杆 i，将它当成刚体，对其进行静力分析。

图 3-7 给出了连杆 i 的受力情况。图中，$\boldsymbol{f}_i$ 为连杆 $i-1$ 作用在连杆 i 上的力；$\boldsymbol{n}_i$ 为连杆 $i-1$ 作用在连杆 i 上的力矩；$m_i g$ 为连杆 i 的重力，作用在质心上，位置用 ${}^i\boldsymbol{r}_{ci}$ 表示。

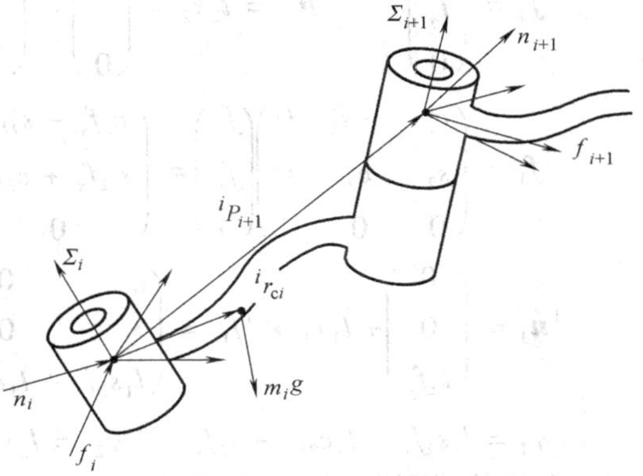

图 3-7　连杆的静力平衡

当连杆处于平衡状态时，其上所受力的合力为 0，因此得到力的平衡方程为

$$ {}^i\boldsymbol{f}_i - {}^i\boldsymbol{f}_{i+1} + m_i\,{}^i\boldsymbol{g} = 0 \tag{3-71}$$

力矩平衡方程为

$$ {}^i\boldsymbol{n}_i - {}^i\boldsymbol{n}_{i+1} - {}^i\boldsymbol{P}_{i+1} \times {}^i\boldsymbol{f}_{i+1} + {}^i\boldsymbol{r}_{ci} \times m_i\,{}^i\boldsymbol{g} = 0 \tag{3-72}$$

式中，${}^i\boldsymbol{P}_{i+1}$ 为坐标系 $\sum_{i+1}$ 的原点相对于 $\sum_i$ 的表示；${}^i\boldsymbol{r}_{ci}$ 为连杆 i 的质心相对于 $\sum_i$ 的表示。

通常，需要根据末端上的外界作用力和力矩，依次计算出每个连杆上的受力情况，从末端连杆依次递推到操作臂的基座（连杆 0）。

在此，可以先忽略连杆本身的质量，将式（3-71）和式（3-72）写成反向迭代的形式。

$$ {}^i\boldsymbol{f}_i = {}^i\boldsymbol{f}_{i+1} \tag{3-73}$$

$$ {}^i\boldsymbol{n}_i = {}^i\boldsymbol{n}_{i+1} + {}^i\boldsymbol{P}_{i+1} \times {}^i\boldsymbol{f}_{i+1} \tag{3-74}$$

将力 ${}^i\boldsymbol{f}_{i+1}$ 和力矩 ${}^i\boldsymbol{n}_{i+1}$ 表示在它所在的坐标系 $\sum_{i+1}$ 中，利用旋转变换矩阵 ${}_{i+1}^{\;\,i}\boldsymbol{R}$，则可将式（3-73）和式（3-74）写成静力从一连杆向另一连杆传递的形式：

$$ {}^i\boldsymbol{f}_i = {}_{i+1}^{\;\,i}\boldsymbol{R}\,{}^{i+1}\boldsymbol{f}_{i+1} \tag{3-75}$$

$$ {}^i\boldsymbol{n}_i = {}_{i+1}^{\;\,i}\boldsymbol{R}\,{}^{i+1}\boldsymbol{n}_{i+1} + {}^i\boldsymbol{p}_{i+1} \times {}^i\boldsymbol{f}_i \tag{3-76}$$

根据这一关系式可以进一步求出每个关节的驱动力矩或力。

应该注意到，在各个连杆所承受的力向量和力矩向量中，某些分量由连杆结构所平衡，一部分分量由各关节的驱动力或力矩所平衡。

对于旋转关节 i，若不考虑关节中的摩擦，则除了绕轴的扭矩之外，其余各方向的力和力矩分量都由机构构件承受。为了保持连杆平衡，关节驱动力矩平衡力矩的 Z 向分量应该等于

$$ \boldsymbol{\tau}_i = {}^i\boldsymbol{n}_i^{\mathrm{T}} \cdot {}^i\boldsymbol{z}_i \tag{3-77}$$

对于移动关节 i，除了沿 ${}^iZ_i$ 轴方向的力之外，其余方向的力和全部力矩均由机械构件承受。因此关节驱动力平衡力的 Z 向分量应该等于

$$ \boldsymbol{\tau}_i = {}^i\boldsymbol{f}_i^{\mathrm{T}} \cdot {}^i\boldsymbol{Z}_i \tag{3-78}$$

式（3-75）~式（3-78）给出了连杆平衡时，各关节驱动力或力矩与外界作用力和力矩之间的平衡关系。

例 3-3　在例 3-2 中的双连杆操作臂的末端施加力矢量 ${}^3\boldsymbol{F}$（可认为作用在连杆 3 坐标系的原点上），求出各关节力矩的表达式。

$2R$ 平面机械手的静力分析如图 3-8 所示。利用式（3-75）~式（3-78），从连杆 2 至基座（连杆 0）逐次进行迭代计算，即

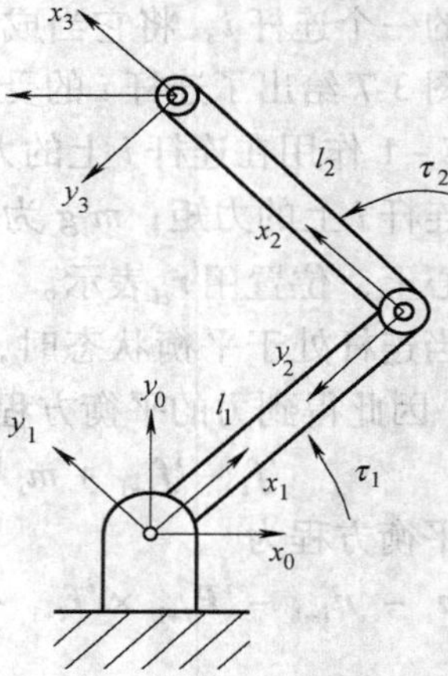

图 3-8 2R 平面机械手的静力分析

$$ {}^2\boldsymbol{f}_2 = \begin{pmatrix} f_x \\ f_y \\ 0 \end{pmatrix} \qquad {}^2\boldsymbol{n}_2 = l_2 x_2 \times \begin{pmatrix} f_x \\ f_y \\ 0 \end{pmatrix} = \begin{pmatrix} 0 \\ 0 \\ l_2 f_y \end{pmatrix} $$

$$ {}^1\boldsymbol{f}_1 = \begin{pmatrix} c_2 & -s_2 & 0 \\ s_2 & c_2 & 0 \\ 0 & 0 & 1 \end{pmatrix} \begin{pmatrix} f_x \\ f_y \\ o \end{pmatrix} = \begin{pmatrix} c_2 f_x - s_2 f_y \\ s_2 f_x + c_2 f_y \\ 0 \end{pmatrix} $$

$$ {}^1\boldsymbol{n}_1 = \begin{pmatrix} 0 \\ 0 \\ l_2 f_y \end{pmatrix} + l_1 x_1 \times {}^1 f_1 = \begin{pmatrix} 0 \\ 0 \\ l_1 s_2 f_x + l_1 c_2 f_y + l_2 f_y \end{pmatrix} $$

$$ \tau_1 = l_1 s_2 f_x + l_1 c_2 f_y + l_2 f_y \qquad \tau_2 = l_2 y_2 $$

上述关系可以写成矩阵形式

$$ \begin{bmatrix} \tau_1 \\ \tau_2 \end{bmatrix} = \begin{bmatrix} l_1 s_2 & l_1 c_2 + l_2 \\ 0 & l_2 \end{bmatrix} \begin{bmatrix} f_x \\ f_y \end{bmatrix} \tag{3-79} $$

如果将外界作用力从坐标系 $\sum_2$ 的表示 ${}^2\boldsymbol{f}_2$ 转换到基坐标系 $\sum_0$ 中表示 ${}^0\boldsymbol{f}_2$，则

$$ {}^0\boldsymbol{f}_2 = {}^0_2\boldsymbol{R}\ {}^2\boldsymbol{f}_2 $$

式中，${}^0_2\boldsymbol{R}$ 是连杆坐标系 $\sum_2$ 相对于 $\sum_0$ 的旋转变换矩阵。

$$ {}^0_2\boldsymbol{R} = \begin{bmatrix} C_{12} & -S_{12} \\ S_{12} & C_{12} \end{bmatrix} \qquad {}^0_2\boldsymbol{R}^{-1} = \begin{bmatrix} C_{12} & S_{12} \\ -S_{12} & C_{12} \end{bmatrix} $$

由

$$ {}^2\boldsymbol{f}_2 = {}^0_2\boldsymbol{R}^{-1}\ {}^0\boldsymbol{f}_2 $$

则式（3-79）可以进一步写成

$$ \boldsymbol{\tau} = \begin{bmatrix} \tau_1 \\ \tau_2 \end{bmatrix} = \begin{bmatrix} -l_1 s_1 - l_2 s_{12} & l_1 c_1 + l_2 c_{12} \\ -l_2 s_{12} & l_2 c_{12} \end{bmatrix} {}^0\boldsymbol{f}_2 \tag{3-80} $$

参见式（3-66），则式（3-80）右边的矩阵即为该机械手的力雅可比。

3.3 机器人动力学方程

3.3.1 牛顿-欧拉递推动力学方程

利用连杆运动的传递规律来建立机器人操作臂的动力学方程，把达朗贝尔原理用于每个杆件、描述杆件的运动和受力的关系。

利用 3.1.5 节的相关理论，将机器人的连杆看成刚体，其质心加速度、总质量、角速度、角加速度、惯性张量与作用力矩满足如下关系：

牛顿第二定律（力平衡方程）

$$ \boldsymbol{f}_{ci} = \mathrm{d}(m_i \boldsymbol{v}_{ci})/\mathrm{d}t = m_i \dot{\boldsymbol{v}}_{ci} \tag{3-81} $$

欧拉方程（力矩平衡方程）

$$ \boldsymbol{n}_{ci} = \mathrm{d}({}^C\boldsymbol{I}_i \boldsymbol{\omega}_i)/\mathrm{d}t = {}^C\boldsymbol{I}_i \dot{\boldsymbol{\omega}}_i + \boldsymbol{\omega}_i \times ({}^C\boldsymbol{I}_i \boldsymbol{\omega}_i) \tag{3-82} $$

式中，m_i 为连杆 i 的质量，是标量；${}^C\boldsymbol{I}_i$ 为连杆 i 在坐标系 $\sum_C$ 中关于质心的惯性张量；$\boldsymbol{v}_{ci}$ 为

连杆 i 质心的线速度；$\dot{\boldsymbol{v}}_{ci}$为连杆 i 质心的线加速度；$\boldsymbol{\omega}_i$ 为连杆 i 的角速度；$\dot{\boldsymbol{\omega}}_i$ 为连杆 i 的角加速度；$\boldsymbol{f}_{ci}$为作用在连杆 i 上的外力合矢量（包含作用在质心的惯性力）；$\boldsymbol{n}_{ci}$为作用在连杆 i 上的外力矩合矢量（包含惯性力矩）。

1. 力和力矩的递推算式

在静力分析中，曾经得到一个连杆的力和力矩平衡方程（3-71）和方程（3-72），对连杆 i 进行研究。

连杆 i 在运动情况下，作用在上面的合力为 0，得到力平衡方程式（不考虑重力）

$$^{i}\boldsymbol{f}_{ci} = {}^{i}\boldsymbol{f}_i - {}_{i+1}^{\ i}\boldsymbol{R}\,^{i+1}\boldsymbol{f}_{i+1} \tag{3-83}$$

作用在连杆 i 上的合力矩等于零，得到力矩平衡方程式

$$^{i}\boldsymbol{n}_{ci} = {}^{i}\boldsymbol{n}_i - {}_{i+1}^{\ i}\boldsymbol{R}\,^{i+1}\boldsymbol{n}_{i+1} - {}^{i}\boldsymbol{r}_{ci} \times {}^{i}\boldsymbol{f}_{ci} - {}^{i}\boldsymbol{P}_{i+1} \times {}_{i+1}^{\ i}\boldsymbol{R}\,^{i+1}\boldsymbol{f}_{i+1} \tag{3-84}$$

式（3-83）和式（3-84）中各变量的含义同式（3-71）、式（3-72）、式（3-81）、式（3-82）。

将上式写成从末端连杆向内迭代的形式

$$^{i}\boldsymbol{f}_i = {}_{i+1}^{\ i}\boldsymbol{R}\,^{i+1}\boldsymbol{f}_{i+1} + {}^{i}\boldsymbol{f}_{ci} \tag{3-85}$$

$$^{i}\boldsymbol{n}_i = {}_{i+1}^{\ i}\boldsymbol{R}\,^{i+1}\boldsymbol{n}_{i+1} + {}^{i}\boldsymbol{n}_{ci} + {}^{i}\boldsymbol{r}_{ci} \times {}^{i}\boldsymbol{f}_{ci} + {}^{i}\boldsymbol{P}_{i+1} \times {}_{i+1}^{\ i}\boldsymbol{R}\,^{i+1}\boldsymbol{f}_{i+1} \tag{3-86}$$

利用这些公式可以从末端连杆 n 开始，顺次向内递推直至到操作臂的基座。这种向内迭代的方法和静力内推的方法相似，不同的只是现在还要考虑惯性力和力矩。和静力分析的情况一样，对于旋转关节，各关节上所需的扭矩等于连杆作用在它相邻连杆的力矩的 Z 轴分量，即

$$\boldsymbol{\tau}_i = {}^{i}\boldsymbol{n}_i^{\mathrm{T}}\,{}^{i}\boldsymbol{Z}_i \tag{3-87}$$

对于移动关节 i，关节驱动力 $\boldsymbol{\tau}_i$ 为

$$\boldsymbol{\tau}_i = {}^{i}\boldsymbol{f}_i^{\mathrm{T}}\,{}^{i}\boldsymbol{Z}_i \tag{3-88}$$

递推初值$^{n+1}\boldsymbol{f}_{n+1}$和$^{n+1}\boldsymbol{n}_{n+1}$的规定如下：操作臂（或者步行机器人的运动腿）在自由空间运动时，使$^{n+1}\boldsymbol{f}_{n+1}=0$、$^{n+1}\boldsymbol{n}_{n+1}=0$；操作臂（或者步行机器人的运动腿）和环境接触时，在力平衡图中由于这种接触力和力矩，使$^{n+1}\boldsymbol{f}_{n+1}$和$^{n+1}\boldsymbol{n}_{n+1}$可能不为零。

2. 递推的牛顿-欧拉动力学算法

在此主要解决动力学的逆问题，即根据关节的位移、速度和加速度（$\theta,\dot{\theta},\ddot{\theta}$）求所需的关节力矩或力 $\boldsymbol{\tau}$。整个算法按以下步骤进行：首先从连杆 1 到连杆 n 递推计算各连杆的速度和加速度；再由牛顿-欧拉公式算出每个连杆的惯性力和力矩；最后，从连杆 n 到连杆 1 递推计算各连杆内部相互作用的力和力矩，以及关节驱动力和力矩。综上所述，将递推计算过程的相关公式归纳如下：

（1）向外递推计算连杆速度、加速度（i：$0\to n-1$）

$$^{i+1}\boldsymbol{\omega}_{i+1} = \begin{cases} {}_{i}^{i+1}\boldsymbol{R}\,^{i}\boldsymbol{\omega}_i + \dot{\boldsymbol{\theta}}_{i+1}\,^{i+1}\boldsymbol{Z}_{i+1} & (\text{对于转动关节}\,i+1) \\ {}_{i}^{i+1}\boldsymbol{R}\,^{i}\boldsymbol{\omega}_i & (\text{对于移动关节}\,i+1) \end{cases} \tag{3-89}$$

$$^{i+1}\dot{\boldsymbol{\omega}}_{i+1} = \begin{cases} {}_{i}^{i+1}\boldsymbol{R}\,^{i}\dot{\boldsymbol{\omega}}_i + {}_{i}^{i+1}\boldsymbol{R}\,^{i}\boldsymbol{\omega}_i \times \dot{\boldsymbol{\theta}}_{i+1}\,^{i+1}\boldsymbol{Z}_{i+1} + \ddot{\boldsymbol{\theta}}^{i+1}\boldsymbol{Z}_{i+1} & (\text{转动关节}) \\ {}_{i}^{i+1}\boldsymbol{R}\,^{i}\dot{\boldsymbol{\omega}}_i & (\text{移动关节}) \end{cases} \tag{3-90}$$

$$
{}^{i+1}\dot{\boldsymbol{v}}_{i+1} = \begin{cases} {}^{i+1}_{i}\boldsymbol{R}[{}^{i}\dot{\boldsymbol{v}}_i + {}^{i}\dot{\boldsymbol{\omega}}_i \times {}^{i}\boldsymbol{P}_{i+1} + {}^{i}\boldsymbol{\omega}_i \times ({}^{i}\boldsymbol{\omega}_i \times {}^{i}\boldsymbol{P}_{i+1})] & (\text{转动关节}) \\ {}^{i+1}_{i}\boldsymbol{R}[{}^{i}\dot{\boldsymbol{v}}_i + {}^{i}\dot{\boldsymbol{\omega}}_i \times {}^{i}\boldsymbol{P}_{i+1} + {}^{i}\boldsymbol{\omega}_i \times ({}^{i}\boldsymbol{\omega}_i \times {}^{i}\boldsymbol{P}_{i+1})] & \\ \quad + 2\,{}^{i+1}\boldsymbol{\omega}_{i+1} \times \dot{d}_{i+1}\,{}^{i+1}\boldsymbol{Z}_{i+1} + \ddot{d}_{i+1}\,{}^{i+1}\boldsymbol{Z}_{i+1} & (\text{移动关节}) \end{cases} \tag{3-91}
$$

$$
{}^{i+1}\dot{\boldsymbol{v}}_{ci+1} = {}^{i+1}\dot{\boldsymbol{v}}_{i+1} + {}^{i+1}\dot{\boldsymbol{\omega}}_{i+1} \times {}^{i+1}\boldsymbol{r}_{ci+1} + {}^{i+1}\boldsymbol{\omega}_{i+1} \times ({}^{i+1}\boldsymbol{\omega}_{i+1} \times {}^{i+1}\boldsymbol{r}_{ci+1}) \tag{3-92}
$$

$$
{}^{i+1}\boldsymbol{f}_{ci+1} = m_{i+1}\,{}^{i+1}\dot{\boldsymbol{v}}_{ci+1} \tag{3-93}
$$

$$
{}^{i+1}\boldsymbol{n}_{ci+1} = {}^{ci+1}\boldsymbol{I}_{i+1}\,{}^{i+1}\dot{\boldsymbol{\omega}}_{i+1} + {}^{i+1}\boldsymbol{\omega}_{i+1} \times ({}^{ci+1}\boldsymbol{I}_{i+1}\,{}^{i+1}\boldsymbol{\omega}_{i+1}) \tag{3-94}
$$

（2）向内递推计算力、力矩（$i: n \rightarrow 1$）

$$
{}^{i}\boldsymbol{f}_i = {}^{i}_{i+1}\boldsymbol{R}\,{}^{i+1}\boldsymbol{f}_{i+1} + {}^{i}\boldsymbol{f}_{ci} \tag{3-95}
$$

$$
{}^{i}\boldsymbol{n}_i = {}^{i}_{i+1}\boldsymbol{R}\,{}^{i+1}\boldsymbol{n}_{i+1} + {}^{i}\boldsymbol{n}_{ci} + {}^{i}\boldsymbol{r}_{ci} \times {}^{i}\boldsymbol{f}_{ci} + {}^{i}\boldsymbol{P}_{i+1} \times {}^{i}_{i+1}\boldsymbol{R}\,{}^{i+1}\boldsymbol{f}_{i+1} \tag{3-96}
$$

$$
\boldsymbol{\tau}_i = \begin{cases} {}^{i}\boldsymbol{n}_i^{T}\,{}^{i}\boldsymbol{Z}_i & (\text{转动关节}) \\ {}^{i}\boldsymbol{f}_i^{T}\,{}^{i}\boldsymbol{Z}_i & (\text{移动关节}) \end{cases} \tag{3-97}
$$

上述各式中，递推初值的规定同式（3-87）和式（3-88）。

3. 计及重力的动力学算法

考虑连杆本身重量的影响时，令 $|{}^{0}\dot{\boldsymbol{v}}_0| = g$，且方向向上，类似于机器人基座以加速度 g 向上加速运动，从而抵消相当于重力造成的影响。这样处理与各连杆重力的影响完全一样，且计算简便。

上述的递推式（3-89）~式（3-97）主要用于进行数值计算和推导封闭公式。数值计算可应用于任何机器人，只要知道各连杆质量、惯性张量、质心矢量 ${}^{i}\boldsymbol{r}_{ci}$ 和旋转矩阵 ${}^{i+1}_{i}\boldsymbol{R}$，就可直接求出实现任何运动所需的关节力矩和力。

为了阐明机器人动力学方程的结构，通常将递推式（3-89）~式（3-97）写成封闭形式的动力学方程。利用牛顿-欧拉递推公式亦可导出以符号 θ、$\dot{\theta}$ 和 $\ddot{\theta}$ 表示的封闭形式。下面以 $2R$ 机械手为例说明建立封闭形式的动力学方程的一般方法和步骤。

4. 封闭形式动力学方程的建立

为了方便起见，认为图 3-4 所示的 $2R$ 平面机械手的质量分布较简单：两连杆的质量集中在连杆的末端，分别为 m_1 和 m_2。如图 3-9 所示。

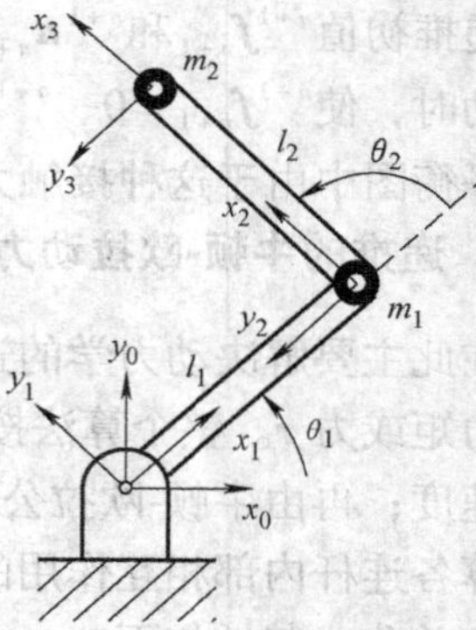

图 3-9 2R 平面机械手的质量分布

因此，牛顿-欧拉递推公式中的运动参数和动力学参数分别为

$^{1}\boldsymbol{P}_{C1} = l_1X_1$，$^{2}\boldsymbol{P}_{C2} = l_2X_2$ 两连杆的质心矢径；

$^{c1}\boldsymbol{I}_1 = 0$，$^{c2}\boldsymbol{I}_2 = 0$ 相对质心的惯性张量为零；

$\boldsymbol{f}_3 = 0$，$\boldsymbol{n}_3 = 0$ 末端执行器自由，没有力作用；

$\boldsymbol{\omega}_0 = 0$，$\dot{\boldsymbol{\omega}}_0 = 0$ 基座固定；

$^{0}\dot{\boldsymbol{v}}_0 = gY_0$ 考虑重力的作用；

连杆之间的旋转变换矩阵为

$$ {}_{i+1}^{\ i}\boldsymbol{R} = \begin{pmatrix} c_{i+1} & -s_{i+1} & 0 \\ s_{i+1} & c_{i+1} & 0 \\ 0 & 0 & 1 \end{pmatrix} \qquad {}_{\ i}^{i+1}\boldsymbol{R} = \begin{pmatrix} c_{i+1} & s_{i+1} & 0 \\ -s_{i+1} & c_{i+1} & 0 \\ 0 & 0 & 1 \end{pmatrix} $$

1）应用式（3-89）~ 式（3-94），向外递推，从基座开始，计算各连杆的速度和加速度。

对于连杆 1：

$$ \boldsymbol{\omega}_0 = 0, \quad {}^1\boldsymbol{\omega}_1 = \dot{\boldsymbol{\theta}}_1 {}^1\boldsymbol{Z}_1 = \begin{pmatrix} 0 \\ 0 \\ \dot{\theta}_1 \end{pmatrix} $$

$$ \dot{\boldsymbol{\omega}}_0 = 0, \quad {}^1\dot{\boldsymbol{\omega}}_1 = \ddot{\boldsymbol{\theta}}_1 {}^1\boldsymbol{Z}_1 = \begin{pmatrix} 0 \\ 0 \\ \ddot{\theta}_1 \end{pmatrix} $$

$$ {}^1\dot{\boldsymbol{v}}_{c1} = \begin{pmatrix} gs_1 \\ gc_1 \\ 0 \end{pmatrix} + \begin{pmatrix} 0 \\ 0 \\ \ddot{\theta}_1 \end{pmatrix} \times \begin{pmatrix} l_1 \\ 0 \\ 0 \end{pmatrix} + \begin{pmatrix} 0 \\ 0 \\ \dot{\theta}_1 \end{pmatrix} \times \left(\begin{pmatrix} 0 \\ 0 \\ \dot{\theta}_1 \end{pmatrix} \times \begin{pmatrix} l_1 \\ 0 \\ 0 \end{pmatrix} \right) = \begin{pmatrix} gs_1 - l_1\dot{\theta}_1^2 \\ gc_1 + l_1\ddot{\theta}_1 \\ 0 \end{pmatrix} $$

$$ {}^1\boldsymbol{f}_{c1} = m_1 {}^1\dot{\boldsymbol{v}}_{c1} = m_1 \begin{pmatrix} gs_1 - l_1\dot{\theta}_1^2 \\ gc_1 + l_1\ddot{\theta}_1 \\ 0 \end{pmatrix} $$

$$ {}^1\boldsymbol{n}_{c1} = \begin{pmatrix} 0 \\ 0 \\ 0 \end{pmatrix} $$

对于连杆 2：

$$ {}^2\boldsymbol{\omega}_2 = \begin{pmatrix} 0 \\ 0 \\ \dot{\theta}_1 + \dot{\theta}_2 \end{pmatrix} \qquad {}^2\dot{\boldsymbol{\omega}}_2 = \begin{pmatrix} 0 \\ 0 \\ \ddot{\theta}_1 + \ddot{\theta}_2 \end{pmatrix} $$

$$ {}^2\dot{\boldsymbol{v}}_2 = \begin{pmatrix} c_2 & s_2 & 0 \\ -s_2 & c_2 & 0 \\ 0 & 0 & 1 \end{pmatrix} \begin{pmatrix} gs_1 - l_1\dot{\theta}_1^2 \\ gc_1 + l_1\ddot{\theta}_1 \\ 0 \end{pmatrix} = \begin{pmatrix} gs_{12} - l_1\dot{\theta}_1^2 c_2 + l_1\ddot{\theta}_1 s_2 \\ gc_{12} + l_1\dot{\theta}_1^2 s_2 + l_1\ddot{\theta}_1 c_2 \\ 0 \end{pmatrix} $$

$$ {}^2\dot{\boldsymbol{v}}_{c2} = \begin{pmatrix} 0 \\ l_2\ (\ddot{\theta}_1 + \ddot{\theta}_2) \\ 0 \end{pmatrix} + \begin{pmatrix} -l_2\ (\dot{\theta}_1 + \dot{\theta}_2)^2 \\ 0 \\ 0 \end{pmatrix} + \begin{pmatrix} l_1\ddot{\theta}_1 s_2 - l_1\dot{\theta}_1^2 c_2 + gs_{12} \\ l_1\ddot{\theta}_1 c_2 + l_1\dot{\theta}_1^2 s_2 + gc_{12} \\ 0 \end{pmatrix} $$

$$^{2}\boldsymbol{f}_{c2}=m_2\begin{pmatrix} gs_{12}-l_1\dot{\theta}_1^2c_2+l_1\ddot{\theta}_1s_2-l_2(\dot{\theta}_1+\dot{\theta}_2)^2 \\ gc_{12}+l_1\dot{\theta}_1^2s_2+l_1\ddot{\theta}_1c_2+l_2(\ddot{\theta}_1+\ddot{\theta}_2) \\ 0 \end{pmatrix},\quad {}^{2}\boldsymbol{n}_{c2}=\begin{pmatrix}0\\0\\0\end{pmatrix}$$

式中，$s_{12}=\sin(\theta_1+\theta_2)$；$c_{12}=\cos(\theta_1+\theta_2)$，$s_1=\sin\theta_1$，$c_1=\cos\theta_1$，其余类似。下同。

2）应用式（3-95）~式（3-97），向内递推计算力和力矩。

对于连杆 2：

$$^{2}\boldsymbol{f}_2={}^{2}\boldsymbol{f}_{c2}$$

$$^{2}\boldsymbol{n}_2=\begin{pmatrix}0\\0\\ m_2l_1l_2c_2\ddot{\theta}_1+m_2l_1l_2s_2\dot{\theta}_1^2+m_2l_2gc_{12}+m_2l_2^2(\ddot{\theta}_1+\ddot{\theta}_2)\end{pmatrix}$$

对于连杆 1：

$$^{1}\boldsymbol{f}_1=\begin{pmatrix}c_2 & -s_2 & 0\\ s_2 & c_2 & 0\\ 0 & 0 & 1\end{pmatrix}\begin{pmatrix} m_2l_1s_2\ddot{\theta}_1-m_2l_1c_2\dot{\theta}_1^2+m_2gs_{12}-m_2l_2(\dot{\theta}_1+\dot{\theta}_2)^2 \\ m_2l_1c_2\ddot{\theta}_1-m_2l_1s_2\dot{\theta}_1^2+m_2gc_{12}+m_2l_2(\ddot{\theta}_1+\ddot{\theta}_2) \\ 0\end{pmatrix}+\begin{pmatrix}-m_1l_1\dot{\theta}_1^2+m_1gs_1\\ m_1l_1\ddot{\theta}_1+m_1gc_1\\ 0\end{pmatrix}$$

$$^{1}\boldsymbol{n}_1=\begin{pmatrix}0\\0\\ m_2l_1l_2c_2\ddot{\theta}_1+m_2l_1l_2s_2\dot{\theta}_1^2+m_2l_2gc_{12}+m_2l_2^2(\ddot{\theta}_1+\ddot{\theta}_2)\end{pmatrix}+\begin{pmatrix}0\\0\\ m_1l_1^2\ddot{\theta}_1+m_1l_1gc_1\end{pmatrix}$$
$$+\begin{pmatrix}0\\0\\ m_2l_1^2\ddot{\theta}_1-m_2l_1l_2s_2(\dot{\theta}_1+\dot{\theta}_2)^2+m_2l_1gc_1+m_2l_1l_2c_2(\ddot{\theta}_1+\ddot{\theta}_2)\end{pmatrix}$$

求出 $^{1}\boldsymbol{n}_1$ 和 $^{2}\boldsymbol{n}_2$ 在 Z 轴方向的分量，即为关节力矩

$$\begin{aligned}\tau_1&=m_2l_2^2(\ddot{\theta}_1+\ddot{\theta}_2)+m_2l_1l_2c_2(2\ddot{\theta}_1+\ddot{\theta}_2)+(m_1+m_2)l_1^2\ddot{\theta}_1-m_2l_1l_2s_2\dot{\theta}_2^2\\&\quad-2m_2l_1l_2s_2\dot{\theta}_1\dot{\theta}_2+m_2l_2gc_{12}+(m_1+m_2)l_1gc_1\\ \tau_2&=m_2l_1l_2c_2\ddot{\theta}_1+m_2l_1l_2s_2\dot{\theta}_1^2+m_2l_2gc_{12}+m_2l_2^2(\ddot{\theta}_1+\ddot{\theta}_2)\end{aligned}\tag{3-98}$$

式（3-98）即为用关节位置、速度和加速度的显函数表达的驱动力矩，即为平面 2R 机械手的动力学方程形式。

3.3.2 关节空间与操作空间动力学

1. 关节空间的状态方程

在上述的利用牛顿-欧拉递推方法得到的 2R 平面机械手的动力学方程（3-98）中，记：$\boldsymbol{\tau}=(\tau_1\ \tau_2)^{\mathrm{T}}$，$\boldsymbol{q}=(\theta_1\ \theta_2)^{\mathrm{T}}$，则式（3-98）可以表示成

$$\boldsymbol{\tau}=\boldsymbol{D}(\boldsymbol{q})\ddot{\boldsymbol{q}}+\boldsymbol{h}(\boldsymbol{q},\dot{\boldsymbol{q}})+\boldsymbol{G}(\boldsymbol{q})\tag{3-99}$$

该式是操作臂在关节空间中的动力学方程封闭形式的一般结构式。它反映了关节力矩与关节变量、速度和加速度之间的函数关系。式中，$\boldsymbol{D}(\boldsymbol{q})$ 为操作臂的惯性矩阵，是 $n\times n$ 的正定对称矩阵；$\boldsymbol{h}(\boldsymbol{q},\dot{\boldsymbol{q}})$ 为 $n\times 1$ 的离心力和哥里奥利力矢量；$\boldsymbol{G}(\boldsymbol{q})$ 为 $n\times 1$ 的重力矢量。其表达为

$$\boldsymbol{D}(\boldsymbol{q}) = \begin{pmatrix} l_2^2m_2 + 2l_1l_2m_2c_2 + l_1^2(m_1 + m_2) & l_2^2m_2 + l_1l_2m_2c_2 \\ l_2^2m_2 + l_1l_2m_2c_2 & l_2^2m_2 \end{pmatrix}$$

它是由 $\ddot{\boldsymbol{q}}$ 的系数组成，因此与惯性力有关。值得注意的是，该矩阵的逆存在。

与速度有关的项 $\boldsymbol{h}(\boldsymbol{q},\dot{\boldsymbol{q}})$ 为

$$\boldsymbol{h}(\boldsymbol{q},\dot{\boldsymbol{q}}) = \begin{pmatrix} -m_2l_1l_2s_2\dot{\theta}_2^2 - 2m_2l_1l_2s_2\dot{\theta}_1\dot{\theta}_2 \\ m_2l_1l_2s_2\dot{\theta}_1^2 \end{pmatrix}$$

式中，$-m_2l_1l_2s_2\dot{\theta}_2^2$ 是关节速度 $\dot{\theta}_2^2$ 对关节1产生的离心力矩；$-m_2l_1l_2s_2\dot{\theta}_1^2$ 是关节速度 $\dot{\theta}_1^2$ 对关节2产生的离心力矩，与关节速度的二次方有关；$-2m_2l_1l_2s_2\dot{\theta}_1\dot{\theta}_2$ 表示 m_2 受到的哥里奥利力对关节1产生的力矩，与两个关节速度的乘积有关。

重力项 $\boldsymbol{G}(\boldsymbol{q})$ 只与关节变量有关，与关节速度无关。

$$\boldsymbol{G}(\boldsymbol{q}) = \begin{pmatrix} m_2l_2gc_{12} + (m_1 + m_2)l_1gc_1 \\ m_2l_2gc_{12} \end{pmatrix}$$

式中，g 是重力加速度。

如果把 $\boldsymbol{q}$ 和 $\dot{\boldsymbol{q}}$ 当成状态变量，则式（3-99）就是状态方程，又因 $\dot{\boldsymbol{q}}$ 和 $\ddot{\boldsymbol{q}}$ 是在关节空间描述的，也称为关节空间的动力方程。无论利用牛顿-欧拉方法还是其他方法，只要能够求出操作臂的 $\boldsymbol{D}(\boldsymbol{q})$、$\boldsymbol{h}(\boldsymbol{q},\dot{\boldsymbol{q}})$ 和 $\boldsymbol{G}(\boldsymbol{q})$，就可以建立操作臂的状态方程。

2. 形位空间方程

将（3-99）式中与速度有关的项分成两部分：

$$\boldsymbol{h}(\boldsymbol{q},\dot{\boldsymbol{q}}) = \boldsymbol{B}(\boldsymbol{q})(\dot{\boldsymbol{q}}\,\dot{\boldsymbol{q}}) + \boldsymbol{c}(\boldsymbol{q})(\dot{\boldsymbol{q}}^2) \tag{3-100}$$

式中，$\boldsymbol{B}(\boldsymbol{q})$ 为哥里奥利力的系数矩阵，为 $n\times n(n-1)/2$ 阶；$(\dot{\boldsymbol{q}}\,\dot{\boldsymbol{q}})$ 为 $n(n-1)/2$ 维的关节速度积矢量，$(\dot{\boldsymbol{q}}\,\dot{\boldsymbol{q}}) = (\dot{q}_1\dot{q}_2 \quad \dot{q}_1\dot{q}_3 \quad \dot{q}_{n-1}\dot{q}_n)^{\mathrm{T}}$；$\boldsymbol{C}(\boldsymbol{q})$ 为 $n\times n$ 阶的离心力系数矩阵；$[\dot{\boldsymbol{q}}^2]$ 为 n 维关节速度的二次方矢量，$(\dot{\boldsymbol{q}}^2) = (\dot{q}_1^2 \quad \dot{q}_2^2 \quad \cdots \quad \dot{q}_n^2)^{\mathrm{T}}$。

因而动力学方程（3-100）可以写成另一种形式

$$\boldsymbol{\tau} = \boldsymbol{D}(\boldsymbol{q})\ddot{\boldsymbol{q}} + \boldsymbol{B}(\boldsymbol{q})(\dot{\boldsymbol{q}}\,\dot{\boldsymbol{q}}) + \boldsymbol{C}(\boldsymbol{q})(\dot{\boldsymbol{q}}^2) + \boldsymbol{G}(\boldsymbol{q}) \tag{3-101}$$

上式称为形位空间方程，因为微分方程的系数都是操作臂形位（$\boldsymbol{q}$）的函数。对操作臂进行控制时，要根据操作臂的形位（即各关节的位置 $\boldsymbol{q}$），不断修正动力学方程的各个系数。

例 3-4　计算图 3-4 所示的 2R 平面机械手的 $\boldsymbol{B}(\boldsymbol{q})$ 和 $\boldsymbol{C}(\boldsymbol{q})$。

解： 根据相关的定义有

$$(\dot{\boldsymbol{q}}\,\dot{\boldsymbol{q}}) = (\dot{\theta}_1\,\dot{\theta}_2)$$

$$(\dot{q}^2) = (\dot{\theta}_1^2 \quad \dot{\theta}_2^2)^{\mathrm{T}}$$

$$B(q') = \begin{pmatrix} -2m_2l_1l_2s_2 \\ 0 \end{pmatrix}$$

$$C(q) = \begin{pmatrix} 0 & -m_2l_1l_2s_2 \\ m_2l_1l_2s_2 & 0_l \end{pmatrix}$$

3. 操作空间动力学方程

关节矢量 $q = (q_1 \quad q_2 \quad \cdots \quad q_n)^{\mathrm{T}}$ 组成的空间称为关节空间；终端抓取手的位势向量 $X = (x \quad y \quad z \quad \theta_x \quad \theta_y \quad \theta_z)^{\mathrm{T}}$ 组成的空间称为操作空间。显然在两个空间中，其位移关系满足：

$$X = X(q) \tag{3-102}$$

式（3-102）表示操作空间的位移与关节矢量的关系。

根据雅可比矩阵 $J(q)$ 的定义［参见式（3-61）］，两个空间中的速度关系是

$$\dot{X} = J(q)\dot{q} \tag{3-103}$$

进一步可以推导出两个空间中的加速度关系

$$\ddot{X} = J(q)\ddot{q} + a_r(q, \dot{q}) \tag{3-104}$$

式中

$$a_r(q, \dot{q}) = \dot{J}(q)\dot{q} \tag{3-105}$$

根据前面已推出的关节空间中的动力学方程（3-99），即

$$\tau = D(q)\ddot{q} + h(q,\dot{q}) + G(q)$$

在操作空间中，相应的动力学方程式可以写成

$$F = V(q)\ddot{X} + U(q, \dot{q}) + P(q) \tag{3-106}$$

式中，$V(q)$ 是操作空间中的惯性矩阵；$U(q, \dot{q})$ 是离心力和哥里奥利力矢量；$P(q)$ 是相应的重力作用矢量。F 是广义操作力矢量，它和关节力矢量 τ 之间的关系为

$$\tau = J^{\mathrm{T}}(q)F \tag{3-107}$$

将式（3-106）两边左乘 $J^{\mathrm{T}}(q)$，再将式（3-104）代入，经整理后，与式（3-99）对照得出，关节空间动力学方程与操作空间动力学方程具有以下关系：

$$\begin{cases} D(q) = J^{\mathrm{T}}(q)V(q)J(q) \\ h(q, \dot{q}) = J^{\mathrm{T}}(q)U(q, \dot{q}) + J^{\mathrm{T}}(q)V(q)a_r(q, \dot{q}) \\ G(q) = J^{\mathrm{T}}(q)P(q) \end{cases} \tag{3-108}$$

如果雅可比矩阵 $J(q)$ 的逆存在，则上述关系可以表示为

$$V(q) = [J^{\mathrm{T}}(q)]^{-1}D(q)J^{-1}(q)$$

$$U(q,\dot{q}) = [J^{\mathrm{T}}(q)]^{-1}h(q, \dot{q}) - V(q)a_r(q, \dot{q})$$

$$P(q) = [J^{\mathrm{T}}(q)]^{-1}G(q)$$

应该注意到，当机器人接近奇异点时，操作空间动力学方程中的某些量趋于无限大，动态性能变得恶化。

例 3-5 写出图 3-4 所示 2R 机械手的操作空间动力学方程。

解：根据式（3-103），首先求该机械手的雅可比。由例 3-2 的计算结果，有末端连杆的

笛卡尔广义速度为

$$V_3=\begin{bmatrix}v_3\\\omega_3\end{bmatrix}=\begin{pmatrix}v_{3x}\\v_{3y}\\v_{3z}\\\omega_{3x}\\\omega_{3y}\\\omega_{3z}\end{pmatrix}=\begin{pmatrix}-l_1s_1-l_2s_{12} & -l_2s_{12}\\l_1c_1+l_2c_{12} & l_2c_{12}\\0&0\\0&0\\0&0\\1&1\end{pmatrix}\begin{pmatrix}\dot{\theta}_1\\\dot{\theta}_2\end{pmatrix}$$

有该机械手的雅可比：

$$J(q)=\begin{bmatrix}-l_1s_1-l_2s_{12} & -l_2s_{12}\\l_1c_1+l_2c_{12} & l_2c_{12}\end{bmatrix}$$

其逆和导数分别为

$$J^{-1}(q)=\frac{1}{l_1l_2s_2}\begin{bmatrix}l_2c_{12} & l_2s_{12}\\-l_1c_1-l_2c_{12} & -l_1s_1-l_2s_{12}\end{bmatrix}$$

$$\dot{J}(q)=\begin{pmatrix}-l_1c_1\dot{\theta}_1-l_2c_{12}(\dot{\theta}_1+\dot{\theta}_2) & -l_2c_{12}(\dot{\theta}_1+\dot{\theta}_2)\\-l_1s_1\dot{\theta}_1-l_2s_{12}(\dot{\theta}_1+\dot{\theta}_2) & -l_2s_{12}(\dot{\theta}_1+\dot{\theta}_2)\end{pmatrix}$$

利用式（3-99）和式（3-108）所得结果，可以得到

$$V(q)=\frac{1}{s_2^2}\begin{pmatrix}(c_1-c_{12})^2m_2+c_{12}^2m_1 & (c_2s_1s_{12}+s_{12}c_{12}+c_1s_1)m_2+s_{12}c_{12}m_1\\(c_2s_1s_{12}+s_{12}c_{12}+c_1s_1)m_2+s_{12}c_{12}m_1 & (c_1-c_{12})^2m_2+c_{12}^2m_1\end{pmatrix}$$

再利用式（3-105）即可求出

$$a_r(q,\dot{q})=\begin{pmatrix}-l_1c_1\dot{\theta}_1^2-l_2c_{12}(\dot{\theta}_1+\dot{\theta}_2)\dot{\theta}_1 & -l_2c_{12}(\dot{\theta}_1+\dot{\theta}_2)\dot{\theta}_2\\-l_1s_1\dot{\theta}_1^2-l_2s_{12}(\dot{\theta}_1+\dot{\theta}_2)\dot{\theta}_1 & -l_2s_{12}(\dot{\theta}_1+\dot{\theta}_2)\dot{\theta}_2\end{pmatrix}$$

然后利用式（3-108）即可求出 $U(q,\dot{q})$ 和 $P(q)$。

当 $s_2=0$ 时，机械手处于奇异位置，动力学方程的有些项趋于无限大。例如 $\theta_2=0$（手臂伸直），终端抓取手的动能矩阵沿着径向的分量变成无限大。一般机械手处于奇异状态时，存在某一特定方向，在该方向的运动是不可能的，此特定方向称为奇异方向，而在垂直这一方向的子空间内一般是可以运动的。

4. 操作运动——关节力矩方程

研究机器人的动力学，最终是求解机器人各关节输入力矩（力）与机器人输出运动之间的关系。因此，要研究操作运动与驱动力矩（力）之间的联系。

将式（3-106）和式（3-107）联立，便可得到操作运动—关节力矩之间的动力学方程：

$$\tau=J^{\mathrm{T}}(q)(V(q)\ddot{X}+U(q,\dot{q})+P(q))\tag{3-109}$$

上式可以改写成如下的形式：

$$\tau=J^{\mathrm{T}}(q)V(q)\ddot{X}+B_x(q)(q\,\dot{q})+C_x(q)(\dot{q}^2)+G(q)\tag{3-110}$$

式中，$B_x(q)$ 为 $n\times n(n-1)/2$ 维矩阵；$(q\,\dot{q})$ 是 $n(n-1)/2$ 维的关节速度积矢量；$C_x(q)$ 是 $n\times n$ 离心力系数矩阵；$(\dot{q}^2)$ 是 $n\times 1$ 维矢量，见式（3-100）。应该注意的是，重力项 $G(q)$ 与关节空间的相同，而在一般情况下，$B_x(q)\neq B(q)$，$C_x(q)\neq C(q)$。

例 3-6 确定图 3-4 所示的 2R 机械手的 $B_x(q)$ 和 $C_x(q)$。

解：从 $J^{\mathrm{T}}(q)U(q,\dot{q})$ 的展开式中得到

$$B_x(q)=\begin{bmatrix} m_1l_1^2c_2/s_2-m_2l_1l_2s_2 \\ m_2l_1l_2s_2 \end{bmatrix}$$

$$C_x(q)=\begin{bmatrix} 0 & -m_2l_1l_2s_2 \\ m_2l_1l_2s_2 & 0 \end{bmatrix}$$

3.3.3 拉格朗日方程的应用

以 R-P 机械手为例（见图 3-10），说明采用拉格朗日方程建立机器人动力学方程的方法。图 3-10 所示的 R-P 机械手由两个关节组成，连杆 1 和 2 的质量分别为 m_1 和 m_2，质心位置如图 3-10 所示，广义坐标为 θ 和 r。

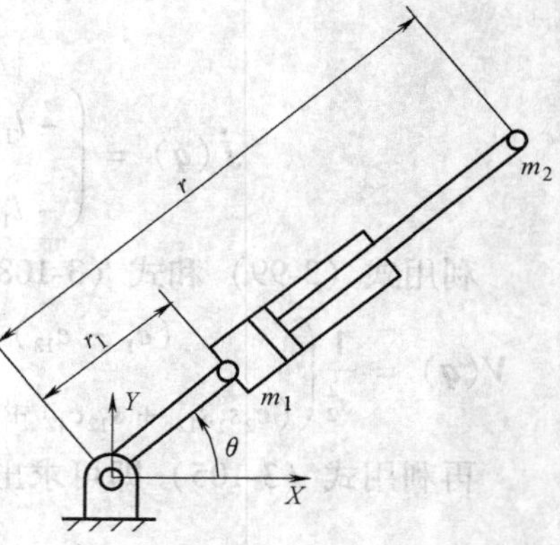

图 3-10 R-P 机械手

1. 质心的速度

为了计算集中质量 m_1 和 m_2 所具有的动能和势能，首先写出它们的笛卡尔坐标系的位置和速度。

1）对于集中质量 m_1，有

$$x_1=r_1\cos\theta$$

$$y_1=r_1\sin\theta$$

其中 r_1 是常数，因此，相应的速度为

$$\dot{x}_1=-r_1\sin\theta\dot{\theta}$$

$$\dot{y}_1=r_1\cos\theta\dot{\theta}$$

其速度的模是

$$v_1^2=\dot{x}_1^2+\dot{y}_1^2=r_1^2\dot{\theta}^2$$

2）对于集中质量 m_2，类似有

$$x_2=r\cos\theta$$

$$y_2=r\sin\theta$$

因为 r 是变量，因此

$$\dot{x}_2=\dot{r}\cos\theta-r\dot{\theta}\sin\theta$$

$$\dot{y}_2=\dot{r}\sin\theta+r\dot{\theta}\cos\theta$$

$$v_2^2=\dot{x}_2^2+\dot{y}_2^2=\dot{r}^2+r^2\dot{\theta}^2$$

2. 系统的动能和位能

（1）系统的动能

对于质量为 m、速度为 v 的质点，其动能为

$$E_K = \frac{1}{2}mv^2$$

因此，集中质量 m_1 和 m_2 的动能分别为

$$E_{k1} = \frac{1}{2}m_1 v_1{}^2 = \frac{1}{2}m_1 r_1{}^2 \dot{\theta}^2$$

$$E_{k2} = \frac{1}{2}m_2 v_2{}^2 = \frac{1}{2}m_2(\dot{r}^2 + r^2\dot{\theta}^2)$$

系统总的动能为

$$E_k = E_{k1} + E_{k2} = \frac{1}{2}m_1 r_1{}^2\dot{\theta}^2 + \frac{1}{2}m_2\dot{r}^2 + \frac{1}{2}m_2 r^2\dot{\theta}^2$$

（2）系统的位能

对质量为 m，高度为 h 的质点的位能为

$$E_P = mgh$$

式中，g 为重力加速度。则集中质量 m_1 和 m_2 的位能分别为

$$E_{p1} = m_1 g r_1 \sin\theta$$

$$E_{p2} = m_2 g r \sin\theta$$

系统总的位能为

$$E_p = E_{p1} + E_{p2} = m_1 g r_1 \sin\theta + m_2 g r \sin\theta$$

3. 系统动力学方程

1）根据式（3-57），首先计算 θ 关节的力矩 τ_θ。

$$\frac{\partial E_k}{\partial\dot{\theta}} = m_1 r_1{}^2\dot{\theta} + m_2 r_2\dot{\theta}$$

$$\frac{\mathrm{d}}{\mathrm{d}t}\left(\frac{\partial E_k}{\partial\dot{\theta}}\right) = m_1 r_1{}^2\ddot{\theta} + m_2 r_2\ddot{\theta} + 2m_2 r\dot{r}\dot{\theta}$$

$$\frac{\partial E_k}{\partial\theta} = 0$$

$$\frac{\partial E_p}{\partial\theta} = g\cos\theta(m_1 r_1 + m_2 r)$$

则有

$$\tau_\theta = m_1 r_1^2\ddot{\theta} + m_2 r^2\ddot{\theta} + 2m_2 r\dot{\theta}\dot{r} + g\cos\theta(m_1 r_1 + m_2 r) \tag{3-111}$$

2）根据式（3-57），计算 r 关节上的作用力 F_r。

$$\frac{\partial E_k}{\partial\dot{r}} = m_2\dot{r}$$

$$\frac{\mathrm{d}}{\mathrm{d}t}\frac{\partial E_k}{\partial\dot{r}} = m_2\ddot{r}$$

$$\frac{\partial E_k}{\partial r} = m_2 r\dot{\theta}^2$$

$$\frac{\partial E_p}{\partial r} = m_2 g\sin\theta$$

$$F_r = m_2\ddot{r} - m_2 r\dot{\theta}^2 + m_2 g\sin\theta \tag{3-112}$$

将式（3-111）和式（3-112）联立，即得到 R-P 机械手的动力学方程。它表示加在关节上的力和力矩与机械手各连杆运动之间的关系。上面的动力学模型没有考虑摩擦的影响。

4. 机械手动力学方程的一般形式

将动力学方程（3-111）和方程（3-112）写成更加一般的形式（将关节 θ 称关节 1，关节 r 称关节 2）。

$$\begin{aligned}\tau_\theta = & D_{11}\ddot{\theta} + D_{12}\ddot{r} && \text{（惯性力项）}\\ & + D_{111}\dot{\theta}^2 + D_{122}\dot{r}^2 && \text{（向心力项）}\\ & + D_{112}\theta\dot{r} + D_{121}\dot{r}\theta && \text{（哥里奥利力项）}\\ & + D_1 && \text{（重力项）}\end{aligned} \tag{3-113}$$

$$\begin{aligned}F_r = & D_{21}\ddot{\theta} + D_{22}\ddot{r} && \text{（惯性力项）}\\ & + D_{211}\dot{\theta}^2 + D_{222}\dot{r}^2 && \text{（向心力项）}\\ & + D_{212}\dot{\theta}\dot{r} + D_{221}\dot{r}\theta && \text{（哥里奥利力项）}\\ & + D_2 && \text{（重力项）}\end{aligned} \tag{3-114}$$

在式（3-113）和式（3-114）中，形式为 D_{ii} 的称为关节 i 的有效惯量。D_{ij}（$i\neq j$）称为关节 j 对 i 的耦合惯量；关节 i 的加速度在关节 i 本身上产生相应的力（矩）是 $D_{ii}\ddot{q}_i$；而关节 j 的加速度 $\ddot{q}_j$ 在关节 i 上产生的相应力矩是 $D_{ij}\ddot{q}_j$；关节 i 的加速度 $\ddot{q}_i$ 在关节 j 上产生的相应的力（矩）是 $D_{ji}\ddot{q}_i$。$D_{ijj}\dot{q}_j^2$ 是由于关节 j 的速度在关节 i 上产生的向心力；$D_{ijk}\dot{q}_j\dot{q}_k + D_{ikj}\dot{q}_k\dot{q}_j$ 称为作用在关节 i 上的哥里奥利力，是速度 $\dot{q}_j$ 和速度 $\dot{q}_k$ 复合作用的结果。D_i 是作用在关节 i 上的重力，和速度、加速度无关。

对照式（3-113）和式（3-111），可以得到

$$\begin{aligned}D_{11} &= m_1 r_1^2 + m_2 r^2 & D_{12} &= 0\\ D_{111} &= 0 & D_{112} &= 0\\ D_{112} &= m_2 r & D_{121} &= m_2 r\\ D_1 &= g\cos\theta(m_1 r_1 + m_2 r) & &\end{aligned}$$

对照式（3-113）和式（3-111），可以得到

$$\begin{aligned}D_{21} &= 0 & D_{22} &= m_2\\ D_{211} &= -m_2 r & D_{222} &= 0\\ D_{212} &= 0 & D_{221} &= 0\\ D_2 &= m_2 g\sin\theta & &\end{aligned}$$

从 $D_{11}=m_1r_1^2+m_2r^2$，$D_{22}=m_2$ 可以看出有效惯量的物理意义，对于移动关节，它是质量，对于转动关节，它是惯性矩（二阶矩）。

机器人的有效惯量随着机器人的形态变化而有非常明显的变化，也和机器人的负载有关，同时受到各关节的状态（是自由状态还是锁死状态）的影响，变化范围非常大，耦合惯量也一样。惯量的变化对于机器人的控制问题产生重要的影响。

5. 计算实例

假定 *R-P* 机械手重 10kg，集中作用在 m_1 处。$r_1=1\text{m}$，负荷变化范围：1～5kg。r 的变化范围：1～2m，最大速度是 $\dot{\theta}=1\text{rad/s}$，$\dot{r}=1\text{m/s}$，最大加速度：$\ddot{\theta}=1\text{rad/s}^2$，$\ddot{r}=1\text{m/s}^2$。计算下列三种情况下的 θ 关节驱动力（不考虑摩擦）：

1）手臂伸在最外端，在垂直位置和水平位置静止的状态下。

2）手臂伸在最外端，以最大速度常速从垂直位置运动到水平位置。

3）手臂伸在最外端，静止。但以最大的径向加速起动（在垂直和水平两种形态）。

解：在情况 1 下：

$$\tau_\theta = D_1 = (m_1r_1+m_2r)g\cos\theta = 20\times 9.8\cos\theta$$

$$\tau_\theta = 0 \sim 196\text{N}\cdot\text{m}$$

在情况 2 下：

$$\tau_\theta = D_1 + D_{112}\dot{\theta}\dot{r} + D_{121}\dot{r}\dot{\theta}$$

$$= D_1 + 2\times 5\times 2\times 1\times 1 = 196\cos\theta + 20$$

$$\tau_\theta = 20 \sim 216\text{N}\cdot\text{m}$$

可以看出，在这种形态之下，哥里奥利力有一定影响，但和重力相比，影响并不显著。

在情况 3 下：

$$\tau_\theta = D_1 + D_{11}\ddot{\theta} = D_1 + (m_1r_1^2+m_2r^2)\ddot{\theta}$$

$$= 196\cos\theta + 30$$

$$\tau_\theta = 30 \sim 226\text{N}\cdot\text{m}$$

同样，重力负载起着重要作用，并且，由于重力负载变化极大，在垂直形态为 0，在水平形态为 196N·m，对于机器人的控制产生了很大的影响，因此，在实际中可采用平衡的方法，或采用控制补偿的方法，尽量消除重力负载的影响。

3.3.4　多足步行机器人的动力学模型

对于图 2-12 所述的多足步行机器人，考虑由 n 个质量体和 l 个关节组成闭环或开环运动链系的机构系统。由摩擦力、重力、执行器以及由外部环境和约束作用分别对不同质量体施加力和转矩。于是质量体 S_i 上的牛顿-欧拉方程可写为

$$\boldsymbol{W}_i^l + \boldsymbol{W}_i^n = \boldsymbol{Z}_i\dot{\boldsymbol{\Lambda}}_i + \boldsymbol{\omega}_i\boldsymbol{Z}_i\boldsymbol{\Lambda}_i \qquad (3\text{-}115)$$

式中，$\boldsymbol{W}_i^l$ 为 $6l$ 维广义约束力矢量；$\boldsymbol{W}_i^n$ 为 $6n$ 维广义作用力（包括重力、摩擦力、外力、驱动力等）；$\boldsymbol{\Lambda}_i$ 为广义速度；$\boldsymbol{Z}_i$ 和 ω_i 分别为 6×6 阶广义质量矩阵和广义角速度矩阵，分别定义为

$$Z_i = \begin{pmatrix} m_i I_{3\times3} & 0 \\ 0 & J_i \end{pmatrix} \tag{3-116}$$

$$\omega_i = \begin{pmatrix} \tilde{\omega}_i & 0 \\ 0 & 0 \end{pmatrix} \tag{3-117}$$

式中，m_i 和 J_i 分别表示 S_i 的质量和惯性矩；$I_{3\times3}$ 是单位矩阵；$\tilde{\omega}_i$ 为相应的反对称角速度矩阵，定义为

$$\tilde{\omega}_i = \begin{pmatrix} 0 & -\omega_z & \omega_y \\ \omega_z & 0 & -\omega_x \\ -\omega_y & \omega_x & 0 \end{pmatrix} \tag{3-118}$$

所以对于这一复杂系统，有如下系统动力学方程

$$W^l + W^n = Z\dot{\Lambda} + \omega Z \Lambda \tag{3-119}$$

式中

$$W^l = (W_1^{lT} \quad W_2^{lT} \cdots W_l^{lT})^T \tag{3-120}$$

$$W^n = (W_1^{nT} \quad W_2^{nT} \cdots W_l^{nT})^T \tag{3-121}$$

$$Z \equiv \mathrm{diag}(Z_1 \quad Z_2 \cdots Z_n) \tag{3-122}$$

$$\omega \equiv \mathrm{diag}(\omega_1 \quad \omega_2 \cdots \omega_n) \tag{3-123}$$

1. 完整约束方程

考虑上述机构系统运动学问题，可以得出包含 $6n$ 个未知变量（质量体 S_i 的绝对线速度和角速度）的 $6l$ 个方程。在这 $6l$ 个方程中，有 $(6l - \sum_{i=1}^{l} f_i)$ 个方程是零空间项，其中 f_i 为第 i 个关节的自由度数。则系统运动学约束关系为

$$\Gamma \Lambda = 0 \tag{3-124}$$

其中 Γ 为 $6n \times 6n$ 阶矩阵。方程（3-124）的秩为

$$r = 6l - \sum_{i=1}^{l} f_i \tag{3-125}$$

由方程（3-124），推导出以拉格朗日乘子矢量函数形式的广义约束力矢量为

$$W^l = \Gamma^t \lambda \tag{3-126}$$

其中 λ 为 d 维矢量，而 d 为驱动关节个数。

2. 关节空间运动变换

如式（3-119）所示的系统动力学模型必须在关节空间内显函地确定，并且它必须只包含驱动关节变量 θ_I。所以须在关节空间内进行下述运动学变换：

$$\Lambda = T\dot{\theta}_I \tag{3-127}$$

式中，$\dot{\theta}_I$ 为 d 维驱动关节的速度向量；T 为转换矩阵。

对于闭环运动链机构，由于关系式（3-127）中包含（$l-d$）个被动关节变量 θ_D，为确定这些变量，采用以下约束方程

$$f(\theta) = 0 \tag{3-128}$$

式中，θ 为重组驱动和被动关节变量之后的 l 维向量。

$$\boldsymbol{\theta} = (\boldsymbol{\theta}_I, \boldsymbol{\theta}_D)^{\mathrm{T}} \tag{3-129}$$

方程（3-128）对时间求导，得到

$$(\boldsymbol{J}_i \quad \boldsymbol{J}_d)\begin{pmatrix} \dot{\boldsymbol{\theta}}_I \\ \dot{\boldsymbol{\theta}}_D \end{pmatrix} = 0 \tag{3-130}$$

则 $\dot{\boldsymbol{\theta}}_D$ 由方程（3-130）推导得

$$\dot{\boldsymbol{\theta}}_D = -\boldsymbol{J}_d^{-1}\boldsymbol{J}_i\dot{\boldsymbol{\theta}}_I = H\dot{\boldsymbol{\theta}}_I \tag{3-131}$$

对方程（3-127）求导得到

$$\dot{\boldsymbol{\Lambda}} = \dot{\boldsymbol{T}}\dot{\boldsymbol{\theta}}_I + \boldsymbol{T}\ddot{\boldsymbol{\theta}}_I \tag{3-132}$$

根据方程（3-127）和方程（3-132），可以获得在关节空间中的系统动力学模型，经变换得

$$\boldsymbol{F}_m = \boldsymbol{I}(\boldsymbol{\theta}_I)\ddot{\boldsymbol{\theta}}_I + \boldsymbol{C}(\boldsymbol{\theta}_I, \dot{\boldsymbol{\theta}}_I)\dot{\boldsymbol{\theta}}_I - \boldsymbol{F}_f - \boldsymbol{F}_g \tag{3-133}$$

式中，$\boldsymbol{I}$ 为 $d \times d$ 阶广义惯性矩阵；$\boldsymbol{C}(\boldsymbol{\theta}_I, \dot{\boldsymbol{\theta}}_I)$ 为 $d \times d$ 阶包含离心力和哥里奥利力项的矩阵，$\boldsymbol{F}_m$ 为 d 维广义驱动力向量，$\boldsymbol{F}_f$ 是 d 维广义摩擦力向量，而 $\boldsymbol{F}_g$ 则是 d 维广义重力向量。

3. 多足步行机器人的动力学模型

以一四足步行机器人为例（见图 2-12），机器人机构可以简化为由矩形机体与四条腿连接构成，每条腿由多个连杆和脚构成，腿末端的连杆和脚之间使用球铰连接。机器人的步行过程可以概括为“腿提起→腿摆动→脚落下”的运动序列，在每个不同的运动序列阶段，动力学模型可以表达为如下形式：

$$\boldsymbol{\tau}_i = \boldsymbol{h}_i(\boldsymbol{\theta}_i)\ddot{\boldsymbol{\theta}}_i + \boldsymbol{H}_i(\boldsymbol{\theta}_i, \dot{\boldsymbol{\theta}}_i), (i = 1, 2, \cdots, q) \tag{3-134}$$

式中，q 为该步行运动序列中的广义变量的数目；$\boldsymbol{h}_i$ 为机器人的 $q \times q$ 惯量矩阵；$\boldsymbol{H}_i$ 为 q 维包含哥里奥利力、向心力和重力的向量；$\boldsymbol{\tau}_i$ 是 q 维广义关节力矩向量。

由此来看，在每个不同的步行阶段，四足机器人的动力学模型可以表达为

$$\boldsymbol{\tau} = \boldsymbol{h}(\boldsymbol{\theta})\ddot{\boldsymbol{\theta}} + \boldsymbol{H}(\boldsymbol{\theta}, \dot{\boldsymbol{\theta}}) \tag{3-135}$$

其中 $\boldsymbol{h}$，$\boldsymbol{\theta}$ 和 $\boldsymbol{H}$ 表达式分别为

$$\boldsymbol{h} \equiv \mathrm{diag}(\boldsymbol{h}_1 \quad \boldsymbol{h}_2 \cdots \boldsymbol{h}_q) \tag{3-136}$$

$$\boldsymbol{\theta} = (\boldsymbol{\theta}_1 \quad \boldsymbol{\theta}_2 \cdots \boldsymbol{\theta}_q)^{\mathrm{T}} \tag{3-137}$$

$$\boldsymbol{H} = (\boldsymbol{H}_1 \quad \boldsymbol{H}_1 \cdots \boldsymbol{H}_q)^{\mathrm{T}} \tag{3-138}$$

根据上述机器人动力学分析，可以为机器人脚力的规划及驱动关节的控制提供研究基础。

4. 机器人脚力问题

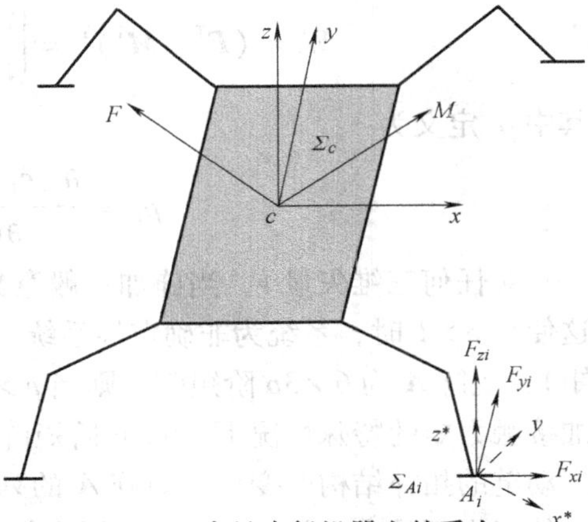

图 3-11　多足步行机器人的受力

如图 3-11 为多足步行机器人的受力示意图，为简化起见，这里只画出一条腿上的受力情况，通常由于脚底受力面较小，可看做点接触，所以忽略脚底的力矩。用 $\sum_C(c-xyz)$ 表示相对坐标系，该坐标

系固定在机器人机体上，在这个坐标系内，机器人机体定位在 $x-y$ 平面上。$\sum_{A_i}(A_i-x^*y^*z^*)$ 固定在第 i 条腿上，在该坐标系内，第 i 条腿的连杆平面位于 x^*-z^* 内，且 z^* 轴垂直于脚的支撑面。$\boldsymbol{F}=(\boldsymbol{F}_x \quad \boldsymbol{F}_y \quad \boldsymbol{F}_z)^{\mathrm{T}}\in\Re^3$ 和 $\boldsymbol{M}=(M_x \quad M_y \quad M_z)^{\mathrm{T}}\in\Re^3$ 分别表示机器人机体的外力矢量以及由重力和作用于机器人机体上的外力而产生的扭矩，F_{xi}、F_{yi}、F_{zi} 分别表示第 i 条腿在坐标系 $\sum_C$ 内 x、y、z 方向上的力的分量。

系统运动方程可以通过很多方式来描述，但最终都可归纳为线性等式系统。最为全面的方法是，对系统中每一个连杆写出六个运动标量方程，同时考虑所有的接触约束力，以及运动链中的驱动力矩。虽然实际应用中这是所期望的，但大的公式维数使得它不适合用于实时控制。由于机器人动力学方程以接触力来描述更为有效，这里一般性地表示为

$$\sum_{i=1}^{p}\boldsymbol{F}_i=m_O(\boldsymbol{a}_O+\boldsymbol{g})-\boldsymbol{F}_e \tag{3-139}$$

$$\sum_{i=1}^{p}(\boldsymbol{n}_i+\boldsymbol{c}_i\times\boldsymbol{F}_i)=\boldsymbol{I}_O\dot{\boldsymbol{\omega}}_O+\boldsymbol{\omega}_O\times\boldsymbol{I}_O\boldsymbol{\omega}_O-(\boldsymbol{n}_e+\boldsymbol{c}_e\times\boldsymbol{F}_e) \tag{3-140}$$

其中 $\boldsymbol{F}_i$ 为接触点 i 的三维力矢量，$\boldsymbol{n}_i$ 为对应的三维接触力矩矢量，$\boldsymbol{F}_e$ 为施加在对象上的节点外力矢量，$\boldsymbol{n}_e$ 为施加在对象上的节点外力矩矢量，均为三维矢量。此外，m_O 和 $\boldsymbol{I}_O$ 为对象的质量和相对于其矩心的惯性矩，$\boldsymbol{\omega}_O$ 和 $\boldsymbol{a}_O$ 为角速度和平动加速度，$\boldsymbol{c}_i$ 为由对象质心指向接触点 A_i 的矢量。类似的，$\boldsymbol{c}_e$ 为由对象质心指向节点外力施加点的矢量。方程（3-139）和方程（3-140）可以写为下述紧凑形式：

$$\boldsymbol{AG}+\boldsymbol{W}=0 \tag{3-141}$$

式中

$$\boldsymbol{A}=\begin{bmatrix}0 & 1 & 0 & 1 & \cdots & 0 & 1\\ 1 & \rho_1 & 1 & \rho_2 & \cdots & 1 & \rho_p\end{bmatrix} \tag{3-142}$$

$$\boldsymbol{G}=\begin{pmatrix}\boldsymbol{n}_1\\ \boldsymbol{F}_1\\ \vdots\\ \boldsymbol{n}_p\\ \boldsymbol{F}_p\end{pmatrix} \tag{3-143}$$

$$\boldsymbol{W}=(\boldsymbol{F}^{\mathrm{T}} \quad \boldsymbol{M}^{\mathrm{T}})^{\mathrm{T}}=\begin{bmatrix}m_O(\boldsymbol{a}_O+\boldsymbol{g})-\boldsymbol{F}_e\\ \boldsymbol{I}_O\dot{\boldsymbol{\omega}}_O+\boldsymbol{\omega}_O\times\boldsymbol{I}_O\boldsymbol{\omega}_O-(\boldsymbol{n}_e+\boldsymbol{c}_e\times\boldsymbol{F}_e)\end{bmatrix} \tag{3-144}$$

其中 ρ_i 定义为

$$\rho_i\equiv\frac{\partial(\boldsymbol{c}_i\times\boldsymbol{v})}{\partial\boldsymbol{v}},\quad(i=1,\ \cdots,\ p) \tag{3-145}$$

对任何三维矢量 $\boldsymbol{v}$，当施加一般意义上的六维广义接触力时，矩阵 $\boldsymbol{A}_1$ 为 $6\times6p$ 阶矩阵，这使得 $p>1$ 时，系统为非确定性系统。如果广义接触力是三维的（例如，没有施加接触力矩），矩阵 $\boldsymbol{A}$ 为 $6\times3p$ 阶矩阵，则当 $p>2$ 时系统为非确定性系统。另外，在 $p=2$ 且没有施加接触力矩的特殊情况下，6×6 阶矩阵 $\boldsymbol{A}$ 为降秩矩阵，且方程（3-141）也是不完备的。当运动链的拓扑结构改变后，矩阵 $\boldsymbol{A}$ 的列数也相应改变。显然，方程（3-141）是不确定的，它的解也不是唯一的，也就是说，根据平衡方程得出的关于脚力的解有无数。然而，实际步

行时，机器人的脚底作用力必须满足相关物理约束条件：关节驱动约束及摩擦约束。

（1）关节驱动的约束分析

首先，多足步行机器人的最大局限性是能耗大，所以必须考虑关节电机的驱动能力的约束，也就是关节驱动力矩要满足最大允许范围，即

$$\boldsymbol{\tau}_{i\min} \leqslant \boldsymbol{J}_i^{\mathrm{T}} \boldsymbol{R}_i \begin{pmatrix} F_{xi} \\ F_{yi} \\ F_{zi} \end{pmatrix} \leqslant \boldsymbol{\tau}_{i\max} \tag{3-146}$$

即

$$\begin{cases} \boldsymbol{J}_i^{\mathrm{T}} \boldsymbol{R}_i \begin{pmatrix} F_{xi} \\ F_{yi} \\ F_{zi} \end{pmatrix} \leqslant \boldsymbol{\tau}_{i\max} \\ -\boldsymbol{J}_i^{\mathrm{T}} \boldsymbol{R}_i \begin{pmatrix} F_{xi} \\ F_{yi} \\ F_{zi} \end{pmatrix} \leqslant -\boldsymbol{\tau}_{i\min} \end{cases} \tag{3-147}$$

这里，$\boldsymbol{J}_i \in \Re^{3\times 3}$表示第 i 条腿的雅可比矩阵；$\boldsymbol{\tau}_{i\max} \in \Re^3$ 表示第 i 条腿最大关节驱动力矩矢量，$\boldsymbol{R}_i \in \Re^{3\times 3}$表示由腿坐标系到机体坐标系的方向矩阵。

为了进一步描述这种约束，考虑电机模型。导入电枢阻抗 R、扭矩常数 K_τ、阻尼 ξ、惯性矩 I_0、电机和齿轮的综合静摩擦力 f，以及齿轮减速比 ζ 等电机参数。电机功率可由电流 I_{T} 和电压 U_{T} 按下式计算：

$$P_{in} = I_{\mathrm{T}} U_{\mathrm{T}} \tag{3-148}$$

式中

$$I_{\mathrm{T}} = \frac{1}{K_\tau}\left(\frac{\tau}{\zeta} + f + \xi\zeta\dot{\theta} + I_0\zeta\ddot{\theta}\right) \tag{3-149}$$

且

$$U_{\mathrm{T}} = U_B + I_{\mathrm{T}} R \tag{3-150}$$

在此，τ 和 $\dot{\theta}$ 为齿轮输出的扭矩和速度。利用关系 $U_{\mathrm{B}} = K_{\mathrm{B}}\zeta\dot{\theta}$（其中 K_{B} 为反电动势常数），可将功率表达式改写为扭矩的函数：

$$P_{\mathrm{in}} = a\tau^2 + b\tau + c \tag{3-151}$$

式中

$$a = \frac{R}{\zeta^2 K_\tau^2} \tag{3-152}$$

$$b = \frac{2R}{\zeta^2 K_\tau^2}(f + \xi\zeta\dot{\theta} + I_0\zeta\ddot{\theta}) + \frac{K_B\dot{\theta}}{K_\tau} \tag{3-153}$$

$$c = \frac{R}{\zeta^2 K_\tau^2}(f + \xi\zeta\dot{\theta} + I_0\zeta\ddot{\theta})^2 + \frac{K_B\zeta\dot{\theta}}{K_\tau}(f + \xi\zeta\dot{\theta} + I_0\zeta\ddot{\theta}) \tag{3-154}$$

在力的分配问题中，规定运动的关节速度和加速度为定值，从而 a、b、c 为常数。并规定 f 为有符号的量，其符号与 $\dot{\theta}$ 的相同。直流电机的扭矩约束条件根据电机和驱动器的电流、电压约束推导得到。电机电流 I_{T} 受制于

$$I_{\min} \leqslant I_{\mathrm{T}} \leqslant I_{\max} \tag{3-155}$$

代入方程（3-149），则可以转换为扭矩的约束为

$$\tau_{\min I} \leqslant \tau \leqslant \tau_{\max I} \tag{3-156}$$

式中
$$\tau_{\min I} = \zeta\ (K_\tau I_{\min} - f - \xi\zeta\dot{\theta} - I_0\zeta\ddot{\theta}) \tag{3-157}$$

且
$$\tau_{\max I} = \zeta\ (K_\tau I_{\max} - f - \xi\zeta\dot{\theta} - I_0\zeta\ddot{\theta}) \tag{3-158}$$

而电机电压也必须满足下述方程：

$$U_{\min} \leqslant U_{\mathrm{T}} \leqslant U_{\max} \tag{3-159}$$

代入方程（3-150）得到电机扭矩的约束条件为

$$\tau_{\min U} \leqslant \tau \leqslant \tau_{\max U} \tag{3-160}$$

式中
$$\tau_{\min U} = \zeta\left(\frac{K_\tau}{R}V_{\min} - \frac{K_\tau K_B \zeta\dot{\theta}}{R} - \tau_f - \xi\zeta\dot{\theta} - I_0\zeta\ddot{\theta}\right) \tag{3-161}$$

且
$$\tau_{\max U} = \zeta\left(\frac{K_\tau}{R}V_{\max} - \frac{K_\tau K_B \zeta\dot{\theta}}{R} - \tau_f - \xi\zeta\dot{\theta} - I_0\zeta\ddot{\theta}\right) \tag{3-162}$$

根据上述四个由电流和电压约束决定的扭矩约束，可以得到

$$\tau_{\min} = \begin{cases} \tau_{\min U} & \tau_{\min i} \geqslant \tau_{\min I} \\ \tau_{\min U} & \tau_{\min i} < \tau_{\min I} \end{cases} \tag{3-163}$$

及
$$\tau_{\max} = \begin{cases} \tau_{\max I} & \tau_{\max I} \leqslant \tau_{\max U} \\ \tau_{\max U} & \tau_{\max I} > \tau_{\max U} \end{cases} \tag{3-164}$$

由此得到支撑腿 i 上的电机 j 的约束条件

$$\tau_{\max_{ij}} \geqslant \tau_{ij} \geqslant \tau_{\min_{ij}} \tag{3-165}$$

由此可见，方程（3-146）中的 $\tau_{i\max}$ 和 $\tau_{i\min}$ 分别为

$$\tau_{i\max} = (\tau_{\max_{i1}} \quad \cdots \quad \tau_{\max_{ij}})^{\mathrm{T}} \tag{3-166}$$

$$\tau_{i\min} = (\tau_{\min_{i1}} \quad \cdots \quad \tau_{\min_{ij}})^{\mathrm{T}} \tag{3-167}$$

（2）摩擦及有效接触的约束分析

当机器人在地面上行走时，所有的支撑腿都不应该打滑，即要满足摩擦约束条件，该问题已被广泛研究，其一般性的表达式为

$$\sqrt{f_{xi}^2 + f_{yi}^2} \leqslant \mu f_{zi} \tag{3-168}$$

最后，为了确保机器人脚与地面有效接触，还必须满足

$$f_{zi} \geqslant 0 \tag{3-169}$$

因此，机器人脚底作用力实际上是一个非线性问题，而且这种非线性问题非常复杂。

第4章　机器人控制

本章针对机器人控制的几种主要类型，分别讲述了机器人的运动控制、移动轨迹控制、力控制、行为控制和智能控制。通过学习本章，读者可以了解机器人控制的主要类型和方法。

4.1　机器人运动控制

机器人的运动控制系统主要包括两个部分，即机器人的伺服电动机和机器人的运动控制器。本节将主要对这两个部分进行介绍。

4.1.1　机器人的伺服电动机

1. 引言

当前，以机器人为代表的机电一体化技术被人们所关注。机器人是近代科学技术和社会生产发展的必然产物和综合成果。它是一种机械、电子、传感技术、控制工程等多学科相互渗透、紧密结合的典型机电一体化的技术密集型高技术产品。由于它所体现的巨大社会效益和经济效益，而为世界各国人士所重视，并相继得到迅速的发展和应用。

机器人的控制方式可分为气动、液压、电液伺服和电动伺服等几种形式。机器人的控制涉及机械装置本体的控制和伺服机构的控制。前者主要是位置控制、速度控制、坐标转换以及动作的执行等，而后者则与机器人机械手的精密点位控制、速度反馈等有关。这两者在电动伺服的机器人中都需要应用各种伺服控制电动机及其组件才能实现。

伺服系统是自动控制系统的一个分支，它是伴随电的应用而发展起来的，最早出现于20世纪初。1934年第一次提出了伺服机构（servo-mechanism）这个词。随着自动控制理论的发展，到20世纪中期，伺服系统的理论与实践趋于成熟，并得到广泛应用。近几十年来，在新技术革命的推动下，特别是伴随着微电子技术和计算机技术的飞速进步，伺服技术的发展更是突飞猛进。

伺服系统的应用几乎遍及社会的各个领域，尤其在机械制造行业中应用最广，各种机床运动部分的速度控制、运动轨迹控制、位置控制等，都是利用各种伺服系统控制的。它们不仅能完成转动控制、直线运动控制，而且能依靠多套伺服系统的配合，完成复杂的空间曲线运动的控制，如机器人手臂关节的运动控制等。它们可以完成的运动控制精度高、速度快，远非一般人工操作所能达到。

伺服控制技术在很多领域得到了充分应用，现已成为现代化工业生产、科学实验以及军事中的重要的、不可或缺的一部分。例如：在运输行业中，电气机车的自动调速、高层建筑中电梯的升降控制、船舶的自动操舵、飞机的自动驾驶等；在军事上，雷达天线的自动瞄准跟踪控制、鱼雷的自动控制、计算机外围设备中的磁盘驱动系统、自动绘图仪的控制系统等。

2. 伺服控制电机是机器人系统的关键元件

机器人由机械本体、计算机控制、伺服驱动系统三个主要部分组成。计算机（相当于大脑）进行运算、判断、给出运动的指令、指挥伺服系统工作。伺服系统（相当于神经和肌肉）感知运动速度（通过测速发电机）和所处位置（通过位置传感器），输送给计算机并接受计算机动作指令产生相应运动，带动机械部分（各关节）按预定的轨迹和速度运动到指定位置，完成相应的功能。所以伺服驱动系统是机器人的重要组成部分。而电气伺服系统有如下明显的优点：

1）以电能作为能源，效率高，综合效率可达60%（油压仅为10%）。

2）行走机器人用电池供电更是一种方便的独立能源。

3）电伺服系统容易与计算机连接，控制精密、平滑、可靠、稳定。

4）干净卫生、低噪声、无漏气、无漏油。

据悉，现有的机器人中约50%是电气伺服型的。从发展趋势看，新开发的机器人除特殊环境条件使用之外，趋向于发展电伺服机器人。

示教再现电动工业机器人的起停、定位和按预定轨迹运动均由伺服电动机执行。通常由伺服电动机—测速—发电机—位置检测元件组成一个伺服组件。其中位置检测元件在一些精密的系统或条件恶劣的环境下采用控制电机类的无接触式旋转变压器。因此机器人工作的快速响应、平稳性、精确度和可靠性都直接与伺服控制电动机的性能、参数、内在质量密切相关。

伺服系统又称为随动系统，是构成自动化体系的基本环节，是由若干元件和部件组成并且具有功率放大作用的一种自动控制系统。随着科学技术的发展，组成伺服系统的新元件不断出现，伺服系统的具体结构形式日益多样，伺服系统的类型也日益增多。按照组成系统元件的物理性质的不同，伺服系统可以分为电气伺服系统、电气-液压伺服系统和电气-气动伺服系统。电气伺服系统又分为直流伺服系统和交流伺服系统。

（1）直流伺服技术

伺服系统的发展经历了由液压到电气的过程。电气伺服系统根据所驱动的电机类型可分为直流（DC）伺服系统和交流（AC）伺服系统。20世纪50年代，无刷电动机和直流电动机实现了产品化，并在计算机外围设备和机械设备上获得了广泛应用。20世纪70年代则是直流伺服电动机应用最为广泛的时代。直流电动机具有以下几方面的优点：调速范围广且易于平滑调节，过载、起动、制动转矩大，调速时能量损耗小等，广泛应用在自动控制领域内要求精度高的伺服系统中。

（2）交流伺服技术

从20世纪70年代后期到80年代初期，随着微处理器技术、大功率高性能半导体功率器件技术和电机永磁材料制造工艺的发展及其性能价格比的日益提高，交流伺服电动机和交流伺服控制系统逐渐成为主导产品。交流伺服驱动技术已成为工业领域实现自动化的基础技术之一，并将逐渐取代直流伺服系统。

交流伺服系统按其所采用的驱动电动机的类型来分主要有两大类：永磁同步（SM）电动机交流伺服系统和感应式异步（M）电动机交流伺服系统。其中，永磁同步电动机交流伺服系统在技术上已趋于成熟，具有优良的低速性能，并可实现弱磁高速控制，拓宽了系统调速的范围，适应了高性能伺服驱动的要求。随着永磁材料性能的大幅度提高和价格的降低，其在工业生产自动化领域中的应用越来越广泛，目前已成为交流伺服系统的主流。感应式异步电动机交流伺服系统由于感应式异步电动机结构坚固、制造容易、价格低廉，因而具有很好的发展前景，代表了将来伺服技术电动机的发展方向。但由于该系统采用矢量变换控制，相对永磁同步电动机伺服系统来说，控制比较复杂，而且电动机低速运行时还存在着效率低、发热严重等有待克服的技术问题，目前并未得到普遍应用。

系统的执行元件一般为电动机，功率变换器件通常采用智能功率模块 IPM。为进一步提高系统的动态和静态性能，可采用位置和速度闭环控制。三相交流电流的跟随控制能有效地提高逆变器的电流响应速度，并且能限制暂态电流，从而有利于 IPM 的安全工作。速度环和位置环可使用单片机控制，以使控制策略获得更高的控制性能。电流调节器若为比例形式，则三个交流电流环采用 mycomputer. lnk 足够大的比例调节器来进行控制，其比例系数应该在保证系统不产生振荡的前提下尽量选大些，使被控异步电动机三相交流电流的幅值、相位和频率紧随给定值快速变化，从而实现电压型逆变器的快速电流控制。电流用比例调节，具有结构简单、电流跟随性能好以及限制电动机起动电流，起动快速、可靠等诸多优点。

（3）交、直流伺服技术的比较

直流伺服驱动技术受电动机本身缺陷的影响，其发展受到了限制。直流伺服电动机存在机械结构复杂、维护工作量大等缺点，在运行过程中转子容易发热，影响与其连接的其他机械设备的精度，难以应用到高速及大容量的场合，机械换向器则成为直流伺服驱动技术发展的瓶颈。

交流伺服电动机克服了直流伺服电动机存在的电刷、换向器等机械部件所带来的各种缺点，特别是交流伺服电动机的过负荷特性和低惯性更体现出交流伺服系统的优越性。所以交流伺服系统在工厂自动化（Factory Automation，FA）等各个领域得到了广泛的应用。

从伺服驱动产品当前的应用来看，直流伺服产品正逐渐减少，交流伺服产品则日渐增加，市场占有率逐步扩大。在实际应用中，精度更高、速度更快、使用更方便的伺服产品已经成为主流产品。

3. 机器人对伺服控制电动机的要求

机器人对伺服控制电动机的主要要求如下：

1）电机转动惯量要小，具有低机械时间常数和电磁时间常数以及高品质因数，即单位时间内可给出更大的瞬时功率。

2）足够宽的调速范围，在零速度附近可控。低速运转平稳，力矩波动小。

3）高的功率/体积比和高的功率/质量比。因为这些伺服控制电动机通常装在机器人的运动关节上，被视为机器人的负载，所以要求质量小、体积小。

4）伺服特性好。为机器人能稳定地运行，在伺服定位、电动机堵转时仍能输出大的力矩。

5）外形扁薄、小巧美观。它是机器人外观的决定性因素之一。它不仅要适应于机器人给定的小尺寸，而且伺服控制电动机的外形越复杂，机器人的外规结构设计越困难，同时外形的复杂也使粉尘易于堆积。

6）全封闭式的构造。伺服控制电动机做成封闭形的结构，以适应多粉尘、含有腐蚀性气体的生产现场。

7）环境的适应性要强，且输出的电线、电缆要柔软。

8）维护简易。

对于电气伺服机器人系统采用的伺服电动机，国外从20世纪60年代就开始研制，并在不断地演变和改进。机器人系统采用的伺服电动机发展趋势是追求性能高、体积小、质量小、廉价、无刷交流伺服。元器件的改进导致系统的更新，而系统的需求又促进元器件的发展。在工业机器人中使用的电气伺服元器件如图4-1所示。

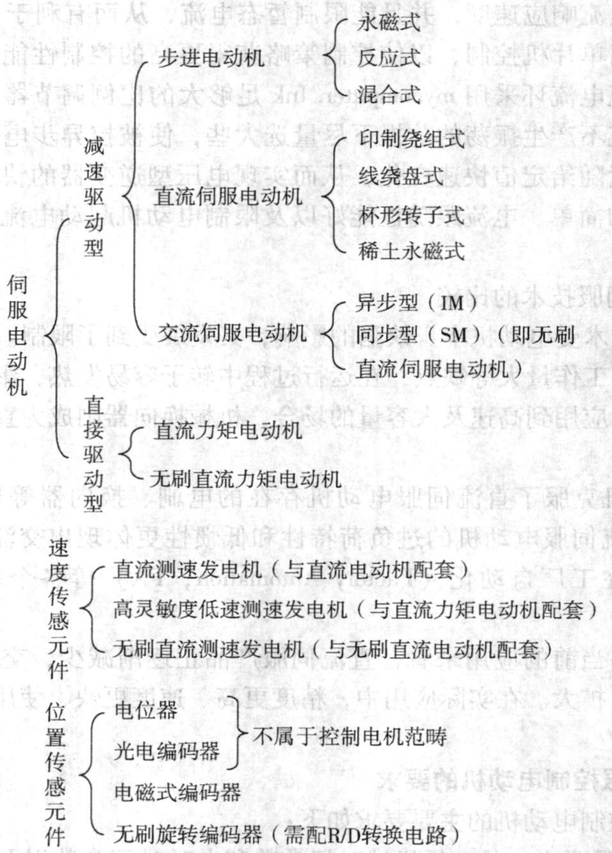

图4-1 在工业机器人中使用的电气伺服元器件

由于机器人在具体用途、结构形式、使用场合方面的不同，要求伺服电动机的规格品种也不同。主要采用的伺服电动机种类有：

（1）印制绕组式和线绕盘式直流伺服电动机

这两种形式的电动机的结构与普通直流电动机的结构完全不同，具有轴向气隙、永磁励磁磁场圆盘形转子、转子无铁心、质量小、转动惯量小、电感小的特点，所以具有特别良好的快速响应和安全换向，被世界各国机器人系统所广泛采用。

（2）杯形转子直流伺服电动机

该电动机具有良好的换向性能和快速响应能力，运行平稳、效率高、惯性矩和机械时间常数小，适用于快速跟踪系统。

（3）稀土永磁直流伺服电动机

新型稀土永磁的出现使磁能积可达 30×100Gs·Oe（23.873A·T/m），使稀土永磁伺服电动机成为机器人理想的伺服电动机。相同输出力矩的伺服电动机，用稀土永磁比用铁氧体永磁其体积可降低 30%～60%，且气隙磁通密度可成倍增加，从而使伺服电动机的性能有显著提高。

（4）无刷直流伺服电动机

大功率晶体管和大功率 VMOS 场效应晶体管的采用，使数百瓦到数十千瓦的大功率无刷直流伺服电动机进入市场，可应用于工作条件恶劣、高可靠性、不能经常维护的特殊工业机器人的伺服驱动。如可在有易爆气体、喷漆、水下、原子反应堆等特殊情况下使用。同时开发了无刷直流测速发电机、无刷旋转变压器等新品种与之配套。新型控制驱动电路和专用大规模集成电路的出现，也促进了无刷直流伺服电动机的发展。

另一类交流伺服系统采用交流异步电动机（通常是笼型转子）做伺服电动机，用矢量控制技术获得宽调速范围。有人认为，就交流伺服而言，从几十瓦到几千瓦范围内以同步型为宜。实际上，在机器人中使用的交流伺服电动机大多是同步型的，即无刷直流电动机，而且其转子材料采用稀土永磁，因此有特别良好的动态性能。

（5）直接驱动的直流力矩电动机

前述各种伺服电动机转速较高（额定转速为 2000～3000r/min），需要减速器进行减速。由于它存在传动间隙，使系统不稳定、精度不高。在一些先进的机器人系统设计中，采用直流力矩电动机进行直接驱动。

4. 各种直流伺服电动机的比较

用于机器人的直流伺服电动机追求快速响应能力，对起动和停止要求迅速准确，起动时间为 150～200ms，角速度为 π/2～πrad/s，以尽量减少空程时间，提高机器人的工作效率。直流伺服电动机的动态性能主要通过机械时间常数、功率变化率 P_r、角加速度等指标表示。

印制绕组、杯形转子、线绕盘式、稀土永磁和铁氧体永磁等伺服电动机的性能，见表 4-1。由表 4-1 不难得出：

1）由于印制绕组伺服电动机的转子的转动惯量小，其动态指标优异，特别是它的角加速度最佳。线绕盘式和稀土永磁伺服电动机性能也很好，杯形转子伺服电动机的动态性能稍差。法国 CEM 公司有适用于机器人系统使用的直流伺服电动机九个系列，据称被大量应用的是印制绕组电动机（MC、MD 系列）和稀土永磁电动机（TC 和 RS 系列）。

2）铁氧体永磁（有齿槽）直流伺服电动机（CEM 公司是 TE、RE 系列）机电时间常数大、功率变化率低、转动惯量大、单位质量输出功率小。

为便于比较，在表 4-1 的右边还列出了我国数控机床用的三种 Fanuc-Besk 电动机的性能数据。

数控机床伺服系统用电动机的额定工作转速通常设计为 100r/min，而机器人系统用伺服电动机的工作转速通常要求按 3000～4500r/min 设计，这是各自系统的特殊需要所决定的，因此数控机床用伺服电动机直接应用于机器人系统会给系统设计带来其他方面的困难。

表 4-1　各种直流伺服电动机的性能

电动机类别	印制绕组					杯形电枢		线绕盘式			稀土永磁（有土槽）		铁氧体（有槽）		
生产厂商	安川			CEM		安川		松下			安川		（数控机床用）		
系列	UPMEM-DA			MC		UGCMED		A（SSW）			UGRMEM		Fanuc-Besk		
型号	-12DAB	-16DAB	-20A2	-17H	-19P	-40	-80	-1201A	-1602A	-1603A	-04	-08	B4	B8	B11
额定功率/W	200	500	1000	600	1000	400	750	200	500	750	200	500	400	800	1100
额定力矩 T/(kg · cm)			32.5												
额定力矩 T/(N · m)				1.5	3.2			0.52	1.76	2.4			2.7	5.4	11.3
额定转速/(r/min)	3000	2500	3000	3000	3000	1750	1750	5000	4500	4500	3000	3000			
最高转速/(r/min)													2000	2000	1500
转动惯量 J/(g/cm^2)			20.7					2.4	5.7	7.3			22	45	150
转动惯量 J/(kg/cm^2)	1.6	6.3		7.9	10.0	22.4	44.2				17.1	8.5			
机械时间常数 τ_m/ms	7.7	6.7	3.6	17.2	7.4	34	31	17	9.6	9.6	4.8	7.5	26	13	19
电机常数 τ_0/ms	0.11	0.18	0.17			0.61	0.85				1.5	4.2			
功率变化率 P_r/(kW/s)	2.5	5.3	5	4.57	10.24	2.13	3.78	1.1	4.2	8.1	2.42	3.02	3.38	6.61	9.5
角加速度 α/(rad/s)	4000	3000	1570	2400	3200	976	979	2120	2390	3380	3800	1910	1252	1224	305
总量/kg	5.6	11		6.5	9.7	12	18	4.6	10.1	9.9	2.2	3.8	12	17	27
功率/质量比/(W/kg)	35.7	45.5		92.3	103	33	41.7	43.5	49.5	75.8	91	131.6	33.3	47	45.7

表 4-2 给出了适于工业机器人各关节驱动用的伺服电动机的示例，以供机器人系统主机研制选用伺服电动机时参考。

表 4-2　伺服电动机示例

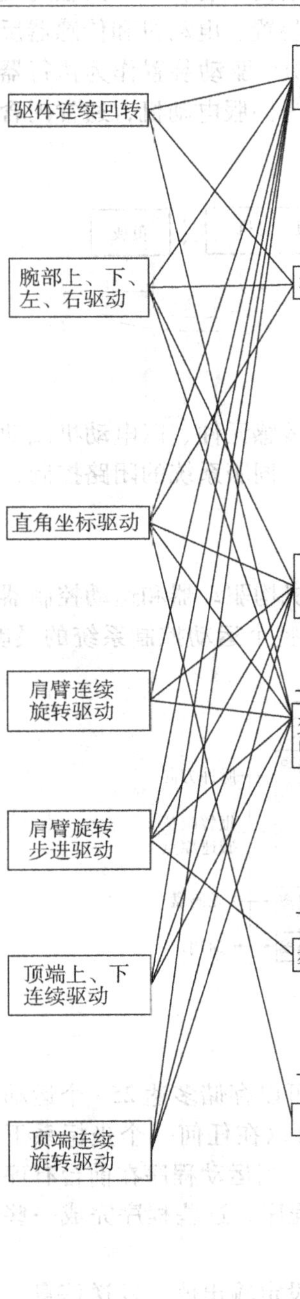

伺服电动机的种类	机器人的动作特性	伺服电动机的功率	伺服电动机的特性
直流伺服电动机 印制绕组电动机 线绕盘式电动机	* 低中高速驱动 * 中高精度 * 低中高速响应 * 连续路径控制 * 可作步进驱动 * 点位-点位驱动 * 反转制动简易 * 控制性能好 * 稳定的同步 * 伺服特性 * 效率高	标准型印制绕组电动机 50～500W	* 偏平型电动机无铁心盘型电枢 * 低噪声、振动、低力矩脉动 * 电感很小 * 无火花的换向特性 * 额定转速 3000～4000r/min
杯形转子电动机		A 系列杯形转子电机 400～3700W 高性能 A 系列杯形转子电机 600～3000W 高性能 G 系列杯形转子电机 250～2900W	* 无铁心杯形电枢 * 低噪声、低驱动、低力矩脉动 * 杯形转子电动机额定转速 1750r/min * 高性能杯形转子电动机额定转速 1000r/min
RM系列小惯量电动机		RM 系列小惯量电机 600～3000W	* 电枢铁心有齿槽的高性能电动机 * 细长型电动机 * 体积小、质量小 * 额定转速 300r/min * 与印制绕组电动机相比力矩脉动稍差
交流伺服电动机	* 低中高速驱动 * 中精度 * 低中速响应 * 连续路径控制 * 可作步进驱动 * 点位-点位驱动 * 中等效率	100～3000W	* 环境适应性好 * 功率大 * 过载能力强 * 没有电刷 * 装配简易
步进电动机	* 低速驱动 * 中低级精度 * 低级响应 * 步进驱动 * 效率低	大约 10W	* 开环控制 * 没有电刷
直线电动机	* 低中高速驱动 * 中级精度 * 低中高速响应 * 连续路径控制 * 可作步进驱动 * 点位-点位驱动 * 低中级效率		* 直线驱动（水平动作） * 没有电刷

4.1.2 机器人的运动控制器

1. 引言

运动控制系统是以电动机为控制对象，以控制器为核心，以电力电子、功率变换装置为执行机构，在控制理论指导下组成的电气传动控制系统。从基本结构上看，一个典型的现代运动控制系统的硬件主要由上位计算机、运动控制器、功率驱动装置、电动机和传感器反馈检测装置和被控对象等几部分组成，如图 4-2 所示。电动机及其功率驱动装置作为执行器主要为被控对象提供动力，特别设计应用于伺服系统的电动机称之为伺服电动机，通常内含位置反馈装置，如光电编码器。

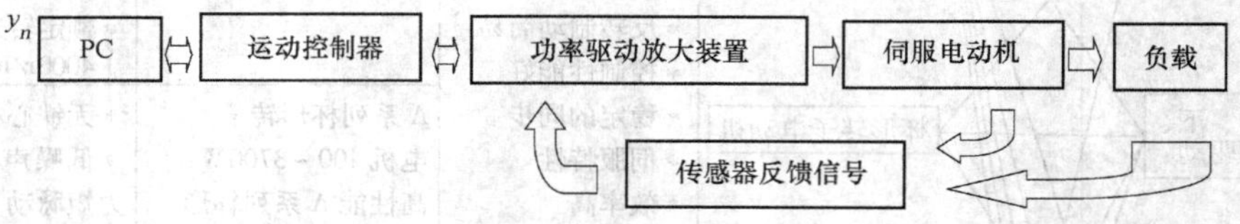

图 4-2　典型运动控制系统组成

运动控制器是以中央逻辑控制单元为核心、以传感器为信号敏感元件、以电动机或动力装置和执行单元为控制对象的一种控制装置。其功能在于提供整个伺服系统的闭路控制，如位置控制、速度控制和转矩控制等。

2. 通用运动控制器的结构及技术特点

一个典型的运动控制系统主要由运动部件、传动机构、执行机构驱动器和运动控制器构成。整个系统的运动指令由运动控制器给出。因此运动控制器是整个运动控制系统的灵魂。图 4-3 为运动控制器原理结构图。

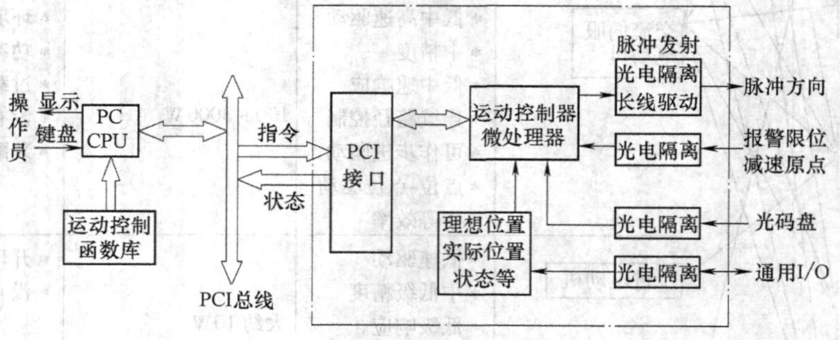

图 4-3　运动控制器原理结构图

目前的运动控制器至少有 256 个常规程序缓冲区，从而内存可以存储多达 256 个运动程序在已经有一个坐标系正在执行程序的情况下。另一个程序也可以在任何一个坐标系下运行。可同时执行的运动程序数目仅仅受已定义的坐标数目的限制。当运动程序在前台有序地同步运行时，运动控制器可以在后台下运行多达 32 个异步 PLC 程序，这些程序完成一些可编程序逻辑控制器（PLC）的功能。

PLC 程序可以以极高的采样速率监视模拟输入和数字输出。设定输出值，发送信息，监视运动参数，改变增益值以及命令运动停止/启动序列。PLC 程序还可以像从主机发送命令那样对 PMAC 运动控制器发送命令。这些高速的异步程序附加于运动程序，功能非常强大。

例如可以轻而易举地实现受用户控制的“自适应”或“双伺服环”系统。

运动控制器的运动功能一般是通过对电动机各参数的控制来完成的。由于驱动（电动机）和负载之间很难做到理想的耦合，运动控制器具有几项高级性能来处理实际问题，如滞后、静摩擦、卷曲以及回差，这些问题共同作用会使系统产生机械谐振从而严重损害系统的性能。运动控制器的数字阶式滤波器和双反馈选项中同时测量驱动器以及负载的位置和补偿伺服环中的微分运动的能力可以解决机械谐振问题。

标准的运动控制器提供了 PID 和阶式位置伺服环滤波器，对大多数用户来说这个滤波器已经足够了。PLC 滤波器即使对那些非控制专家也是很容易理解的。“P”代表比例增益项，比例增益为系统提供刚性；“I”代表积分增益，用以消除稳态误差的控制参数；“D”代表微分增益，为系统提供稳定性的阻尼项。还有另外两项用以减小伺服系统的轨迹误差：速度和加速度反馈。速度反馈的作用是减小微分增益或者测速发电机环路阻尼所引起的跟踪误差。惯性所带来的跟踪误差与加速度成正比，因此它可以由加速度前馈项来补偿。

3. 运动控制器的分类

目前市场上的运动控制器根据不同的方法有不同的分类。

（1）按被控对象分类

根据应用场合被控对象的不同可分为步进电动机运动控制器、伺服电动机运动控制器和既可以对步进电动机进行控制又可以对交流伺服电动机进行控制的运动控制器。

（2）按结构进行分类

1）基于计算机标准总线的运动控制器。这类运动控制器是利用计算机硬件和操作系统，结合用户开发的运动控制应用程序来实现的，具有高速的数据处理能力。总线形式上主要有 ISA 接口、PCI 接口、VME 接口、RS232 接口和 USB 接口等。这种运动控制器大都采用 DSP 或微机芯片作为 CPU，可完成运动规划、高速实时插补、伺服滤波控制和伺服驱动、外部 I/O 之间的标准化通用接口功能，同时随控制器还提供功能强大的运动控制软件库：C 语言运动函数库、Windows DLL 动态链接库等，可供用户根据不同的需求，在 DOS 或 Windows 等平台下自行开发应用软件，组成各种控制系统。例如美国 Deltalau 公司的 PMAC 多轴运动控制器，采用 Motorola 公司的高性能数字信号处理器 DSP5600X 作为 CPU，最多可以同时控制八根轴，与各种类型的主机、放大器、电动机和传感器一起完成各种功能。类似的产品还有英国阿沃德公司的 TRIO 运动控制卡，固高科技（深圳）有限公司的 GT 系列运动控制器和美国 NI 公司的 NI 系列运动控制器。

从用户使用的角度来看，这些基于 PC 的运动控制器之间的差异主要是硬件接口（输入输出信号的种类、性能）和软件接口（运动控制函数库的功能函数）。

2）基于 Soft 型开放式运动控制器提供给用户很大的灵活性，它的运动控制软件全部装在计算机中，而硬件部分仅是计算机与伺服驱动、外部 I/O 之间的标准化通用接口，如同计算机中可以安装各种品牌的声卡、CDROM 和相应的驱动程序一样。用户可以在 Windows 平台和其他操作系统的支持下，利用开放的运动控制内核，开发所需的控制功能，构成各种类型的高性能运动控制系统，从而提供给用户更多的选择，且更具灵活性。

3）嵌入式结构的运动控制器是把计算机嵌入到运动控制器中的一种产品，它能够独立运行。运动控制器与计算机之间的通信依然是靠计算机总线，实质上是基于总线结构的运动控制器的一种变型。在使用中，采用如工业以太网、RS-485、SERCOS、Profibus 等现场网络通信接口连接上级计算机或控制面板。嵌入式的运动控制器也可配置软盘和硬盘驱动器，甚至可以通过 Internet 进行远程诊断，如美国 ADEPT 公司的 SmartController，固高科技公司的 GU 嵌入式运动控制平台系列产品等。

(3) 按被控量性质和运动控制方式分类

运动控制器应用场合的控制形式有：

1）点位运动控制，即仅对终点位置有要求，与运动的中间过程即运动轨迹无关。相应的运动控制器要求具有快速的定位速度，在运动的加速段和减速段，采用不同的加减速控制策略。在加速运动时，为了使系统能够快速加速到设定速度，往往会提高系统增益和加大加速度，在减速的末段采用 S 曲线减速的控制策略。为了防止系统到位后振动，规划到位后适当减小系统增益。所以，点位运动控制器往往具有在线可变控制参数和可变加减速曲线的能力。

2）连续轨迹运动控制，又称为轮廓控制，主要应用在传统的数控系统、切割系统的运动轮廓控制。相应的运动控制器要解决的问题是如何使系统在高速运动的情况下，既保证系统加工的轮廓精度，又保证刀具沿轮廓运动时的切向速度恒定。对小线段加工时，有多段程序预处理功能。

3）同步运动控制，指多个轴之间的运动协调控制，可以是多个轴在运动全程中进行同步，也可以是在运动过程中的局部有速度同步，主要应用在需要有电子齿轮箱和电子凸轮功能的系统控制中。工业上应用在印染、印刷、造纸、轧钢、同步剪切等行业。相应的运动控制器的控制算法常采用自适应前馈控制，通过自动调节控制量的幅值和相位，来保证在输入端加一个与干扰幅值相等、相位相反的控制作用，以抑制周期干扰。保证系统的同步控制。

4. 运动控制器的应用举例

(1) 开放式运动控制系统的硬件结构

如图 4-4 所示，整个系统以基于“PC + 运动控制器”为核心，采用 NI 公司 NI7340 系列运动控制器 NI7342。Telemecanique 驱动器和交流伺服电动机构成一个开放式硬件结构。在该伺服控制系统中，控制器上专用 CPU 与 PC 的 CPU 构成主从式双 CPU 控制模式。PC 负责人机交互界面的管理、控制系统的实时监控等方面的工作，例如键盘和鼠标的管理、系统状态的显示、控制指令的发送和外部信号 I/O 的监控等。运动控制器配备内容丰富、功能强大的运动函数库，供用户使用，完成电动机的运动规划。系统采取模拟量输出的位置控制方式，模拟信号的大小控制电动机的速度，信号的正负控制电动机正反转，以实现两轴的位置

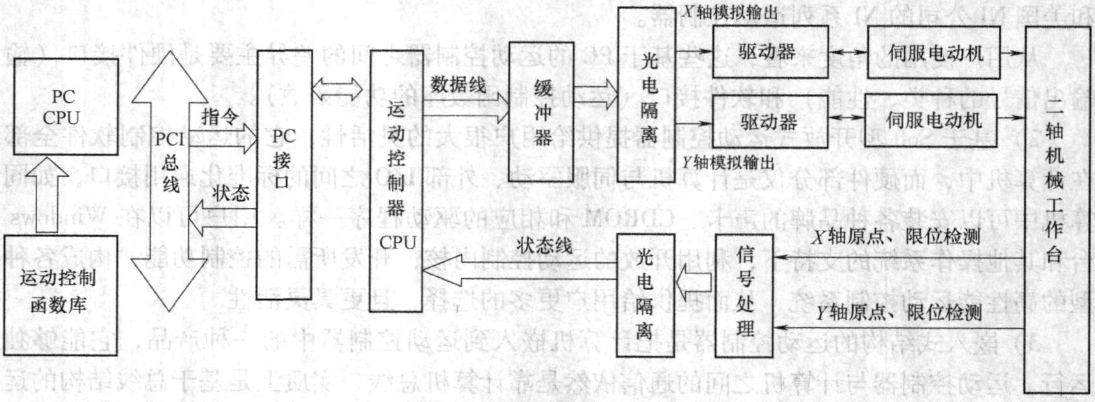

图 4-4　二轴运动控制系统结构图

控制。X 轴和 Y 轴原点、限位检测通过一组机械来实现。原点检测开关作为每个轴的零点位置，限位检测开关确保每个轴工作行程极限。这些状态信号送入运动控制卡状态寄存器后由 CPU 随时读出，达到对 I/O 状态信号的检测。硬件方面，运动控制器上的光电隔离措施既隔离了外设对内部数字系统的干扰，又能有效防止过电压、过电流等外界突发事件对计算机系统的损坏，大大提高了系统的控制精度和可靠性。

（2）运动控制系统的软件开发

运动控制器同时还配备有运动函数库。函数库为中轴及多轴的步进或伺服控制提供了许多运动函数，如中轴运动、多轴独立运动、多轴插补运动以及多轴同步运动等。基于 NI7342 运动控制器组成的控制系统，可采用 LabView、VB、VC 等多种语言，开发用户自己的应用程序。由于 LabView 是 NI 公司的产品，利用它开发是最支持也是最方便的。作为一种图形化编程语言，它和其他高级语言一样，提供各种循环和结构，以虚拟仪器（Virtual Instrument，VI）的形式代替其他语言的函数功能。NI 专门为用户提供了运动控制的 VI-NI-Montion，用户利用 LabView 技术编写图形程序可以方便地实现调用，同时也便于设计友好的人机界面，便于人机交互和管理。系统的程序结构模块如图 4-5 所示，除了主体的运动控制程序外，还包括初始化、与 PC 的实时数据交互、系统保护、状态监测等部分。

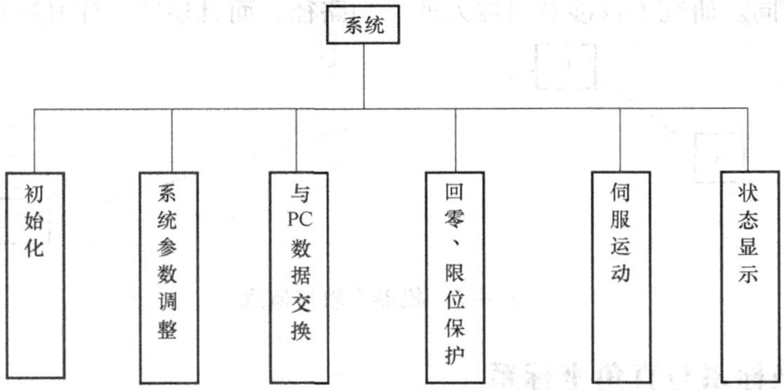

图 4-5　二轴系统的程序结构模块

5. 运动控制器的发展现状与趋势

运动控制器采用了开放式结构，使用简便、功能丰富、可靠性高。若采用 PC 的 PCI 总线方式，卡上无需进行任何跳线设置，所有资源自动配置，并且所有的输入、输出信号均用光电隔离，提高了控制器的可靠性和抗干扰能力；在软件方面提供了丰富的运动控制函数库，以满足不同的应用要求。用户只需根据控制系统的要求编制人机界面，并调用运动函数库中的指令函数，就可以开发出既满足要求成本又低廉得多轴运动控制系统。运动控制器已经从以单片机或微处理器为核心的运动控制器和以专业芯片（ASIC）作为核心处理器的运动控制器，发展到了基于 PC 总线的以 DSP 和 FPGA 作为核心处理器的开放式运动控制器。同时，将运动控制技术与网络技术有机结合是当前一个新的研究发展方向，可以更好地实现多台电动机的同步控制和各控制器间的通信。在一般的控制器与驱动器的控制架构下，存在配线多、同步特性差、非全数字化等缺点，而且很难由外界控制器读取并实时调整伺服参数。随着以太网技术的发展与运用，可以运用网络通信的方式来解决传统运动控制架构中的问题。如在串行运动控制网络中 IEEE-1394、SERCOS-Ⅱ等通信协议被广泛采用，它们的硬件传输媒介主要是 RS-485、光纤、Fire Wire 和以太网。

总之，运动控制器的应用已经遍及众多领域，特别是在交流伺服和多轴控制系统中。它能够充分利用计算机资源，方便地帮助用户实现运动轨迹规划、完成既定运动和高精度的伺服控制。运动控制技术将不断和交流伺服驱动技术、直线电机驱动技术等相结合，促使机电一体化技术不断提高。

4.2 机器人移动轨迹控制

4.2.1 路径与轨迹

机器人的轨迹指机器人在运动过程中的位移、速度和加速度。路径是机器人位姿的一定序列，而不考虑机器人位姿参数随时间变化的因素。如图 4-6 所示，如果有关机器人从 A 点运动到 B 点，再到 C 点，那么这中间位姿序列就构成了一条路径。而轨迹则与何时到达路径中的每个部分有关，强调的是时间。因此，图中无论机器人何时到达 B 点和 C 点，其路径是一样的，而轨迹则依赖于速度和加速度。如果机器人抵达 B 点和 C 点的时间不同，则相应的轨迹也不同。研究不仅涉及机器人的运动路径，而且还要关注其速度和加速度。

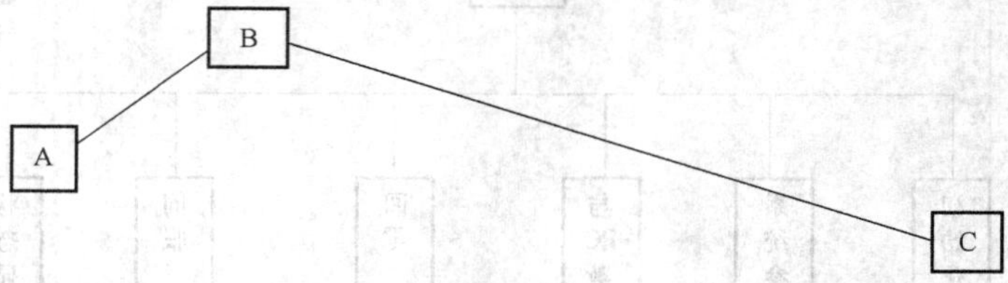

图 4-6 机器人轨迹概念

4.2.2 关节坐标系与直角坐标系

机器人一般由多个连杆（link）通过转动或移动关节（joint）连接而成。图 4-7 是三个连杆通过两个转动关节和一个移动关节相连而成的机械手的示意图。

所谓机器人的位姿是指机器人各关节连杆的位置和姿态。为了描述连杆在同一个位置所处的不同姿态，一般在每个连杆上固定一个坐标系。因此，每个关节的连杆在操作空间的位置就可以用固定在该连杆的坐标系的原点在操作空间的坐标值来描述，而其姿态则可以用该坐标系的坐标向量在操作空间的坐标给定。比如，图 4-7 所示机械手各连杆上分别固定一个坐标系，而操作空间则用固定在基座上的坐标系 XYZ 描述。通过移动关节与连杆 L_2 相连的连杆 L_3 在操作空间中的位置可以用以 O_3 为端点的向量 P_3（以下文中如无特殊说明，向量均指列向量）在 XYZ 的坐标描述，而其姿态就可以用连杆坐标系的单位坐标向量 i_3、j_3、k_3 在 XYZ 坐标系的坐标描述。

因此，机器人各关节连杆之间的位置关系和速度关系，实际上就是各相对坐标系之间的关系。一个连杆的位姿相对于操作空间坐标系的变化，或者两个连杆之间位姿的相对变化，可以通过两个坐标系的相对变化来描述。而这个变化无论多么复杂，都可以用相对平行移动和相对旋转这两个基本的变化来合成。

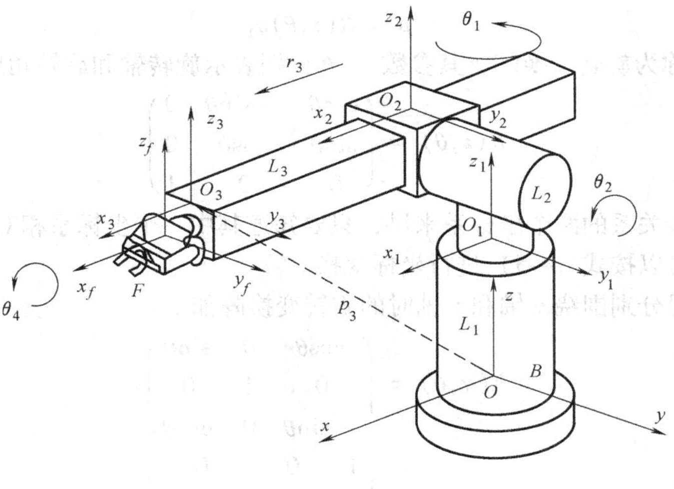

图 4-7　机器人的位姿描述

平行移动后的两个坐标系如图 4-8 所示。这两个坐标系的坐标向量相互平行，但原点不一致。考虑给定 $x_1y_1z_1$ 坐标系下的点 P，求该点在坐标系 xyz 下的坐标值的问题。为此，需要已知 $x_1y_1z_1$ 坐标系的原点 O_1 在坐标系 xyz 下的坐标值。

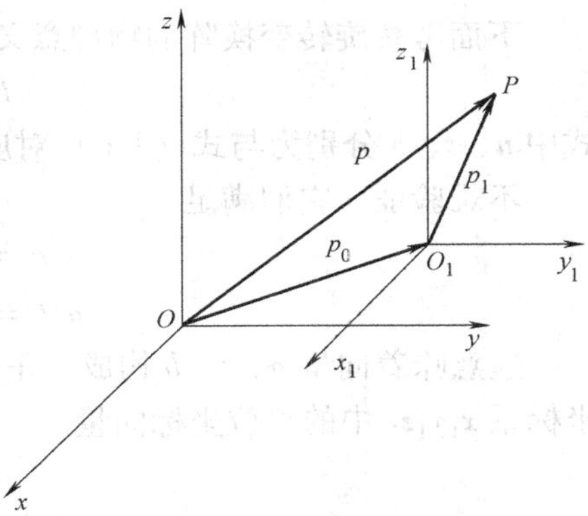

图 4-8　平行移动关系

设以 O 为始点，O_1 为终点的向量 p_0 已知，并用向量 p_1 和 p 分别表示 P 在两个坐标系下的坐标向量。即，设

$$p_0 = \begin{pmatrix} a \\ b \\ c \end{pmatrix}, \quad p_1 = \begin{pmatrix} x_1 \\ y_1 \\ z_1 \end{pmatrix}, \quad p = \begin{pmatrix} x \\ y \\ z \end{pmatrix} \tag{4-1}$$

则有如下关系：

$$p = p_0 + p_1 \tag{4-2}$$

由此可知，平行移动的坐标系之间的位置关系取决于其原点之间的位置关系。

如果两个坐标系共有一个原点，且有一个坐标轴方向相同，则称它们是旋转关系。例如，z 轴方向相同，且其中一个坐标系围绕 z 轴旋转 θ 角度的两个坐标系关系如图 4-9 所示。

如果已知点 P 在坐标系 $x_1y_1z_1$ 下的坐标为 p_1，则可以用下式求点 P 在坐标系 XYZ 下坐标 p：

$$\begin{cases} x = x_1\cos\theta - y_1\sin\theta \\ y = x_1\sin\theta + y_1\cos\theta \\ z = z_1 \end{cases} \tag{4-3}$$

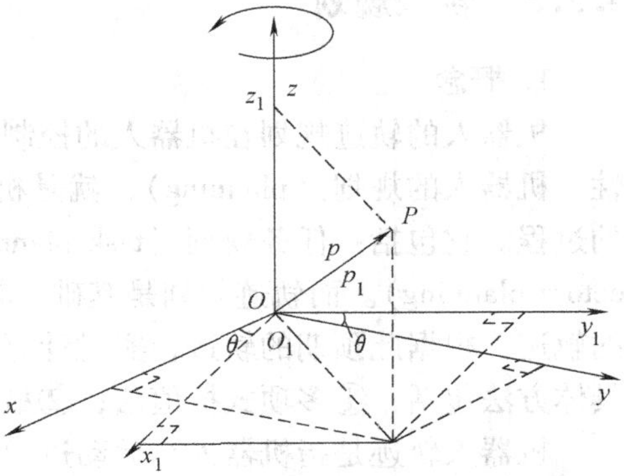

图 4-9　旋转关系

即

$$p = R(z,\theta)p_1 \tag{4-4}$$

式中，$R(z,\ \theta)$ 称为旋转变换阵，其参数 z、θ 分别表示旋转轴和旋转角度，由下式给定：

$$R(z,\theta) = \begin{pmatrix} \cos\theta & -\sin\theta & 0 \\ \sin\theta & \cos\theta & 0 \\ 0 & 0 & 1 \end{pmatrix} \tag{4-5}$$

对于处于旋转关系的两个坐标系来讲，只要知道其中一个坐标系相对于另一个坐标系的旋转变换阵，就可以按式（4-5）进行坐标变换。

同理可以求得分别围绕 y 轴和 x 轴时的旋转变换阵如下：

$$R(y,\theta) = \begin{pmatrix} \cos\theta & 0 & \sin\theta \\ 0 & 1 & 0 \\ -\sin\theta & 0 & \cos\theta \end{pmatrix} \tag{4-6}$$

$$R(x,\theta) = \begin{pmatrix} 1 & 0 & 0 \\ 0 & \cos\theta & -\sin\theta \\ 0 & \sin\theta & \cos\theta \end{pmatrix} \tag{4-7}$$

下面考察旋转变换阵的物理意义。以 $R(z,\ \theta)$ 为例，记

$$R(z,\theta) = [n \quad t \quad b] \tag{4-8}$$

式中 n、t、b 分别为与式（4-6）对应的列向量。

不难验证，它们满足

$$\begin{aligned} n^{\mathrm{T}}n = 1,\quad t^{\mathrm{T}}t = 1,\quad b^{\mathrm{T}}b = 1 \\ n^{\mathrm{T}}t = 0,\quad t^{\mathrm{T}}b = 0,\quad b^{\mathrm{T}}n = 0 \end{aligned} \tag{4-9}$$

这意味着向量 n、t、b 构成了正交系。实际上，可以证明，向量 n、t、b 的坐标，正是坐标系 $x_1y_1z_1$ 中的单位坐标向量

$$I_x = \begin{bmatrix} 1 \\ 0 \\ 0 \end{bmatrix},\quad I_y = \begin{bmatrix} 0 \\ 1 \\ 0 \end{bmatrix},\quad I_z = \begin{bmatrix} 0 \\ 0 \\ 1 \end{bmatrix} \tag{4-10}$$

在坐标系 XYZ 下的坐标。

对于旋转阵 $R(y,\ \theta)$，$R(x,\ \theta)$ 也可以证明类似的关系。

4.2.3 轨迹规划

1. 概念

机器人的轨迹规划在机器人的控制中具有重要的作用，直接影响着控制的准确性和快速性。机器人的规划（planning），就是机器人根据自身的任务，求得完成这一任务解决方案的过程。它包括：任务规划（task planning）、动作规划（motion planning）、轨迹规划（trajectory planning）。而轨迹规划是基础。轨迹规划是根据作业任务的要求，计算出预期的运动的轨迹。根据此预期的轨迹，实时计算机器人运动的位移、速度、加速度、生成运动轨迹。具体方法包括：①多项式插值法；②最小时间优化法；③最小能量法等。

机器人轨迹是指机器人在运动过程中的位移、速度和加速度。而轨迹规划是根据作业任务的要求，计算出预期的运动轨迹，对机器人的任务、运动路径和轨迹进行描述。机器人轨

迹规划属于机器人底层规划，基本上不涉及人工智能问题，而是在机器人运动学和动力学的基础上讨论在关节空间和笛卡尔空间中机器人运动的轨迹和轨迹生成方法。

通常将机器人的运动看成是工具坐标系 $\{T\}$ 相对于工作坐标系 $\{S\}$ 的运动。这种描述方法适用于各种机器人，也适用于同一机器人上装夹各种工具。对抓放作业的机器人（如用于上、下料），需要描述它的起始状态和目标状态，即工具坐标系的起始值 $\{T_0\}$ 和目标值 $\{T_g\}$。在此，用“点”这个词表示工具坐标系的位姿。对于另外一些作业，如弧焊和曲面加工等，不仅要规定机器人的起始点和中止点，而且要指明两点之间的若干中间点（称路径点），必须沿特定的路径运动（路径约束）。这类运动称为连续路径运动或轮廓运动，而前者称为点到点运动（PTP）。

在规划机器人的运动轨迹时，还需要弄清楚在其路径上是否存在障碍物（障碍约束）。路径约束和障碍约束的组合把机器人的轨迹规划和控制方式划分为四类，如表 4-3 所示。

表 4-3　机器人操作臂控制方法

		障碍约束	
		有	无
路径约束	有	离线无碰撞路径规则 + 在线路径跟踪	离线路径规划 + 在线路径跟踪
	无	位置控制 + 在线障碍探测和规避	位置控制

机器人最常用的轨迹规划方法有两种：第一种方法要求用户对于选定的转变结点（插值点）上的位姿、速度和加速度给出一组显式约束（如连续性和光滑程度等），轨迹规划对结点进行插值，并满足约束条件；第二种方法要求用户给出运动路径的解析式，如为直角坐标空间中的直线路径。轨迹规划在关节空间或直角坐标空间中确定一条轨迹来逼近预定的路径。在第一种方法中，约束的设定和轨迹规划均在关节空间中进行，因此可能会与障碍物相碰。第二种方法的路径约束是在直角坐标空间中给定的，而关节驱动器是在关节空间中受控的。因此，为了得到与给定路径近似的轨迹，首先必须采用某种函数逼近的方法将直角坐标路径约束转化为关节坐标路径约束，然后确定满足关节路径约束的参数化路径。

轨迹规划既可以在关节空间也可以在直角空间中进行，但是所规划的轨迹函数都必须连续和平滑，使得机器人运动平稳。在关节路径空间进行规划，是将关节变量表示成时间的函数，并规划它的一阶和二阶时间导数：在直角空间进行规划是指将手部位姿、速度和加速度表示为空间的函数。而相应的关节位移、速度和加速度由手部的机器人动力学信息导出。通常通过运动学反解得出关节位移，用逆雅克比矩阵求出关节速度，用逆雅克比及其导数求解关节加速度。

在给出各路径结点后，轨迹规划的任务包含解变换方程、进行运动学反解和插值运算等。在关节空间进行规划时，大量的工作是对关节变量的插值运算。

2. 机器人关节轨迹的插值运算

（1）轨迹插值的概念

搬运机器人的工作是要把物体从 A 点移动到 B 点，至于移动过程中多经过的路径可稍加限制。而焊接机器人的工作是要对 A 点到 B 点之间的接缝进行焊接，为了增强焊接强度，就必须对机械手的移动轨迹加以限制，使机器人在 A，B 两件之间沿接缝行进。

搬运机器人从 A 点向 B 点移动重复进行的控制称为 PTP 控制（point to point control）。

这种控制只限于从一点到另一点，至于途中所经过的路径是不重要的。焊接过程中对机器人手臂从一点到另一点的移动轨迹做出严格控制的称为 CP 控制（continuous path control）。进行 CP 控制时，必须进行位置控制，并且对目标的坐标进行连续控制。但是，要指定全部路径需要存储非常大量的目标坐标。如果采用传统的模拟式位置随动系统，精度将变差，这是 CP 控制的不足之处。于是不直接进行连续轨迹（CP）的控制，而是在点 A 和点 B 之间设置点 C、D、E 等多个目标点，就像踩着几个石头过一条小溪一样按顺序进行 PTP 控制，可以认为这是一种近似的 CP 控制。确定 A、B 两点之间的 C、D、E 各点坐标的过程称为插值或插补。插入途中点进行的 PTP 控制称为模拟 CP 控制。

采用模拟 CP 控制的优点在于，使机器人识别工作路径的工作变得简单了，从而节省了控制用计算机的存储单元。进行模拟 CP 控制的路径可以是直线，也可以是曲线，可以根据移动轨迹的位置精度、机器人的移动速度、计算机的运算时间及存储器的容量等要求选用不同的插补算法来计算。

（2）定时插补与定距插补

机器人实现一个空间轨迹的过程，是实现轨迹离散的过程。如果这些离散点间隔很大，机器人运动轨迹与要求轨迹有一较大误差。只有这些离散点（插补得到的）彼此很近，才有可能使机器人轨迹以足够的准确度逼近要求的轨迹。模拟 CP 控制上是在多次执行插补点间的 PTP 控制，插补点越密集，越能逼近要求的轨迹曲线。对此有定时插补和定距插补两种方法来保证估计不失真和运动连续平滑。

1）定时插补。以一个 xOy 平面内的直线轨迹为例，说明定时插补。

设机器人需要运动的轨迹为直线，运动速度为 v(mm/s)，时间间隔为 T(ms)。每个 T 间隔内机器人应该走过的距离为

$$P_iP_{i+1} = vT \tag{4-11}$$

两个插补点之间的距离正比于要求的运动速度。两点之间的轨迹是不受控制的，只有插补点之间的距离足够小，才能以可以接受的误差逼近要求的轨迹。定时插补技术易于为机器人控制系统所实现。由于 T 较小（仅几毫秒左右），机器人沿着要求轨迹的行进速度一般不会很高，机器人总的运动精度不如数控机床、加工中心的高。T 越小越好，但它的下限值，受到计算量限制，应当选择 T 接近或等于它的下限值，这样有较高的轨迹精度和平滑的运动过程。大多数机器人采用定时插补技术，但当要求以更高的精度实现运动轨迹时，可采用定距插补。

2）定距插补。从式（4-11）知道，v 是要求的运动速度，它不能变化。如果要两插补距离 P_iP_{i+1} 恒为一个足够小值，以保证轨迹精度，T 就要变化，即在此方式下，插补点距离不变，但 T 要随着不同工作速度的变化而变化。两种插补方式的基本算法是一样的，但前者固定 T 易于实现，后者保证轨迹精度，但 T 要随时间而变化，实现起来稍困难。

（3）直线插补算法

直线插补和圆弧插补是机器人系统中不可缺少的基本插补算法。对于非直线轨迹，可以采用直线或圆弧逼近，以实现这些轨迹。

空间直线插补技术是在已知该直线始末两点的位置和姿态的条件下，求各轨迹中间点（插补点）的位置和姿态。由于大多数情况是机器人沿直线运动，其姿态不变，所以无姿态插补，对那些要求姿态变化的情况，就需要姿态插补。

(4) 圆弧插补算法

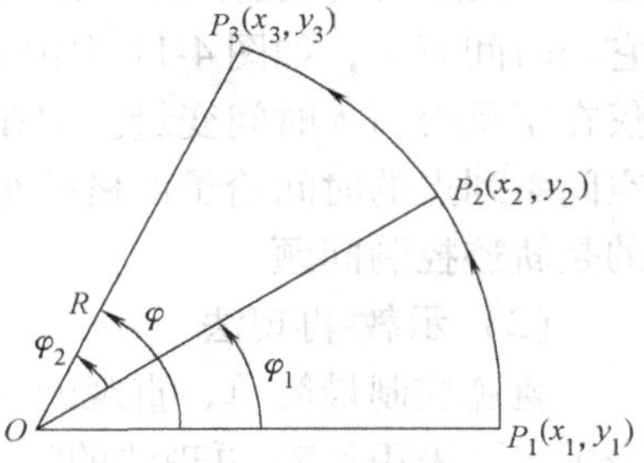

图 4-10　由已知三点 P_1、P_2、P_3 决定的圆弧

1) 平面圆弧插补算法。平面圆弧是指圆弧平面与基坐标系的三大平面之一重合。如 xOy 平面圆弧，不在一直线上的三点 P_1、P_2、P_3 及这三点对应的机器人手端的姿态，如图 4-10 所示。

2) 空间圆弧插补算法。空间圆弧是指三维空间里任一个平面里的圆弧，分成两步处理：第一步把三维问题转化成二维，即在圆弧平面内插补；第二步利用二维平面插补算法，求出插补点坐标(x_{i+1}，y_{i+1})，再把此点坐标值转变成基坐标系下的值。

(5) 关节空间法

除以上方法外，还可以用关节角度的函数来描述机器人轨迹，即关节空间法，进行轨迹插补。关节空间法不必在直角坐标系中描述两个路径点之间的路径形状，计算简单、容易。且由于关节空间与直角坐标之间是连续的对应关系，因此不会发生机构的奇异性问题。

关节空间进行轨迹规划时，需要给定机器人在起始点和终止点手臂的臂形。对关节进行插值时，应满足一系列的约束条件，如各个结点上的位姿、速度和加速度的要求；与此相应的各个关节位移、速度、加速度在整个时间间隔内连续性要求；其极值必须在各个关节变量的容许范围之内等。在满足所要求的约束条件的情况下，可以选取不同类型的关节插值函数，生成不同的轨迹。

3. B 样条曲线轨迹规划

对于关节空间的路径规划，一般都是采用多项式插值。但多项式插值产生波动问题比较明显，可能引起机械手碰撞物体，而且不能很好地通过给定点，只能逼近给定点。样条函数不仅可以满足轨迹上每一点的连续性要求，而且可以提供满足约束条件的最短路径。多项式插值产生的波动问题可以得到克服，但普通样条函数必须一次完成所有系数的运算。所以当轨迹中间点过多时，计算量较大。由于 B 样条函数计算量小，所有控制点是一次计算出来的，而路径分段构造，故控制点可离线，轨迹段可在线，实时性较好。B 样条曲线具有导数的连续性、分段处理性、关节位移变化率小、局部支撑等优点，得到了广泛的应用，但是在机器人轨迹规划中运用比较少。

总之，机器人在作业空间要完成给定的任务，其运动必须按一定的轨迹进行。轨迹的生成一般是先给定轨迹上的若干个点，将其经运动学反解映射到关节空间，对关节空间中的相应点建立运动方程，然后按这些运动方程对关节进行插值，从而实现作业空间的运动要求，这一过程通常称为轨迹规划。

4.2.4　轨迹控制

1. 轨迹的记录与再现

轨迹控制的方式有多种，轨迹的控制与再现是其中最简而易行的一种。在正式介绍轨迹控制概念之前应首先搞清路线与轨迹的区别。

(1) 路线与轨迹

所谓路线是指机器人所跟踪的空间曲线，它与时间无关。图 4-11 中 P_0，P_1，P_2，…，P_d

是一系列点的构成的路线；而所谓轨迹则对机器人在其路线上中间位姿的时间顺序有要求，它与时间有关，如图 4-11 中由 P_0，P_1，P_2，…，P_d 所组成的轨迹。显然轨迹与路线的区别仅在于是否引入时间变量。如在操作机给汽车表面喷漆的工艺过程中，如若不对操作机到达空间系列点的时间给予严格控制，喷漆的厚薄均匀程度就难以达到给定要求。本节主要讨论的是轨迹控制问题。

（2）示教-再现法

轨迹控制最简单、直观的方法就是轨迹记录——再现法，又称为示教-再现法。图 4-12 表示出了采用示教-再现法的喷漆机器人的轨迹控制。

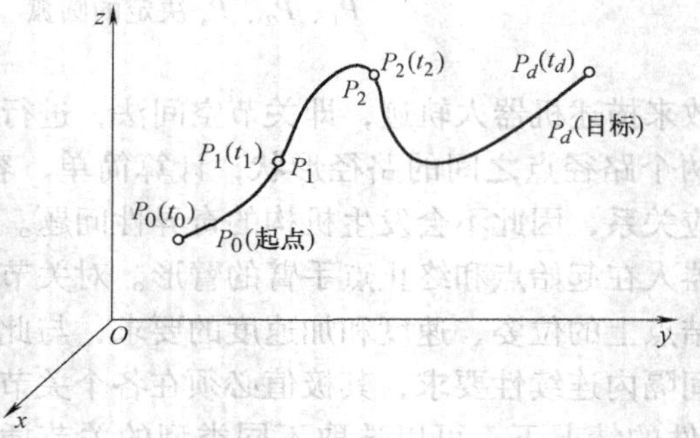

图 4-11 机器人的路线与轨迹

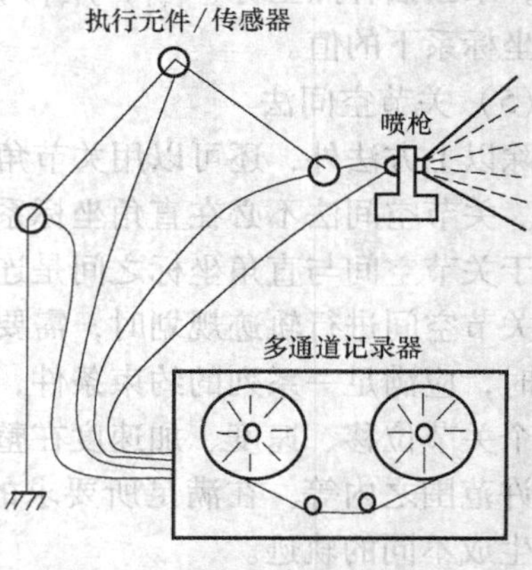

图 4-12 采用示教-再现法的喷漆操作机轨迹控制

采用示教-再现法的机器人的工作过程由示教过程和再现过程所组成。

1）示教过程。整个示教过程包括以下步骤：①有经验的喷漆工人使用喷枪完成喷漆的全过程；②机器人的每个关节处装有电位计式或其他形式的角度传感器，它们在喷漆过程中记录下关节的角位置；③采用多通道记录器将每个关节与一个通道相连接，在记录器中记下各关节的位置；④操作人员的一组运动通过一组瞬时关节角位置来实现，并被实时地记录下来。

2）再现过程 。整个再现过程包括以下步骤：①多通道记录器将所记录的各个关节角信息传输给相应关节上的执行元件，以实现相应的关节角；②机器人按时间顺序完成在示教过程中所记录下的运动。

3）示教-再现法的优缺点。优点：①简单；②所获得的路线或轨迹在物理上是可以实现的。缺点：①被处理的工件必须始终处于指定的位置。对于喷漆工艺过程来说，小的位置误差并不非常重要；而对于焊接工艺，位置精度就是关键性的要求；②在示教过程中操作人员必须进入工作空间，这就导致潜在危险的存在；③若环境改变，轨迹也应改变，这种轨迹控制方法不具备适应环境变化的能力。

2. 笛卡尔运动与轨迹设计

这里主要介绍根据机器人的笛卡尔运动进行轨迹设计的思路。

（1）离线控制与在线控制

为了使机器人能在笛卡尔空间完成指定的运动，需要对其实施控制。操作机的控制可分为离线控制与在线控制。所谓离线控制是指所需计算在操作机运动前就已完成；而在线控制是指所需计算要在操作机运动的过程中实时地进行。这里主要介绍离线轨迹计算的概念。

（2）表示机器人所处状态的两种方法

图 4-13 表示操作机所处状态的两种方法：一种是在笛卡尔空间用（x，y，z，Φ_x,Φ_y,Φ_z）来表示手部的位姿；另一种是在关节空间用（$\theta_1,\theta_2,\theta_3,\theta_4,\theta_5$）来表示。

（3）离线轨迹计算的程序

离线轨迹计算的程序可归纳如下：

1）选择运动的总时间，将其分成等间隔 Δt。

2）找出每个 Δt 时刻描述手部位姿的齐次矩阵 ${}^BT_H$，

3）根据 ${}^BT_H$ 即可得到相应的 x、y、z、Φ_x、Φ_y、Φ_z，通过逆变换可找出对应的 θ_1、θ_2、θ_3、θ_4、θ_5。

机器人实现一系列位姿的速度可通过调整 Δt 的大小来改变。为了避免过大的加速度，在进行轨迹设计时，应将操作机的运动设计成加速、等速和减速三种运动形式，如图 4-14 所示，以保证操作机运动的平稳性。图中一系列点位置具有相等的时间间隔 Δt。

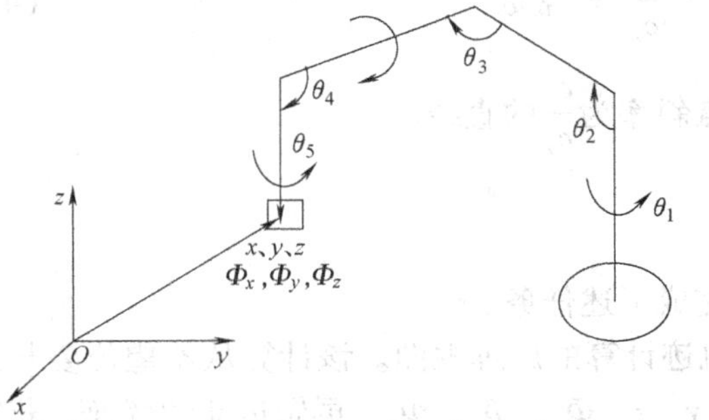

图 4-13　表示操作机所处状态的两种方法

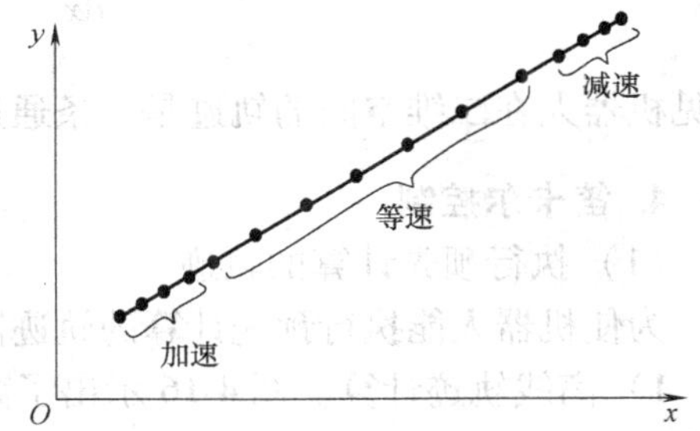

图 4-14　操作机的加速、等速和减速运动形式

3. 轨迹控制多项式

上文说将轨迹设计成加速、等速和减速的运动形式，轨迹控制多项式可用来实现这种轨迹控制多项式及其系数。图 4-15 给出了一种典型的平稳运动轨迹。这种运动轨迹具有如下特征：

1）运动的位置、速度和加速度都是时间的连续函数。

2）为了简化运动的表达式，不失一般性可令运动从 $t=-T$ 开始。

3）当 $t=T$ 时，$x=c$，此时的速度为 $\dot{x}=c/T$。

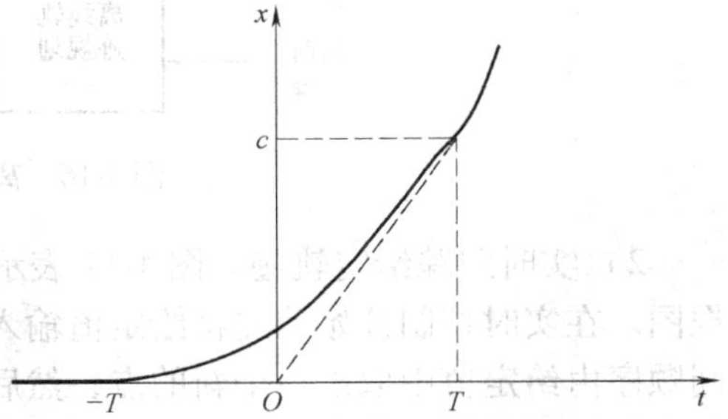

图 4-15　一种典型的平稳运动轨迹

若给定六个运动参数，即在运动的两个瞬时 $t=-T$ 与 $t=T$ 时的位置、速度和加速度

$$\begin{cases} x(-T)=0, \dot{x}(-T)=0, \ddot{x}(-T)=0 \\ x(T)=c, \dot{x}(T)=c/T, \ddot{x}(T)=0 \end{cases} \tag{4-12}$$

于是，可定义轨迹多项式

$$x(t) = a_4t^4 + a_3t^3 + a_2t^2 + a_1t^1 + a_0 \tag{4-13}$$

对式（4-13）求一阶及二阶导数可得速度与加速度公式

$$\dot{x}(t) = 4a_4t^3 + 3a_3t^2 + 2a_2t + a_1 \tag{4-14}$$

$$\ddot{x}(t) = 12a_4t^2 + 6a_3t + 2a_2 \tag{4-15}$$

根据式（4-12）~式（4-15）可求得轨迹多项式的各项系数

$$a_4 = \frac{c}{16T^2},\ a_3 = 0,\ a_2 = \frac{3c}{8T^2},\ a_1 = \frac{c}{2T},\ a_0 = \frac{3c}{16} \tag{4-16}$$

由式（4-16）可见，轨迹多项式的各项系数都与 c 的一次幂成正比。

关于机器人在空间轨迹的讨论如下：

1）在一维空间的轨迹。显然，机器人在一维空间(x)的轨迹是沿坐标轴 x 的一条直线。

2）在二维空间的轨迹。机器人在二维空间(x，y)的轨迹可表示为 $x(t)$ 与 $y(t)$ 的多项式，相应轨迹多项式中的常数可分别表示为 c_x 和 c_y，并设其有相同的时间常数 T，即

$$\frac{\mathrm{d}y}{\mathrm{d}x} = \frac{\dot{y}(t)}{\dot{x}(t)} = \frac{c_y}{c_x} = \text{常数} \tag{4-17}$$

可见机器人在二维空间的轨迹是一条通过原点斜率为$\frac{c_y}{c_x}$的直线。

4. 笛卡尔控制

（1）执行预先计算的轨迹

为使机器人能执行预先计算的轨迹需要完成下述任务。

1）离线轨迹计算。图 4-16 示出了离线轨迹计算的原理框图。该计算从希望位姿与当前位姿出发进行离线轨迹规划，获得轨迹表 x、y、z、Φ_x、Φ_y、Φ_z，再做运动学变换，获得各关节角的给定值表。

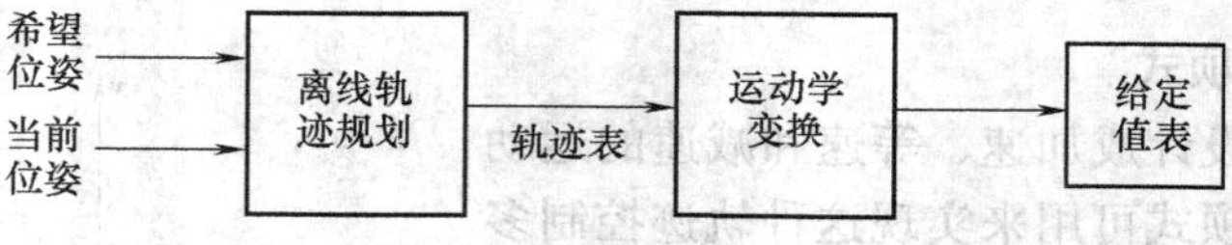

图 4-16　离线轨迹计算的原理框图

2）实时跟踪给定轨迹。图 4-17 表示了实时操作的机器人控制系统跟踪给定轨迹的原理框图。在实时控制开始前先将给定值输入计算机。在开始实时控制后，中断程序按给定的时间顺序由给定值中取出一个新的点，然后返回，等待时钟给出下一个取点的中断指令。伺服程序则根据希望关节角与当前关节角的误差来控制操作机伺服系统，使操作机达到希望的关节角位置。

（2）以速度为根据的轨迹计算

这种方法以最小的在线计算工作量给出一组约定值表。可将 $\theta(t)$ 轨迹分成几个直线段，每个直线段 θ 角的角速率为常数。这样就可以用简单的速度伺服控制来控制机器人的运动，在每一直线段给出一个新的角速率 θ 作为速度控制的给定值。

（3）实时笛卡尔控制

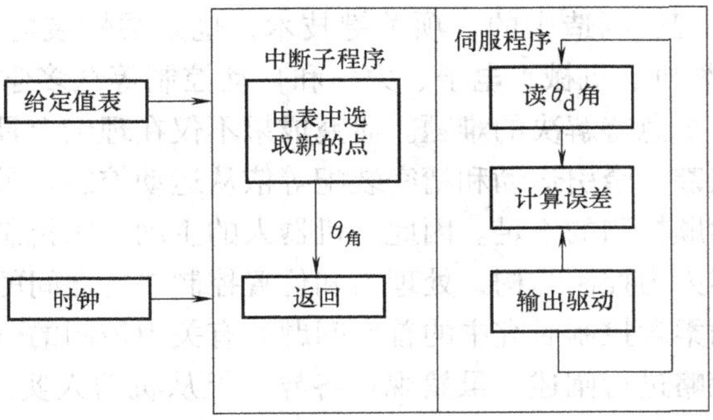

图 4-17　实时操作机跟踪给定轨迹的原理框图

实时笛卡尔控制是最一般和最精确的控制方式。例如，当机器人处理一个运动着的传送带上的零件时，齐次矩阵${}^{C}\boldsymbol{T}_p$给出零件(P)相对传送带(C)的变换矩阵，当零件通过某个传感器时便可获得这项测量。因为零件达到传送带的某个确定位置是给定的，所以可将${}^{C}\boldsymbol{T}_p$看成常数。${}^{U}\boldsymbol{T}_C$是传送带(C)相对通用坐标系(U)的变换矩阵，是时间 t 的函数。${}^{B}\boldsymbol{T}_H$是手部(H)相对基座(B)的变换矩阵，它是待求的矩阵。由于

$$ {}^{U}\boldsymbol{T}_B \cdot {}^{B}\boldsymbol{T}_H = {}^{U}\boldsymbol{T}_C \cdot {}^{C}\boldsymbol{T}_p \tag{4-18} $$

于是可求出

$$ {}^{B}\boldsymbol{T}_H = {}^{U}\boldsymbol{T}_B^{-1} \cdot {}^{U}\boldsymbol{T}_C \cdot {}^{C}\boldsymbol{T}_p \tag{4-19} $$

实时地完成上述计算便可获得机器人手部的位姿。这一实时计算只有在满足应用现代高速大容量计算机，机器人运动较缓慢，精确的定位极其重要的条件下才有可能采用。

4.3　机器人力控制

随着机器人在各个领域应用的日益广泛，许多场合要求机器人具有接触力的感知和控制能力，如在机器人的精密装配、修刮或磨削工件表面，抛光和擦洗等操作过程中，要求保持其端部执行器与环境接触。所以机器人完成这些作业任务，必须具备这种基于力反馈的柔顺控制能力。

自第一台机器人问世以来，研制出刚柔并济、灵活自如的机器人，一直是机器人专家努力的目标。而主动柔顺控制正是实现这一目标的重要环节，因此力控制成为国际前沿研究的热点。大家围绕控制策略、控制理论和控制方法等一系列问题，开展了颇有成效的研究工作。最早的主动柔顺控制研究可以追溯到 20 世纪 50 年代，当时 Goertz 针对放射性实验工场的恶劣环境，在电液式主从机械臂上装上力反馈装置，当操作者在主操作机上操作时，就可以感受到从操作机上与环境的接触作用力，实质也就是力遥感。20 世纪 60 年代，Mann 主持研制了具有力反馈能力的人造肘。关节电动机由“肌肉”、电极信号和关节应变仪信号驱动，这样电流将发挥肌肉作用效果。但由于当时控制条件的限制，控制系统实时性差，故系统不易稳定。

自 20 世纪 70 年代，随着计算机、机器人、传感器和控制技术的飞速发展，机器人的力

控制发生了根本变化，发展成为机器人研究的一个主要方向——机器人主动柔顺控制。机器人主动柔顺控制是新兴智能制造中的一项关键技术，也是柔性装配自动化中的难点和“瓶颈”，它集传感器、计算机、机械、电子、力学和自动控制等众多学科于一身，其理论研究和技术实现都面临着不少急待解决的难题。研究成果不仅在理论上具有重要意义，而且在技术上也可以实现曲面跟踪、牵引运动和精密装配等依从运动控制。另外，机器人主动柔顺控制的实现克服了被动柔顺控制的不足。因此，机器人的主动柔顺控制研究成果具有十分广阔的应用前景。设计机器人力控制结构，处理力和位置控制二者之间的关系，也就是机器人柔顺控制之策略，为主动柔顺控制研究中的首要问题。有关力控制的研究首先集中于此，都是从不同的角度对控制策略进行阐述。虽然观点各异，但从机器人实现依从运动的特点来看，一般可归结为四类：阻抗控制策略、力/位混合控制策略、自适应控制策略和智能控制策略。

4.3.1 机器人的力与力控制种类

对于机器人高度刚性的结构，微小的位置偏差将会产生相当大的作用力，导致严重的结果（如损坏玻璃等）。机器人运动不仅要求轨迹控制，还要求力控制。以机器人用粉笔在黑板上写字为例，在垂直于黑板方向需要控制力以保持粉笔和黑板间良好的接触，在沿黑板平面内需要精确的位姿控制，以保证正确的书写；或者通过控制机械手末端的刚性，使它沿黑板平面的方向很“硬”，在垂直于黑板的方向很“软”。能够实现以上要求的控制称为柔顺控制，柔顺控制主要关心的是机器人与周围环境接触时的控制问题。柔顺性分为主动柔顺性和被动柔顺性两类。机器人凭借一些辅助的柔顺机构，使其在与环境接触时能够对外部作用力产生自然顺从，称为被动柔顺性；机器人利用力的反馈信息采用一定的控制策略去主动控制作用力，称为主动柔顺性。显然，柔顺控制需要力反馈，用于力反馈的力传感器主要有三类：腕力传感器、关节力矩传感器和触觉传感器。

1. 外力/力矩与广义力的关系

机器人与环境间的交互作用将产生作用于机器人末端手爪或工具的力和力矩，可以采用如图 4-18 所示的腕力传感器进行测量。用 $\boldsymbol{F}=[F_x,\ F_y,\ F_z,\ n_x,\ n_y,\ n_z]^{\mathrm{T}}$ 表示机器人末端受到的外力和外力矩向量（在工具空间的表示）。设驱动装置对各关节施加的关节力矩是 $\boldsymbol{\tau}$，广义力可以通过计算这些力所做的虚功来得到。设 δX 为末端虚位移，$\delta\theta$ 为关节虚位移，满足

$$\delta X = \boldsymbol{J}(\theta)\delta\theta \tag{4-20}$$

产生的虚功为

$$\delta w = \boldsymbol{F}^{\mathrm{T}}\delta X + \boldsymbol{\tau}^{\mathrm{T}}\delta\theta \tag{4-21}$$

将式（4-20）代入式（4-21）得

$$\delta w = (\boldsymbol{F}^{\mathrm{T}}\boldsymbol{J} + \boldsymbol{\tau}^{\mathrm{T}})\delta\theta \tag{4-22}$$

因此在外力 $\boldsymbol{F}$ 的作用下，广义坐标 θ 对应的广义力可表示为

$$\boldsymbol{\tau} + \boldsymbol{J}^{\mathrm{T}}\boldsymbol{F} \tag{4-23}$$

2. 奇异问题

在奇异位形（见图 4-19），雅可比矩阵 $\boldsymbol{J}^{\mathrm{T}}(\theta)$ 的零空间非空，在该零空间的向量 $\boldsymbol{F}$ 对关节不产生任何力的作用。同样，在奇异位形，在笛卡尔空间存在机器人不能施加力的方向。

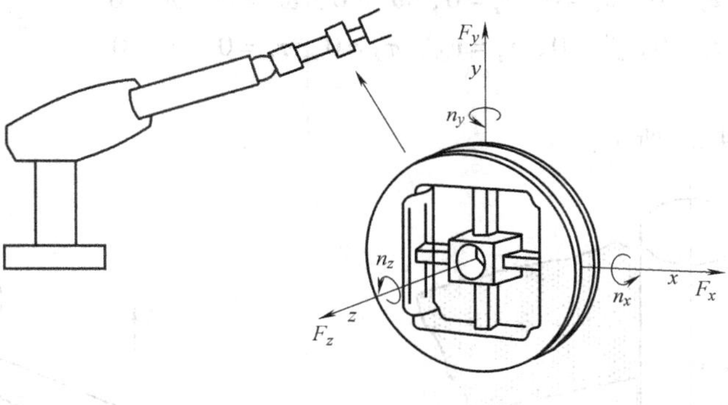

图 4-18　典型的腕力传感器及其在机械手中的位置

3. 自然约束和人为约束

为了便于描述力控制任务，需要定义一种新的正交坐标系，称之为柔顺坐标系 $O_cx_cy_cz_c$，有时也称为约束坐标系、任务坐标系或作业坐标系。在该坐标系中，任务可以被描述为沿各个坐标轴的位置控制或力控制，对于其中的任何一个自由度（沿三个坐标轴的移动和绕三个轴的转动），或者是要求力的控制，或者是要求位置控制，不可能在同一自由度既要求位置控制，又要求力控制，二者只能选其一。就好像对于一个电阻，不可能既控制它两端的电压，又控制通过它的电流。这里所说的位置控制包括位置和姿态控制，力控制包括力和力矩的控制。

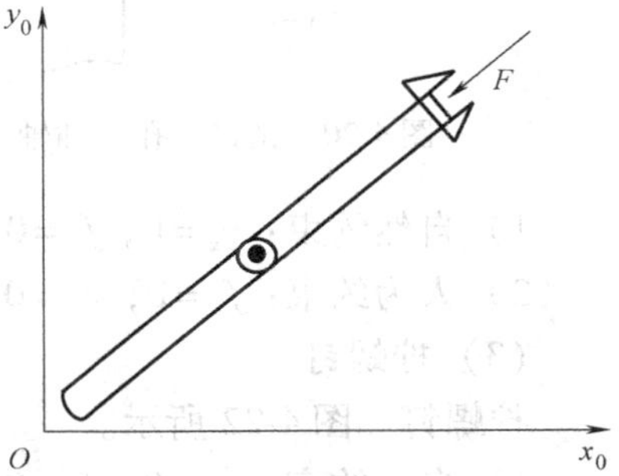

图 4-19　奇异位形

（F 对各关节的作业力矩为零）

以机器人擦窗的应用为例，可定义柔顺坐标系固定于工具上，z_c 轴垂直于表面，擦窗任务可以描述为沿 z_c 轴方向压力保持常数值，同时在 x_c-y_c 平面内跟踪预设的轨迹。

在前面已经提及，柔顺坐标系 $O_cx_cy_cz_c$ 的每个自由度或者是位置控制，或者是力控制。这说明，当某个自由度是位置自由度时，它必然受到力的约束，因而只能对它进行位置控制，而不能进行力的控制；反之亦然。这种位置控制和力控制的对偶关系可以通过自然约束和人为约束这两个术语来描述。自然约束是由任务的几何结构所确定的约束关系；人为约束则是根据任务的要求人为给定的期望的运动位置和力。以机器人擦窗的应用为例，由于刚体表面的存在，沿 z_c 轴方向的位置约束是自然约束，而完成擦窗所必须的 c_c-y_c 轨迹则是人为约束。下面举例说明。

（1）销钉入孔

销钉入孔如图 4-20 所示。柔顺坐标系固定在销钉上，原点在销钉轴上，z_c 轴与销钉的中心轴相重合。这里沿 z_c 轴方向的移动和绕 z_c 轴的转动需要位置控制，而其余的自由度均为力或力矩控制。若抓手与销钉之间无相对运动，则柔顺坐标系与抓手坐标系的关系是固定的。由于孔壁的存在，沿 x_c 和 y_c 轴方向的位置受到限制。关于 x_c 和 y_c 轴的旋转也受到限制，这些是自然约束。若假定销钉与孔壁间无摩擦，那么沿孔壁切线方向的力必然为零，从而 $f_z=0$ 是自然约束。绕 z_c 轴不存在反抗力矩，因此 $\tau_z=0$ 也是自然约束。人为约束包括沿 z_c 轴方向的期望运动。关于 z_c 轴无旋转，沿 x_c 和 y_c 轴方向的力和关于 x_c 和 y_c 轴的力矩为零。

1）自然约束：$v_x=0$，$v_y=0$，$f_z=0$，$\omega_x=0$，$\omega_y=0$，$\omega_z=0$。

2）人为约束：$f_x=0$，$f_y=0$，$v_z=v_{dz}$，$\tau_x=0$，$\tau_y=0$，$\tau_z=0$。

（2）转动曲柄

转动曲柄如图 4-21 所示。

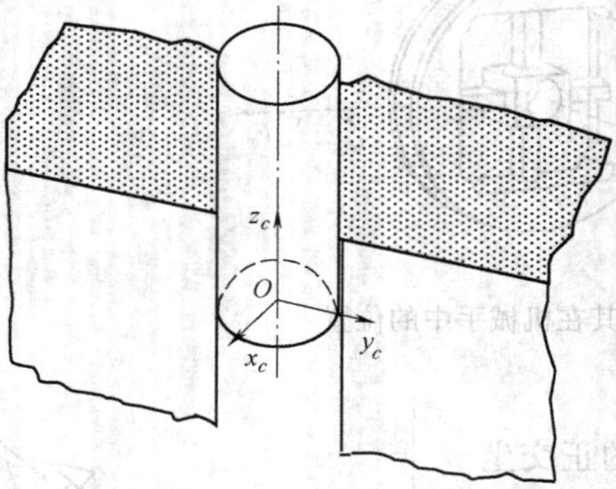

图 4-20　销钉入孔（插轴入孔）

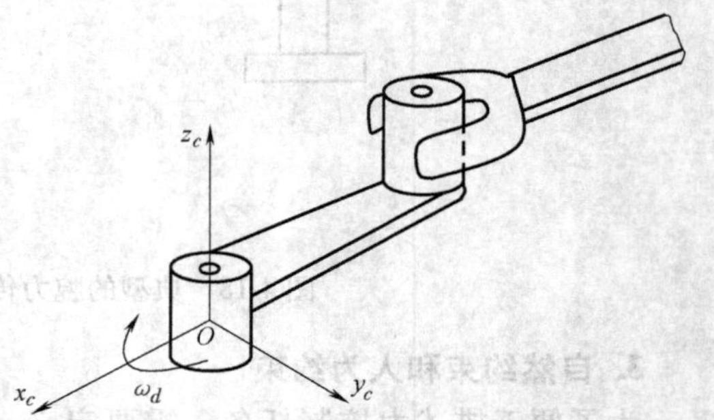

图 4-21　转动曲柄

1）自然约束：$v_x=0$，$f_v=0$，$v_z=0$，$\omega_x=0$，$\omega_v=0$，$\tau_z=0$。

2）人为约束：$f_x=0$，$v_y=0$，$f_z=0$，$\tau_x=0$，$\tau_y=0$，$\omega_z=\omega_d$。

（3）拧螺钉

拧螺钉如图 4-22 所示。

1）自然约束：$v_x=0$，$f_y=0$，$v_z=\rho\omega_{dz}$，$\omega_x=0$，$\omega_v=0$，$\tau_z=0$。

2）人为约束：$f_x=0$，$v_y=0$，$f_z=f_{dz}$，$\tau_x=0$，$\tau_y=0$，$\omega_z=\omega_{dz}$。

（4）开关门

开关门如图 4-23 所示。

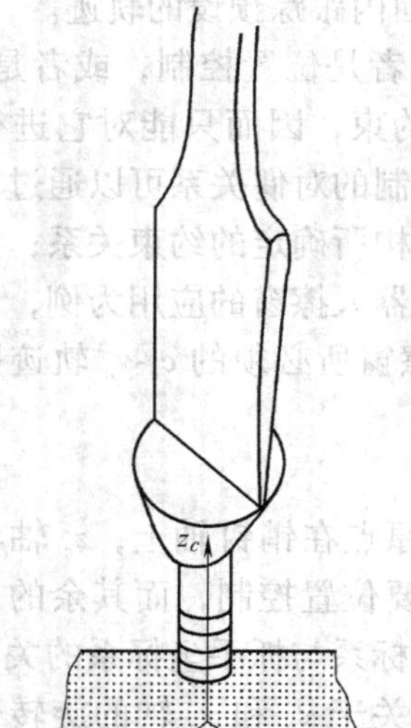

图 4-22　拧螺钉

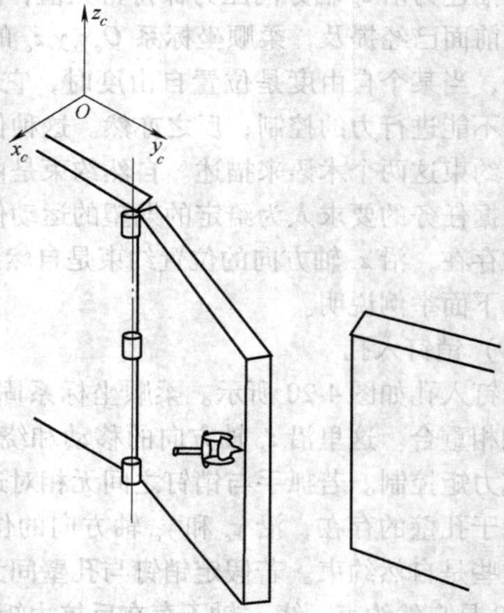

图 4-23　开关门

1）自然约束：$v_x=-r\omega_{dz}$，$v_v=0$，$v_z=0$，$\omega_x=0$，$\omega_v=0$，$\tau_z=0$。

2）人为约束：$f_x=0$，$f_y=0$，$f_z=f_{dz}$，$\tau_x=0$，$\tau_v=0$，$\omega_z=\omega_{dz}$。

在上面的约束中，所有关于位置的约束均用速度表示，它比直接用位置表示更明确，尤其是绕各轴转动的情况更是如此。对于每一个自由度来说，如果其位置是自然约束，那么力必然是人为约束；或者力是自然约束，相应的位置是人为约束。因此，自然约束和人为约束的数目均等于柔顺坐标系的自由度数。当然，在某些情况下，自然约束和人为约束之间也不是完全独立的，如当考虑擦窗工具与窗玻璃之间的摩擦时，自然约束f_x和f_z将不再等于零或常数，而与人为约束f_z的大小有关。

4.3.2 阻尼力控制

1. 单自由度刚性控制

下面以图 4-24 所示的单自由度系统为例，讨论刚度控制问题。

说明调节机械手末端刚性的主动控制策略。假设机械手与环境在x_e点接触，若机械手的末端位置$x>x_e$，则施加于环境的力为

$$f_e=k_e(x-x_e) \tag{4-24}$$

式中，k_e为环境的刚度。

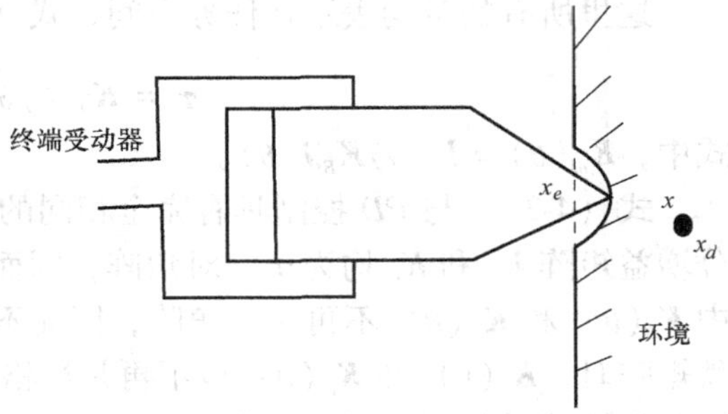

图 4-24　刚度控制

注意，实际上上述形变$x-x_e$包括机械手、它的支撑结构、工具以及接触面的变形。整个系统满足以下方程：

$$m\ddot{x}+k_e(x-x_e)=f \tag{4-25}$$

式中，f为输入力。

若x_d如图 4-24 所示，采用以下 PD 控制

$$f=k_p(x_d-x)-k_v\dot{x} \tag{4-26}$$

若增益为正，则系统稳定，在稳态作用于环境的力为

$$f_e=\frac{k_pk_e}{k_p+k_e}(x_d-x_e) \tag{4-27}$$

若环境的刚性很大，则f_e可近似为

$$f_e=k_p(x_d-x_e) \tag{4-28}$$

在物体上施加一给定的力，可以将理想位置设在物体表面内侧而采用位置控制方法。控制律［见式（4-26）］在试图消除位置误差的同时对物体施加了作用力［见式（4-27）］。

2. 机械手的阻抗控制

对于n自由度的机械手，可用以下方法实现阻抗控制。定义柔顺坐标系$o_cx_cy_cz_c$，给出沿每个自由度的理想刚性，这可以用6×6的对角矩阵$\boldsymbol{K}_X$表示，其对角元为表示线性和扭转刚性的刚度常数。给定$\boldsymbol{K}_X$，则对应虚位移δX的理想恢复力可表示为

$$\boldsymbol{F}=\boldsymbol{F}_x\delta X \tag{4-29}$$

若用$\delta\theta$表示相应的关节虚位移，则有

$$\delta X=\boldsymbol{J}(\theta)\delta\theta \tag{4-30}$$

所需关节力矩

$$\boldsymbol{\tau} = \boldsymbol{J}^{\mathrm{T}}(\theta)\boldsymbol{F} \tag{4-31}$$

联合以上方程得

$$\boldsymbol{\tau} = \boldsymbol{J}^{\mathrm{T}}(\theta)\boldsymbol{K}_X\boldsymbol{J}(\theta)\delta\theta = \boldsymbol{K}_\theta(\theta)\delta\theta \tag{4-32}$$

式中，依赖于位形的矩阵 $\boldsymbol{K}_\theta(\theta)\delta\theta$ 称为关节刚性矩阵，$\boldsymbol{K}_\theta(\theta)\delta\theta$ 一般不是对角矩阵。式（4-32）说明必须适当地调节关节刚性矩阵，才能获得所需要的机械手末端的刚性。当 $\boldsymbol{J}(\theta)$ 为降秩矩阵时，说明机械手处于奇异状态，这时在某些方向上机械手不能运动，因而在这些方向的刚性不能控制。为了使系统具有理想的动态响应性能，还应提供一定的阻尼。同时考虑对重力矩的补偿，实际的关节控制力矩可取为

$$\boldsymbol{\tau} = \boldsymbol{J}^{\mathrm{T}}(\theta)[\boldsymbol{K}_X\widetilde{X} + \boldsymbol{K}_B\dot{\widetilde{X}}] + \hat{g}(\theta) \tag{4-33}$$

式中，$\widetilde{X} = X_d - X$；$\dot{\widetilde{X}} = \dot{X}_d - \dot{X}$；$\boldsymbol{K}_B$ 为在工作空间表示的阻尼矩阵。

这里所有的量均表示在任务空间，式（4-33）所示的控制律也可以表示为

$$\boldsymbol{\tau} = \boldsymbol{K}_\theta(\theta)\widetilde{\theta} + \boldsymbol{K}_\omega(\theta) + \hat{g}(\theta) \tag{4-34}$$

式中，$\boldsymbol{K}_\omega(\theta) = \boldsymbol{J}^{\mathrm{T}}(\theta)\boldsymbol{K}_B\boldsymbol{J}(\theta)$。

式（4-34）与 *PD* 控制具有完全相同的形式，主要的差别在于在 PD 控制中，比例和微分增益矩阵 $\boldsymbol{K}_p$ 和 $\boldsymbol{K}_v$ 均为正定对角阵，因而各关节回路的控制是互相独立的。而在式(4-34)中 $\boldsymbol{K}_\theta(\theta)$ 和 $\boldsymbol{K}_\omega(\theta)$ 不再是对角阵，因而不能采用独立关节的控制方式，而且当 $\boldsymbol{J}(\theta)$ 为降秩矩阵时，$\boldsymbol{K}_\theta(\theta)$ 和 $\boldsymbol{K}_\omega(\theta)$ 也不再是严格的正定阵。可以证明，在非奇异状态下，用上述控制在机械手与环境不接触的情况下可以实现准确的位置跟踪，在机械手与环境接触的情况下柔顺控制稳定。

阻尼力控制其特点不是直接控制机器人与环境的作用力，而是根据机器人端部的位置（或速度）和端部作用力之间的关系，通过调整反馈位置误差、速度误差或刚度来达到控制力的目的，此时接触过程的弹性变形尤为重要，因此也有人狭义地称为柔顺性控制。此中以 Whitney，Salisbu ry，Hogan，Kazarooni 等人的工作具有代表性。这类力控制不外乎基于位置和速度的两种基本形式。当把力反馈信号转换为位置调整量时，这种力控制称为刚度控制[8]；当把力反馈信号转换为速度修正量时，这种力控制称为阻尼控制[7]；当把力反馈信号同时转换为位置和速度的修正量时，即为阻抗控制。

图 4-25 为阻抗控制结构，其核心为力矩运动转换矩阵 $\boldsymbol{K}$ 设计。由运动修正矩阵 $\delta X = \boldsymbol{K}\cdot\boldsymbol{F}$，从力控制角度，希望 $\boldsymbol{K}$ 中元素越大越好，则系统柔一些；从位控来看，希望 $\boldsymbol{K}$

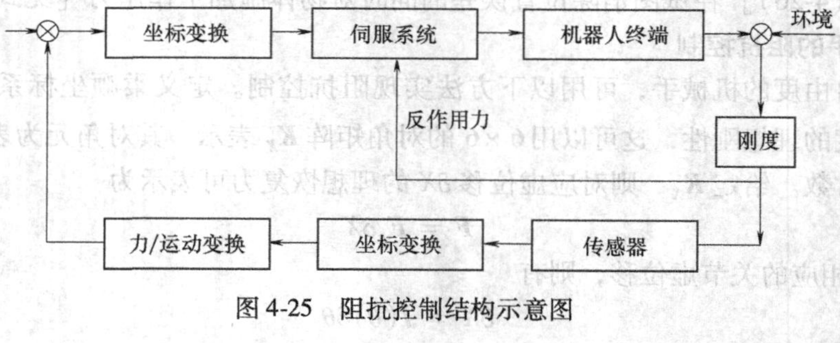

图 4-25 阻抗控制结构示意图

中元素越小越好，则系统刚一些。从而也体现了机器人刚柔相济要求的矛盾，这也给机器人力控制带来了极大的困难。

4.3.3　相互力控制

机器人具有高度的刚性结构，这种刚度是实现高精度定位所必须的。然而，用这种刚性结构完成力控制是相当困难的，解决该问题的一种方法是采用被动柔顺（passive compliance），这是指用如图 4-26 所示的由弹簧和阻尼组成的装置来降低末端的刚度，使机械手具有柔顺功能。采用该装置向插轴入孔、书写等功能可以通过纯粹的位置控制实现。被动柔顺装置具有响应快、成本低廉等优点，但它的应用受到一定的限制，它主要应用于某些作业任务，因而缺乏灵活性。

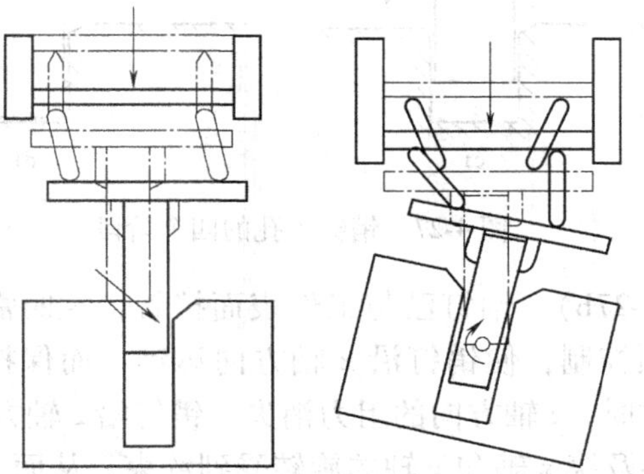

图 4-26　RCC（Remote Compliance Center）装置

一种典型的最早的被动柔顺装置（Remote Compliance Center，RCC）是由 MIT Draper 实验室设计的，它用于机器人装配作业时，能对任意柔顺中心进行顺从运动。RCC 实为一个由 6 只弹簧构成的能顺从空间六个自由度的柔顺手腕，轻便灵巧。RCC 进行机器人装配的实验结果为：将直径为 40mm 的圆柱销在倒角范围内且初时错位 2mm 的情况下，于 0.125s 内插入配合间隙为 0.1mm 的孔中。

机器人采用被动柔顺装置进行作业，存在的明显问题：①无法根除机器人高刚度与高柔顺性之间的矛盾；②被动柔顺装置的专用性强，适应能力差，使用范围受到限制；③机器人加上被动柔顺装置，其本身并不具备控制能力，给机器人控制带来了极大的困难，尤其在既需要控制作用力又需要严格控制定位的场合中，更为突出；④无法使机器人本身产生对力的反应动作，成功率较低等。正是这些被动柔顺方法的不足，决定了机器人专家需要探索新的研究方法。因此，为克服被动柔顺性存在的极大不足，获得更广泛的应用，需要采用末端柔顺的主动控制，即主动柔顺。主动柔顺已成为当今机器人研究的一个主要方向。由于主动柔顺是通过控制方法来实现的，因此对于不同的任务，可以通过改变控制算法来获得所需要的柔顺功能。主动柔顺具有更大的灵活性，但由于柔顺性是通过软件实现的，因而响应不如被动柔顺迅速。

对于需要进行柔顺控制的作业任务，在完成任务的整个过程中，往往需要根据任务的不同阶段采用不同的控制策略。以销钉插孔（插轴入孔）的任务为例，图 4-27 表示了该任务操作过程的四个阶段。每个阶段包含了不同的约束情况，因而需要采用不同的控制策略。

在第一阶段（见图 4-27a），没有任何位置约束，机械手在 z 轴方向上以速度 v_z 移动。当销钉移到工件表面时，产生沿 z 轴方向的接触力 F_z，当 F_z 到达一定值时，停止向下运动，这时 $v_z=0$，z 方向具有位置约束，进入第二阶段。

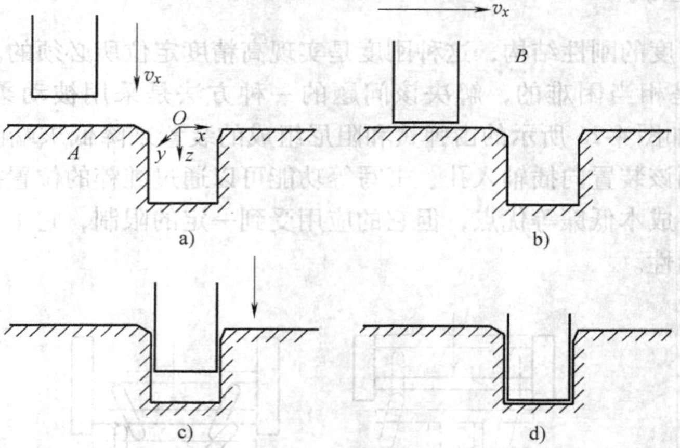

图 4-27　销钉入孔的四个阶段

在第二阶段（见图 4-27b），销钉已与工件表面接触，这时需改变控制策略，由第一阶段的纯位置控制改为柔顺控制，使销钉沿 x 轴方向运动，而保持在 z 轴方向有一定的正压力。当销钉移到孔的上方时，z 轴方向的阻力消失，销钉沿 z 轴方向的位置约束解除，同时，沿 x 轴和 y 轴方向的平移及绕 x 轴和 y 轴的旋转受到约束，从而进入第三阶段。在第二阶段（见图 4-27c），应在 x 轴和 y 轴方向进行力控制以使力和力矩保持为零。而在 z 轴方向进行位置控制使销钉向下运动，直到销钉插到孔底并在 z 轴方向受力达到某一值而停止，从而进入终止状态，整个任务结束。

通过以上分析可知，完成一个作业任务需要在不同的阶段采用不同的控制策略，控制策略的转换是通过检测一定的条件来实现的。为了描述每一阶段的控制任务，尤其是与工件相接触的柔顺控制任务，需要建立柔顺坐标系。在此基础上，根据几何结构及任务要求确定出自然约束和人为约束，再由人为约束确定具体的控制策略，最后产生出实际的运动和力。

实现柔顺控制的方法主要有两类：一类是阻抗控制；另一类是力和位置的混合控制。阻抗控制不是直接控制期望的力和位置，而是通过控制力和位置之间的动态关系实现柔顺控制。这样的动态关系类似于电路中的阻抗概念，因而称为阻抗控制。电路中，在一个阻抗元件两端施加电压，其中便产生电流，电压和电流之间的动态关系可以用阻抗描述，两者的乘积反映了瞬时功率。这里在机械手末端施加一个作用力，相应地便会产生一个运动（如速度）。如果只考虑静态，力和位置之间的关系可以用刚性矩阵描述。如果考虑力和速度之间的关系，可以用粘滞阻尼矩阵来描述。因此阻抗控制，就是通过适当的控制方法使机械手末端呈现需要的刚性和阻尼。通常对于需要进行位置控制的自由度，要求在该方向有很大的刚性，即表现出很硬的特性；对于需要进行力控制的自由度，则要求在该方向有较小的刚性，即表现出较软的特性。另一类柔顺控制方法是动态混合控制。其基本思想是在柔顺坐标空间将任务分解为沿某些自由度的位置控制和沿另一些自由度的力控制，并在该空间分别进行位置控制和力控制的计算，然后将计算结果转换到关节空间合并为统一的关节控制力矩，驱动机械手以实现所需要的柔顺功能。每一类柔顺控制方法都包含许多不同的具体算法，它们有的计算简单、实现容易，但性能受到一定限制；有的计算较复杂、可达到较高的控制性能，但目前实现上尚有一定困难。

阻尼控制不是直接控制所需要的力，而是通过控制力与位置之间的动态关系以获得机械手末端应有的柔顺性能。位置与力的混合控制，其基本思想是在任务空间沿不同的坐标轴方向分别进行位置和力的控制，然后将任务空间的这两个控制作业都转换到关节空间并进行混合以获得统一的关节控制力矩。在讨论位置和力的混合控制之前，下面首先讨论单纯的力控制。

1. 单自由度的力控制

单自由度的力控制如图 4-28 所示。理论上，单纯的力控制是控制机械手施加于环境的过渡和稳态力的最佳方式。考虑如图 4-28 所示的单自由度系统：机械手末端工具与环境沿 x 方向接触，F 是加到工具上的主动驱动力，F_E 是环境对工具的作用力矩，d 是干扰力矩，则动力学方程可写为

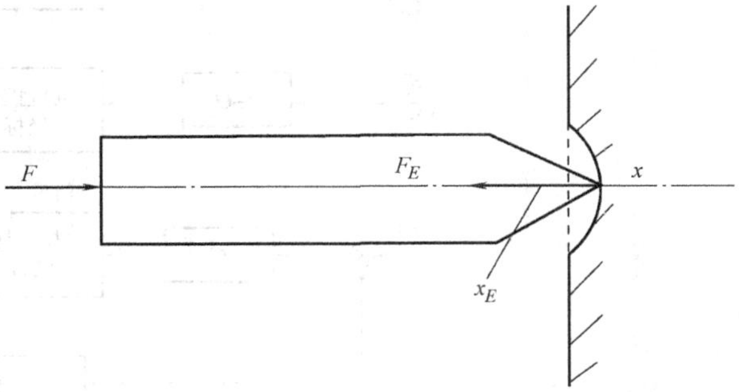

图 4-28　单自由度系统的力控制

$$m\ddot{x} = F + F_E + d \tag{4-35}$$

并有

$$F_E = k_E\tilde{x}_E, \tilde{x}_E = x_E - x \tag{4-36}$$

式中，k_E 为环境刚度；x_E 为环境表面的正常位置；x 为工具末端的实际位置。

设工具对环境的作用力为 F_T，则显然有

$$F_T = -F_E \tag{4-37}$$

从而有

$$\ddot{F}_T = -k_E\ddot{\tilde{x}}_E \tag{4-38}$$

设 x_E 固定，因而 $\ddot{\tilde{x}}_E = -\ddot{x}$，将式（4-35）和式（4-37）代入得

$$\ddot{F}_T = -(k_E/m)(F - F_T + d) \tag{4-39}$$

取控制律为

$$F = F_T + k_p\tilde{F} + k_d\dot{\tilde{F}} \tag{4-40}$$

其中 $\tilde{F} = F_d - F_T$，F_T 可以通过力传感器测量得到。将式（4-40）代入式（4-39）并化简得

$$(k_E/m)F_T + k_dF_T + k_pF_T = k_dF_d + k_pF_d + d \tag{4-41}$$

这是典型的二阶系统，可以求得相应的自然振荡频率及阻尼系数为

$$\omega_n = \sqrt{\frac{k_pk_E}{m}}, \quad \xi = \frac{k_d}{2}\sqrt{\frac{k_E}{mk_p}} \tag{4-42}$$

可以根据设定的 ξ 和 ω_n，来计算出控制参数。根据式（4-41）可求得静态误差为

$$\tilde{F}(\infty) = d/k_p \tag{4-43}$$

在以上的力控制系统中，除了不确定的干扰力矩外，环境刚性系数也是一个不确定的因素，对于不同的环境，k_E 可能变化很大，因此，同样的力控制系统与刚性不同的环境接触时将呈现不同的动态响应。

2. 基于运动学的混合控制

基于运动学的混合控制如图 4-29 所示。

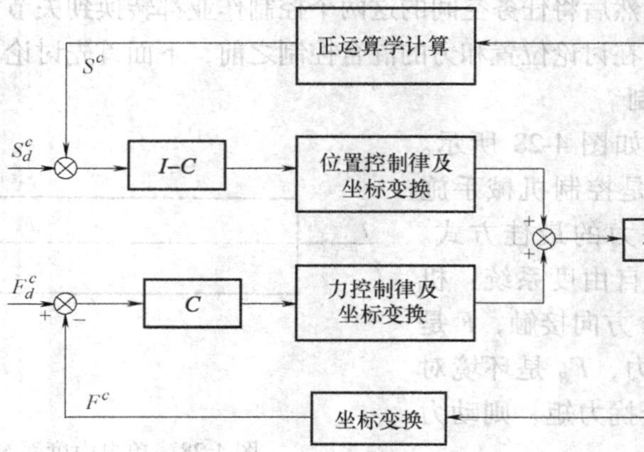

图 4-29　基于运动学的混合控制

图 4-29 中 $\boldsymbol{C}$ 为柔性选择矩阵，$C=\mathrm{diag}\{c_1,\ \cdots,\ c_n\}$，$c_i$ 为 1 或 0，$c_i=1$ 表示在任务空间中沿第 i 个自由度应进行力控制，$c_i=0$ 表示在任务空间中沿第 i 个自由度应进行位置控制。S_d^c 和 F_d^c 分别为任务空间给定的机械手末端理想位姿和理想作用力/力矩。图中有两部分相对独立的反馈控制环：位置反馈控制环和力反馈控制环，它们所控制的自由度在任务空间是互补的。图 4-30 是另一种混合控制方法的控制系统结构，理论分析表明在力反馈回路中如果不加入微分反馈，系统是不稳定的。但将上述方法用于两自由度机器人的力控制，结果是稳定的，这是由于系统的机械结构本身存在阻尼。上面讨论的混合控制方法只用到机械手的运动学关系，而没有考虑机械手的动力学特性，因此系统性能将随机械手的位姿而变化。

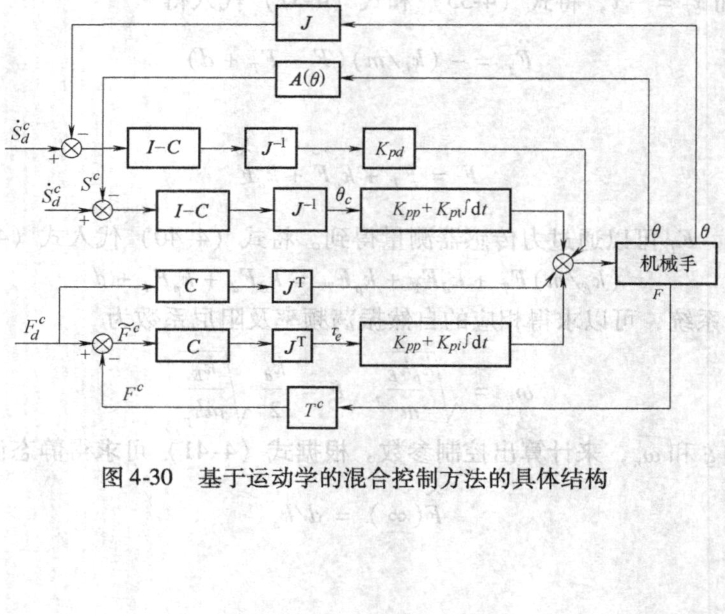

图 4-30　基于运动学的混合控制方法的具体结构

力控制目的是为了有效控制力和位置。但机器人为多自由度、时变和强耦合的复杂体，系统本身的位姿随时变化，加上外部环境存在极大的模糊性，有时无法确定。上述两种策略广义上属于经典控制的范畴，为力控制的研究发展打下了坚实的基础，但从适用范围和控制效果看仍有不足，更无法使其推广应用。机器人本身的多自由度和位姿的不确定性，力和位置强耦合的力控制特点，以及阻抗控制和力/位混合控制策略的局限性，决定了众多学者进行自适应研究尝试的必然性。具有代表性的有 Chung Jack C. H. 、Leininger Gay G. 直接在多任务坐标系统中，用学习进行重力、动摩擦力和柔顺反作用力补偿，以插孔为目标，进行自适应实验；Kuc Tae Yong 等人采用自适应学习的混合控制方法，进行了约束运动控制尝试，在逆动力学求解、收敛性及抗干扰方面获得满意的效果。Nicoletti G. M. 用 Lyapunov 稳定理论，针对约束运动，对模型参考自适应 PID 控制的稳定性条件和判据进行了研究。另外，针对机器人力控制特点众多学者进行了变结构力控制尝试。从现有的成果来看，自适应控制和变结构控制大部分处于理论研究和仿真实现的水平，并没有取得突破，付诸实施还有待时日。

4.4 机器人行为控制

4.4.1 机器人行为种类

自 1954 年世界上第一台机器人的诞生到现在，机器人已经广泛应用于工业、农业、服务、军事、空间探测、水下开采等各行各业。它以独特的优点，把人从危险、恶劣的工作环境中解放出来，在减轻劳动强度，提高生产率，改变生产模式等方面都表现出不可比拟的优越性。机器人具有的行为有以下几种。

1. 移动机器人导航

对于移动机器人来说，导航能力的高低是移动机器人智能化水平的重要体现。导航是指移动机器人根据传感器所反馈的信息产生控制命令序列将自身导引至预定目标的过程。它是传感器信息处理过程与车体控制过程的结合体，是一个集通信、控制、定位、识别等过程于一体的复杂过程，是移动机器人自主式系统的核心问题之一。在未知和不确定环境中的机器人运行，需要通过传感器收集数据，并通过一定的算法把传感器收集到的数据进行分析、融合，用来建立外部环境的模型，正确、全面地反映出外部环境的特征，为导航决策提供正确的依据。所以，未知环境中的移动机器人导航技术就涉及传感技术、控制技术和人工智能技术、计算机技术及通信技术等。随着这些技术突飞猛进的发展，移动机器人导航技术也获得了迅速的发展。

2. 自主移动机器人

目前，自主移动机器人被越来越广泛地应用于野外作业、水下开采、星球探测以及高温、有毒或一些人类本身不能进入未知环境中。机器人控制技术的研究逐渐成为人们关注的热点，在此研究中种种问题的主要根源在于环境的复杂性、不可预知性，对环境感知不精确等带来的不稳定以及机器人本身缺乏灵活、自主性。针对这些情况，本书详述了自主移动机器人研究中的几种控制方法，例如在自制 RIRA-ROBOT 移动机器人上应用了基于行为的控制方法，使其在无人干预的情况下，实现了漫游搜寻目标、辨识目标、自动寻找选择最佳路径、避开障碍物、走向目标和进行人体跟踪等任务。

3. 机器人视觉行为

眼睛对于人的作用是不容置疑的，据统计，人类所感知的外界信息 80% 以上来自于视觉。给机器人配置视觉装置，把视觉所获得的大量信息传到仲裁机构和其他传感器信息融合，来实现人类的行为，始终是机器人研究的一项重要任务。在目前的研究中，视觉信息的摄入经常受到视野范围的影响，图像处理和目标特征的提取速度也影响着机器人的行为。基于这些原因，本书介绍了一种面向对象的主动视觉，在考虑未知环境中光照等外界条件的情况下，对稳定、快速的图像处理和目标物体识别、匹配算法进行研究。运用基于颜色信息，在 HSV 颜色空间进行图像分割，用物体的七个不变矩中的前四个作为特征信息进行匹配，从而获得快速、稳定的图像处理和匹配效果。

4. 基于主动视觉机器人行为控制实现

随着计算机、通信、数字图像处理和人工智能等技术的迅速发展，机器人的研究和应用已经越来越广泛和深入，尤其在对人体有害、危险及宇宙、深海等环境中，机器人的优越性尤为明显。未知环境中的机器人运动需要机器人有较强的自主性。机器人行为控制是移动机器人实现智能化的一个很有效的方法，视觉导航又以其信息量大、稳定可靠等优点成为移动机器人导航研究的一个重要方向。目前国内外对移动机器人的视觉导航方法都有了一定的研究和应用。本节基于颜色信息及快速的目标识别算法进行图像处理和匹配，使机器人在稳定性、准确性和快速性上都有很大提高，同时采用了模糊逻辑控制和基于优先级的多行为决策实现了机器人行为的高度自主性。克服了传统控制方法的全局规划、建模和大量计算等缺点。

4.4.2 机器人行为控制方式

以上行为的控制方式如下所述。

1. 移动机器人导航

移动机器人的导航方式可分为基于环境信息的地图模型匹配导航、基于各种导航信号的陆标导航、视觉导航和味觉导航等。

环境地图模型匹配导航是机器人通过自身的各种传感器，探测周围环境，利用感知到的局部环境信息进行局部地图构造，并与其内部事先存储的完整地图进行匹配。如两模型相互匹配，机器人可确定自身的位置，并根据预先规划的一条全局路线，采用路径跟踪和避障技术，实现导航，具有低成本的特点。多传感器信息融合基本原理和出发点就是充分利用多个传感器的资源，通过对这些传感器及其观测信息的合理支配和使用，把多个传感器在空间和时间上的冗余或互补信息，依据某种准则进行组合，以获得被测对象的一致性解释或描述，使该系统由此获得比它的各组成部分更优异的性能和更可靠的决策。可以证明应用最优理论融合了来自涉及多种环境的地图模型建造和模型匹配两大问题。

陆标导航是事先将环境中的一些特殊景物作为陆标，机器人在知道这些陆标在环境中的坐标、形状等特征的前提下，通过对陆标的探测来确定自身的位置。同时将全局路线分解成为陆标与陆标间的片段，通过不断地对陆标探测来完成导航。根据陆标的不同，可分为人工陆标导航和自然陆标导航。人工陆标导航是机器人通过对人为放置的特殊标志的识别实现导航，虽然比较容易实现，但它人为地改变了机器人工作的环境。自然陆标导航不改变工作环境，使机器人通过对工作环境中的自然特征的识别完成导航，但陆标探测的稳定性和鲁棒性是研究的主要问题。

视觉导航主要完成障碍物和陆标的探测及识别。利用视觉探测陆标来完成机器人导航。其中陆标不是事先定义的人工陆标，而是在学习阶段自动抽取的自然陆标。视觉导航中边缘锐化、特征提取等图像处理方法计算量大，实时性差始终是一个瓶颈问题。解决该问题的关键在于设计一种快速的图像处理方法。Stanley 提出了基于神经网络的机器人视觉导航技术。该技术中估算逆雅可比矩阵是基于视觉导航的一个关键问题，它将图像特征的变化与机器人的位置变化对应起来，通过神经网络训练来近似特征雅可比矩阵的逆阵。该技术通过提取几何特征、平均压缩、向量量化和主成分提取来简化图像处理，实现实时视觉导航。

味觉导航是通过机器人配备的化学传感器感知气味的浓度，根据气味的浓度和气流的方向来控制机器人的运动。由于气味传感器具有灵敏度高、响应速度快以及鲁棒性好等优点，近年来许多研究人员在气味导航技术上做了大量研究工作。但该项技术能够真正应用到实际环境中的却很少，仍处于试验研究阶段。Figaro 工程公司研制的氧化锡气味传感器，被广泛用于气味导航试验。石英晶体微平衡气味传感器、导电聚合物气味传感器和一种模仿哺乳动物鼻子功能的电子鼻等用于移动机器人味觉导航的传感器都处于试验阶段。目前的味觉导航试验多采用在机器人起始点和目标点之间用特殊的化学药品，如酒精和樟脑丸等，引导出一条无气味路径，机器人根据不同的道路跟踪算法，用气味传感器感知气体的浓度和气味源的方向进行机器人导航试验。味觉导航的研究具有很好的研究价值，该种移动机器人可用来寻找化学药品泄露源。

2. 自主移动机器人的控制方法

在机器人控制方法的研究中，主要有两种常用的控制方法——传统的基于认识模型的功能规划法和基于行为的控制方法。这两种方法分别有各自的控制理论、适用范围和优缺点，下面分别进行介绍。

传统的基于认识模型的功能规划法遵循的是自顶向下（top-down）的研究方法，它将系统按照功能划分的不同的模块，即感知-建模-规划-行动（sense-model-plan-act），分别进行研究，是一条从感知到动作的串行功能分解控制路线，如图 4-31 所示。

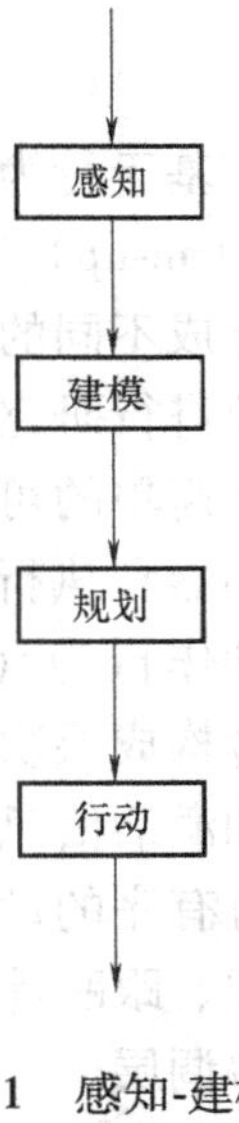

图 4-31　感知-建模-规划-行动的模型

传统的基于认识模型的功能规划法根据给定初始状态和目标状态规划器给出一个行为动作的序列，按部就班地执行。它强调带有环境模型或地图的中央规划器是机器人智能不可缺少的组成部分，而且该模型必须准确、一致。因此，传感器信息的标定具有与模型本身同等的重要性。对于传统方法，动作不是传感器数据直接作用下的结果，而是经历一系列从感知、建模到规划等处理阶段之后产生的结果，这类系统的特点是具有完成用户明确描述的特定任务的能力。在给定目标和约束条件之后，规划模块根据环境的局部模型（根据当前传感数据构造）和已有全局环境模型决定下一步的行动，并依次完成整个任务。全局环境模型的建立部分根据用户对环境中已知对象模型的了解及其相互关系的推测，部分根据传感器模型自主构造。全局环境模型的表示具有一定的通用性，因此适用于许多任务规划的场合。如果没有这样一个通用模型，系统就不能发现执行规划任务时所需要的一些重要特征。但通用世界模型过于理想化，对感知器提出了一些不切实际的要求，而且由于认知过程和符号化世界模型的建立过程中计算瓶颈的存在，使得从传感器到驱动机构的控制环路中存在着延时，因而缺乏实际运行所要求的实时性和灵活性。因为它将感知与行动孤立开来，所以只能进行简单抽象化的研究，不能解决实时动态的行动问题，不适合在复杂多变的现实环境中的机器人运动控制。

研究基于行为的控制方法首先要提的是 R. Brooks 提出的包容式结构（subsumption architecture），如图 4-32 所示。这种结构将机器人的行为分成几个并行的模块，每个模块是一个行为层，响应一个有限的行为，这些模块并行完成各自的工作。模块是可以由下往上依次添加的，下层的是低级模块，越往上模块的级别越高。它们之间通过优先度来协调，如果低级行为模块产生一个响应，而高级行为模块没有响应，则执行低级模块的行为；如果高级行为模块和低级行为模块都产生响应，则两个模块就会发生冲突，这个时候优先级高的模块的行为被执行。由于此结构可以任意添加不同优先级的模块，因此，采用这种结构构造一个相对复杂的系统是可能的。

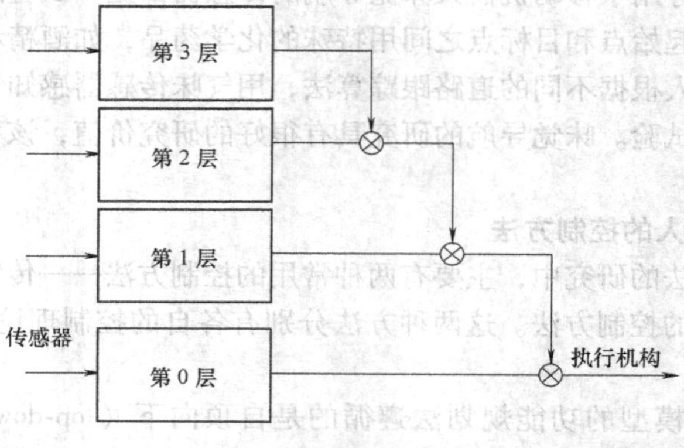

图 4-32　包容式结构

基于行为的控制方法是具有动物反应式行为的特点，以进化论的观点看它是自底向上（bottom-up）“进化”的，它将系统按照行为（behavior）划分成不同的层次，即感知-行动（senso-motor），相对独立地进行研究，如图 4-33 所示。即将复杂的任务分解成很多简单的可以并发执行的单元，每个单元有其自己的感知器和执行器，这两者是紧密耦合在一起的，构成感知动作行为（perception-action-behavior）。多个行为相互耦合构成层次模型，它们通过竞争与仲裁产生抑制、禁止和激活信息协调彼此的动作，从而在外部观察者看来具有有序的动作方式，表现出某种形式的智能行为，如避碰、跟踪等。在这种结构中，核心部分是它的行为层和协调层。

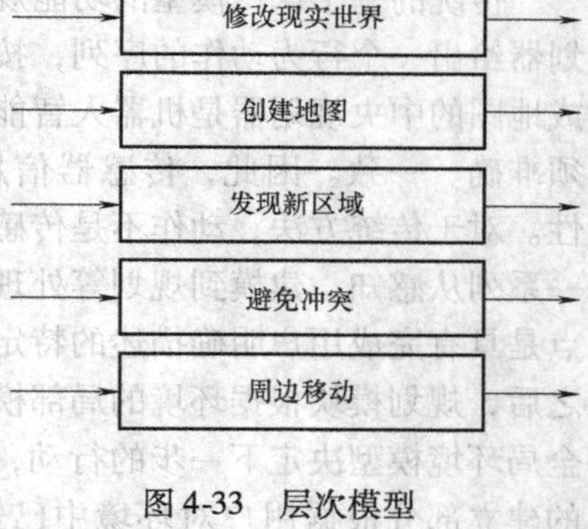

图 4-33　层次模型

3. 基于行为机器人视觉系统结构

在基于视觉感知的行为机器人的研究中，视觉部分的功能是在未知环境中找到要求寻找的目标，面向目标，实时提取目标在机器人视野中的位置信息，并把此信息转换成控制命令送给摄像头，以此来控制摄像头的运动，使目标能够始终在其视野内的。视觉系统的构成如图 4-34，它主要包括图像采集、图像处理、图像匹配、通信等模块。

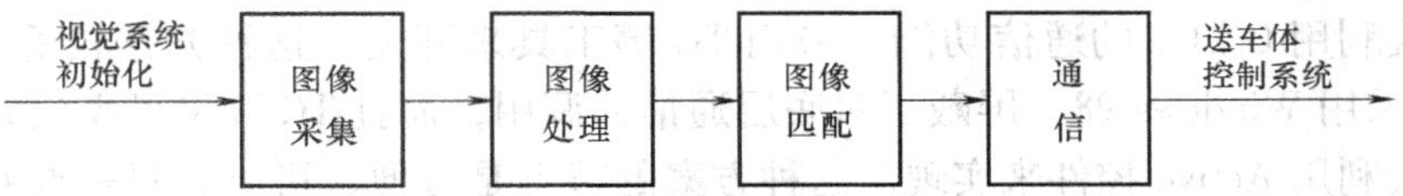

图 4-34　RIRA-ROBOT 基于行为机器人视觉系统构成

视觉系统的初始化，包括硬件设备（CCD 摄像头和图像采集卡）的初始化及各种初始信息的输入调整；图像采集模块采集数字图像到计算机显存和内存；图像处理模块主要是对所获取的图像进行分割，优化图像质量，获得视野中物体数目并对每个物体作标记；图像匹配模块是根据已知目标物体的信息与当前图像中的物体逐个匹配，找出目标并计算它在机器人视野中的位置；摄像头控制模块把上一步得到的目标位置信息转化成摄像头的控制命令送到摄像头。以下对图 4-34 中的各个模块分别进行介绍。

（1）图像采集模块

为采集数字图像需要两种装置：一种是对某个电磁能量谱波段（如可见光、红外线、紫外线等）敏感的物理器件，它能将“看到的”景物转换为相应的模拟电信号；另一种称为数字化器，它能将上述模拟电信号转化为数字（离散）图像。所有采集数字图像的设备都需要这两种装置。

（2）图像处理模块

图像处理模块在目前的编程语言中，能够实现图像处理的有多种，如 C、visual C++、C++Bulide、LabView、Matlab 等。visual C++是 Microsoft 公司推出的开发 win32 环境程序，面向对象的可视化集成编程系统，得到 Microsoft 系统的最好支持。它具有程序框架自动生成、灵活方便的类管理、代码编写和界面设计集成交互操作、可开发多种程序等优点。并且 Visual C++本身就是一个图形的开发界面，它提供了丰富的关于位图操作的函数，对开发图像处理系统提供了极大的方便。因此，它现在已经成为开发 Win32 程序，包括图像处理程序的主要开发工具。另外，基于所用的 Windows 操作系统，所用采集卡的接口函数，及对于硬件操作的通信编程，选择了 Visual C++编程来对图像进行处理。

本模块实现了 24 位真彩色图像的实时采集，基于颜色信息，通过颜色空间从 RGB 空间到 HSV 空间的转换，有效地克服了外界光照条件对于图像处理的影响，得到了稳定、快速的处理结果。通过运用数学形态学的膨胀等算法又对处理结果进行了进一步的优化。

（3）图像匹配模块

本模块的目的是要根据事先记录到 PC 的目标信息，与当前图像中的物体逐个匹配，从而找出目标并计算出它在摄像头屏幕中的位置。因为机器人在未知环境中，目标距离机器人远近、方向不确定，这就要求计算机在识别图像时具有对图像的平移、旋转及比例变换的不变性。这里采用了不变矩法，通过提取图像中具有平移、旋转和比例不变性的数学形态特征达到很好的图像识别匹配效果。这比常用来进行目标识别的模板匹配等算法的计算量要小得多，从而提高了匹配效率和精度。

（4）通信模块

这一模块的任务是实现计算机和摄像头及机器人控制中心图像、数据等的通信。其中摄像头和计算机的图像传输采用无线影音传输模块，计算机和机器人控制中心之间的数据传输采用无线数据传输模块。这其中还用到了串口通信技术，常用的串行通信有以下几种方案：

1）直接利用 C 语言的通信功能，采用 TC 等工具来开发。这种方案较适合 DOS 环境。由于本系统采用 Windows 98，屏蔽了对底层通信的调用，而且 TC 开发可视化界面较困难。

2）直接利用 Active 控件来实现。这种方案的特点是方便、可靠，只需要在使用前安装控件并在注册表中注册后即可使用，但它的通用性不够好。

3）利用 Windows API 函数实现通信功能。这种方案较适合本文的开发环境和通信要求。所以选择了此方案：直接在主程序中利用 Windows API 函数，很好地实现了上位机和摄像头及车体控制系统的通信。

4. 基于主动视觉机器人行为控制实现

RIRA-ROBOT 基于行为机器人系统要实现面向目标的智能行为，主要是进行目标搜寻和人体跟踪等功能。这里以其目标搜寻功能为例详细描述基于行为机器人功能的实现过程。在目标搜寻过程中机器人要进行实时的环境检测、路径选择和避障等行为，到达目标经过多传感器信息融合、多行为协调决策等实现漫游搜寻。整个目标搜寻的系统主要分为三个子系统：视觉系统、控制系统和驱动系统。其结构如图 4-35 所示。

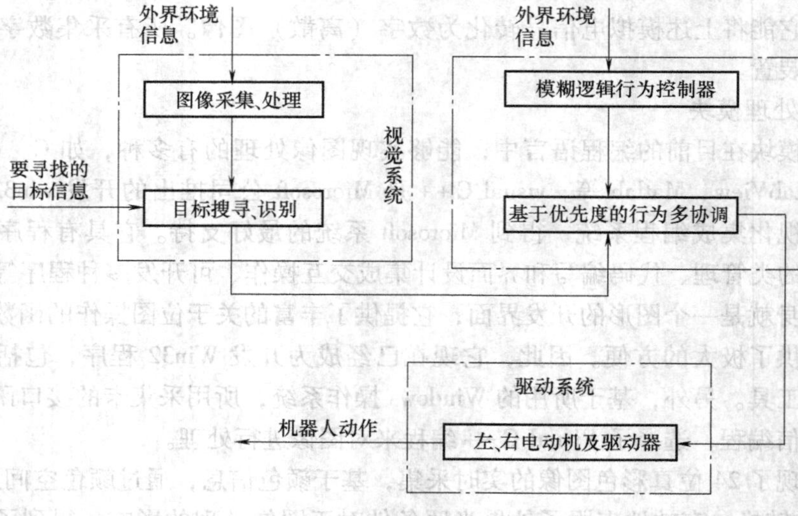

图 4-35　RIRA-ROBOT 基于行为机器人系统结构图

在目标搜寻过程中，机器人所要完成的任务主要包括三部分：①图像的采集、处理；②目标识别；③机器人的行为运动控制。其中，图像采集、处理和目标识别均由机器人的视觉系统完成，机器人的运动控制由控制系统及驱动系统来实现。其功能实现的路径如下：①将机器人要寻找的目标的信息记入到计算机；②开动机器人，机器人在漫游动作中进行目标搜寻识别；③找到目标，由视觉导航（实时进行图像采集、处理、目标匹配识别得到目标的位置信息）和其他环境感知传感器信息融合，通过模糊逻辑行为控制和基于优先级多行为协调决策，使机器人通过路径选择、避障等行为到达目标。

第5章 机器人智能控制

本章首先介绍机器人智能控制的发展历史和基本特点，然后给出机器人智能控制系统的典型结构，归纳总结机器人智能控制的主要方法，最后列举机器人智能控制的主要应用。通过本章的学习，使读者掌握了机器人智能控制的特点、主要方法和主要应用。

5.1 智能控制的基本特点

5.1.1 智能控制概述

科学技术的高速发展使得控制的对象日益复杂化。传统的自动控制理论在面临复杂性所带来的困境时，力图突破旧的模式以适应社会对自动化学科提出新的要求。智能控制作为自动控制理论的前沿理论之一，反映了控制理论界近年来在迎接对象复杂性的挑战中做出的种种努力。目前，智能控制技术的应用可以说涉及非常广泛的领域，例如医学、航空航天、机器人、家电及工业产品、机电设备、交通工具、仪器仪表、核反应堆控制等。智能控制从理论到应用都得到发展。

智能控制是以控制理论、计算机科学、人工智能、运筹学等学科为基础，扩展了相关的理论和技术，其中应用较多的有模糊逻辑、神经网络、专家系统、遗传算法等理论和自适应控制、自组织控制、（自）学习控制等技术。智能控制的研究内容之一就是把智能控制的相关技术与控制方式结合或综合交叉结合，构成风格和功能各异的智能控制系统和智能控制器。由于智能控制所具有的重要特性，因而受到广泛重视和研究。

1. 智能控制的兴起

（1）自动控制的发展与挫折

20世纪40~50年代，以频率法为代表的单变量系统控制理论逐步发展起来，并且成功地用在雷达及火力控制系统上，形成了今天所说的“古典控制理论”。20世纪60~70年代，数学家们在控制理论发展中占了主导地位，形成了以状态空间法为代表的“现代控制理论”，他们引入了能控、能观、满秩等概念，使得控制理论建立在严密精确的数学模型之上，从而造成了理论与实践之间的巨大分歧。20世纪70年代后，又出现了“大系统理论”，但是这种理论解决实际问题的能力更弱，很快被人们放到了一边。由于空间技术、计算机技术及人工智能技术的发展，控制界学者在研究自组织、自学习控制的基础上，为了提高控制系统的自学习能力，开始注意将人工智能技术与方法应用于控制系统。

（2）智能控制的兴起

建立于严密的数学理论上的控制理论发展受到挫折，而模拟人类智能的人工智能却迅速发展起来，控制理论从人工智能中吸取营养求发展成为必然。工业系统往往呈现高维、非线性、分布参数、时变、不确定性等复杂特征。特别是非线性对控制结果的影响复杂，控制工程人员很难深入理解，更谈不上设计出合适的控制算法。不确定性是最难以解决的问题，也是导致大系统理论失败的根本原因。但是，对这些问题用工程控制专家经验来解决则往往是成功的，因为人是最聪明的控制器，模仿人是一种途径。

1967 年，Leondes 和 Mendel 首先正式使用“智能控制”一词，并把记忆、目标分解等一些简单的人工智能技术用于学习控制系统，提高了系统处理不确定性问题的能力，标志着智能控制的思想萌芽。从 20 世纪 70 年代初开始，傅京孙、Gloriso 和 Saridis 等人从控制论角度进一步总结了人工智能技术与自适应、自组织、自学习控制的关系，正式提出了智能控制就是人工智能技术与控制理论的交叉，并创立了人-机交互式分级递阶智能控制的系统结构。

在 20 世纪 70 年代中后期，以模糊集合论为基础，从模仿人的控制决策思想出发，智能控制在另一个方向——规则控制（rule-based control）上也取得了重要的进展。1974 年，Mamdani 将模糊集和模糊语言逻辑用于控制，创立了基于模糊语言描述控制规则的模糊控制器。1979 年，他又成功地研制出自组织模糊控制器，使得模糊控制器具有了较高的智能。模糊控制的形成和发展，以及与人工智能中的产生式系统、专家系统思想的相互渗透，对智能控制理论的形成起了十分重要的推动作用。

进入 20 世纪 90 年代以来，智能控制的研究势头异常迅猛。美国《IEEE 控制系统》杂志 1991、1993、1995 年多次发表《智能控制专辑》，英国《国际控制》杂志 1992 年也发表了《智能控制专辑》，日文《计测与控制》杂志 1994 年发表了《智能系统特集》，德文《电子学》杂志自 1991 年以来连续发表多篇模糊逻辑控制和神经网络方面的论文，俄文《自动化与遥控技术》杂志 1994 年也发表了自适应控制的人工智能基础及神经网络方面的研究论文。从上述论文和专辑的内容看，智能控制研究涉及众多领域，从高技术的航天飞机推力矢量的分级智能控制、空间资源处理设备的高自主控制，到智能故障诊断及控制重新组合，从轧钢机、汽车喷油系统的神经控制到家电产品的神经模糊控制。如果说智能控制在 20 世纪 80 年代的应用和研究主要是面向工业过程控制，那么 90 年代，智能控制的应用已经扩大到面向军事、高技术领域和日用家电产品等领域。今天，“智能性”已经成为衡量“产品”和“技术”高低的标准。

2. 传统控制和智能控制

传统控制是经典控制和现代控制理论的统称。传统控制和智能控制的主要区别就在于它们控制不确定性和复杂性系统及达到高控制性能的能力方面，显然传统控制方法能力低且有时丧失了这种能力。相反，智能控制的能力高，因为智能控制用拟人化的方式来表达，即智能控制系统具有拟人的智能或仿人的智能，这种智能不是系统中固有的，而是人工赋予的人工智能，这种智能主要表现在智能决策上。这就表明，智能控制系统的核心是去控制复杂性和不确定性系统，而控制的最有效途径就是采用仿人智能控制决策。

传统控制是基于被控对象精确模型的控制方式，这种方式可谓“模型论”。而智能控制方式相对于“模型论”可称之为“控制论”，这种控制论实际上是智能决策论。传统控制为了控制必须建模，而利用不精确的模型又采用某个固定控制算法，使整个控制系统置于模型框架下，缺乏灵活性和应变性，因此很难胜任对复杂系统的控制。智能控制的核心是控制决策，采用灵活机动的决策方式迫使控制朝着期望的目标逼近。

传统控制适于解决线性、时不变等相对简单的控制问题，这些问题用智能方法同样也可以解决智能控制是对传统控制理论的发展，传统控制是智能控制的一个组成部分，是智能控制的低级阶段，在这个意义上，传统控制和智能控制可以统一在智能控制的框架下。

3. 特点分析

智能控制的产生来源于被控系统的高度复杂性、高度不确定性及人们要求越来越高的控制性能，可以概括为：智能控制是“三高三性”的产物。它的创立和发展需要对当代多种前沿学科、多种先进技术和多种科学方法，加以高度综合和利用。因此，智能控制无疑是控制理论发展的高级阶段。智能控制具有下列一般的特点：

1）智能控制适用于不确定的或难定义的过程控制、复杂的非线性被控对象控制、随时间变化的过程控制等。

2）智能控制利用自适应、自组织、（自）学习等方式来提高系统的自动化和智能化控制。

3）智能控制能综合交叉各种技术，使得智能控制系统和智能控制器设计形式日益多样化，智能控制技术应用范围日益广泛化。单纯的技术难以实现智能模拟，而多项技术的结合有利于智能模拟单纯的控制方式使系统缺少智能，而综合自适应、自组织、（自）学习及其他技术的控制可以提高系统的控制智能。目前，基于各种技术的智能控制系统和智能控制器的设计被广泛研究。

4）智能控制可以像传统控制理论分析系统的动态性一样，描述系统的稳定性、系统的能控和能观性、系统的最优控制（即熵函数和能量函数的描述）、系统的复杂性等。与传统控制理论不同的是智能控制对复杂知识系统的有关理论分析的描述目前还缺少统一的标准，但结合具体技术的理论和实验分析已有文献报道。

目前实现智能控制常用的技术有：模糊逻辑、专家系统、神经网络、遗传算法及它们的混合技术等。从这些技术中，可以总结它们各自的特点如下：

1）专家系统利用专家知识对专门的或困难的问题进行描述。用专家系统所构成的专家控制，无论是专家控制系统还是专家控制器，其相对工程费用较高，而且还涉及自动地获取知识困难、无自学能力、知识太狭窄等问题。尽管专家系统在解决复杂的高级推理中获得较为成功的应用，但是专家控制的实际应用相对还是比较少。

2）模糊逻辑作为模糊语言描述系统，既可以描述应用系统的定量模型，也可以描述其定性模型。专家系统、神经网络、遗传算法只能用于描述应用系统的定量模型。模糊逻辑可适用于任意复杂的对象控制。但在实际应用中模糊逻辑实现简单的应用控制比较容易。简单控制是指单输入单输出系统（SISO）或多输入单输出系统（MISO）的控制。因为随着输入输出变量的增加，模糊逻辑的推理将变得非常复杂。

3）遗传算法作为一种非确定的拟自然随机优化工具具有并行计算、快速寻找全局最优解等特点。它可以和其他技术混合使用，用于智能控制的参数、结构或环境的最优控制。

4）神经网络利用大量的神经元按一定的拓扑结构和学习调整方法能表示出丰富的特性，如并行计算、分布存储、可变结构、高度容错、非线性运算、自我组织、学习/自学习等。这些特性是人们长期追求和期望的系统特性。神经网络在智能控制的参数、结构或环境的自适应、自组织、自学习等控制方面具有独特的能力。神经网络可以和模糊逻辑一样适用于任意复杂的对象控制，但与模糊逻辑不同的是擅长单输入多输出系统（SIMO）和多输入多输出系统（MIMO）的多变量控制。在模糊逻辑表示的 SIMO 系统和 MIMO 系统中，其模糊推理、解模糊过程以及学习控制等功能常用神经网络来实现。

5）模糊逻辑和神经网络作为智能控制的主要技术已被广泛应用，两者既有相同性又有不同性。其相同性为：两者都可作为智能逼近器解决非线性问题，并且都可以应用到控制器设计。不同的是：模糊逻辑可以利用语言信息描述系统，而神经网络则不行；模糊逻辑应用到控制器设计，其参数定义有明确的物理意义，因而可提出有效的初始参数选择方法，神经网络的初始参数（如权值等）只能随机选择。但在学习方式上，神经网络经过各种训练，其参数设置可以满足控制所需的行为。模糊逻辑和神经网络都是模仿人类大脑的运行机制，可以认为神经网络技术模仿人类大脑的硬件，模糊逻辑技术模仿人类大脑的软件。由于模糊逻辑和神经网络的各自特点，目前两者结合的技术有模糊神经网络技术和神经模糊逻辑技术。模糊逻辑、神经网络和它们的混合技术适用于各种学习方式。

总之智能控制作为一门新兴的学科，在理论上还不很成熟。一方面人们在探索用各种技术实现智能控制的各种设计方法，一方面人们需要研究实现智能控制过程中所存在这样或那样的问题，还需要不断地解决和完善。目前，复杂的智能控制系统或大规模的智能控制系统很大程度上还受到人工智能技术和计算机技术的制约。另外，由于各种技术的结合及综合交叉结合使得智能控制系统和智能控制器的设计形式呈现丰富多彩的局面，发展有关理论来评价智能控制系统或智能控制器是非常必要的，例如计算复杂度、精度分析、收敛性和稳定性、优化分析、最佳控制方案选择等。要使智能控制从理论到实际有很大的进展，就必须发展相关技术，以适应智能控制的需求。

5.1.2 智能控制系统的典型结构

智能控制系统的典型结构如图 5-1 所示。在该系统中，广义对象包括通常意义下的控制对象和所处的外部环境。例如，对于智能机器人系统来说，机器人手臂、被操作物体及其所处环境统称为广义对象。传感器则包括关节位置传感器、力传感器，还可能包括触觉传感器、滑觉传感器或视觉传感器等。感知信息处理模块将传感器得到的原始信息加以处理，例如视觉信息需要经过很复杂的处理才能获得有用的信息。认知部分主要用来接收和储存知识、经验和数据，并对它们进行分析、推理，做出行动的决策，送至规划和控制部分。通信接口除建立人-机之间的联系外，也建立系统中各模块之间的联系。规划和控制是整个系统

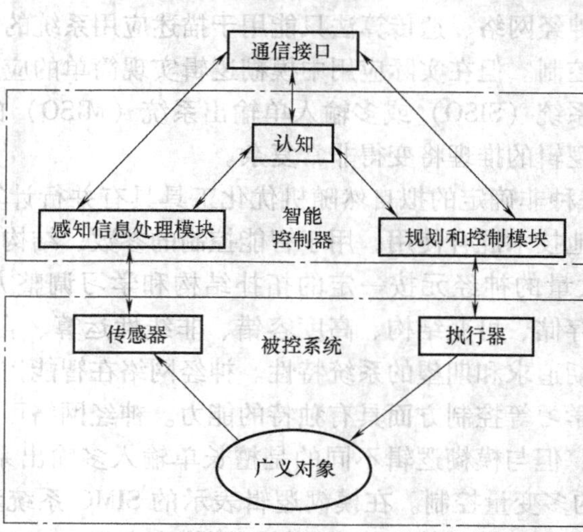

图 5-1 智能控制系统的典型结构

的核心，它根据给定的任务要求、反馈的信息及经验知识，进行自动搜索、推理决策、动作规划。最终产生具体的控制作用，经执行部件作用于控制对象。

对于不同用途的智能控制系统，以上各部分的形式和功能可能存在较大的差异。G. N. 萨里迪斯提出了智能控制系统的分层递阶的组成结构形式，如图 5-2 所示。其中执行级一般需要比较准确的模型，以实现具有一定精度要求的控制任务；协调级用来协调执行级的动作，它不需要精确的模型，但需具备学习功能以便在再现的控制环境中改善性能，并能接受上一级的模糊指令和符号语言；组织级将操作员的自然语言翻译成机器语言，组织决策、规划任务，并直接干预低层的操作。在执行级中，识别的功能在于获得不确定的参数值或监督系统参数的变化。协调级中，识别的功能在于根据执行级送来的测量数据和组织级送来的指令产生合适的协调作用。在组织级中，识别的功能在于翻译定性的命令和其他的输入。该分层递阶的智能控制有两个明显的特点：① 对控制来讲，自上而下控制精度愈来愈高；② 对识别来讲，自下而上信息回馈越来越粗略。这种分层递阶的结构形式已被成功地应用于机器人的智能控制、交通系统的智能控制及管理等。以上虽然给出了智能控制系统的几种定义，但是它并没有提出一个明确的界限，什么样的系统才算是智能控制系统。

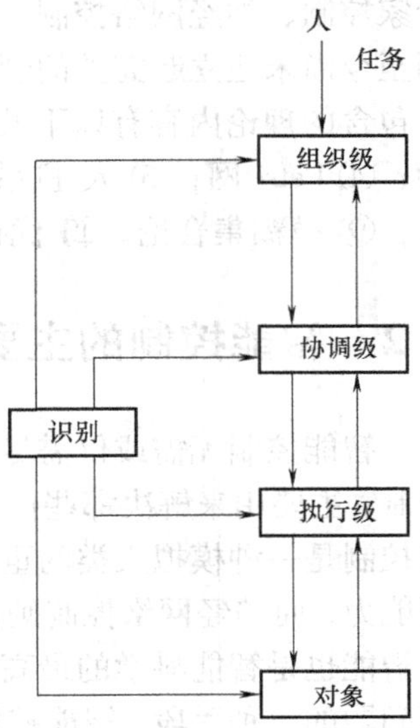

图 5-2　分层递阶智能控制结构

智能控制是一门交叉学科。傅京逊在 1971 年的文章中称它是人工智能与自动控制的交叉。后来萨里迪斯加进了运筹学，认为智能控制是人工智能、运筹学和自动控制三者的交叉，并用图 5-3 所示来形象地说明这一点。

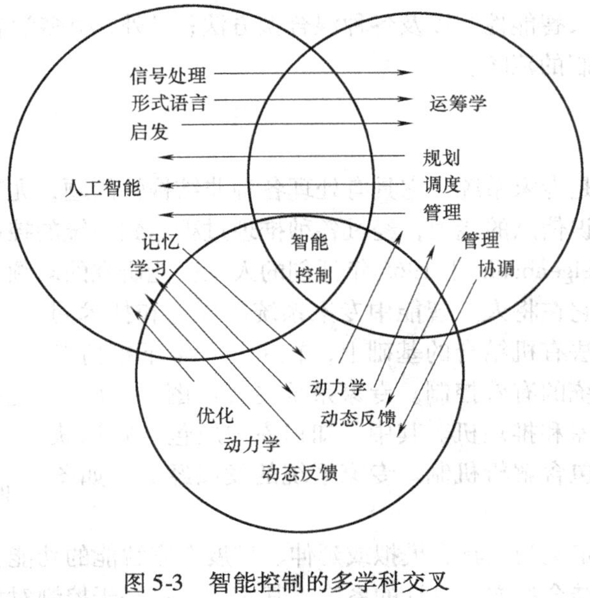

图 5-3　智能控制的多学科交叉

关于智能控制究竟应该是哪些学科的交叉，不同的人有不同的理解，有的人主张还应包括系统论、信息论、计算机科学、人类工程学等。但不管怎样，它至少说明智能控制是一个多学科的交叉，图5-3主要是针对分层递阶智能控制的情况。对于其他类型的智能控制，如专家控制、神经网络控制、模糊控制等，它所涵盖的学科领域不尽相同。如前所述，智能控制至今尚未建立起完整的理论体系，因此要系统地讨论其理论内容为时尚早。智能控制系统所包含的理论内容有以下几点：① 自适应、自组织和自学习控制；② 知识工程；③ 信息熵；④ Petri 网；⑤ 人-机系统理论；⑥ 形式语言与自动机；⑦ 大系统理论；⑧ 神经网络理论；⑨ 模糊集合论；⑩ 优化理论。

5.2 智能控制的主要方法

智能控制无需或仅需尽可能少的人为干预就能独立地驱动智能机器实现其对目标的自动控制，主要用来解决那些传统控制方法难以解决的复杂系统的控制问题。也有学者认为，智能控制是一种模拟人类的重要特征的控制方式，如模糊控制模拟人类的结构性知识表达和运用能力，而神经网络控制则模拟生物神经系统的结构以及在此基础上的学习机制，模拟人类的智能也是智能科学的最高目标。但是，对于控制科学研究而言，拟人只是用于解决复杂控制问题的一种手段，智能控制绝不仅仅是模拟人类智能，而是利用各种"智能"方法解决实际问题；智能并不局限于人类的智能，自然界中存在的各种形式的智能（例如社会性生物的群体智能）都可以作为智能控制实现的范式。IEEE 控制系统学会给出一种关于智能控制系统的定义："智能控制系统应具有学习、记忆和大范围的自适应和自组织能力，能够及时适应不断变化的环境，能有效处理各种信息，以减小不确定性，能以安全可靠的方式进行规划、生产和执行控制动作而达到预定的目标和良好的性能指标"（http：//www. ieeecss. org/technical - activities/intelligent - control）。

就智能控制的类型而言，智能控制包括模糊控制、神经网络控制、专家控制、分层递阶控制、学习控制、仿人智能控制以及各种混合型方法；另外，很多学者将遗传算法等进化计算方法也纳入智能控制的范畴。

5.2.1 专家控制

专家控制的核心是专家系统，它具有处理各种非结构性问题，尤其是处理定性的、启发式的或不确定性的知识信息的能力，经过各种推理过程达到系统的控制目标。专家系统是美国斯坦福大学 E. A. Feigenbanm 于1965年开创的人工智能研究的新领域，专家控制是智能控制的一个重要部分，它在将人工智能中专家系统的理论和技术同自动控制的理论和方法有机结合的基础上，在未知环境下模仿专家的智能，实现对系统的有效控制。专家系统主要由图5-4所示的两部分组成：知识库和推理机。其中，知识库中应包含知识获取系统，推理机中应包含解析机制。专家系统的发展经历了如图5-5所示的五个阶段。

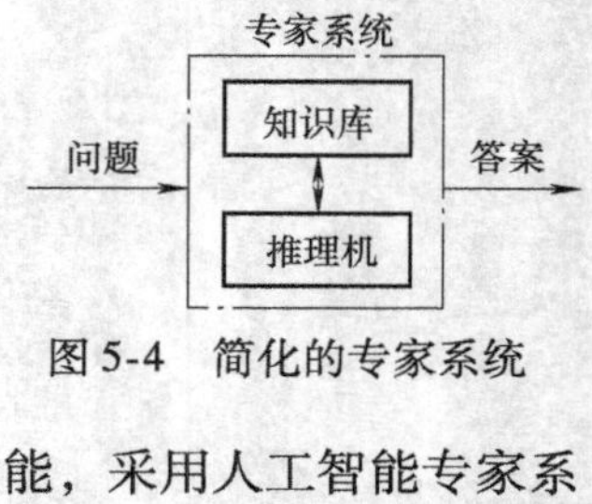

图5-4 简化的专家系统

专家控制系统可定义为：具有模拟或延伸、扩展专家智能的功能，采用人工智能专家系统技术与控制理论相结合的方法设计的系统。其实质是：基于控制对象的控制规律的各种知识，而且要以智能的方式利用这些知识，求得控制系统尽可能地优化和实用化，它反映出智能控制的许多重要特征和功能。研究专家控制系统的突出代表首推瑞典学者 K. J. Astrom。他于 1983 年发表“Implementation of an Autotuner Using Expert System Ideas”一文，明确建立了将专家系统引入自动控制的思想，随后开展了原型系统的实验。1986 年，他在另一篇论文“Expert Control”中以实例说明智能控制，正式提出了“专家控制”的概念。专家控制主要有以下特点：① 启发性；② 透明性；③ 灵活性；④ 专家控制的核心是知识信息处理系统，而不是数值信息处理系统，它依据知识表示技术确定问题的求解途径，而不是基于数学描述方法建立处理对象的计算模型，它主要采用知识推理的各种方法求解问题及制订决策，而不是在固定程序控制下通过执行指令完成求解任务；⑤ 专家系统由组织级、协调级和执行级组成，核心是组织级，并具有“由低层至高层”智能逐级升高、精度逐级降低的特点。

图 5-5　专家系统的发展

一种典型的专家控制系统结构如图 5-6 所示。

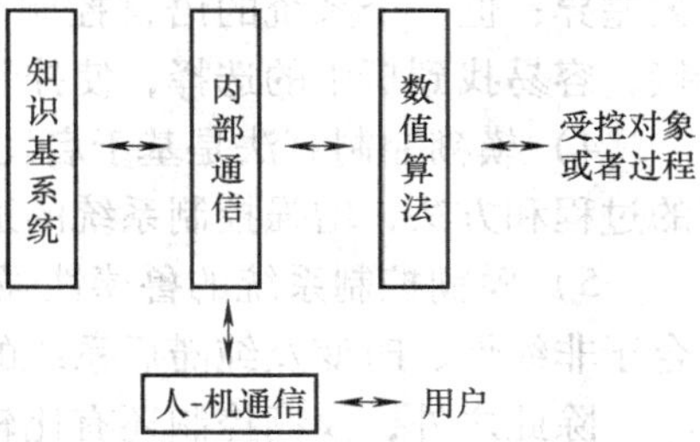

图 5-6　一种典型的专家控制系统结构

专家控制虽然引用了专家系统的思想和技术，但它与一般的专家系统还有着重要的差别。

1）通常的专家系统只完成专门领域问题的咨询功能，起到辅助用户工作的作用，它基于知识进行推理，结果仍然是知识条目，或者是新的知识条目，或者是对原有的知识条目的更改；而专家控制则要求能对控制动作进行独立的、自动的决策，它的推理结果可以是知识条目的更改，还可以是某种解析算法的激活。

2）通常的专家系统一般处于离线工作方式，而专家控制则要求在线地获取动态信息，实时地进行控制。

专家控制系统在机器人控制方面得到成功的应用，但还有许多问题有待进一步研究探讨，主要有：① 专家经验知识的获取问题。如何获取专家知识，以及如何建造通用的满足控制过程的专家开发工具成为研制专家系统的主要“瓶颈”之一。② 知识库的自动更新与规则自动生成，动态知识的获取问题。专家控制系统与一般的专家系统不同，是一个动态系统，受知识获取方法的限制，专家控制系统不可能具有控制专家的全部知识。专家控制系统应能通过在线获取的信息以及人机接口不断学习新的知识，更新知识库的内容，根据出现的新情况自动产生出新规则。否则，当系统出现超出专家系统知识范围的异常情况时，系统就可能出现失控。如何在控制过程中自动更新和扩充知识，并满足实时控制的快速准确性需求是非常关键的。③ 专家控制系统的稳定性可控性分析是另一个研究难题，它涉及的对象具有不确定性或非线性，它实现的控制基于知识模型，采用启发式逻辑和模糊逻辑。专家控制系统本质是非线性的，目前的稳定性分析方法很难直接用于专家控制系统。④ 如何实现数据和信息的并行处理，如何设计系统的解释机构，如何建立良好的用户接口等问题。

5.2.2　模糊控制

从 1965 年美国加利福尼亚大学的 Zadeh 教授创建模糊集理论和 1974 年英国的 E. H.

Mamdani成功地将模糊控制应用于锅炉和蒸汽机控制以来，模糊控制得以广泛发展并在现实中得以成功应用，其根源在于模糊逻辑本身提供了由专家构造语言信息并将其转化为控制策略的一种系统的推理方法，因而能够解决许多复杂而无法建立精确数学模型系统的控制问题，是处理推理系统和控制系统中不精确和不确定性的一种有效方法。从广义上讲，模糊控制是基于模糊推理，模仿人的思维方式，对难以建立精确数学模型的对象实施的一种控制。它是模糊数学同控制理论相结合的产物，同时也构成了智能控制的重要组成部分。

模糊控制具有以下特点：

1）模糊控制是一种基于规则的控制。它直接采用语言型控制规则，出发点是现场操作人员的控制经验或相关专家的知识，在设计中不需要建立被控对象的精确数学模型，因而使得控制机理和策略易于接受与理解，设计简单，便于应用。

2）由工业过程的定性认识出发，比较容易建立语言控制规则，因而模糊控制对那些数学模型难以获取、动态特性不易掌握或变化非常显著的对象非常适用。

3）基于模型的控制算法及系统设计方法，由于出发点和性能指标的不同，容易导致较大差异；但一个系统的语言控制规则却具有相对的独立性，利用这些控制规律间的模糊连接，容易找到折中的选择，使控制效果优于常规控制器。

4）模糊控制算法是基于启发性的知识及语言决策规则设计的，这有利于模拟人工控制的过程和方法，增强控制系统的适应能力，使之具有一定的智能水平。

5）模糊控制系统的鲁棒性强，干扰和参数变化对控制效果的影响被大大减弱，尤其适合于非线性、时变及纯滞后系统的控制。

除此之外，模糊控制还有比较突出的两个优点：

第一，模糊控制在许多应用中可以有效且便捷地实现人的控制策略和经验。

第二，模糊控制可以不需被控对象的数学模型即可实现较好的控制，这是因为被控对象的动态特性已隐含在模糊控制器输入、输出模糊集及模糊规则中。

模糊控制也有缺陷，主要表现在：① 精度不太高；② 自适应能力有限；③ 易产生振荡现象。

模糊化（fuzzification）、模糊推理（fuzzy inference）和清晰化、去模糊化（defuzzification）构成了模糊控制的一般流程。模糊控制系统的基本结构如图5-7所示：

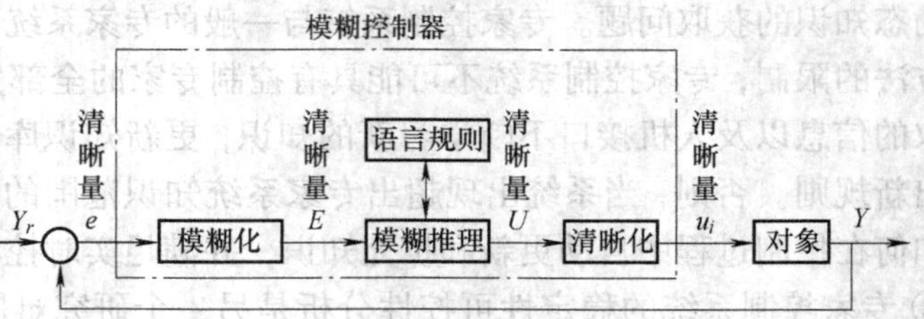

图5-7 模糊控制系统框图

模糊化处理就是将模糊控制器输入量的确定值转换为相应模糊语言变量值的过程，此相应语言变量值均由对应的隶属度来定义。通过这样一个把输入变量映射到合适的响应论域量程的过程，精确的输入数据就变换成适当的语言值或模糊集合的标识符。一般的模糊控制器采用误差及其变化作为输入语言变量。

模糊推理一般采用 IF A THEN B 形式的条件语句来描述，包括三个组成部分：大前提、小前提和结论。大前提是多个多维模糊条件语句，构成规则库，调整和校准模糊规则是模糊控制中的关键问题。小前提是一个模糊判断句。

清晰化是模糊系统的重要环节，是将模糊推理中产生的模糊量转化为精确量。常见的非模糊化方法主要有最大隶属度值法、面积平均法、重心法和最大隶属度平均值法。

模糊控制的过程就是上述三个环节相互作用的结果，其关键部分就是选用合适的隶属度函数进行模糊化，运用合理的推理方法得到结论，采用适当的清晰化方法还原出精确量。

由于模糊逻辑对人类决策的近似推理特征进行了抽象，因此可视为基于规则的专家系统的一种泛化。对模糊控制进行优化构成模糊优化控制，用于优化模糊控制的最常见方法是遗传算法（Genetic algorithm，GA）。Linkens 和 Nyongesa 在一篇关于智能控制的综述中指出，GA 用于模糊控制器的优化设计时，包含三种基本类型：优化隶属度函数（语言规则固定）、确定最佳的规则集（隶属度函数不变）、同时优化规则和隶属度函数。相比之下，传统的模糊系统则需要设计者确定规则的数量和隶属度函数。

5.2.3　神经网络控制

神经网络控制（Neural Network Control，NNC）是基于结构模拟人脑生理结构而形成的智能控制和辨识方法。随着人工神经网络应用研究的不断深入，新的模型不断推出。在智能控制领域中，应用最多的是 BP 网络、Hopfield 网络等。与传统控制相比，它具有以下重要特性：① 非线性，神经网络在理论上可以充分逼近任意非线性函数；② 并行分布处理，神经网络具有高度的并行结构和并行实现能力，使其具有更大程度的容错能力和较强的数据处理能力；③ 学习和自适应性，能对知识环境提供的信息进行学习和记忆；④ 多变量处理，神经网络可自然地处理多输入信号，并具有多输出，非常适合用于多变量系统。目前神经网络在信号处理、系统辨识和优化、模式识别、故障诊断、机器人等多个领域取得了成功应用，它对智能控制的发展将具有重大而深远的意义。但是，神经网络控制在理论上和设计方法上还存在许多问题有待进一步的研究，主要是人工神经网络系统稳定性的分析方法，神经网络结构和规模的选取及优化方法，学习和控制算法的收敛性和实时性问题，神经网络理论如何应用到具体的控制系统以提高性能等一系列课题。

神经网络控制的重要优点在于可以适应较差建模的非线性动态系统，它的基本思想是将控制系统视为对象状态与激励命令之间的映射，而神经网络的学习机制则被视为对这种映射进行修改以改进控制系统性能的方法。神经网络和模糊逻辑一样，都是不依赖于模型的函数逼近器。神经网络的学习算法实质上对应于网络连接权值的一种优化过程，因此神经网络控制本身就是一种优化控制方法。

具体的神经网络控制方案很多，大致可归纳为以下几种类型。

（1） 前馈直接控制方案

如图 5-8 所示，神经网络作为控制器出现，它的主要思想是利用网络的建模能力对系统的逆动态进行建模，以使得整个闭环系统的输入输出映射为恒等映射，从而可实现跟踪控制。

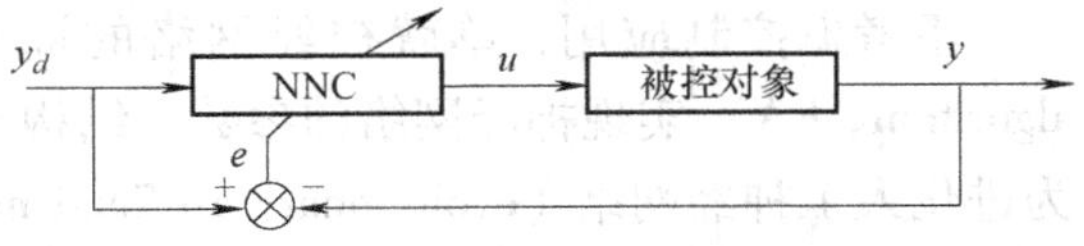

图 5-8　前馈直接控制方案

前馈直接控制的优点是充分利用了神经网络的建模功能，其不足之处在于系统开始的鲁棒性不好，因为控制器直接依赖于神经网络的初值。

（2）间接自校正控制方案

如图 5-9 所示，神经网络用作过程参数或某些非线性函数的在线估计器，而控制信号由常规控制器发出。一般假设被控对象为单变量非线性系统，即

$$y_{k+1} = f(y_k) + g(y_k)u_k$$

神经网络对非线性函数 $f(y_k)$ 和 $g(y_k)$ 进行学习，然后接入控制系统，在线计算估计值 $f_s(y_k)$ 和 $g_s(y_k)$，而控制律采用常规形式

$$u_k = [d_{k+1} - f_s(y_k)]/g_s(y_k)$$

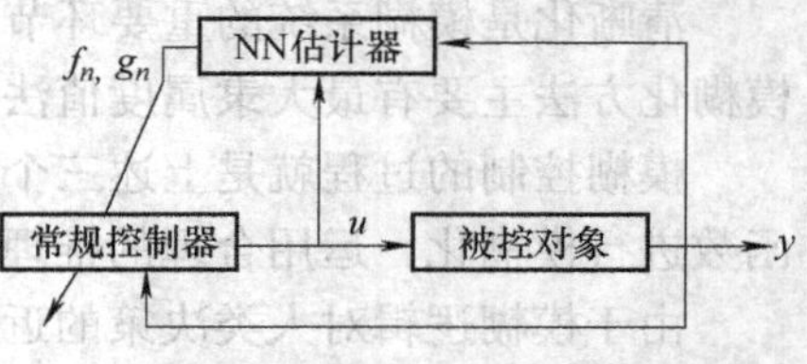

图 5-9 间接自校正控制方案

式中，d_{k+1} 是期望输出值。

（3）直接自校正控制方案

如图 5-10 所示，NN（Neural Network，神经网络）离线学习被控对象的逆动力学，然后作对象的前馈控制器，并在线继续学习逆动力学。这种方法的思想是，如果 NN 充分逼近对象的逆动力学，则从 NN 的输出端至对象的输出端的传递函数近似为 1。此方案通常有两种结构，如图 5-10a、b 所示。

（4）模型参考自适应控制方案

如图 5-11 所示，此方案也可分为直接和间接两种方式，NNC 的权重修正目标是使输出误差 $e_c = y_m - y \to 0$ 或二次型最小。对于直接模型参考自适应控制方案（见图 5-11a），由于未知的非线性对象处于 e_c 与 NNC 之间，给 NNC 的参数修正带来困难。为此，通常引入一神经网络辨识器 NNI，在线修正其权重以使 $e_i = y_s - y \to 0$，这种方式即为间接模型参考自适应控制方案。

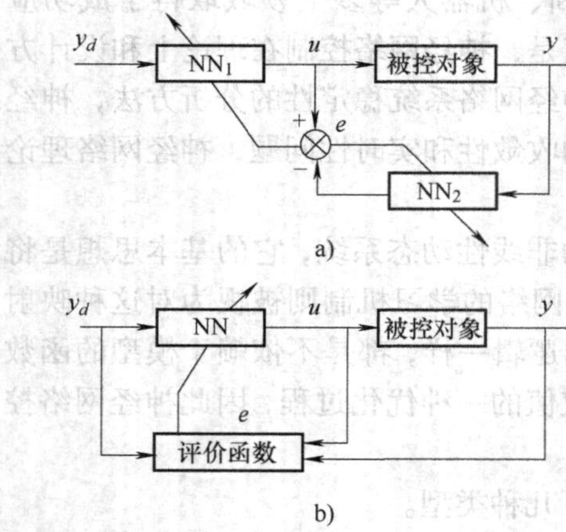

图 5-10 直接自校正控制方案

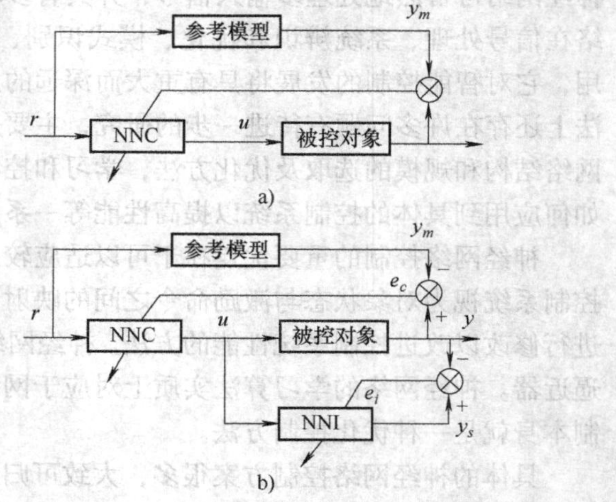

图 5-11 模型参考自适应控制方案

不考虑控制应用，单就神经网络的训练方法而言，采用各种进化算法（Evolutionary algorithm，EA）实现神经网络的参数、结构甚至学习规则的优化研究在计算智能领域内被称为进化人工神经网络（evolutionary artificial neural network）研究。与模糊优化控制相似，在神经网络优化控制中，GA 也是最常用的优化方法之一。Linkens 等对 GA 在神经网络控制中的

作用进行了总结：“GA 可以用于结构学习（网络拓扑），包括层数、每层的处理单元数、处理单元之间的连接性等。”事实上，采用优化方法对神经网络的各种设计要素进行调节可以在很大程度上降低对人类干预的依赖。例如，传统神经网络需要设计者确定神经元和层的数量、学习律的类型、传递函数、学习速率、网络参数等，而优化方法可以在预定指标的引导下自动确定这些设计要素。

5.2.4　混沌控制

混沌控制是 1963 年由美国气象学家 Lorenz 首先提出。混沌和混沌控制是非线性动力系统的新理论、新方法和新概念，是智能控制的重要组成部分。混沌是指某种对初始条件敏感的运动，是在确定性系统中出现的一种貌似无规则、类似随机的现象，是普遍存在的复杂运动形式和自然现象。混沌是非线性动力学系统在一定条件下所表现的一种运动形式。是系统处于非平衡过程中所呈现的随机行为，它无序中又有序。

因此非线性是产生混沌的必要条件，但并非任何非线性系统都会产生混沌，一般认为当系统具有如下三条数值特征时就会发生混沌：① 系统的运动轨迹为奇怪吸引子现象；② 系统运动的功率谱具有连续谱上叠加有尖峰的特点；③ 系统中至少有一个李雅普诺夫指数 $\lambda>0$。

混沌的类型大体可分为四大类，它们分别是时间混沌、空间混沌、时空混沌、功能混沌。混沌的特性有：① 系统的动力学特性对初始条件的敏感性；② 存在不稳定周期轨迹的稠密集；③ 正的李雅普诺夫（Lyapunov）指数或有限 Kolmogorow - Sinai 熵（KS 熵）；④ 连续能量谱；⑤ 非遍历性；⑥ 混合性（mixing），及其他一些极限性质。

混沌控制方法有两种，一是通过合适的策略、方法及途径，有效地抑制混沌行为，使李雅普诺夫指数下降进而消除混沌；二是选择某一具有期望行为的轨道作为控制目标。一般情况下，在混沌吸引子中的无穷多不稳定的周期轨道常被作为首选目标，其目的就是将系统的混沌运动轨迹转换到期望的周期轨道上。不同的控制策略必须遵循这样的原则：控制律的设计需最小限度地改变原系统，从而对原系统的影响最小。从这个观点来看，控制方式可以分为两类：反馈控制和非反馈控制。反馈控制是一种十分成熟而且应用广泛的工程设计技术，它主要利用混沌系统的本质特征，如对于初始点的敏感依赖性，来稳定已经存在于系统中的不稳定轨道。一般来说，反馈控制的优点在于不需要使用除系统输出或状态以外的任何有关给定被控系统的信息，不改变被控系统的结构，具有良好的轨道跟踪能力和稳定性；其缺点在于要求一个比较精确的数学模型和输入目标函数或轨道，在只存在观测数据而没有数学方程时不能直接使用。和反馈控制方式相比，非反馈控制主要利用一个小的外部扰动，如一个小驱动信号、噪声信号、常量偏置或系统参数的弱调制来控制混沌，该控制方式的设计和使用都十分简单，但无法确保控制过程的稳定性。这两种方式都是通过混沌动力学系统的稍微改变来求得系统的稳定解。

在控制混沌的实现中，最大限度地利用混沌的特性，对于确定控制目标和选取控制方法非常关键。混沌控制的基本方法有：OGY 方法、连续反馈控制法（外力反馈控制法和延迟反馈控制法）、自适应控制法以及智能控制法（神经网络和模糊控制）等。

5.2.5　依靠优化方法的智能优化控制

从控制科学研究的三个基本要素——“控制对象、约束、要求”来看，为了实现可行的、保性能的控制，约束满足和指标优化在实际中是不可回避的问题，而约束满足问题通常可以转换为优化问题进行处理。事实上，无论在经典控制范畴中还是智能控制范畴中，控制问题都与优化有着密切的联系。美国工程院院士何毓琦教授曾指出：“任何控制与决策问题本质上均可归结为优化问题”。因此，本书将优化方法作为智能控制中单独的一个小节，旨在简要介绍广泛应用于智能控制领域的优化算法。

单纯依靠优化方法实现的最典型智能优化控制是利用优化方法对 PID 控制器的参数进行优化调节。

1. 遗传算法

遗传算法（Genetic Algorithm，GA）的内涵哲理启迪于自然界生物生命扩大适应范围，增加生存余地的发展状况，以及从低级、简单，到高级、复杂的漫长而精妙的进化过程，借鉴于达尔文的“物竞天择、适者生存”自然法则。不在意具体问题的形式，遗传算法本身能在搜索过程中能够全局并行的自动地获取和学习积累相关搜索空间中的信息。

遗传算法效仿的是模拟自然界中生物由个体组成群体所具备的整体学习过程，在算法中的每个独立个体都对应于给定问题搜索空间中的一个孤立解点。它从任一初始化的群体出发，通过随机选择、交叉和变异等多种遗传操作，在种群中产生出一群更加适合环境的个体，促使群体整体进化到问题搜索空间中越来越优化的区域，通过这样的群体进行的一代一代繁衍进化，最终群体将收敛到一群在环境最为适应的个体，从而就能得到给定问题的最优解或准最优解。

为实现遗传算法所进行的主要运算过程如下所述：① 编码；② 初始群体的生成；③ 适应度值评价检测；④ 选择；⑤ 交叉；⑥ 变异；⑦ 终止条件判断。

2. 差分进化算法

差分进化（ Differential Evolution，DE）算法是一种新兴的进化计算技术。它是由 Storn 等人于 1995 年提出的，最初的设想是用于解决切比雪夫多项式问题，后来发现 DE 也是解决复杂优化问题的有效技术。DE 与人工生命，特别是进化算法有着极为特殊的联系。DE 和粒子群优化（Particle Swarm Optimization，PSO）算法（ 也称微粒群算法）一样，都是基于群体智能理论的优化算法，通过群体内个体间的合作与竞争产生的群体智能指导优化搜索。但相比于进化算法，DE 保留了基于种群的全局搜索策略，采用实数编码、基于差分的简单变异操作和一对一的竞争生存策略，降低了遗传操作的复杂性。同时，DE 特有的记忆能力使其可以动态跟踪当前的搜索情况，以调整其搜索策略，具有较强的全局收敛能力和鲁棒性，且不需要借助问题的特征信息，适于求解一些利用常规的数学规划方法所无法求解的复杂环境中的优化问题。

DE 算法的搜索性能取决于算法全局探索和局部开发能力的平衡，而这在很大程度上依赖于算法的控制参数的选取，包括种群规模、缩放比例因子和交叉概率等。相对其他进化算法而言，DE 所需调节的参数较少。

归纳起来，DE 算法具有如下优点：

1） 算法通用，不依赖于问题信息。

2） 算法原理简单，容易实现。

3） 群体搜索，具有记忆个体最优解的能力。

4） 协同搜索，具有利用个体局部信息和群体全局信息指导算法进一步搜索的能力。

5）易于与其他算法混合，构造出具有更优性能的算法。

3. 粒子群优化算法

粒子群优化（Particle Swarm Optimization，PSO）算法是由 Kennedy 和 Eberhart 等于 1995 年开发的一种演化计算技术，来源于对一个简化社会模型的模拟。其中“群(swarm)”来源于微粒群，符合 Millonas 在开发应用于人工生命（artificial life）的模型时所提出的群体智能的五个基本原则。而“微粒（particle）”则是一个折中的选择，因为既需要将群体中的成员描述为没有质量、没有体积，同时也需要描述它的速度和加速状态。

PSO 算法最初是为了图形化地模拟鸟群优美而不可预测的运动。人们通过对动物社会行为的观察，发现在群体中对信息的社会共享有利于在演化中获得优势，并以此作为开发 PSO 算法的基础。通过加入近邻的速度匹配，消除不必要的变量，并考虑多维搜索以及根据距离的加速，形成了 PSO 的最初版本。

PSO 算法与其他演化算法相似，也是基于群体的，根据对环境的适应度将群体中的个体移动到好的区域，然而它不像其他演化算法那样对个体使用演化算子，而是将每个个体看作 D 维搜索空间中的一个没有体积的微粒（点），在搜索空间中以一定的速度飞行。这个速度根据它本身的飞行经验以及同伴的飞行经验进行动态调整。

PSO 算法中的两个重要部分是“认知”和“社会”，其中“认知”部分可由 Thorndike 的“影响法则（law of effect）”解释，即一个得到加强的随机行为在将来更有可能出现。这里的行为即“认知”，并假设获得正确的知识是得到加强的，这样一个模型假定微粒被激励着去减小误差。“社会”部分可由 Bandura 的代理（vicarious）加强概念的解释。根据该理论的预期，当观察者观察到一个模型在加强某一行为时，将增加它实行该行为的概率，即微粒本身的认知将被其他微粒所模仿。

4. 蚁群优化（Ant Colony Optimization，ACO）算法

蚁群算法（ ant colony algorithm）是由意大利学者 Colorni 等人于 20 世纪 90 年代初期通过模拟自然界中蚂蚁集体寻径的行为而提出的一种基于种群的启发式仿生进化算法。

蚁群算法最早成功地应用于解决著名的旅行商问题（TSP）。它采用分布式并行计算机制，易与其他方法结合，具有较强的鲁棒性，但搜索时间长且易陷入局部最优解是其突出的缺点。

蚁群算法包含两个基本阶段：适应阶段和协作阶段。在适应阶段，各候选解根据积累的信息不断调整自身结构；在协作阶段，候选解之间通过信息交流，以期产生性能更好的解，这类似于学习自动机的学习机制。

5. 细菌觅食优化算法

2002 年 Passino 和 Müller 等分别根据细菌的觅食和趋化行为提出了用于解决实数优化问题的细菌觅食优化（Bacterial Foraging Optimization，BFO）算法及细菌趋化性优化（Bacterial Chemotaxis Optimization，BChO）算法。随后由 Abraham、Biswas、Kim 等人组成的研究团队对 BFO 算法进行了一系列研究，论证了 BFO 算法中的繁殖操作有利于提高算法收敛速度，分别利用基因算法和微分进化算法改善 BFO 算法搜索全局最优的能力，并将 BFO 算法用于 PID 控制器参数优化中。

在 BFO 算法中，问题的解空间对应着培养基，算法中的个体对应着单个细菌，解空间中某位置的适应值（fitness value）与相应位置培养基的浓度成正比，即适应值越高意味着浓度越高。个体有翻滚（tumbling）和泳动（swimming）两种运动方式，翻滚就是个体在当前位置附近沿任意方向移动，泳动是个体沿某个特定的方向移动。为了保证算法的顺利进行，还需要设定算法中个体的数量，个体的生命周期等参数。具体的算法过程如下：每次迭代开始时，个体首先通过翻滚转移到新的位置，如果新的位置具有较好的适应值，则沿着前次翻滚的方向泳动，直到适应值产生下降或到达规定的最大泳动步数，否则进入下一次迭代。达到规定的生命周期后，依据个体在所有迭代过程中适应值的和，将较差的一半个体消灭，另一半则进行复制，整个过程保持种群数量不变。个体在移动过程中还会释放一定的化学物质，向同伴传达自身所处位置的营养物浓度，以便于对方决定是否向该位置靠拢。在算法执行过程中，个体会依一定的概率突然消失，类似于细菌遭遇偶然事件（如有害物质等）死亡，在个体消失的同时，会在解空间中任意产生一个新的个体，以保持个体总量的不变。当达到一定的迭代次数或精度则算法结束。

5.3 智能控制的主要应用

从机器人诞生到20世纪80年代初，机器人技术经历了一个长期缓慢的发展过程。到了20世纪90年代，随着计算机技术、微电子技术、网络技术等的快速发展，机器人技术也得到了飞速发展。智能机器人的研究是目前机器人研究中的热门课题。作为一门新兴学科，它融合了神经生理学、心理学、运筹学、控制论和计算机技术等多学科思想和技术成果。智能控制的研究主要体现在对基于知识系统、模糊逻辑和人工神经网络的研究。智能机器人可以在非预先规定的环境中自行解决问题。智能机器人的技术关键就是自适应和自学习的能力，而模糊控制和神经网络控制的应用显示出诸多优势，具有广阔的应用前景。

采用人工神经网络、模糊控制和专家系统技术对机器人进行定位、环境建模、检测、控制和规划的研究已经日趋成熟，并在多个实际应用系统中得到验证。智能控制技术也应用于机器人传感器信息融合和视觉处理方面。在机器人装配作业中利用神经网络来进行机器人手臂控制和动态调度。同时，遗传算法和进化计算为机器人系统带来了新型的优化编程和控制技术。机器人动力学的时变、强耦合和非线性特点，使得运用传统控制方法来驱动机器人存在很大的局限性，尤其对多关节、复合肢体的机器人，其关节耦合关系和非线性模型使得利用一般控制方式无法达到较好的运动效果。而神经网络强大的自学习和非线性映射能力使其在机器人动力学上得到广泛应用。为提高系统的鲁棒性和适应能力，引入了模糊控制原理，构造了基于模糊逻辑和神经网络的控制器。此外，水下自主运载器、无人机、无人自主驾驶机动车在未知或复杂危险环境中完成探索、通信、合作等功能，也需要在智能控制的协助下得以实现。

5.3.1 机器人的专家控制

自从1965年第一个专家系统Dendral在美国斯坦福大学问世以来，经过40年的开发，各种专家系统已遍布各个专业领域。目前，专家系统得到更广泛的应用，并在应用开发中得到进一步发展。专家控制的实质是：基于控制对象和控制规律的各种知识，而且要以智能的方式来利用这些知识，求得受控系统尽可能地优化和实用化。因此在机器人方面的应用往往体现在根据具体机器人形式、任务要求和工作环境等建立相应的尽可能符合实际情况的专家系统。机器人动力学的非线性、时变性、多关节强耦合及变惯量等复杂性，将常规的控制算法（如 PID 控制）直接用于机器人控制，其性能往往不尽人意。专家系统能把人的控制经验、技巧和各种直觉推理逻辑直接用于控制中，从而改善控制系统性能，提高其智能水平和适应能力，专家系统可以根据系统的性能指标（如超调、振荡、稳态误差、收敛速度等）实时地对控制器参数调节器进行调节，以实现系统的最佳效果。结合具体背景与专业知识，专家控制被广泛应用于超高压输电线路巡检机器人，核电站智能机器人，输液配药机器人，智能整骨机器人，远程监控机器人等一系列机器人的控制系统中。

5.3.2　机器人的模糊控制

模糊控制器采用人类语言信息，模拟人类思维，所以它易于理解，设计简单，维护方便。模糊控制器基于包含模糊信息的控制规则，所构成的控制系统比常规的控制系统稳定性好，鲁棒性强。在改善系统特性时，模糊控制系统不必像常规控制系统那样只调节参数，还可以通过改变控制规则、隶属度函数、推理方法及决策方法来修正系统特性。因此，自从 20 世纪 80 年代将模糊控制引进到机器人控制中以来，模糊控制在机器人控制领域得到了广泛的应用与发展。由 Lin C M 等提出了在模糊控制器结构的基础上，引入 PI 调节机制达到对阶跃输入的快速响应和达到消除隐态误差的效果。通过相平面上对两种不同区域的启发性分类，可得到一组简单的模糊规则，从而简化了模糊规则库和算法，使最终的控制器易于实现。该控制方案通过仿真实验得到验证。由邓辉等提出了一种基于模糊聚类和滑模控制的模糊逆模型控制方法，并将其应用于动力学方程未知的机械手轨迹控制。采用均值聚类算法构造两关节机械手模糊模型，并由此构造模糊系统的逆模型。在提出的模糊逆模型控制结构中，离散时间滑模控制和时延控制用于补偿模糊建模误差和外扰动，保证系统全局稳定性，并改善其动态和稳态性能。段萍等采用模糊控制器实现移动机器人的墙跟踪控制，并采用 GA 优化模糊控制器的隶属度函数参数。胡跃明等采用 GA 优化 P-F-PI（比例-模糊-比例积分）控制器，用于控制机器人手臂定位系统，GA 优化三个控制器的切换参数以及模糊控制器的修正系数。Mart'lnez 等用 Type-2 模糊系统建立自治移动机器人的轨迹跟踪控制器，并用 GA 优化轨迹跟踪的常数和隶属度函数的参数。李庆中等采用模糊控制技术，模仿人工的预瞄驾驶行为以实现移动机器人路径跟踪的有效控制。李保国等设计了一种分层的模糊控制器，用于指导移动机器人通过未知环境到达指定的目标点而避免发生单模糊控制器的“规则库爆炸”问题。沈伟等针对水下机器人面临环境复杂性和不确定性的特点设计了一种模糊 PID 控制器。梁捷等针对柔性臂的振动，设计了分级模糊控制算法来主动抑制柔性杆的振动。昝鹏等设计了一种适用气动微型蠕动机器人的模糊 PID 控制器。蔡建羡等则针对模糊规则的自动生成问题，采用 Skinner 操作条件反射（OC）和概率有限自动机（PFA）构成的 OCPFA 学习系统，设计了能对模糊规则进行自学习和自组织的随机模糊控制策略。

5.3.3　机器人的神经网络控制

神经网络的研究始于 20 世纪 60 年代，在 20 世纪 80 年代得到了快速的发展。近几年来，神经网络研究的目标是复杂的非线性系统的识别和控制等方面。神经网络在控制应用上具有以下特点：能够充分逼近任意复杂的非线性系统；能够学习与适应不确定系统的动态特性；有很强的鲁棒性和容错性等。因此，神经网络对机器人控制具有很大的吸引力。在机器人的神经网络动力学控制方法中，典型的是计算力矩控制和分解运动加速度控制，前者在关节空间闭环，后者在直角坐标空间闭环。在基于模型计算力矩控制结构中，关键是逆运动学计算，为实现实时计算和避免参数不确定性，可通过神经网络来实现输入输出的非线性关系。对多自由度的机器人手臂，输入参数多，学习时间长，为了减少训练数据样本的个数，可将整个系统分解为多个子系统，分别对每个子系统进行学习，这样就会减少网络的训练时间，可实现实时控制。

Lewis 等引进滤波器跟踪误差，根据机器人动态设计自适应神经网络控制器，保证了闭环系统所有信号的最终一致有界。Sun 等使用线性观测器，为未知机器人系统设计了自适应神经网络控制器，保证了系统跟踪误差、观测器误差的最终一致有界以及神经网络权值的有界。彭济根等针对柔性关节机器人操作手的轨迹跟踪问题，提出了一种基于奇异摄动理论的机器人神经网络控制方法，在一般框架下证明了系统跟踪误差最终一致有界。俞建成等为水下机器人设计了自适应神经网络控制器，证明了控制系统的跟踪误差一致稳定有界。而机器人在实际工作中期望的位置或轨迹往往是定义在任务空间的。关节空间控制器的主要限制在于要通过解逆运动学方程才能获得关节空间的期望位置或轨迹。直接在任务空间中施以控制行为，将会得到优于在关节空间内控制的性能。Ge S S 等设计的自适应神经网络控制器既不需要计算逆动态模型也不需要计算雅可比矩阵的逆，实现了渐近跟踪。Cheng 等针对具有不确定运动学的机器人 设计的自适应神经网络控制器，实现了跟踪误差的有界，且界可以任意小。刘英卓等基于类 Lyapunov 方法，设计的自适应神经网络控制器在有限确定时间内实现了稳定跟踪。丰保民等针对自由漂浮空间机器人，在任务空间内设计了一个基于径向基函数（Radial Basis Function，RBF）神经网络的鲁棒智能控制器，实现了轨迹跟踪误差的全局渐近稳定。Albus 提出了一种基于人脑记忆和神经肌肉控制模型的控制机器人关节控制方法，即 CM2CA 法。该方法以数学模块为基础，采用查表方式产生一个以离散状态输入为响应的输出矢量。在控制中，状态矢量输入来自机器人关节的位置与速度反馈，输出矢量为机器人驱动信号。也可以利用 CMCA 模拟机器人动力学方程，计算实现期望运动所需力矩作为前反馈控制力矩，采用自适应反馈控制消除输入扰动及参数变化引起的误差。

Wu 等利用反步法实现了电驱动机械臂的跟踪控制与确定学习。Zeng 等利用确定学习实现了人的步态识别；。Wang 等利用反步法实现了机器人的鲁棒自适应神经网络控制与确定学习。吴玉香等利用确定学习理论使用径向基函数神经网络为机器人任务空间跟踪控制设计了一种自适应神经网络控制算法。

5.3.4 机器人的优化方法控制

单纯依靠优化方法实现的最典型智能优化控制是利用优化方法对 PID 控制器的参数进行优化调节。优化方法在一般的固定结构控制器、预测控制器、滑膜控制器、自适应控制器、鲁棒控制器等其他类型的控制器优化设计中也得到了广泛应用。除此之外，优化方法还常用于解决复杂系统控制中涉及的各种资源规划、分配、调度等优化问题，这些问题与复杂系统的控制有着密切的关系。

武星等采用基于精英导向机制的多目标遗传算法优化自动导引车伺服系统的 PID 控制器参数。杨智等采用改进的 PSO 实现 PID 控制器的参数整定，以误差绝对值乘以时间积分的性能指标（Integral of time - weighted absolute value of the error，ITAE）作为最小化的目标，对 PID 控制器参数进行优化，并将其方法应用到五种不同的工业过程，验证了算法的有效性。李中华等提出一种采用精英学习机制的人工免疫网络算法，其中，精英学习机制主要借鉴了 PSO 的社会学习思想，所提出的混合算法用于解决 PID 控制器的设计。Lacca 等提出一种三阶段优化的 MA 用于调节 PID 控制器的参数来实现移动机器人的实时路径跟随。Huang 为配有三个独立驱动全向轮的移动机器人设计了运动控制器，其中采用 ACO 优化控制器参数，较好地实现了机器人的轨迹跟踪和镇定。柯文德等利用了 GA 求解机器人前向倒地最优控制的一组参数逼近解，使其触地瞬间的角动量尽可能最小，从而使得机器人触地时的地面冲击较小，并体现出较好的触地位置与倒地稳定性。曹志强等针对多移动机器人的队形优化控制任务，采用 GA 优化多机器人行为合成所需的控制参数。Sato 等采用 EA 同时优化机器人的结构和控制系统。

5.3.5　机器人智能控制技术的融合

1）模糊控制和变结构控制的融合。在模糊变结构控制器（Fuzzy Variable Structure Controller，FVSC）中，许多学者把变结构框架中的每个参数或是细节采用模糊系统来逼近或推理，仿真实验证明该方法比 PID 控制或滑模控制更有效。在设计常规变结构控制律时，若函数系数取得很大，系统就会产生很多的抖振，如果用引入边界层方法消除抖振，就会产生很大的误差；若该系数取较小值，鲁棒性就会变差。因此，金耀初等提出了通过引入模糊系统来动态预测和估计系统中不确定量的方法。模糊系统中的输入分为两种：一种为系统的综合偏差模糊值；另一种为偏差增量模糊值。它的输出是对上述函数中的系数进行模糊估值。仿真结果表明抖振现象得到了抑制。还有人在初始建模阶段采取模糊系统辨识，其后在变结构控制中对动力学模型进行自适应学习。在这种控制方案中，模糊控制和变结构控制之间的界限很清晰，从仿真结果看，控制性能也较好。

2）神经网络和变结构控制的融合。神经网络和变结构控制的融合一般称为神经网络变结构控制器（Neural Network Varible Structure Controller，NNVSC）。实现融合的途径一般是利用神经网络来近似模拟非线性系统的滑动运动，采用变结构的思想对神经网络的控制律进行增强鲁棒性的设计，这样就可避开学习达到一定的精度后神经网络收敛速度变慢的不利影响。经过仿真实验证明该方法有很好的控制效果。但是由于变结构控制的存在，系统会出现力矩抖振。如果考虑利用滑模控制技术，需要知道系统的不确定性的上界，但在实际应用中，许多系统的不确定界却难以得到。因此利用神经网络估计系统的不确定性的未知界，克服了常规滑模控制需要已知不确定性界的限制，但是由于滑模控制的存在，就有抖振现象，为了消除抖振，可用 S 型函数代替符号函数。经过仿真实验，该控制器能够有效地补偿系统不确定性的影响，保证机器人系统对期望轨迹的快速跟踪。

3）模糊控制和神经网络控制的融合。模糊控制和神经网络控制的融合，一般称为模糊神经网络（fuzzified neural network）或神经网络模糊控制器（neuro-fuzzy controller）。模糊系统和人工神经网络相结合实现对控制对象的自动控制，是由美国学者 B1Kosko 首先提出的。模糊系统和神经网络都属于一种数值化和非数学模型函数估计器的信息处理方法，它们以一种不精确的方式处理不精确的信息。模糊控制引入了隶属度的概念，即规则数值化，从而可直接处理结构化知识；神经网络则需要大量的训练数据，通过自学习过程，借助并行分布结构来估计输入与输出间的映射关系。虽然模糊控制与神经网络处理模糊信息的方式不同，但仍可以将二者结合起来。利用模糊控制的思维推理功能来补充神经网络的神经元之间连接结构的相对任意性；以神经网络强有力的学习功能来对模糊控制的各有关环节进行训练。可利用神经网络在线学习模糊集的隶属度函数，实现其推理过程以及模糊决策等。在整个控制过程中，两种控制动态地发生作用，相互依赖。

第2部分

典型机器人

第 6 章　工业机器人

通常所说的工业机器人一般指用于工业制造环境中，模拟人的手臂的部分动作，按照预定的程序、轨迹及其他要求，实现抓取、搬运工件或操纵工具的自动化装置。工业机器人是一种仿人操作、自动控制、可重复编程、能在三维空间完成各种作业的自动化生产设备，特别适合于多品种、变批量的柔性生产。对稳定、提高产品质量，提高生产效率，改善劳动条件和产品的快速更新换代起着十分重要的作用。如汽车制造、摩托车制造、舰船制造、家电产品（电视机、电冰箱、洗衣机等）、化工等行业自动化生产线中的点焊、弧焊、喷漆、切割、电子装配及物流系统的搬运、包装、码垛等作业的机器人。

6.1　工业机器人的发展历史

6.1.1　工业机器人发展概况

工业机器人的研究工作是 20 世纪 50 年代初从美国开始的。日本、俄罗斯、欧洲的研制工作比美国大约晚 10 年，但日本的发展速度比美国快。欧洲特别是西欧各国比较注重工业机器人的研制和应用，其中英国、德国、瑞典、挪威等国的技术水平较高，产量也较大。

第二次世界大战期间，由于核工业和军事工业的发展，美国原子能委员会的阿尔贡研究所研制了“遥控机械手”，用于代替人生产和处理放射性材料。1948 年，这种较简单的机械装置被改进，开发出了机械式的主从机械手（见图 6-1）。它由两个结构相似的机械手组成，主机械手在控制室，从机械手在有辐射的作业现场，两者之间有透明的防辐射墙相隔。操作者用手操纵主机械手，控制系统会自动检测主机械手的运动状态，并控制从机械手跟随主机械手运动，从而解决对放射性材料的远距离操作问题。这种被称为主从控制的机器人控制方式，至今仍在很多场合中应用。

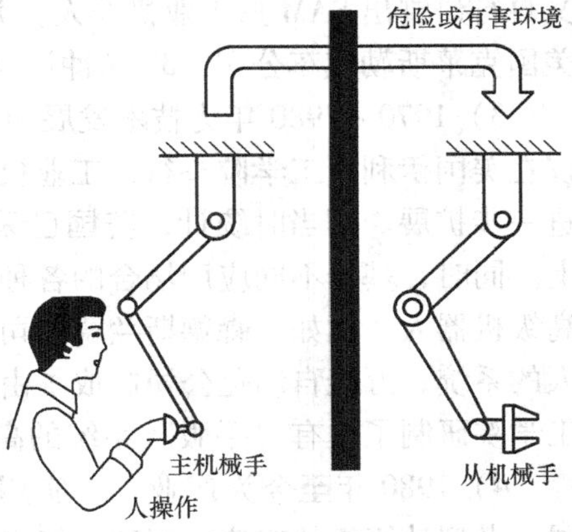

图 6-1　主从机械手

由于航空工业的需求，1951 年美国麻省理工学院（MIT）成功开发了第一代数控机床（CNC），并进行了与 CNC 相关的控制技术及机械零部件的研究，为机器人的开发奠定了技术基础。

1954 年，美国人乔治·德沃尔（George Devol）提出了一个关于工业机器人的技术方案，设计并研制了世界上第一台可编程的工业机器人样机，将之命名为“Universal Automation”，并申请了该项机器人专利。这种机器人是一种可编程的零部件操作装置，其工作方式为首先移动机械手的末端执行器，并记录下整个动作过程；然后，机器人反复再现整个动作过程。后来，在此基础上，Devol 与 Engerlberge 合作创建了美国万能自动化公司（Unimation）。该公司于 1962 年生产了第一台机器人，取名 Unimate（见图 6-2）。这种机器人采用极坐标式结构，外形完全像坦克炮塔，可以实现回转、伸缩、俯仰等动作。

在 Devol 从申请专利到真正实现设想的这八年时间里，美国机床与铸造公司（AMF）也在从事机器人的研究工作，并于 1960 年生产了一台被命名为 Versation 的圆柱坐标型的数控自动机械，并以 Industrial Robot（工业机器人）的名称进行宣传。通常认为这是世界上最早的工业机器人。

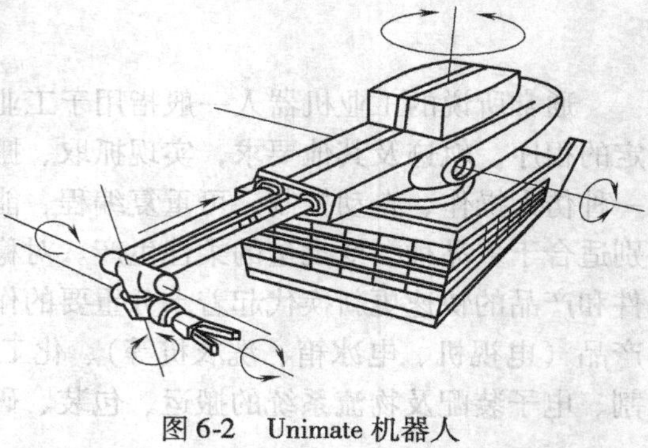

图 6-2　Unimate 机器人

Unimate 和 Versation 这两种型号的机器人以"示教再现"的方式在汽车生产线上成功地代替工人进行传送、焊接、喷漆等作业，它们在工作中反映出来的经济效益、可靠性、灵活性，令其他发达国家工业界为之倾倒。于是，Unimate 和 Versation 作为商品开始在世界市场上销售。

从此以后，美国工业机器人技术的发展，大致经历了如下几个阶段：

1）1963 ~ 1967 年为实验定型阶段。1963 ~ 1966 年，万能自动化公司制造的工业机器人供用户做工艺实验；1967 年，该公司生产的工业机器人定型为 1900 型。

2）1968 ~ 1970 年为实际应用阶段。从 20 世纪 60 年代后期开始，搬运、喷漆、弧焊机器人相继在生产中得以应用，并且出现了由加工中心和工业机器人组成的柔性制造单元（FMC）。例如，美国通用汽车公司（GM）1968 年订购了 68 台工业机器人；1969 年该公司又自行研制出 SAM 型工业机器人，并用 21 台组成了点焊小汽车车身的焊接自动线；又如，美国克莱斯勒汽车公司，32 条冲压自动线上的 448 台冲床都用工业机器人传递工件。

3）1970 ~ 1980 年为技术发展和推广应用阶段。1970 年 4 月，第一次国际工业机器人会议在美国伊利斯工学院举行，工业机器人多种卓有成效的实用范例促进了机器人应用领域的进一步扩展。据当时统计，美国已采用大约 200 台工业机器人，工作时间共达 6×10^5h 以上。同时，基于不同应用场合的各种坐标系统、各种结构的机器人相继出现，产生了所谓的高级机器人。例如，森德斯兰德公司（Sundstrand）发明了用小型计算机控制 50 台工业机器人的系统；万能自动化公司制成了由 25 台工业机器人操纵的汽车车轮自动生产线；麻省理工学院研制了具有"手眼"系统的高识别能力的微型机器人。

4）1980 年至今为产业化、实用化、商品化阶段。随着大规模集成电路技术的飞速发展，微型计算机的普遍应用和性能飞跃，机器人的控制性能得到了大幅度的提高，成本不断下降，于是产生了不同用途的机器人。工业机器人进入了商品化和实用化阶段，形成了大规模的机器人产业。

日本、俄罗斯、西欧等，大都是从 1967、1968 年开始以美国的 Unimate 和 Versation 型机器人为蓝本进行研制的。

以日本为例，日本是工业机器人发展最快、应用最多的国家。1967 年，日本丰田纺织自动化公司购买了第一台 Versation 机器人；1968 年，川崎重工业公司从美国引进 Unimate 机器人生产技术。随后，经过消化、仿制、改进、创新，到 20 世纪 80 年代中期，一跃成为"机器人王国"，其机器人的产量和安装的台数在国际上跃居首位。按照日本产业机器人工业会常务理事米本完二的说法："日本机器人的发展经历了 20 世纪 60 年代的摇篮期，70 年代的实用期，到 80 年代进入普及提高期。"并正式把 1980 年定为产业机器人的普及元年。开始在各个领域内广泛推广使用机器人。现在，日本已经形成了一个相当大的机器人产业，不但川崎、三菱、丰田等一些汽车机械企业在生产机器人，就连索尼、雅马哈等一些以电子产品为主的企业也有规模很大的机器人生产能力。机器人的研究工作在日本也很普及，很多著名的高等院校，如东京工业大学、早稻田大学、大阪大学、京都大学、筑波大学等都有很强的机器人研究队伍，一些国立的专业研究所也在从事机器人的研究工作。

20 世纪 80 年代以来，国际机器人以 25% ~30% 的年增长率发展。这是由于工业自动化正向着"柔性生产"的方向发展，以适应多品种、中小批量生产或混流生产的需要。到 2002 年，全世界服役的机器人大约有 100 万台。

6.1.2　中国工业机器人研制情况

我国工业机器人起步于 20 世纪 70 年代初期，经过 30 多年的发展，大致经历了三个阶段：20 世纪 70 年代的萌芽期，80 年代的开发期和 90 年代的实用化期。

我国于 1972 年开始研制自己的工业机器人。当时，中科院北京自动化研究所和沈阳自动化研究所相继开展了机器人技术的研究工作。

进入 20 世纪 80 年代后，在高技术浪潮的冲击下，我国机器人技术的开发与研究得到了政府的重视与支持。"七五"期间，国家投入资金，对工业机器人及其零部件进行攻关，完成了示教再现式工业机器人成套技术的开发，研制出了喷涂、点焊、弧焊和搬运机器人。1986 年国家高技术研究发展计划（863 计划）开始实施，智能机器人主题跟踪世界机器人技术的前沿，经过几年的研究，取得了一大批科研成果，成功地研制出了一批特种机器人。

从 20 世纪 90 年代初期起，我国的工业机器人又在实践中迈进一大步，先后研制出了点焊、弧焊、装配、喷漆、切割、搬运、包装码垛等各种用途的工业机器人，并实施了一批机器人应用工程，形成了一批机器人产业化基地。

到目前为止，我国在机器人的技术研究方面已经相继取得了一批重要成果，在某些技术领域已经接近国际前沿水平。比如我国自行研制的水下机器人，在无缆的情况下可潜入水下 6000m，而且具有自主功能，这一技术达到了国际先进水平。但从总体上看，我国在智能机器人方面的研究可以说还是刚刚起步，机器人传感技术和机器人专用控制系统等方面的研究还比较薄弱。另外，在机器人的应用方面，我国就显得更为落后。国内自行研制的机器人当中，能真正应用于生产部门并具有较高可靠性和良好工作性能的并不多。在这方面，北京自动化研究所研制的 PJ 型喷漆机器人是国内值得骄傲的机器人，其性能指标已经与国际同类水平相当，而且在生产线上也经过了长期检验，受到了用户的好评，现已批量生产。

值得一提的是，最近几年，我国在汽车、电子行业相继引进了不少生产线，其中就有不少配套的机器人装置。另外，国内的一些高等院校和科研单位也购买了一些国外的机器人，这些机器人的引入，也为我国在相关领域的研究工作提供了许多借鉴。

6.2　工业机器人的基本组成

工业机器人通常由执行机构、驱动系统、控制系统和传感系统四部分组成，如图 6-3 所示。

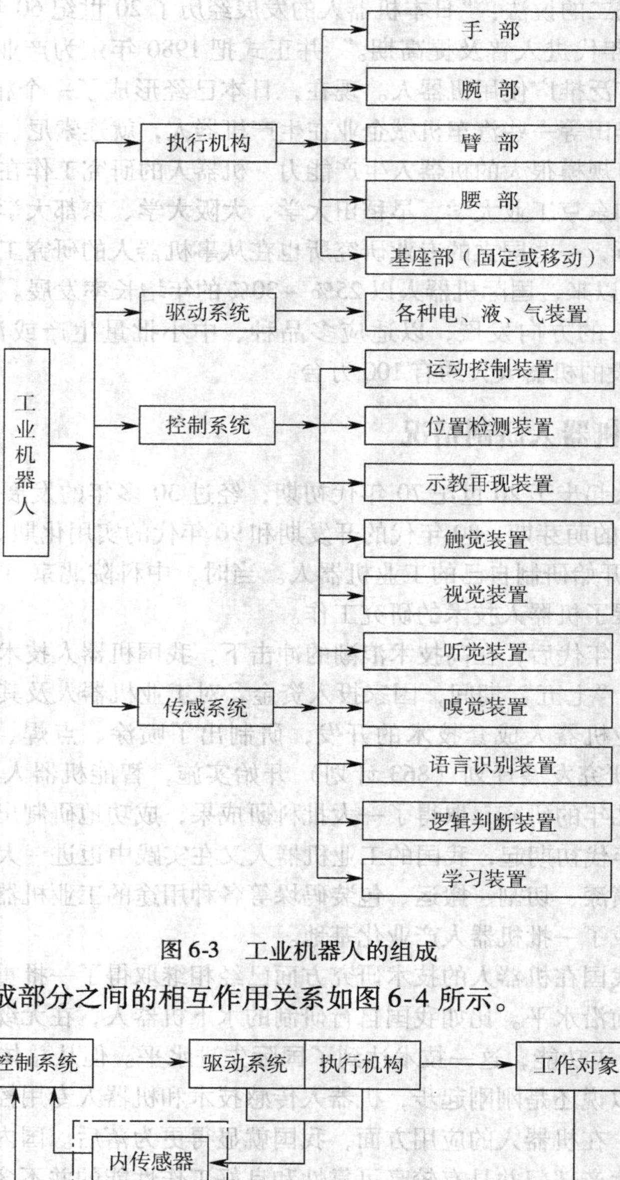

图 6-3 工业机器人的组成

工业机器人各组成部分之间的相互作用关系如图 6-4 所示。

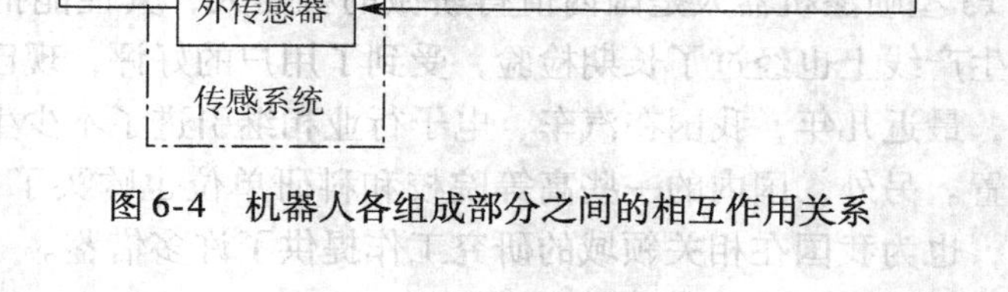

图 6-4 机器人各组成部分之间的相互作用关系

6.2.1 执行机构

执行机构是机器人赖以完成工作任务的实体，通常由一系列连杆、关节或其他形式的运动副所组成。工业机器人的执行机构从功能的角度可分为手部、腕部、臂部、腰部和机座，如图 6-5 所示。

1. 手部

工业机器人的手部也叫作末端执行器，是装在机器人手腕上直接抓握工件或执行作业的部件。对于机器人来说手部是完成作业好坏、作业柔性好坏的关键部件之一。

手部可以像人手那样具有手指，也可以不具备手指；可以是类似人手的手爪，也可以是进行某种作业的专用工具，比如机器人手腕上的焊枪、油漆喷头等。各种手部的工作原理不同，结构形式各异，常用的手部按其夹持原理的不同，可分为机械式、磁力式和真空式三种。

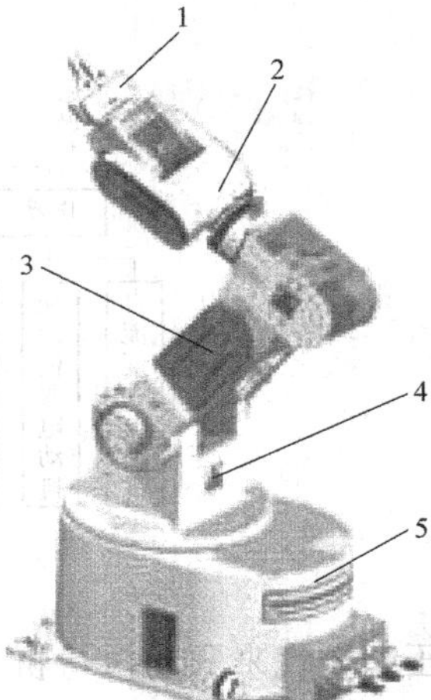

图6-5　工业机器人的执行机构
1—手部　2—腕部　3—臂部
4—腰部　5—机座

2. 腕部

工业机器人的腕部是连接手部和臂部的部件，起支撑手部的作用。机器人一般具有六个自由度才能使手部达到目标位置和处于期望的姿态，腕部的自由度主要是实现所期望的姿态，并扩大臂部运动范围。手腕按自由度个数可分为单自由度手腕、二自由度手腕和三自由度手腕。腕部实际所需要的自由度数目应根据机器人的工作性能要求来确定。在有些情况下，腕部具有两个自由度：翻转和俯仰或翻转和偏转。有些专用机器人没有手腕部件，只有手部；为了特殊要求有的腕部还有横向移动自由度。

3. 臂部

工业机器人的臂部是连接腰部和腕部的部件，用来支撑腕部和手部，实现较大运动范围。臂部一般由大臂、小臂（或多臂）所组成。臂部总质量较大，受力一般比较复杂，在运动时，直接承受腕部、手部和工件的静、动载荷，尤其在高速运动时，将产生较大的惯性力（或惯性力矩），引起冲击，影响定位精度。

4. 腰部

腰部是连接臂部和基座的部件，通常是回转部件。由于它的回转，再加上臂部的运动，就能使腕部作空间运动。腰部是执行机构的关键部件，它的制作误差、运动精度和平稳性对机器人的定位精度有决定性的影响。

5. 机座

机座是整个机器人的支持部分，有固定式和移动式两类。移动式机座用来扩大机器人的活动范围，有的是专门的行走装置，有的是轨道、滚轮机构。机座必须有足够的刚度和稳定性。

6.2.2　驱动系统

工业机器人的驱动系统是向执行系统各部件提供动力的装置，包括驱动器和传动机构两部分，它们通常与执行机构连成一体。驱动器通常有电动、液压、气动装置以及把它们结合起来应用的综合系统。常用的传动机构有谐波传动、螺旋传动、链传动、带传动以及各种齿轮传动等机构。工业机器人驱动系统的组成如图6-6所示。

1. 气力驱动

气力驱动系统通常由气缸、气阀、气罐和空压机（或由气压站直接供给）等组成，以

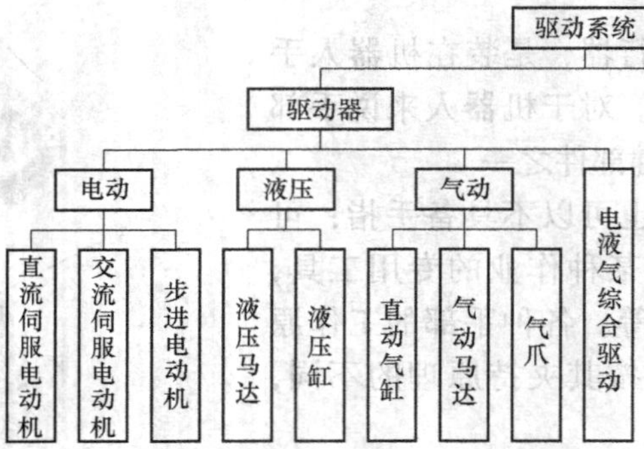

图 6-6 工业机器人驱动系统的组成

压缩空气来驱动执行机构进行工作。其优点是空气来源方便、动作迅速、结构简单、造价低、维修方便、防火防爆、漏气对环境无影响；缺点是操作力小、体积大，又由于空气的压缩性大，速度不易控制、响应慢、动作不平稳、有冲击，因起源压力一般只有60MPa左右，故此类机器人适宜抓举力要求较小的场合。

2. 液压驱动

液压驱动系统通常由液动机（各种油缸、油马达）、伺服阀、油泵、油箱等组成，以压缩机油来驱动执行机构进行工作。其特点是操作力大、体积小、传动平稳且动作灵敏、耐冲击、耐振动、防爆性好。相对于气力驱动，液压驱动的机器人具有大得多的抓举能力，可高达上百千克。但液压驱动系统对密封的要求较高，且不宜在高温或低温的场合工作，要求的制造精度较高，成本较高。

3. 电力驱动

电力驱动是利用电动机产生的力或力矩，直接或经过减速机构驱动机器人，以获得所需的位置、速度和加速度。电力驱动具有电源易取得，无环境污染，响应快，驱动力较大，信号检测、传输、处理方便，可采用多种灵活的控制方案，运动精度高，成本低，驱动效率高等优点，是目前机器人使用最多的一种驱动方式。驱动电动机一般采用步进电动机、直流伺服电动机以及交流伺服电动机。由于电动机转速高，通常还需采用减速机构。目前有些机构已开始采用无需减速机构的特制电动机直接驱动，这样既可简化机构，又可提高控制精度。

4. 其他驱动方式

采用混合驱动，即液-气或电-气混合驱动。

6.2.3 控制系统

控制系统的任务是根据机器人的作业指令程序以及从传感器反馈回来的信号支配机器人的执行机构完成固定的运动和功能。若工业机器人不具备信息反馈特征，则为开环控制系统；若具备信息反馈特征，则为闭环控制系统。

工业机器人的控制系统主要由主控计算机和关节伺服控制器组成，如图6-7所示。上位主控计算机主要根据作业要求完成编程，并发出指令控制各伺服驱动装置使各杆件协调工作，同时还要完成环境状况、周边设备之间的信息传递和协调工作。关节伺服控制器用于实现驱动单元的伺服控制，轨迹插补计算以及系统状态监测。机器人的测量单元一般是安装在执行部件中的位置检测元件（如光电编码器）和速度检测元件（如测速电机），这些检测量反馈到控制器中或者用于闭环控制，或者用于监测，或者进行示教操作。人机接口除了包括一般的计算机键盘、鼠标外，通常还包括手持控制器（示教盒），通过手持控制器可以对机器人进行控制和示教操作。

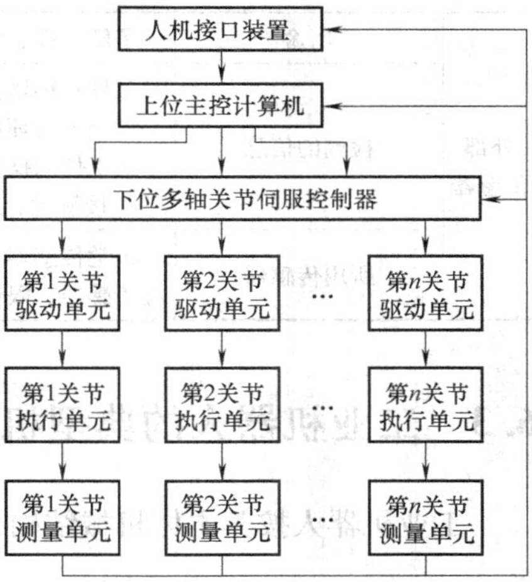

图 6-7　工业机器人控制系统一般构成

工业机器人通常具有示教再现和位置控制两种方式。示教再现控制就是操作人员通过示教装置把作业程序内容编制成程序，输入到记忆装置中，在外部给出启动命令后，机器人从记忆装置中读出信息并送到控制装置，发出控制信号，由驱动机构控制机械手的运动，在一定精度范围内按照记忆装置中的内容完成给定的动作。实质上，工业机器人与一般自动化机械的最大区别就是它具有“示教-再现”功能，因而表现出通用、灵活的“柔性”特点。

工业机器人的位置控制方式有点位控制和连续路径控制两种。其中，点位控制方式只关心机器人末端执行器的起点和终点位置，而不关心这两点之间的运动轨迹，这种控制方式可完成无障碍条件下的点焊、上下料、搬运等操作。连续路径控制方式不仅要求机器人以一定的精度达到目标点，而且对移动轨迹也有一定的精度要求，如机器人喷漆、弧焊等操作。实质上这种控制方式是以点位控制方式为基础，在每两点之间用满足精度要求的位置轨迹插补算法实现轨迹连续化的。

6.2.4　传感系统

传感系统是机器人的重要组成部分，按其采集信息的位置，一般可分为内部和外部两类传感器。内部传感器是完成机器人运动控制所必需的传感器，如位置、速度传感器等，用于采集机器人内部信息，是构成机器人不可缺少的基本元件。外部传感器检测机器人所处环境、外部物体状态或机器人与外部物体的关系。常用的外部传感器有力觉传感器、触觉传感器、接近觉传感器、视觉传感器等。一些特殊领域应用的机器人还可能需要具有温度、湿度、压力、滑动量、化学性质等感觉能力方面的传感器。机器人传感器的分类见表 6-1。

传统的工业机器人仅采用内部传感器，用于对机器人运动、位置及姿态进行精确控制。使用外部传感器，使得机器人对外部环境具有一定程度的适应能力，从而表现出一定程度的智能。

表 6-1　机器人传感器的分类

内部传感器	用途	机器人的精确控制
	检测的信息	位置、角度、速度、加速度、姿态、方向等
	所用传感器	微动开关、光电开关、差动变压器、编码器、电位计、旋转变压器、测速发电机、加速度计、陀螺、倾角传感器、力（或力矩）传感器等

（续）

外部传感器	用途	了解工件、环境或机器人在环境中的状态，对工件进行灵活、有效地操作
	检测的信息	工件和环境：形状、位置、范围、质量、姿态、运动、速度等 机器人与环境：位置、速度、加速度、姿态等 对工件的操作：非接触（间隔、位置、姿态等）、接触（障碍检测、碰撞检测等）、触觉（接触觉、压觉、滑觉）、夹持力等
	所用传感器	视觉传感器、光学测距传感器、超声测距传感器、触觉传感器、电容传感器、电磁感应传感器、限位传感器、压敏导电橡胶、弹性体加应变片等

6.3 工业机器人的典型机构

工业机器人按其本体机械结构，可分为 SCARA 型、平行杆型和多关节等几种典型机构。

6.3.1 SCARA 机构

SCARA 是 Selective Compliance Assembly Robot Arm 的缩写，意思是具有选择顺应性的装配机器人手臂。它具有平行的肩关节和肘关节，关节轴线共面。这种机器人在水平方向有顺应性，而在垂直方向则具有很大的刚性。由于各个臂都只沿水平方向旋转，故又称水平关节型机器人，多用于装配，也称为装配机器人。

SCARA 型机器人大多采用四自由度结构，这是由于装配操作对姿态的要求只需绕 Z 轴转动，故一般是由四个关节组成。根据作业要求，少部分操作机在手腕处再增加一个沿 Z 轴的微小移动。

图 6-8 所示为采用伺服电动机驱动的 SCARA 日本机器人 DAIKIN 的 S1400 操作机。这里以该机器人为例说明 SCARA 型机器人的传动特点：

整个大小臂的升降，是位于底座内的伺服电动机通过齿形的带驱动滚珠丝杠来实现的；大臂回转是由 θ_1 轴上的电动机通过谐波减速器直接带动的；小臂回转是由固定在 θ_1 轴右侧的电动机经过谐波传动减速后，带动平行四杆机构实现对 θ_2 轴的转动而得到的；手腕的回转是由装在小臂内的带减速装置的电动机经齿形带使其绕 θ_3 轴转动而得到的。

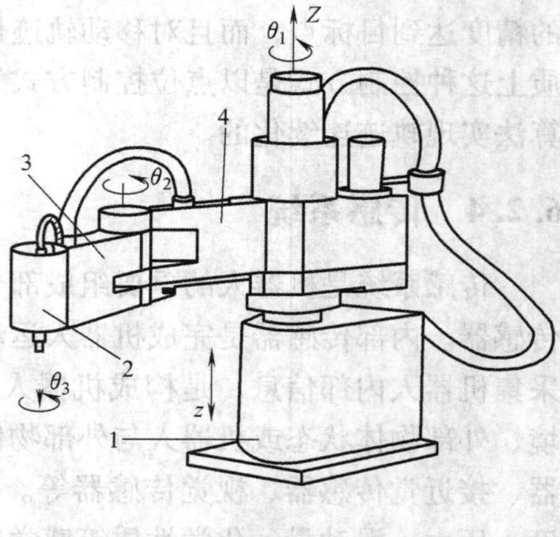

图 6-8 SCARA 机器人 S1400

1—底座部 2—腕部 3—小臂部 4—大臂部

SCARA 型机器人是一种精密型机器人，具有速度快、精度高、柔性好等特点，可应用于电子、机械和轻工业等有关产品的自动装配、搬运、调试等工作。如 S1400 操作机从停止状态到最高速度时所用加速时间仅 0.2s 左右，而由最高速度到停止时所用减速时间仅为 0.15s 左右。机器人的两个水平旋转臂（即图中的大臂及小臂）形成类似人手臂的构造，当进行轴向孔内插入作业时，即使中心稍有偏离，也能正确插入。这是因为当轴与孔的倒角部位接触时，就会产生水平方向的反作用力，在这种反作用力的作用下，该机器人的 θ_2 轴就会产生移位，轴不需倾斜就可移向孔中心，即它可以被动地对准孔中心。即使机器人示教不十分准确也可以顺利地进行轴与孔的装配操作。

SCARA 型机器人 S1400 的技术性能见表 6-2。

表 6-2　SCARA 型机器人的技术性能

自由度	4	
可搬质量	15kg	
关节轴	动作范围	动作速度
Z 轴上下	300mm	300mm/s
θ_1 轴回转（水平）	350mm × 250°	1500mm/s
θ_2 轴回转（水平）	300mm × 115°	1000mm/s
θ_3 轴手腕回转	±180°	360°/s
重复位置精度	±0.05mm	
本体质量	115kg	

6.3.2　平行杆型机构

平行杆型机构又称并联平行四边形机构，其特点是机器人的上臂通过一根拉杆驱动，拉杆与下臂组成一个平行四边形的两条边，故而得名。

图 6-9、图 6-10 分别为平行杆型机器人 Motoman-L10 的立体图和传动示意图。这里以该机器人为例说明平行杆型机器人的传动特点：

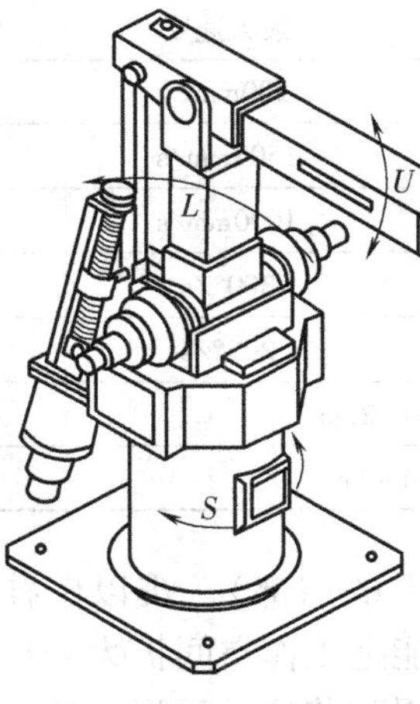

图 6-9　Motoman-L10 立体图

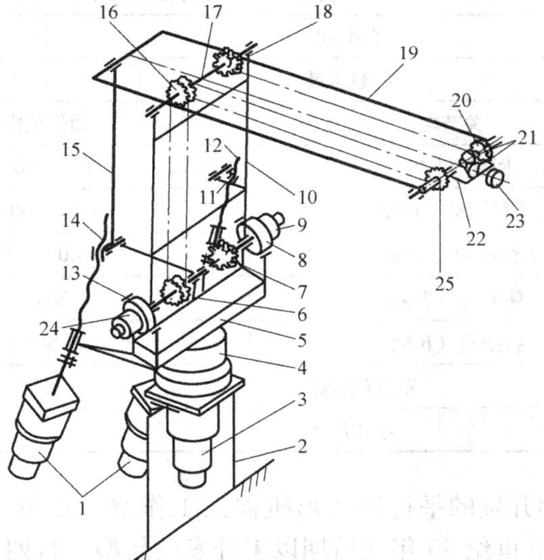

图 6-10　Motoman-L10 传动示意图

1、3、9、24—直流伺服电动机　2—机座　4、8、13—谐波齿轮减速器　5—回转壳　6—链轮Ⅰ　7—链轮Ⅱ　10—下臂杆　11—凸耳　12、14—滚珠丝杠　15—拉杆　16、18—双联链轮　17—销轴　19—上臂杆　20、25—链轮　21—锥齿轮　22—腕壳　23—手部固结法兰腰部旋转（即 S 轴旋转）是由 400W 的直流伺服电动机 3 通过谐波齿轮减速器 4 减速后带动回转壳 5 绕竖轴旋转的。

下臂倾动（即 L 轴旋转）是由 400W 的直流伺服电动机 1 带动滚珠丝杠 12，再由滚珠丝杠 12 带动下臂杆 10 上的凸耳 11 驱动下臂前后倾动的。

上臂俯仰（即 U 轴旋转）是由 400W 的直流伺服电动机 1 带动另一滚珠丝杠 14，再由滚珠丝杠带动平行四边形机构的主动杆摆动，借助于该平行四边形机构的拉杆 15 迫使上臂杆 19 以下臂杆 10 上端的销轴 17 为支撑作上下俯仰运动。

腕摆运动（即 B 轴旋转）是由 200W 的直流伺服电动机 24，通过谐波齿轮减速器 13 带动下臂杆 10 内的链条运动，再通过下臂杆 10 上面销轴 17 上的一个双联链轮 16 带动上臂杆 19 内的链条转动，从而带动与腕壳固连在一起的链轮 25，驱使腕壳 22 上下摆动。

手部回转（即 T 轴旋转）使用 200W 的另一直流伺服电动机 9 通过谐波齿轮减速器 8，带动下臂杆内的另一链条运动，再通过下臂杆上面销轴上的另一双联链轮 18 带动上臂杆 19 内的另一链条，并带动腕壳内的链轮 20，该链轮与大锥齿轮 21 同轴固连，再带动小锥齿轮轴，最后带动手部固结法兰 23 旋转。

必须指出，由于使用了上述传动机构，故当下臂倾倒时，不影响上臂的取向（姿态），上下臂一起运动或单独运动时不影响手部固结法兰的姿态，也就是手部姿态不变。又由于腕部采用差动轮系，故当腕摆动时，还会诱发手部回转。只有当腕部两链轮同向同速转动时（即两者无相对运动时），手部才不发生诱导回转运动。

平行杆型机器人 Motoman-L10 的技术性能见表 6-3。

表 6-3 平行杆型机器人 Motoman-L10 的技术性能

自由度	5	
可搬质量	10kg	
关节轴	动作范围	最大速度
回旋（S 轴）	0° ~240°	300mm/s
下臂倾动（L 轴）	-40° ~40°	1500mm/s
上臂倾动（U 轴））	-40° ~20°	1000mm/s
腕回旋（T 轴）	360°	300°/s
腕摆动（B 轴）	180°	200°/s
重复位置精度	±0.2mm	
本体质量	400kg	

早期开发的平行四边形机器人工作空间比较小（局限于机器人的前部），难以倒挂工作。但 20 世纪 80 年代后期以来开发的新型平行四边形机器人，已能把工作空间扩大到机器人的顶部、背部及底部，机器人的刚度又比关节式机器人高，从而得到普遍的重视。这种结构形式不仅适合于轻型机器人，也适合于重型机器人。近年来点焊用机器人（负载 100 ~150kg）大多选用平行四边形结构形式的机器人。

6.3.3 多关节机构

多关节型机器人一般由多个转动关节串联起若干连杆组成的开链式机构，是模拟人类腰部到手臂的基本结构而构成的。其机械本体部分通常包括机座（即底部和腰部的固定支撑）结构、腰部关节转动装置、大臂结构及大臂关节转动装置、小臂结构及小臂关节转动装置、手腕结构及手腕关节转动装置和末端执行器（即手爪部分）。小臂和大臂间的关节称为肘关节，大臂和底座间的关节称为肩关节，绕底座的旋转称为腰关节。腰、肩和肘的三个关节一般为转动关节，其中两个关节轴线平行，构成较复杂形状的工作范围，用于决定手部的空间位置，其腕部一般具有翻转、俯仰和偏转三个自由度，用于决定手部的姿态。图 6-11 所示的 PUMA-262 关节型机器人就体现了这种构造特点。

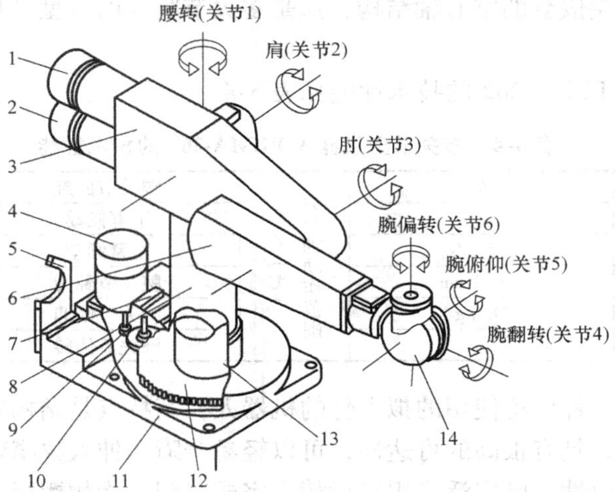

图 6-11　PUMA-262 关节型机器人结构简图

1—关节 2 的电动机　2—关节 3 的电动机　3—大臂　4—关节 1 的电动机　5—小臂定位夹板　6—小臂　7—气动阀　8—立柱　9—直齿轮　10—中间齿轮　11—基座　12—主齿轮　13—管形连接轴　14—手腕

图 6-12 是 PUMA-262 机器人的传动原理。这里以该机器人为例说明多关节型机器人的传动特点：

腰部的旋转是由位于底座上关节 1 的电动机通过两级齿轮传动实现的，可带动整个手臂绕铅垂轴线水平旋转。

大臂和小臂各有一个关节做垂直平面摆动：大臂的回转是由关节 2 的电动机通过一级锥

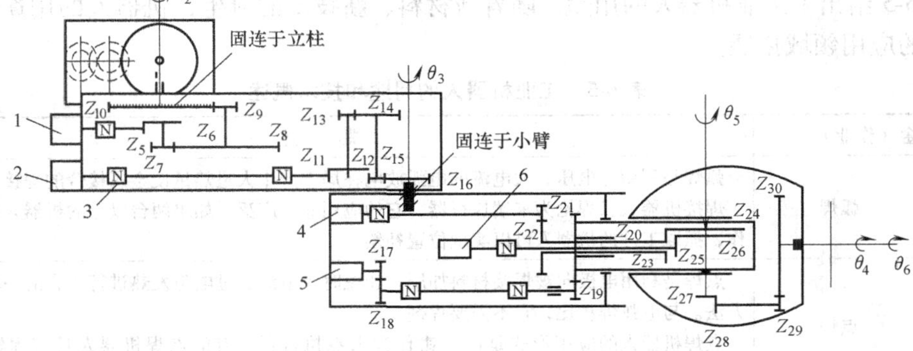

图 6-12　PUMA-262 关节型机器人传动原理

1—关节 2 的电动机　2—关节 3 的电动机　3—联轴器　4—关节 5 的电动机　5—关节 4 的电动机　6—关节 6 的电动机

齿轮和两级直齿圆柱齿轮减速实现的；小臂的回转是由关节3的电动机通过一级锥齿轮和两级直齿圆柱齿轮减速实现的。

手腕部集中了三个转动关节，分别由三个电动机经直齿轮减速和锥齿轮换向后实现手腕的翻转、俯仰和偏转运动，从而用来实现手部的姿态。

该机器人的机械传动系统共有30个齿轮，为了实现在同一平面改变传递方向90°，有10个齿轮为圆锥齿轮，有利于简化系统运动方程式的结构形式。如果采用蜗轮蜗杆机构，则必然以空间交叉方式变向，就不利于简化系统运动方程式的结构形式。此外，在腕部空间紧凑处，还采用了三层嵌套的空心轴结构，这是多关节腕部的典型结构，反映出机器人传动的结构特点。

多关节型机器人PUMA-262的技术性能见表6-4。

表6-4 多关节型机器人PUMA-262的技术性能

自由度	6	关节轴动作范围/(℃)	腰关节回旋	308°
可搬质量	4kg		下臂倾动	314°
直线最大速度	0.5m/s		上臂倾动	292°
重复位置精度	±0.1mm		腕关节翻转	578°
本体质量	182kg		腕关节俯仰	244°
			腕关节偏转	534°

关节型机器人是一种广泛使用的拟人化的机器人，其特点是结构紧凑、工作范围广且占用空间小、动作灵活、具有很高的可达性，可以轻易避障和伸入狭窄弯曲的管道作业，对多种作业都有良好的适应性，已广泛应用于代替人完成装配、货物搬运、电弧焊接、喷涂、点焊等作业场合，成为使用最为广泛的机器人。

6.4 工业机器人的种类及应用

目前，工业机器人已越来越多的深入到工业生产的各个领域，广泛应用于汽车及汽车零部件制造业、机械加工行业、电子电气行业、橡胶及塑料工业、食品工业、木材与家具制造业等领域中，是最成熟、应用最广泛的一类机器人。在工业生产中，弧焊机器人、点焊机器人、装配机器人、喷漆机器人、搬运机器人及其他用途的工业机器人都已被大量采用。

表6-5给出了工业机器人的用途。随着新材料、新技术的诞生，机器人的用途还会不断地向新的应用领域拓展。

表6-5 工业机器人的用途和技术概述

用途（作业）		概述
焊接	弧焊	弧焊是利用低电压、大电流的电弧放电在局部产生大量热量使金属接合的焊接方法 焊接机器人以焊枪为末端执行器，它的应用非常广泛。如果两台以上的机器人进行协调操作，抓取工件的机器人可以实现位置补偿
	点焊	点焊是利用电极向被焊接材料加压，让短时大电流通过电阻发热进行接合的一种电阻焊的方法。与电弧焊相比，它不需要焊剂 点焊机器人的应用形式是以焊钳作为末端执行器。有的点焊机器人具有焊钳交换功能（机械接口），可以通过更换焊钳实现打点功能
	其他焊接	如激光焊接、利用摩擦接合的焊接方法

（续）

用途（作业）		概　述
装配	一般装配	利用高精度和高刚性机器人完成装配、紧固等作业。作业对象一般限于人的两手活动范围大小的各种设备、装置、结构件、零件等
	插装	该工序将 DIP IC、接线端子、电容等电子元器件插入印制电路板。此类作业既可以采用通用机械手，也可以采用专用电子元件装配机器人
	表面贴装	用于将芯片贴装到印制电路板上。机器人的工作条件与插装类似
	密封、胶合	密封以防水、防尘为目的，胶合以结合为目的 密封作业是在机器人的末端执行器部位安装封口枪，靠压力将密封材料按数量要求送到指定位置完成涂布工序。胶合作业则在机器人末端执行器部位安装敷料喷嘴，在料罐压力下黏合胶被压送至给定位置，按给定的数量将其涂布在工件上
	螺栓紧固	螺栓紧固机器人利用真空吸附或磁力吸附抓握螺栓，按给定的压力和转矩紧固螺栓。螺栓紧固机器人也常用于螺栓检查作业
	其他装配	在装配作业中，机器人完成各种零件的拾放等任务
搬运	出入库	将装满产品的方箱或托盘码垛、拆垛，或者把产品码放在托盘上
	测量、检查	机器人可用于产品完工后的检查或出库检查，避免次品出入库，为保证产品出库质量进行必要的测量、检查。检查包括外观检查（零件产品的表面缺陷、异物混入、形状不良等外观或缺陷检查）和特性检查（排除电气、机械无法正确动作造成的废品） 检查有两种形式：一种是在机器人末端执行器部位安装探测传感器进行检查；另一种是机器人将单个零件运送到检查设备附近接受检查
	材料搬运	搬运工件，在不同工序之间实现转送
	上、下料作业	机器人用于机床的毛坯的运输、供应，工件的装卸作业
喷漆	喷 涂	以喷枪为机器人的末端执行器完成工件的喷涂任务
其他	机械加工	如锻造、板料冲压、研磨、气割、激光切割等
	教学和研究	用于学校的教育、公司的内部教育，以及引进实际机器人之前的仿真测试等
	洁净间作业	用于洁净间内的工件搬运或测量等作业，如液晶平板、晶片等的搬运

6.4.1　焊接机器人

焊接机器人是在工业机器人的末轴法兰上装接焊钳或焊（割）枪，使之能进行焊接、切割或热喷涂的机器人。由于许多构件对焊接精度和速度等提出越来越高的要求，一般工人已难于胜任这一工作；此外，焊接时的火花及烟雾等对人体造成危害，所以焊接过程的完全自动化已成为重要的研究课题。其中，十分重要的就是要应用焊接机器人。目前焊接机器人是最大的工业机器人应用领域，占工业机器人总数的25%左右。

1. 焊接机器人系统组成

机器人仅是一个实现运动和姿态的操作机，要完成焊接作业必须依赖控制系统与辅助设备的支持和配合，一起组成焊接机器人系统。完整的焊接机器人系统一般由如下几部分组成：机械手、变位机、控制器、焊接系统（专用焊接电源、焊枪或焊钳等）、焊接传感器、中央控制计算机和相应的安全设备等。典型的焊接机器人系统组成如图 6-13 所示。

机械手是焊接机器人系统的执行机构，它由驱动器、传动机构、连杆、关节以及内部传

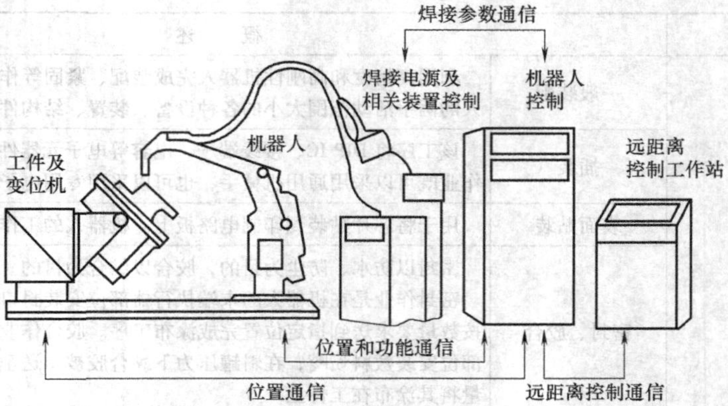

图 6-13 典型的焊接机器人系统组成

感器（编码盘）等组成。其任务是精确地保证末端执行器（焊枪）所要求的空间位置、姿态并实现其运动。由于具有六个旋转关节的关节式机器人已被证明能在机构尺寸相同情况下获得最大的工作空间，并且能以较高的位置精度和最优的路径达到指定位置，因而这种类型的机器人在焊接领域得到广泛的应用。

变位机作为机器人焊接生产线及焊接柔性加工单元的重要组成部分，其作用是将被焊接工件旋转（平移）到最佳的焊接位置。在焊接作业前和焊接过程中，变位机通过夹具来装卡和定位被焊工件，对工件的不同要求决定了变位机的负载能力及其运行方式。为了使机械手充分发挥效能，焊接机器人系统通常采用两台变位机，当其中一台进行焊接作业时，另一台则完成工件的装卸，从而提高整个系统的运行效率。

机器人控制器是整个机器人系统的神经中枢，由计算机硬件、软件和一些专用电路组成。其软件包括控制器系统软件、机器人专用语言、机器人运动学及动力学软件、机器人控制软件、机器人自诊断及自保护软件等。控制器负责处理焊接机器人工作过程中的全部信息和控制其全部动作。

焊接系统是焊接机器人完成作业的核心装备，由焊钳（点焊机器人）、焊枪（弧焊机器人）、焊接控制器及水、电、气等辅助部分组成。焊接控制器是焊接系统的控制装置，它根据预定的焊接监控程序，完成焊接参数输入、焊接程序控制及焊接系统故障自诊断，并实现与机器人控制器的通信联系。用于弧焊机器人的焊接电源及送丝设备由于参数选择的需要，必须由机器人控制器直接控制。

在焊接过程中，尽管机械手、变位机、装卡设备和工具等能达到很高的精度，但由于存在被焊工件几何尺寸和位置误差，以及焊接过程中产生的热引起工件的变形，传感器仍是焊接过程中（尤其是焊接大、厚工件时）不可缺少的设备。传感器的任务是实现工件坡口的定位、跟踪以及焊缝熔透信息的获取。

中央控制计算机在工业机器人向系统化、PC 化和网络化的发展过程中发挥着重要的作用。通过相应接口与机器人控制器相连接，中央控制计算机主要用于在同一层次或不同层次的计算机间形成通信网络，同时与传感系统相配合，实现焊接路径和参数的离线编程、焊接专家系统的应用以及生产数据的管理。

安全设备是焊接机器人系统安全运行的重要保障，其主要包括驱动系统过热自断电保护、动作超限位自断电保护、机器人系统工作空间干涉自断电保护以及人工急停断电保护等，它们起到防止机器人伤人和周边设备的作用。在机器人的工作部位还装有各类触觉或接近觉传感器，可以使机器人在过分接近工件或发生碰撞时停止工作。

2. 焊接机器人的基本结构形式及性能

世界各国生产的焊接用机器人基本上都属关节式机器人，绝大部分有六个轴。其中，1、2、3 轴可将末端工具送到不同的空间位置，而 4、5、6 轴解决工具姿态的不同要求。焊接机器人本体的机械结构主要有两种形式：一种为平行杆型机构，一种为多关节型机构，如图 6-14 所示。多关节型机构的主要优点是上、下臂的活动范围大，使机器人的工作空间几乎为一个球体。因此，这种机器人可倒挂在机架上工作，以节省占地面积，方便地面物件的流动。但是这种结构形式的机器人，2、3 轴为悬臂结构，降低了机器人的刚度，一般适用于负载较小的机器人，用于电弧焊、切割或喷涂。平行杆型机器人的工作空间能达到机器人的顶部、背部及底部，又没有多关节型机器人的刚度问题，从而得到普遍的重视，不仅适合于轻型机器人，也适合于重型机器人。

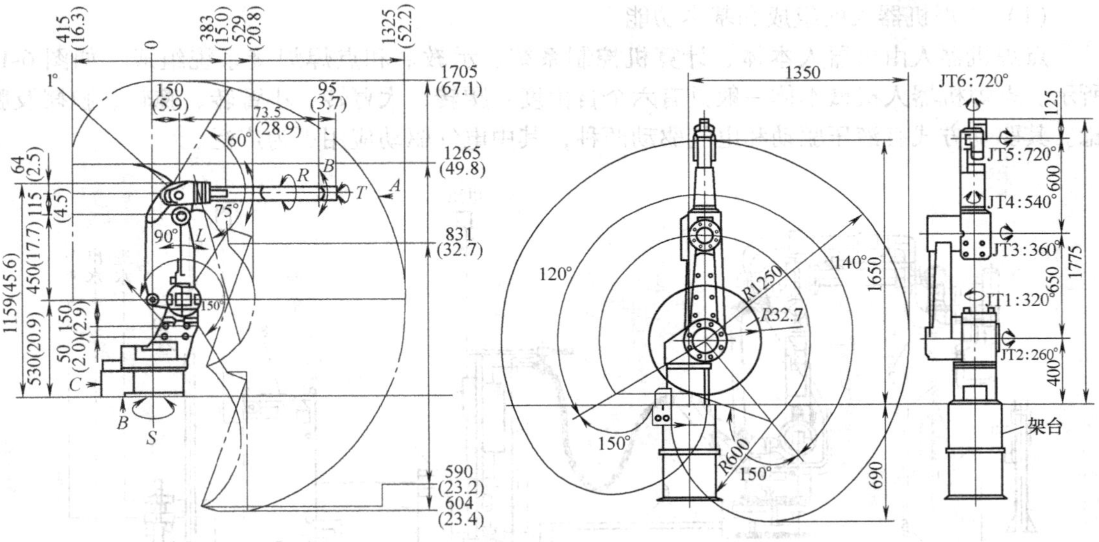

图 6-14　焊接机器人的基本结构形式

a）平行杆型机构　b）多关节型机构

上述两种机器人各个轴都是作回转运动的，故采用伺服电动机通过摆线针轮（RV）减速器（1 ~3 轴）及谐波减速器（1 ~6 轴）驱动。在 20 世纪 80 年代中期以前，对于电驱动的机器人都在使用直流伺服电动机，而 80 年代后期以来，各国先后改用交流伺服电动机。由于交流伺服电动机没有碳刷，动特性好，使新型机器人不仅事故率低，而且免维修时间大为增长，加（减）速度也快。一些负载在 16kg 以下的新的轻型机器人其工具中心点（TCP）的最高运动速度可达 3m/s 以上，定位准确，振动小。同时，机器人的控制柜也改用 32 位的微机和新的算法，使之具有自行优化路径的功能，运行轨迹更加贴近示教的轨迹，如图 6-15 所示。

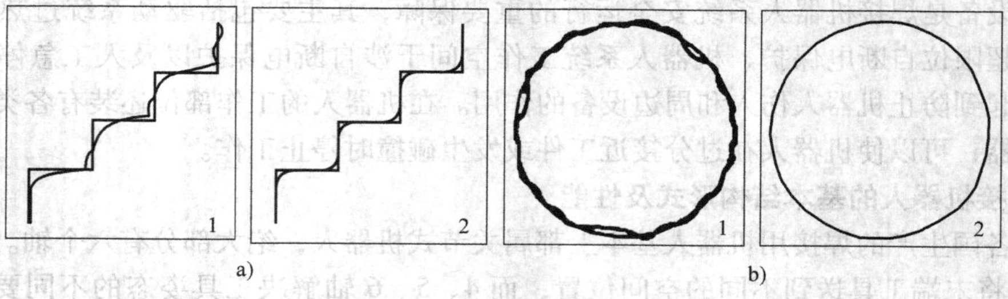

图 6-15 有无自动优化路径功能的机器人运动轨迹的对比

a）焊接速度 $v=450\mathrm{mm/min}$ b）焊接速度 $v=150\mathrm{mm/min}$

1—无优化功能 2—有优化功能

3. 点焊机器人

点焊机器人（spot welding robot）用于点焊自动作业的工业机器人。世界上第一台点焊机于1965年开始使用，是美国Unimation公司推出的Unimate机器人，中国在1987年自行研制成第一台点焊机器人——华宇-Ⅰ型点焊机器人。

（1）点焊机器人的组成和基本功能

点焊机器人由机器人本体、计算机控制系统、示教盒和点焊焊接系统组成，如图6-16所示。点焊机器人机械本体一般具有六个自由度：腰转、大臂转、小臂转、腕转、腕摆及腕捻。其驱动方式有液压驱动和电气驱动两种，其中电气驱动应用更为广泛。

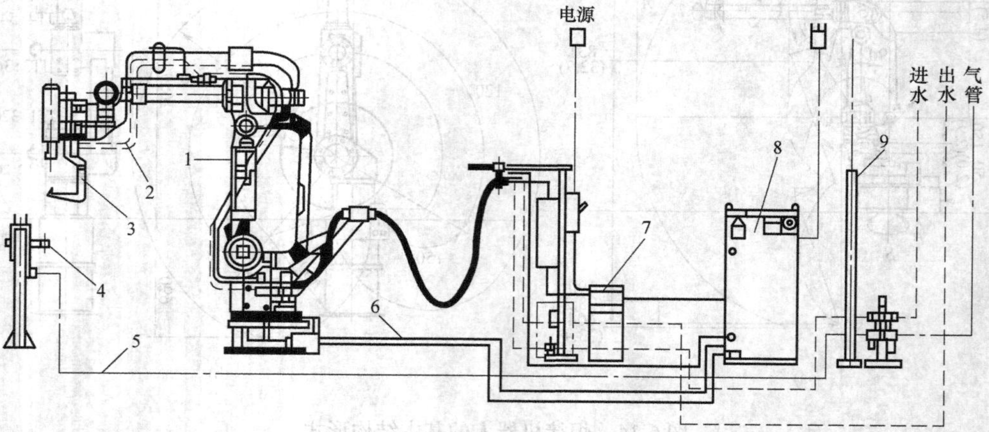

图 6-16 点焊机器人的组成

1—机械臂 2—进水、出水管线 3—焊钳 4—电极修整装置 5—气管
6—控制电缆 7—点焊定时器 8—机器人控制柜 9—安全围栏

点焊机器人按照示教程序规定的动作、顺序和参数进行点焊作业，其过程是完全自动化的，并且具有与外部设备通信的接口，可以通过这一接口接受上一级主控与管理计算机的控制命令进行工作。

点焊作业对所用机器人的要求不是很高。因为点焊只需点位控制，至于焊钳在点与点之间的移动轨迹没有严格要求，这也是机器人最早只能用于点焊的原因。点焊机器人需要有足够的负载能力，而且在点与点之间移位时速度要快捷、动作要平稳、定位要准确，以减少移位的时间，提高工作效率。点焊机器人所需要的负载能力，取决于所用的焊钳形式。对于变压器分离的焊钳，30～45kg 负载的机器人就足够了。但是，这种焊钳一方面由于二次电缆线长，电能损耗大，还不利于机器人将焊钳伸入工件内部焊接；另一方面电缆线随机器人运动而不停摆动，故电缆的磨损较快。因此，目前逐渐采用一体式焊钳。这种焊钳连同变压器在内质量为 70kg 左右。考虑到机器人要有足够的负载能力，能以较大的加速度将焊钳送到空间位置进行焊接，一般都选用 100～150kg 负载的重型机器人。为了适应连续点焊时焊钳短距离快速移位的要求。新的重型机器人增加了可在 0.3s 内完成 50mm 位移的功能。这对电机的性能，微机的运算速度和算法都提出了更高的要求。

（2）点焊工艺对机器人的基本要求

在选用或引进点焊机器人时必须注意点焊工艺对机器人的基本要求：

1）点焊作业一般采用点位控制（PTP），其重复定位精度≤±1mm。

2）点焊机器人工作空间必须大于焊接所需的空间（由焊点位置及焊点数量确定）。

3）按工件形状、种类、焊缝位置选用焊钳。

4）根据选用的焊钳结构、焊件材质与厚度以及焊接电流波形（工频交流、逆变式直流等）来选取点焊机器人额定负载，一般在 50～120kg 之间。

5）机器人应具有较高的抗干扰能力和可靠性（平均无故障工作时间应超过 2000h，平均修复时间不大于 30min）；具有较强的故障自诊断功能，如可发现电极与工件发生“粘结”而无法脱开的危险情况，并能做出电极沿工件表面反复扭转直至故障消除。

6）点焊机器人示教记忆容量应大于 1000 点。

7）机器人应具有较高的点焊速度（如 60 点/min 以上），以保证单点焊接时间（含加压、焊接、维持、休息、移位等点焊循环）与生产线物流速度匹配，且其中 50mm 短距离移动的定位时间应缩短在 0.4s 以内。

8）需采用多台机器人时，应研究是否选用多种型号；当机器人布置间隔较小时，应注意动作顺序的安排，可通过机器人群控或相互间联锁作用避免干扰。

（3）点焊机器人的焊接设备

点焊机器人的焊接设备主要由阻焊变压器、焊钳、点焊控制器以及水、电、气路及其辅助设备等组成。

1）点焊钳。焊钳从用途上可分为 C 型和 X 型两种，通过机械接口安装在机械手末端。根据钳体、变压器和机械手的连接关系，可将焊钳分为分离式、内藏式和一体式三种：① 分离式焊钳。钳体安装在机械手末端，阻焊变压器安装在机器人上方悬梁上，且可沿着机器人焊接方向运动，两者以粗电缆连接。其优点是可明显减轻手腕负荷，运动速度高，价格低。主要缺点是机器人工作空间以及焊接位置受到限制，电能损耗大，并使手腕承受电缆引起的附加载荷。② 内藏式焊钳。阻焊变压器安装在机械手手臂内，显著缩短了二次电缆和变压器容量。主要缺点是机械手的机械设计较复杂。③ 一体式焊钳。钳体与阻焊变压器集成安装在机械手末端，其显著优点是节省电能，避免分离式焊钳的其他缺点，但却使机械手腕部承受较大的载荷，并影响了焊接作业的可达性。

2）点焊控制器。点焊控制器是一相对独立的多功能电焊微机控制装置，主要功能包括：① 实现点焊过程时序控制，顺序控制预压、加压、焊接、维持、休止等。② 实现焊接电流波形的调制，且其恒流控制精度在1% ~2%。③同时存储多套焊接参数。④ 自动进行电极磨损后的阶梯电流补偿、记录焊点数并预报电极寿命。⑤ 故障自诊断功能。对晶闸管超温、晶闸管单管导通、变压器超温、电极黏结等故障进行显示并报警，直至自动停机。⑥ 实现与机器人控制器及示教盒的通信联系，提供单加压和机器人示教功能。⑦ 断电保护功能。系统断电后内存数据不会丢失。

(4) 点焊机器人的应用

引入点焊机器人可以取代繁重、单调、重复的体力劳动；能提高焊点质量；可长时间重复工作，提高工作效率30%以上；可以组成柔性自动生产系统，特别适合新产品开发和多品种生产，增强企业应变能力。

在我国点焊机器人约占焊接机器人总数的46%，主要应用在汽车、农机、摩托车等行业。通常，装配一台汽车车身大约需要完成4000~5000个焊点，机器人完成90%以上的焊点，仅少数焊点因机器人无法伸入车体内部而需手工完成。

目前，正在开发一种新的点焊机器人系统，该系统可结合焊接技术和CAD/CAM技术，提高生产准备工作的效率，缩短产品设计投产的周期，使整个机器人系统取得更高的效益。这种系统拥有关于汽车车身的结构信息、焊接条件计算信息和机器人机构信息等数据库，CAD系统利用该数据库可方便地进行焊钳选择和机器人配置方案设计；采用离线编程的方式规划路径；控制器具有很强的数据转换功能，能针对机器人本身不同的精度和工件之间的相对集合误差及时进行补偿，以保证足够的工作精度。

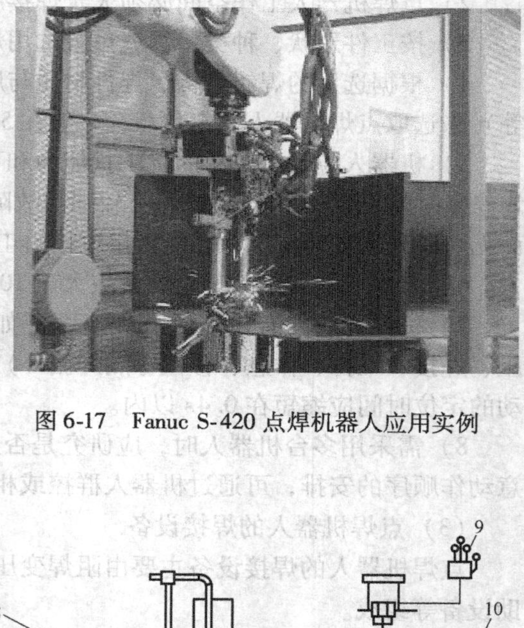

图 6-17 Fanuc S-420 点焊机器人应用实例

图6-17所示是点焊机器人的应用实例。

4. 弧焊机器人

弧焊机器人（arc welding robot）用于进行自动弧焊的工业机器人。中国在20世纪80年代中期研制出华宇-Ⅰ型弧焊机器人。

(1) 弧焊机器人的组成和基本功能

弧焊机器人一般由示教盒、控制盘、机器人本体及自动送丝装置、焊接电源等部分组成，如图6-18所示。弧焊机器人机械本体通常采用关节式机械手。虽然从理论上讲，有五个轴的机器人就可以用于电弧焊，但是对复杂形状的焊缝，需选用六轴机器人。其驱动方式多采用直流或交流伺服电动机驱动。

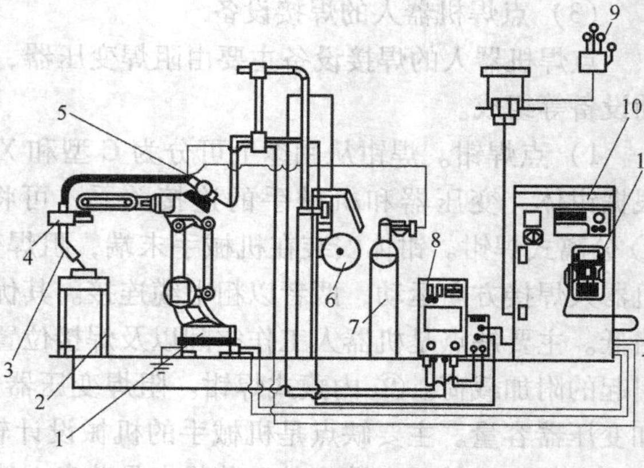

图 6-18 弧焊机器人组成

1—机械手 2—工作台 3—焊枪 4—防撞传感器
5—送丝机 6—焊丝盘 7—气瓶 8—焊接电源
9—电源 10—机器人控制柜 11—示教盒

弧焊过程比点焊过程复杂得多，工具

中心点（TCP），也就是焊丝端头的运动轨迹、焊枪姿态、焊接参数都要求精确控制。所以，弧焊机器人应能实现连续轨迹控制，并可以利用直线插补和圆弧插补功能焊接由直线及圆弧所组成的空间焊缝，还应具备不同摆动样式的软件功能，供编程时选用，以便作摆动焊，而且摆动在每一周期中的停顿点处，机器人也应自动停止向前运动，以满足工艺要求。此外，还应有接触寻位、自动寻找焊缝起点位置、电弧跟踪及自动再引弧功能等。

弧焊机器人主要有熔化极（CO_2、MAG/MIG、药芯焊丝电弧焊）焊接作业和非熔化极（TIG）焊接作业两种类型，具有可长期进行焊接作业、保证焊接作业的高生产率、高质量和高稳定性等特点。随着技术的发展，弧焊机器人正向着智能化的方向发展。

当前，作为焊接生产自动化的主要标志之一是焊接生产系统的柔性化，其发展方向是以弧焊机器人为主体，配合多自由度变位机及相关的焊接传感控制设备、先进的弧焊电源，在计算机的综合控制下实现对空间焊缝的精确跟踪及焊接参数的在线调整，实现对熔池形状动态过程的智能控制。

(2) 弧焊工艺对机器人的基本要求

在选用或引进弧焊机器人及机器人工作站时，必须注意弧焊工艺对机器人的基本要求：

1）弧焊作业均采用连续路径控制（CP），其定位精度≤ ±0.5mm。

2）弧焊机器人可达到的工作空间必须大于焊接所需的工作空间。

3）按焊件材质、焊接电源、弧焊方法选择合适种类的机器人。

4）正确选择周边设备，组成弧焊机器人工作站。弧焊机器人仅仅是柔性焊接作业系统的主体，还应有行走机构及移动机架，以扩大机器人的工作范围。同时，还应有各种定位装置、夹具及变位机。多自由度变位机应能与机器人协调控制，使焊缝处于最佳焊接位置。

5）弧焊机器人应具有防碰撞及焊枪矫正、焊缝自动跟踪、熔透控制、焊缝始端检出、定点摆焊及摆动焊接、多层焊、清枪剪丝等相关功能。

6）机器人应具有较高的抗干扰能力和可靠性（平均无故障工作时间应超过 2000h，平均修复时间不大于 30min；在额定负载和工作速度下连续运行 120h，工作应正常），并具有较强的故障自诊断功能（如“黏丝”“断弧”故障的显示及处理等）。

7）弧焊机器人示教记忆容量应大于 5000 点。

8）弧焊机器人的抓重一般为 5 ~ 20kg，经常选用 8kg 左右。

9）在弧焊作业中，焊接速度及其稳定性是重要指标，一般情况下，焊速约取 5 ~ 50mm/s，在薄板高速 MAG 焊中，焊接速度可能达到 4m/min 以上。因此，机器人必须具有较高的速度稳定性，在高速焊接中还对焊接系统中电源和送丝机构有特殊要求。

10）由于弧焊工艺复杂，示教工作量大，现场示教会占用大量生产时间，因此弧焊机器人必须具有离线编程功能。其方法为：① 在生产线外另安装一台主导机器人，用它模仿焊接作业的动作，然后将生成的示教程序传送给生产线上的机器人；② 借助计算机图形技术，在显示器（CRT）上按焊件与机器人的位置关系对焊接动作进行图形仿真，然后将示教程序传给生产线上的机器人，目前已经有多种这方面商品化的软件包可以使用，如 ABB 公司提供的机器人离线编程软件 Program Maker。由于计算机技术发展，后一种方法将越来越多地应用于生产中。

(3) 弧焊机器人的焊接设备

弧焊机器人的焊接设备主要由弧焊电源、焊枪送丝机构、焊接传感器等组成。焊接设备性能的好坏是保证焊接质量的关键。

1）弧焊电源。弧焊机器人多采用气体保护焊方法（MAG、MIG、TIG），通常的晶闸管式、逆变式、波形控制式、脉冲或非脉冲式等的焊接电源都可以装到机器人上作电弧焊。由于机器人控制柜采用数字控制，而焊接电源多为模拟控制，所以需要在焊接电源与控制柜之间加一个接口。机器人要求配置的弧焊电源应有以下功能：

a）外特性控制。通过不同算法获得恒流特性、恒压特性和其他不同形状外特性，以满足各种弧焊方法和场合的需要。

b）动特性控制。对于 CO_2 焊接短路过渡等负载状态变化较大的场合，要求能对短路电流上升率 di/dt 等进行控制，以使焊接过程平稳，减少飞溅。

c）预置焊接参数。根据不同的焊丝直径、焊接方法、工件材料、形状、厚度、坡口形状等进行预置焊接参数再现记忆，监控各组焊接参数，并根据需要实时变换参数。

d）对焊接电流波形进行控制。通过软件设计，可获得各种适合焊接的脉冲电流波形，即可对脉冲频率、缝制电流、基值电流、脉冲宽度、占空比及脉冲前后沿斜率进行任意控制，以便对电流功率实现精确控制。

e）具有与中央计算机双向通信的能力。

目前，机器人专用逆变式弧焊机器人电源大部分独立布置在弧焊机器人系统里，也有一些集成在机器人控制器中，通过编程由计算机软件来控制焊机的外特性、输出波形，因此更加适合焊接机器人的柔性加工特点。

2）送丝机。应注意焊接系统中送丝机的选择，例如，在碳钢和不锈钢焊接中通常应选择四轮驱动送丝机；而在焊铝材时一定要用推-拉丝双驱送丝机，才能保证可靠地送丝；在脉冲 TIG 焊接机器人中可配备脉动送丝机。

送丝机构可以装在机器人的上臂上，也可以放在机器人之外，前者焊枪到送丝机之间的软管较短，有利于保持送丝的稳定性，而后者软管较长，机器人把焊枪送到某些位置，使软管处于多弯曲状态，会严重影响送丝的质量。所以送丝机的安装一定要保证送丝的稳定性。

3）焊接传感器。当前最普及的焊缝跟踪传感器为电弧传感器，它利用焊接电极与工件之间的距离变化能引起电弧电流或电压变化这一物理现象来检测坡口中心，因不占用额外的空间而使机器人可达性好。同时，因是直接从焊丝端部检测信号，易于进行反馈控制，信号处理也比较简单。特别是由于其可靠性高、价格低而得到了较为广泛的应用。但该传感器必须在电弧点燃下才能工作，电弧在跟踪过程中还要进行摆动或旋转，故适用的接头类型有限，不能应用于薄板工件的对接、塔接、坡口很小等情况下的接头，在溶化极短路过渡模式下也存在应用上的困难。

光学传感器，尤其是基于三角测量原理的激光视觉传感器系统具有很多优点：

a）获取的信息量大、精度高，可以精确地获得接头截面集合形状和空间位置姿态信息，可同时用于接头的自动跟踪以及焊接过程的参数控制，还可用于焊后接头的外观检查。

b）检测空间范围大、误差容限大，焊接之前可以在较大范围内寻找接头。

c）可自动检测和选定焊接的起点和终点，判断定位焊点等接头特征。

d）通用性好，适用于各种接头类型的自动跟踪和参数适应控制，还可用于多层焊的焊道自动规划。

(4) 弧焊机器人的应用

弧焊机器人的应用范围很广，除了汽车行业之外，在通用机械、金属结构、航天、航空、机车车辆及造船等行业都有应用。

国外军工企业，特别是坦克装甲战车焊接自动化程度较高，弧焊机器人应用也较广泛，德国、美国、英国、意大利及新加坡等国的坦克装甲战车车体和炮塔都已采用弧焊机器人进行熔化极气保护焊接。美国某坦克厂采用四个机器人焊接工作站，九台具有视觉导向功能的焊接机器人用于坦克车体和炮塔的自动化焊接工作。装甲战车的机器人焊接工艺也采用了高效、高速的焊接工艺技术，其焊接速度与手工焊接相比总体提高十余倍。

我国弧焊机器人的应用主要集中在汽车、摩托车、工程机械、铁路机车等几个主要行业。汽车是弧焊机器人的最大用户也是最早用户。图 6-19 是某弧焊机器人的应用实例。

图 6-19　弧焊机器人实例

6.4.2　搬运机器人

搬运机器人（transfer robot）是主要从事自动化搬运作业的工业机器人。所谓搬运作业是指用一种设备握持工件，从一个加工位置移到另一个加工位置。工件搬运和机床上下料是工业机器人的一个重要应用领域，在工业机器人的构成比例中占有较大的比重。其中在机床上下料中的搬运机器人增长很快。近年来随着物流业的发展，特别是自动仓库的出现，加速了码垛搬运机器人的发展和广泛应用。目前世界上使用的搬运机器人逾 10 万台，被广泛应用于机床上下料、冲压机自动化生产线、码垛搬运、集装箱等的自动搬运。

1. 搬运机器人系统组成

搬运机器人系统由搬运机械手和周边设备组成。搬运机械手可用于搬运重达几千克至一吨的负载。微型机械手可搬运几克至几毫克的样品，用于传送超净实验室内的样品。周边设备包括工件自动识别装置、自动起动和自动传输装置等。搬运机器人可安装不同的末端执行器（如机械手爪、真空吸盘及电磁吸盘等）以完成各种不同形状和状态的工件搬运工作，大大减轻了人类繁重的体力劳动。

2. 搬运机器人的特点

采用机器人搬运物料具有抓取可靠、移动灵活和摆放整齐等特点，可以规范物料的放置空间，便于仓储管理，并且可以减轻装卸工人的劳动强度，提高装卸效率，减少环境污染。

目前，国际上已产品化的搬运码垛机器人的形式主要分为三种：直角坐标型，空间关节型，平面关节型。直角坐标型机器人的特点是结构强度好、刚度好、效率高、制造加工工艺简单、安装调试及维护方便、便于产品化，但占用空间大。空间多关节型机器人的结构紧凑、机动性好、效率高，但结构强度及刚度较差，目前还缺乏有效的结构动态设计方法，而且制造加工工艺复杂，不便于产品化。平面关节型机器人分为垂直平面关节型和水平平面关节型机器人两种。垂直平面关节型机器人的特点与空间多关节机器人基本相同。水平平面关节型机器人是移动式与关节式结构的组合，受力条件差、效率低、制造加工工艺复杂、性能价格比低，但结构紧凑、占用空间最小。

3. 搬运机器人的应用

最早的搬运机器人出现在1960年的美国，Versation和Unimate两种机器人首次用于搬运作业。20世纪80年代以来，工业发达国家在推广搬运码垛的自动化、机器人化方面取得了显著的进展。日本、德国等国家在大批量生产如机械、家电、食品、水泥、化肥等行业广泛使用搬运机器人。日本安川公司的六轴SK16机器人不仅可以满足焊接和切削需求，而且可以为机床或压力机上、下料，其有效负荷为16kg，最大工作半径为1555mm，重复定位精度为±0.1mm。松下自动化公司推出的VR系列材料搬运机器人可以进行原料搬运、机器装卸和去毛刺等操作；日本研制的自动装卸机，由机器人和传送带装置结合，能在13s内装卸一件质量在30kg左右的货物。意大利Procomac公司开发出名为法努克的卸垛机器人，能一起搬运起托架及其上面的塑料瓶。日本FUJIACE公司生产的码垛搬运机器人，可将生产线上生产的袋装物料快速抓取，并放置在托盘上。图6-20所示是MOTOMAN SK45型机器人将一个大桶③从低处（工作台①）搬到高处（工作台②）的实例。

目前，日本已产品化的搬运码垛机器人最大搬运质量可达300kg，最大工作半径为2.5m，最大运动速度为0.2m/s，重复定位精度为±0.5mm。

图6-20 MOTOMAN SK45型机器人

我国已有许多单位研制出搬运码垛机器人，如上海大学研制的用于银行金库的直角坐标型码垛搬运机器人，哈尔滨工业大学机器人研究所开发了由自动称重、自动包装和物料袋自动码垛等系统组成的气动搬运机器人自动生产线，完成袋装颗粒乙烯的自动搬运、排码成垛。北京科技大学开发了米袋搬运机器人工作站，对5kg和10kg的米袋进行定点搬运、码垛作业。

6.4.3 喷漆机器人

喷漆机器人是用于喷漆或喷涂其他涂料的工业机器人。由于喷漆或喷涂作业现场存在着大量的尘、雾和有害气体，人工操作有害身体健康，而且喷漆或喷涂作业劳动强度大、技术要求高。采用喷漆机器人可保障人身安全、提高经济效益（如节约油漆）和喷漆质量。

1. 喷漆机器人系统组成

喷漆机器人主要由机器人本体、计算机和相应的控制系统组成，配有自动喷枪、供漆装置、变更颜色装置等喷漆设备。

喷漆机器人较多采用液压驱动。液压驱动的喷漆机器人还包括液压油源，如油泵、油箱和电动机等，如图6-21所示。机器人多采用5或6自由度关节式结构，手臂有较大的运动空间，并可做复杂的轨迹运动。其腕部一般有2~3个自由度，可灵活运动。较先进的喷漆机器人腕部采用柔性手腕，既可向各个方向弯曲，又可转动，其动作类似人的手腕，能方便地通过较小的孔伸入工件内部，喷涂其内表面。动作速度快、有良好的防爆性能，以连续轨迹示教（即手把手示教）为主，也可作点位示教。

近年来，由于交流伺服电动机的应用和高速伺服技术的发展，出现了采用电动机驱动的喷漆机器人。其驱动电动机多采用耐压或内压防爆结构，限定在1级危险环境（在通常条件

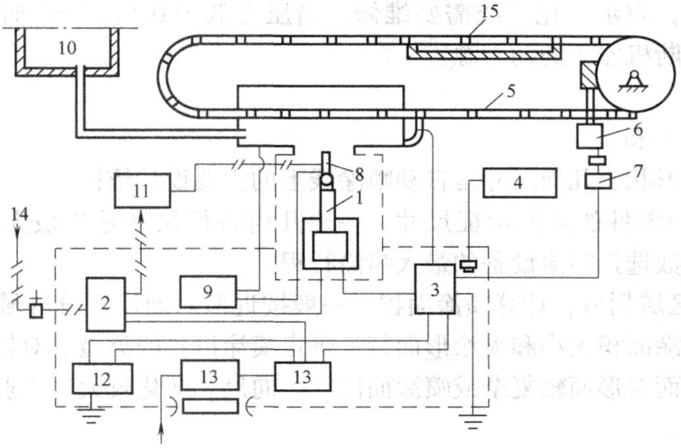

图6-21 喷漆机器人系统组成

1—机械手 2—液压站 3—机器人控制柜 4—防爆器 5—传送带 6—电动机 7—测速发电机 8—喷枪 9—高压静电发生器 10—塑粉回收装置 11—粉桶-高压静电发生器 12—防爆器 13—电源 14—气源 15—烘道

下有生成危险气体介质的可能）和2级危险环境（在异常条件下有生成危险气体介质的可能）下使用。电动机驱动的喷漆机器人一般有六个轴，工作空间大，手臂质量小，结构简单，惯性小，轨迹精度高，具有与液压驱动的喷漆机器人完全一样的控制功能，只是驱动改用交流伺服电动机，维修保养十分方便。

2. 防爆功能的实现

当喷漆机器人采用交流或直流伺服电动机驱动时，电动机运转可能会产生火花，电缆线与电器接线盒的接口等处也可能会产生火花，而喷漆机器人用于在封闭的空间内喷涂工件内外表面，涂料的微粒在此空间中形成易燃易爆的雾，如果机器人的某个部件产生火花或温度过高，就会引燃喷涂间内的易燃物，引起大火，甚至爆炸，造成不必要的人员伤亡和巨大的经济损失。所以，防爆系统是电机驱动的喷漆机器人的重要组成部分。

喷漆机器人的电动机、电器接线盒、电缆线等都应密封在壳体内，使它们与危险的易燃气体隔离，同时配备一套空气净化系统，用供气管向这些密封的壳体内不断地运送清洁的、不可燃的、高于周围大气压的保护气体，以防止外界易燃气体的进入。机器人按此方法设计的结构称为通风式正压防爆结构。

3. 净化系统

机器人通电前，净化系统先进入工作状态，将大量的带压空气输入机器人密封腔内，以排出原有的气体，清吹过程空气压力为$5kg/cm^2$，流量为$10\sim32m^3/h$，快速清洁操作过程为$3\sim5min$，将机器人腔内原有的气体全部换掉，这样机器人电动机及其他部件通电时就能安全工作了。

快速清洁操作完成以后，净化系统进入维持工作状态，在这种状态下，此系统在机器人内维持一个非常微弱的正压力。一旦腔体有少量的泄漏，不断输入的带压气体进入腔内防止易燃气体的进入。如果泄露过大，净化系统则无法保持一个正压力，易燃气体会进入机器人腔内。当腔内压力低于$0.7kg/cm^2$时，低压报警开关被触发，开关信号使得控制面板上的警报发光二极管显示，表示净化系统需要维修。当压力低于0.5kg/cm^{2}时，低压压力开关合上，使得控制器切断机器人的动力源。

4. 参数设置

（1）喷涂对象分析

被喷涂零件的形状、几何尺寸是自动喷涂线上的主要设计依据。

1）分析被喷涂零件的几何特征尺寸。一般几何特征尺寸是指最大喷涂面上的轮廓尺寸，可以根据该参数选择喷涂设备的最大喷涂行程。

2）进行喷涂区域划分，计算喷涂面积。一般按近似六面体划分区域，并计算出每个区域的面积。根据喷涂面积大小和喷涂形面特征确定喷涂设备的类型。对较平整的喷涂面，可选择喷涂机喷涂；而对形面较复杂或喷涂面法线方向尺寸变化较大的作业面，则应选择机器人喷涂。

（2）喷涂工业及参数分析

生产厂家根据被喷零件性能、作用及外观要求确定涂层质量要求。同时，根据这些要求确定满足质量保证的喷涂材料和工艺过程。自动喷涂线则必须按照这些要求和工艺过程来进行喷涂作业。

1）根据涂层厚度和质量要求决定喷涂次数。

2）依据涂料材料的流动性和输送链的速度确定流平时间和区间距离。

3）按照涂层光泽度要求和涂料物理性能（如粘度、电导率等）确定喷枪类型。

4）根据节拍时间和喷涂设备的速度、喷涂形状重叠，计算每台设备在一个节拍内的喷涂面积，比较这个计算结果与喷涂区域分配面积大小，如果计算结果小于喷涂区域分配面积，说明喷涂设备的喷涂能力不足，需要增加设备。扩大喷涂能力的方法之一是在一台设备上安装多支喷枪。

（3）喷涂线设备选型

1）喷涂线的输送链，对于涂层光泽度要求较高的喷涂、流平、烘干段，选用地面链；对于需仰喷的喷涂零件和光泽度要求不高的喷涂，选用悬挂链，这种链消耗动力少、维修方便。选用输送链时，还应满足承载能力和几何尺寸的要求。

2）喷具的选择主要取决于涂层的质量要求和涂料性能参数。表6-6是几种喷具的主要参数比较。喷漆机器人通常采用空气喷枪，喷枪的自动换色系统一般都要配置自动清洗功能。在喷涂过程中定时清洗，以保证喷嘴的喷涂状态、喷涂质量一致。

表6-6 喷具的主要参数比较

喷枪类型	雾化形式	雾化效果	传递效率（%）	喷嘴到工件距离/mm
空气喷枪	空气	一般	15～30	200～300
静电空气喷枪	空气	一般	45～75	250～300
无气喷枪	液压	差	20～40	300～370
旋杯静电喷枪	离心力	好	70～90	250～300
盘式静电喷枪	离心力	好	65～90	

3）喷涂设备：① 被喷形面凸凹变化较大、形状复杂，需选用六轴机器人；② 设备的工作范围和运动参数必须满足喷涂工艺要求；③ 设备的功能参数和控制器必须实现自动控制；④ 根据工艺参数分析，确定设备数量。

5. 喷漆机器人的应用

计算机控制的喷漆机器人早在1975 年就投入了应用。由于能够代替人在危险和恶劣环境下进行喷漆作业，所以喷漆机器人日益广泛应用于汽车车体、仪表、家电产品、陶瓷和各种塑料制品的喷涂作业。例如，在汽车工业上，可利用喷漆机器人对下车架和前灯区域、轮孔、窗口、下承板、发动机部件、门面以及行李箱等部分进行喷漆。

中国已研制出几种型号的喷漆机器人，如 EP-500S 型电动机驱动的喷漆机器人已成功应用于中、小型电动机、汽车后桥、照明灯、卫生陶瓷和电器开关的喷涂作业。图6-22所示是 MOTOMAN 喷漆机器人在喷漆。

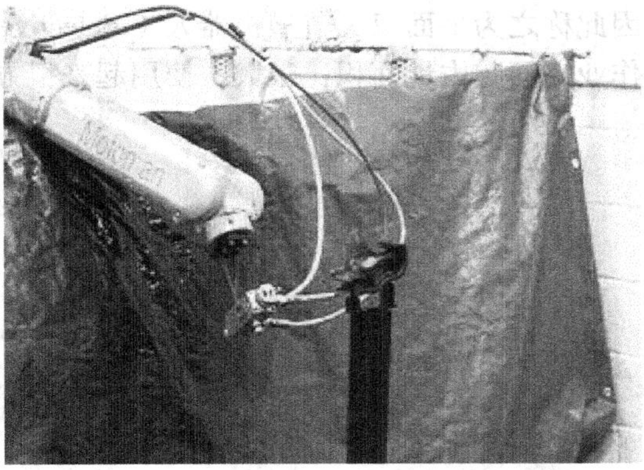

图 6-22　MOTOMAN 喷漆机器人在喷漆

喷漆机器人的成功应用，给企业带来了非常明显的经济效益，产品质量得到了大幅度的提高，产品合格率达到 99% 以上，大大提高了劳动生产率，降低了成本，提高了企业的竞争力和产品的市场占有率，更重要的是把涂装工人从恶劣工作环境中解放了出来，具有重大的社会效益。

6.4.4　装配机器人

装配机器人（assembly robot）是为完成装配作业而设计的工业机器人。装配作业的主要操作是：垂直向上抓起零部件，水平移动它，然后垂直放下插入。通常要求这些操作进行得既快又平稳，因此，一种能够沿着水平和垂直方向移动，并能对工作平面施加压力的机器人是最适于装配作业的。

装配机器人的大量作业是轴与孔的装配，为了在轴与孔存在误差的情况下进行装配，应使机器人具有柔顺性，即自动对准中心孔的能力。随着机器人智能程度的提高，使得有可能实现对复杂产品（如汽车发电机、电动机、收录机和电视机等）进行自动装配。柔顺运动概念的研究及其进展也有助于机械部件的自动装配工作。与一般工业机器人相比，装配机器人具有精度高、柔顺性好、工作范围小、能与其他系统配套使用等特点，主要用于各种电器制造（包括家用电器，如电视机、录音机、洗衣机、电冰箱、吸尘器）、小型电动机、汽车及其部件、计算机、玩具、机电产品及其组件的装配等方面。

1. 装配机器人的组成

装配机器人是柔性自动化装配系统的核心设备，由机器人操作机、控制器、末端执行器和传感系统组成。其中操作机的结构类型有水平关节型、直角坐标型、多关节型和圆柱坐标型等；控制器一般采用多 CPU 或多级计算机系统，实现运动控制和运动编程；末端执行器为适应不同的装配对象而设计成各种手爪和手腕等；传感系统用来获取装配机器人与环境、装配对象之间相互作用的信息。

2. 装配机器人的种类和特点

（1） 水平多关节装配机器人

水平多关节装配机器人如图 6-23 所示，由连接在机座上的两个水平旋转关节（即大小臂）、沿升降方向运动的直线移动关节、末端手部旋转轴共 4 个自由度构成。它是特别为装配而开发的专用机器人，其结构特点表现为沿升降方向的刚性高，水平旋转方向的刚性低，因此称之为平面双关节型机器人（Selective Compliance Assembly Robot Arm，SCARA）。它的作业空间与占地面积比很大，使用起来很方便。

a) b) c)

图 6-23 装配机器人的类型

a）水平多关节型 b）直角坐标型 c）垂直多关节型

（2） 直角坐标机器人

直角坐标机器人如图 6-24 所示，它具有三个直线移动关节。空间定位只需要三轴运动，末端姿态不发生变化。该机器人的种类繁多，从小型、廉价的桌面型到较大型应有尽有，而且可以设计成模块化结构以便加以组合，是一种很方便的机器人。它的缺点是尽管结构简单，便于与其他设备组合，但与其占地面积相比，工作空间较小。

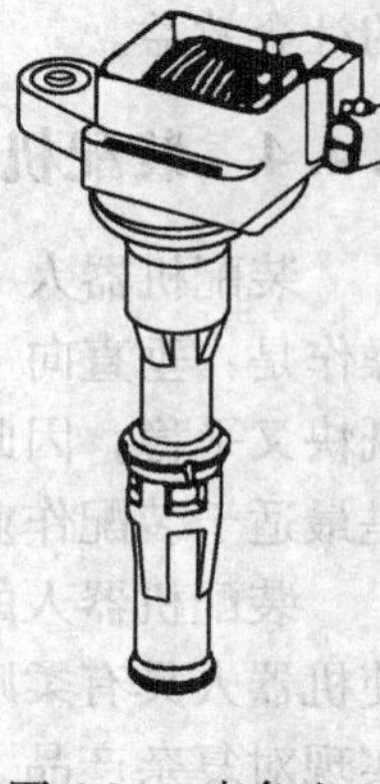

图 6-24 直角坐标机器人

（3） 垂直多关节机器人

垂直多关节机器人如图 6-25 所示，它通常由转动和旋转轴构成 6 自由度机器人，它的工作空间与占地面积之比是所有机器人中最大的，控制 6 自由度就可以实现位置和姿态的定位，即在工作空间内可以实现任何姿态的动作。因此，它通常用于多方向的复杂装配作业，以及有三维轨迹要求的特种作业场合。关节结构比较容易密封，因此在 10 级左右的洁净间内采用该类型机器人进行作业。装配机器人的手臂长度通常选 500（近似人的臂长）~1500mm。

3. 装配机器人应用举例

（1） 系统概述和特点

该系统用于汽车零件（发动机点火）的中、小批量生产。工件的外观如图 6-24 所示。生产线如图 6-25 所示。系统充分挖掘了机器人的功能，改善了设备的灵活性和可靠性，降低了生产成本，提高了设备利用率。本系统中机器人抓取前一道工序送来的工件，经过特定处理单元后送到下一道工序。各个单元都利用机器人的驱动力进行处理，因此整个系统结构十分简单。这样不但充分发挥了机器人本身的功能，而且降低了成本。采用标准处理单元能

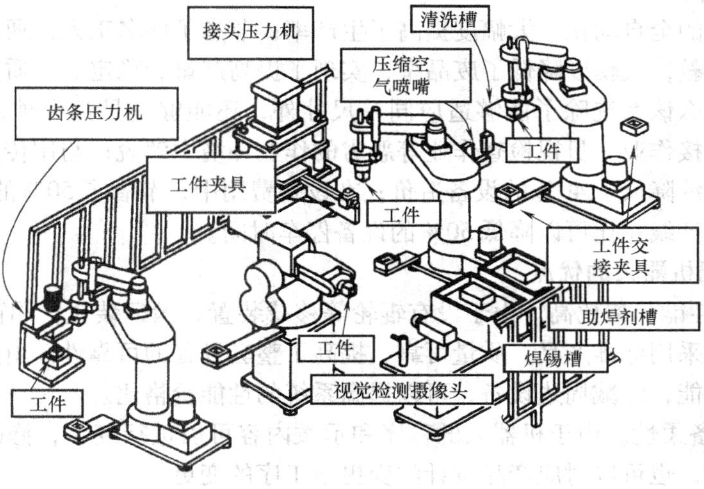

图 6-25　垂直多关节机器人

够大幅度地提高设备的使用率。

本系统由清洗、接头压入、锡焊、视觉检查、机壳压入等多道工序组成，下面分别给予简要的说明。

第一道工序为清洗。机器人从前一道工序的工件交接夹具中抓取出工件放入清洗槽内浸泡清洗，取出后再用压缩空气吹净工件上残留的切屑和清洗液。为了保证清洗效果，在机器人示教的时候，应该根据工件的形状选择最佳的浸泡部位和吹气方向。

在第二道工序中，机器人保持抓取工件的状态，同时推动工件交接夹具滑动，其结果使工件压入经接头压力机成形加工的接头中。此时，机器人运用位置检测功能能够实现接头压入力、深度、位置的调节。

第三道工序在嵌入后的工件接头上涂助焊剂和锡焊。机器人抓取工件，将其浸泡在喷流槽中。为了获得高质量的锡焊，应该按照不同工件示教最佳浸泡条件。

在视觉检查工序中，用一台摄像机从多个方向检查工件。该系统的组成简单，检查可靠，能使用多种零件。

最后一道工序是借助于齿条压力机将机壳压入。机器人具有力控制功能和位置检测功能，因此能够任意控制行程和压力，它不仅能给机壳施加给定的压力，而且还能检测加压过程中的异常情况，随时中断压入作业。

该系统具有以下特点：

1）零件输送不靠传送带，降低了运输装置的成本。

2）单元的动作均由机器人动作完成，节省了专用驱动器，降低了系统成本，提高了环境保护性能。

3）借助于机器人实现了适应工件形状、特征的最佳运动，有利于提高产品质量、增强多品种生产的柔性。

4）充分挖掘了机器人的各种功能，节省了位置传感器、力传感器、尺寸测量仪等元器件，保证了作业质量。

（2）应用效果

实现了作业的全自动化，大幅度提高了生产率；节省了四名工人；通过发挥机器人的功能，优化运动示教，大幅度降低了废品率，实现了提高产量和稳定产品质量的目的；如果能够更换夹具，那么该系统除了能够适应同一尺寸外，还能够满足数十种型号产品的作业要求；使工人从焊接作业、目视检查作业等恶劣的作业环境中解脱；与用传送带组成的自动化生产线相比，大约降低了40%的设备造价；在设备费用中，节省了50%的资金；系统简洁，与传统自动化生产线相比可以降低50%的设备停车时间。

4. 采用装配机器人的优点

1）设备的性能价格比高。由于没有辊轮等移载装置、搬运装置，因而缩短了设计和调试周期。机器人采用标准产品，质量可靠，提高了整套设备的可靠性。由此可知，通过充分挖掘机器人的功能，缩减周边设备，可以提高系统的性能价格比。

2）提高设备柔性。由于机器人的程序和示教内容可以进行变更，修改动作方便，即使是在系统运行中，也可以对应产品设计的变更或工序的变更。

3）便于工艺改革。引入装配机器人后，现场操作人员能够根据对机器人的动作观察，随时修改机器人程序，缩短了生产周期，降低了废品率，提高了生产率。这一点对由专用设备组成的生产线来说是做不到的，因为无论是变更夹具还是变更机械设备都很困难。

4）提高设备的运转率。一般来说，产品模具的寿命到期后，专用设备也就报废了。但换成机器人后，它还可以重新构成其他设备。

综上所述，在装配工序引进机器人，除了可以让它发挥机器人本身的功能外，重要的是还要学习上面的例子，将它灵活运用，充分挖掘它的潜能。也就是说，对机器人的研究不仅限于提高速度、精度、可靠性等基本性能方面，更要把精力放在提高其功能的层面上，如发挥其传感器、力控制、网络等功能。

第 7 章　移动机器人

通常所说的移动机器人是指一种由传感器、遥控操作器和自动控制的移动载体组成的采用遥控、自主或半自主等方式由人类对其进行控制的一类机器人。这类机器人比一般机器人有更大的机动性、灵活性，故通常工作在劳动强度大、人类无法进入或对人类有危害的场所中，代替人类进行工作。移动机器人除用于宇宙探测外，在核工业设备的维护与检修、消防、爆炸物的处理、防爆、排雷、军事侦察、矿井维护与采矿、隧道凿岩、果实采摘等方面也有广泛的应用。

移动机器人随其应用环境和移动方式的不同，研究内容也有很大差别，其共同的基本技术有传感器技术、移动技术、操作器、控制技术、人工智能等方面。它有相当于人的眼、耳、皮肤的视觉传感器、听觉传感器和触觉传感器。移动机构有轮式（如四轮式、两轮式、全方向式、履带式）、足式（如六足、四足、两足）、混合式（用轮子和足）、特殊式（如吸附式、轨道式、蛇式）等类型。轮子适于平坦的路面，足式移动机构适于山岳地带和凹凸不平的环境。移动机器人的控制方式从遥控、监控向自治控制发展，综合应用机器视觉、问题求解、专家系统等人工智能等技术研制自治型移动机器人。

7.1 移动机器人的发展

20 世纪 60 年代以来，机械加工、弧焊点焊、喷涂、装配、检测等各种类型的机器人相继出现并迅速在工业生产中实用化，这大大提高了各种产品的一致性和质量。然而，随着机器人的不断发展，人们发现，这些固定于某一位置操作的机器人并不能完全满足各方面的需要。因此，20 世纪 80 年代后期，许多国家有计划地开展了移动机器人技术的研究。所谓移动机器人，就是一种具有高度自规划、自组织、自适应能力，适合于在复杂的非结构化环境中工作的机器人。自主式移动机器人的目标是在没有人的干预且无需对环境作任何规定和改变的条件下，有目的地移动和完成相应的任务。在自主式移动机器人相关技术的研究中，导航技术是其研究核心，也是移动机器人实现智能化及完全自主的关键技术。导航研究的目标就是在没有人的干预下使机器人有目的地移动并完成特定任务，进行特定操作。机器人通过装配的信息获取手段，获得外部环境信息，实现自我定位，判定自身状态，规划并执行下一步的动作。因此单从系统硬件层次上讲，移动机器人必须具有丰富的传感器、功能强大的计算机以及灵活、精确的驱动系统。

20 世纪 60 年代后期，美国和前苏联为完成月球探测计划，研制并应用了移动机器人。美国“探测者”3 号的操作器在地面遥控下，完成了在月球上挖沟等任务。前苏联的“登月者”20 号在无人驾驶的情况下降落在月球表面，操作器在月球表面钻削岩石，并把土壤和岩石样品装进回收容器并送回地球。

从 20 世纪 80 年代开始，美国国防高级研究计划局（DARPA）专门立项，制定了地面无人作战平台的战略计划。从此，在全世界掀开了全面研究移动机器人的序幕，如 DARPA

的“战略计算机”计划中的自主地面车辆（ALV）计划（1983～1990），能源部制定的为期10年的机器人和智能系统计划（RIPS，1986～1995），以及后来的空间机器人计划；日本通产省组织的极限环境下作业的机器人计划；欧洲尤里卡中心的机器人计划等。

20世纪90年代初期，德国研制了一种轮椅机器人，并在乌尔梅市中心车站的客流高峰期期间和1998年汉诺威工业商品博览会的展览大厅中进行了实地现场表演。该轮椅机器人在大量乘客拥挤的公共场所，进行了超过36h的考验，所表现出的性能是其他现存的轮椅机器人或移动机器人不可匹敌的。

此外，国外还出现了一种独轮机器人。它与具有静态稳定性的多轮机器人相比，具有更好的动态稳定性、对姿态干扰的不敏感性、高可操作性、低的滚动阻力、跌倒的恢复能力和水陆两用性。

我国对移动机器人的研究起步较晚，大多数研究尚处于某个单项研究阶段，主要的研究工作包括：

1）清华大学智能移动机器人于1994年通过鉴定。涉及五个方面的关键技术：基于地图的全局路径规划技术研究（准结构道路网环境下的全局路径规划，具有障碍物越野环境下的全局路径规划，自然地形环境下的全局路径规划）；基于传感器信息的局部路径规划技术研究（基于多种传感器信息的“感知-动作”行为，基于环境势场法的“感知-动作”行为，基于模糊控制的局部路径规划与导航控制）；路径规划的仿真技术研究（基于地图的全局路径规划系统的仿真模拟，室外移动机器人规划系统的仿真模拟，室内移动机器人局部路径规划系统的仿真模拟）；传感技术、信息融合技术研究（差分全球卫星定位系统、磁罗盘和光码盘定位系统、超声测距系统、视觉处理技术、信息融合技术）；智能移动机器人的设计和实现（智能移动机器人THMR-Ⅲ的体系结构、高效快速的数据传输技术、自动驾驶系统）。

2）香港城市大学智能设计、自动化及制造研究中心的自动导航车和服务机器人。

3）中国科学院沈阳自动化研究所的AGV和防爆机器人。

4）中国科学院自动化所自行设计、制造的全方位移动式机器人视觉导航系统。

5）哈尔滨工业大学于1996年研制成功的导游机器人等。

7.2 移动机器人的基本组成

移动机器人可以从不同的角度进行分类。如从工作环境分为室内和室外机器人；从移动方式分为轮式、履带式、步行、蛇形、爬行机器人；从作业空间分为陆地、水下、空间机器人；从功能和用途可分为医疗、军用、助残、清洁机器人等。但无论哪种机器人，通常都可以认为由驱动系统、控制系统、传感系统三大基本部分组成。

7.2.1 驱动系统

驱动系统在移动机器人中的作用相当于人体的肌肉和骨骼，如果把连杆以及关节想象为机器人的骨骼，那么驱动器就起肌肉的作用，它们共同构成了机器人的驱动系统。移动机器人在运动过程中通过驱动器来驱动自身的运动，到达不同的地点执行任务。通过移动或转动连杆来改变机器人的构型，从而完成相应的操作任务。

对于移动机器人来说，无论是轮式、足式还是混合式的移动机构，其运动时都离不开驱动器的驱动，如驱动部分采用了坦克的行走方式的机器人，左右两侧的履带分别由两台电机驱动。两台电机同步旋转时，机器人直线前进；两台电机的转速不同时，机器人转弯。因此驱动器必须有足够的功率对连杆进行加/减速并带动负载。同时，驱动器自身必须轻便、经济、精确、灵敏、可靠且便于维护。

目前已有许多实用的驱动器。毫无疑问，今后还将有更多的驱动器。目前常用的驱动器有电动机、伺服电动机、步进电动机、直接驱动电动机、液压驱动器、气动驱动器、形状记忆金属驱动器、磁致伸缩驱动器。

电动机尤其是伺服电动机是最常用的移动机器人驱动器。在工业机器人中，液压系统使用非常普遍，现在许多地方仍然常见，但在新的移动机器人中已不再常用了。而直接驱动电动机、形状记忆金属驱动器以及其他类似的驱动器目前还主要处于研究和发展阶段，在不远的将来将会变得非常有用。

7.2.2　控制系统

控制系统的任务是根据机器人的作业指令程序以及从传感器反馈回来的信号支配机器人的执行机构完成固定的运动和功能。移动机器人的控制系统是以计算机控制技术为核心的实时控制系统，它的任务就是根据移动机器人所要完成的功能，结合移动机器人的本体结构和运动方式，完成机器人的既定任务。控制系统是移动机器人的大脑，它的优劣决定了机器人的智能水平、工作柔性及灵巧性，也决定了移动机器人使用的方便程度和系统的开放性。

移动机器人的控制系统是由机器人所要达到的功能、机器人的本体结构和机器人的控制方式来决定的。从机器人控制算法的处理方式来看，控制系统结构如图 7-1 所示。

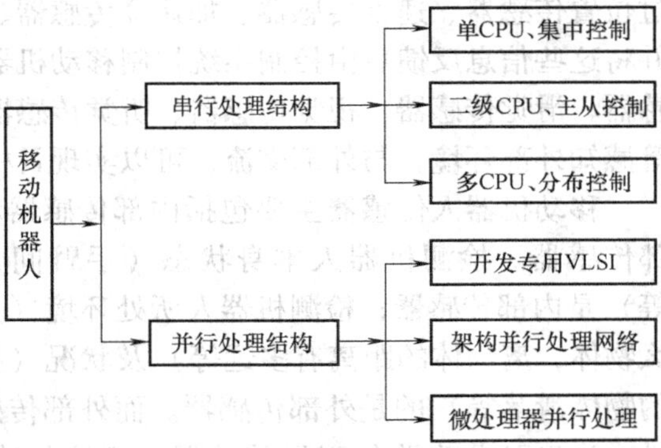

图 7-1　移动机器人的控制系统结构

除控制算法外，移动机器人的控制系统还包括硬件结构。目前，移动机器人的控制系统普遍采用上、下位机二级分布式结构：上位机负责整个系统的管理以及运动学计算、轨迹规划等；下位机由多 CPU 组成，每个 CPU 控制一个关节运动，这些 CPU 和主控机是通过总线联系的。

典型的移动机器人的控制系统硬件组成结构图，如图 7-2 所示。

7.2.3　传感系统

研究移动机器人的目的，就是为使其能替代人类完成工作。因此，研究机器人要从模仿人开始。首先，人们在运动的过程中可以感觉到自己身体的状况，如通过前庭及小脑的功能来感受自己身体是否站得稳，并通过神经系统来感受自己肌肉的状态，这是对人体自身信息的一个反馈。除此之外，人们是通过五官（视觉、听觉、嗅觉、味觉、触觉）接收外界信息的。这是人们对外部环境的状态反馈。

同样的，如果希望机器人代替人类劳动，就必须使机器人具有感知自身内部状态和外部

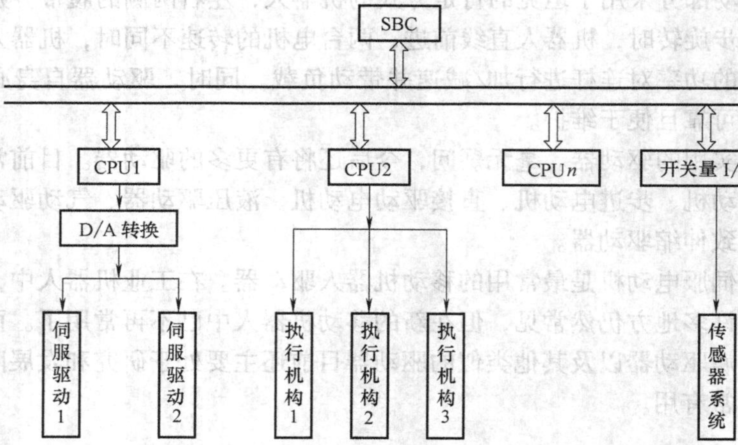

图 7-2 控制系统硬件组成

环境状态的能力。传感器用于连接外界环境与机器人的接口，是机器人获取信息的窗口。通过位置传感器、速度传感器、加速度传感器、倾角传感器等来获得移动机器人自身的信息，并将这些信息反馈后由控制系统控制移动机器人自身的状态。而通过接近觉传感器、触觉传感器、滑觉传感器、视觉传感器、听觉传感器、嗅觉传感器、味觉传感器，电磁感知传感器等感知外部环境，与外部交流，可以实现目标识别、避障和路径规划等。

移动机器人传感器主要包括内部传感器和外部传感器。检测机器人本身状态（手臂间角度等）是内部传感器；检测机器人所处环境（是什么物体，离物体的距离有多远等）及状况（抓取的物体滑落等）的是外部传感器。而外部传感器进一步又可分为路径引导传感器、环境传感器、认知方向传感器和末端执行器传感器，如图 7-3 所示。

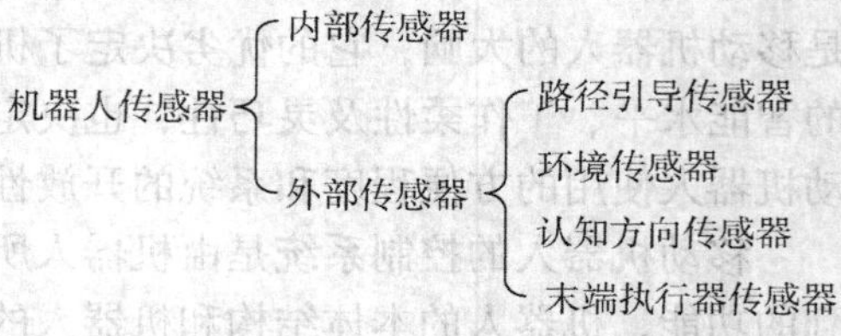

图 7-3 机器人传感器

移动机器人所用的传感器的分类见第 6 章表 6-1，与工业机器人所不同的是，工业机器人大多数仅采用内部传感器，用于对机器人运动、位置及姿态进行精确控制。而移动机器人因其任务不同，除采用内部传感器对自身的姿态进行控制外，还需采用大量的外部传感器获得自身的定位及外部环境的适应能力。如为了感觉是否有目标物体接近和接近的距离而采用的接近传感器等。

7.3 轮式移动机器人

7.3.1 车轮形式

轮式移动机器人的设计重点聚焦在其车轮上，通过车轮的滚动来实现其工作的任务，达到其“移动”的目的。该类机器人车轮的形状或结构形式取决于地面性质和车辆的承载能力。不同的车轮形式有其不同的应用场合，比如在轨道上运行的移动机器人多采用实心钢轮，而用于室外路面行驶的机器人则采用充气轮胎，对于工作在室内平坦地面上的则可采用实心轮胎等。

图 7-4、图 7-5 分别给出了传统的车轮形状和球轮等的形状示意图。

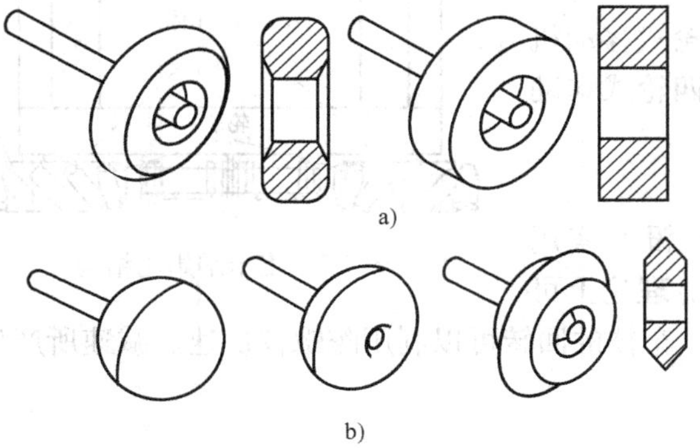

图 7-4　传统的车轮形状和球轮、充气球轮和锥形轮
a）传统的车轮形状　b）球轮、充气球轮和锥形轮

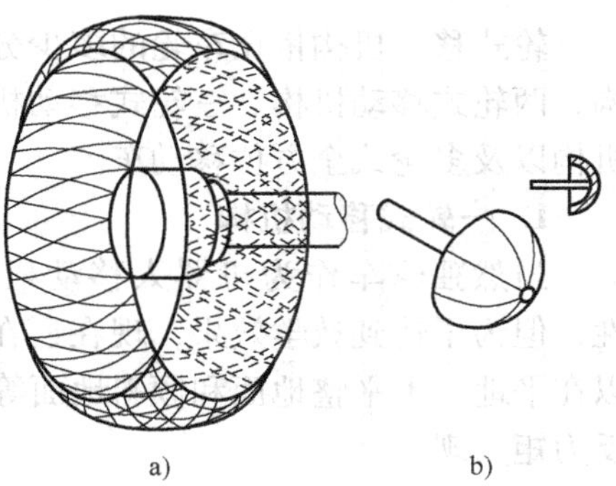

图 7-5　超轻金属线编织轮、半球形轮

在以上图中所列出的一系列车轮类型中，传统的车轮形状比较适合平坦的坚硬路面。充气球轮比实心车轮弹性好，能吸收因路面不平而引起的冲击和振动。此外充气球轮与地面的接触面积较大，特别适合于沙丘地形。超轻金属线编织轮、半球形轮是为火星表面移动车辆开发而研制出来的，其中超轻金属线编织轮主要用来减轻移动机构的重量，减少升空时的发射功耗和运行功耗。

移动机器人车轮形式设计要考虑到的一个重要部分是全方位移动机构的实现，全方位移动机构能够在保持机体方位不变的前提下沿平面上任意方向移动。更进一步的，有些全方位车轮机构除具备全方位移动能力外，还可以像普通车辆那样改变机体方位。由于这种机构的灵活操控性能，所以特别适合于窄小空间（通道）中的移动作业。

全轮偏转式全方位移动机构的原理如图 7-6 所示。

在全轮偏转式全方位移动机构中，行走电动机 M_1 运转时，通过蜗轮杆副 1 和锥齿轮副 2 带动车轮 3 转动。当转向电动机 M_1 运转时，通过另一对蜗轮杆副 4、齿轮副 5 带动车轮支架 6 适当偏转。当各车轮采取不同的偏转组合，并配以相应的车轮速度后，便能够实现前轮操舵、4 轮操舵、全方位方式和原地回转等转动方式。

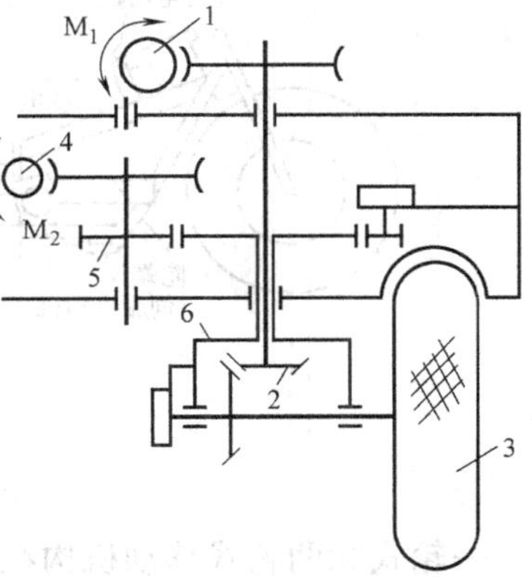

图 7-6　全轮偏转式全方位移动机构原理
1—蜗轮杆副　2—锥齿轮副　3—车轮
4—蜗轮杆副　5—齿轮副　6—车轮支架

一种典型的能实现全方位移动的车轮形式称为麦卡纳姆轮，其结构如图 7-7 所示。

麦卡纳姆轮是一种全方位四轮移动机构。这种车轮由两部分组成，即主动的轮毂和沿轮毂外缘按一定方向均匀分布着的多个从动轮子。当车轮旋转时，轮心相对于地面的速度是轮毂速度与辊子滚动速度的合成，两个夹角间有一个偏离角。由于每个车轮均有这个特点，经适当组合后就可以实现车体的全方位移动和原地转向运动。

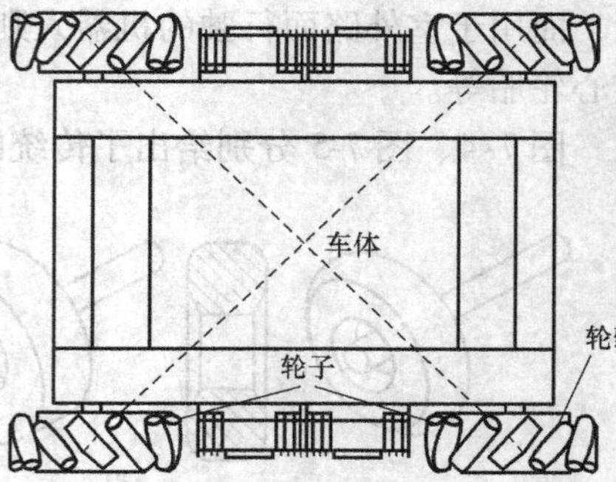

图 7-7 麦卡纳姆轮结构

7.3.2 车轮的配置和转向机构

轮式移动机构依据车轮的多少分为一轮式移动机构、两轮式移动机构、三轮式移动机构、四轮式移动机构以及多轮式全方位移动车。

1. 一轮式移动机构

虽然独轮车作为机器人移动机构几乎没有实用性，但为了达到教学效果，现在还在试制。理论上可以在平地、不平整地面和倾斜地面等行走。车体的回转可以利用陀螺仪加速、减速所产生的反力矩实现。

2. 两轮式移动机构

非常简单、便宜的自行车和两轮摩托车用在机器人上的试验很早就进行了。但是人们很容易地就认识到两轮车的速度，倾斜等物理量梢度不高，而进行机器人化，引进简单、便宜、可靠性高的传感器也很难。此外，两轮车制动时以及低速行走时也极不稳定，目前正在进行使其稳定化的试验。图 7-8 是利用陀螺仪的两轮车。人们在驾驶两轮车时，依靠手的操作和体重的移动力求稳定行走，这种陀螺两轮车，把与车体倾斜成比例的力矩作用在轴系上，利用陀螺效果使车体稳定。

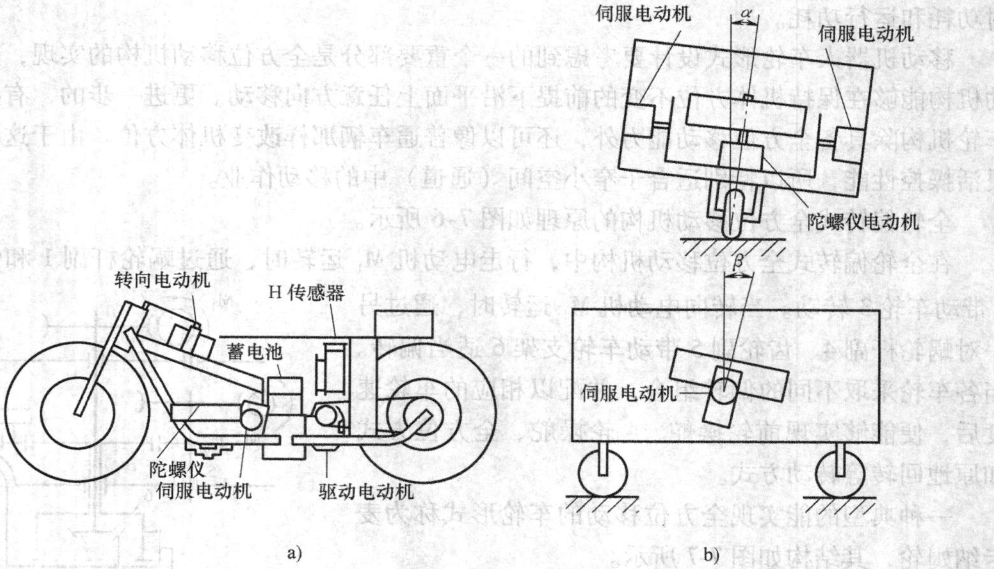

图 7-8 利用陀螺仪的两轮车

一轮式和两轮式移动机构在实现上的主要障碍是稳定性问题。目前已有人致力于单轮直立控制研究和双轮稳定行驶试验等工作。比如南洋理工大学研制的 Segbot 双轮机器人，该机器人配置了笔记本电脑控制器、二维激光探测器、差分 GPS 天线、无线 MODEM、CCD 摄像机等，实现了稳定行走。

3. 三轮式移动机构

三轮移动机构是车轮形机器人的基本移动机构。目前，作为移动机器人移动机构用的三轮机构的原理如图 7-9 所示。

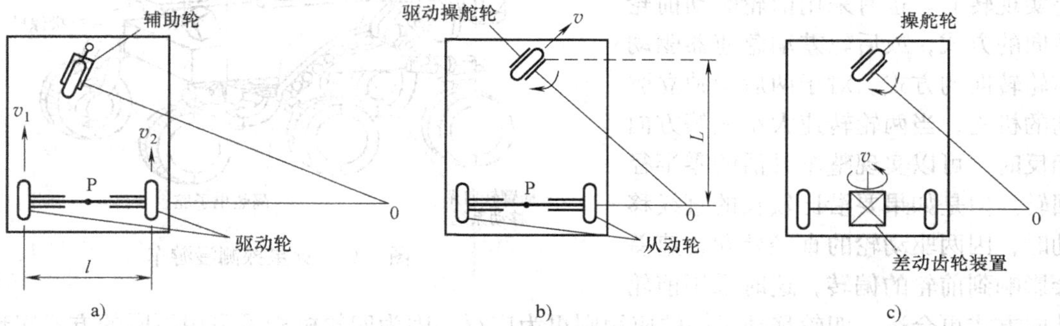

图 7-9　三轮机构原理

图 7-9a 是后轮用两轮独立驱动，前轮用小脚轮构成的辅助轮组合而成。这种机构的特点是机构组成简单，而且旋转半径可从 D 到无限大，任意设定。但是它的旋转中心是在连接两驱动轴的直线上，所以旋转半径即使是零，旋转中心也与车体的中心不一致。

图 7-9b 中前轮由操舵机构和驱动机构合并而成。与图 7-9a 相比，操舵和驱动的驱动器都集中在前轮部分，所以机构复杂。在这种场合，旋转半径可以从零到无限大连续变化。

图 7-9c 是为避免图 7-9b 机构的缺点，通过差动齿轮进行驱动的方式。近来不再用差动齿轮，而采用左右轮分别独立驱动的方法。

4. 四轮式移动机构

四轮车的驱动机构和运动，基本上与三轮车相同。图 7-10a 是两轮独立驱动，前后带有辅助轮的方式。与图 7-9a 相比，当旋转半径为零时，由于能绕车体中心旋转，所以有利于在狭窄场所改变方向。图 7-10b 是所谓汽车方式，适合于高速行走，但用于低速的运输搬运时，由于费用较高，所以小型机器人很少被采用。

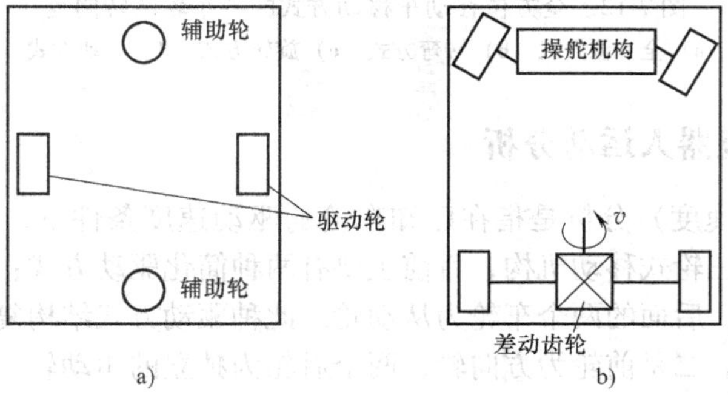

图 7-10　四轮车的驱动机构和运动

依据使用目的，还有使用六轮驱动车和车轮直径不同的轮胎车，也有的提出利用具有柔性机构车辆的方案。图 7-11 是火星探测用的小漫游车的例子。

故实际应用的轮式移动机构多为三轮或四轮。三轮式移动机构具有一定的稳定性，要解决的主要问题是移动方向和速度的控制，代表性车轮配置方式是一个前轮，两个后轮。两个后轮独立驱动，前轮仅起支撑作用，靠后两轮的转速差实现转向。也有采用前轮驱动前轮转向的方式，或后轮差动急速器驱动前轮转向的方式。对于两后轮独立驱动的机构，当两轮转速大小相等方向相反时，可以实现整车灵活的零半径回转。但是如果要沿比较长的直线移动时，因两驱动轮的直径差和转速差会影响到前轮的偏转，这时采用前轮转向方式更合适。四轮移动机构的应用则更为广泛。因为四轮机构可采用不同的方式实现驱动和转向。

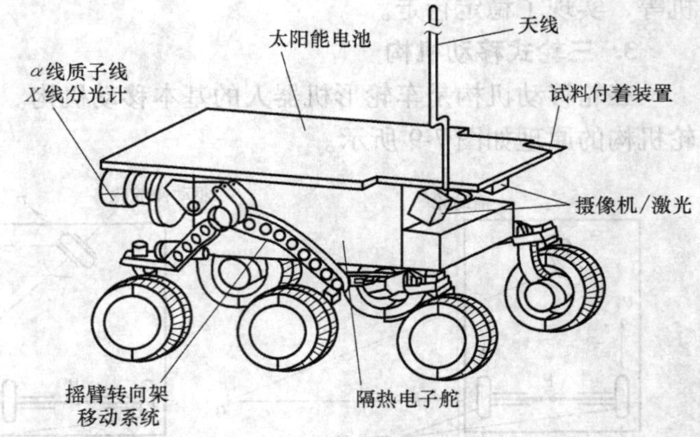

图 7-11 火星探测漫游车

5. 全方位移动车

过去的车轮式移动机构基本上是 2 自由度的，因此不可能简单地实现任意的定位和定向。机器人的定位，用四轮构成的车可通过控制各轮的转向角来实现。自由度多，能简单设定机器人所需位置及方向的移动车称为全方位移动车。图 7-12 是表示全方位移动车移动方式的各车轮的转向角。

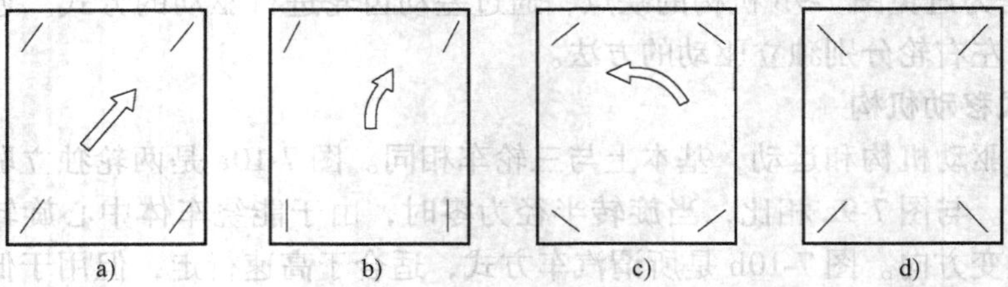

图 7-12 全方位移动车移动方式的各车轮的转向角
a) 全方位方式 b) 转弯方式 c) 旋转方式 d) 制动方式

7.3.3 三轮移动机器人运动分析

车轮机构运动（速度）分析是指在已知车轮的驱动速度条件下，确定本体的移动速度和旋转角速度。对于三轮式移动机构，目前主要有两种简化驱动方式：一是前轮为驱动轮同时起到方向轮的作用，后面的两个车轮为从动轮。此种驱动方式结构复杂，转弯半径可以从零到无穷大连续变化。二是前轮为方向轮，两个后轮为独立的驱动轮。此种驱动方式的机构比较简单，转弯半径可以从零到无穷大连续变化。

三轮移动的结构简图如图 7-13 所示。图 7-13a 为第一种驱动方式的简化示意图，图 7-13b为第二种驱动方式的简化示意图。图中，xOy 为绝对坐标系；v 为移动机器人前轮的运动速度，v_1、v_2 分别为移动机器人两个后轮的速度；L 为前后轮之间的距离；B 为两后轮之间的距离，P 为两后轮轴心连线的中点。

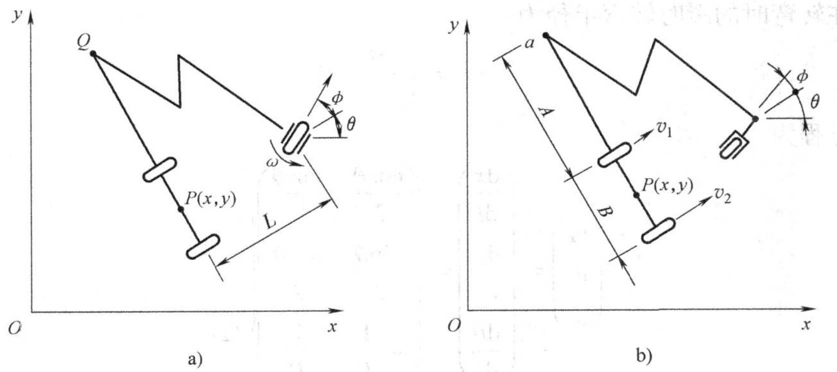

图 7-13　三轮移动的结构简图

设移动机器人的方向轮相对于车体纵轴的旋转角度为 ϕ；移动机器人的车体纵轴与 x 轴的夹角为 θ。

（1）第一种驱动方式

对于第一种驱动方式，方向轮在转弯时的瞬时圆心位于两后轮轴心的连线上，设此时瞬时转弯半径为 r。车体的速度为

$$v_P = v\cos\varphi$$

得到

$$\begin{cases} \dfrac{\mathrm{d}x}{\mathrm{d}t} = v\cos\varphi\cos\theta \\ \dfrac{\mathrm{d}y}{\mathrm{d}t} = v\cos\varphi\sin\theta \end{cases}$$

经过计算，可知前轮在转弯时的瞬时半径为

$$r = \frac{L}{\sin\varphi}$$

得到车体运动方程为

$$\begin{pmatrix} v_x \\ v_y \\ \omega_{\text{front}} \\ \omega_{\text{vehicle}} \end{pmatrix} = \begin{pmatrix} \dfrac{\mathrm{d}x}{\mathrm{d}t} \\ \dfrac{\mathrm{d}y}{\mathrm{d}t} \\ \dfrac{\mathrm{d}\varphi}{\mathrm{d}t} \\ \dfrac{\mathrm{d}\theta}{\mathrm{d}t} \end{pmatrix} = \begin{pmatrix} \cos\varphi\cos\theta & 0 \\ \cos\varphi\sin\theta & 0 \\ \sin\varphi/L & 0 \\ 0 & 0 \end{pmatrix} \begin{pmatrix} v \\ \\ \\ \omega_{\text{vehicle}} \end{pmatrix}$$

（2）第二种驱动方式

对于第二种驱动方式，方向轮在转弯时的瞬时圆心也位于两后轮轴心的连线上，设此时瞬时转弯半径为 r，w 为车体的转弯角速度。车体的速度为

$$v_P = \frac{v_1 + v_2}{2}$$

求得前轮在转弯时的瞬时转弯半径为

$$r = \frac{B}{v_2 - v_1}$$

车体运动方程为

$$\begin{pmatrix} v_x \\ v_y \\ \omega \end{pmatrix} = \begin{pmatrix} \frac{\mathrm{d}x}{\mathrm{d}t} \\ \frac{\mathrm{d}y}{\mathrm{d}t} \\ \frac{\mathrm{d}\theta}{\mathrm{d}t} \end{pmatrix} = \begin{pmatrix} \frac{\cos\theta}{2} & \frac{\cos\theta}{2} \\ \frac{\sin\theta}{2} & \frac{\sin\theta}{2} \\ -\frac{1}{B} & \frac{1}{B} \end{pmatrix} \begin{pmatrix} v_1 \\ v_2 \end{pmatrix}$$

7.3.4 轮式排爆机器人

正如移动机器人的发展初衷是代替人类去危险的场所工作一样，排爆机器人是对爆炸物品、有嫌疑的不明物品进行现场侦查、排爆和转移爆炸物品的移动机器人。

目前有代表性的轮式排爆机器人主要有 ABP 公司的以下三种：

1）野牛中型排爆机器人如图 7-14 所示。野牛中型排爆机器人可无线遥控或采用一个便携式装置通过光纤操作。它装有四轮驱动防滑转向装置，具有很高的机动性和负载能力（可携带 100kg 物品），结实耐用、性能可靠、操作简单，并且配备有一个改良的 MK8 式手推车武器包。由于其设计标准，还能轻易安装各种附件（包括热成像摄像机、传感器等）。

图 7-14　野牛中型排爆机器人

2）土拨鼠排爆机器人如图 7-15 所示。土拨鼠排爆机器人可遥控距离为 1km，自身质量为 35kg，在桅杆上装有两台摄像机，有助于前进及倒车。它的关节式机械手的高度可达 2m，在水平及倾斜头上装有一台彩色变焦摄像机，用来对爆炸物识别和定位。它主要用于对未爆炸的和临时放置的爆炸装置进行定位和鉴定。这种土拨鼠排爆机器人在伊拉克战场上得到了广泛的应用，大大减少了排爆士兵的伤亡。

3）独眼龙排爆机器人如图 7-16 所示。独眼龙排爆机器人有六个轮子，并有一个用胶链

图 7-15　土拨鼠排爆机器人

图 7-16　独眼龙排爆机器人

连接的平台。平台可以安装各种设备，包括聚光灯、爆炸物排除手臂、用激光指示器瞄准的半自动猎枪和用于化学探测的设备。该机器人由可再充电的电池驱动，可以连续工作 3h。独眼龙排爆机器人的质量约 30kg，可无线遥控或通过光纤进行操作。它主要用于解卸未爆炸装置和常规武器，或用于其他存在高风险的危险领域。

此外，轮式排爆机器人还有法国 DM Development 公司研制的 RM35 型爆炸物处理机器人，如图 7-17a 所示；加拿大 Pedsco 公司研制的 MURV-100 小型排爆机器人，如图 7-17b 所示；加拿大 Pedsco 公司研制的 RMI-10 中型排爆机器人，如图 7-17c 所示。

a)　　b)　　c)

图 7-17　其他轮式排爆机器人

7.4　履带式移动机器人

履带式机构称为无限轨道方式，履带式移动机器人是轮式移动机构的拓展，其最大特征是将圆环状的无限轨道履带（crawler befit）卷绕在多个车轮上，使车轮不直接与路面接触。适合在未加工的天然路面上行走，因为履带本身起着给车轮连续铺路的作用。

履带式移动机器人与轮式移动机构相比具有如下特点：

1）支承面积大，接地比压小，路面保持力强，适合于松软或泥泞场地作业，下陷度小，滚动阻力小，通过性能较好，能登上较高的台阶。

2）越野机动性好，爬坡、越沟等性能均优于轮式移动机构。重心低，较稳定，并且能够原地旋转。

3）履带支承面上有履齿，不易打滑，牵引附着性能好，有利于发挥较大的牵引力。

4）结构复杂，重量大，运动惯性大，减振性能差，零件易损坏。

图 7-18 是 TEODOR 型履带式移动机器人。

图 7-18　TEODOR 型履带式移动机器人

7.4.1　车体结构

下面主要从以下几个方面来具体介绍履带式移动机器人的车体结构：履带机构的形状、支承轮、拖带轮、履带板、驱动轮与导向轮、履带张紧装置、履带架。

(1) 履带机构的形状

履带移动机构采用的履带机构常见的有驱动轮及导向轮兼作支承轮和驱动轮及导向轮不作支承轮两种。驱动轮及导向轮兼作支承轮的结构如图 7-19a 所示，它可以增大支承面积，改善稳定性，驱动轮和导向轮只微量抬高。而不作支承轮的驱动轮与导向轮（见图 7-19b）的好处则是适合于穿越障碍。

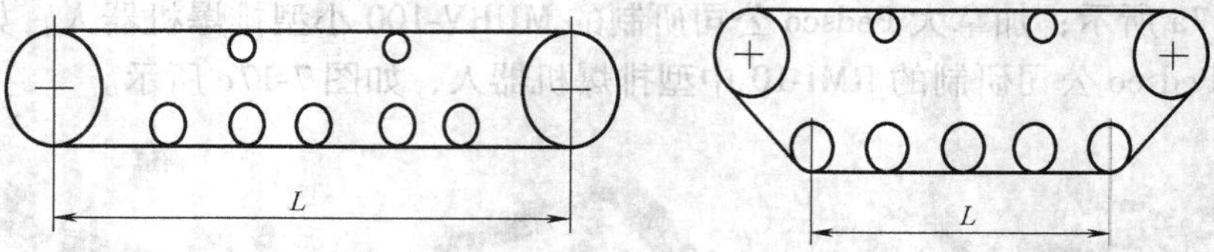

a)　　b)

图 7-19　两种常见的履带形状

履带的其他形状如图 7-20 所示。

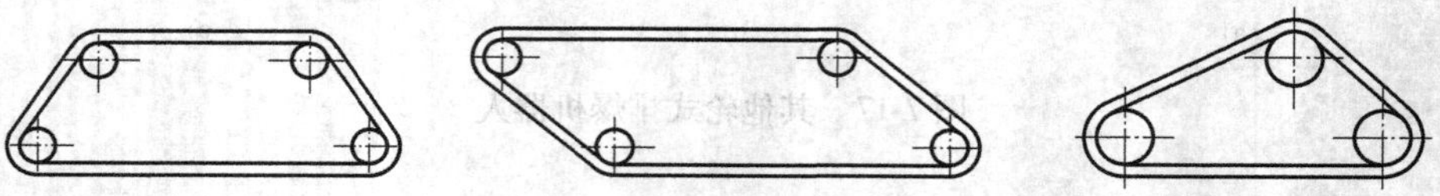

图 7-20　履带的其他形状

(2) 支承轮

履带式移动机器人的重力主要通过支承轮压于履带板的轨道传递到地面上，根据履带支承轮传递压力的情况，可分为多支点式和少支点式。多支点式一般具有 5～9 个支承轮，相邻两支承轮之间的距离小于履带节距的 1.5 倍。履带在支承轮之间不能弯曲，因而接地比压近于均匀分布。多支承式的支承轮数目多，直径较小，通常固定支承于履带梁上。少支点式的支承轮数目少而直径大，运行阻力较小，但履带在支承轮之间的履带板数目大，可以有很大的弯曲，在支承轮下方的履带板受压很大，而其他履带板受压则较小。这样的装置适合于在石质土壤上工作。图 7-21 给出了支承轮的数目多少的比较。

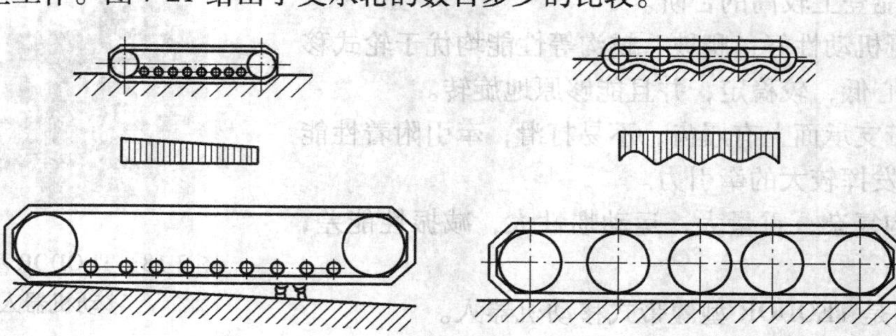

a)　　b)

图 7-21　多支点式和少支点式的支承轮

a）多支点式　b）少支点式

(3) 拖带板

托带板安装于履带上分支的下方，以减少履带的下垂量，保持它平稳运转。通常情况下，托带板用 2 ~ 3 个就够了。由于托带板只承受履带自重的载荷，所以它所需尺寸较小，结构比较简单。

（4）履带板

每条履带是由几十块履带板和链轨等组成。其结构基本上可分为四部分：履带的下面为支承面，上面为链轨，中间为与驱动链轮相咬合的部分，两端为连接铰链。根据履带板的结构不同，履带板又可分为整体式和组合式。

整体式履带板如图 7-22a 所示。这种履带板的优点是结构简单、制造方便、拆装容易、重量小；缺点是由于履带销与销孔之间的间隙较大，泥沙容易进入，使销和销孔磨损较快，一旦损坏，履带板只能整块更换。

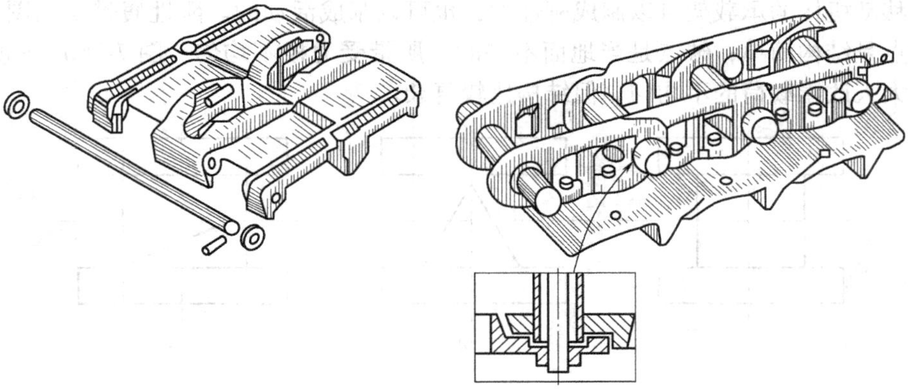

a)　　b)

图 7-22　整体式和组合式履带板

a）整体式　b）组合式

（5）驱动轮与导向轮

导向轮如图 7-23 所示。驱动轮如图 7-24 所示。履带机构可以有前驱和后驱。履带两侧的导向轮哪一个用来驱动更为合适与履带机构的形状有关。

例如针对下图的情况，以驱动轮在后方比较有利，因为这时履带的上分支受力较小，导向轮受力也较小，履带承载分支处于微张紧状态，运行阻力较小。而前轮为驱动轮时，履带的上分支及导向轮承载最大载荷，履带承载分支部分长度处于压缩弯折状态，运行阻力增大。

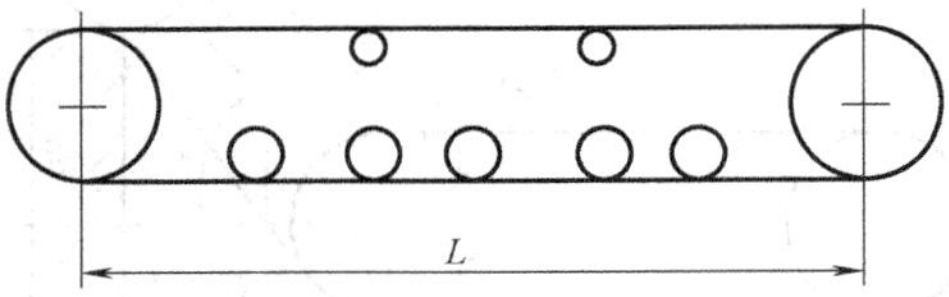

图 7-23　导向轮

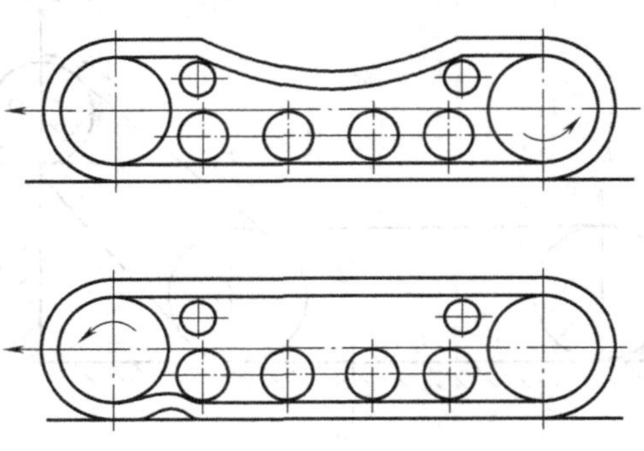

图 7-24　后驱动轮与前驱动轮

(6) 履带张紧装置

履带张紧装置是用来调整履带装置的节距的。由于履带装置的节距时间一长就会因磨损而增大，轨链伸长，如不进行调整以保持一定的张紧程度，就易发生脱轨与掉链等情况，因此需要装设履带张紧装置。通常导向轮的轴承制成可以滑移，用丝杠调整，调整距离略大于半个履带节距。

图 7-25 所示为履带机械式张紧装置。

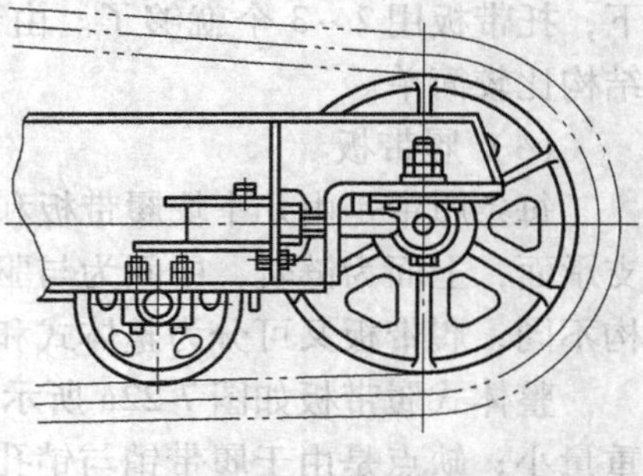

图 7-25　履带机械式张紧装置

(7) 履带架

履带移动机构的承载架可以制成刚性的，也可以制成活动的。刚性履带架如图 7-26a 所示，其优点是结构简单；缺点是当地面不平时，履带受力极不均匀。图 7-26b、c 所示的履带架可以大大改善载荷的不均匀，但结构比较复杂。

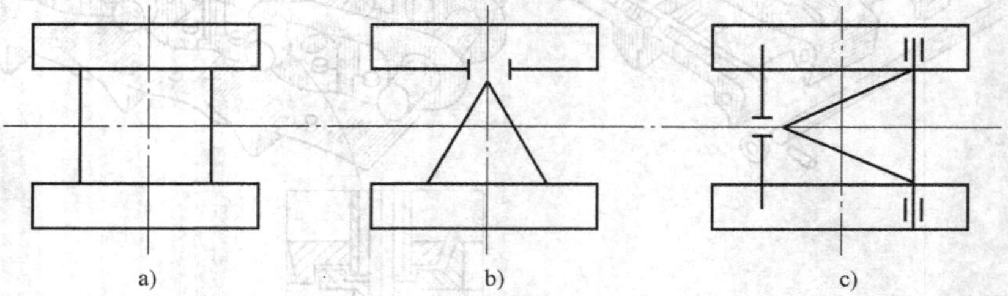

图 7-26　履带架的种类

7.4.2　越障原理

带有摆臂的关节式履带移动机器人的整个爬越障碍过程可以分成两个阶段：第一阶段，先将两侧摆臂搭在台阶上，使车体在行走机构和摆动机构的共同作用下，顺利地爬到第二台阶，此时车体实现了地面、第一台阶、第二台阶的三点接触。第二阶段，机器人只需要在行走机构的作用下如同上坡一样缓缓地向上爬。由此可以看出，只要保证行走机构在结构设计至少能够同时与两个台阶点接触，就能实现第二阶段运行的平稳性和可靠性。

图 7-27 是爬台阶时整车的受力图。图 7-28 是爬台阶时摆臂的受力图。

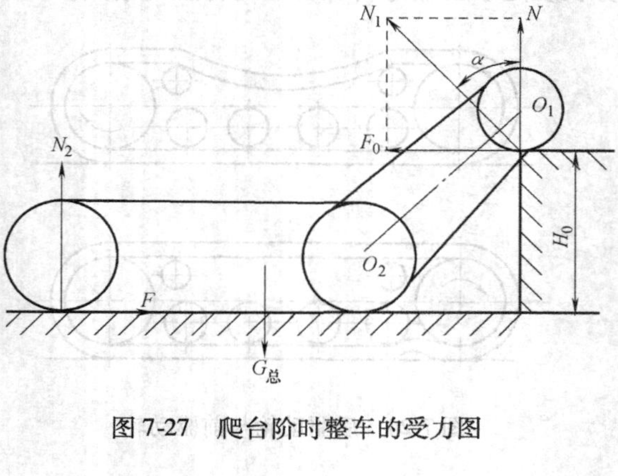

图 7-27　爬台阶时整车的受力图

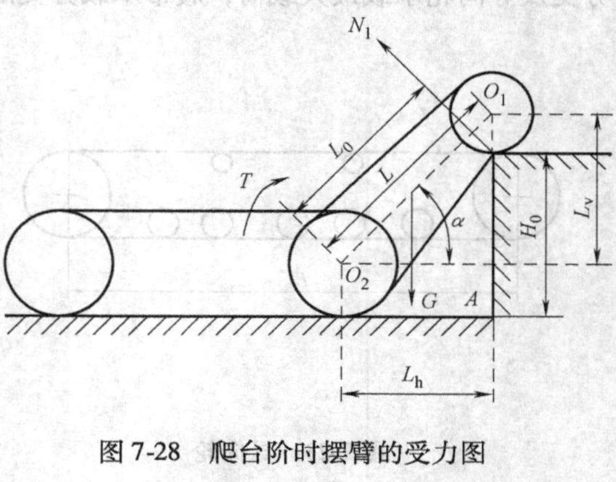

图 7-28　爬台阶时摆臂的受力图

7.4.3　履带排爆机器人

正是由于履带机器人与轮式机器人相比具有支承面积大、接地比压小、路面保持力强、适合于松软或泥泞场地作业、下陷度小、滚动阻力小、通过性能较好、能登上较高的台阶等特点，其更适合于复杂条件下的工作，故履带式排爆机器人也得到了较大的发展。下面介绍几种常见的履带排爆机器人。

1）法国 Cybernetics 公司的 TEODOR 排爆机器人如图 7-29a 所示。这种机器人是与用户紧密结合而设计的，装有内置望远镜的机械臂长达 2.8m，有效载荷 30kgf（1kgf = 9.806N）。该系统采用了全履带式底盘，具有极好的越野能力，驱动机械臂的电动机采用四象限控制系统，可以在前进和后退的过程中进行各种操作。

a)

b)

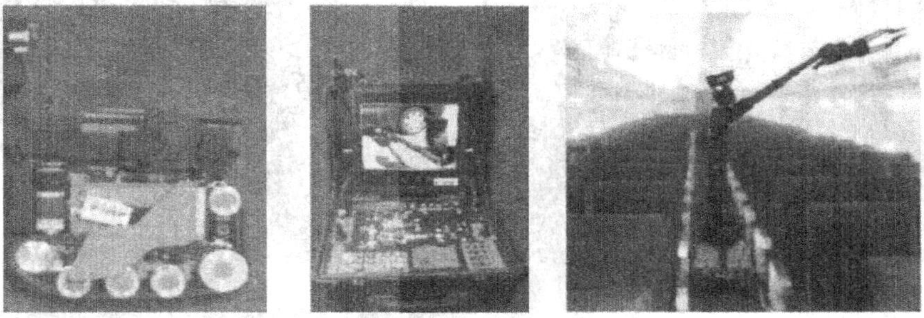

c)

图 7-29　排爆机器人

2）法国 Cybernetics 公司的 CASTOR 小型排爆机器人如图 7-29b 所示。这种机器人可以实现敌方侦察和干预功能，用来处理和销毁爆炸物，同时也适用核放射或生化污染环境。由于其体积小，可以通过汽车或者直升机，配备的电池组可以连续工作 24h，且该电池组可以在 10s 内更换。

3）PIAP 公司的 EXPERT 中型排爆机器人如图 7-29c 所示。这种机器人可以在飞机、汽车和火车等有限空间内执行任务，机械手的最远触及长度接近 3m，可以伸入部分难以进入的空间抓取爆炸装置。因此在反恐行动中应用非常广泛。

4）TELEROB 公司的 TEL600 型爆炸处理车如图 7-30a 所示。

5）TELEROB 公司的 POLYFIMOS 3000 型防爆机器人如图 7-30b 所示。

6）Soukos Robots S. A. 机器人坦克如图 7-31a 所示。

a)

b)

图 7-30

7）英国的MK7系列最新改进SUPER M手推机器人如图7-31b所示。

除了以上常见的履带式移动机器人外，还有轮履复合式排爆机器人。如美国Remotec公司Andros MARKV-A1系列F6A机器人（见图7-31c）及最新设计的Mini-Andros Ⅱ机器人（见图7-31d）。

a)

b)

c)

d)

图 7-31

7.5　步行移动机器人

7.5.1　步行机器人的特点及发展过程

步行机器人是由计算机控制的用足机构推进的表面移动机械电子装置，与传统的轮式、履带式移动机器人相比，步行机器人具有独特的性能，主要表现在以下方面：

1）足运动方式具有较好的机动性，即具有较好的对不平地面的适应能力。足运动方式的立足点是离散的，可以在可能达到的地面上最优地选择支撑点。而轮式运载工具必须面临最坏地形上的几乎所有点。足式运动系统还可以通过松软地面（如沼泽、沙漠等）以及跨越较大的障碍（如沟、坎和台阶等）。

2）足运动系统可以主动隔振，即允许机身运动轨迹与足运动轨迹解耦。尽管地面高低不平，机身运动仍可以做到相当平稳。具体来说，步行系统对波长小于两倍行程的不平度没有响应，而对较大波长的地形变化的过滤作用决定于保持机体姿态的控制算法。

3）足运动系统在不平地面和松软地面上的运动速度较高，而能耗较少。

步行机器人的发展最早源自于美国和日本。1968 年，美国的 R. Smosher（通用电气公司）试制了一台叫“Rig”的操纵型双足（两足）步行机器人机械，从而揭开了仿人机器人研制的序幕。同年，日本早稻田大学加藤一郎教授在日本首先展开了双足机器人的研制工作，1969 年日本研制出 WAP-1（Wasada Automatic Pedipulator）平面自由度步行机，从 1968 年到 1986 年，又先后推出了 WAP-3、WL-5、WL-9DR、WL-10RD、WL-12（R）等。日本东京大学的 Jouhou System Kougaka 实验室研制了 H5、H6 型仿人型双足步行机器人。日本本田公司也从 1986 年开始陆续推出 P1、P2、P3 型机器人。本田公司于 2000 年 11 月又推出了新型双脚步行机器人“ASIMO”，“ASIMO”与 P3 型机器人相比，实现了小型轻量化，使其更容易适应人类的生活空间，通过提高双脚步行技术使其更接近人类的步行方向、关节及手的动作。日本索尼公司于 2000 年推出的人形娱乐型机器人“Sony Dream Robot -3X”（SDR-3X），身高为 50cm，质量为 5kg。日本还有许多其他科研机构和高等院校从事仿人机器人的研制和理论研究工作（如松下电工、富士通、川崎重工、日立制作所等）。

图 7-32 ~ 图 7-38 给出了不同类型的机器人。

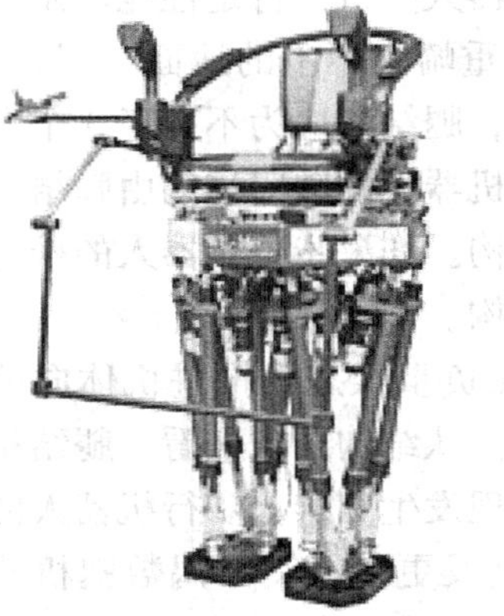

图 7-32　WL 系列步行机器人

图 7-33　H6 机器人

图 7-34　H7 机器人

图 7-35　HRP-2JSK 机器人

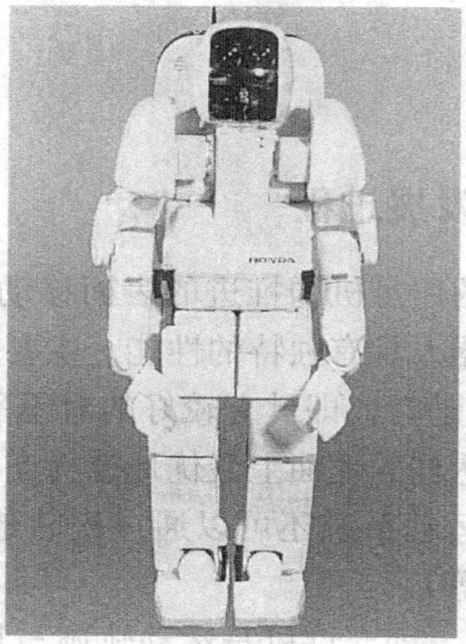

图 7-36　P3 机器人

图 7-37　ASIMO 机器人

图 7-38　SDR-3X 机器人

7.5.2　步行机器人的腿结构

步行机器人的设计中，腿结构的设计至关重要。从步行机器人整机的行走性能出发，一方面的要求是机体能走出直线运动轨迹或平面曲线轨迹（在严重崎岖不平的地面）；另一方面还要求能够转向。当前进运动和转向运动均由腿结构完成时，腿结构应为不少于 3 个自由度的空间机构，并且足端具备一个实体的工作空间。而当步行机器人的转向运动由腿结构之外的独立转向机构完成时，腿机构可以是 2 个自由度的平面机构。如果步行机器人的推进和转向运动均由复合机构完成，那么只要求单自由度的伸缩腿机构。

步行机器人的腿在行走过程中交替地支撑机体的重量并在负重状态下推进机体向前运动，因此腿结构必须具备与整机重量相适应的刚性和承载能力。从结构要求来看，腿结构还不能过于复杂，杆件太多的腿机构形式会导致结构和传动的实现发生困难。步行机器人的腿结构（或足）数分别为一足、两足、三足、四足、六足、八足及更多。其中偶数腿机构占绝大多数，因为就直线运动来说，偶数腿机构能产生有效的步态。腿机构的配置指步行机器人的腿相对于机体的位置和方位的安排，这个问题对于多于两足时尤为重要。

步行机器人腿结构分为开链机构和闭链机构。开链机构的特点是工作空间大，结构简单，但承载能力小。闭链机构一般刚性好，承载能力大，功耗较小，但工作空间有局限性。

图 7-39 ~ 图 7-41 给出了不同腿结构的步行机器人

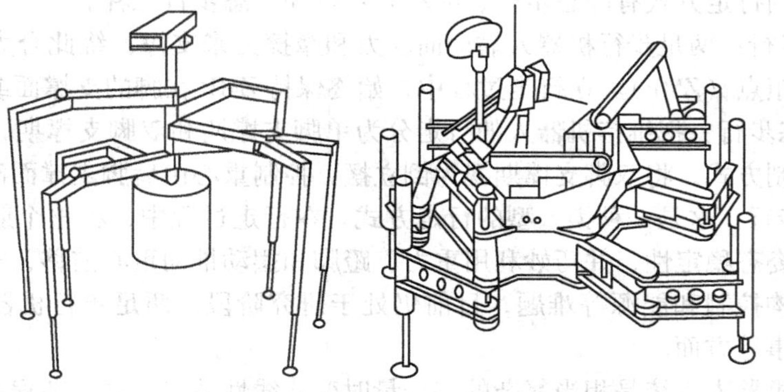

图 7-39　六足开链步行机器人

a）卡内基-梅隆大学开发的六足开链步行机器人　b）FMC 公司开发的六足开链步行机器人

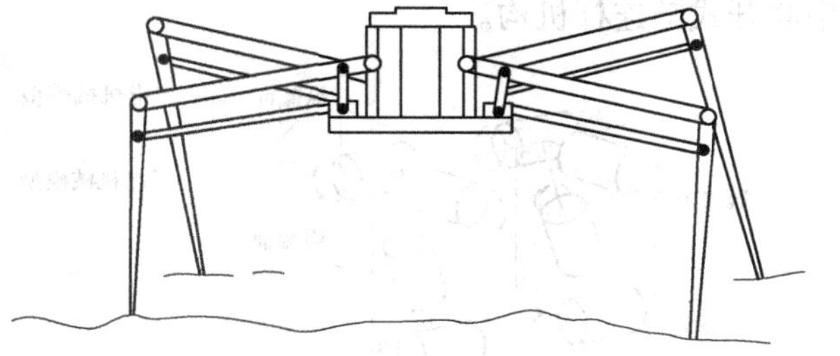

图 7-40　日本东京工业大学研制的四足闭链步行机器人

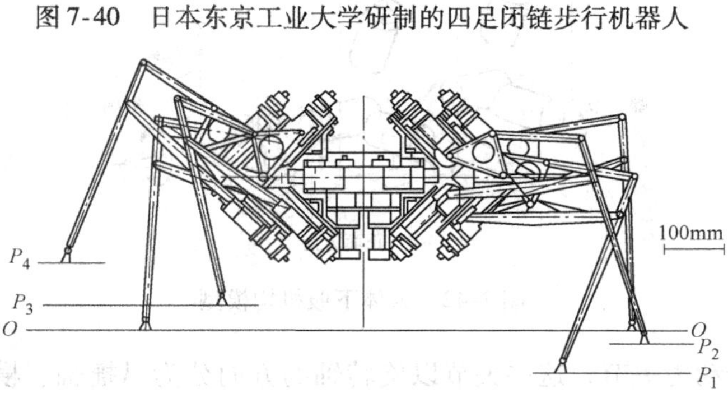

图 7-41　日本东芝公司研制的六足闭链步行机器人

7.5.3　两足步行机器人的动力学模型

具有两条腿机构的机器人称为两足步行机器人。两足步行机器人基本上是模拟人的下肢的机构，或者是用其简化形态做成的。两足步行机器人适于在凸凹不平或有障碍的地面行走作业，比一般移动机器人灵活性强，机动性好。1972 年，日本早稻田大学研制出第一台功能较全的两足步行机器人。美国、南斯拉夫等学者也研制出各种两足走行机器人模型。

两足步行模型是一个变结构机构，单脚支撑为开式链，双脚支撑为闭式链。支撑点的固定靠摩擦力来保证，质量分布和重量大小都直接影响静态和动态的稳定性。为保证行走过程中姿态的稳定性，对行走步态应加严格的约束。

两足步行的行走方式有静态步行、准动态步行和动态步行三种。

1）静态步行：两足步行机器人靠地面反力和摩擦力来支撑，绕此合力作用点力矩为零的点称为零力矩点（ZMP）。在行走过程中，始终保持 ZMP 在脚的支撑面或支撑区域内。

2）准动态步行：把维持机器人的行走分为单脚支撑期和双脚支撑期，在单脚支撑期采用静态步行控制方式，将双脚支撑期视为倒立摆，控制重心由后脚支撑面滑到前脚支撑面。

3）动态步行：这是一种类人型的行走方式。在行走过程中，将整个躯体视为多连杆倒立摆，控制其姿态稳定性，并巧妙利用重力、蹬脚和摆动推动重心前移，实现两足步行。动态步行涉及机构控制和能源等难题，目前仍处于研究阶段，两足步行机器人可用于宇宙探测、排险及军事等方面。

两足步行机器人系统是相当复杂的多变量时变非线性系统，其复杂程度与两足机器人的自由度多少有关。图 7-42 是人的一个下肢踝关节以上的部分，着眼于步行机能的连杆机构模型。即左右对称，每条腿的踝关节有纵摇轴和横摇轴 2 个自由度，膝关节有纵摇轴和横摇轴 2 个自由度，髋关节有纵摇轴、横摇轴、偏转轴 3 个自由度，共计 7 个自由度，两条腿共计 14 个自由度，为串联开式链连杆机构。

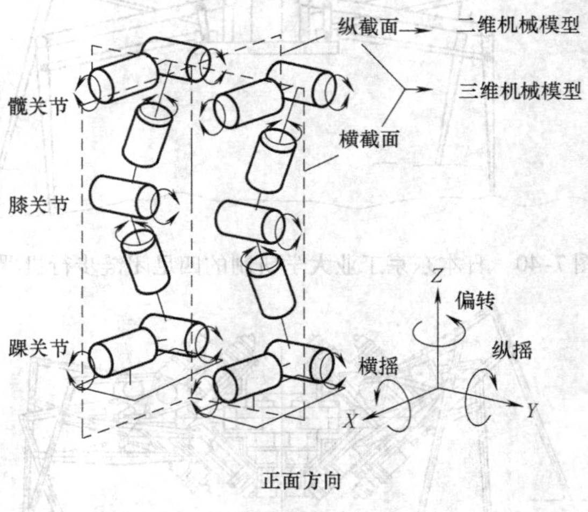

图 7-42　人体下肢机构模型

图中共有 11 个动力关节，这些关节以旋转轴的方向分为纵摇轴、横摇轴和偏航轴。纵摇轴实现前进方向的重心移动，横摇轴实现左右方向的重心摆动，偏航轴转换方向。在行走过程中，通过纵摇轴的髋关节、膝关节和踝关节的协调动作，在前进方向上移动重心；通过上躯体关节使上身左倾或右倾，移动上身搭载调节重心；通过偏航轴的腰关节转换方向。关节的驱动能源主要有气压、液压和电动三种。气压式重量小、安全便宜，但因空气的可缩性，在变负载情况下，稳定性差。液压式输出功率大、快速性好，但需配备动力组件。例如，日本早稻田大学加藤一郎教授研制的 WD-10RD，是具有 12 个自由度的液压驱动机器人。电动式结构简单、控制容易，但功率密度低、价格较高。

两足步行机器人在控制方面本质上是不稳定系统，很难做到稳定控制，因而作为移动作业机械在实用化方面需要解决的问题很多。但是，人类却使这样复杂不稳定的系统通过结合左右脚的运动，实现了稳定移动。受到这一事实的启发，人们又进行了许多两足步行的实验研究，从非常简单的倒立振子，到利用逆转力矩作用在步行机器人上，使其倾斜姿态复原的控制地面反力中心点的方法等，证实了实际上的两足步行机构可以稳定移动。

图 7-43 给出了简化的两足步行机构模型和三构件腿模型。

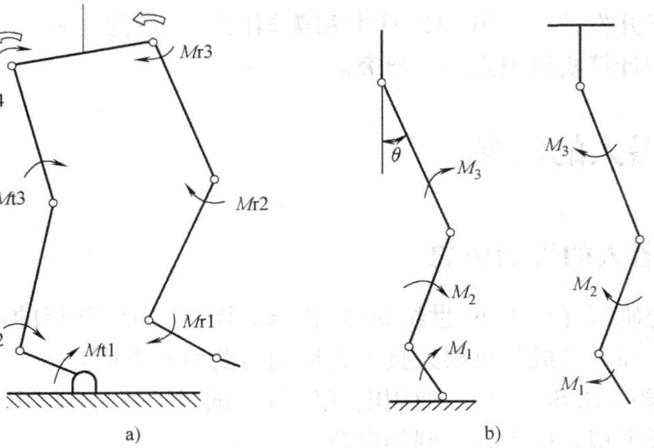

图 7-43　简化的两足步行机构模型和三构件腿模型
a）两足机构简化模型　b）三构件腿模型

第 8 章　拟人机器人

拟人机器人是模仿人的形态和行为而设计制造的一种外形像人的机器人，是真正字面意义上或狭义的机器人。由于拟人机器人集机械、电子、计算机、材料、传感器、控制技术等多门学科于一体，是一个国家高科技实力和发展水平的重要标志。因此，世界上发达国家都不惜投入巨资进行开发研究。其中以日本和美国的研究最为深入，日本方面侧重于外形仿真，美国则侧重用计算机模拟人脑的研究。

8.1　拟人机器人的发展

8.1.1　拟人机器人的发展历史

拟人机器人的研制开始于 20 世纪 60 年代末，距今已有 40 年的历史。拟人机器人的研究工作进展迅速，如今已成为机器人技术领域的主要研究方向之一。

1968 年，美国的 R. Smosher（通用电气公司）试制了一台叫“Rig”的操纵型双足步行机器人，从而揭开了拟人机器人研制的序幕。

1968 年，早稻田大学加藤一郎教授在日本首先展开了双足机器人的研制工作。1969 年研制出 WAP-1（Waseda Auicmatic Pedipulator）平面自由度步行机。该机器人具有 6 个自由度，每条腿有髋、膝、踝三个关节。利用人造橡胶肌肉为关节，通过注气、排气引起肌肉收缩牵引关节转动从而迈步。由于气体的可伸缩性，该机器人行走不稳定。1971 年，加藤一郎又研制出了 WAP-3 型双足机器人，仍采用人造肌肉驱动，能在平地、斜坡和阶梯上行走，具有 11 个自由度。1971 年，加藤实验室研制出 WL-5 双足步行机器人。该机器人采用液压驱动，具有 11 个自由度，下肢作三维运动，上躯体左右摆动以实现双足机器人重心的左右移动。该机器人重 130kg，高 0.9m，可载荷 30kg，实现步幅 15cm，每步 45s 的静态步行。

1973 年，加藤等人在 WL-5 的基础上配置机械手及人工视觉、听觉装置组成自主式机器人 WABOT-1，如图 8-1a 所示。WABOT-1 由足、手、视觉、声音应答四个系统组成。它所具有的功能包括通过人造嘴与人进行简单的日语对话，人造耳、眼作为远程接收装置识别对象、测定距离和方向，以两足步行方式（每步 45s 的静态步行）进行移动，带触觉，能用双手抓握、移动物体等。如果将这些功能与人相比，该机器人的机能大概相当于一岁左右的婴儿。为了判断能否握住目标、判断是否已经抓握或搜索目标，该机器人的两手均安装了微型开关作为触觉传感器。为了测量与目标之间的距离，其躯干安装了两台摄像头。

在腿部，双腿各包括足底关节处的横摇轴，踝关节处、膝关节处、髋关节处的俯仰轴，腰关节处的偏转轴等，共计 10 个自由度。在它的上身部分，有横摇轴 1 个自由度。在手臂部分，两臂各有肩部摆动、上臂旋转、肘部摆动、手腕旋转、手腕上下摆动共计 6 个自由度。另外，其手指部分五个手指为 1 个自由度。全部共计有 25 个自由度。结构材料主要是高强度铝合金。

加藤等人于 1980 年又推出 WL-9DR（Dynamics Refined）双足机器人。该型机器人采用预先设计步行方式的程序控制方法，用步行运动分析及重复实验设计步态轨迹，用以控制机器人的步行运动。该机器人采用以单脚支撑期为静态，双脚切换期为动态的准动态步行方案，实现了步幅 45cm，每步 9s 的准动态步行。

1984 年，加藤实验室又研制出采用踝关节力矩控制的 WL-10RD 双足机器人，实现了步幅 40cm，每步 1.5s 的平稳动态步行。1985 年加藤研究室在日本筑波科学博览会上公开展示了能演奏钢琴的拟人机器人 WABOT-2。该机器人能与人对话，用眼睛扫描乐谱，演奏键盘乐器，WABOT-2 的外观如图 8-1b 所示。1986 年，加藤实验室又研制成功了 WL-12（R）步行机器人，该机器人通过躯体运动来补偿下肢的任意运动，在躯体的平衡作用下，实现了步行周期 1.3s，步幅 30cm 的平地动态步行。加藤一郎由于长期致力于研究拟人机器人，被誉为“拟人机器人之父”。

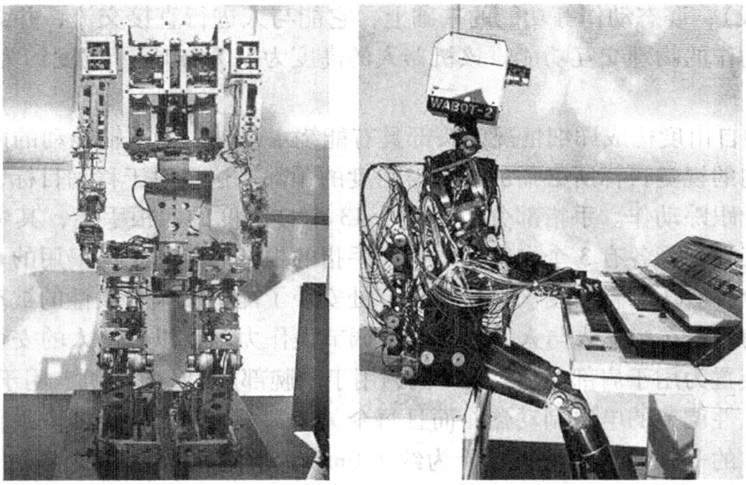

a) b)

图 8-1 早稻田大学的拟人机器人

a）WABOT-1 b）WABOT-2

1993 年，日本东京大学研究小组发表了小型拟人机器人系列［有脑但不能行走的两足两臂机器人（远程大脑拟人机器人，RBH)］。此次研究开发的目的主要在于机器人的软件部分，因此将机器人的身体与控制软件的头部从物理层面上分开了。

该远程大脑研究，首先试做了两台小型拟人机器人。其中，一台机器人的腿部部分两足各有俯仰轴的 3 个自由度，两足合计 6 个自由度。手臂部分也同样，两臂各有俯仰轴的 3 个自由度，合计共 6 个自由度。这个具有 12 个自由度的机器人身高 330mm，体重约为 2kg。另一台机器人的腿部部分两足各有俯仰轴的 3 个自由度，足底的横摇轴为 1 个自由度，两足合计 8 个自由度。手臂部分则为两臂各有俯仰轴的 3 个自由度，肩部偏转轴为 1 个自由度，合计共 8 个自由度。这个具有 16 个自由度的机器人身高 360mm，体重为 2.3kg。

这种拟人机器人的重心位置比较低，头部均安装有内置图像传输电路的黑白摄像头，在腿部和背部分别安装了驱动伺服电动机与摄像头电源，而在各个关节处则采用了航模用的伺服模块。

按照类似的方式，又开发了各种各样功能的小型拟人机器人。虽然有关步行动作的研究是主要围绕静力学研究（基于重心）展开的，但仍然探讨了很多实现拟人机器人各种全身动作的先驱性实验研究，如带视觉的步行动作、搬运动作、基于视觉的摇摆动作、基于视觉的上腿部协调动作、视觉诱导型运动、拥抱动作、单腿站立时的全身平衡、调动全身的物体传接动作和借助于接触传感器的落座动作等。

另外，随着老龄化社会的临近，能辅助人类的机器人的需求增长很快。在这种情况下，早稻田大学的研究小组于1992年启动了一项由政府、产业界、科研院所共同进行的计划项目“拟人型”。1995年，该项目被NEDO（新能源/产业技术综合开发机构）的1995年度最前端领域研究开发方案招标研究计划所采纳，由此而开发的拟人机器人就是Hadaly-2和WABIAN（WAseda Bipedal humANoid）。

Hadaly-2是轮式拟人机器人，如图8-2a所示。在集成基于视觉的环境识别和对话功能（语音识别/合成）、姿态动作等功能的基础上，它能与人进行直接交流，并具有一些对人友好的和安全的动作的物理交互功能。该机器人的高度为1.7m，躯干宽度约为40cm，整体长度约为130cm。

Hadaly-2的自由度构成详细情况为头部具有能绕水平轴、上下轴转动的两个眼球，以及为跟踪深度方向的视觉目标所必需的4个自由度的颈部。这样对于移动目标，它可以实现不亚于人类的视觉跟踪动作。手指部分包括共计13个自由度的四根手指，其中大拇指为4个自由度，其他三根手指各有3个自由度。每根手指的根部装有力觉反馈用的6自由度压力传感器。手臂部分各有7个自由度。在各个关节处安装了能机械调整柔性的被动柔性调节机构（MIA）。该机构可以在机器人与人协同作业时调节操作力度，以确保人的安全。手臂部分各个关节的驱动装置为用于肩部的AC电动机、用于手腕部的DC电动机、用于柔性调节的DC电动机、用于黏性调节的电磁制动器，而且每个关节都用了三个驱动器。手部的移动速度则参考了成年男性的一般动作速度，设计为约1.0m/s。移动机构为轮式，通过控制、驱动两个前轮，可以实现前、后以及原地转动。据已发表的资料显示，其最大移动速度约为6km/h。躯干部具有偏转自由度，移动机构停止后，它的上身可以扭动。

WABIAN更具人形。它与人等高，具有躯干自由度，两足能实现动态行走。该机器人能跟人一样手持物体行走。由于当时的设计要求考虑了在家庭内使用的背景，因此它还具备情绪交互功能和通过ISDN的远程操作功能。该机器人直立静止状态的身高为1660mm，总重量为107kg，肩部可搬重量为30kg（单肩为15kg），手部重1.5kg。它的头部安装有获取视觉和听觉信息的机构，除电源以外所有的控制装置都搭载在机器人身上，如图8-2所示。

WABIAN的自由度构成情况为眼球部与颈部各有横摇轴与俯仰轴2个自由度，手腕部与人一样各有7个自由度，手部部分各有3个自由度，躯干部有横摇轴、俯仰轴、偏转轴各1个自由度，腿部的足关节、膝关节以及髋关节各有俯仰轴的1个自由度，足底部有缓冲机构与被动自由度4个，合计为43个自由度。各个关节的驱动方式为在髋关节处采用了在较大范围内可以改变关节刚性的非线性弹簧机构的差动驱动方式；其他关节处则采用了1个自由度配一个驱动器的直接驱动方式。腰部的构件材料为YKK公司生产的高强度超微晶铝合金“GIGAS”，其他部分则采用了超硬铝材料。在控制系统方面，控制机器人的计算机安置在机器人的后腰位置，电动机驱动电路安装在躯干上部，各个关节按0.5~1ms的周期实施控制。

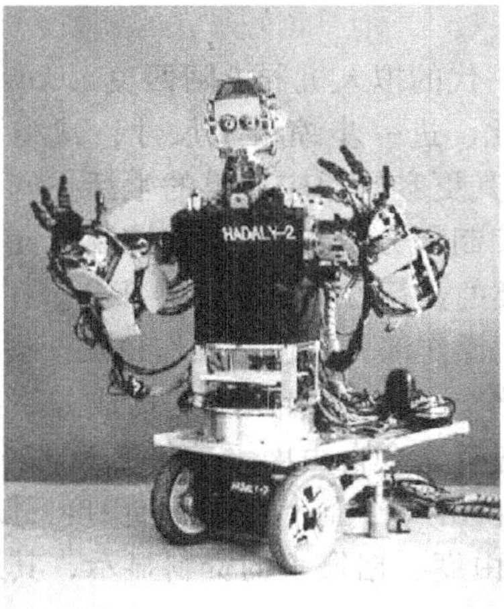

a)

b)

图 8-2　早稻田大学的拟人机器人
a) Hadaly-2　b) WABIAN

另外，在腿部关节处还安装了两套状态检测器，提高了安全性。该机器人还具有 Ethernet 通信功能，可以连接外部的信息处理装置等。

WABIAN 机器人后来被不断地进行各种各样的模块化部件的开发以及控制装置的改进开发，并且还开展了全身运动的研究、与人在物理层面进行交互的研究，以及生成全身运动模式的软件研究等具有开创性的研究工作。

日本本田技研工业公司从 1986 年至今已经推出了 P 系列 1、2、3 型机器人。P1 型是本田公司最初研制的行走机器人，主要是对双足步行机器人进行基础性的研究工作。

P2 型于 1996 年 12 月推出，是世界上首台能用双足稳定步行的拟人机器人，相对于 P1 而言，更加拟人化，如图 8-3a 所示。其身高 1820mm，重量为 210kg，使用 Ni-Zi 电池供电，以无线化为目标，将计算机、电动机驱动器、电池、无线装置等所必需的器件都内藏于躯干内部，由无线方式通过自动控制使其完成诸如速度为 3km/h 的动态行走、上下楼梯、推运物体和用扳手拧螺钉等动作。虽然长的笨头笨脑，但行动起来灵活机动，上台阶极为平稳。P2 型机器人通过重力感应器和脚底的触觉感应器把地面的信息传给机器人的大脑（电脑），机器人大脑再根据情况进行判断，进而平衡身体，稳步前进。P2 的问世将双足步行机器人的研究工作推向了高潮，掀开了拟人机器人的新纪元，使本田公司在此领域处于世界绝对的领先的地位，甚至 MIT 的 G. A. Partt 教授曾一度认为今后在双足步行机器人领域已经没有什么工作可以再做了。

1997 年 12 月本田公司又推出了 P3 型双足步行机器人，基本上与 P2 型相似，只是改善了零部件的材料（使用了新型的镁材料），对其进行了小型化、轻量化改进，使它的尺寸设计更接近人类生活的环境，并采用分散式控制。P3 身高 1600mm，重量为 130kg，其自由度构成如下：肩关节 3 个自由度、肘关节 1 个自由度、手腕关节 3 个自由度，因此左、右手臂各有 7 个自由度，共合计 14 个自由度；手部各有 1 个自由度，合计为 2 个自由度；腿部的髋关节 3 个自由度、膝关节 1 个自由度、脚腕关节 2 个自由度，即左、右各有 6 个自由度，共计 12 个自由度。据发表的资料显示，其最大步行速度为 2km/h。P3 的外观如图 8-3b

所示。

2000年11月20日本田公司又推出了新一代的拟人机器人阿西莫（Advanced Step in Innovative Mobility，ASIMO）。ASIMO与P3相比，进一步缩小了尺寸，减小了重量，其身高1200mm，体重43kg，实现了小型轻量化，使其更容易适应人类的生活空间。其驱动部分由伺服电动机、谐波减速器、驱动单元组成；控制部分由步行/动作控制单元、无线通信单元组成，通过提高双脚步行技术使其更接近人类的步行方式；传感器部分，在脚部装有6轴力传感器，在躯干部装有陀螺与加速度传感器；操作部分则包括工作站及便携式控制器，使用便携式控制器操作步行方向和关节及手的动作。ASIMO自由度的构成如下：手臂部分的肩关节处为3个自由度，肘关节、手腕关节处各有1个自由度（旋转），即左、右各5个自由度，合计为10个自由度；手部左、右各1个自由度，合计为2个自由度；腿部与P2、P3一样，左、右腿各6个自由度，合计为12个自由度。据发表的资料显示，其最大步行速度为1.6km/h。

ASIMO在双脚步行方面，采用了新开发的技术“I-WALK（Intelligent Realtime Flexible Walking）”，可以更加自由的步行。I-WALK在过去的双脚步行技术的基础上组合了新的“预测运动控制”功能。它可以实时预测以后的动作，并且据此事先移动重心来改变步调。过去由于不能进行预测运动控制，因此当从直行改为转弯时，必须先停止直行动作，才可以转弯。而ASIMO通过事先预测“下面转弯以后重心向外侧倾斜多少”等重心变化，可以使得从直行改为转弯时的步行动作变得连续流畅。ASIMO被认为是世界上最“聪明”的机器人之一，它有和人类相似的形貌，可模仿人类的情绪表情，诸如啼哭、欢喜、惊讶等，还能识别主人的指令，感知障碍物，做出相应的动作，比如行走、跳舞等。最为奇特的是，ASIMO可以根据自己的存储内容，辨貌识人，接待客人并主动和熟悉的人打招呼。ASIMO的外观如图8-3c所示。

a)

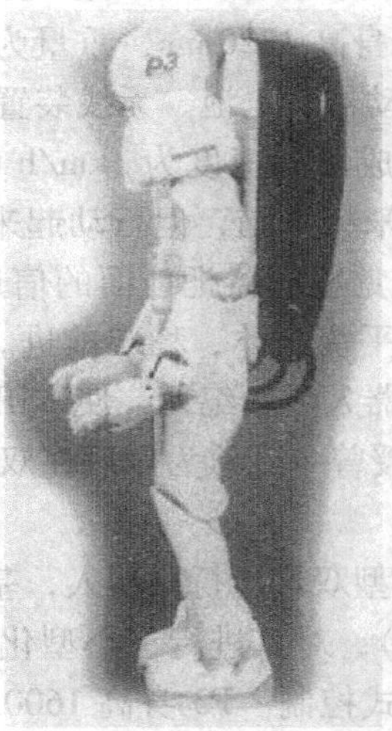

b)

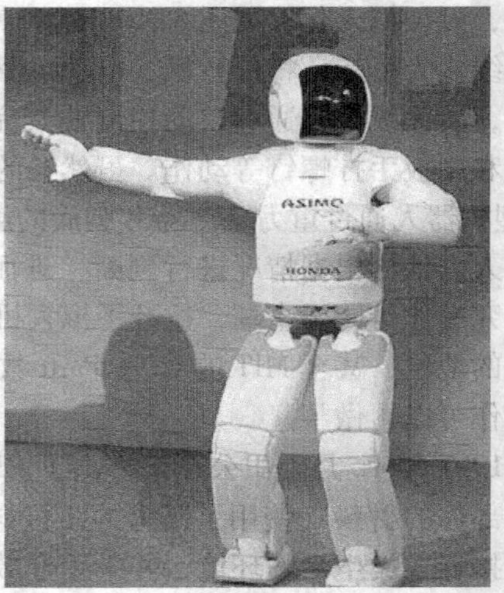

c)

图8-3 本田的拟人机器人

a) P2 b) P3 c) ASIMO

本田技研工业公司研发的 P2 的问世及其性能激起了人们极大的兴趣，从 1998 年至今，人们开展了许多关于拟人机器人方面的研究。

东京大学的研究小组研究开发了 H4（1998 年）、H5（1998 年）、H6（2000 年）、H7（2001 年）。此项目得到了日本学术振兴会未来开拓推进事业“关于微机械电子与软机械电子综合集成的高级活体功能机械的研究（JSPS - RFTF96P00801）”的资助。

H4 是作为一个研究平台而被开发的，其目的主要是为了研究实际环境中机器人与人共同工作时的安全问题。它的全身分布着不可缺少的触觉传感器，而且覆盖着柔软的皮肤。

H5 身高 1270mm，总重量 35kg，是一个具有 30 个可控自由度的两足拟人步行机器人，如图 8-4a 所示。它的所有关节的驱动装置都是由带编码器的 DC 电动机以及减速机构组成的。

H5 各个部分的自由度构成情况如下：

手臂部分，每个手臂均为肩 3 个自由度、肘 2 个自由度、手腕 1 个自由度，合计 6 个自由度。为了减少手部的位置误差，在靠近躯干部的关节处采用了无间隙的谐波减速器，在肘偏转轴至手部关节处采用了行星齿轮减速器。抓握部分由 3 根靠金属丝驱动的双关节手指组成，由一个电动机同时控制 3 根手指的开合。

H5 腿部的每一条腿均包括髋关节 3 个自由度、膝关节 1 个自由度、踝关节 2 个自由度。所有的关节都是经过同步带将电动机的动力传递给谐波减速器的输入轴的，而且谐波减速器的输出轴又与邻近的连杆直接相连，由此既能提高电动机的安装自由度，又能确保具有无间隙性。脚底采用两块铝制平板夹住抗震纤维材料的结构设计。在抗震纤维材料与铝材相接触的部位，配置了压感式电阻元件。这样，就可以测量出作用于脚底的力分布及零力矩点（Zero Moment Point，ZMP）。

其头部有两只眼，共计有 4 个自由度，能分别驱动两个摄像头的直立轴，并同时控制两只眼的上下左右转动。

为了降低成本，其结构材料主要采用了铝板，在腹部则装入工业 PC 和输入/输出板卡，以完成包括电动机的软件伺服在内的整个机器人的控制。由于装载了无线 LAN 以及图像发射器，因此它与外部连接的缆线只有电源线。此外，利用无线 LAN，可以通过外部终端对它进行控制和动作监控。

1999 年，东京大学相继发表了 H5 机器人的动态步行研究报告、有关视觉联动型迈步动作的研究报告及有关上腿部协调型的起立动作的研究报告等。

为了开展在实际环境中全身配合的动作研究，后来又新开发了 H6，如图 8-4b 所示。H6 是在 H5 的基础上，追加了自由度（颈部横摇轴、手部俯仰轴），提高了手臂的输出力量，增大了髋关节的可动范围。在此基础上，东京大学发表了该机器人有关环境识别的研究报告及有关步行目标轨迹的在线生成研究报告等。

H6 的身高为 1325mm，宽为 586mm，厚为 267mm，重量为 55kg。其自由度构成包括腿部各 6 个自由度、手臂各 7 个自由度，再加上各 1 个自由度的可开闭手部，头部 5 个自由度，共计 33 个自由度。H6 的电源为两个 12V、5A 的铅蓄电池，也可以借用外部电源。

H7 为 H6 的运动改良型模型，如图 8-4c 所示。在借鉴 H6 经验的基础上，改造了电动机驱动器，并调整了自由度构成（废除了眼部的 3 个自由度和各个手腕部的横摇轴，追加了各脚尖的 1 个自由度）。其身高为 1468mm、宽 604mm、厚 255mm、重量为 58kg。

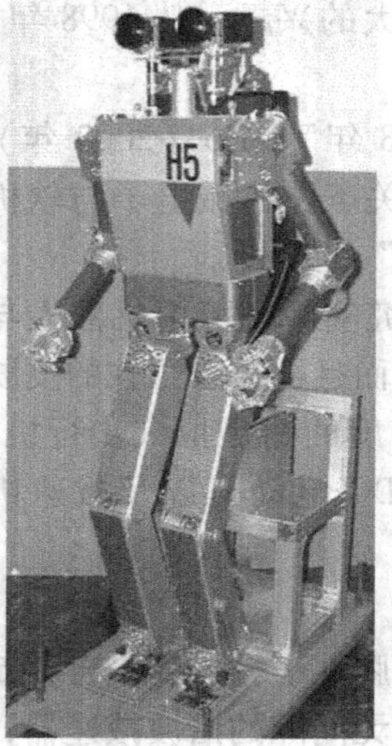

a)

b)

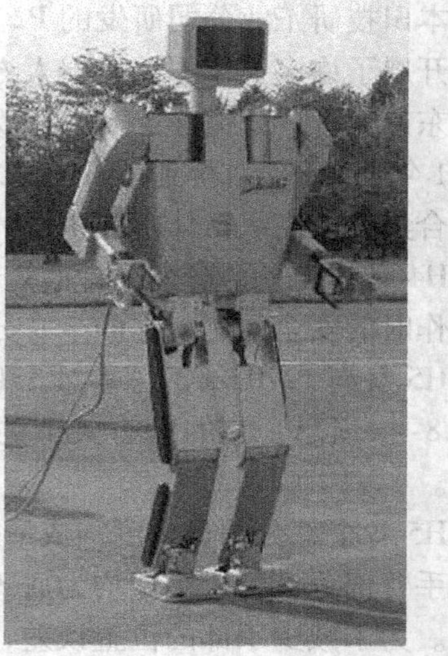

c)

图 8-4 东京大学的拟人机器人

a) H5 b) H6 c) H7

H7 自由度的构成为腿部各 7 个自由度、手臂各 6 个自由度，另外各有 1 个自由度可开闭的手部，头部 2 个自由度，共计 30 个自由度。将四节 12V、2A 的铅蓄电池串联作为电源（也可借用外部电源）。其研究结果包括在线步行动作生成的研究、利用三维视觉的抓取动作生成的研究等。

1998 年，日本经济产业省启动了一项为期五年的关于“与人类协调、共存型机器人系统的研究开发”的国家计划项目（Humanoid Robotics Project，HRP）。该项目（HRP）以“在人类的工作、生活环境中，能与人类协调、共存，进行复杂工作的拟人机器人系统的开发”为目的。作为成果，项目开发出了 HRP-1（1999 年）、HRP-1 S（2001 年）、HRP-2 P（2002 年）及小型的验证用模型（1999 年）。

HRP-1 拟人机器人的身高为 1600mm、宽为 600mm、最大厚度为 595mm、躯体重量为 99kg，电池重量为 17kg，躯体背面装载了带六个插槽的 VME 机箱，如图 8-5a 所示。该机器人平台和软件均由本田技研工业公司开发。它的自由度构成包括手臂各 7 个自由度、加 1 个自由度的开合式手部，腿部各 6 个自由度，共计 28 个自由度。由于该机器人是以远程操作控制作业为前提进行设计的，因此其腿部由步行命令控制，而手臂和头部则受控于远程操作装置操作员的控制动作。

在 HRP-1 的基础上，由本田技研工业公司开发了 HRP-1 S 拟人机器人的机器人平台。该机器人可以以 5 ms 为周期独立、同时控制所有的关节，是能够完成更高难动作的机器人模型。

HRP-2 P 是日本产业技术综合研究所与川田工业公司、安川电机公司、清水建设公司共同开发的拟人机器人，如图 8-5b 所示。其身高为 1540mm、宽为 600mm、最大厚度为 340mm、重量约为 60kg。其自由度构成为头部 2 个自由度，腰部 2 个自由度，手臂各 6 个自由度、加 1 个自由度的开合式手部部分，腿部各 6 个自由度，共计 30 个自由度。后来又开发的 HRP-3P 如图 8-5c 所示。

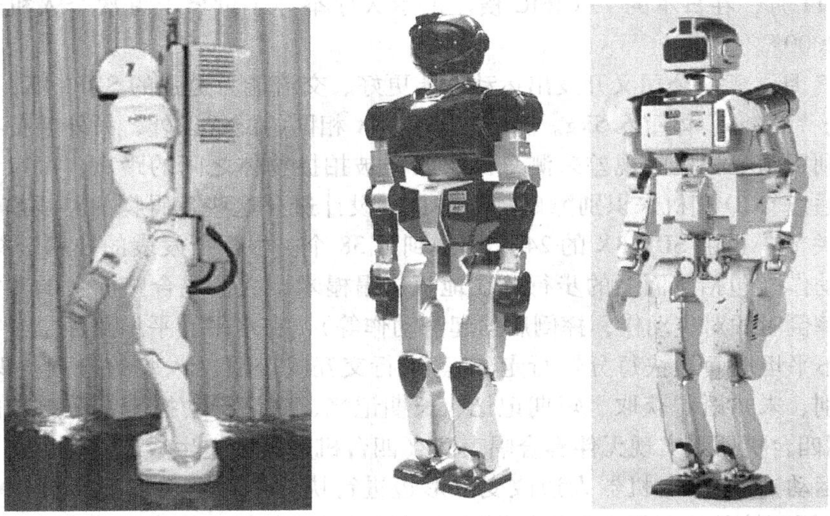

a)　　b)　　c)

图 8-5　日本产业技术综合研究所的拟人机器人

a）HRP-1　b）HRP-2P　c）HRP-3P

2000 年，除上述的 ASIMO 和 H6 之外，又相继发布了不少小型的拟人机器人。日本索尼公司于 2000 年 11 月推出了拟人型娱乐型机器人“Sony Dream Robot-3X”（SDR-3X），如图 8-6a 所示，其身高 500mm，重量为 5kg。SDR-3X 分别在头部、躯干、每个手臂、下肢和足部安装了共计 24 个配置了驱动机构的“关节”，这些关节通过两个 64bit RISC 微处理器进行实时控制。实时操作系统为索尼独自开发的“Aperios”。根据所发表的 SDR-3X 技术资料，SDR-3X 可以完成最高速度为 15m/min 的前进/后退/左右横行、在前进过程中左右转身、由伏卧/仰卧状态起立、单腿站立、在凸凹不平的路面上行走、踢球、舞蹈等动作。另外它还可以识别 20 种声音，并且可以讲由声音合成的 20 种语言，同时对颜色也可以识别。例如，通过语音指示来识别颜色球，并接近它，然后识别球门，将球踢进去。

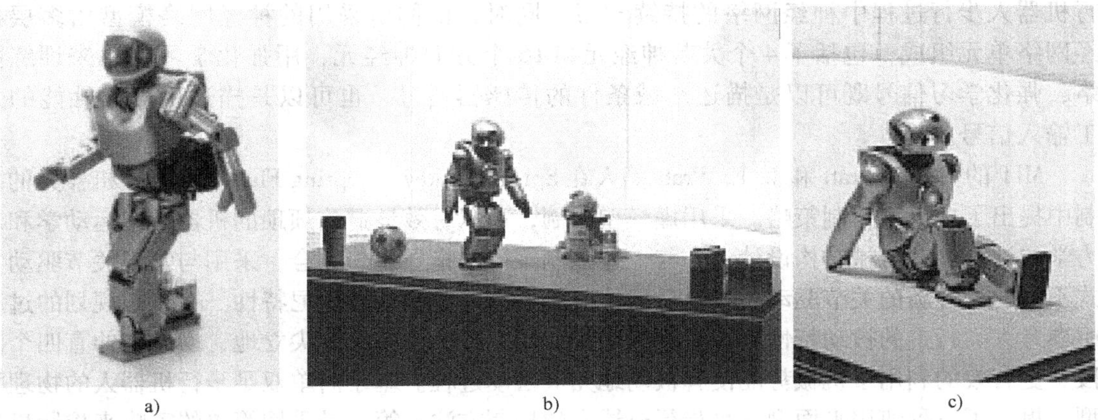

a)　　b)　　c)

图 8-6　索尼的拟人机器人

a）SDR-3X 行走姿态　b）SDR-4X 在有障碍物的路面行走　c）SDR-4X 跌倒后站起来

2000 年 11 月，在日本的 PACIFIC 横滨展示大厅举办了世界上首次个人机器人展览会“ROBODEX2000”。

2002 年 3 月，索尼公司又开发出运动性能更好、交流能力更强的 SDR-4X，如图 8-6b、c 所示，其身高 58cm、体重 6.5kg。除了与 SDR-3X 相同的配置以外，另外装备有两个 CCD 相机，可以利用两个相机的视差来测量出自己与被拍摄物体之间的距离，可以识别立体物体，还可以通过 CCD 相机来识别障碍物，并自行设计避开这些障碍物的路线前进。内置驱动装置的“关节”也由 SDR-3X 的 24 个增加到了 38 个。根据所发表的技术资料，SDR-4X 能完成各种动作（包括路面上的步行，在地板、榻榻米、绒毯混合路面上的步行，适应外力的动作，摔倒时的对应动作，摔倒后的起身动作等），在水平、平坦路面上最快每分钟行走 20m，在不平坦地面最快每分钟行走 6m。进行交互式表演（人脸的检测、识别、学习、连续语音识别、未知语句获取、短期记忆、长期记忆、对话行动控制、带感情的声音合成等），还能用四台机器人实现无伴奏合唱表演（四台机器人独立生成四声部歌声，进行发声并同步生成运动），由四台机器人边改变队形边进行快节奏舞蹈表演等。同 SDR-3X 相比，SDR-4X 对周围环境的把握能力和根据周围状况做出动作的能力均有所提高，且可以自动避开障碍物行走，不易跌倒。另外即使遇到意外情况跌倒，它也可以自己站起来。

日本还有许多其他科研机构和高等院校从事拟人机器人的研制和理论研究工作，如松下电工、富士通、川琦重工、法拉科、日立制作所等单位。他们都在拟人机器人的研制和理论研究方面做了大量的工作，并取得了一定的成就。

美国 Ohio 大学的 Y. F. Zheng 等人于 1990 年提出用神经网络来实现双足步行机器人动态步行，并在 SD-1 双足步行机器人中得以实现。人脑控制步行时有三种功能：即随意步行、非随意步行和学习步行。为了将神经网络控制策略应用到双足步行机器人中，他们首先研究了神经网络步态综合器。神经网络步态综合器由轨迹综合器、自适应单元、知识库和联想单元组成。轨迹综合器根据从知识库中提取的初始位置来产生各个关节的运动模式的信号，在双足步行机器人随意运动的情况下，自适应单元不接入，否则自适应单元接入，并开始修正步态模式，实现平衡步行。其次，他们还研究了两种学习方法，静态学习和动态学习。静态学习是神经网络的学习发生在步行过程中的特定时刻，而动态学习则是指在双足步行机器人步行过程中神经网络的持续学习。同时，他们所采用的神经网络模型由多层神经网络单元组成，包括了 4 个关节神经元和 16 个方向神经元，用强化学习方法来训练网络，强化学习信号既可以是描述地域条件的传感器信号，也可以是描述机器人性能的人工输入信号。

MIT 的 G. A. Pratt 和 J. E. Pratt 等人在 Spring Turkey 和 Spring Flamingo 双足机器人的控制中提出了虚模型控制策略。采用虚模型控制，可以有效地避免烦琐的机器人逆运动学和动力学的计算。在机械结构设计上，与上述控制策略的指导思想结合，采用与常规关节驱动方式不同的一种新的关节驱动方式，从而使其具有良好的弹性和阻尼特性。在步态规划的过程中参考人类行走的被动特性，将一个行走步态周期分为支撑、脚尖立地、摆动和伸直四个阶段，更有效的利用了机械势能使脚被动地完成摆动过程。基于简单双足步行机器人的物理模型，提出了三种使用平面型双足步行机器人的控制方法：第一是采用简单的策略来控制机器人的行走；其二是讨论了膝盖、柔顺踝关节及被动摆动腿的自然动态特性；第三为了使摆动腿尽快行走，摆动腿应尽快地摆动。所提出的控制策略用于 Spring Flamingo 的控制中。在前向平面的动态和侧向平面动态解耦基础上，可以将平面型双足机器人控制推广到 3D 空间内的控制研究中。所采用的方法是在平面型双足步行机器人控制的基础上加上前向平衡控制。

法国 BIP2000 计划是由法国 de Mecanique des Soloders de Poitiers 实验室和 INRIA 机构共同开发的一种具有 15 个自由度的双足步行机器人。其目的就是建立一整套具有适应未知条件行走的双足机器人系统。为了使控制系统设计简化，他们采用了复杂系统控制中广泛采用的分层递阶控制结构。控制系统中的最高级是全局规划层，在一些传感器信息的指导下，根据一些初始的条件来获得一些步态规划时的参数；中间级根据特定的任务进行平滑的行走步态的规划；控制级根据中间层所发出的步态规划的信号来生成激励的信号；最后一层是所谓的反馈层，用来处理突发事件。按照这些控制及规划方法，可以使双足机器人实现站立、行走、爬坡和上下楼梯等。

此外，美国、英国、前苏联、前南斯拉夫、加拿大、意大利、德国、韩国等国家的许多学者在行走机器人的力学、模型和型号研制方面也做出了相应的工作。如英国人于 1970 年研制成功的“Witt”型双足机器人；前苏联人则研制出两轮双足行走机器人；前南斯拉夫的 Minor、Vokobratovic 在《Legged Locomotion Robots》一书中利用数学模型对类人型双足步行机器人的步行进行了全面的分析，为双足步行机器人的研究奠定了理论基础。

8.1.2 中国拟人机器人发展概况

中国拟人机器人的研制工作起步较晚。1985 年以来，相继有几所高校进行了这方面的研究，并取得了一定的成果。其中以哈尔滨工业大学和国防科技大学最为典型。

哈尔滨工业大学自 1985 年开始研制双足步行机器人，迄今为止已经完成了三个型号的研制工作：第一个型号 HIT-Ⅰ具有 10 个自由度，重 100kg，高 1.2m，关节由直流伺服电动机驱动，属于静态步行；第二个型号 HIT-Ⅱ具有 12 个自由度，该机器人的髋关节和腿部结构采用了平行四边形结构；第三个型号 HIT-Ⅲ具有 12 个自由度，踝关节采用两电动机交叉结构，同时实现两个自由度，腿部结构采用了圆筒形结构。HIT-Ⅲ实现了静态步行和动态步行，能够完成前/后行、侧行、转弯、上下台阶及上斜坡等动作，其外形如图 8-7a 所示。目前，哈尔滨工业大学机器人研究所与机械电子工程教研室合作，正在致力于功能齐全的拟人机器人 HIT-Ⅳ的研制工作。该机器人包括行走机构、上身及臂部执行机构，初步设定 32 个自由度。

国防科技大学于 1988 年 2 月研制成功了 6 关节平面运动型双足步行机器人，随后于 1990 年又先后研制成功了 10 关节、12 关节的空间运动型机器人系统，并实现了平地前进、后退，左右侧行，左右转弯，上下台阶，上下斜坡和跨越障碍等人类所具备的基本行走功能。经过 10 年攻关，国防科技大学于 2001 年 12 月研制成功我国第一台拟人机器人——“先行者”，实现了机器人技术的重大突破。“先行者”有人一样的身躯、头颅、眼睛、双臂和双足，有一定的语言功能，可以动态步行，如图 8-7b 所示。

清华大学、上海交通大学、北京航空航天大学等高等院校和研究机构也在近几年投入了相当的人力、物力，进行智能拟人机器人的研制工作。图 8-7c 所示是清华大学开发的拟人机器人 THBIP-Ⅰ。

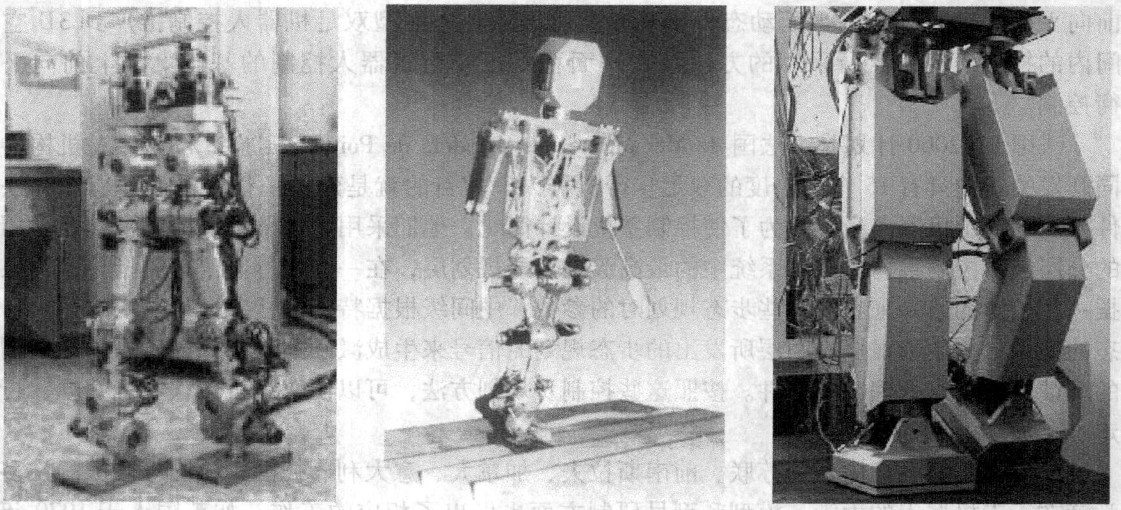

a) b) c)

图 8-7 中国的拟人机器人

a）哈工大 HIT-Ⅲ b）国防科大“先行者” c）清华大学 THBIP-Ⅰ

8.2 拟人机器人的基本结构

拟人机器人在外形上模仿人类，即由头部、四肢和躯干三部分组成。

8.2.1 拟人机器人的头部

拟人机器人的头部用来实现各种表情，表达机器人的内在情感状态，最终使机器人通过丰富生动的表情与人进行自然流畅的情感交流。所以，拟人机器人头部一般具有以下特点：

1）外观从相当程度上符合人类的审美观点，能给人以亲切感和可信任感。

2）其整体乃至局部的尺寸，以及每个器官所能运动的幅度都要与人类的头部相接近，也就是说，在接近人脑这个有限的空间内，要放置眼、耳、鼻、口、眉等器官以及相应的驱动部件和传动机构。

3）整体机构的动作要协调，要符合人类头、面部的运动规律，要求运动传递要准确，不能失真，这样才能准确地控制每一个运动单元，以达到要求的位置，实现总体的协调。

4）因为考虑实际制造时要为机器人加上摄像头、微型麦克甚至力觉传感器等，所以必须留出必要的空间。

也就是说，拟人机器人的头部具有空间狭窄、运动范围小、运动准确、负载小的特点。

拟人机器人的头部一般具有横摇轴和俯仰轴 2 个自由度，可以实现头部的俯仰、回转运动，完成点头、摇头等基本动作；另外，有的拟人机器人头部有两只眼睛，能实现上下和左右转动，即具有 4 个自由度。有的拟人机器人不具有头部自由度，如本田的 P2、P3、ASIMO 等；有的拟人机器人只具有眼部自由度，如东京大学的 H5，具有能绕水平轴和垂直轴转动的两个眼球，共 4 个自由度，如图 8-8 所示；有的拟人机器人头部和脸部具有多达 15 个自由度，能实现各种各样的表情，如美国麻省理工学院 AI 实验室开发的拟人机器人 Kismet，如图 8-9 所示。

图 8-8　H5 的头部

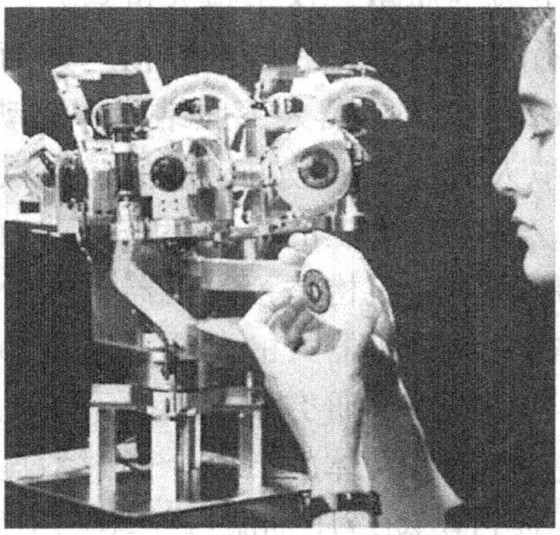

图 8-9　拟人机器人 Kismet 的头部

拟人机器人的头部除了能实现各种表情之外，还需要能感觉周围的环境信息。其感觉器官包括眼睛和耳朵。

拟人机器人的眼睛是用来识别物体的信息的，如形状、大小、位置、颜色等。它由视觉器官和相应的视觉传输控制系统组成。视觉器官使用视觉传感器代替，有光学传感系统和超声波传感系统。光学传感系统用摄像头或三维图像数据处理系统采集环境中物体的各项数据，并将这些数据传输到机器人的控制系统中去；超声波系统利用发射和接收的超声波所需时间等信息进行准确定位，利用接收到的反射波的波形数据（波峰和波谷情况等），判断物体的形态和类别。

拟人机器人的耳朵就是语音识别系统，它将接受的语音通过模数转换器，转换为二进制数字信息，并对这些语音信息进行必要的加工，计算出它们特征量的正规矢量。最后求出正规矢量，将它与机器人大脑中存储的语音标准值相比较，进而理解语音中的信息。

8.2.2　拟人机器人的四肢

拟人机器人的四肢包括下肢、手臂和手部机构。

1. 拟人机器人的下肢

拟人机器人的下肢就是机器人的腿脚，用以支撑机器人的身体、移动机器人。

拟人机器人的下肢设计主要涉及以下几个方面的研究：①运用七杆模型来描述其腿部的各个关节的自由度，但是实际的自由度少于理论自由度，比较成熟的是 6 自由度模型；②腿部关节驱动模式主要有两种不同的方式：谐波减速齿轮和滚动丝杠连杆机构；③驱动电机的选择对整个腿部结构和质量有显著的影响；④对腿部结构提出新的要求，要求适应更多的行走步态。

（1）拟人机器人下肢的自由度

从国内外研究的较为成熟的拟人机器人来看，几乎所有的拟人机器人腿部都选择 6 自由度的方式，其分配方式为髋关节 3 个自由度、膝关节 1 个自由度、踝关节 2 个自由度，分配方式如图 8-10 所示。由于踝关节缺少了一个旋转自由度，当机器人转弯行走时，只能依靠大腿与上身连接处的旋转来实现，需要先决定转过的角度，并且需要更多的步数来完成行走转弯这个动作。但是这样的设计可以降低踝关节的设计复杂程度，有利于踝关节的机构布置，从而减小机构的空间体积，减轻下肢的质量。这是拟人机器人下肢在设计中的一个矛盾，它影响机器人行走灵活程度和腿部结构的繁简。

图 8-10 腿部6个自由度的分配

（2）拟人机器人下肢结构和驱动方式

拟人机器人下肢自由度的确定仅仅解决了拟人机器人双足行走的可能性，要实现真正的行走还需要动力单元的配置以驱动各个关节协调运动。所以下肢机构是拟人机器人能否实现仿人行走及步行质量好坏的关键。它对整个机器人的功能、质量和效率都具有很大的影响。

早稻田大学研究的 WL 系列是最早的双足拟人行走机器人。WL-1 结构上模仿了人体的下肢，通过双腿模拟实验研究出行走的基本参数。WL-3 通过电动液压伺服系统驱动下肢关节的运动可以基本实现人的走和坐的动作。WL-5 进一步改进，双腿各具有 5 个自由度，可以通过程序控制它行走方向的改变。WL-9RD 仍然采用液压驱动，但是通过 16 位机的控制第一次真正实现了拟人行走，如图 8-11 所示。WABOT-1 是第一个完全按照人的比例研制的，通过液压驱动的双腿，可以实现拖行行走。WL-10R 是在以前研制的基础上采用了碳纤维高强度塑料盒盘式旋转伺服电动机驱动，可以实现向前向后和平面的转弯。WL-10RD 在前者的基础上增加了程序控制，从而实现平坦路面 1.3s/步，阶梯路面 2.5s/步的行走速度。WL-12 及其改进型 WL-12RDIII 在腰部增加了两个自由度，通过控制躯干的运动来平衡下肢的运动，可以实现在位置路面情况下的行走，基本实现了机器人下肢的拟人行走的自主控制，如图 8-12 所示。

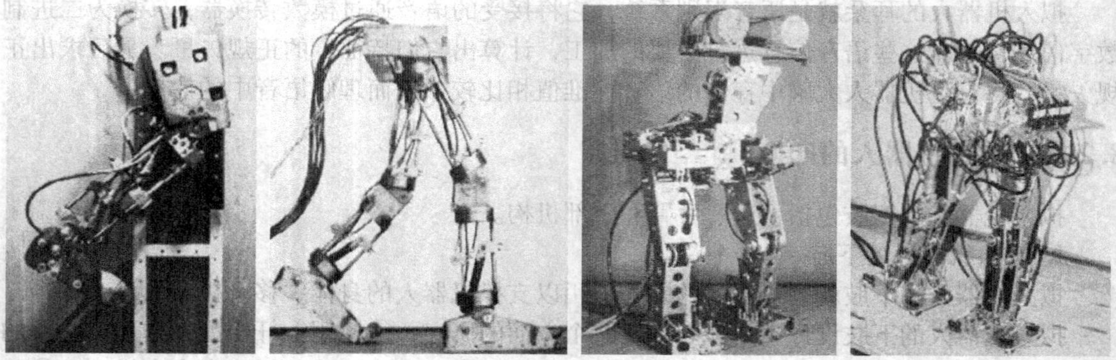

a) b) c) d)

图 8-11 WL 系列机器人行走图

a）WL-1 b）WL-3 c）WL-5 d）WL-9RD

从 WL 系列的研究进展来看，腿部的驱动最早使用的是液压动力系统，液压驱动具有稳定和承受转矩大等特点，符合机器人行走过程中需要较大的动力和缓冲的要求。但是，随着机器人研究的不断深入，拟人机器人的独立行走和自主控制显得越来越重要，液压驱动时需要的油缸以及液压管路给其他元件布置所留下的空间就比较有限，也增加了系统的质量。所

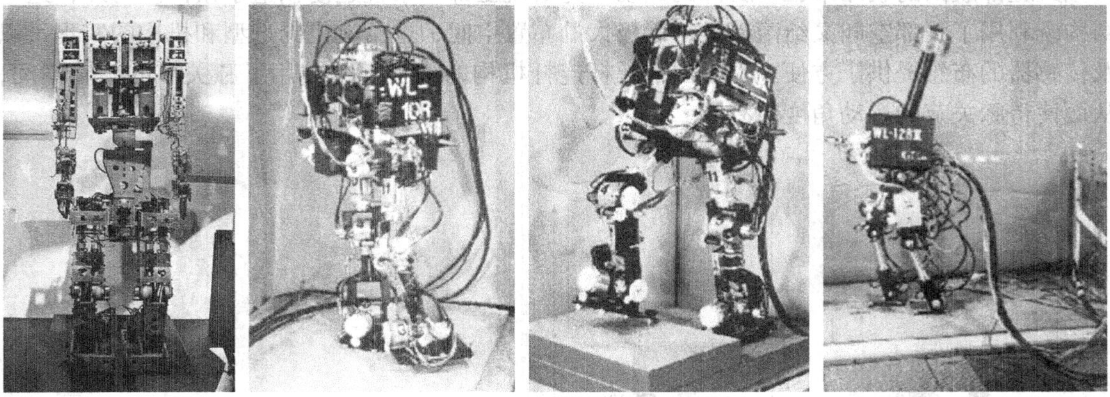

a)　b)　c)　d)

图 8-12　拟人行走图

a）WABOT　b）WL-10R　c）WL-10RD　d）WL-12RDIII

以，液压驱动在拟人机器人中的应用显得很有限。

目前，世界上所研制的拟人机器人下肢的驱动以日本的 ASIMO、HRP-2，法国的 BIP2000 和美国 MIT 的 M2 最为典型。从表 8-1 可以看出，ASIMO 采用了伺服电动机、同步带和谐波减速齿轮，其中 HRP-2 在设计上对驱动轮盘和齿轮进行了优化，从而减小了以往齿轮在轴向的尺寸，降低了机器人的质量和体积，而 BIP2000 除了髋关节上的 Roll 和 Yaw 方向的旋转以外，都采用了丝杠连杆结构。

表 8-1　几种拟人机器人下肢关节驱动

机器人名称	研究机构	驱动装置	机器人质量	动力源
ASIMO	Honda 公司	伺服电动机、谐波减速齿轮	43kg	38V/10AH 电池
HRP-2	日本 METI	伺服电动机、谐波减速齿轮	58kg	48V/18AH
WABIAN	早稻田大学	直流伺服电动机	50kg	NI-H 电池
BIP2000	法国	直流电动机、滚动丝杠连杆结构	40kg	不详
M2	MIT	直流电动机、平行弹簧阻尼滚动丝杠结构	不详	不详
THBIP-1	清华大学	直流电动机、滚珠丝杠和曲柄连杆减速机构	不详	Ni-MH 蓄电池

拟人机器人正向着自主化和能够在开阔空间自由活动的方向发展。鉴于这个特点，日本的 HRP-2 在设计上虽然仍运用了谐波减速齿轮和同步带的传动，但是在设计上有所改进，为了避免谐波减速齿轮的定减速比所造成的传动误差，特别运用了调速带。对于最终输出轴的谐波齿轮进行优化，减小了尺寸，比普通齿轮重量低 35 %，从而减轻整机的重量和空间占用。在结构上 HRP-2 的髋关节处采用了悬臂式布置，如图 8-13 所示。这种结构具有两个优点：①可以给机器人的腿部提供更大的活动空间，通过对腿部形成的支撑多边形的调整，可以在机器人摔倒时，承受两倍的力量，甚至实现机器人的跳跃；②可以实现机器人的直线行走，这是其他拟人机器人难以完成的行走步态。

M2 的设计采用了滚动丝杠和连杆机构，但是空间布置有很大的差异。M2 将丝杠布置在大腿和小腿后部的两侧，分别实现了两个方向的自由度，如图 8-14 所示。这样的布置是模拟人腿部肌肉的收缩来驱动腿部的运动，为实现腿部的柔性运动创造了条件。另外，这个结构既利用了腿部空间又给滚动丝杆以极大的布置空间，这给电机的选型和机构的实现，以及传感器的布置提供了方便。但是由于丝杆连杆机构的衔接部分占用了膝关节的旋转空间，从而使得膝关节的运动角度很有限。

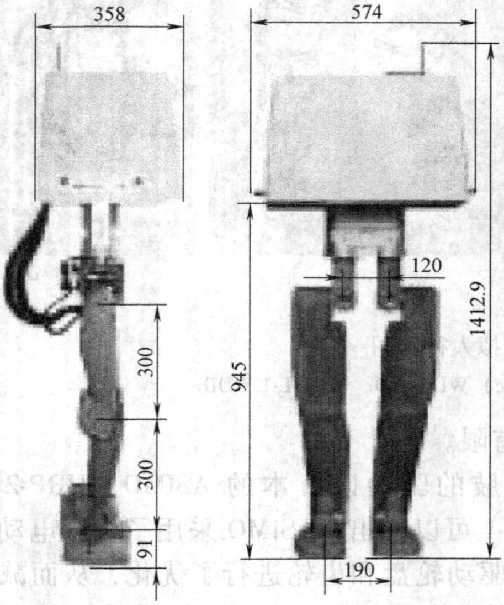

图 8-13 HRP-2 的下肢结构

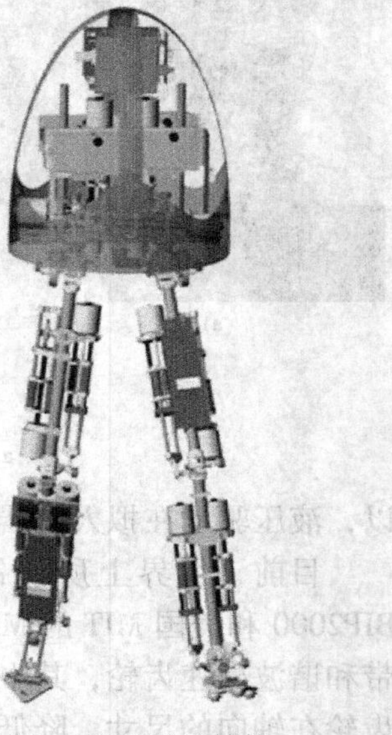

图 8-14 M2 的下肢结构

法国的 BIP2000 的下肢驱动主要运用了滚动丝杠作为驱动方式，如图 8-15 所示。BIP2000 在膝关节的驱动采用了滚动丝杠曲轴连杆机构。它通过螺栓将滚动丝杠固定在膝关节的中间。四周由四个能沿直线移动的滚轴引导。丝杠的旋转产生滑块的滑动，这个滑块本身又推动与之临近的一条臂上的拉杆。该系统具有高精确度和低摩擦的特点，可以通过对电动机的控制实现膝关节的运动。但是由于膝关节处的空间有限，要求滚动丝杠的驱动力矩相对要大，但是结构又要求紧凑，这给设计和制造带来很大的难度。

a)

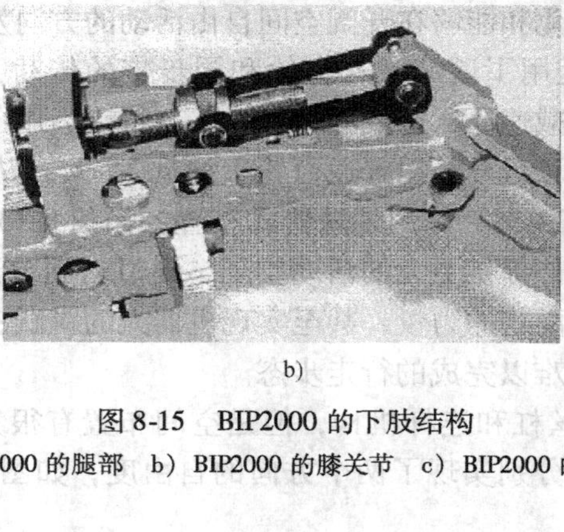

b)

c)

图 8-15 BIP2000 的下肢结构

a）BIP2000 的腿部 b）BIP2000 的膝关节 c）BIP2000 的踝关节

2. 拟人机器人的手臂

拟人机器人在具备双足行走能力的同时，还需要具备完成与人类相似的复杂的上肢动作的能力，这就需要多自由度和灵巧的手臂机构。

（1）拟人机器人手臂的自由度

拟人机器人的手臂类似人的胳膊，其形态与结构基本上是关节型的，由肩、肘、腕关节等部分组成。机器人的每个手臂一般具有 6 个自由度，其分配方式为肩关节由一个前向关节和一个侧向关节正交组合而成，可以实现大臂的前后摆动和侧摆；肘关节由一个前向关节和一个转向正交组合而成，可以实现小臂的前后摆动和转动；腕关节由一个侧向关节和一个转向关节正交组合而成，可以实现手腕的左右摆动和转动。

（2）拟人机器人手臂的结构形式

根据驱动器和构件的位置关系，可以将拟人机器人的手臂的结构大体分为外骨骼型和内骨骼型。图 8-16 和图 8-17 分别列举出了外骨骼型和内骨骼型两种结构。

图 8-16　外骨骼结构手臂

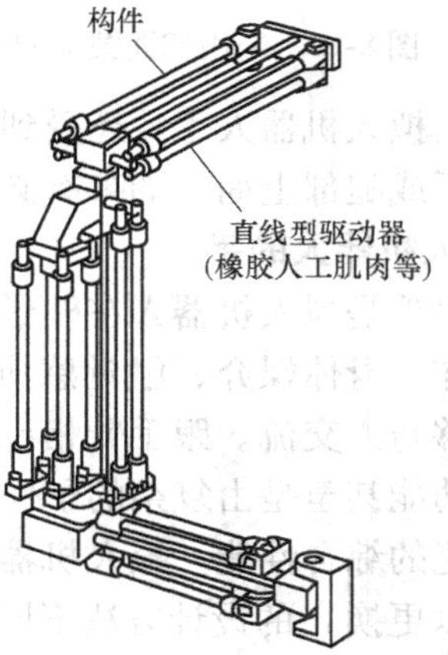

图 8-17　内骨骼结构手臂

外骨骼型利用驱动器或减速器作为关节，外侧配置外壳，将构件串接而成。它的驱动器往往采用旋转型电动机，也有的关节被设计成被动阻力形式来近似肌肉的黏弹性机构。外骨骼结构的设计跟一般机械手的设计相同，因此很多拟人机器人都采用这种设计。

外骨骼型结构并没有正确反映人体胳膊的结构原理。如果采用更像人体结构的设计，那就是内骨骼结构。内骨骼结构是在构件与关节的外侧安装直线形驱动器或金属丝的方法。人体胳膊上的肌肉、腱、骨骼连接部分分别对应于直线驱动器或球面关节等。液压缸、气压缸、橡胶人造肌肉、弹簧和金属丝做成的腱均可以用作驱动器。关于球面关节可以有好几种结构。图 8-18 就是其中的一种，它具有正交的三个轴。由于集成了三个独立的驱动器和两个万向联轴器。该机构能实现绕俯仰轴和偏转轴 180°，横摇轴 360°的大范围转动。

表皮的存在会对手臂的功能产生影响。这是因为表皮承担着通过身体特征发布信息，与周围环境产生物理的和信息的相互作用的接口功能。表皮覆盖层多半采用与手臂分离的设计，以便实现这些功能。图 8-19 给出了在外骨骼结构的手臂上安装内置力觉传感器和触觉传感器的缓冲覆盖层的例子。设计覆盖层要注意：从外表看不到与关节运动在结构上的干涉现象，在材料的选择方面要顾及到周围环境及接触状况，以及传感器的配置、金属丝/绳的选用等。

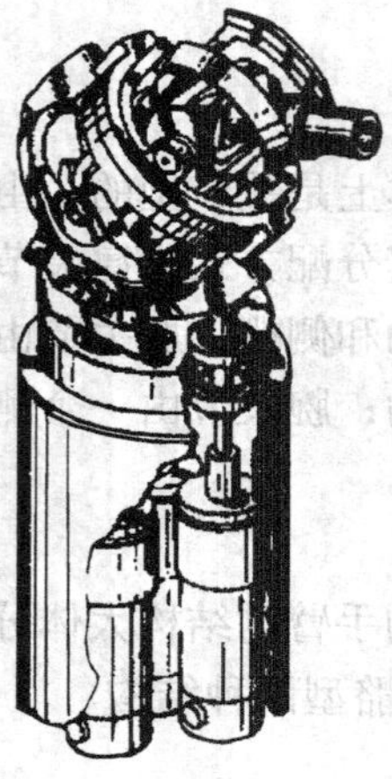

图 8-18 采用球面关节的手关节

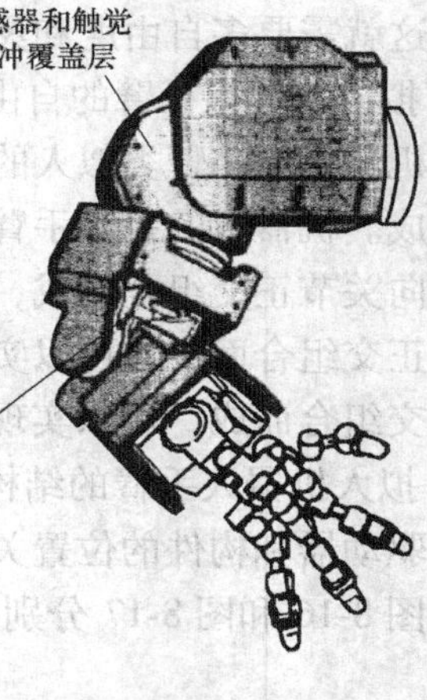

图 8-19 装有表皮覆盖层的手臂

此外，拟人机器人手臂还受到重量及消耗能量等方面的限制。因为手臂的前提条件是被装载在躯干或腿部上面，如果有必要，实际上也允许省略一部分功能。

3. 拟人机器人的手

拟人手爪是拟人机器人在外形和功能上拟人的必要组成部分和重要环节。手的主要功能是抓握物体、身体媒介、触觉感应，它可以对周围环境进行物理的、信息的操作和相互作用，并能够与人交流。跟手臂相比，手的主要特点是，它不仅与功能之间有密切的关联性，而且各个功能甚至是由复杂的子任务组成，即拟人机器人的手必须具备能同时且高水准地实现这些功能的综合性能。拟人机器人的手的设计方法之所以与工业机器人末端器（随作业的不同加以更换）的设计方法不同，正是源于此。

同人类似，拟人机器人需要依靠手来对物体进行操作。人手很灵巧，模仿很困难，另外，拟人机器人的电源系统、驱动及控制系统、传感及信息处理系统等完全由自身携带，这些对手的设计提出了非常严格的要求。

拟人机器人的手从功能方面来说受形态的制约很多，而且必须安装在手臂的前端，因此对其体积和重量也有严格的限制。手的构成方法可以按照手指数与配置方法、指关节的自由度配置和驱动方法（腔驱动和减速机驱动这类间接驱动方式居多）、传感器的种类与配置方法等进行分类。图 8-20 所示是几类具有代表性的手机构。

手指数受到手部体积的限制。如果注重手指的抓握功能，那么倾向于将无名指和小指当成辅助器官，整个手就由四根手指构成。这样设计的原因主要是基于大部分抓握实际上都是由拇指、食指和中指来完成的。不过，在诸如手语或乐器演奏等需要手指的独立运动的作业中，就必须用五根手指。在这种情况下，就必须选择或省略一部分功能，或者将整个手做大。在手指的配置方面，拇指的配置往往存在很大差异。例如，将拇指设置在对立位上虽然对动态抓握（操作物体的功能）或静态抓握（保持物体的功能）有利，但重力抓握（充当支持台的功能）或手势等功能就将受到限制。

关于手指关节的自由度，可以按照数量和配置进行分类。人的手有五根手指、每指 4 个自由度、合计 20 个自由度组成。为了独立控制所有这些关节，在手部的内部或附近位置必

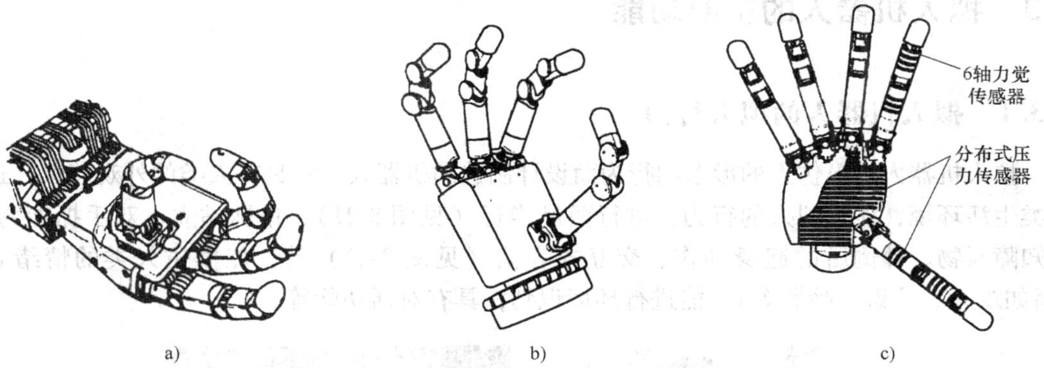

图 8-20　几类代表性的手机构
a）腱驱动型四指手　b）减速器驱动型四指手　c）带力觉和触觉的五指手

须保证有安装驱动器的空间。但是在形态约束下实现起来有些困难，解决的办法是考虑手指关节实际的牵连性与他动伸展功能，将部分关节设计成被动关节，或者通过腱驱动等将驱动器设置在手部的外部等如图 8-20a 所示。如果是后一种方式，那就有很多个方案，诸如采用金属丝与滑轮、链传动与带传动、平行连杆、齿轮组等。

机器人手从主动关节的数量上来看，大致可以分为主动关节较多的灵巧手和主动关节较少的机器人夹持器。虽然前者有众多的主动关节，可以很灵活的进行较为复杂的手指运动，但以目前的技术来看，由于自由度过多，实时控制较为复杂，且驱动和控制系统的体积过大而致使不便于安装到拟人机器人上使用。而后者往往又仅具有过少的自由度，且外观与人手相去甚远。目前拟人机器人的手只能更多的偏向在后者基础上加入更多的拟人化外观和动作。世界先进的 P3 和 ASIMO 等拟人机器人的手就仅具有 1 到 2 个自由度，但接近人手的外观。

关于传感器的种类和配置问题，常见的是在指尖部位配置六轴力传感器。也有报告称，最近进行了应力分布和滑动等触觉的传感研究。图 8-20c 的例子所给出的五指手中除指尖的力觉传感器外，还在手部和手指中部添加了分布式压力传感器。

8.2.3　拟人机器人的躯体

躯体在拟人机器人中起连接机器人的下肢、手臂和头颈部分的作用。有些拟人机器人躯体不具有自由度，如本田的 P2、P3、ASIMO 等。有些具有 1 个自由度，如 WABOT-1 的躯体部有横摇轴自由度；Hadaly-2 的躯干部具有偏转自由度，它的上身可以扭动；而 WABIAN 的躯干部有横摇轴、俯仰轴、偏转轴各 1 个自由度。

拟人机器人躯干部分的材料一般都采用轻型材料，如铝合金材料、超硬铝材料等，以使整个机器人的质量尽可能轻，便于行走。

此外，躯体还要为机载安装设备提供安装空间。上肢部分的轴系、底层功率驱动器、语音识别控制器、无线遥控监控器、控制系统以及锂离子电池组等都需要安装在机器人躯体部分。

8.3 拟人机器人的主要功能

8.3.1 拟人机器人的拟人行为

拟人机器人是模仿人的形态和行为而设计制造的机器人。它具有人类的外观特征，适应人类生活环境，能模拟人的行为，进行两足步行（见图 8-21）、单腿站立、双手抓握物体、感知障碍物、摔倒后的起身动作、交互式表演（见图 8-22）等，能模仿人类的情绪表情（诸如欢喜、惊讶、啼哭等），能进行环境识别，具有对话功能等。

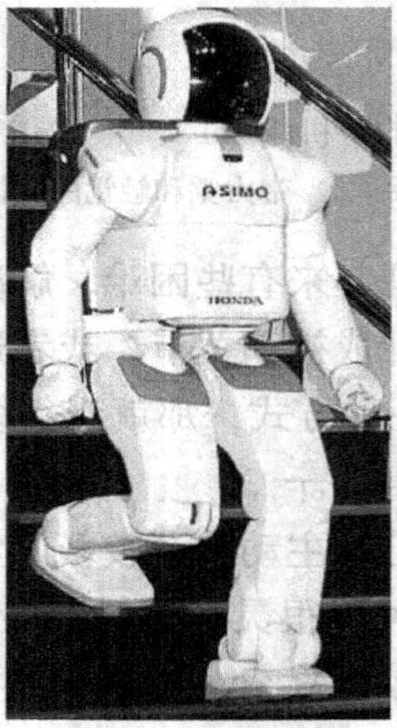

图 8-21 ASIMO 下楼梯

图 8-22 ASIMO 做表演

两足稳定步行（不翻倒）是拟人机器人最基本、最重要的行为能力之一。拟人机器人在步行过程中，有两种不同的步行方式，即静态步行和动态步行。

在静态步行中，机器人的质心在地面上的投影始终不超越支撑多边形的范围；而在动态步行中，质心的投影在某些时刻可以超越支撑多边形。

绝大多数双足步行玩具机器人只通过大脚板作静态步行。从控制工程的角度看，这没有多大意义，因为这种步行的实现并不难。另一方面，人的脚板相对于身高和质心高度而言是很小的，难以实现静态步行。在日常生活中，人们实行的是动态步行。而习以为常的步行方式可以通过自主控制本质尚不稳定的全身平衡来实现。人类通过重复学习、实践、发展和改善获得其固有的步态。而双足步行机器人已超出传统的机械工程范畴，它必须充分利用动力学方程模型生成行走步态，这正是很多研究人员对拟人机器人感兴趣的原因。

拟人机器人的研究历史也是从实现双足步行开始的。早稻田大学研究的 WL 系列是最早的双足拟人行走机器人。WL-3 可以基本实现人的走和坐的动作，WL-5 通过程序控制可以改变它的行走方向，WABOT-1 通过液压驱动的双腿可以实现拖行行走。它们实现的都是静态步行。WL-9DR 第一次真正实现了拟人行走。它采用预先设计步行方式的程序控制方法，用步行运动分析及重复实验设计步态轨迹，用以控制机器人的步行运动。该机器人采用以单脚支撑期为静态，双脚切换期为动态的准动态步行方案，实现了步幅 45cm，每步 9s 的准动态步行。WL-10R 可以实现向前向后和平面的转弯。WL-10RD 可以实现平坦路面 1.3s/步，阶梯路面 2.5s/步的平稳动态步行。WL12 可以实现在位置路面情况下的行走，基本实现机器人下肢的拟人行走的自主控制。

除了双足步行、抓握物体等基本动作能力之外，拟人机器人的拟人行为还表现在对周围环境的认知和情感表达上。例如，MIT（AI 实验室）开发的拟人机器人 Kismet（见图 8-23），通过语音识别和语音合成、图像识别、表情或视线的表现，能与人进行交流。特别值得一提的是，它的脸部有多达 15 个自由度，能表现各种各样的感情。除了脸部、头部外，它身体的其他部位在人们交流中也起着重要的作用。MIT 开发的另一拟人机器人 SIG 能够将机器人自身的主动动作与视觉、听觉等传感器信息加以综合，以至于在与人进行交流时能成功地区分两个说话人的声源，甚至能检测出声源的移动。日本的小林等开发了能注视对方对话的语音对话机器人。ATR 智能机器人研究所开发的拟人机器人 Robovie 能以更自然的形状参与人类的社会活动。这款机器人的特点主要体现在信息交流中，它的上半身的表现能力很强，即使是在开展认知研究时，它在与人的信息交流研究中也发挥着巨大的作用。研究中还发现，机器人拥有以语言、手势与其他机器人交流的能力。

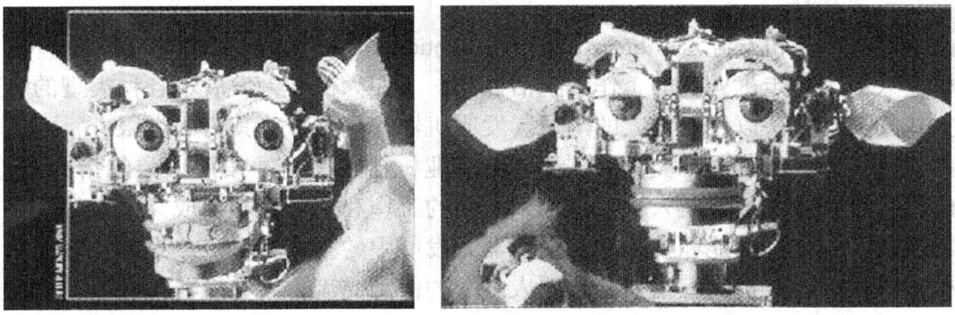

a)　　b)

图 8-23　Kismet 的表情

a）高兴　b）睡觉

拟人机器人是能够与人相互影响的最理想的机器人，因为它的外形像人，它的思维方式和行为方式也越来越接近人。拟人机器人能够通过与环境的交互不断获得新知识，而且还能用它的设计者想象不到的方式去完成各种任务。它会自己适应非结构化的、动态的环境。拟人机器人要能够理解、适应环境，精确灵活地进行作业，高性能传感器的开发必不可少。传感器是机器人获得智能的重要手段，如何组合传感器摄取的信息，并有效地加以运用，是基于传感器控制的基础，也是实现机器人自治的先决条件。

拟人机器人的拟人行为主要体现在以下几个方面：

思维和学习能力：现有拟人机器人系统的主要缺陷是对环境的适应性和学习能力的不足。机器的智能来源于与外界环境的相互作用，同时也反映在对作业的独立完成度上。机器人学习控制技术是实现拟人机器人在结构和非结构环境下实现智能化控制的一项重要技术。但是由于受到传感器噪声、随机运动、在线学习方式以及训练时间的限制，学习控制的实时性还不令人满意，仍需要研究和开发新的学习算法、学习方式、以不断完善学习控制理论和相应的评价理论。目前针对机器人学习控制的研究，大都停留在试验室仿真的水平上。

与环境的交互：拟人机器人与环境相互影响的能力依赖于其富于表现力的交流能力，如肢体语言（包括面部表情），思维和意识的交互。目前，机器人与人的交流仅限于固定的几个词句和简单的行为方式，其主要原因是：①大多拟人机器人的信息输入传感器是单模型的；②部分应用多模型传感器的系统没有采用对话的交流方式；③对输入信息的采集仅限于固定的位置，比如图像信息，照相机往往没有多维视角，信息的深度和广度都难以保证，准确性低。

躯体结构和四肢运动：毫无疑问，拟人机器人行动的多样性、通用性和必要的柔性是“智能”实现的首要因素，它是保证拟人机器人可塑性和与人交流的前提。拟人机器人的结构则决定了它能否为人所接受，而且也是它是否像人的关键。拟人机器人必须拥有类似人类上肢的两条机械臂，并在臂的末端有两指或多指手部。这样不仅可以满足一般机器人的操作需求，而且可以实现双臂协调控制和手指控制以实现更为复杂的操作。拟人机器人要具有完成复杂任务所需要的感知活动，还要在已经完成过的任务重复出现时，条件反射做作出流畅的反应。

8.3.2 拟人机器人的人机交互

拟人机器人的人机交互（Human-Robot Interaction，HRI）。

自机器人诞生并走进人们的工作和生活以来，人们为机器人发展了各种类型的交互设备和各种方式的交互方法以用于与人的沟通。发明机器人是为了使其为人类服务，因此，机器人需要有效地与人进行沟通和交流。从最初的工业机器人完全地按照人类的指令进行工作，到现代的具有较高智能的机器人自主地融入人们的工作和生活，甚至成为人类的伙伴，与人类共存，机器人的交互功能和技术始终是机器人发展中的重点。

在机器人学中，人机交互指人与机器人之间的信息交流，人与机器人进行交互的通道包括语音、视觉、超声波、红外等，交互的方式比较自然，倾向于人与人的交互方式。

从人与机器人交互的历史来看，HRI是随着机器人的不断发展而发展的。随着机器人从工业机器人发展到智能机器人以及更复杂的拟人机器人，HRI也不断进步。HRI最初被制造用于处理危险的放射性物质。最初的人机界面是从机械手的远程操作开始的，它拥有复杂的机械装置但是缺少感知和推理能力。通过一个单向的通信通路，人们可以采用一个手持的控制器来操纵机器人，因此它被看成是人类身体的延伸和扩展。在工业领域，可以通过将已经编好的控制程序存储到工业机器人中以指导机器人执行特定的动作，例如抓取一个物体并放置在另外一个地方，它是通过输出一个位置和动作序列来实现的。这时的人机交互比较原始，机器人缺乏必要的智能，只能机械地接收人类的指令，或者按照预定的程序执行相应的命令，而人则扮演了一个智能提供者的角色。

在20世纪60年代，监督控制被引入到遥控机器人的直接操纵中。机器人因此被赋予了一定的自治性。它可以自动地控制它自身的一些操作，操作员可以发出一些高层次的命令，机器人将其分解为一系列低层次的基本操作并执行，这样就大大减轻了操作员的工作负担。还有一种共享控制的形式，即机器人控制自身的一个或者几个自由度，而操作员控制其余的动作。例如在自动驾驶的飞机上，可以由飞机自动控制高度、姿态、速度和方向。显然，相比较完全遥控的远程操纵来说，共享控制分给了机器人一定的自治性。机器人可以分配这些方面拥有的自主权利，自动地做出决策。

在 HRI 发展的过程中，许多相关领域的研究对 HRI 造成了影响和促进。随着科技的发展，在感知技术、信息融合、新的控制方法、人工智能等领域取得了显著进步。而 HRI 作为一个多学科技术的集成，也有了较大的发展。

传感技术的进步为机器人带来了新的感知能力，例如力传感器和触觉传感器被研究和集成到人机界面中去，以赋予机器人测量力反馈、感觉刚性和可变形物体的能力。触觉信息已经作为机器人一个重要的感知信息被用于物理和虚拟环境的系统编程中。计算机图形学所取得的进展在另外一个方面对 HRI 有所促进。通过采用图像建模和模拟技术，可以创建一个虚拟环境以作为一个前端界面来控制机器人。这些图形界面提供了可视化的设计和约束，并且也允许操作者在将一个命令发送给真实的机器人执行前，可以在虚拟环境中预先执行。这样就提供了一个机器人仿真手段，例如在将控制命令从地面发送到外部空间机器人执行前，可以模拟其执行以检验效果。

在对拟人机器人的研究中，尽管最初的研究目标，即达到自治机器人没有完全实现，但是从逐渐认识到半自治的拟人机器人，即部分地被人类操作员控制，能够提供更有效和更实用的功能。其最近的研究工作侧重于发展协作交互（collaborative interaction）、共享控制（shared control）和有监督的自治（supervised autonomy）等。如果将机器人与人作为伙伴一起工作显然要比其他形式更为有利。作为工作伙伴就需要进行对话、相互之间询问问题，以及合作解决问题。研究人员提出了一个用于协作控制的系统，这个系统能够提供监督控制的最好方面而不需要用户干涉。在协作控制中，用户向机器人提出建议后，机器人可以决定是否采纳用户的建议。如果用户能够提供相关的建议，机器人可以根据建议执行。但是如果在规定的时间内没有找到用户，那么机器人将执行自己的缺省行为以对面临的场景做出反应。协作控制要求机器人具有自我感知的能力，有对话功能，并且具有一定的适应性。对话管理和用户模型也是实现协作控制系统所必需的。

从人与机器人交互的研究状况来看，在国内，包括清华大学、中科院自动化所、北京理工大学等单位都对人机交互的理论和实践进行了许多有益的研究，北京交通大学建立了一个集语音识别与合成、人类跟踪与识别的多功能感知信息服务系统。浙江大学、清华大学、上海交通大学、南开大学等在手势识别方面进行了研究。在机器人与人的交互方面，中科院自动化所研制的拟人机器人具有一定的语音识别和语音控制功能，能够根据指令和游客进行语音聊天等。清华大学的 THBIP-Ⅰ拟人机器人中，人机交互的主要通道为语音通道，视觉通道用于感知环境信息，协调机器人手、眼、脚等实现稳定行走。上海交通大学将手势识别应用到拟人机器人 SFHR 系统中。

国外多个大学和研究机构对 HRI 进行了较多的研究，包括美国、日本、德国等，例如 Vanderbilt 大学研究了人机共存系统，提出一个基于多智能体的控制结构。研究的用于帮助残疾人的拟人机器人系统除了可以通过语音和人进行交互外，还可以移动它的身体和手臂。乔治亚理工大学研究了 HRI 的行为学和情感基础，并以 AIBO 和拟人机器人 SDR 为例进行了探讨。德国卡尔斯鲁厄（Karlsruhe）大学研究的拟人机器人系统中，机器人可以和用户通过语音、头部姿态和手势指点进行交流。日本 Keio 大学提出一种人机交互主动界面——语音对话系统，它的特点是机器人不仅可以接受用户的显式输入（如语音命令等），而且可以从用户的隐式输入（如表情、语气、语调等）判断声音的方向以及用户的位置和距离，机器人通过不同的传感器主动适应环境的变化。R. Bischoff 等设计了一个具有人类特点的机器人HERMES，该机器人系统中的人机交互方法主要以自然语言为主，可以通过手势、触觉以及机器人肌肉运动感觉等与人类进行交流。

目前，拟人机器人已成为机器人学研究的重要内容，这种机器人不再面向简单环境中的给定任务，而是面向与复杂环境（未建模、多目标）的交互，强调智能和个性化的情感表达。因此，这就需要更多地考虑拟人机器人本身及其与外部环境交互的特点。拟人机器人具有与人类类似的外观特征，具有较高的智能水平和自治性，需要一定的思维和学习能力、与环境的交互能力，能够理解、适应环境。日本提出要让机器人成为人类生活中的伙伴，介入人类的日常生活中的理念。因此，HRI对拟人机器人自治程度和智力水平提出了较高的要求。拟人机器人不仅仅是被动地从用户获得信息，也能够自治地处理这些外界环境信息并生成交互行为反馈到外部环境。另外像语音、手势、情感等各种效应通道的采用也大大扩展了拟人机器人的交互能力。在与复杂环境的交互过程中，拟人机器人不仅要具有与人类似的“看”、“听”、“说”的能力，而且要具有一定的智能和情感能力，表现出一定的个性特点，同时还要能够从交互过程中进行学习，具有一定的学习能力以提高自身的交互技能。另外，拟人机器人一般都配备有多种外部传感器组成的复杂感觉系统以全面地感受环境刺激，处理感知信息所需要的大量计算成为一个瓶颈问题，因此在交互时对感知信息的处理效率也是一个需要重视的问题。

总的来说，虽然对人机交互的理论和实践研究已经有了很大的发展，并取得了较多的成果，但是由于受到传统计算理论和方法的困扰，对于具有较高智能水平和自治性要求的拟人机器人的交互仍然缺乏足够的研究。因此迫切需要针对拟人机器人的特点和与复杂环境交互的需求，如前摄性、上下文感知性、智能性、情感、个性以及感知信息的处理效率等，对拟人机器人的智能交互的各个关键技术进行研究并提出新的方法。

8.4 拟人机器人的行为控制

8.4.1 步行模式生成器

拟人机器人运动控制的先驱性研究，主要是以早稻田大学、东京大学、产业技术综合研究所、本田技研和SONY为中心开展的，其研究成果都已经公开。下面介绍的内容已经被确认为是一种有效的、采用零力矩点（Zero-Moment Point，ZMP）的拟人机器人步行模式生成方法。

1. ZMP规范

如果考虑机器人与路面之间相互作用的力和力矩，根据达朗贝尔原理，机器人在重力以及惯性力所产生的力和力矩作用于路面的同时，路面对机器人也同样产生平衡的反作用力和反作用力矩（以下称为地面反作用力，地面反作用力矩）。

所谓稳定的步行是指脚移动时机器人不会摔倒，也就是机器人能保持支撑状态。摔倒也算是一种旋转运动，因此机器人摔倒（不再保持支撑状态）可似认为是该机器人通过脚部与路面的接触点（假设是3点以上）所形成的支撑多边形的某条边或某个点在路面上的直线为轴产生转动，并且产生了绕该轴的（从支撑多边形来看）向外的力矩。

反过来说，为了维持支撑状态，机器人对所有的边都不能产生向外的力矩，只能产生向内的力矩。由于机器人的支撑点不能悬空，对于所有的支撑点而言，机器人作用于路面的重力或惯性力所产生的力都是压向路面的，那么可以知道这些力的合力对路面的作用点（假设为 P）必须是在支撑多边形的内部，如图 8-24 所示。

在点 P 处，很明显，由合力所产生的力矩为零。这些力矩为零的点被称为 ZMP。绕点 P 的力矩假设为向量 T，将 T 投影到水平面内的直交的两个轴上，各个分量均为零。

这里，在将多点支撑的支撑点用直线连接到所组成的多边形中，面积最大的凸多边形被称为支撑多边形。在步行的任何时刻，如果 ZMP 存在于支撑多边形的内侧，并且机器人有作用于路面的作用力的话，机器人就能够步行稳定而不摔倒。这就是 ZMP 规范。这个支撑多边形也被称为稳定区域。

如果两足步行机器人是单脚支撑，那么很明显，稳定区域就是支撑脚的脚底，而其 ZMP 就在此脚底内。若是双脚支撑，稳定区域就在两脚底构成的支撑多边形内，而 ZMP 就必须在该区域内，如图 8-25 所示。

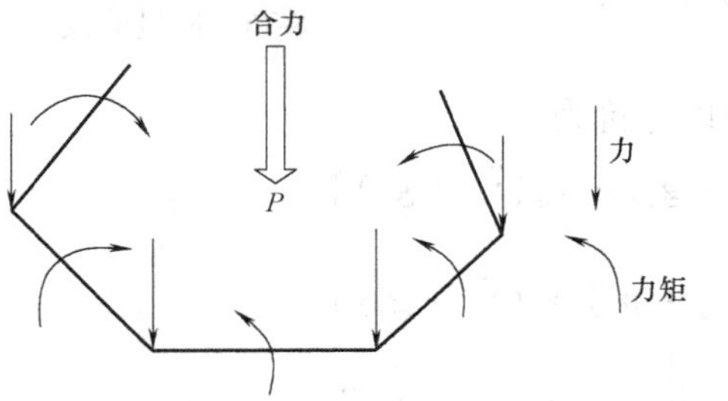

图 8-24　保持支撑状态

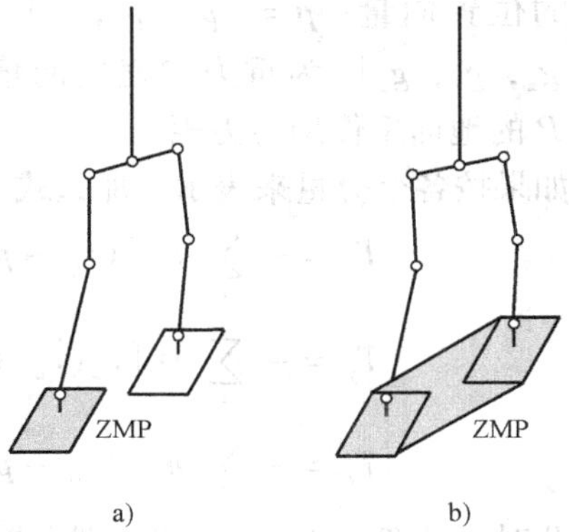

图 8-25　稳定区域

a）单脚支撑　b）双脚支撑

另外，由于地面的反作用力与机器人作用到路面上的力平衡，因此，地面反作用力的合力作用于路面上的点（地面反作用力点）与机器人作用于路面上的合力作用于路面上的点相同。也就是说，参数 ZMP 与在生物力学领域的步行解析中称之为地面反作用力点的参数是一致的。

2. ZMP 方程式的导出

为了简化拟人机器人与路面相互关系的处理，做如下的假定，并设定如下的坐标系：

1）机器人是由质点组成的（多质点系）。

2）路面十分坚硬，无论作用了多大的力或力矩，地面都不会变形或移动。

3）设坐标系为直角坐标系 $O\text{-}XYZ$（右手规则），其中由 X 轴（与机器人的正面方向一致）和 Y 轴构成的平面与路面一致，与路面垂直的轴为 Z 轴。

4）机器人的脚底与路面的接触状态为着地点的集合。

5）在着地点（绕 X 轴、Y 轴以及 Z 轴）旋转的摩擦系数十分小，可以忽略。

6）机器人步行时的推力被限制在其着地点的两个方向（X 轴以及 Y 轴）上不产生滑动的范围之内。

关于 1）的模型化：在机器人进行模型化时，为了更加严密起见，一般将机器人作为刚体系而不是质点系。但在实际设计两足步行机器人的硬件时，需要最大限度地减轻重量，因此必须使用力矩-重量比大的驱动器以及轻量结构材料。其结果是，机器人的大部分质量都集中在驱动器和电池上，因此将机器人作为质点系进行建模和分析，基本上也都能得到实用的精度。

基于上面的假设，在世界坐标系 $O\text{-}XYZ$ 中求解 ZMP 的公式（ZMP 方程式）的推导过程如下：

首先，设定如图 8-26 所示的各个向量，则可以得到关于路面上的任意点 P 的力矩平衡式如下：

$$\sum_i m_i(\boldsymbol{r}_i - \boldsymbol{p})\left(\frac{\mathrm{d}^2\boldsymbol{r}_i}{\mathrm{d}t^2} + \boldsymbol{G}\right) + \boldsymbol{T} = 0 \tag{8-1}$$

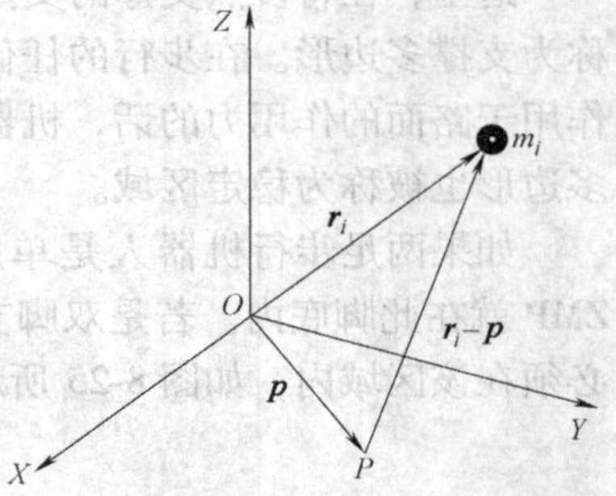

图 8-26 向量的设定

式中，m_i 为第 i 个质点的质量；$\boldsymbol{r}_i = [r_{ix}, r_{iy}, r_{iz}]^{\mathrm{T}}$ 为第 i 个质点的位置向量；$\boldsymbol{p} = [p_x, p_y, 0]^{\mathrm{T}}$ 为点 P 的位置向量；$\boldsymbol{G} = [g_x, g_y, g_z]^{\mathrm{T}}$ 为重力加速度向量；$\boldsymbol{T} = [T_x, T_y, T_z]^{\mathrm{T}}$ 为点 P 的地面反作用力力矩。

如果按各个分量来表示，那么式（8-1）可以等价为

$$T_x = -\sum_i m_i[(r_{iy} - p_y) \times (\ddot{r}_{iz} + g_z) - r_{iz}(\ddot{r}_{iy} + g_y)] \tag{8-2}$$

$$T_y = -\sum_i m_i[r_{iz}(\ddot{r}_{ix} + g_x) - (r_{ix} - p_x) \times (\ddot{r}_{iz} + g_z)] \tag{8-3}$$

$$T_z = -\sum_i m_i[(r_{ix} - p_x) \times (\ddot{r}_{iy} + g_y) - (r_{iy} - p_y)(\ddot{r}_{ix} + g_x)] \tag{8-4}$$

此时，若 $T_x = 0$，$T_y = 0$，则根据上一节的定义，点 P 就成为 ZMP，即 ZMP 方程式可以表示如下：

$$p_x = u_x = \frac{\sum_i m_i(\ddot{r}_{iz} + g_z)r_{ix} - \sum_i m_i(\ddot{r}_{ix} + g_x)r_{iz}}{\sum_i m_i(\ddot{r}_{iz} + g_z)} \tag{8-5}$$

$$p_y = u_y = \frac{\sum_i m_i(\ddot{r}_{iz} + g_z)r_{iy} - \sum_i m_i(\ddot{r}_{iy} + g_y)r_{iz}}{\sum_i m_i(\ddot{r}_{iz} + g_z)} \tag{8-6}$$

式中，$\boldsymbol{u} = [u_x, u_y, 0]^{\mathrm{T}}$ 为 ZMP 的位置向量。

从式（8-5）和式（8-6）可以看出，机器人的 ZMP 是指机器人各个质点的重力以及惯性力作用于路面上所产生的力矩总和为零的点。

下面求作用于地面上的地面反作用力。假设点 P 的地面反作用力为 $\boldsymbol{F}_r$，则

$$\sum_i m_i\left(\frac{\mathrm{d}^2\boldsymbol{r}_i}{\mathrm{d}t^2} + \boldsymbol{G}\right) + \boldsymbol{F}_r = 0 \tag{8-7}$$

按照各个分量来表示的话，式（8-7）可以表示为

$$F_{rx} = -\sum_i m_i(\ddot{r}_{ix} + g_x) \tag{8-8}$$

$$F_{ry} = -\sum_i m_i(\ddot{r}_{iy} + g_y) \tag{8-9}$$

$$F_{rz} = -\sum_i m_i(\ddot{r}_{iz} + g_z) \tag{8-10}$$

因此，为了保证机器人与地面相接触，必须满足以下条件：

$$F_{rz} > 0 \tag{8-11}$$

也就是说，必须有

$$\sum_i m_i(\ddot{r}_{iz} + g_z) < 0 \tag{8-12}$$

但一般来说，Z 轴方向的加速度很小，即

$$|\ddot{r}_{iz}| \ll |g_z|, g_z < 0 \tag{8-13}$$

因此，条件式（8-11）能够得到满足。

从假定条件 4）可知，若支撑机器人的着地点为三个以上，而且 ZMP 位于着地点所形成的支撑多边形（稳定区域）内，那么在满足假定条件 6）的条件下，机器人能够进行稳定步行，既不会绕 Z 轴转动，其着地点也不会悬空。

另外，如果

$$\ddot{r}_{ix} = 0, \quad \ddot{r}_{iy} = 0, \quad \ddot{r}_{iz} = 0 \tag{8-14}$$

那么从式（8-5）和式（8-6）可以得到

$$u_x = \frac{\sum_i m_i r_{ix}}{\sum_i m_i} = c_x \tag{8-15}$$

$$u_y = \frac{\sum_i m_i r_{iy}}{\sum_i m_i} = c_y \tag{8-16}$$

式中，$[c_x, c_y, c_z]^{\mathrm{T}}$ 为机器人的重心位置向量。

从式（8-15）和式（8-16）中可以看出，静态步行的时候，ZMP 为机器人的重心在路面上的垂直投影。因此，ZMP 规范与人们平常用来判定步行稳定的基准，即重心相一致，并且它是比仅考虑惯性力更严密的基准。

3. 步行模式的生成

以转动关节相连接组成的拟人机器人，其 ZMP 方程式为具有耦合的非线性二阶微分方程。因此，通过解析方法来求解满足所导出的 ZMP 方程式的步行模式十分困难。

一般的做法是在将机器人模型进行近似处理的同时，对机器人的运动进行约束。然后，通过线性/解耦处理，将 ZMP 方程式降阶到用解析方法或数值方法容易求解的程度，就可以实时生成实用的满足 ZMP 精度的步行模式。另外，通过在 ZMP 方程式中添加外力项，也可以使其具有对外力的适应能力。

8.4.2　拟人机器人的双足步行

图 8-27 所示是拟人机器人双足步行控制的基本原理和框架。为实现所期望的步行而设定的一组关节角时间序列称为步行模式。为了产生步行模式，使用“步行模式生成器”。在

理想状态下，只要对实际的机器人给出步行模式即可实现双足步行（见图 8-27a）。为此，必须建立精确的机器人模型，即一个严格按命令运动的刚性机构和完美的水平地面（例如一个巨大的平面）。另一方面，在实际情况下，一个真人大小的拟人机器人很容易由于地面哪怕几毫米的不平整而倒下。拟人机器人的各部分比例和质量分布也容易将姿态误差放大到不稳定的程度。消除这个影响需要利用姿态传感器（陀螺仪）、加速度传感器、力传感器和其他装置的信息来修正步行模式。这就是步行稳定控制器，简称稳定器（见图 8-27b）。

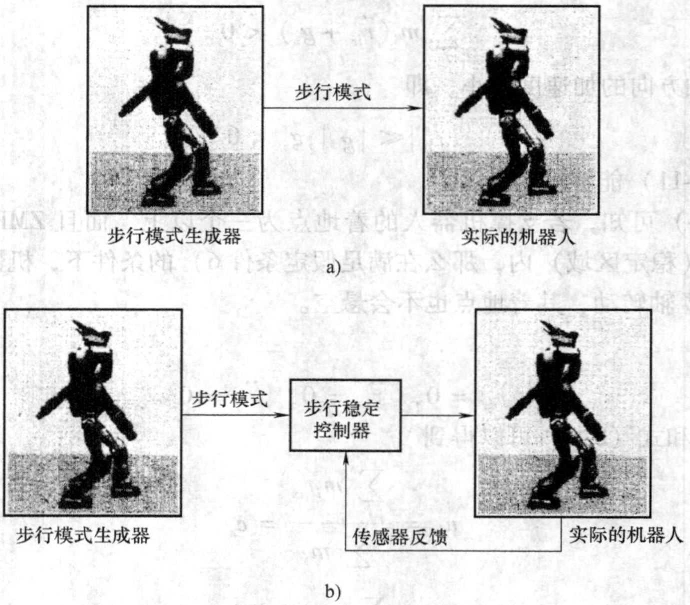

图 8-27　双足步行基本控制框架

a）理想情况下双足机器人通过再现步行模式实现行走

b）实际环境中双足机器人需要一个稳定器

步行稳定控制器的主要作用是修正和减小机器人实际状态和目标步行模式之间的偏差。通常拟人机器人的步行稳定控制方法有：

1）通过踝关节力矩进行控制。将整个机器人建模为一个简单的倒立摆，通过控制支撑脚踝关节的力矩来稳定机器人的平衡或姿态。这种控制方法看似简单，实现却不容易。首先对大多数安装有大速比减速器的步行机器人而言，要精确控制踝关节力矩是非常困难的。而且为了实现稳定的行走，需要仔细调节反馈增益和力矩限定器以克服由于过大的踝关节引起的脚尖或脚跟的跳动。

这一方法在 20 世纪八九十年代为很多机器人所采用，如 WL-10RD。

2）通过改变落脚点进行控制。基于倒立摆模型的第二种稳定控制方法是调整脚部着地点的位置。采用这种通过改变落脚点来实现稳定步行的例子包括下山和三浦开发的高跷型机器人 BIPER-3、Raibert 等人开发的跳跃和跑步机器人系列。

3）通过质心加速度控制 ZMP。该方法由长阪、稻叶和井上首先提出并称为躯干位置顺应控制，对具有高刚度足部的机器人行走颇为有效，已用于拟人机器人 H5 和 H7 的稳定控制中。

4）上半身姿态控制。大多数步行机器人都希望在行走中上半身能保持竖直姿态。最简单的方式是基于姿态传感器的检测值控制髋关节的转动以保持上身竖直。即便对点接触的足部（尖脚），这种方法也是可行的，因为髋关节处的力矩是由地面的摩擦力产生的。这种方法在 Raibert 的跳跃机器人上采用。

5）模型 ZMP 控制。作为一种上身姿态控制的新方法，其工作方式为当实际机器人的上身与模型的上身相比向前倾斜时，模型上身强力加速。结果目标惯性力变大而目标 ZMP 相对于原来的 ZMP 向后移动，这样实际机器人的姿态得以恢复。

6）冲击的吸收。在关节轴上安装一个力矩传感器，并将位置目标作为力矩检测值的一个函数，就可以实现一个虚拟的弹簧-阻尼系统。利用这样的系统来吸收脚着地时产生的冲击和振动。在机器人关节的减速比较低（1/50～1）的情况下，来自环境的外力使电动机回转，这样位置控制系统就像个弹簧-阻尼系统。

7）通过 LQ 进行稳定控制。将步行机器人建模为一个以关节力矩 $\boldsymbol{u}$ 为输入、各连杆状态为输出的多输入多输出（MIMO）系统。定义状态矢量 $\boldsymbol{x}$ 为所有连杆的姿态和速度，对从 $\boldsymbol{u}$ 到 $\boldsymbol{x}$ 的运动方程进行线性化，直接用于 LQ（linear-quadratic）控制理论，可得下面的状态反馈。

$$\boldsymbol{u} = -\boldsymbol{K}\boldsymbol{x}$$

式中，$\boldsymbol{K}$ 为反馈增益，当关节数为 N 时，它是一个 $N \times 2N$ 的大矩阵。该方法已应用于美多等人开发的 6 自由度双足机器人 CW-2 和吉野的 12 自由度双足步行机器人的稳定行走控制，后者能在 6mm 不平整的地面上以 3km/h 的速度行走。

实际的稳定控制系统可以通过综合上述几种控制原理来构造。这里介绍一个成功的实例。本田公司 P2 的步行控制系统如图 8-28 所示。图中从上身姿态角控制到地面反作用力之间的反馈路径对应于踝关节力矩控制。在 P2 足部安装的用于被动顺应的弹性元件使得踝关节力矩容易控制。当机器人上身倾斜过大时，模型 ZMP 控制起作用，将之恢复。由此产生的上身水平位置的误差通过落脚点控制来修正。可见，通过多种控制技术的巧妙综合可以实现可靠性高的稳定步行控制。

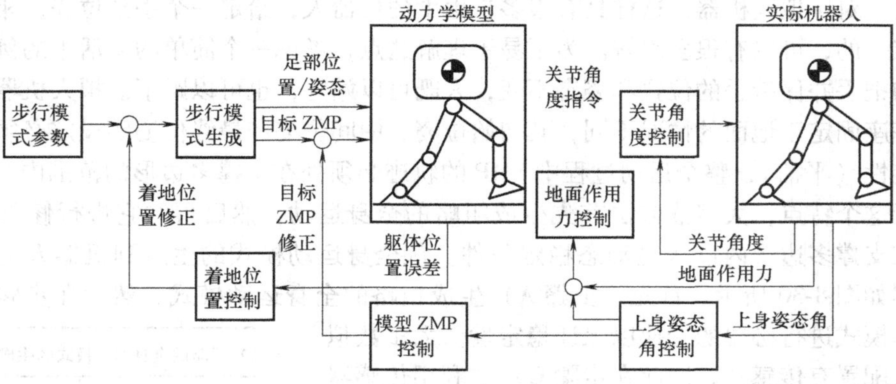

图 8-28　本田 P2 的步行控制系统

8.4.3　全身运动模式的生成

图 8-29 所示为机器人作业场景。拟人机器人 HRP-2 从直立状态弯腰屈腿，双手从地上抬起一个物体，然后举着物体向前走 1m。怎样才能生成这一全身运动模式呢？

与步行相关的运动模式的生成可以应用前面讨论的方法。但是怎样产生机器人的运动使之抬起箱子呢？能否采用与目前在生产中大量使用的六轴工业机器人相同的方法呢？

六轴工业机器人操作臂通常利用示教盒为焊接、喷涂和抓持等作业设定末端执行器的初始位姿（位置和姿态）和最终位姿，还可以设定中间路径点的位姿。控制器通过插补这些路径点形成连续的轨迹，从而生成运动。在三维空间中实现任意的目标位姿至少需要六个自由度，而六轴工业机器人正好具有六个自由度，因此通过逆运动学就可以将全部关节的目标角求解出来。

图 8-29 HRP-2 一个简单作业

然而，对于拟人机器人这样具有很多自由度的机器人，给定一个手部位姿，相应的关节角不是唯一的，可以有很多组解。为了易于理解这点，考虑一个简单的生活中的例子：用手抓住门的把手并保持手的位置和姿态不变，人既可以站立，也可以蹲下。拟人机器人与工业机器人基座固定于地面的情况不同，其初始位姿、中间位姿和最终位姿的设定必须确保机器人的稳定性（平衡），整个运动过程中 ZMP 的轨迹必须处在支撑多边形的范围内。

鉴于这个特点，大多数方法首先生成粗略的全身运动，然后再对它进行修正使得 ZMP 轨迹处在支撑多边形内以满足动态稳定条件。从全身运动模式的生成到机器人上的具体实现，流程如图 8-30 所示。首先，步骤 A）生成粗略的全身运动模式，然后在步骤 B）中对全身运动模式进行必要的变换以保证稳定性。大多数拟人机器人配置有传感器，因此在步骤 C）中利用传感器信息反馈对步骤 B）中生成的运动模式进行实时修正和补偿。如果步骤 B）中生成的运动很完善，那么步骤 C）不是绝对需要。然而，由于地面条件和机器人周围环境的物理参数事先很难完整获取，因此步骤 C）在实际中往往是需要的。下面主要介绍步骤 A）和 B），步骤 C）可参见前面所述的稳定性控制。

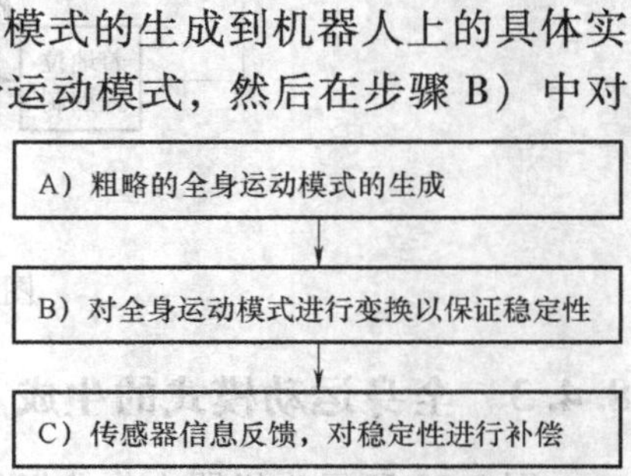

图 8-30 从全身运动模式的生成到机器人上的具体实现的流程图

1. 粗略全身运动模式的生成方法

粗略的全身运动模式的生成大致有下列三种方法：基于运动捕获的生成法、基于 GUI（图形用户接口）的生成法和多维空间高速搜索法。

（1）基于运动捕获的生成法

拟人机器人具有人的形状，因而可以根据人的运动模式来生成其全身运动。为了获取人的运动数据，通常使用运动捕获系统。该系统由数个相机和带有若干特别标记的衣服组成。被测者的动作由相机通过捕捉衣服上标记的运动轨迹记录下来，数据化并变换后储存于计算器中。这样通过捕获人的动作，全身运动很容易获得。然而，由于拟人机器人与实际人的身体特征之间有不可避免的差异，捕获的运动模式不能直接应用在机器人上。

（2）基于 GUI 的生成法

在计算机图形动画仿真中，图形世界中的人和拟人化的动物或机器人就像在真实世界中一样栩栩如生。通过计算机图形动画的制作也可以有效地生成拟人机器人的全身运动模式。

（3）多维空间高速搜索法

基于运动捕获和 GUI 的全身运动生成虽然直观，但有时也麻烦、费时。RRT 搜索法（rapidly-exploring random trees）在由机器人所有关节角构成的矢量空间中进行快速搜索，可以生成诸如拾取桌子下面的物体而避免与障碍物相碰等全身运动模式。在这种方法中，给定拟人机器人及其环境的三维模型以及机器人的初始位姿和最终位姿，即可自动生成其全身运动模式。这种方法搜索从初始位姿到最终位姿满足静态稳定条件的若干位姿，然后生成轨迹将它们光滑地连接起来，但是还没有生成能满足动态稳定条件的全身运动模式。

2. 保证稳定性的全身运动模式的变换方法

前面介绍的生成粗略全身运动模式的方法并不能保证机器人的动态稳定性，其结果不能直接用在真实的机器人上。因此，有必要对所生成的粗略全身运动模式进行修正以满足动态稳定性条件。具有代表性的变换方法包括动力学过滤、自动平衡和躯干轨迹补偿算法。

（1）动力学过滤器

动力学过滤是一种将物理上不能实现的全身运动模式转变成物理系统上可行的运动模式的方法，过滤器由一个控制器和一个优化器组成，如图 8-31 所示。控制器以物理上不能实现的全身运动模式 θ_G^{ref} 和仿真器上机器人的当前状态(θ_G，$\dot{\theta}_G$) 为输入，通过局域和全局反馈循环计算目标关节的加速度 $\ddot{\theta}_G^d$。这一目标关节加速度此时未必能实现。优化器考虑物理约束和接触条件（地面的摩擦力和地面反作用力的方向等），计算使目标关节加速度和当前关节加速度之差最小的机器人关节加速度 $\ddot{\theta}_G$。

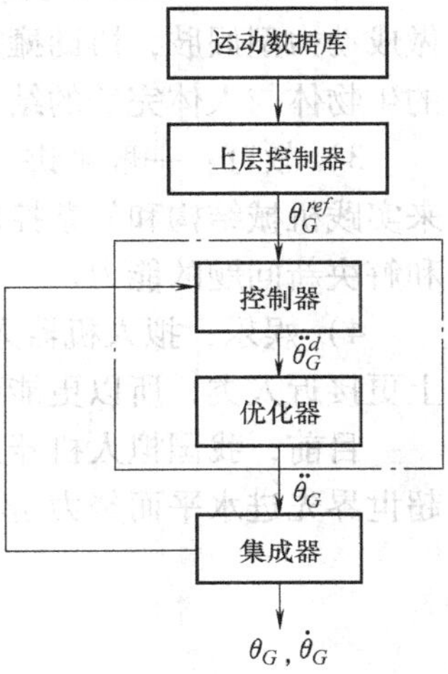

图 8-31 动力学过滤器的原理

（2）自动平衡器

自动平衡器以粗略的全身运动模式为输入，在进行变换时通过二次规划中的最优化方法求各采样时刻的关节角。这种方法强调静态稳定性，虽然不能保证稳定的步行，但对机器人维持在原位和支撑多边形不改变时的稳定运动还是有效的。自动平衡器通过下列控制方法进行平衡补偿：

1）使机器人重心保持在通过支撑多边形内一给定点的铅垂轴上。

2）使绕这一给定点的惯性力矩保持在一定的范围内。

惯性力矩容许范围的设定应满足两个约束条件：①ZMP 保持在支撑多边形内；②由惯性力矩产生的角动量在采样时间内小于零。这一平衡补偿方法实际上就是在满足有关重心位置和惯性力矩的约束条件下，对输入的全身运动模式进行二次规划而输出近似的全身运动模式的问题。这一控制循环贯穿于整个过程。

（3）躯干轨迹补偿算法

躯干轨迹补偿算法根据腿的运动轨迹、ZMP 轨迹和手的运动轨迹，在 ZMP 和绕铅垂轴的力矩目标范围内计算躯干的补偿轨迹。这一轨迹就用作机器人的全身运动模式。躯干轨迹补偿算法已用于拟人机器人 WABIAN 的全身动作生成中。

8.5 拟人机器人的应用

拟人机器人不仅是一个国家高科技综合水平的重要标志，也在人类生产、生活中有着广泛的用途。由于拟人机器人具有人类的外观特征，更容易适应人类的生活和工作环境，代替人类完成各种作业。它不仅可以在有辐射、粉尘、有毒的环境中代替人类作业，而且可以在很多方面扩展人类的能力，具有广阔的应用前景。将来它还将在家庭服务、医疗、教育、社会娱乐、生物技术、救灾、海洋开发、机器维修、交通运输、农林水产等领域得到广泛应用。

1）服务：21 世纪人类进入老龄化社会，发展拟人机器人能弥补年轻劳动力的严重不足，解决老龄化社会的家庭服务、医疗等社会问题。拟人机器人可以与人友好相处，能够很好地担任陪伴、照顾、护理老人和病人的角色，以及从事日常生活中的服务工作，因此家庭服务行业的拟人机器人应用必将形成新的产业和新的市场。

2）医疗：在医疗领域，拟人机器人可以用于假肢和器官移植，用拟人机器人技术可以做成动力型假肢，协助瘫痪病人实现行走的梦想。然而，现在还几乎看不到以控制论开发出的生物体与人体完美的结合。因此，这方面还需要更进一步的研究和探索。

3）教育：一般来讲，拟人机器人在教育领域有两种应用：①学生通过制作拟人机器人来实践机械结构和复杂控制软件模块的设计；②学生用拟人机器人进行实验，增强动手能力和解决新问题的能力。

4）娱乐：拟人机器人可以用来在展览会上做广告，它很吸引人的注意，因为它在外形上更接近人类，所以更能引起人的兴趣。另外，它还可以用于家庭娱乐。

目前，我国拟人机器人的研究与世界先进水平相比还有差距。我国科技工作者正在为赶超世界先进水平而努力奋斗。

第 9 章　仿生机器人

仿生机器人是近十几年来出现的新型机器人。它的思想来源于仿生学，其目的是研制出具有动物某些特征的机器人。众所周知，自然界中的生物以其多姿多彩的形态活跃于自然界。某些生物的许多机能是人类无法比拟的，如柔软的象鼻子，可以在任意管道中爬行的蛇，小巧的昆虫等。因此，自然界生物的运动行为和某些机能已成为机器人学者进行机器人设计、实现其灵活控制的思考源泉，导致各类仿生机器人不断涌现。可以说仿生机器人就是模仿自然界中生物的精巧结构、运动原理和行为方式等的机器人系统。

9.1　仿生机器人的特点

仿生机器人是仿生学的先进技术与机器人领域的各种应用的最佳结合。从机器人的角度来看，仿生机器人是机器人发展的最高阶段。从仿生学的角度来看，仿生机器人是仿生学技术的完美综合与全面应用。

从 1959 年美国制造出世界上第一台工业机器人起，在不到半个世纪的时间里，机器人就已经历了多个发展阶段。日本东北大学的中野荣二教授对机器人的发展过程进行了这样的分类：第一代机器人是 20 世纪 60 年代的点焊机器人，其特征是能够按照事先设定好的程序反复进行动作的“重复机械”；第二代机器人是 20 世纪 70 年代的弧焊机器人，其特征是可以根据作业对象的状况改变作业内容，即所谓“知觉判断机器人”，需要传感装置；第三代机器人是 20 世纪 80 年代的通用组装机器人，是具有学习功能的智能机器人；第四代是 2000 年以后的机器人。

我国也有学者提出机器人发展的四阶段划分：第一阶段为工业机器人，第二阶段为遥控机器人，第三阶段为智能机器人，第四阶段为进化机器人。上述划分虽较中野荣二教授的划分更确切，但对第四代机器人的定义却仍不够准确。因为进化只是生命系统的本质特征之一，除了自进化能力以外，生命系统还具有自繁衍和自适应等其他本质特征，不如直接称之为“仿生机器人”阶段。同时将所有古代、近代的和近一阶段内利用非电子元件或基本的电子元件所制造的结构简单、功能单一的自动化装置归为第零代机器人。这样机器人就分为第零代原始机器人，第一代（示教）机器人，第二代（感知）机器人，第三代（智能）机器人和第四代（仿生）机器人，如图 9-1 所示。

机器人是一门涉及力学、机构学、控制学、计算机科学、信息科学、光学、微电子学、传感技术、驱动技术、人工智能、仿生学等诸多学科在内的以实际应用为主要目的的综合性学科。因此，它本身的发展和进步在很大程度上依赖于相关学科的研究水平和技术成熟程度。仿生学的研究目的就是研究生命的结构、能量转换和信息流动等过程，并利用电子、机械、化学等技术对这些过程进行模拟，从而改善现有的或创造出崭新的自动化装置。仿生机器人的研制状况和应用程度则根本取决于以仿生学为核心的相关学科的研究进展。运动仿生、感知仿生、控制仿生、能量仿生、材料仿生等诸多基础的仿生学技术的深入研究和进步

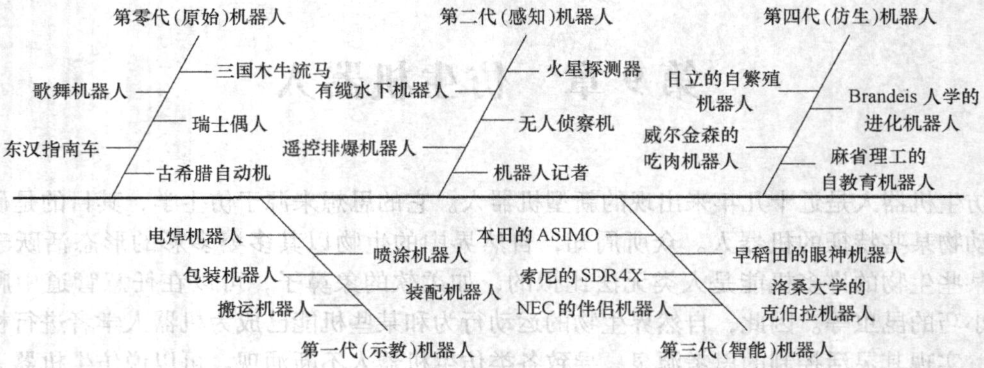

图 9-1 机器人的发展阶段及其典型代表

是仿生机器人研制和应用的理论基础与技术前提。

仿生机器人是机器人发展的最高阶段，它既是机器人研究的最初目的，也是机器人发展的最终目标之一。

9.2 仿生机器人的研究概述

目前，关于仿生机器人的研究已取得了相当多的成果，2004 年 8 月召开的 IEEE 年会也提出了“仿生机器人成主角”的论断。

仿生移动式机器人在工业、农业和国防上具有广泛的应用前景。它们能用于卫星探测、军事侦察、危险的废料处理以及农业生产中。为了开拓机器人新市场，向非制造业扩展是机器人发展的一个重要方向。在非制造业中的医疗、娱乐和社会福利等方面的仿生机器人有很好的发展前景，如用于外科手术的多指手、仿生机器人玩具、老年人或卧床不起病人用的护理机器人和人工假肢等。

9.2.1 研究现状

1. 飞行机器人

飞行机器人即具有自主导航能力的无人驾驶飞行器。这类机器人活动空间广阔、运动速度快，居高临下不受地形限制。在军事、森林火灾及灾难搜救中，前景极好。其飞行原理分为固定翼飞行、旋翼飞行和扑翼飞行。固定翼技术已经成熟，但其翼展在 200mm 以下时不足以产生足够的升力。目前国内外广泛关注的微型飞行器侧重于扑翼机的研究，它模仿鸟类或昆虫的扑翼飞行原理，故被称为“人工昆虫”，其特点是将举升、悬停和推进功能集于一个扑翼系统，可以用很小的能量做长距离飞行，同时具有较强的机动性，适合于长时间无能源补给及远距离条件下执行任务。

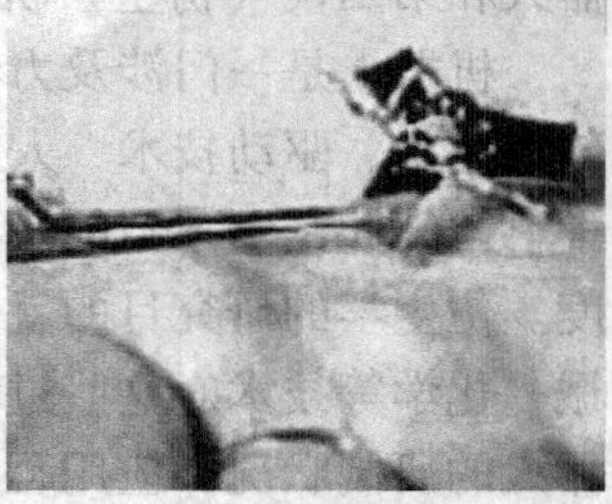

图 9-2 机器苍蝇

目前对飞行运动进行仿生研究的主要有美国加州大学伯克利分校、英国剑桥大学和加拿大多伦多大学。图 9-2 是美国加州大学伯克利分校的研究小组用了四年的时间，基于仿生学原理制造出的世界上第一只能飞翔的“机器苍蝇”。

其身高不到 30mm，翼展 25mm，翼振频率 150Hz，质量只有 100mg，是真正的迷你型。苍蝇是所有飞虫中飞行最稳定，机动性最强的一种。由于苍蝇运动的复杂性，机器苍蝇有四只翅膀。每只翅膀需要的功率为 8mW，且相对躯体可以实现两个方向的转动，转动的角度为 140°和 90°。通过装在机器苍蝇头部的微型传感器与摄像机，可以将拍摄到的照片传回。它的用途非常广泛，不仅能够充当间谍，还可以用于军事侦察，在不为人察觉的情况下收集情报，还可以用来在灾难中搜寻废墟中的人员。

2. 陆地仿生机器人

美国宇航局（NASA）喷气推进实验室于 2002 年 12 月研制成功的机器蜘蛛 Spider-pot，装有一对可以用来探测障碍的天线，且拥有异常灵活的腿。它能跨越障碍、攀登岩石、探访靠轮子滚动前进的机器人无法抵达的区域，如图 9-3 所示。凭借它们娇小的身材，机器蜘蛛一类微型仿生机器人非常适合勘探彗星、小行星等小型天体。它可以在国际空间站上充当维护员，及时发现空气泄漏等意外故障。

2001 年美国科学家 Kelllar Autumn 等经过对壁虎脚掌的研究，认为壁虎等爬壁生物能够在各种表面无障碍地运动，其脚掌与接触面之间的接触力是分子间作用力，该接触力的大小在分子间作用力的作用范围内。基于分子间作用力的吸附机制，与真空吸附和磁吸附相比在航天领域有着显而易见的优势。例如，在人造卫星表面工作的小型机器人，与卫星表面的吸附连接不能依靠负压吸附（没有大气压），也不能依靠磁力吸附（卫星上有大量电磁敏感设备），而如果能够研制出像壁虎那样基于分子间作用力吸附的机器人脚掌，那么这种机器人的实现就简单多了。美国加州大学伯克利分校和 iRobot 公司等都在进行仿壁虎机器人的研究。图 9-4 是加州大学伯克利分校 Robert Full 等人研制的能在干燥环境下实现壁面爬行的仿壁虎机器人的样机。国内的南京航空航天大学仿生结构与材料防护研究所也在进行与仿壁虎机器人相关的研究，目前已经取得了一些进展。目前世界上关于仿壁虎机器人的研制还处在初级阶段，真正实现类似壁虎的全空间无障碍运动的机器人还需要时间。

图 9-3　机器蜘蛛

图 9-4　壁虎机器人

3. 水下仿生机器人

水下机器人又称为水下无人潜水器，分为遥控、半自治及自治型。水下机器人是典型的军民两用技术，不仅可用于海上资源的勘探和开发，而且在海战中也有不可替代的作用。为了争夺制海权，各国都在开发各种用途的水下机器人，有探雷机器人、扫雷机器人、侦察机器人等。

鱼类的高效、快速、机动灵活的水下推进方式吸引了国内外的科学家们从事仿生机器鱼的研究。美国、日本等国的科学家们研制出了各种类型的仿生机器鱼实验平台和原理样机，主要是围绕机器鱼的速度和高效率、高机动性、快速下潜性能和机器鱼的智能化等方面展开研究。国内的中科院自动化研究所和北京航空航天大学等单位已研制了机器鱼样机。中国科学院自动化研究所在多仿生鱼的控制与协作方面做了较为深入的研究，图 9-5 为其花费两年的时间研制成功的基于鲹科模型的“游龙”系列机器鱼。

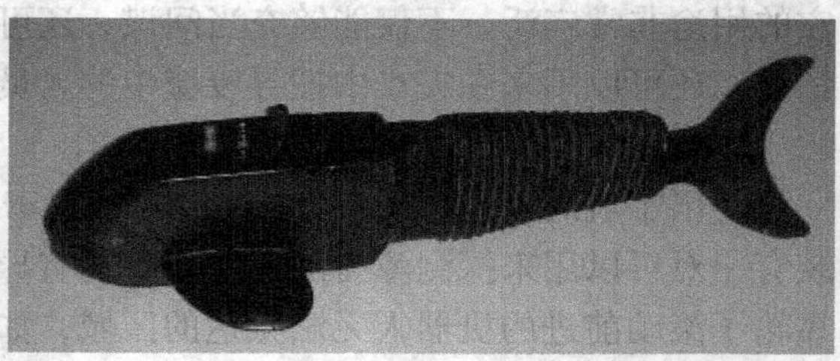

图 9-5 “游龙”系列机器鱼

9.2.2 仿生机器人的关键技术问题

(1) 建模问题

仿生机器人的运动具有高度的灵活性和适应性，其一般都是冗余度或超冗余度机器人，结构复杂。运动学和动力学模型与常规机器人有很大差别，且复杂程度更大。为此，研究建模问题，实现机构的可控化是研究仿生机器人的关键问题之一。

(2) 控制优化问题

随着机器人自由度的增多，机构的复杂化，控制系统必将更复杂。复杂巨系统的实现不能全靠子系统的堆积，要做到“整体大于组分之和”，同时要研究高效优化的控制算法才能使系统具有实时处理能力。

(3) 信息融合问题

在仿生机器人的设计开发中，为实现对不同物体和未知环境的感知，都装备有一定量的传感器。多传感器的信息融合技术是实现其具有一定智能的关键。信息融合技术把分布在不同位置的多个同类或不同类的传感器所提供的局部环境的不完整信息加以综合，消除多传感器信息之间可能存在的冗余和矛盾，从而提高系统决策、规划、反应的快速性和正确性。

(4) 机构设计问题

合理的机构设计是仿生机器人实现的基础。生物的形态经过千百万年的进化，其结构特征极具合理性，而要用机械来完全仿制生物体几乎是不可能的，只有在充分研究生物肌体结构和运动特性的基础上提取其精髓进行简化，才能开发出全方位关节机构和简单关节组成高灵活性的机器人机构。

(5) 微传感和微驱动问题

微型仿生机器人有些已不是传统常规机器人的按比例缩小，它的开发涉及电磁、机械、热、光、化学、生物等多个学科。对于微型仿生机器人的制造，需要解决一些工程上的问题。如动力源、驱动方式、传感集成控制以及同外界的通信等，实现微传感和微驱动的一个关键技术是机电光一体结合的微加工技术。同时，在设计时必须考虑到尺寸效应、新材料、新工艺等问题。

9.2.3 仿生机器人的发展趋势

以上简单介绍了几种典型的仿生机器人的结构形式及其研究现状。随着需求的改变以及技术的提高，其未来的发展方向包括以下几个方面：

（1）特种仿生机器人

自然界各种生物千姿百态，根据各种生物各自的特点，研制出更多种类的能适应特定自然环境的特种仿生机器人，是未来仿生机器人进一步发展的方向。例如，能够在管道内蠕动的机器蚯蚓即是基于仿生学原理设计的管道机器人。

（2）微型化仿生机器人

科学家预言，21 世纪的尖端技术之一是微型机器人。仿生微型机器人可用于小型管道的检测作业，可进入人体肠道进行检查和实施治疗而不伤害人体，也可以进入狭小的复杂环境进行作业。因此，机器人的小型化和微型化是一个发展趋势。

（3）．仿形仿生机器人

仿生机器人的外形与所模仿的生物的相似性，也是仿生机器人研究的热点之一。在军事侦察和间谍任务中，应用与生物外形完全一致的机器人，将能更隐蔽地、更安全地完成任务。

（4）生物仿生机器人

生物机器人即活体生物的人工控制，是生物学、信息学、测控技术、微机电系统技术高度发展并且相互结合的产物。世界各国早已开展利用动物作战的研究。如训练狗钻入敌方要地将其炸毁，或利用海豚侦察潜艇等。现在更多的国家都在研究将微型传感器安装到小动物的身上，使其进入人类无法到达的地方。1995 年，日本东京大学的 Shimoyama 教授领导的课题组研究蟑螂的控制技术，即把蟑螂头上的探须和翅膀切除，插入电极和微处理器以及红外传感器，通过遥控信号产生电刺激，使蟑螂向特定方向前进，如图 9-6 所示。2002 年，美国纽约州立大学通过在老鼠体内植入微控制器，成功实现对老鼠的转弯、前进、爬树和跳跃等动作的人工制导。国内的南京航空航天大学仿生结构与材料防护研究所在研制仿壁虎机器人的同时也在研究壁虎的人工控制技术，把微电极植入壁虎体内，通过电刺激模拟神经控制其运动。

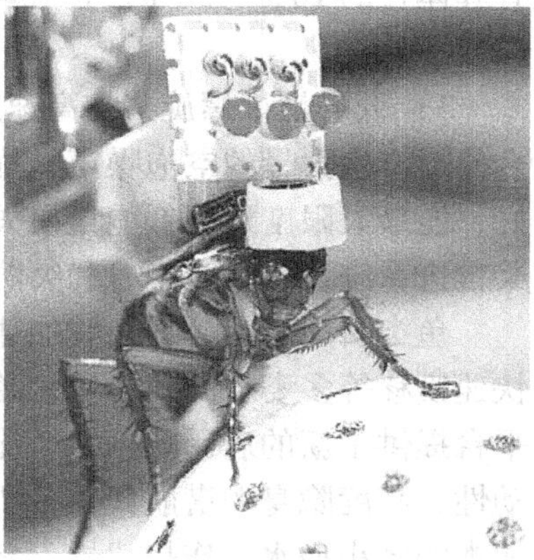

图 9-6 蟑螂的人工控制

9.3 仿生机器鱼

鱼类，作为自然界最早出现的脊椎动物，经过亿万年的自然衍变、进化，已经具备了非凡的水中运动能力。其在推进效率、速度、转弯半径、持久游速下保持低能耗、高效率，在拉力游速或爆发游速下实现高机动性等方面远远高于人类现有的航海科技。

21 世纪是人类开发海洋的世纪，随着陆地资源的日益枯竭，人类将大规模的开发和利用海洋资源。为了适应这种需求，适应各种非结构化环境的水下潜器和水下机器人将会得到迅猛发展。

目前作为水下潜器和水下机器人关键技术之一的推进系统，多采用螺旋桨、喷流回转式和叶轮式等原理的常规推进器，并多以电磁电动机或液压马达作为原动机。这些常规推进器存在能源利用率低、结构尺寸大、重量大、对环境扰动大、噪声大、动密封差和可靠性差等许多缺点。并且，以常规推进方式驱动的水下运动装置存在起动、加速性能差，运动灵活性差以及隐蔽性差等缺点，这些缺点限制了它们的应用。为适应海洋科学发展的需要，国内外许多学者不得不寻找其他高效率、机动灵活的水下推进方式。

通过脊椎动物学和流体力学方面的大量理论和实验研究，人们发现经过上亿年进化的鱼类游动方式包含着深刻的流体力学和生物学机理，一些鱼类在推进效率、机动灵活性和可操纵性方面比当今世界上任何水面、水下运载器性能都要高。这些亟待研究的突出特性包括：

1）高效性。大量海洋动物学的实验研究表明，鱼类游动的推进效率高达90%以上，这使得鱼类能够在力量有限、能量消耗相对较少的情况下达到相当的速度并具有持久的耐力，而当前螺旋桨船舶的推进总效率不超过60%。从长远看，仿鱼推进器的广泛采用可以大大节省能量，提高能源利用率，从而延长水下作业时间，提高续航力。

2）机动性。主要表现在两点：加速特性和转向特性。海洋动物学的实验观察表明，某些鱼类制服猎物时具有 $150m/s^2$ 的加速度。由于在运动方式上存在本质的区别，鱼类运动不像当前的螺旋桨推进方式，推进与转弯分离。鱼类通过胸鳍和尾鳍的有机配合，实现推进与转弯的有机统一，鱼的转向特性可以随着前进速度的提高而更加灵活机敏，往往转向半径只有其体长的10% ~30%。但在当前的螺旋桨推进方式下的舰艇在高速行驶时需要很大的转向半径。

3）低噪性。螺旋桨在高速旋转时会产生过多不需要的紊流、非定常的涡流和热量，还会伴随产生大量的空泡噪声、扰动噪声、唱音和尾迹。而鱼类的游动方式摆动频率低、柔性好，能最大限度地降低能量损失，充分利用并控制涡流，不产生漩涡尾迹，完全不同于螺旋桨推进系统，有利于隐身和突防，具有重要的军事价值。

鱼类瞬间起动、爆发式加速、小半径加速转弯、大仰角上浮和大俯角下潜、倒向翻转、快速横移等多姿态高效推进的游动方式，为快速高机动的现代水下战争和微小型智能化武器平台提供了新的启示。因此，深入开展仿生机器鱼的研究，对未来海战设计研究高效、高机动性、高度隐身的潜航武器，研制可用于诱饵、干扰、侦察、扫雷、布雷等方面的大批量低成本的微小型水下作战武器，探讨建立基于仿生微型高效潜航武器的水下作战体系等，具有重要的理论意义和直接的军事价值。

仿生机器鱼是参照鱼类游动的推进机理，结合机械、电子、自控等多方面学科实现水下推进的一种动力装置，具有效率高、机动性好、噪声低、对环境扰动小等优点，将广泛应用于海洋生物观察、管道检测、环境监测、军事侦察等领域。

机器鱼的研究有传统仿生水下机器人的难点，同时有自己的开发难点：

（1）机构设计问题

合理的机构设计是机器鱼实现的基础。鱼类的形态经过千百万年的进化，其结构特征极具合理性，而要用机械来完全仿制生物体几乎是不可能的，只有在充分研究生物肌体结构和运动特性的基础上提取其精髓进行简化，才能开发出全方位关节机构和简单关节组成高灵活性的机器鱼机构。

（2）控制优化问题

机器鱼的自由度越多，机构越复杂，控制系统也就越复杂。复杂大系统的实现不能全靠子系统的堆积，要研究高效优化的控制算法才能使系统达到最优的控制效果。

（3）信息融合问题

在机器鱼的设计开发中，为实现对不同物体和未知环境的感知，需要装备有一定量的传感器，多传感器的信息融合技术把分布在不同位置的多个同类或不同类的传感器所提供的局部环境的不完整信息加以综合，消除多传感器信息之间可能存在的冗余和矛盾，从而提高系统决策、规划、反应的快速性和正确性。

（4）精确定位及零可见度导航问题

目前机器鱼在水上采用 GPS，水下定位采用声学定位技术。但目前的定位精度和作业所允许的精度还有一定差距，水下 GPS 技术正在迅速地发展，自治导航的精度预计将在 5 年内提高 10 倍。随着声学、激光技术以及计算机图形增强技术的发展，零可见度导航问题将得到解决。

（5）材料和能源问题

在水中每增加 10m 的水深，外界压力将增加一个大气压（0.1MPa）。高强度、轻质、耐腐蚀的结构材料和浮力材料是机器鱼研究重点发展的技术问题。目前机器鱼的能源较多是使用铅酸电池和银锌电池，电池的容量成为水下作业时间的关键，今后高密度电池的使用将会使此问题大大缓解。

9.3.1　鱼类推进理论

1. 鱼类形态描述

为了明确的描述鱼类的游动推进机理，图 9-7 给出了常用的描述鱼体形态的术语。鱼体通常为纺锤形体或扁平形流线体，可以极大地减小形体阻力。鱼鳍包括对鳍（paired fins）、中间鳍（median fins）和尾鳍（caudal fin）。其中对鳍包括胸鳍（pectoral fins）和腹鳍（pelvic fins），中间鳍指的是背鳍（dorsal fin）和臀鳍（anal fin）。中间鳍和对鳍根据鳍与身体相连接部分的长短分别称为长基鳍（long-based fins）和短基鳍（short-based fins）。尾鳍与身体连接的部分称为尾柄，鱼体中心对称线称为鱼体轴。

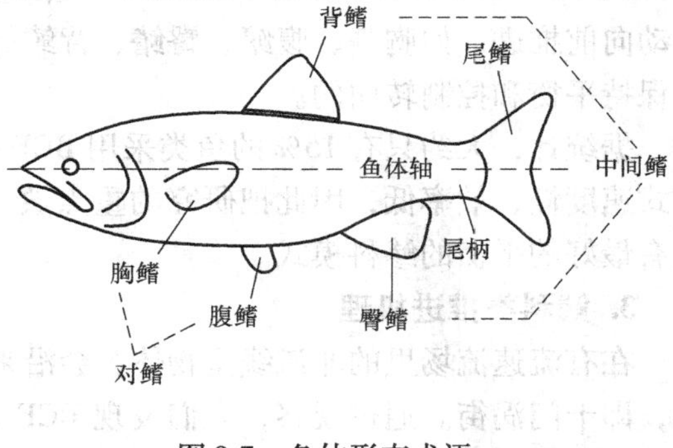

图 9-7　鱼体形态术语

生物学家研究得知鳍对大多数鱼类的游动能起到决定性的作用，一般来讲，尾鳍提供前向游动的主要动力，中间鳍起平衡作用，而对鳍主要起到转弯和平衡的作用。

2. 鱼类游动方式分类

从生物学的角度看来，鱼类依照其体型及功能的不同，有下面几种常见的基本推进运动模式：喷射式、BCF 推动式和 MPF 推动式。

1）喷射式：乌贼、鱿鱼、水母等依照身体躯干的特殊构造，它们由身体内部的特殊部位向后挤压水流产生后向推力，利用动量守恒原理推动身体前进。

2）BCF（Body and/or Caudal Fin）推进方式：这种推进方式也被称作尾鳍摆动式。又可分为鳗行式（Anguilliform）、鲹鲹行式（Carangiform）和鲔行式（Thunniform），如图 9-8 所示。它们的显著特点是利用鱼的身体后半段和尾鳍协调摆动前进。

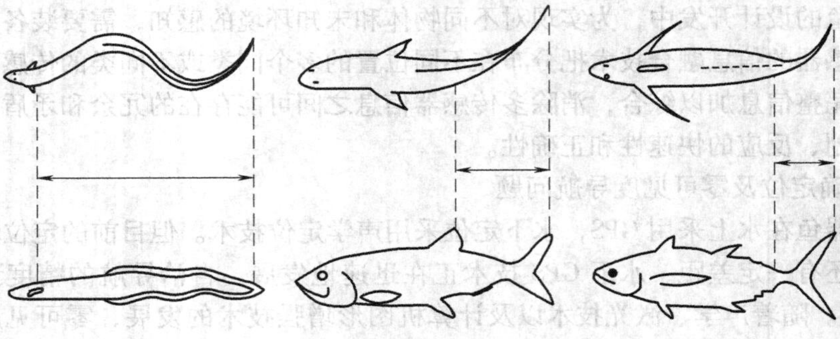

图 9-8 BCF 推进方式

a）鳗行式 b）鲹行式 c）鲔行式

① 鳗行式又称身体波动式，如鳗鱼、水蛇等，它们的游动犹如正弦波形的前进一样，把身体当作推进器，用从头到尾波动身体来游动，其前进单位距离所需推力最小。

② 鲹行式又称鲹科模式，如蹲鱼、鲜鱼等，是最常见的方式，在速度、加速度方面和可操控性上有最好的平衡。

③ 鲔行式又称鲹科结合新月形尾鳍模式，鱼类有灿鱼、鳍鱼、马林鱼等，常有大展弦比的尾鳍，在快速运动中最为高效。海洋中游速最高的鱼类大都采用这种游动方式。

3）MPF（Median and/or Paired Fin）推进方式：它主要是利用除了尾鳍之外的一些鱼鳍划动向前推进，如胸鳍、腹鳍、臀鳍、背鳍等。这类鱼较少，大多数的鱼类只是利用这些鳍来保持平衡和控制转向的。

据统计，大约只有 15% 的鱼类采用 BCF 推进方式以外的其他方式推进。由于 MPF 推进方式速度慢、效率低，因此把研究的重点放在 BCF 推进方式中在速度、加速度和可操控性上有最好的平衡的鲹科模式。

3. 鲹科类推进机理

在有流速流场里的非流线型物体，会沿来流的方向在其后面形成一连串交错而反向的尾涡，即卡门涡街。通过观察，人们发现 BCF 推进方式中摆动尾鳍后同样存在尾涡串，但和卡门涡街恰好相反，称为反卡门涡街。反卡门涡街形成一种类似喷流的流动，这种喷流平行于鱼体前进的方向，产生推力。

鱼类之所以能造成如此高效率的推进力量，是由于来自尾鳍整合背后涡流的方式。这些涡流的强度随着尾鳍的力量而增加，但是它们的旋转轴方向一直都是垂直于鱼体前进的方向，也就使形成有效推力的喷流平行于鱼体前进的方向。相比之下，一般船用螺旋桨形成的喷流与螺旋桨转动方向一致，也就是垂直于船前进的方向，而多半不能被有效利用，因而效率较低。图 9-9 为尾鳍摆动形成反卡门涡街的过程。

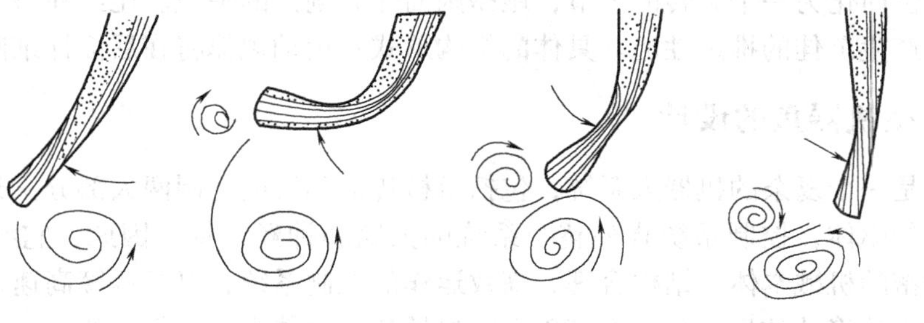

图 9-9　一个摆动周期产生反卡门涡街的过程

a）尾鳍先以摆动造成一个大涡流　b）迅速的顶端摆动造成一个相反方向的涡流

c）下摆之后的尾鳍使两个涡流相遇　d）相遇的两个涡流形成一柱强力的向后喷流，并相互减弱其涡流强度

表示尾流反卡门涡街的参数是斯特劳哈尔数（Strouhal Number，S_t）。对于 BCF 推进方式，斯特劳哈尔数定义为：

$$S_t = \frac{fA}{u} = \frac{A}{u/f} \tag{9-1}$$

式中，f 为尾鳍摆动频率（Hz）；A 为尾流宽度，通常以尾鳍摆幅近似表示；u 为平均游动速度。

由于鱼尾在一个拍动周期里产生一对漩涡，所以 u/f，表示了一个拍动周期里涡街稠密的程度。鱼游得越快，涡街越稀疏。通过试验，Triantafyllou 等指出，当 $0.25 < S_t < 0.40$ 时，将会达到较高效率[21]。

4. 鲹科类模式鱼体波模型建立及分析

根据对鲹科模式鱼类游动的仿生研究及图像分析，得到的鱼体波特征为一波幅逐渐加大、由头部至尾鳍传播的行波。鱼体波曲线可通过鱼体波波幅包络线与正弦曲线的合成来进行数学描述[22]。

$$y_{\text{body}}(x,t) = (c_1 x + c_2 x^2)\sin(kx + \omega t) \tag{9-2}$$

式中，y_{body}为身体横向位移；c_1 为尾流宽度，通常以尾鳍摆幅近似表示；c_2 为平均游动速度；k 为线性波幅包络线系数；ω 为二次波幅包络线系数。

通过调整参数 c_1、c_2 的值，可以控制尾鳍摆动轴的摆幅，调整鱼体波波幅分布状态。鲹科模式鱼类在推进游动过程中，身体长度上鱼体波波数 $k \leqslant 1$，即鱼体波波长 $\lambda > L_B$（L_B 为鱼体长），鱼体的前部刚度很大，几乎保持刚性，身体波幅限制在身体的后 1/3 部分，并且在末端达到最大值，所以在设计中不需要复杂机构产生足够的柔韧性来模拟鱼体的多个鱼体波。

鲹科模式鱼类在游动过程中通过尾鳍的运动产生超过 90% 的推进力，尾鳍的运动是研究的关键。尾鳍运动可视为平动运动和摆动运动的合成，鱼体波使尾鳍产生平动运动，此运动主要产生击水动作；尾鳍绕关节旋转产生摆动运动，此运动主要为尾鳍的击水动作提供合适的攻角。

基于以上分析，可将鱼体的前部简化为刚体，由后颈部的摆动运动代替鱼体波产生尾鳍的平动运动，这也有助于在身体的前部安装驱动、控制系统以及检测传感器等；后颈部与尾鳍相连的部位简化为一个旋转的关节，尾鳍则简化为刚性的平板。尾鳍在特定的旋转和平动运动情况下产生最佳的推进性能。具体的机构形式及运动规律将在后面详细阐述。

9.3.2 仿生机器鱼的设计

机器鱼是一个复杂的机器人系统，包括机械传动和机电控制两大部分。其中机械系统犹如整个系统的躯体，控制系统犹如整个系统的大脑和神经中枢。因此，它必须具有运动灵活、传动精密的机械本体，结构合理、高效运作的控制系统，以及运算高速、工作可靠的硬件平台。本小节将从仿生学分析的基础上对机器鱼的总体设计进行介绍。

1. 几种典型机器鱼机构分析

（1）UPF-2001 机构分析

UPF-2001 的尾部摆动机构如图 9-10 所示，尾部为两个关节形式，采用了逆平行四连杆结构，往复运动由同一个曲柄机构产生，关节 1 处的挡块角度调节尾鳍和尾柄之间的相位角。UPF-2001 采用了大面积的刚性尾柄，这种设计在尾柄摆动到大振幅位置时，会产生较大的阻力。根据波动推进原理，当波速大于来流速度时，细长柔体能够产生推力，如蛾科的尾。但是 UPF-2001 这么大面积的刚性尾柄，估计除了产生阻力外，还会产生较大的侧向力，使鱼体晃动。

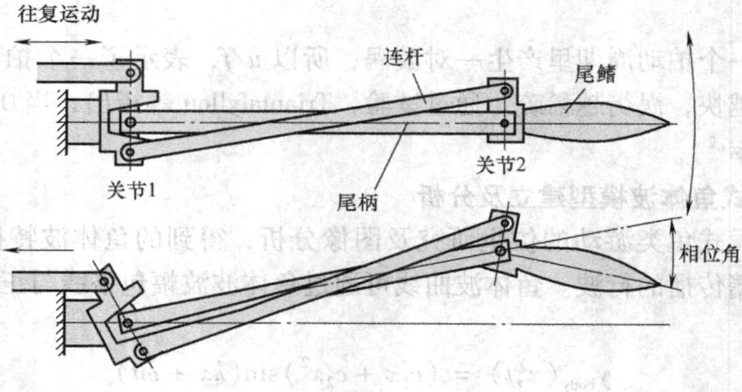

图 9-10 UPF-2001 的尾部摆动机构

（2）PF-600 机构分析

PF-600 的尾部结构如图 9-11 所示，尾部由三部分组成：尾柄 1、尾柄 2 和尾鳍。尾柄 1 和尾柄 2 是由同一个往复运动提供动力的并联机构。尾鳍由另外一个往复运动提供动力，和尾柄动力分离。驱动尾鳍运动的是两个串联平行四杆机构，尾柄 1 则为一个滑块摆杆机构，尾柄 2 为滑块摆杆机构与非平行四杆机构的串联。

这种机构的优点是欠驱动系统，减少了动力单元个数，进而减少了控制系统的复杂度。存在运动耦合，减少驱动源个数，降低控制难度。动力单元集中于鱼体前部，降低密封难度，只需要对鱼体前部进行密封。缺点是运动不对称，在两侧往复运动位移相同的情况下，运动存在明显的不对称性。图中为动力单元摆动 40°时，尾柄和鱼体轴的夹角分别为 49°和 32°。为了实现运动的对称性，要求进行一系列的数值解算，难以实现很好的速度、加速度控制。机构比较复杂，过多的传动环节，大大降低了系统的效率。

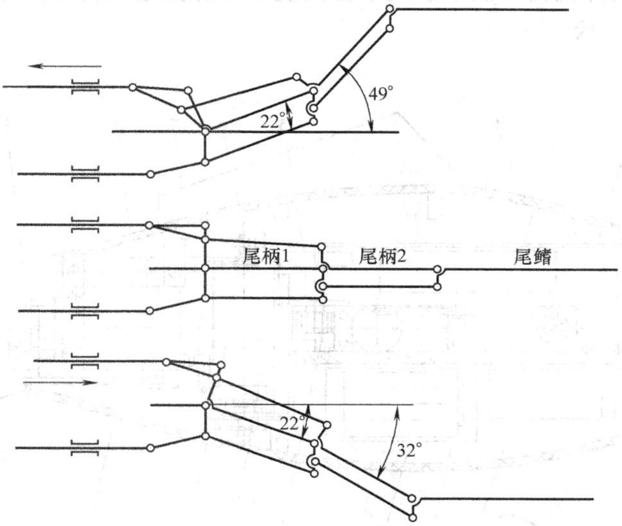

图 9-11　PF-600 尾部机构

（3）VCUUV 机构分析

VCUUV 的内部结构如图 9-12 所示，它采用四个关节的尾柄带动一个大展弦比的尾鳍。由于关节数较多，这个结构能够较好地模拟黄鳍金枪鱼的游动形态，此外也能够得到比较小的转弯半径和角速度。但是由于尾柄必须是柔性结构，所以耐压是个问题，该方案采用了液压作为驱动方式，柔性尾柄采用透水方式。由于采用液压驱动，该方案难以达到更高的驱动频率，并且在 1Hz 时出现了驱动波形失真的问题。

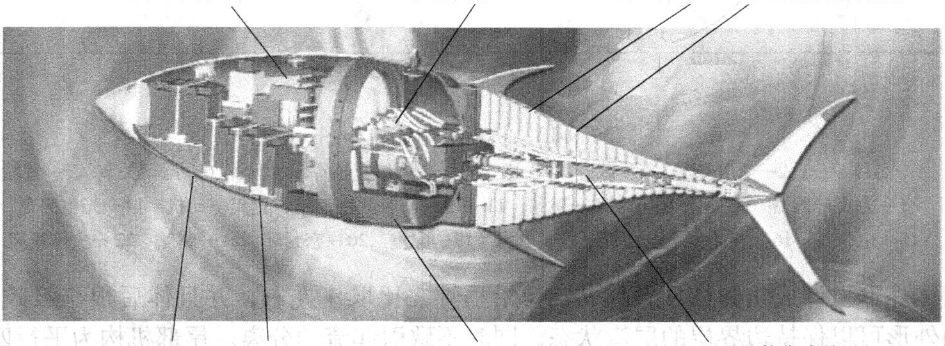

图 9-12　VCUUV 内部结构图

2. 机器鱼机械结构设计

（1）尾部机械结构设计

对机器鱼的机械结构设计遵循以下原则：传动路线尽量简短，机构尽量简单；尽量缩小机构尺寸；有利的传力条件；零件易于加工，保证运动精度。

由于连杆机构具有传动精度高、质量小、调整方便、加工制造容易等优点，进行机构设计时，优先考虑采用杆机构。以下以两个自由度的尾部推进机构为例进行具体介绍，机器鱼本体结构如图9-13所示。

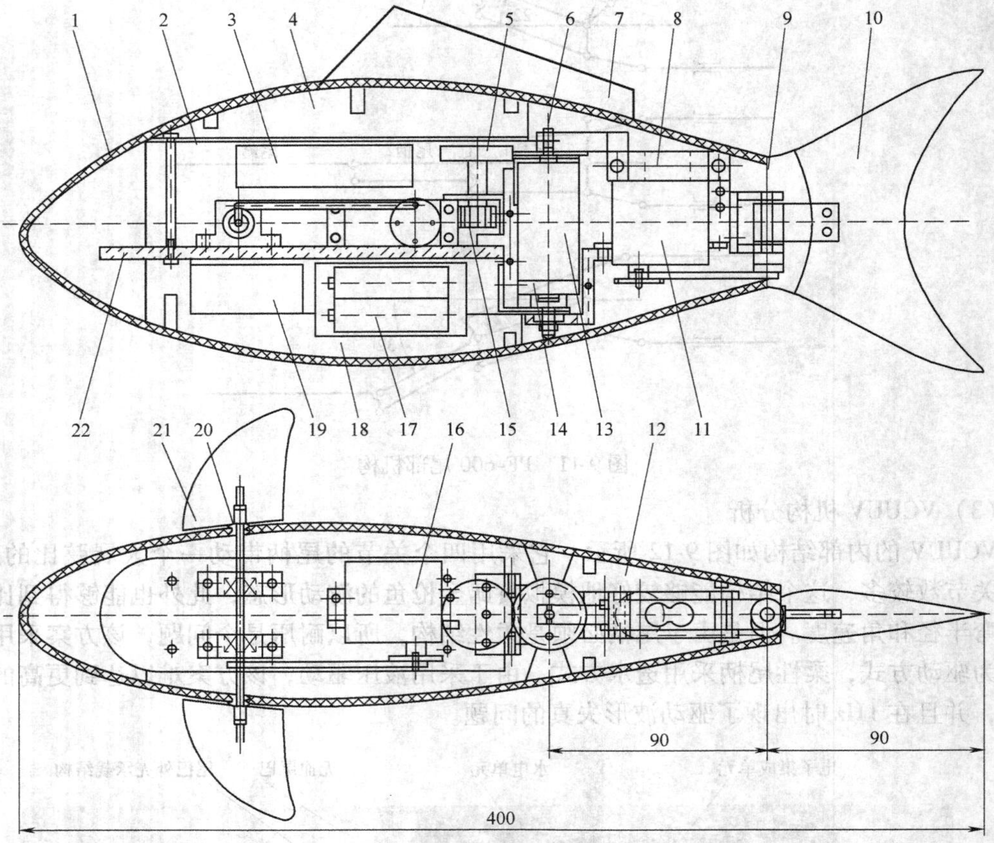

图9-13　机器鱼本体机构图

1—鱼体蒙皮　2—上托架　3—负载腔　4、12、18—鱼体填充物　5—齿轮　6—尾柄关节　7—背鳍　8—力矩传感器　9—尾鳍关节　10—尾鳍　11—尾鳍伺服舵机　13—直流电动机　14—光电码盘　15—电位计　16—胸鳍伺服电动机　17—电源　19—配重　20—密封环　21—胸鳍　22—主体托架

鱼体外形设计成纺锤体形，其纵轴与铅垂轴之比取4左右，并且体后很快收敛成尾柄，这样的外形可以保持边界层的层流状态，同时不致引起流动分离。尾部机构为平行四连杆机构串联的形式，这样，尾鳍的运动就由两转动关节的运动合成，两个关节运动满足一定的相位跟随关系，产生推力，推进鱼体运动。图中7为刚性的背鳍，设计目的是为了增加鱼体的稳定程度，不产生推力作用。以上结构的优点是：

1）自由度较少，运动控制系统简单，易于实现精确控制。

2）运动对称性好，能够较好模拟鲹科模式鱼类的运动形态。

3）机构简单，传动环节较少，传动线路短，效率高。

4）机构紧凑，易于水下密封，并能保证运动精度。

（2）胸鳍机械结构设计

鲹科模式鱼类胸鳍的运动一般包含三个自由度，这样才能保证胸鳍产生三维的力，机器鱼只需进行功能仿生，有以下几种方式实现上浮、下潜运动：

1）在鱼体内内置水箱和泵，通过改变自身重力来改变在水中的浮力。

2）通过胸鳍的上下摆动产生升力。

3）改变尾鳍矢量推进方向，如将尾鳍旋转 90°，则原来的转弯运动转化为上浮运动。

4）改变鱼在水中的姿态，即改变机器鱼重心位置，使鱼体与水平面成一定角度，在推进的同时实现了上浮运动。

为了实现机器鱼的上浮和下潜运动，设计具有单自由度的翼形胸鳍，采用第二种形式，由伺服电动机通过平行四连杆驱动胸鳍，通过改变击水角度实现上浮、下潜运动。

9.3.3　仿生机器鱼的运动控制

机器鱼应该采用怎样的运动才能更好地实现高效率推进，怎样控制机器鱼各关节的运动量，使机器鱼尾鳍能实现预定的运动状态都是机器鱼在运动控制中要解决的问题。

鲹科模式鱼类的游动动作主要包括直线运动，转向运动，上浮下潜运动，起动/加速运动以及悬停等五类。下面将主要对前三种运动实现方式做详细的讨论。机器鱼推进系统是一个二自由度的系统，运动规律可参数化表示，将尾部两关节的运动抽象为以下数学模型：

$$\begin{cases} A_1(t) = K_a A_{1\max}\sin 2\pi ft + K_i(1-K_a)A_{1\max} \\ A_2(t) = K_a A_{2\max}\sin(2\pi ft - \phi) + K_i(1-K_a)A_{2\max} \end{cases} \tag{9-3}$$

式中，K_a 为振幅系数，实际振幅与最大振幅的比值；K_i 为偏斜系数，描述尾柄和尾鳍摆动对称轴与鱼体轴的偏斜程度；$A_{1\max}$ 为尾柄与鱼体轴之间摆动振幅；$A_{2\max}$ 为一尾鳍与尾柄之间摆动振幅；f 为摆动频率；ϕ 为尾鳍与尾柄之间的相位差。

其中，当 $K_a=0$ 时，尾柄和尾鳍不能进行摆动动作；当 $K_a=1$ 时，尾柄与尾鳍达最大振幅，并且只能对称摆动，摆动对称轴为鱼体轴。当 $K_i=0$ 时，鱼体轴与摆动对称轴重合：当 $K_i=\pm1$ 时，鱼体轴与摆动对称轴成最大角度。

1. 直线运动

设置 $K_a\neq0$、$K_i=0$，尾柄和尾鳍以鱼体轴为对称轴摆动，在一个摆动周期内，两侧偏转力互相抵消，鱼体沿直线运动。改变 f、$A_{1\max}$、$A_{2\max}$ 等参数以获得不同的游动速度，实现机器鱼的起动/加速运动。

2. 转向运动

机器鱼具有三种基本的转弯模式：

1）游动前进转弯。机器鱼在保持持续推进时进行转弯。转弯过程中，机器鱼摆动对称轴偏向于鱼体的一侧。运动中设置 $0<K_a<1$，$K_i\neq0$ 即可实现这种模式，（K_a，K_i）每一组值，对应不同的转弯半径和转弯速度。

2）惯性前进转弯。机器鱼直线游动并获得动能，停止摆动，然后设置 $K_a=0$，$K_i\neq0$，机器鱼把身体处于全弯的位置，靠水动力学的作用力转弯，不同 K_i 对应不用转弯半径。

3）静止转弯。机器鱼从静止状态快速摆动尾部进行转弯，参数设置和惯性前进转弯相同，其转弯半径是所有模式中最小的。

3. 上浮下潜运动

在机器鱼推进的同时，改变胸鳍的击水角度，通过胸鳍产生的升力实现机器鱼的上浮下潜运动。

9.3.4 仿生机器鱼控制系统的硬件设计

仿生机器鱼控制系统的硬件是控制的基础，如同机器鱼的神经系统，通过实时采集外界环境和自身运动状态的数据，实现对机器鱼的控制。合理的硬件设计可以充分发挥控制系统的功能，达到实时控制性能好、伺服控制精度高，较好地完成控制任务。本部分将讨论机器鱼的总体硬件结构设计思路。

机器鱼的控制系统采用模块化设计思路，自下而上的设计思路进行开发，以保证系统开发的可靠性。系统的各个功能模块分开设计，通过模块间的接口组成系统，控制系统总体框图如图 9-14 所示。

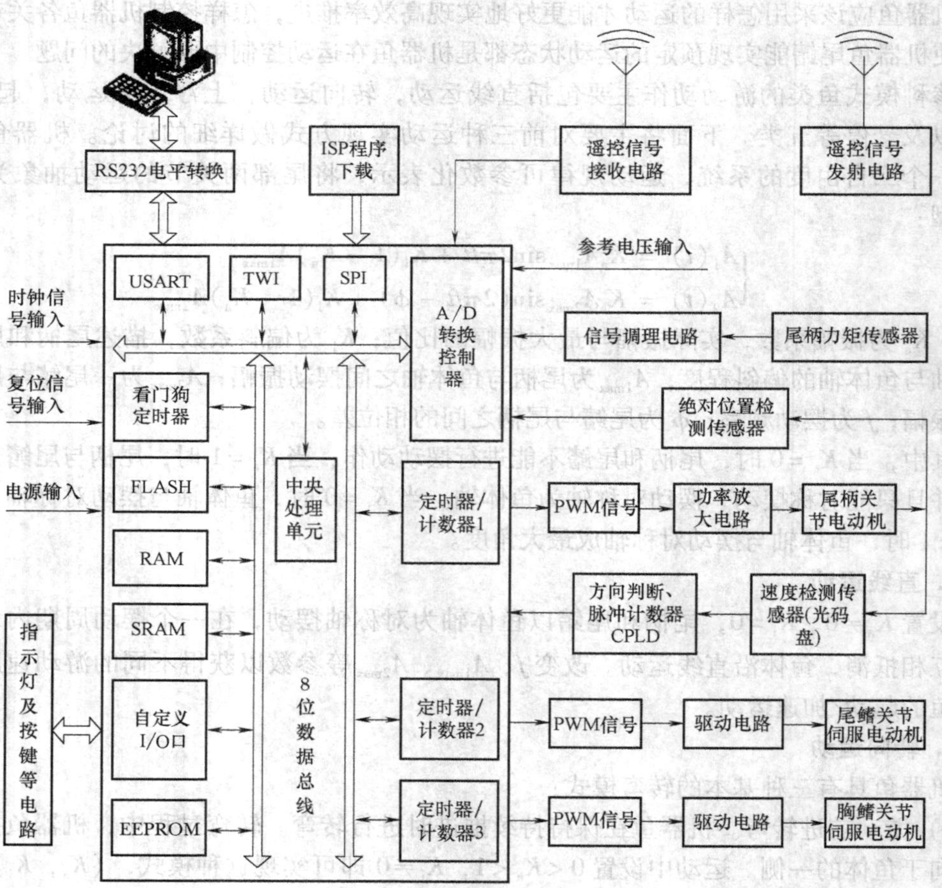

图 9-14 机器鱼控制系统总体框图

机器鱼的控制系统设计主要包括以下内容：

1）通信模块：实现上位 PC 与下位单片机间的异步串行通信，实现遥控信号的正确发送和接收。

2）电动机驱动模块：设计电动机驱动电路，利用单片机内部定时器/计数器产生 PWM 信号，控制机器鱼各关节电动机的运动。

3）码盘计数电路：设计电动机转速检测的正交编码信号检测、旋转方向判断、计数电路。

4）信号采集模块：利用 A/D 转换器，采样机器鱼运动中的尾柄位置信号，尾柄力矩信号。

9.4　四足仿生机器人

四足仿生机器人运动灵活，对复杂地形的自适应运动能力强，具有广阔的应用前景。本节将以四足机器人为例进行较为详细的介绍。

自世界上第一台机器人诞生以来，机器人经历了示教再现、具备一定感知功能和智能化三个阶段。目前，机器人在工业生产中已得到广泛的应用，这些机器人大多属于位置固定机器人，如焊接、喷漆机器人。这类机器人移动范围有限，只能在结构化环境中开展活动。随着技术的发展和各种应用的需要，出现了移动机器人，如自动导向车、足球机器人以及各类足式机器人等。

目前，地面移动机器人的运动方式有轮式、履带式、足式、蠕动式等，其中应用较多的有轮式、履带式和足式机器人，各自的优缺点见表 9-1。轮式机器人在平坦的硬质地面上运动具有履带式和足式机器人无法比拟的优点，在目前的移动机器人中应用最多，如美国斯坦福大学的斯坦利无人驾驶汽车、用于火星表面探测的“勇气号”和“机遇号”以及大多数足球机器人等。履带式机器人最大的优点是野外作业能力强，如在阿富汗和伊拉克战场上使用的战地机器人能够在崎岖不平的地形表面行走，可以在建筑物里执行搜救任务、抛掷手榴弹等。足式机器人最大的优点是对路况要求不高，在不连续的地形条件下具有很大优势，运动灵活，适应复杂地形的能力强，但其控制和设计难度较大，相关技术还不是很成熟，目前大多处于实验室研制阶段。

表 9-1　地面移动机器人主要运动方式的特点比较

类　别	优　点	缺　点
轮式机器人	速度快，效率高，易平衡，稳定性好，易控制、技术较成熟，实现机构相对简单	路况要求高，环境适应能力较差，跨越障碍的高度受轮子直径的限制
履带式机器人	稳定性好，野外作战能力强	体积、重量较大，对路况有一定要求
足式机器人	对路况要求不高，可以是不连续的地形，自由度多，运动灵活，适应复杂地形能力强	结构复杂，不易平衡，控制和设计难度较大，相关技术不成熟

目前研究较多的腿式机器人有双足、四足和六足机器人。四足机器人与双足机器人相比具有更好的稳定性和承载能力，与六足、八足机器人相比机构更简单，更加受到各国机器人研究人员的重视。日本东京工业大学机器人课题组已从事四足机器人研究多年，他们从实用性、机构的复杂度、稳定性等方面考虑，认为四足是足式机器人最佳的结构形式。

由于技术原因等，目前投入使用的四足机器人较少，但是四足机器人具有很强的环境适应能力，可以在平坦硬质地、沙石地、雪地、松软地、草地等复杂地面行走，可以爬越一定角度的坡面，跨越一定宽度的障碍和沟壑，在不久的将来会在以下方面发挥重大作用：

1）战场上的应用，运输、侦察、排雷等。

2）危险及特殊环境下的作业，反恐中的排雷、排爆，星球表面的探测，地震等引发的灾后搜救，核工业中放射性原料的运输、处理等。

3）狭小空间下的作业，废墟、山洞的探测，管道检测、维修等。

4）人类生活的助手，娱乐、服务、导盲等。

总之，四足机器人具有广阔的应用场合，而目前的相关技术还不成熟，四足机器人难以发挥其特殊的作用。因此，开展四足机器人相关技术的研究具有重大的现实意义。

9.4.1　四足仿生机器人的总体设计方案

1. 样机设计概况

四足仿生机器人由机械系统和控制系统两大部分组成，它们之间相互耦合，形成了复杂的机器人运动方式。本节将以西北工业大学设计的四足仿生机器人为样例进行讲解。

四足仿生机器人试验样机用于开展机器人运动控制系统研究。样机采用仿四足哺乳类动物——狗的生理结构，并对其关节进行了简化，简化后的关节分布如图 9-15 所示。样机尺寸为 70cm × 35cm × 45cm 站立状态，机械本体重量约为 10kg（含电动机、减速机构），控制系统重量约为 1.5kg。

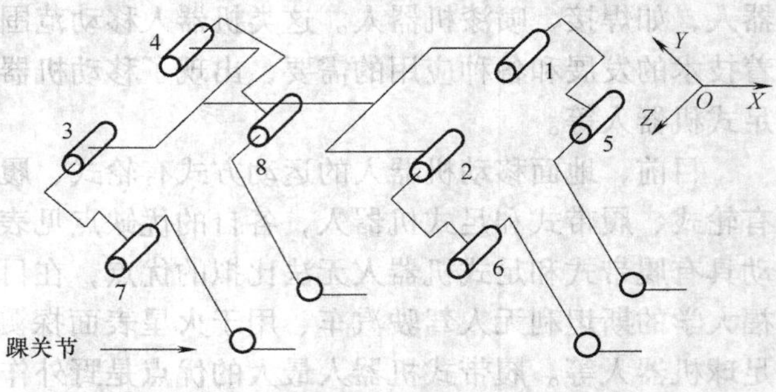

图 9-15　四足仿生机器人关节分布图

1～4—髋关节　5～8—膝（肘）关节

2. 机器人运动控制算法

算法是机器人控制系统的重要组成部分，目前机器人的运动控制算法可大致分为两类：

1）传统规划算法。传统规划算法先对机器人本体建模，运动中确定目标位置和运行速度后需实时地再建立精确的环境模型，在这基础上通过动力学及运动学方程的数值求解，获得各关节在下一时刻的位置信息。该方法适合机器人在结构化环境下的运动控制，具有算法成熟、控制精度高等优点。其缺点是对移动机器人系统建模复杂、计算量大、实时性难以保证，同时在非结构化环境中，很难对环境精确建模。

2）仿生控制算法。仿生控制算法是通过模仿生物的运动机理来实现对机器人的运动控制的，常见的有仿生 CPG 算法、遗传算法、基于行为的控制方法等。仿生 CPG 算法能够产生稳定的相位关系，实现步态的协调，不需要对环境精确建模，具有算法简单、易于计算机程序化、对地形的适应性强等特点。目前该算法已应用于四足机器人 Tekken 和 Biosbot，同时在仿生机器鱼、机器蛇和双足机器人中已初见成效。遗传算法是对生物进化机制的仿生，其特点是具有高度的并行处理能力，鲁棒性强，易于实现全局优化，特别适用于非线性复杂大系统的优化。基于行为控制的机器人运动由一系列同时发生的简单动作或“能力”组成，通过自组织实现系统的复杂行为，具有即时性和自组织的特点，在非结构化环境中具有良好的适应性。

3. CPG **算法研究**

动物常见的运动形式有走、跑、跳、游和飞等，这些运动具有时间和空间对称的周期性运动，被称作节律运动。经过生物界漫长的进化，动物的节律运动具有运动灵活、稳定性好、对环境的适应性好等优点，将其引入到机器人的运动控制中将使机器人的运动性能大幅度提高。生物学家普遍认为，动物的节律行为是低级神经中枢的自激行为，由位于脊椎动物的脊髓或无脊椎动物的胸腹神经节中的 CPG 控制。这种控制方式为机器人的运动提供了一种新的控制方法，即基于 CPG 的机器人运动控制方法。单个 CPG 的输出可作为机器人单关节控制的位置、力矩、速度等控制信号，由多个 CPG 组成的 CPG 网络则可控制机器人的多关节协调运动。CPG 网络具有如下特点：

1）自动产生稳定的节律信号。CPG 网络可以在缺乏高层命令和外部反馈的情况下自动产生稳定的节律信号，而反馈信号或高层命令又可以对行为进行调节。

2）多关节的协调。网络通过相位锁定，可以产生多种稳定、自然的相位关系使多关节协调运动，从而实现不同的运动模式。

3）CPG 网络易于各类传感器的接入，传感器的信号作为外部输入，为机器人提供环境信息。

4）环境适应性强。

5）结构简单。

上述这些特点决定了 CPG 算法非常适合用于多关节移动机器人的运动控制。

要采用 CPG 控制算法，需先进行 CPG 建模。目前已有很多学者通过各种方法建立了 CPG 模型，其中 Matsuoka 的神经元振荡器模型得到了广泛采用，该模型是日本九州工学院的松冈清利通过对生物神经细胞的研究，在漏极积分器微分方程的基础上改进的模型，以该模型为基础的 CPG 控制方法已在多个四足仿生机器人中得到了应用。日本电气信息大学的 Kimura 在 Matsuoka 神经元振荡器模型的基础上采用两个神经元（对应动物的伸肌和屈肌控制神经元）相互抑制构成振荡器，两个神经元的输出之差作为整个振荡器的输出，如图9-16 所示，数学描述见式（9-4）。Kimura 将这个模型应用于其研制的四足机器人 Patrush 和 Tekken 上，取得了良好的效果。

$$\begin{aligned}
\tau u_{\{e,f\}i} &= -u_{\{e,f\}i} + w_{fe}y_{\{f,e\}i} - \beta v_{\{e,f\}i} + u_o + Feed_{\{e,f\}i} + \sum_{j=1}^{n} w_{ij}y_{\{e,f\}i} \\
y_{\{e,f\}i} &= \max(u_{\{e,f\}i},0) \\
\dot{\tau} v_{\{e,f\}i} &= -v_{\{e,f\}i} + y_{\{e,f\}i} \\
y_i &= -y_{ei} + y_{fi}
\end{aligned} \tag{9-4}$$

式中，i 为第 i 个振荡器；e 为伸肌神经元；f 为屈肌神经元；τ 和 $\dot{\tau}$ 为时间常量；u 为神经元膜电压；v 为神经元疲劳适应性；w_{ij}为神经元 i 和 j 之间的连接权重；β 为疲劳适应系数；u_o 为外部输入常量；$Feed$ 为外部反馈；y 为神经元输出。

由以上微分方程可知，CPG 算法为多变量、强耦合、非线性算法。

由多个 CPG 构成的 CPG 网络有链状和网状两种结构，由四个 CPG 单元构成的网状 CPG 网络可用来控制四足机器人的四个髋关节，如图 9-17 所示。四足动物通常有四种步态：行走、同侧跑、对角跑和奔跑步态，通过网络的相位锁定可以实现这四种步态。

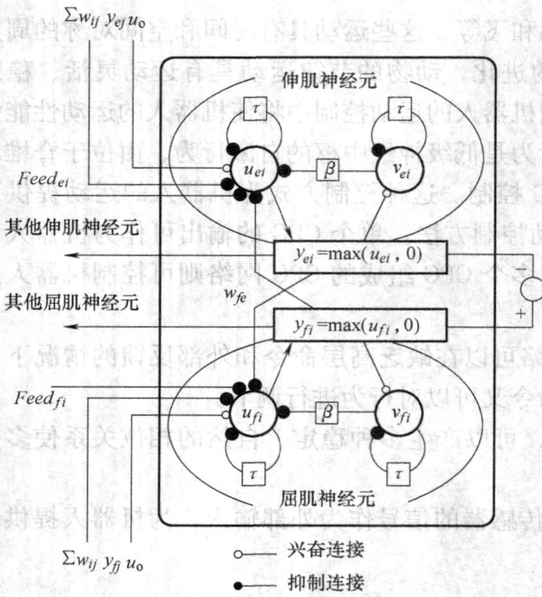

图 9-16　Kimura 的 CPG 振荡器模型

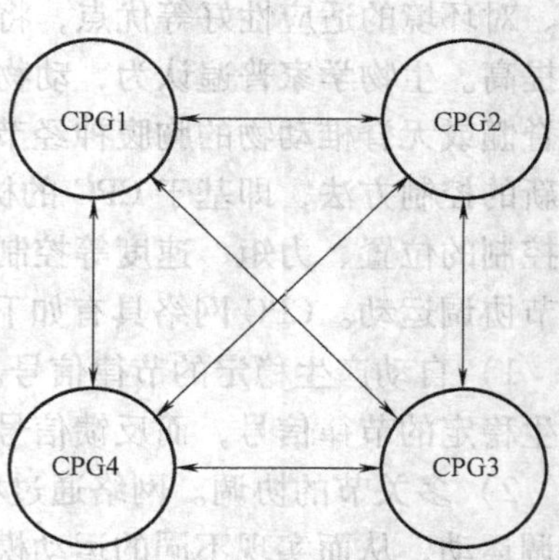

图 9-17　四个 CPG 单元组成的网状 CPG 网络

9.4.2　四足仿生机器人的结构设计

许多四足动物的运动非常灵活，对环境的自适应运动能力强，这其中一部分得归功于其合理的生理结构。该四足仿生机器人试验样机采用仿四足动物狗的生理结构。狗的全身骨骼如图 9-18 所示，狗的每条腿由五段组成，共有五个关节，每个关节有 1～3 个自由度。狗腿的结构具有的冗余自由度多，在现阶段四足机器人要完全模仿这种结构几乎不可能，只能通过合理的简化，尽量让它接近这种结构。鉴于目前的研究水平及实验室条件，将狗腿结构简化，目前研制的四足仿生机器人试验样机每条腿具有三个关节，分别是髋关节、膝肘关节和踝关节。其中髋关节、膝肘关节为主动关节，采用直流电动机驱动。踝关节为被动关节，关节上装有弹簧。

为了让设计的机械结构更加合理，先参照狗腿各个关节的比例关系，通过建立四足仿生机器人模型，然后进行运动学和动力学仿真，通过观察机器人的运动仿真效果，修改模型的设计，经过多次交互，最终得到比较合理的模型。机器人试验样机如图 9-19 所示。由躯干和四条腿组成，材质主要采用铝型材，部分要求强度高的部件（如轴套）采用钢结构。机器人机械本体重量约为 10kg（含电动机、减速机构），控制系统重量约为 1.5kg。躯干主体由一根两端装有机架的横梁组成，用于髋关节电动机的固定。四条腿采用相同的结构，髋关节采用直流减速电动机直接驱动。为了尽量让每条腿上的惯量匹配，膝关节电动机没有直接安装在膝关节上，而是安装在机器人大腿的另一侧，距离骸关节 9cm 处，电动机经齿轮减速后通过皮带轮传动。踝关节是一个被动关节，没有用电动机驱动，而是通过扭簧连接。足底安装有橡胶块，以减小地面对机器人的冲击、提高机器人的柔性。

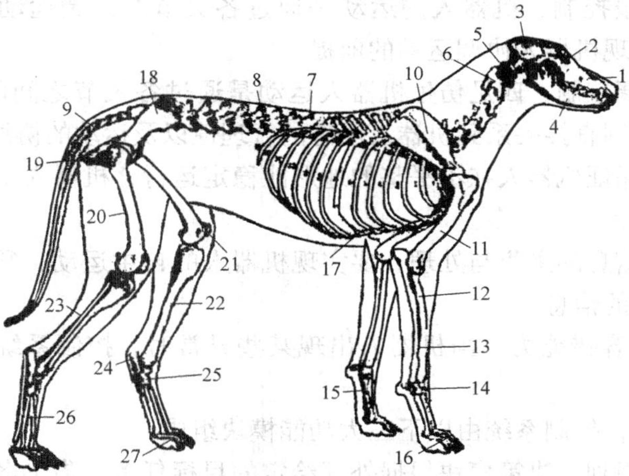

图 9-18　狗的骨骼图

1—上颌骨　2—颧骨　3—顶骨　4—下颌骨　5—第一颈椎（寰椎）　6—第二颈椎（枢椎）　7—胸椎
8—腰椎　9—尾椎　10—肩胛骨　11—肱骨　12—桡骨　13—尺骨　14—腕骨　15—掌骨　16—指骨　17—胸骨
18—髂骨　19—坐骨　20—股骨　21—髌骨　22—胫骨　23—腓骨　24—跟突　25—跗骨　26—蹠骨　27—趾骨

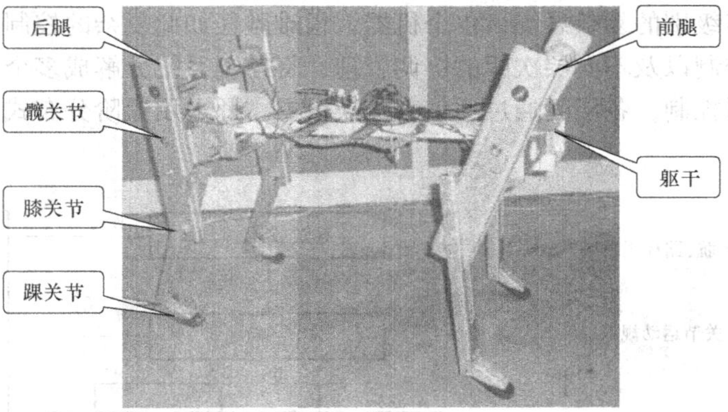

图 9-19　四足仿真机器人结构图

9.4.3　四足仿生机器人的控制系统设计

为了使该四足仿生机器人运动平台能扩展为一个全自主移动机器人，能在户外复杂地形下行走，并具有一定的负载能力，控制系统必须能完成导航、路径规划、步态规划、关节伺服控制、各类传感器信息的采集与处理等任务，具体设计要求如下：

1）整个控制系统需装在机器人上，尺寸和重量尽可能小。

2）尽可能模块化，扩展性好，便于后续功能模块的增加。

3）实时性强。

4）具备友好的人机界面，为系统的调试、监控提供方便。

5）实现导航、路径的规划。

6）单关节的伺服控制，机器人的运动是通过各关节的协调运动来实现的，单关节实时、准确地控制是实现机器人协调运动的前提。

7）多关节的协调控制，四足仿生机器人运动是通过各关节之间的协调运动来实现的，因此多关节的协调控制直接关系到机器人步态的合理性以及运动的协调性。

8）平衡控制，保证机器人在不平整的地形能稳定运行，机器人受一定干扰力时仍然能保持稳定状态。

9）各类传感器信息的采集与处理，要实现机器人的自主运动，须借助各类传感器来获取环境及机器人自身的信息。

10）具有一定的容错能力，当机器人出现某些异常时，控制系统能根据需要做出一定的处理。

将上述要求归类，控制系统由以下三大功能模块组成：

1）机器人宏观规划、决策模块根据外部给定的目标任务，借助各类传感器，确定机器人的行走路线。

2）多关节协调控制模块将机器人的任务分解到各个关节，通过多关节的协调运动来完成具体的行走任务。

3）单关节运动控制模块通过对机器人驱动器的伺服控制，驱动关节完成运动。

这三大功能模块分别完成不同的任务，模块间相互联系，需要交换数据。整个控制系统是一个多层次、多级别的复杂系统，单个机器人很难胜任如此复杂的控制任务。为了实现对多个层次的单独控制以及不同层次间的协调管理，将控制系统分解成多个子系统，不同层次上用单独的控制器控制，各层间通过通信来交换数据，即采用递阶分布式控制系统结构，如图 9-20 所示。

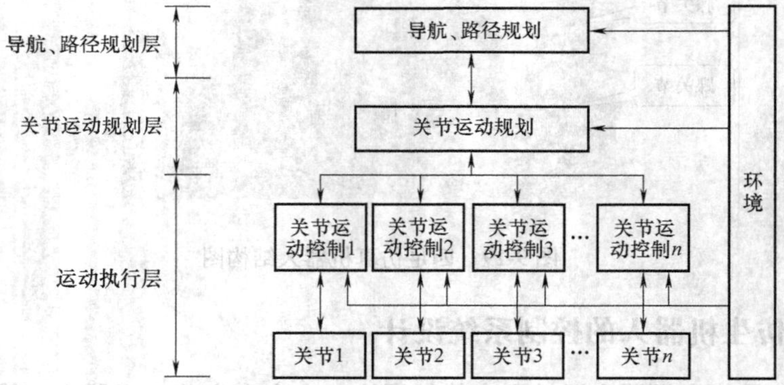

图 9-20　四足仿真机器人的递阶分布式控制系统结构

控制系统共分为三层：导航、路径规划层，关节运动规划层和运动执行层。导航、路径规划层是任务规划层，根据高层的命令，结合传感器对环境的感知信息生成机器人的行走路线。关节运动规划层将上层的任务转化为多关节的协调步态，将步态信息细分到各个关节伺服控制器在机器人运行过程中通过对环境的感知，对步态做出适当的调整。运动执行层是控制系统的底层，负责执行具体的动作指令。

第 10 章　医用机器人

随着社会的进步和生活水平的不断提高，人类对自身疾病的诊断、治疗、预防以及卫生健康给予了越来越多的关注。人们尝试将传统医疗器械与信息、微电子、新材料、自动化、精密制造、机器人等技术有机结合，以提高医疗诊断的准确性和治疗的质量。在这种情况下，医用机器人得到了迅速的发展，已成为当今世界发展速度最快、贸易往来最活跃的高科技产业之一。

医用机器人技术是集医学、生物力学、机械工程学、材料学、计算机科学、机器人技术等诸多学科为一体的新型交叉研究领域，已经成为国际机器人领域的一个研究热点。目前，先进机器人技术在医疗外科手术规划模拟、微损伤精确定位操作、无损伤诊断与检测、新型手术医学治疗方法等方面得到了广泛的应用，这不仅促进了传统医学的革命，也带动了新技术、新理论的发展。

与人相比，机器人不仅具有定位准确、运行稳定、灵巧性强、工作范围大、不怕辐射和感染等优点，而且可以实现手术最小损伤，提高疾病诊断和手术操作精度，缩短治疗时间，降低医疗成本。许多发达国家纷纷设立专项计划，研究和开发医用机器人，并将研究成果迅速转化为产品，形成新的产业，应用于远程医疗、康复工程、卫生健康等方面，其发展速度远远超过一般工业机器人。

10.1　医用机器人的特点

医用机器人与工业机器人不同，主要区别是操作对象和工作环境。医用机器人的对象主要是病人，所关注的是人的生命，所以对机器人的位置精度及对病人的安全性方面有很高的要求。工业机器人解决安全性的办法是将机器人与人从空间上进行隔离，而医用机器人正好相反，只有人和机器人处于同一个空间内才能发挥作用，因此完全不同于传统的安全策略。医用机器人和工业机器人在以下方面具有显著的区别：

1）直接与人（患者、护理人员等）接触。

2）作业内容变化无常。

3）不能发生误动作。

4）机器人的使用者都是非专业人员。

因此，将工业机器人简单地扩展到医疗领域是极其危险的。增大机器人的工作空间或者自由度，实际上容易引发软件错误和控制系统的故障，导致异常动作，机器人发生干涉和冲突的危险性也就随之升高。因此，有人提出从机构上限制机器人的工作空间，以保证安全的建议。不过，这样做的后果可能会限制机器人固有长处的发挥，造成设计的失误，或者使机器人动作的柔软性和多样性的特点丧失殆尽。这些彼此矛盾的要求凸显出机构分析的重要意义。总之，对于安全来说，极其重要的一点是应该根据现场的实际使用条件进行保证安全的设计。

除了安全性之外，医用机器人还具有定位准确、状态稳定、可以实现手术微创、缩短医疗时间、降低医疗成本等特点，能大大地提高手术的质量。

10.2 医用机器人的分类

随着社会快速步入老龄化、人们对医疗期望的提高以及患者对生活质量要求的提高，对医用机器人技术开发的期待主要集中在以下几个方面：

1）实现安全和正确的治疗。近年来，微创外科手术在外科各个领域发展很快。所谓微创外科手术就是将手术钳、电手术刀等器械穿过很小的切口插入腹腔，从体外操作器械完成手术的全过程。由于能最大限度地缩小患者的创口，缩短住院时间，促进术后恢复，所以微创手术在很多医学治疗领域备受青睐。另外，无论是高龄患者还是一般患者，都需要实施类似细小血管对接、显微外科手术的超越人手技能的医疗操作，所以从增强人的能力来看，医疗手术还需要有精密定位技术。

2）确保医疗人员的安全。最近感染程度很高的部门（如化验检查）对机器人技术的呼声甚高。例如，ADIS 之类的治疗，不但难度大，而且必须防止血液等活体试样的感染，因为它们的致死率很高。再如，最近流行的在 X 射线支持下边观察边手术的所谓 interventional radiology（介入放射学）治疗，这种方式虽然有助于提高治疗的正确性和安全性，但医师在手术过程中却容易遭受大剂量的辐射。所以，要求开发一种能够在这种环境下发挥治疗作用的器械，以确保医疗人员的安全。

3）自助支援和提高患者生活质量。随着世界许多国家快速步入高龄社会，为了维护社会的活力，提高生活质量，维持高龄者的健康和身体机能是必不可少的。矛盾的是随着年龄的增加，身体机能的降低又是不可避免的。因此，对开发防止感觉机能、行走能力下降的训练器械，或者补偿衰老肌体功能的器械出现需求。尤其当身体的某一部分机能恶化后（如卧床不起、缺乏社会交流能力），老年人身体机能和精神都会急剧下降。因此，非常有必要开发基于机器人应用技术的自助支援器械。

4）实现人性化的医疗环境。护理人员数量的严重不足使近年来医疗人员的负担大大增加。这样一来，要想实现与患者人性化地互动，给予对方精神安慰的所谓人性化医疗环境就变得越来越困难了。如果把机器人引入到医疗现场，让机器人代替医护人员完成部分工作，而让护理人员去完成那些必须由人完成的工作，将有利于让有限的人力专注于更加重要的事情。应该指出，引入机器人技术绝不是让人与患者分离，而是构建更为协调的医疗福利环境。

5）医学教育的支援。为了改进医疗技术培训，引入具有虚拟现实感的机器人技术可以在教育仿真系统中发挥重要作用。近年来，由于动物保护意识的增强，医疗培训体制被要求最大限度地减少动物实验，在这个方面同样期待机器人技术的应用。

综上所述，医用机器人的应用领域分类见表 10-1。

表 10-1 医用机器人的分类

应用领域	装置示例
检查、诊断	基于图像诊断确定病灶位置的装置、确定诊断探头位置的装置、生理检查支援系统
治疗	手术支援机器人、显微外科支援机器人、放射线治疗标的定位装置等
医院内部间接作业	检验样本输送装置、食物输送机器人、药品分发机器人
康复支援	步行训练支援、韧性训练支援

（续）

应用领域	装置示例
自立支援	步行支援、动力装置、饮食支援机器人
护理支援	转移支援装置、环境控制装置
医学教育培训	心肺移植仿真、内窥镜操作仿真、内窥镜下的手术仿真
生物科学支援	显微受精支援系统、细胞操作

10.2.1　医用外科机器人

1. 计算机外科

众所周知，机械制造领域一直广泛流行计算机辅助设计/计算机辅助制造（Computer Aided Design/Computer Aided Manufacturing，CAD/CAM）的生产方式。其含义是在设计阶段采用有限元法和各种动力学计算机仿真，得到最优设计结果，然后将得到的设计数据输入数控机床自动加工，再利用自动装配系统实施高效装配，最后利用计算机测量系统完成检验工作。实践证明，这样的制造模式使生产活动达到了很高的效率，并且有助于构筑所有工序的综合信息系统。

如果将上述手段应用到医学领域，那么设计过程就相当于手术前的诊断过程，这时三维医用图像的测量技术将起关键的作用。然后以此建立手术规划，进行手术仿真，最后利用所得的数据完成实际手术的导航任务。

在术前利用 X 射线、MRI-CT 等各种三维医用图像测量技术，获得器官的三维构造信息，并据此建立对象的立体形状模型。另外，还可以利用质子射线断层成像法（Positron Emission Tomography，PET）、核磁共振图像（functional Magnetic Resonance Imaging，f-MRI）、脑磁场测量（Magnetoencephalography，MEG）等检测方法把功能信息和解剖学信息综合起来建模，再通过反复的外科手术仿真，建立手术综合规划。显然，这些技术为外科手术开辟了新的天地。

人们随之面临的课题就是如何从术前诊断信息和手术规划信息中寻求帮助手术的技术。机械系统的判断功能虽然不比人更高，但在精度和力度等方面的把握能力却比人强得多。因此，利用术前的手术规划信息控制高精度的机械系统，有利于高精度手术的实施，甚至有人正在将此技术应用于远程手术（手术医师与患者不在同一物理空间中）。所谓不在同一物理空间中并非指简单的距离分隔，还包括医师的手臂无法到达部位的作业。手术支援机器人就是这样一种高性能的手术器械。它相当于外科医师的一只“新手”。

计算机外科（computer aided surgery）就是在上述机电一体化技术驱动下的外科手术的支援技术。

2. 手术导航技术

随着 MRI 和 CT 的发展，不但精细三维成像（volumetric imaging）得到普及，而且各种三维测量和图像处理技术也得以实现，为实施定位脑手术、整形外科手术等在术前利用图像确定目标和接近方向的技术奠定了基础，称之为“图像空间的三维手术规划——手术战略信息的制定”。将这些信息应用于手术导航就是指利用与患者对应的位置图像信息对手术实施引导。

手术导航系统的功能是在计算机的显示器上显示出断层图像或三维 CG，在手术操作过程中把手术部位的图像实时地显示在 CG 上。由于手术医师能够自如地掌握操作部位及其周围的三维结构，因此可以提高手术的安全性、效率和有效性。目前有人正在研究一种更高级的手术导航技术，即不仅仅在画面上提供上述信息，而且把医师观察到的实际空间与虚拟空间信息正确地重叠在一起，以构建用于手术空间导航信息提示的超现实感环境。

手术导航位置测量系统除了对再现性和精度有要求外，由于它是在手术空间中使用的，所以还有杀菌的要求。目前使用的三维位置测量系统如下：

（1）机械式

利用编码器测量多于 6 自由度的手臂上各个关节的转动角度或直线（或曲线）移动距离，以获得手部位置和姿态的信息。该系统的缺点是有时手臂的操作比较麻烦，在同一时间内只能测量一个对象的位置，为了保证无菌，手臂必须用无菌罩覆盖等。然而，只要机械加工精度足够高，即可保证整个系统的精度，因此在手术支援机器人中，它是最适合发展成为被动维持手术器械位置的系统。

（2）光学式

这种导航方式用数台摄像机拍摄指示器上的光学标记（发光二极管等），根据三角测量原理来计算这些标记的位置。此外，反射也可以采用光扩散性很强的非发光二极管标记物。该方法的精度可达 0.3mm，并可以同时测量多个位置。不过，如果摄像机与标记物之间有障碍物，则无法得到位置信息。

（3）磁性式

磁性式方法利用手术外部的多个线圈产生磁场和电磁波，通过指示器上的传感器检测磁场强度和电场强度，计算指示器到各个线圈的距离，获得三维位置。该方法的优点是即使从外部无法看见指示器也能进行位置测量，缺点是如果手术现场有磁性体则容易产生干扰误差。

有关三维手术支援的研究，目前主要集中在实际手术空间和图像空间之间如何对应的问题上。一般的方法是用多个坐标系针对同一标记反复进行测量，将数值一一对应。例如，手术前在患者头部固定数个标记物，它们能起到手术中患者头部位置与手术前图像位置彼此对应的媒介作用，所以标记物固定后应该作为手术前的图像拍摄下来，然后再拍摄用于系统的术前图像。这幅术前图像能够提供导航位置信息，应该是一幅具有极高分辨率的三维图像，同时在图像内应该可以测量到前述标记物的位置。进行手术时，首先在正前方测量头部标记的位置。这时至少应该测量头部固定的多个标记中的三个，以供三维定点设备或摄像头图像进行导航图像处理使用。实际上，考虑到测量误差，人们通常都测量四个以上的标记位置，使数据处理有冗余。这样做的目的是让手术开始前测得的标记与术前图像能够一致。于是，依据它们的对应关系就可以实现手术时头部的位姿与术前图像的位置姿态相对应，即实现坐标系的匹配。若将上述对应关系用函数表示出来，那么在手术中利用三维定点设备指定实际空间中任意一点的位置后，即可由函数计算出该点在图像中的坐标，由此成功实现术前导航。

3. 医用外科机器人的分类

按功能和应用形式来划分，医用外科机器人的分类见表 10-2。

表 10-2　医用外科机器人的分类

分类方式	种　类	功　能
应用形态	导航机器人	手术器械等的辅助定位
	治疗机器人	主动手术钳
		主从机械手
产生的力	被动型机器人	手术医师动作的约束
		手术医师操作的修正
	主动型机器人	产生自主力完成动作
控制方式	术前规划固定作业型	由术前图像构成的三维位置数据确定病灶，导引手术器械，或者进行切除作业
	术中柔性作业型	作为手术的辅助装置，使手术医师的作业更为多样化

医用外科机器人按照应用可以分为导航机器人和治疗机器人。导航机器人的任务是引导医师正确操作手术器械确定病灶的部位，治疗行为最终仍然交给医师完成（根据定位的结果)。治疗机器人除具有定位功能外，还能参与具体的治疗作业，如骨骼的切削、激光照射、血管缝合等。

根据机器人产生的力的大小，医用外科机器人可以分为被动型和主动型机器人。所谓被动型机器人就是机器人本身并不产生较大的力，如在显微手术中，机器人仅向手术医师的手部施加很小的力，目的在于抑制医师在定位和显微手术时手部的颤动。所谓主动型机器人就是能够主动地产生外科处置过程中所必需的力。

按照机器人的控制形式，医用外科机器人可以分为术前规划固定作业型和术中柔性作业型机器人。前者如用于整形外科领域，术中器官的变形和移动很小，只是利用术前的三维测量结果正确地切去部分骨骼。后者如用于近年来发展很快的由内窥镜引导，在局部空间和视野中根据医师的命令完成柔性动作的机械手，以及替代医师助手负责操作内窥镜的机械手系统等。

4. 医用外科机器人系统的总体结构

医用外科机器人系统集中了多个领域的科学和工程技术。它既不同于工业机器人系统主要完成重复性操作，也不像智能机器人系统具有高度的自主性。由于外科手术比较复杂，外科手术机器人系统工作过程一般可以分为数据获取、术前处理和术中处理三大阶段，每个阶段又由若干具体步骤组成，整个工作流程如图 10-1 所示。

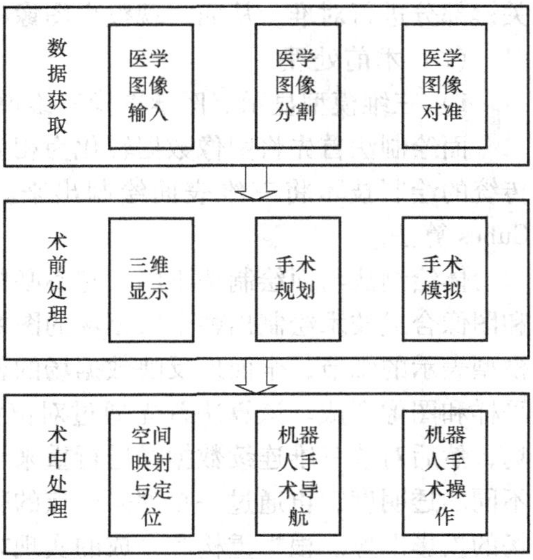

图 10-1　医用外科机器人系统工作过程

（1）数据获取

1）医学图像的数据输入。要实现在计算机上进行手术规划和手术模拟，一个先决的条件是需要把图像信息通过某种途径数字化输入到计算机中。一般有三种途径：①先把计算机断层扫描（Computerized Tomography，CT）或磁共振成像

(Magnetic Resonance Imaging, MRI) 的影像胶片洗出来，再用扫描仪扫描为标准格式的图像，存储到计算机中；②通过存储介质（比如软盘、光盘等）拷入计算机；③建立网络系统，通过网络把图像数据传到计算机。这样就为图像数据的进一步处理做好了必要的准备。

2）图像分割。图像分割是把图像分成各具特性区域并提取出感兴趣目标的技术和过程。在这里“特性”指的是由于各种组织的不同而在医学图像中所映射的灰度、颜色、纹理等的不同，特别是病灶区域往往与正常组织有不同的特征。要实现组织三维模型的重构，并使医生能够方便地根据重构模型进行手术路径规划等操作，首先要在图像数据中识别出病灶和其他重要组织。

在医学图像分割方面，目前主要有两类方法：一类是基于像素属性的方法。它是利用图像同一区域的某些属性（灰度、像素的统计、纹理）是相同的，而不同区域的某些属性是不同的这一性质，通过扫描图像得到所需的区域。这一类方法中区域法和边界法较典型。另一类是基于知识的方法，它是在前一类方法的基础上加入知识信息的结果。在区域的寻找过程中，不仅要考虑到属性的问题，同时要根据相应的知识对区域进行判断和识别。

3）图像对准。由于医生处理的是一个多个断层的扫描图像，在计算机进行每层图像分割后，各个图像之间的相互位置需要对准，因为每个图层中的图像位置是任意的，其倾斜角度也有差别。要得到病人准确完整的信息，必须对各个图像进行矫正，使其位置，倾角等特性保持一致。只有这样，才能得到病人准确的模型信息。否则，重构模型将扭曲，无法正确反映病人信息，以后工作的正确性也无从说起。

在图像对准方面，基本有两类方法：一类是基于定位标志的对准。这种图像的对准基于定位标志，计算机搜索图像上的定位标志如框架、定位点等，通过了解这些标志所对应的位置，可以判断出各个图像的相对位置，将图像序列中的图像进行对准。Birgit 在脑外科手术中利用了框架结构，在图像对准中使用框架的图像进行对准。另一类是基于图像的对准。这类方法抛弃了定位标志，减少了患者痛苦，对准方法根据图像本身特性分为两种，一种是对图像构造的三维表面进行对准，另一种是对图像中的像素点进行变形和对应。一般来说，这类方法分三个步骤：图像分割、相应区域的对应和图像变形。通过这三步，可以将图像中的关键部分进行对准，从而实现整个图像的对准。

（2）术前处理

1）三维模型显示。医学图像三维模型绘制显示分为两类：面绘制法和体绘制法。

面绘制法首先将图像数据转化为相应的三维几何图元（三角面片、曲面片等），然后用传统的绘制技术将三维表面绘制出来。其中最具代表性的是轮廓线连接算法和 Marching Cubes 算法。

体绘制法与面绘制法不同，它不必构造中间几何元素，直接利用原始三维数据的重采样和图像合成技术绘制出整个数据场的图像。该方法可以绘制出数据场中细微的和难以用几何模型表示的细节，全面地反映数据场的整体信息。体绘制算法的实质是三维离散数据场的重采样和图像合成。该算法首先通过对离散的三维采样数据点重构得到初始的三维连续数据场，然后对该三维连续数据场进行重来样。对新采样点根据其性质不同赋予相应的颜色值和不同的透明度，再通过一系列采样点的颜色利用颜色合成公式进行合成，最终得到整个数据场的投影图像。根据重构和合成的实现方式不同，体绘制法可以分为图像空间扫描的体绘制法、物体空间扫描的体绘制法和频域体绘制法三大类。

2）手术规划和模拟。在传统微创手术中，医生是在自己的大脑中进行术前的手术规划，确定手术方案，然后根据其在医生大脑中形成三维图像进行手术的。由于医生无法实时观察到病变组织与手术器械的相对位置，很难在手术过程中根据眼睛观察调整手术方案，因此这种手术方案质量的高低，往往依赖于医生个人的外科临床经验与技能，而且参与手术的其他医生很难共享主刀医生大脑中形成的整个手术规划构思，有时会出现混乱的危险。用计算机代替医生进行手术方案的制定比人更客观、精确，而且信息可供其他手术医生共享。

手术规划和模拟可以分为三个阶段：首先，在得到病人的三维模型后，医生可以漫游病人手术部位的三维重构图像，从而对手术部位及邻近区域的解剖结构有一个明确的认识。然后，在专家系统支持下，根据图像信息获得病变位置、类型等信息，给出诊断结果。最后，根据诊断结果制定相应的手术方案，并将手术方案显示在三维模型上，利用虚拟现实技术按照手术计划对手术过程进行模拟操作。医生头戴头盔式立体显示器，能够观测到图像中的立体模型，手术虚拟操作则通过特制的数据手套输入。这些设备可以使医生在计算机前具有身临其境的感觉。

由于不同手术需要的信息和数据并不相同，专家系统中应预先存储大量的医学知识和专家临床经验。以神经外科立体定向手术为例，医生根据三维模型判断出肿瘤的位置，规划系统则计算出肿瘤的轮廓范围和体积，在三维模型上给定手术的入针点、穿刺路径和穿刺深度，而医生可以根据自己的临床经验修改方案，直到满意为止。

（3）术中处理

1）空间映射与定位。虽然医生在三维模型上规划了手术方案，但是这个规划方案毕竟是建立在计算机图像模型上的。要成功地完成手术，必须将图像上的手术规划映射到真实病变组织的正确位置和方向，从而使实际的手术方案与图像模型的规划方案相一致。

在外科手术机器人系统中，手术规划在计算机图像空间中进行，而机器人辅助手术则在机器人空间中操作。对于这两个空间，需要寻找一个映射关系，使图像空间中的每一个点在机器人空间中都有唯一的点与之对应，并且这两个点对应同一生理位置。只有建立了映射关系，在计算机图像空间中确定的手术方案才能在机器人操作空间中得到准确执行；在手术过程中，手术导航系统才能实时跟踪机器人末端的手术工具并将其显示在计算机屏幕上。由此可见，空间映射与定位是整个系统成功的关键。它将图像模型、手术区域和机器人操作联系起来，直接影响整个系统的精度和机器人辅助手术的成败。

2）机器人辅助导航和操作。机器人是外科手术机器人系统的核心，它的作用有两个：一是计算出机器人末端的手术工具的空间位姿，实现对手术工具的导航；二是按医生指令控制手术工具运动完成辅助操作任务。

出于手术安全考虑，在整个手术过程中机器人的运动分阶段完成。运动开始命令由医生发出，机器人根据手术规划系统提供的轨迹参数生成运动指令，发送给机器人控制器，机器人完成指定操作。医生始终处于规定和控制机器人一步一步完成任务的重要位置，特别是出现紧急情况时，机器人可以及时按照医生的指令停止或运动到安全位置。

另外，医用外科机器人的精度是指机器人运动的实际位置和指令位置间的差别，即机器人的绝对位置精度。这与传统的工业机器人系统用重复位置精度来衡量机器人精度有明显区别。外科手术机器人的运动速度一般被限制在较低水平，这是因为手术是以医生为主体的，机器人的作用只是辅助操作，手术进行过程中，医生随时可以根据自己的判断要求机器人终止操作，因此机器人的低速运动会给医生留下一个宽松的判断和操作空间。在手术路径选取时，要求避开一些人体的重要组织，机器人的灵活操作空间必须覆盖手术操作区间，以保证规划手术方案的实施。因此，外科手术机器人的结构类型和运动性能要求与工业机器人有很大区别。

由此可见，医用外科机器人系统是一个多学科的交叉研究领域。它涉及机器人结构、机器人控制、通信技术、计算机图像处理、计算机图形学、虚拟现实技术、医学等，涉及面广，研究内容广泛。

10.2.2 康复机器人

康复机器人是近年出现的一种新型机器人。它分为康复训练机器人和辅助型康复机器人，见表10-3。

康复训练机器人的主要功能是帮助由于疾病而造成偏瘫，或者因意外伤害造成肢体运动障碍的患者完成各种运动功能的恢复训练，如行走训练、手臂运动训练、脊椎运动训练、颈部运动训练等。

辅助型康复机器人包括自立支援机器人和护理支援机器人。自立支援的目的在于丰富残障者的个人生活，支援他们按照自己的意愿进行操作和自立。主要是指日常生活中基本动作的支援，如进食、排泄、起居、移动、更衣、入浴之类。有时引入自立支援机器人的目的在于减轻护理人员的劳动强度，因而又兼有护理机器人的功能。在自立支援机器人中，社会活动支援机器人占有重要的地位，它的作用是支援劳动就业或业余活动。护理支援的内容基本与自立支援机器人的功能相同，也是围绕日常生活的基本活动展开。从目前的技术水平来看，护理机器人主要起到协助护理的作用，要求达到自动护理还不现实。

康复机器人作为一种自动化康复医疗设备，以医学理论为依据，帮助患者进行科学有效的康复训练，可以使患者的运动机能得到更好的恢复。医学理论和临床医学证明，肢体损伤或偏瘫患者除了早期的手术治疗和必要的药物治疗外，正确、科学的康复训练对于肢体运动功能的恢复和提高也起着非常重要的作用。

康复机器人由计算机控制，并配以相应的传感器和安全系统，康复训练在设定的程序下自动进行，可以自动评价康复训练效果，根据患者的实际情况调节运动参数，实现最佳训练。康复机器人技术得到欧美等国家科研工作者和医疗机构的普遍重视，许多研究机构都开展了相关的研究工作，近年来取得了一些有价值的成果。

表10-3 康复机器人的分类

分类	应用领域	说明
康复训练机器人	身体机能恢复训练	上肢康复训练机器人——用于手臂、手及腕部的康复训练
		下肢康复训练机器人——用于行走功能康复训练
		脊椎康复运动训练
		颈部康复运动训练
辅助型康复机器人	自立支援机器人	辅助或替代残障人士由于身体机能缺失或减弱而无法实现动作，如机器人轮椅、机器人假肢、导盲机器人
	护理支援机器人	用于老年人或残障人士护理作业的机器人，如机器人护士

10.2.3　医学教育机器人

随着动物保护意识的增强，今后利用动物实验辅助医学教育的限制会日渐增多。与其矛盾的是，医疗器械越先进，器械操作的训练要求也就越高。例如，Intuitive Surgical 公司（开发了达·芬奇）要求医师在操作支援机器人系统之前必须接受一定时间的训练学习。实际上，人们开发了各种手术训练的仿真器，如心肺移植手术训练仿真器等。

这些系统在计算机内建立了脏器的三维模型和力学特性模型，这不仅可以仿真随操作产生的图像变化，也可以将手术者能够感觉到的反作用力通过机器人手臂向医师反馈，这样可以通过治疗仿真进行手术训练。例如，具有大肠力学模型和可提示力觉机构的大肠镜插入训练系统，以及各种内窥镜手术仿真器械等。

10.3　医用机器人的控制

医用机器人控制系统的主要作用是根据用户的指令对机构本体进行操作和控制，完成作业的各种动作。控制系统的性能在很大程度上决定了机器人系统的性能。一个良好的控制系统要有灵活方便的操作方式，多种形式的运动控制方式和安全可靠地运行。

医用机器人作为一种特殊的机器人，其用途多种多样，但基本上都处于发展阶段，尚无定型产品。它的主要技术包括操作、移动、多功能、人机界面。在操作功能上还包括对象的观察、诊断方面的传感功能。总之，除了参考工业机器人的控制方法外，因为它们与人直接接触，因此对控制提出了更高的要求，如柔软性、安全性（排除本质危险性），以及适度的自主性、与人类的亲和性等，医用机器人控制系统的结构如图 10-2 所示。其控制系统应该具有以下特点：

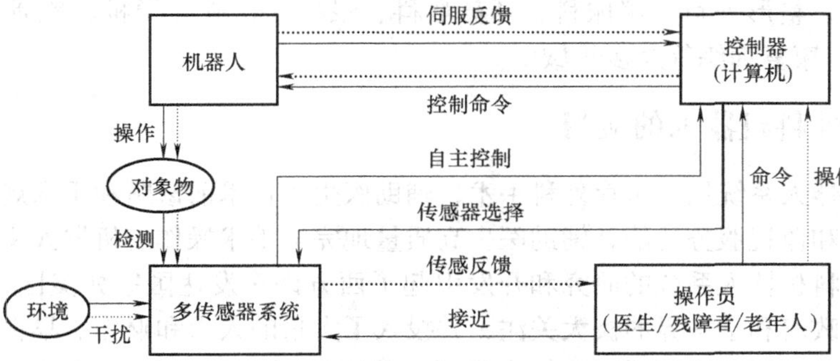

图 10-2　医用机器人控制系统结构

1）具有开放式系统结构，便于将来对机器人控制系统进行扩充，并能与普通 PC 兼容，以方便用户使用。

2）要有合理的模块化设计。对于医用机器人，不仅要求其机械结构能够做到模块化设计，更要求其控制系统能够根据系统要求和电气特性以及软件结构做到模块化设计。模块化设计不仅方便安装且方便系统维护，而且能够提高系统的可靠性。

3）具有有效的任务划分。不同的子任务由不同的功能模块来实现，这样有利于修改、添加和配置系统的功能。

4）实时性、多任务要求。机器人控制器能在确定的时间内完成对外部中断的处理，并且可以使多个任务同时进行。

5）友好的人机接口。形象直观的人机接口可以方便操作人员对机器人进行操作，友好的人机界面是医用机器人系统不可缺少的一部分。

6）有时具有手术导航系统。根据术前医学图像判断病变位置和大小，根据病人体表标志点确定进针位置；建立病灶靶点在二维图像和人体内部的位置关系；手术中，在B超、X光、CT或MRI图像的引导下，将手术器械扎入患者体内病变位置。

医用机器人的控制系统应具有以下功能：

1）运动控制即位置伺服功能。

2）规划与调度功能。

3）检测功能。

4）交互功能即友好的人机接口。

5）手术导航功能。

6）很高的可靠性和故障处理能力。

10.4 医用机器人的应用

医用机器人是医疗器械与信息技术、微电子技术、新材料技术、自动化技术有机结合发展形成的一种新型高技术数字化装备。在精确定位、微创治疗方面发挥了重要优势，是医疗器械中带有前瞻性的发展领域。

随着科学技术的发展，特别是计算机技术的发展，医用机器人在临床中的作用越来越受到人们的重视，其应用对象遍及人体的各个器官和组织。现在，医用机器人已成功应用到脑外科、神经外科、整形外科、泌尿科、耳鼻喉科、眼科、骨科（脊椎、髋骨、膝关节切除等）、腹腔手术、康复训练等众多领域中。

10.4.1 医用外科机器人的应用

医用外科机器人系统用于医疗外科手术，辅助医生进行术前诊断和手术规划，在手术中提供可视化导引和监视服务功能，辅助医生高质量地完成手术操作的机器人集成系统。

目前医用外科机器人系统的研究和开发引起了西方许多发达国家如美国、法国、德国、意大利、日本等政府和学术界的极大关注，并投入了大量的人力和财力。早在20世纪80年代，西方七国首脑会议就确定了国际先进机器人研究计划IARP，至今已召开过两届成员国医用机器人研讨会。美国国防部已经立项，开展基于遥操作的外科研究（Telepresence Surgery），用于战伤模拟、手术培训、解剖教学。法国国家科学研究中心开展了医疗外科仿真、规划和导引系统的研究工作。欧共体也将机器人辅助外科手术及虚拟外科手术仿真系统作为重点研究发展的项目之一。医用外科机器人已经成为当前发展的热点之一。

迄今为止，国外已研究和开发了多种医用外科机器人系统，适用的范围也越来越广。

1. 内窥镜操作手

在内窥镜手术中，主刀医师在内窥镜的视野范围内实施各种外科处置，操作内窥镜的任务通常交给助手完成。此时要求主刀医师和助手能够顺畅地沟通作业意图。但是这里存在一个问题，是助手在保持内窥镜的时候难免手的颤动，由此会造成图像的模糊，以至于无法为医师提供良好的视野。

为了解决主刀医师与助手之间的沟通问题，在腹腔镜手术中出现了内窥镜机械手。这是一个依据医师的操作保持内窥镜（腹腔镜等）位置的机械手系统。该系统用于远程手术、手术培训等。

Wang 等开发了 AESOP（Automated Endoscopic System for Optimal Positioning）机械手。它是一个 SCARA 型的 6 自由度机械手，能以插入孔为中心控制旋转和前、后移动。

Taylaor 等开发了 LARS（Laparoscopic Assistant Robot System）机械手，它除了 *XYZ* 轴 3 个自由度外，还有绕腹腔插入口旋转的第 4 个自由度。它靠手臂（平行连杆机构）抓取腹腔镜，将平行连杆机构的一个顶点设为插入孔，从机构上能够实现腹腔镜以插入孔为中心的旋转运动。

图 10-3 为小林等开发的腹腔镜手术内窥镜操作机械手系统。该系统考虑了安全、洗净、消毒和操作性等多个因素。机器人采用五连杆机构。它的组成部分有球形关节部分（用于抓取腹腔壁套针）、驱动部分、操作交互界面等。五连杆机构的作用是从物理上把驱动部分与患者隔开，并增加了内窥镜的自动调焦功能，克服传统内窥镜必须进行前后移动才能缩放病灶图像的缺点。这样，机械手的动作范围被约束在有限的二维平面内，大大降低了医师、患者和机械手之间的干涉，提高了安全性。

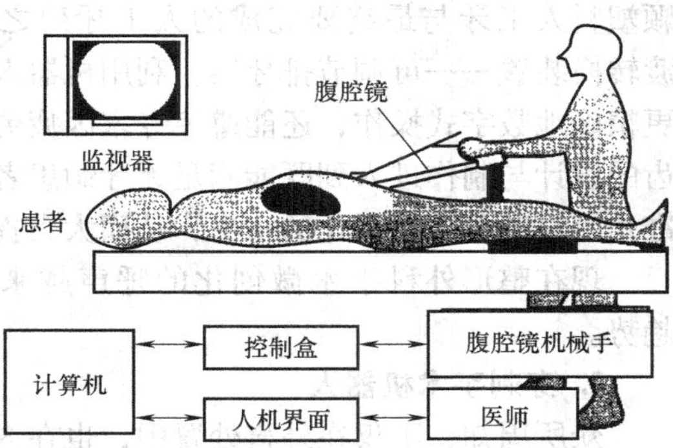

图 10-3 内窥镜机械手的系统组成

至于输入操作命令的交互界面部分，为了避免在手术中被误用，该系统并未采用脚踏开关。界面上有内窥镜移动方向的显示画面，移动方向的输入则靠手术医师头部的移动，或者固定在手术钳把手处的手动开关，只有在医师确认移动方向正确后才能驱动机械手。重复执行一连串的命令—确认—驱动动作的目的在于避免误操作。与其他机器人相比，这种方式有以下特点：

1）内窥镜无需进行前后移动，由于机械手的运动范围受到限制，可以避免损伤腹腔和内脏。

2）腹部上方留出的操作区域很大。

3）驱动部分和五连杆机构部分易于分离，后者的洗净和消毒很方便。

2. 整形外科手术机器人系统

在整形外科中，术前诊断可以获得对象部位的三维位置和形状测量结构，再借助于术前规划手术机器人系统，就可以在手术中将它稳定地再现出来。如在日本人工股关节置换手术中，最早由大阪大学研发的系统按照术前规划正确地实施了切削骨骼的手术，其结果是人工关节植入骨骼的精度比传统手术更高。

德国柏林大学长期开展医用外科机器人的研究工作，他们分别研究了机器人在颌面整形、牙科整形、放射外科中的应用。系统采用一套光电系统作为手术导航工具，机器人则采用改造后的 PUMA 工业机器人。他们还开发了多种适合于机器人末端夹持的手术工具。他们在计算机辅助手术导航系统、手术工具设计方面比较独特，但是在医用外科机器人本体设计方面研究不多。

我国北京大学口腔医院、北京理工大学等单位联合成功研制出口腔修复机器人，如图 10-4 所示。这是一个由计算机和机器人辅助设计、制作全口义齿人工牙列的应用试验系统。该系统利用图像、图形技术来获取生成无牙颌患者的口腔软硬组织计算机模型，利用自行研制的非接触式三维激光扫描测量系统来获取患者无牙颌骨形态的几何参数，采用专家系统软件完成全口义齿人工牙列的计算机辅助统计。另外，发明并制作了单颗塑料人工牙与最终要完成的人工牙列之间的过渡转换装置——可调节排牙器。利用机器人来代替手工排牙，不但可以做出比口腔医疗专家更精确地数字式操作，还能避免专家因疲劳、情绪、疏忽等原因造成的失误。这将使全口义齿的设计与制作进入到既能满足无牙颌患者个体生理功能及美观需求，又能达到规范化、标准化、自动化、工业化的水平，从而大大提高了制作效率和质量。

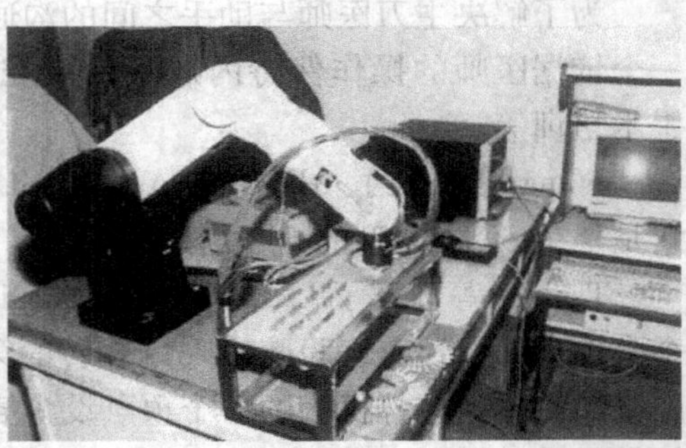

图 10-4 口腔修复机器人

现在整形外科手术微创化的呼声越来越高，骨骼切削器械出现了小型化、微创化的趋势。

3. 穿刺手术机器人

众所周知，不仅在外科处置中，也在内科处置中广泛使用穿刺。例如，整形外科的神经根传导阻滞法、椎体成形手术、脑神经外科的瘀血抽吸、肝脏外科的无线电波烧灼手术等，都用到了穿刺手术。穿刺处置通常是在 X 射线透视或超声波图像的引导下进行的，最近出现了在 MRI 摄影引导下实施的趋势。有人正在开展机器人进行目标组织穿刺的探索。

4. 遥控操作手术机器人

遥操作手术（或称远程手术），顾名思义就是医生在很远的地方为病人做手术，虽然这个“远程”没有具体的数值概念，但有一点可以肯定，那就是医生和病人不在同一现场。随着国际互联网络和其他通信技术的发展，远距离手术这一梦想正逐渐成为现实。

目前世界上至少有 10 个研究小组正在从事远距离外科手术系统的研究工作。美国 Berkeley 大学系统地开展了带有力反馈和立体远程触觉的远程医疗外科机器人的研究，系统包括两台带有灵巧手及触觉传感器的机械臂、力和触觉反馈设备、改进的成像和三维显示系统，所有的设备都由计算机控制，其研究目标是使医生能够在微创伤下完成复杂的外科手术。斯坦福研究所经过多年的努力，终于研制出了临场感远程外科手术系统。它是由菲利普·格林先生发明的，所以又称为格林系统，如图 10-5 所示。

图 10-5 格林系统

格林系统是让外科医生坐在一个大操纵台前，带上三维眼镜，盯着一个透明的工作间，观看手术室内立体摄像机摄录并传送过来的手术室和病人的三维立体图像。与此同时，外科医生的两手手指分别勾住操纵台下两台仪器上的控制环。仪器中的传感器可测量出外科医生手指的细微动作并把测量结果数字化，随后传送到两只机械手上，机械手随外科医生动作，为病人做手术。声频部分能同时传来手术所发出的所有声音，使人有亲临其境之感。虽然使用格林系统时，外科医生是在病人图像上做手术，但感觉却与普通手术无异。机械手还会通过传感器把手术时的所有感觉反馈给外科医生。目前，专家们已利用这套系统成功为一头猪做了手术。此外，专家们还通过一系列试验验证了这套系统的精度。例如，把葡萄切成 1mm 厚的薄片等试验。

虽然格林系统已成功地用于动物，但真正为人实施手术还需要很长的时间，因为还有很多问题有待解决。

与格林系统相似并可与之相媲美的是麻省理工学院的 W. 亨特及其同事研制的 MSR-1。这是一种专门用于显微外科手术的机器人系统，其特点是按比例缩小外科医生的动作，使机器人所做的剪切仅为外科医生动作的百分之一，而且计算机可以滤去手的抖动，同时还能检查手术动作对病人是否安全，如发现问题会及时报警。外科医生通过传感器能得到做手术时的所有实际感觉。如果需要，计算机还能放大机器人所遇到的作用力。由于具有上述特点，这种装置极适合于做眼部手术。但 MSR-1 尚未作人体试验，系统本身还有待进一步完善和提高。

除了远程外科手术机器人外，其他的医疗机器人的发展也很快。很多专家都看好微型医疗机器人，让机器人进入人体，直接对患处进行检查和治疗，增加了检查的可靠性，提高了治疗的有效性。随着微机器人的不断完善和数字化人体工程的进展，适用的微机器人系统将走进医院，揭示更多人体秘密。

5. 微创外科手术机器人

微创外科是医学领域近 20 年来高速发展的新兴学科。微创外科手术概念引入现代医学始于 1987 年，法国里昂的 Philipe Mouret 医生应用腹腔镜成功地切除了患者病变的胆囊，完成了世界医学史上首例腹腔镜胆囊切除术，使之成为微创外科手术发展史上的里程碑和人类医学史的一次革命。手术的成功带动了外科领域手术微创技术的高速发展，同时也极大地推动了微创外科手术设备和器械的研制开发与进步。

微创外科手术是在病人身体上打开一个或几个小孔，外科医生借助于各种视觉图像设备和先进灵巧手术器械装备，将手术器械经过小切口进入人体进行治疗或诊断。与传统手术相比，由于微创外科手术对健康组织的创伤小，且减小了病人体表伤口，从而减少了各种手术并发症，提高了患者术中和术后的身心舒适度，缩短了术后恢复时间，降低了住院费用。因此，受到医生和患者的普遍欢迎，是外科手术发展的必然趋势，具有广阔的应用前景。

微创外科手术可以分为内窥镜引导的微创手术和体外图像引导的微创手术两种类型。内窥镜引导的微创手术是指外科医生在深入体内的内窥镜引导下，通过病人体表的小孔将手术器械送入体内的病变部位，进而完成的手术操作。内窥镜引导的微创手术已拓展到传统外科的各个专业。如普通外科的腹腔镜、胆道镜、乳腺导管内窥镜等，胸外科的胸腔镜，骨外科的关节镜，脑外科的颅腔镜，妇产科的腹腔镜和宫腔镜，泌尿科的膀胱镜，耳鼻喉科的鼻腔内窥镜、支撑喉镜和耳内窥镜等。伴随各种计算机成像技术，如 B 超、CT、MRI 等医学图像诊断设备的推广应用，微创手术的概念和方法迅速发展，逐渐形成另一大类以体外图像技术引导为特征的微创手术。如神经外科立体定向手术在 CT 或 MRI 图像引导下，不用开颅便可实施活检取样、积液抽取、肿瘤内放射治疗等；胸外科和肝胆外科在图像引导下，不用传统的开胸和开腹就可以实施活检取样、胆道引流等手术；还有在B超图像引导下，氩氦刀经皮穿刺进入肺脏或肝脏，分别治疗肺癌或肝癌。

（1）微创外科机器人在内窥镜手术中的应用

内窥镜外科手术在20世纪90年代取得了明显的进展。2000年，在美国和欧洲，80%的腹腔手术是在内窥镜下进行的。同时，对内窥镜的灵活性要求也越来越高。因为手术时，医生不能直接通过自已的手对病变组织进行操作，也不能直接观察到手术工具的动作，必须依靠插入病人体内的导管和内窥镜来完成。医生还常常需要一个助手操作内窥镜的摄像机来及时观察到手术的进展，往往相互协调配合非常困难。许多医生因此认为内窥镜手术方法比较笨拙，希望研究人员开发出机器人辅助装置以增强内窥镜的功能。

以腹腔镜手术为例。腹腔镜手术是一种典型的内窥镜手术。传统手术中由于受到空间的限制，医师需要靠一种叫作“魔术手”（magic hand）的手术钳来完成缝合、结扎、切离等多种复杂的作业。基于内窥镜的微创外科机器人系统对这一类远距离操作最有效。在手术中，医生首先将一种叫作套针的内径约为10mm的管状手术器械插入腹腔壁，充当各种器械的插入口。由于腹壁组织事先使用了肌肉松弛剂，所以肌肉组织只有弹性，不会自主产生动作。所有器械操作都以插入口附近作为假想中心进行，不会受到来自腹壁的多余反力。因此，相当于手术钳的机器人手臂的运动应该以位于腹腔壁插入口处的套针为中心。通常，腹腔镜下的手术器械被置于插入口和手术处理区域连成的直线上，器械轴被限制在这条直线上，自由度很小。企图偏离这条轴线，向侧方移动扩大手术空间是非常困难的，因此要求有很高的手术技巧。

为了解决直接处理手术空间前端器具的定位问题，可以增加2个弯曲自由度和1个旋转自由度，即可以从各个方向确定接近手术空间的手术钳、剪刀、镊子的位置，以增加作业自由度。图10-6给出的内窥镜外科手术机器人带有绕手术钳插入口的2个旋转自由度、1个直线移动自由度、1个绕手术钳本身轴线的旋转自由度，以及前端器具的2个弯曲自由度。

在这方面，R. H. Taylor等人的研究工作具有代表性，他们设计的微创外科机器人不仅能完成如摄像机和手术工具的定位，而且可以在医生的直接控制或监督下，通过实时获取手术目标信息并进行相应动作。系统包括一台专用机器人和各种人机交互工具，它可以完美地将人与机器相结合，比单独由人或机器完成的手术更加出色。图像引导技术则提高了手术精度，实现了微创伤，并且减轻了医生的体力劳动。

美国Computer Motion公司开发了Zeus微创外科机器人系统，适用于内窥镜微创手术，系统由三只置于手术床上的交互性机械臂、计算机控制器及医生控制台组成。手术时，医生坐在控制台前，通过摄像机观察手术情况的二维或三维显示，用语音指示控制内窥镜，并通过仿医疗手术器械的操作手柄来控制手术仪器。其中一只机械臂采用声控的交互方式，操作内窥镜，另外两只机械臂则在医生控制下操作手术工具。与之功能类似的产品还有美国Intuitive Surgical公司开发Da

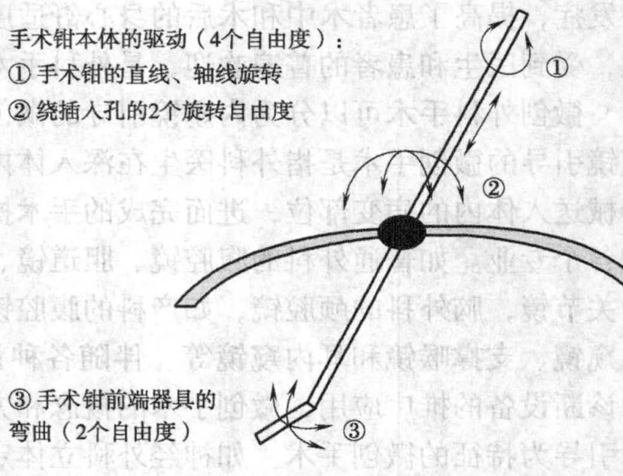

图10-6 内窥镜手术支援机器人的自由度构成

Vinci 微创外科机器人系统，已获得欧洲 CE 认证和美国 FDA 认证，是世界上首套可以正式在医院腹腔手术中使用的医疗外科机器人。该系统的构成包括一台三维视像系统的外科医生控制台、三只可定位及精确地操控内窥镜的机械臂、内窥镜等设备。手术中医生坐在控制台前，通过观察计算机画面上被放大 20 倍的病人体内组织的三维影像，操作控制杆来完成手术，系统将模拟医生的手部动作，机器人末端有一个仿照人类手腕设计的机械手，可转动、作抛掷、摆动、紧握等动作。机械手配有特制的手术器械，可以使医生从 1cm 的切口进入病人体内进行手术。

为了实现细微的作业，人们在缩小医师主臂的动作，以及保证动作如实传递到从臂这两个方面开展了研究。具有力觉反馈的、能实现准确细微动作的高性能手术器械，即外科手术支援机器人适用于血管、神经搭接这一类手术。因此，除了腹腔镜手术外，在心脏冠状动脉搭桥手术、瓣膜置换手术、前列腺切除手术等多种临床应用中都在讨论和推广这样的成果。

一段时间以来，手术机器人研究的重点都放在再现医师的手法技巧上。实际上，目前医师手术的手法和技巧已经形成了体系，但是机器人未必一定要原封不动地实现它们。例如，血管的处理问题，传统上必须用细绳结扎以抑制血管出血，但由于新近出现了超声波手术刀，在微创外科手术中用它把血管封闭起来进行凝固止血大大简化了血管处理。今后随着引入具有夹持、切割、结扎等基本功能的电手术刀、超声波手术刀、激光手术刀等先进器械，手术支援系统的安全性会大大提高。

（2）微创外科机器人在整形手术中的应用

微创外科机器人在整形手术中得到了广泛的应用，因为在进行骨骼切割和关节置换时，机器人的操作精度要远远高于医生，而且手术的自动化程度也大大增加。

其中具有代表性的系统是美国加利福尼亚大学的 R. H. Taylor 开发的用于关节置换手术的 ROBODOC 机器人系统。在关节置换手术中，要求精确设计大腿骨中空腔的形状来适合人工关节的形状，另外还要求精确定位空腔相对大腿骨的位置。传统的手术方法中，不仅人工关节与骨骼存在较大的间隙，而且空腔的尺寸大于设计尺寸。利用 ROBODOC 系统，首先要在病人骨骼上安装三个定位针，用于确定骨骼相对于手术床的位置。然后在重建的三维模型上进行手术规划，保证人工关节与骨骼更好的吻合。手术时由机器人完成人工关节安装孔的加工。目前 ROBODOC 系统已在美国、德国和意大利得到应用。

意大利的生物力学实验室也开发了用于关节置换手术的微创外科机器人系统。该系统采用了两套位置传感器以检测手术中可能发生的病人相对机器人的移动，机器人腕力传感器保证手术时切削力的稳定，使手术在更安全的条件下进行。与此类似的系统还有 ACROBOT，它是一台具有 4 个自由度的平面机器人，可用于膝关节的置换手术。

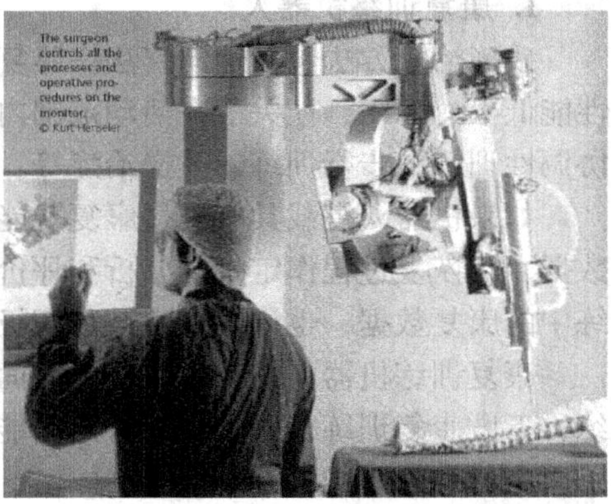

图 10-7 脊椎修复机器人

微创外科机器人还被用于脊椎的修复，手术过程由两台相互垂直的 X 光机监控，医生在规划软件上确定钉子的安装位置，机器人引导工具到达指定的切口，由医生完成在脊椎上的钻孔和打钉，如图 10-7 所示。

颅面整形是较复杂的外科手术，医生需要复杂的切割、钻孔和切除动作。目前已经有两种微创外科机器人系统辅助医生完成这种操作。首先是 R. H. Taylor 开发的6自由度被动机器人，主要用于碎骨的整修。机器人将碎骨逐个排列整齐，医生完成修复的工作。德国 TC. Lueth 研究了并联机构作为手术导航工具，机器人则采用改造后的 PUMA 工业机器人，他们还开发了多种适合于机器人末端夹持的整形手术工具。

(3) 微创外科机器人在立体定向手术中的应用

立体定向外科手术是近年来迅速发展的微创伤外科手术方法，但由于在手术中一直需要框架定位并支撑手术工具，从而给病人带来了一定痛苦和心理恐惧。另外人工调整导向装置手续烦琐、消耗时间、精度有限。

微创外科机器人在手术中主要用于导航定位和辅助插入手术工具，可以使病人摆脱框架的痛苦，同时机器人辅助立体定向外科手术还具有操作稳定，定位精度高的优点。

早在1988年，加拿大 YS. Kwoh 研究了基于 PUMA262 的立体定向外科机器人系统，十几年来，各国研制出许多微创外科机器人系统应用于立体定向外科手术。

MINERVA 是一种典型的立体定向外科机器人系统。它与 CT 固联在一起，病人头部固定在手术床上。机器人末端装有手术工具自动转换设备，可以根据医生需要更换手术工具。CT 图像在手术过程中实时导引机器人末端的工具连续运动，完成医生规定的操作。Wapler 等人则研制了具有并联机构的微创外科机器人系统用于立体定向外科手术，机器人连接在 C 型臂上，插入颅内的内窥镜将手术的实时图像显示在计算机上，医生可以坐在手术台旁，操纵机器人完成手术。

(4) 微创外科机器人在其他手术中的应用

英国的 B. Davies 等人开发了用于切除前列腺瘤的微创外科机器人，首先由仪器测定前列腺瘤的位置和体积，然后机器人进行工具定位并自动切割。1990年在世界上首次实现了利用机器人从病人身体切除前列腺瘤组织的手术。

在心胸外科方面，美国的 J. Kenneth Salisbury 研究了用于心瓣修补手术的微创外科机器人系统。系统由同一个基座上的三个6自由度机械臂组成，其中两个机械臂用于手术操作，一个用于抓持内窥镜观察手术。常规手术需要开胸，而利用机器人的微创手术只需要开三个小洞，让工具进入。

10.4.2 康复机器人的应用

1. 康复训练机器人

残障治疗方法包括运动疗法。康复训练机器人就主要应用于运动疗法，如预防四肢运动性能低下、挛缩，让关节在活动范围内进行运动，增强肌肉力量的运动，增强耐力的运动，协调性训练，步行训练，体操治疗等。

如果机器人搭载具有测量康复功能的仪器，就可以定量采集训练对象机能恢复过程中的数据，对恢复过程作定量的分析和评价，记录康复的整个过程。如果被训练者了解自己在训练中的康复数据，也许能产生某种积极的反馈效果。

康复训练机器人的研究包括两方面：上肢康复训练机器人用于手臂、手及腕部的康复训练；下肢康复训练机器人用于行走功能康复训练。

(1) 上肢康复训练机器人

上肢康复医疗训练机器人系统经过十几年的发展，从系统结构上分，主要包括三个阶段：

1）本地康复医疗训练机器人系统。1991 年，MIT 设计完成了第一台上肢康复训练机器人系统 MIT-MANUS，如图 10-8 所示。该设备采用五连杆机构，末端阻抗较小，利用阻抗控制实现训练的安全性、稳定性和平顺性，用于病人的肩、肘运动。MANUS 具有辅助或阻碍手臂的平面运动功能，可以精确测量手臂的平面运动参数，并通过计算机界面为患者提供视觉反馈，在临床应用中取得了很好的效果。在此基础上，又研制了用于腕部康复的机械设备，可以提供 3 个旋转自由度，并进行了初步的临床实验。与一般工业机器人不同，MIT-MANUS在机械设计方面考虑到了安全性、稳定性以及与患者近距离物理接触的柔顺性。

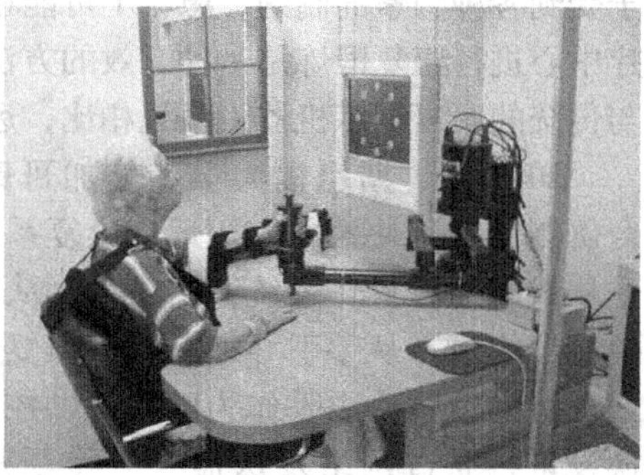

图 10-8　MIT-MANUS 系统图

另一个典型的上肢康复训练机器人系统是 MIME（Mirror-Image Motion Enabler）。该设备包括左右两个可移动的手臂支撑，由工业机器人 PUMA-560 操纵患者手臂，为患肢提供驱动力，既可以提供平面运动训练，也可以带动肩和肘进行三维运动。但由于 PUMA-560 本质上是工业机器人，因而从机械的角度上说不具有反向可驱动性以及载荷、运动速度以及输出力控制等，该系统在医疗领域的应用也有其局限性。

1999 年，Reinkensmeyer 等研制了辅助和测量向导 ARM-Guide，用来测定患者上肢的活动空间。2000 年他们对该装置进行了改进，用来辅助治疗和测量脑损伤患者上肢运动功能。该设备有一个直线轨道，其俯仰角和水平面内的偏斜角可以调整。实验中患者手臂缚在夹板上，沿直线轨道运动，传感器可以记录患者前臂所产生的力。

2005 年，瑞士苏黎世大学的 Nef 等开发了一种新型的上肢康复机器人 ARMin，它是一种 6 自由度半外骨架装置，安装有位置传感器及六维力/力矩传感器，能够进行肘部屈伸和肩膀的空间运动，用于临床训练上肢损伤患者日常生活中的活动。

在我国，哈尔滨工业大学研制了穿戴式辅助上肢和手指康复机器人系统，如图 10-9、图 10-10 所示。

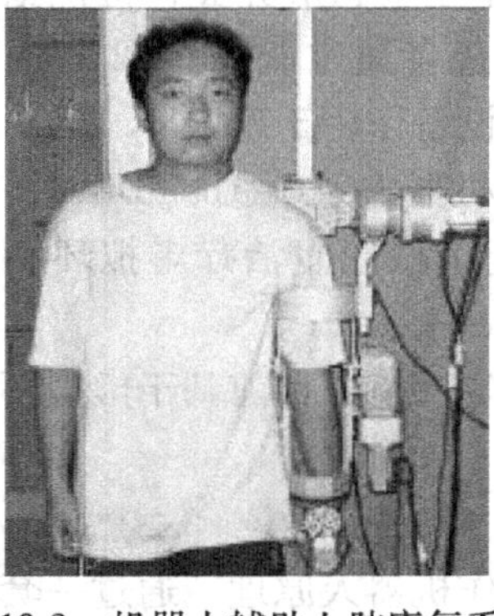

图 10-9　机器人辅助上肢康复系统

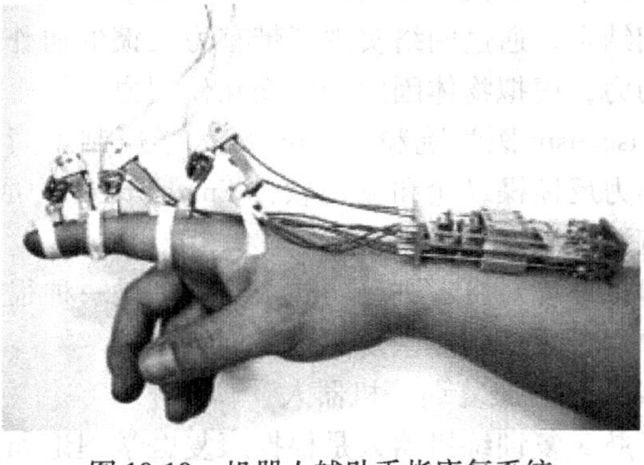

图 10-10　机器人辅助手指康复系统

上述这些设备的不足之处是机器人系统比较复杂，而且没有利用网络，因此患者不能在家根据治疗师的指导进行康复训练。

2）远程康复医疗训练机器人系统。目前，需要进行康复医疗训练的患者逐渐增多，但由于受到各种因素的制约，患者不可能在医院长期接受康复治疗。因此，出院后在家庭或社区医疗中心进行康复锻炼是一种有效的方法。计算机网络为远程康复训练提供了一个良好的平台。与传统的康复训练机器人系统相比，远程康复机器人系统对患者和治疗师都更为经济便利。

2005 年，斯坦福大学和芝加哥康复研究所联合研制了一种便携式家用远程康复系统，这是一种主从式的遥控操作系统，由主手、从手以及各自的控制器组成，从手引导患者进行康复运动并检测和记录运动信息，主手作为医生提供控制和监控的交换设备，通过网络发送命令并接受从手的运动信息，实现中风患者肘部的康复训练。该系统可以传输治疗师指令及相关信息，治疗师可以检测患者并监控训练过程，如图 10-11 所示。

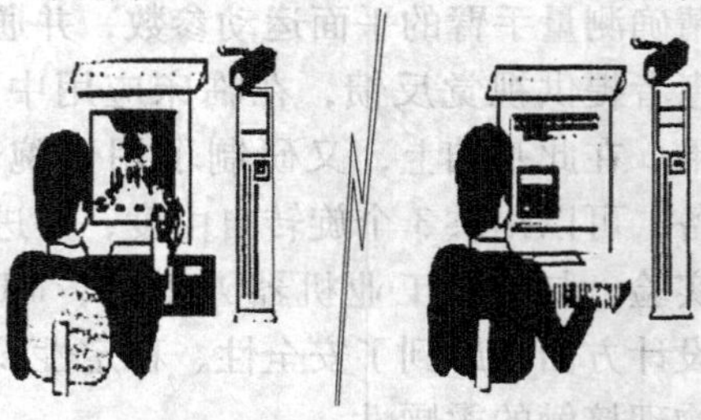

图 10-11　远程康复医疗训练机器人系统结构

3）基于虚拟环境的康复医疗训练机器人系统。为了鼓励患者进行康复训练，提高康复训练的效果，在训练过程中吸引患者的兴趣十分重要。虚拟环境技术的发展使这种思想得以实现，研究者们采用基于虚拟环境的用户界面，通过一些小游戏鼓励患者进行主动训练。基于虚拟环境的康复训练通常与网络相结合，因此，不仅具有远程康复机器人系统的优点，还提高了患者进行康复训练的能动性。

Rutgers 大学和 Stanford 医学院在基于虚拟环境的远程康复机器人系统方面做了大量工作。2000 年，Rutgers 和 Stanford 医学院研制了一套家用康复医疗机器人系统，由一个带有图形加速器的 PC、一个追踪器和一个多功能触觉控制界面组成，利用 WorldToolKit 软件构建了虚拟环境并进行虚拟康复路径规划，远程计算机通过 Internet 连接，治疗师可以在门诊进行远程监控，主要用于患者手、肘、膝和踝关节的康复训练。2001 年，David Jack 等设计实现了一套基于 PC 的虚拟现实增强系统，利用 CyberGlove 和 Rutgers Master II-ND 力反馈手套作为输入设备，实现用户和虚拟环境的交互，并设计了任务级别的操作，以增强患者进行康复训练的主动性，实现中风患者手部功能恢复的康复训练。

J. Tang 等利用 Tool Command Language/Toolkit 构建了三维图形界面，将视觉反馈与触觉反馈相结合，通过网络实现了带有力反馈的协作任务。患者通过 InMotion2 对虚拟物体施加一定的力，虚拟物体因此产生交互作用力，并通过触觉设备作用于患肢。

Wisconsin 医学院和 Marquette 大学研制了康复训练机器人系统 TheraDrive，主要由三个商用的力反馈操纵轮和驱动软件 SmartDriver 构成，创建上肢康复治疗虚拟环境界面，通过计算机游戏激发患者进行训练。

虚拟环境对患者进行功能恢复训练是一种很好的康复环境，目前基于虚拟环境的康复运动主要用于手部功能恢复的康复训练。

（2）下肢康复训练机器人

下肢康复训练机器人是根据康复医学理论和人机合作机器人原理，通过一套计算机控制下的走步状态控制系统，使患者模拟正常人的步伐规律作康复训练运动，锻炼下肢的肌肉，恢复神经系统对行走功能的控制能力，达到恢复走路机能的目的。

1）关节活动范围运动。进行关节活动范围运动的目的是改善和预防四肢运动性能低下或挛缩。膝部经过整形外科手术后，需要结合被动运动来恢复关节的功能。通常的方法是借助于持续被动运动（Continuous Passive Motion，CPM）装置，通过反复进行某一个模式的运动训练起到预防挛缩的作用。

日本安川电机公司开发了一套改进的膝关节活动范围运动系统。系统借助多自由度结构调整多种运动模式，把训练师训练的运动模式记忆下来；具有阻抗控制功能，能够再现出像训练师徒手训练一样的感觉。该装置在庆应大学月濑康复中心临床试验的基础上，被进一步改进成可以同时控制膝关节和股关节运动的装置，并开发出运动疗法装置（Therapeutic Exercise Machine，TEM），适用于中风、脊椎损伤、脑性麻痹等下肢麻痹患者。

2）步行训练。骨折、关节手术后或中风的患者在步行训练前首先需要在病床上进行肌肉力量强化训练，然后分阶段依次进行起坐训练、轮椅移动训练、斜面起立训练，然后进入利用平行杆、步行器、手杖的步行训练。显然病情不同，步行训练的内容也不应该千篇一律。一般来说，骨折后或关节手术后应该以负荷训练为主，中风后则应该视患者肌肉力量的情况选择适当的步行训练。步行训练可以在悬吊平衡重锤的跑台上进行，但应该根据被训练者残留机能的大小选择适当的训练强度。

日本日立制作所研制的一种步行训练设备 PW-10 如图 10-12 所示。它的步行面由两组独立驱动控制的皮带组成，利用速度设定可以让皮带以给定的恒速步行模式进行运动，它还具有主动阻抗控制功能，因此可以按照被训练者的蹬踏力来调节皮带的阻力，实现负载步行模式。这样，即使是患有单侧麻痹症状的患者也能得到适当的训练。在护助装置中也有这样的内置式电动卸载机构，另外还有其他多种模式可供选择，如保持护助部分高度不变的所谓固定模式；对解除部分的高度实施柔顺控制的所谓弹性模式；以恒力向上提起被训练者、减轻体重负载的所谓卸载模式等。有时设备还带有图形显示装置，它能与皮带速度同步显示风景，以保持被训练者的训练欲望。

如果患者已经具有依靠自己的腿部力量支撑全身的能力，即可转入室内步行训练。为此可以利用图 10-13 所示的电动助力步行支援机。在它用来支撑被训练者的支撑架的内部装有力传感器，可以测量被训练者步行时施加在支撑架上的力的大小和方向，如果想转向，可以通过控制车轮驱动电动机来实现。

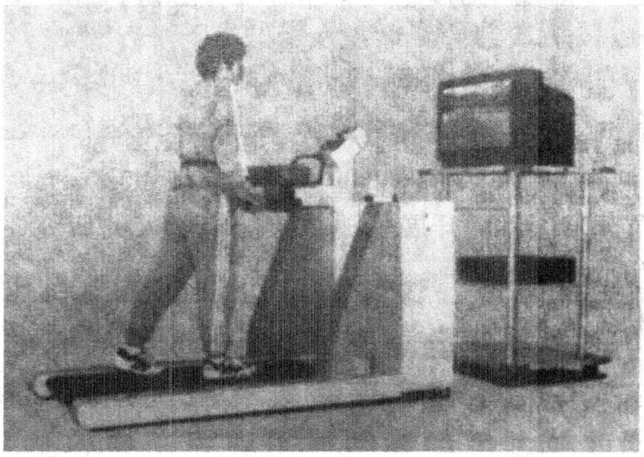

图 10-12　步行训练机 PW-10

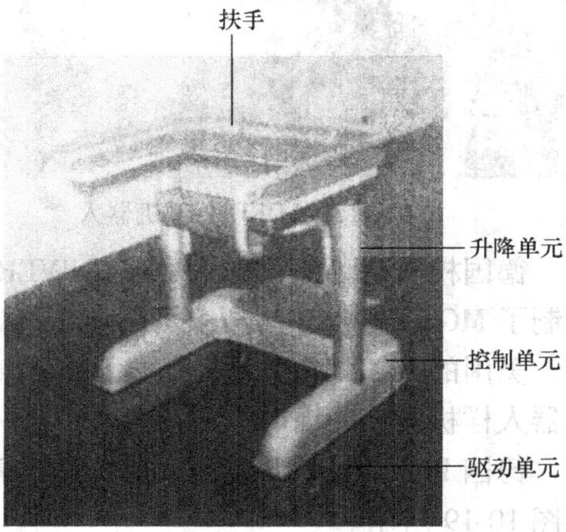

图 10-13　步行支援机

日本山梨医科大学开发的 AID-1 型步行训练机器人，可以通过各种传感器检测患者体重负载的变化，并利用压缩空气实现高精度的体重负载控制，在减轻患者体重的同时保持正确的躯干姿态，甚至可以用残存的微小肌肉力量实现无体重负载的步行。

德国生产的一种主动活动器 CAMOPED 如图 10-14 所示，主要是以健康腿的运动来帮助患腿的被动训练，能够有效地帮助患者恢复其本体感觉，因此患者的协调功能也能得到更早的恢复。其特点是运用新型材料，重量轻、结构简单、便于携带与放置。

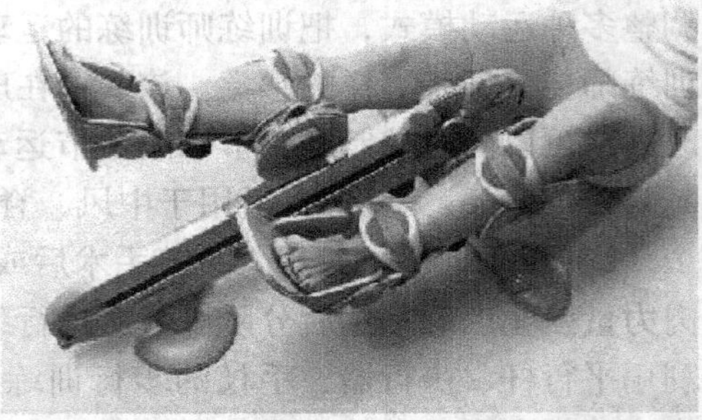

图 10-14　主动活动器 CAMOPED

瑞士苏黎世联邦工业大学（ETH）在腿部康复机构、走步状态分析方面取得了一些成果，在汉诺威 2001 年世界工业展览会上展出了名为 LOKOMAT 的康复机器人，如图 10-15 所示。该机器人有一套悬吊系统来平衡人体的一部分重力，用一套可旋转的平行四边形机构来进行平衡控制，只允许患者在走路过程中的向上和向下的运动，患者不用自己保持上身在竖直面内。为了适应不同患者的需要，该机器人的各个关节均可调整。为了让患者感到舒适，所有与患者接触的绑带都是宽而软的。患者进行康复试验时取得了很好的效果。

日本的 Makikawa 实验室结合机器人技术、生物信号测量技术、虚拟现实技术研制出一种下肢康复机器人，如图 10-16 所示。该机器人可以使病人模拟正常人走路、上斜坡、爬楼梯、滑行等各种运动，从而达到康复锻炼的目的。

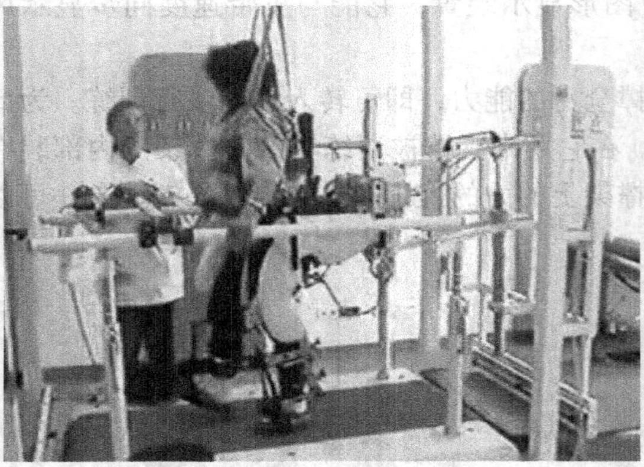

图 10-15　LOKOMAT 机器人

图 10-16　Makikawa 的机器人

德国柏林自由大学（FREE UNIVERSITY BERLIN）开展了腿部康复机器人的研究，并研制了 MGT 型康复机器人样机，如图 10-17 所示。

美国的 RUTGERS 大学开展了脚部康复机器人的研究，并研制了 RUTGER 踝部康复训练机器人样机，如图 10-18 所示。

德国 Fraunhofer 研究所开展了腿部康复机器人的研究，研制了绳驱动康复训练机器人，如图 10-19 所示。

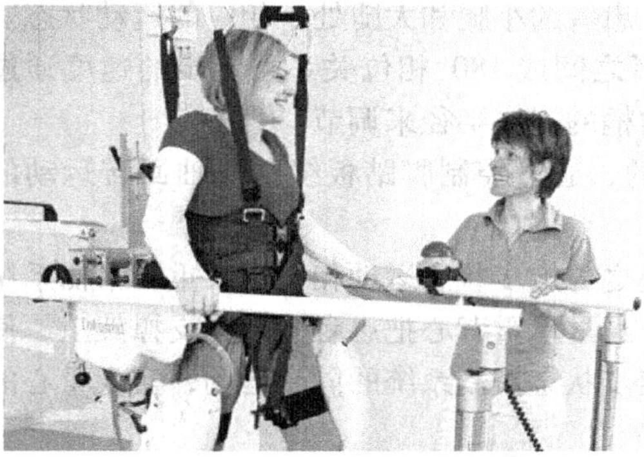

图 10-17　MGT 型下肢康复训练机器人

图 10-18　踝关节康复训练机器人

图 10-19　德国 Fraunhofer 研究所研制的绳驱动康复训练机器人

图 10-20 是我国研制的一种下肢康复训练机器人外观结构。它由机座、左脚走步状态控制系统、右脚走步状态控制系统、左脚姿态控制系统、右脚姿态控制系统、框架、导轨、重心平衡系统、活动扶手等组成。

受训练者的双脚站在走步状态控制系统的脚踏板上，穿好承重背心，背心通过吊缆和机座内的重力平衡机构相连，以平衡受训练者的部分体重，吊缆的长度通过缆长调整机构和缆绳来调整。当机器人开始工作后，走步状态控制系统在计算机的控制下带动受训练者的双腿做走步运动，重心控制系统根据受训者的走步状态，自动计算重心的高低变化，通过吊缆实时调节重心的高低，并具有防止摔倒的功能。

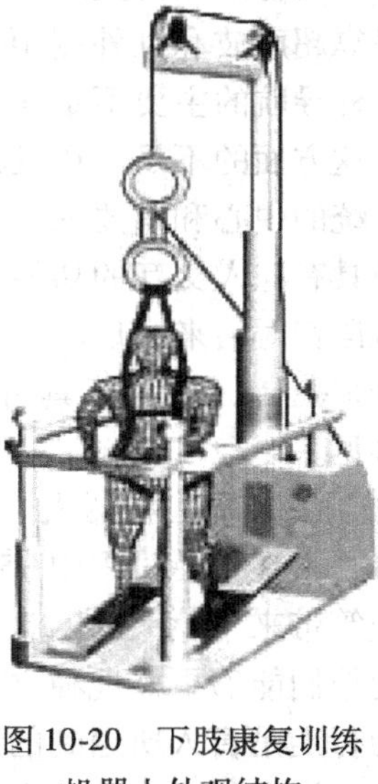

图 10-20　下肢康复训练机器人外观结构

脚踏板由左右两块踏板组成，它在步态控制装置的控制下，与重心平衡机构协调工作帮助患者进行走步运动训练。步态控制装置主要由主动曲柄、脚踏板（连杆）和滑轮组成。主动曲柄由直流伺服电动机控制，脚跟随踏板一起被动运动，形成一个椭圆轨迹，产生与正常人行走轨迹相近的运动轨迹。同时由于脚跟随踏板运动，患者的小腿和大腿处于相应的运动状态。由两套步态装置分别控制两条腿的走步状态，两者之间成180°相位关系，走步的速度通过控制电动机的转速来调整，步幅则通过改变主动曲柄的工作半径来调节。

脚的姿态控制系统是由直线伺服机构实现的，通过控制脚踏板绕踏板轴回转运动的角度，来模拟正常人走路时踝关节的姿态变化。

重心平衡系统的作用是控制患者的重心，使之与走步状态运动相协调，重心平衡系统由吊缆、承重背心、滑轮、支撑架和偏心轮组成，通过承重背心把患者固定在支撑架上，使患者的上肢和吊缆一起运动。由重心控制系统与走步状态控制系统的同步运动，实现重心的自动调整和重力的自动平衡。

2. 辅助型康复机器人

（1）机器人轮椅

随着社会的发展和人类文明程度的提高，人们特别是残疾人愈来愈需要运用现代高新技术来改善他们的生活质量和生活自由度。因为各种交通事故、天灾人祸和种种疾病，每年都有成千上万的人丧失一种或多种能力（行走、动手能力等）。因此，对用于帮助残障人行走的机器人轮椅的研究已逐渐成为热点，如西班牙、意大利等国。中国科学院自动化研究所也成功研制了一种具有视觉和口令导航功能并能与人进行语音交互的机器人轮椅，如图10-21所示。

机器人轮椅是将智能机器人技术应用于电动轮椅上，融合了机构设计、传感技术、机器视觉、机器人导航和定位、模式识别、信息处理以及人机交互等先进技术，从而使轮椅变成了高度自动化的移动机器人。

图 10-21 机器人轮椅

机器人轮椅主要有口令识别与语音合成、机器人自定位、动态随机避障、多传感器信息融合、实时自适应导航控制等功能。

机器人轮椅关键技术是安全导航问题，采用的基本方法是靠超声波和红外测距，个别也采用了口令控制。超声波和红外导航的主要不足在于可探测范围有限，视觉导航可以克服这方面的不足。在机器人轮椅中，轮椅的使用者应是整个系统的中心和重要的组成部分。对使用者来说，机器人轮椅应具有与人交互的功能。这种交互功能可以很直观地通过人机语音对话来实现。尽管个别现有的移动轮椅可用简单的口令来控制，但真正具有交互功能的移动机器人和轮椅尚不多见。

（2）导盲机器人

人在生活过程中95%的信息是通过视觉获得的。盲人丧失了视觉，给工作、生活、社交等带来了莫大的困难。作为社会的一个特殊群体，盲人需要社会给予更多的关怀和照顾，使他们能够更好地独立生活，尤其是享受生理完全自理的感觉。但在日常生活中，如何安全的行走是盲人所遇到的最大问题。

视觉残障者的行走辅助装备一般采用盲人安全杖，少数借助于导盲犬。除了传统的手杖和导盲犬，为了提高盲人的生活质量，增加其行走能力，世界各国一直致力导盲机器人的研制。日本机械技术研究所自1980年起开始试制MEL DOG机器人，它是在导盲犬的基础上重点开发“服从机能”和“聪明的不服从机能”。前者将主人引导到目的地，后者则起到检测障碍物和危险状况的作用。人们还在为视觉残障者开发基于GPS和便携终端的基础设施。

导盲机器人是非常有效的辅助盲人步行的工具，目前导盲机器大致上可分为以下五类：

1）电子式导盲器。早期导盲机器的研究多半是设计一些装有传感器的小型电子装置，并以盲人可以接受的形式将传感器的侦测结果传达给盲人，让盲人在环境中具有比较安全及快速的行动能力，但只注重局部性闪避障碍物而不考虑全面性导航。

2）移动式机器人。移动式机器人一般都载有多种传感器，配备计算能力较强的控制计算机，智能化程度较高，所以可以在复杂的环境中进行自主导航。随着人机接口模块的设计与完善，移动式机器人即可用于导盲，如图10-22所示。

3）穿戴式导盲器。它直接将移动式机器人的障碍物闪避系统穿戴在盲人身上，盲人成为半被动地接受障碍物闪避系统命令的运动载具，并可提供比移动式机器人更灵活的行动能力。

4）导引式手杖。导引式手杖是在盲人所用手杖的把手部分安装起控制作用的微型计算机，同时安装专用传感器，在手杖的下端安装有导轮的可移动装置。它其实是将原移动式机器人的动力系统移除，保留其智能探测的传感和控制部分。

图10-22 导盲机器人

5）手机语音导盲。这是一种较新的导盲方式，主要是用于城市方位的告知。当盲人迷路时，通过手机上所预先设置的导盲键向服务商发出求助信息，服务商接到信息后将通过GPRS向盲人发出语音信息，接听后即可得知当前位置。此方式要求手机支持WAP上网功能，不便于行进中的实时导盲，而且费用相对较高。

（3）机器人护士

机器人护士可以完成以下各项任务：运送医疗器材、药品、试验样品及试验结果，为病人送饭、病历、报表及信件，帮助病人进食、移动、如浴、如厕，在医院内部送邮件及包裹等。

日本医疗福利机器人研究所、富士通、安川电机合作开发了HelpMate SP机器人搬运系统（Pyxis Corp.），其用途是负责医院内部的药品、送检物品、食物、卡片等的运输，还能做到给老年人、残障者配膳，送膳自动化。这样有利于延长面对面护理患者的时间，提高护理质量。

进食的特点是按照个人习惯的速度，依次向嘴里递送食物，设备应该在每天规定的时段内完成进食服务。进食支援机器人被认为可以用来减轻残障者对进食的厌倦情绪，准确无误地完成护理任务。目前人们在这方面开展了不少研究。

MANUS（Exact Dynamics）机器人有一个6+2DOF的机械手，可以搭载在轮椅上，通过操作4×4个按钮和游戏操纵杆来完成进食、洗脸、剃须等动作、日常生活动作（整理衣服、扶正眼镜、瘙痒、排泄等）。动作熟练以后甚至可以完成开门、龙头开关等复杂动作。据报道，截至2001年秋它已经拥有120名用户。不过，它仍存在一些问题，例如，多用途器械的操作比较困难，负载重量小，动作迟缓等。

名为“我的汤勺”的进食护理机器人SECOMU是一台携带汤勺和刀叉的小型机械臂，操纵开关即可辅助患者进食。目前，该机器人一边在市场上销售，一边在进行现场实验。图10-23所示为该机器人的本体和操纵装置。

还有一种基于力控制的进食支援机器人，它能像正常人一样用筷子夹持柔软食物或易碎食物进行用餐。

无法自理的残障者的移动，包括体位变换（改变身体位置）和换乘（改变距离）。体位变换包括为了防止褥疮，擦洗无法入浴者的身体，换尿布（抬起患者的臀部）等。换乘包括移动，其中一部分已经开始借助于升降机作业了，但大部分仍然依靠护理者直接作业，属于重体力劳动。为了减轻劳动强度，日本自20世纪80年代起就着手开展病床移转、轮椅换乘、如厕或如浴辅助时所需要的抱起机器人的研究。例如，电动双臂机器人“UNRSY”（东海大学）能借助于主从操作机器人的双臂将被护理者直接抱起来进行移动。“MELCONG”机器人（机械技术研究所）能够靠压缩空气驱动，机械手插入床下将被护理者平端起来。这一类机器人需要克服患者的体重，故其外形尺寸很大，由于与人直接接触还存在安全性问题，因此目前尚未进入实用阶段。日本Logic Machine公司的护理机器人“Regina”如图10-24所示。它的垂直多关节双臂的末端执行器安装了一个类似躺椅的患者支撑面，靠它的行走功能能够将患者从床上移转到专用浴缸中，帮助患者入浴。利用它的一只手臂，通过无线遥控方式操纵还能更换尿布。

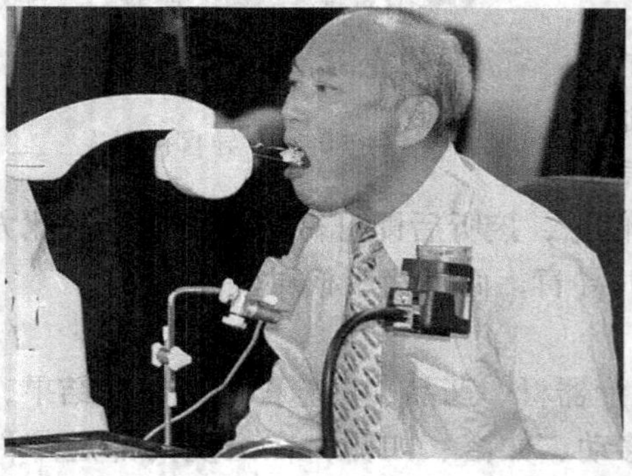

图10-23 SECOMU进食护理机器人

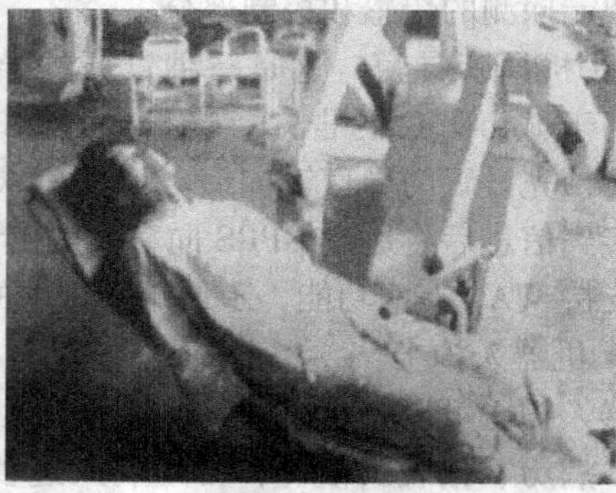

图10-24 日本Logic Machine的Regina机器人

TRC公司于1985年开始研制“护士助手”机器人，1990年开始出售，目前已在世界各国几十家医院投入使用，如图10-25所示。“护士助手”机器人以完成以下各项任务：运送医疗器材和设备，为病人送饭、送病历、报表及信件，运送药品，运送试验样品及试验结果，在医院内部送邮件及包裹等。该机器人由行走部分、行驶控制器及大量的传感器组成。机器人可以在医院中自由行动，其速度为0.7m/s左右。机器人中装有医院的建筑物地图，在确定目的地后机器人利用航线推算法自主地沿走廊导航，由结构光视觉传感器及全方位超声波传感器可以探测静止或运动的物体，并对航线进行修正。它的全方位触觉传感器保证机器人不会与人和物相碰。车轮上的编码器测量它行驶过的距离。在走廊中，机器人利用墙角确定自己的位置，而在病房等较大的空间时，它可利用天花板上的反射带，通过向上观察的传感器帮助定位。需要时它还可以开门。在多层建筑物中，它可以给载人电梯打电话，并进入电梯到所要到的楼层。紧急情况下，例如某一外科医生及其病人使用电梯时，机器人可以停下来，让开路，2min 后它重新起动继续前进。通过“护士助手”上的菜单可以选择多个目的地，机器人有较大的荧光屏及用户友好的音响装置，用户使用起来迅捷方便。

此外，还有机器人将辅助读书、操作计算机等作为研究对象。

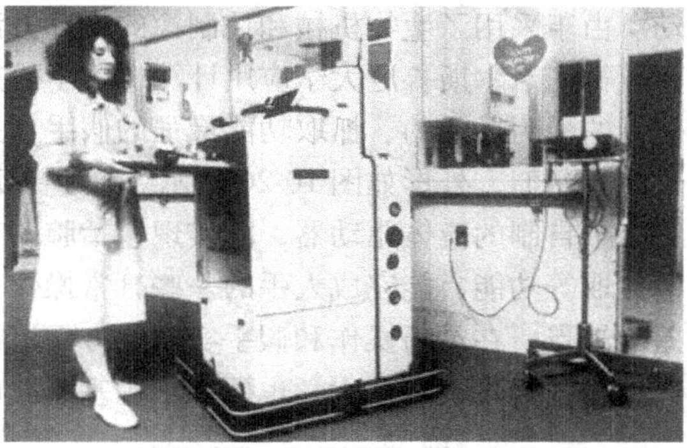

图 10-25　护士助手机器人

（4）机器人假肢

假肢技术是康复工程中发展最早的一个领域。假肢是人缺损肢体的替代物，用以弥补缺损肢体的形状与功能。安装假肢可以恢复患者残缺肢体原有的形态或功能，减轻功能障碍，使患者能够独立地生活、学习和工作。假肢分上肢、下肢。上肢假肢又分为假手、前臂假肢和上臂假肢；下肢假肢分为假腿、小腿假肢、大腿假肢等。

在假肢技术发展的历程中，肌电控制的上肢假肢和步态可控的下肢假肢是现代假肢技术的标志性成果。肌电假肢由电动假肢发展而来，它利用肌电信号取代机械式触动开关实现对上肢的控制，对于肘关节以上截肢的患者，提取多路肌电信号同时控制多关节运动的技术难度大且可靠性差，因而仍以安装电动假肢为主。下肢假肢的设计一直在追求站立期的稳定性和摆动期的步态仿生性，以及减少体力消耗。对于膝关节和假脚，上述问题尤其突出。膝关节机构已从单链发展到四杆机构，近年又出现六杆机构膝关节，除了保证站立期关节可靠锁定，站立末期自动解锁，还能实现摆动期步态的仿生性。因为这种全功能膝关节行走所需的髋关节力矩小，从而降低了行走时的体能消耗。

目前假手的研究是国际机器人领域的一个热点。尽管近年来新元件和新材料不断出现，但临床使用的假手最多为 3 个自由度，这是因为超过 3 个自由度的假手很难由人体的残肢来控制。假手有许多类型。装饰假手又叫美容手，是为弥补肢体外观缺陷、平衡身体设计制作的。索控假手又叫功能性假手或机械手，是一种具有手的外形和基本功能的常用假手。这种假手是通过残肢自身关节运动，拉动一条牵引索，通过牵引索控制假手开关的。临床上最常用的是利用残肢残存肌肉的肌电信号实行对假手控制的肌电假手。

假手的设计包括以下标准：具有多种抓握模式并根据物体的形状自动调节；物体的纹理、形状和温度可作为反馈信息；具有本体感觉；重量轻，外观好；可以在潜意识下控制。

英国南安普顿大学电子与计算机科学系研制了一个轻型的 6 自由度假手。该手共五个手指，拇指有 2 个自由度，其余四个手指各有 1 个自由度。整个手采用了模块化设计。每个手指用一个直流电动机驱动，并采用蜗轮蜗杆传动以保证手指被动受力时的稳定性。直流电动机和蜗轮蜗杆减速装置集成在一起，称之为指节模块。手指共三个关节，各关节之间采用耦合的方法实现运动。

意大利设计了一种既可作为人手假体又可以作为机器人手爪的人手原型。该手共有三个手指，即拇指、食指和中指。每个手指有 2 个自由度，其中食指和中指的手指末段为被动自由度，由一个四杆机构耦合驱动。三个手指的活动自由度分别由微型直线驱动器驱动和腱传动。由于采用了生物机械和控制论的设计方法，该手能对人手进行功能性模仿。

德国卡尔斯鲁厄大学应用计算机科学研究中心研制了一种仿人机械手，该手是目前用于假体的最为灵活的、抓取功能最强的假手，并且质量轻。它的形状和尺寸大小与一个成人男子的手相似，外形如图 10-26 所示。该手共五个手指，13 个独立自由度，每个活动关节都装有一个自制的流体驱动器，能实现包括腕关节在内的多关节控制。该手能实现强力抓取、精确抓取等功能，能完成人手的一些日常操作，并且克服了以往假手沉重、功能简单和灵活性差的缺点，在灵巧操作和假手实用化方面迈出了重要的一步。

我国哈尔滨工业大学也研制出了基于肌电控制的康复假手，如图 10-27 所示。

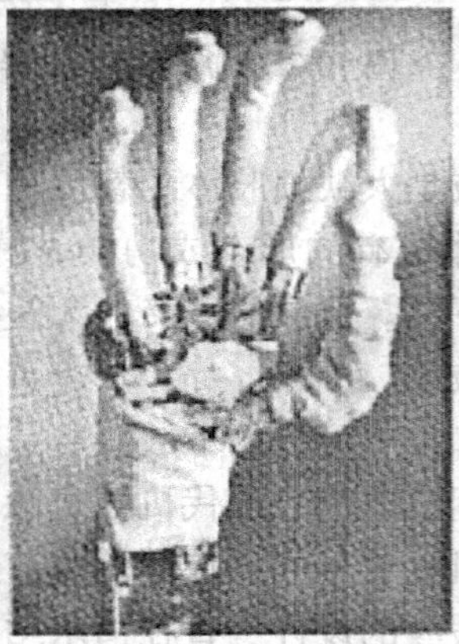

图 10-26 新型超轻假手

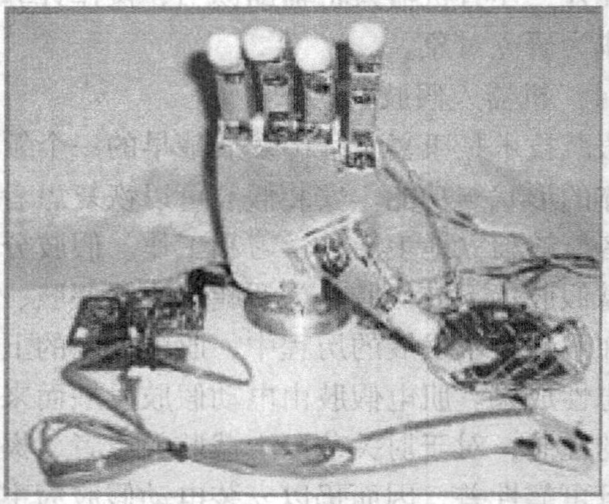

图 10-27 基于肌电控制的康复假手

10.4.3 医用机器人的应用实例

1. 在微创外科手术中的应用实例

随着高科技的发展，实用性医疗外科机器人正逐渐深入外科临床各个领域，其重要功能是开展微创性手术，提高外科手术质量，减轻患者痛苦。

在 2005 年举行的“中美医用机器人临床应用学术交流会”上，在“伊索”声控机器人的辅助下，医务人员仅 2h 就为一位 59 岁的冠心病患者成功地实施了冠状动脉搭桥手术。同时也是 2h 之内，在我国脑外科机器人的辅助下，医务人员连续为三位患者进行了无框架脑立体定向手术。“伊索”机器人是由美国摩星公司研制的先进手术辅助装置，具有语音识别能力，其主要功能是辅助实施微创外科手术，现在已在美国和欧洲应用，并于近期开始在我国、日本和新加坡等亚洲国家应用。我国的脑外科机器人是由北京航空航天大学和海军总医院联合研制的，其主要功能为辅助实施脑立体定向手术，现已在国内施行各种无框架手术 130 余例。

“伊索”声控机器人还可对患有风湿性心脏病的患者进行“心脏二尖瓣置换手术”。“伊索”装有特殊的声控装置，能分辨医生的声音，不仅很听话，而且记忆力特别强。在微创外科手术中，“伊索”始终听命于主人的指示，把内窥镜伸到任何一个需要出现的部位，无论时间多长，它的手都不会酸、不会抖。这个被世界医学界称为微创外科最佳配角的“伊索”，其实是一个浑身墨黑，质量只有 17kg 的带有声控装置的机械臂。几根黑色的电线连接着两台 14in（1in =0.0254m）监视器。就是这样一个组合，将要帮助中外医学专家来完成整个手术。“伊索”具有旋转度大（360°），提供图像稳定、精确的优点，一般人工开刀创口要在 20cm 左右，而只要“伊索”上场，开刀只要 6 ~8cm 就可解决问题；创口小、精确度高、伤口愈合快。它的运用对患者来说无疑是个福音。“伊索”可用于泌尿外科、脊柱外科、妇科等领域。

从 2007 年 1 月起，我国解放军总医院运用“达芬奇 S 型”机器人已完成了 60 例微创心脏手术，涵盖了目前世界上机器人能够完成的所有心脏手术种类，手术全部获得成功，接受手术的患者存活率和康复率都达到 100%。

手术时，医生只需在病人胸腹部切开四个仅 1cm 长的小孔，剩下的工作，从剥离血管一直到缝合伤口，都由机器人主刀完成。

机器人微创心脏手术相当于把外科医生的手变细、拉长，不用打开患者胸腔，而是从很小的创口进入体内，完成手术，因此给患者留下的创伤和痛苦要比传统手术小得多。传统的心脏手术，术后需要借助呼吸机维持 8h 甚至更长时间，三天后才能吃饭、活动。而机器人手术后，病人在普通病房观察三天就可以出院了。除了术后监护和住院时间明显缩短以外，创口小、疼痛感小、手术风险低也是机器人微创心脏手术的优势。由于传统的心脏外科手术需要开胸，手术切口大、创伤大，术后并发症较多，给病人造成很大的痛苦。机器人微创心脏手术的创口一般在 1cm 左右，患者在术后很快就能恢复正常生活和工作，并发症很少，大大简化了术后治疗，患者术后的存活率和康复率都大大提高。

2. 在骨科手术中的应用实例

2004 年，由北京航空航天大学、哈尔滨工业大学和北京积水潭医院共同研制成功了“矫形外科双平面导航技术与机器人系统”。该机器人用于为骨折患者接骨，进行小腿骨折的手术。实施机器人系统手术通过牵引系统——带电动机的机械手，辅助医生完成折骨的牵引和固定，然后，双平面导航机器人系统用 X 光机从正面和侧面对患者的伤骨拍摄图像，经过计算机的精密计算，确定骨髓内钢钉锁孔的位置，引导医生完成对钢钉的锁定。经临床实验，在北京积水潭医院进行的 27 例临床手术中，一次性成功率达到 100%，而传统技术则往往有 5% ~30% 的失败率和并发症。同时，手术时间比传统人工方法缩短近一半。

使用该机器人不仅使手术的成功率和质量大大提高，而且减少了传统手术中 X 光对医生和患者造成的辐射伤害。传统的骨折接骨方法，是将错位的骨头牵引拉开，恢复原位后，把钢钉穿入骨髓使断骨连接，医生在 X 光的平面透视下，摸索寻找钢钉的孔位，从外部打孔进行锁定。即使是经验丰富的医生也往往无法做到一次成功。同时，手术过程中医生和患者还要长时间地暴露在 X 光射线下。而机器人不仅不怕疲劳，而且动作准确规范。经临床统计，机器人手术平均时间约为 4 ~7min，传统手术时间则约为 10 ~14min；机器人手术时的 X 光暴露时间平均为 1min 以上，传统手术约为 4 ~8min。

10.4.4　医用机器人的研究趋势

目前，医用机器人在国外很多领域已被应用于临床，并取得了很好的效果。但在国内，实际临床应用成功的范例相对较少。随着科学技术的发展，在以下领域还需作深入研究：

1）多模图像信息的综合、配准。术前图像（如来自 CT 和 MRI 等）和术中信息（如定位器数据、X 射线投影和超声波图像等）的匹配，术前图像自身的匹配，不同图像及信号与手术系统的匹配等。

2）高精度定位系统的发展。对于机械手定位，存在手术中比较笨拙、机械手压力可使数据发生变化、固定装置和制动器位移易产生误差等问题。超声波定位受温度、空气位移、空气非均匀性等的影响比较大。电磁定位受金属植入的影响较大。目前，激光定位虽然精度高、处理灵活方便，但价格昂贵，受周围光和金属物体镜面反射的影响比较大。

3）虚拟现实技术的应用，使医生似置身其中，易用于培训外科医生。

4）图像获取、通信技术与计算机辅助外科相结合，实现远程外科手术。

5）医用机器人的安全问题，包括硬件和软件的安全。

第 11 章 家用机器人

很多年轻人的成长记忆里，都有这么一只机器猫：圆圆的脑袋，滚圆的身躯，它能跑能跳，能跟人交流，还有情感，更厉害的是，它有一个神奇的百宝袋和各种奇妙的道具帮助解决各种困难。哆啦 A 梦（Doraemon）实际上是人类对未来家用智能机器人的一种幻想。人们幻想在未来的家家户户里都有一个哆啦 A 梦式的机器人，拥有灵活的身体、丰富的情感，能与人无障碍地交流，是人类的亲密伙伴，还拥有强大的智能帮助处理各种问题，是人类的好帮手。

虽然现实的世界中，在幻想世界已经极大普及的智能机器人的发展只能算是刚刚起步，但是 21 世纪以来，家用机器人的研究越来越受到重视，国内外的研究机构都在争相研发各种类型的家用机器人，并且已经推出了一些商业化的产品，如著名的 NAO 机器人和 iRobot 公司的 Roomba 清洁机器人分别如图 11-1、图 11-2 所示。机器人已经不仅仅局限于实验性的科学研究，而是渐渐走向实用化，进入人们的日常生活。2007 年，比尔·盖茨在《科学美国人》杂志上撰文“家家都有机器人”，预计机器人将像电脑一样，走入千家万户。工业机器人之父约瑟夫·恩格尔伯格认为，“常识告诉我们，家用服务机器人最终将拥有比工业机器人更大的市场”。机器人进入家庭领域已是一种必然趋势。

图 11-1 NAO 机器人

图 11-2 Roomba 机器人

本章主要介绍家用机器人有关知识，包括家用机器人的定义和发展历程、特点和发展趋势、关键技术与研究课题及其主要应用。通过本章学习，使读者对家用机器人有一定的了解。

11.1 家用机器人的定义与发展历程

11.1.1 家用机器人的定义与分类

家用机器人属于服务机器人中重要的一类，指可以在家庭中为用户提供服务的服务机器人。家用机器人主要是对家庭中人们健康、生活品质以及家务劳动和护理起辅助作用。国际机器人联合会（International Federation of Robotics，IFR）对家用机器人按照用途进行分类，即家务用途机器人和娱乐休闲机器人两类，其中：

1）家务用途机器人：包括吸尘机器人、除草机器人、泳池清理机器人、窗户清洗机器人等。

2）娱乐休闲机器人：包括玩具机器人、教育训练机器人、娱乐用途机器人等。

按照工作地点的不同，可以把家用机器人分为室外机器人和室内机器人两类，其中：

1）室外机器人：包括除草机器人、泳池清洁机器人、窗户清洗机器人等。

2）室内机器人：包括吸尘机器人、玩具机器人、教育训练机器人、娱乐用途机器人等。

11.1.2 家用机器人的发展历程

单从起步时间来看，服务机器人的发展并不比工业机器人晚。冷战时期，面向军用、科研等特种应用领域的专业服务机器人一直是美国政府的科研重点之一。经过持续不断的发展，此类产品在20世纪90年代后逐渐成熟，并孕育出了一个颇具规模的产业。家用机器人作为服务机器人家族中重要一员，起步相对较晚，一直到1999年Sony公司推出电子宠物狗“爱宝”，才标志着家用机器人首次大规模地在商业市场中亮相。然而，21世纪以来，家用机器人的研发迅速成为一个热点，具有巨大潜在市场的家庭、个人服务机器人产业也逐渐发展壮大起来。不同国家对家用机器人的研发重点不一样，发展历程也不一样。

1. 日本

日本是最早进行家用机器人研发的国家之一。日本长期坚持仿生、拟人的发展路线，投入大量的精力进行拟人及仿生机器人的研发，甚至20世纪80年代就明确将“能够在生活中与人共处的机器人”作为具有重大社会意义的研发目标写入国家层面的路线图计划中。

爱宝上市后拟人机器人的概念迅速吸引了来自全球的目光。在其鼓舞下，本田、丰田、松下等公司迅速跟进，每年都投入上亿的资金研发智能型的家用机器人。这些产品集合了各种先进科技，会走、会跳舞、会判断环境、会与人交流。最新的实验室产品甚至具有以假乱真的人类外形以及察言观色的沟通能力。2007年，日本仿人机器人“Twendy - One”在东京亮相，它由东京早稻田大学Shigeki Sugano教授与20多个公司合作、花费十几年研制成功。“Twendy - One”极其灵巧，图11-3为“Twendy - One”正为一名学生从烤箱取出一片面包。图11-4是日本东京大学和丰田汽车公司等机构联合开发的AR（Assistant Robot）机器人，这是一种家务帮手机器人。AR拥有与人类接近的身高，可以根据衣物的褶皱将衣物分开并投入洗衣机，开启洗衣机上的启动洗衣按钮。AR还可以送餐、拖地，能帮助家庭主妇和老龄家庭减轻家务负担。Pepper是全球首次配备情感识别功能的机器人，如图11-5所示，由日本软银集团和法国Aldebaran Robotics研发。Pepper配备了语音识别技术、呈现优美姿态的关节技术，以及分析表情和声调的情绪识别技术，可与人类进行交流。2015年6~8月，Pepper正式面向普通顾客发售。

日本一贯将机器人技术列入国家的研究计划和重大项目，以工业机器人、仿人娱乐机器人为突破口，采用模块化和标准化道路，推进服务机器人的产业化；另外其经济产业省为家庭服务机器人科技发展做了详尽的战略规划，在经济产业省资助的项目中，服务机器人技术软件计划（2007~2011）在2009年的资助金额就达到了9700万人民币。

图 11-3　Twendy - One 机器人

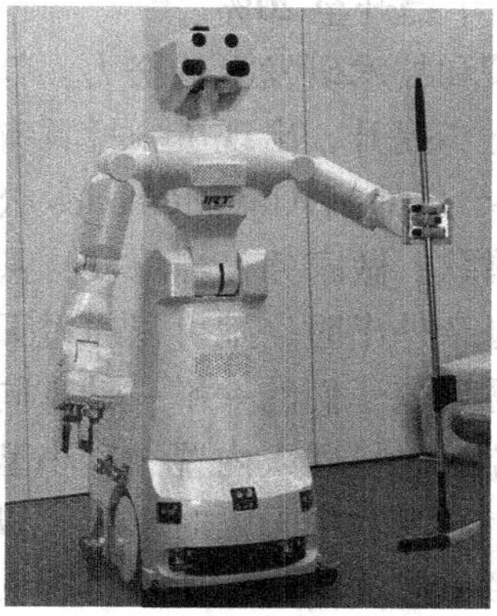

图 11-4　AR 机器人

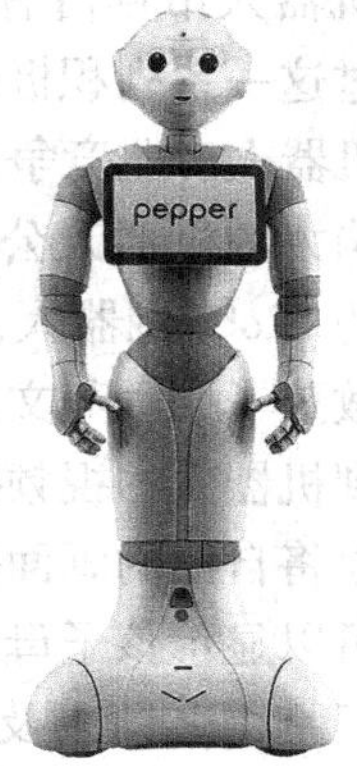

图 11-5　Pepper 机器人

2. 美国

美国机器人发展起步早，是在服务机器人产业化方面做得最好的国家。2002 年，以军用机器人起家的 iRobot 公司推出了划时代的家用清洁机器人产品 Roomba（见图 11-2）。尽管功能非常单一，但 Roomba 的突破性在于其完美实现了低廉成本同有效功能之间的统一。此类产品在技术上称不上高端，但是以其相对低廉的价格提供相当实用的功能，获得大量家庭的欢迎。Roomba 的问世同爱宝一样，赢得了社会的高度关注，同时也赢得了实际的市场业绩，至今 Roomba 系列产品已经销售了超过一千万台。

虽然 Roomba 在商业上取得了巨大的成功，但其本身只是一个不成熟的技术同简单的功能相妥协的产品。当抢先试水的诸多机器人技术厂商在“妥协性产品”的层面浴血厮杀的同时，一些反应敏锐的 IT 巨头开始凭借自己在 IT 技术上的雄厚实力，试图在核心软件这一更高层次占据先机。他们通过制定标准、统一平台、开展基础研发等战略行为来抢占未来市场空间。其中，比较典型的有微软和谷歌公司。早在 2006 年，微软的机器人部门就推出了机器人操作系统 Robotics Studio，似乎试图通过早期布局确立 Robotics Studio 的垄断性、标准化的战略地位。谷歌公司在机器人自主导航、物体识别等方面进行了大量的研究，并通过“无人驾驶汽车”等项目，尝试将软件状态的人工智能与硬件功能相结合。自 2013 年下半年以来，谷歌更是集中收购了九家机器人公司，可见谷歌对机器人项目的重视。2010 年，从谷歌分蘖出的 Willow Garage 公司也推出了自己的 ROS 操作系统，并迅速占据了相当高的市场份额。

在 2009 年美国机器人路线图计划中，把家用机器人定位为解决老龄化、医保等重大社会问题的突破口。他们认为未来家庭服务机器人有可能如同互联网、手机一样深度介入我们的生活，发展出一个庞大复杂的产业系统，甚至会深刻改变人类社会的形态。

3. 韩国

韩国政府曾在 2008 年 3 月制定了《智能机器人促进法》，2009 年 4 月公布了《智能机器人基本计划》。通过这一系列积极的培养政策和技术研发上的努力，韩国国内机器人产业竞争力已得到逐步提升。韩国知识经济部发布了韩国实现成为世界三大机器人强国目标的方案——《服务型机器人产业发展战略》。希望通过开创新市场来缩小与发达国家 2.5 年的差距，提出到 2018 年加强机器人产业全球竞争力的方案。计划通过该战略让 2009 年仅为 10%

的世界机器人市场占有率到2018年提升至20%。

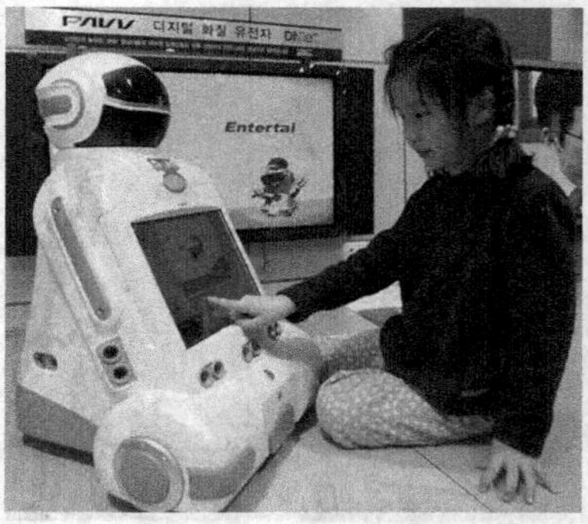

图11-6 iRobi机器人

通过这一系列积极的培养政策和技术研发上的努力，韩国国内机器人产业竞争力已得到逐步提升，出现了一批具有全球影响力的机器人公司。图11-6是韩国Yujin Robotics公司开发的iRobi机器人，她可以唱歌，做家务，当保安，甚至可以教孩子们学英文。当孩子母亲外出时，她可以通过无线连接到机器人的视频摄像头，看到孩子们的一举一动，同时也可以将自己的画面传回到机器人，机器人内置一个小型显示器可以显示孩子母亲的画面。而当家中无人时它还可以确认大门是否上锁以及煤气是否关闭。假如有人闯进家门，它还可以将其拍摄下来，给主人发电子邮件。

韩国机器人发展突出了服务机器人与网络相结合，并且把服务型的机器人产业作为“839”战略计划的重要组成部分，且被列入将在21世纪推动国家经济快速增长的十大引擎产业之一。

4. 中国

我国在服务机器人领域的研发与日本、美国等国家相比起步较晚。虽然我国在20世纪90年代中后期就已经开始了服务机器人相关技术的研究，但是我国服务机器人市场从2005年前后才开始初具规模。

2006年，发展智能服务机器人被列入《国家中长期科学和技术发展规划纲要（2006—2020年）》；2012年，我国发布《智能制造科技发展“十二五”专项规划》和《服务机器人科技发展“十二五”专项规划》。《国家中长期科学和技术发展规划纲要（2006—2020年）》把智能服务机器人列为未来15年重点发展的前沿技术。2012年5月，科技部主持召开了中国机器人产业推进大会，会议明确提出把家用服务机器人作为未来优先发展的战略技术，这使得我国的家居服务机器人的发展有了很大提高，服务机器人产业将会成为我国新的经济增长点。

在政策关照和潜在巨大市场急待开发的背景下，智能服务机器人产业开始萌发，科沃斯公司便是一个很好的代表。它是全球领先的家居服务机器人企业，于2013年9月在南京推出了“地宝九系”智能扫地机器人，如图11-7所示。功能上跟美国iRobot公司的Roomba清洁机器人差不多，但价格更加低廉。此外，科沃斯还推出了“家宝”和“亲宝”系列机器人。“家宝”系列机器人可以实时监测室内的空气质量和烟雾的浓度，给主人以提醒。“亲宝”系列机器人集远程控制、娱乐、教育、安保等功能于一身，是我国投放到市场的又一很具竞争力的机器人产品。目前，科沃斯公司已经形成一个完整的家居服务机器人生产体系，其产品销往全球30多个国家和地区，成为我国服务型机器人产业走向世界的先驱。

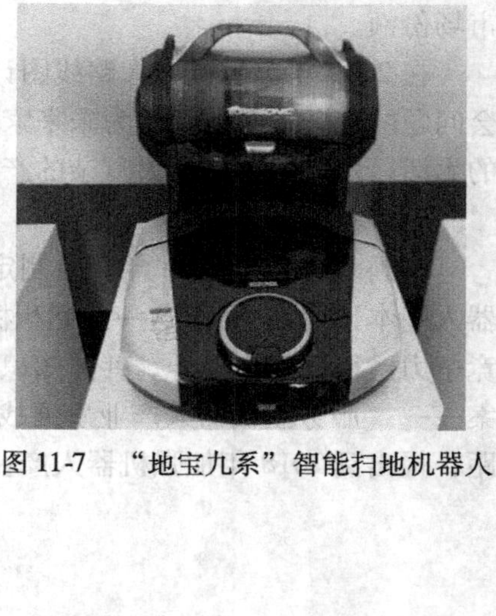

图11-7 “地宝九系”智能扫地机器人

从成果应用上看，我国的服务机器人产生一定的销售规模主要集中在清洁机器人和教育机器人，娱乐机器人和安防机器人市场则刚刚起步。从深层次分析，和日本、韩国、美国相比较，我国服务机器人主要落后在产业和企业上面，还没有出现像 iRobot 这样长期专心做服务机器人的高新技术公司。服务机器人技术本身是一个集成技术，没有被西方发达国家垄断的核心技术，也没有被封锁的技术壁垒，如何利用后发优势，培育一大批专注做服务机器人的企业，使他们做大做强，是我国目前最迫切需要的。

11.1.3　全球家用机器人总体研发现状与市场

根据市场调研机构 Marketsand Markets 的报告，家用机器人 2012 年销售量接近 200 万台，销售额接近 7 亿美元。国际机器人联盟（IFR）预测认为，2013 ~ 2016 年估计会有 2200 万个人/家用机器人被售出，其中家用机器人销量估计为 1550 万台，销售额达 56 亿美元。IFR 认为，随着云机器人技术获得重大突破，小型家庭用辅助机器人将大幅度降低生产成本，将在 2020 年之前形成至少累计 416 亿美元的新兴市场。由此可以看出家用机器人强劲的市场需求。

家用机器人的迅速发展与科技创新是密不可分的。有机构通过对德温特创新索引（DII）专利数据库进行检索，共检索到与家用服务机器人研究相关的专利（族）4839 件（数据检索日期为 2010 年 5 月 5 日），并对数据进行分析。图 11-8 给出了家用服务机器人专利数量随年度变化的情况。从图 11-8 可以看出，自 20 世纪 90 年代以来，家用服务机器人专利申请数量持续快速增长（由于专利的公开或授权存在一定的滞后期，近三年数据仅供参考），表明家用服务机器人相关技术越来越受到关注，相关研发正在快速发展。

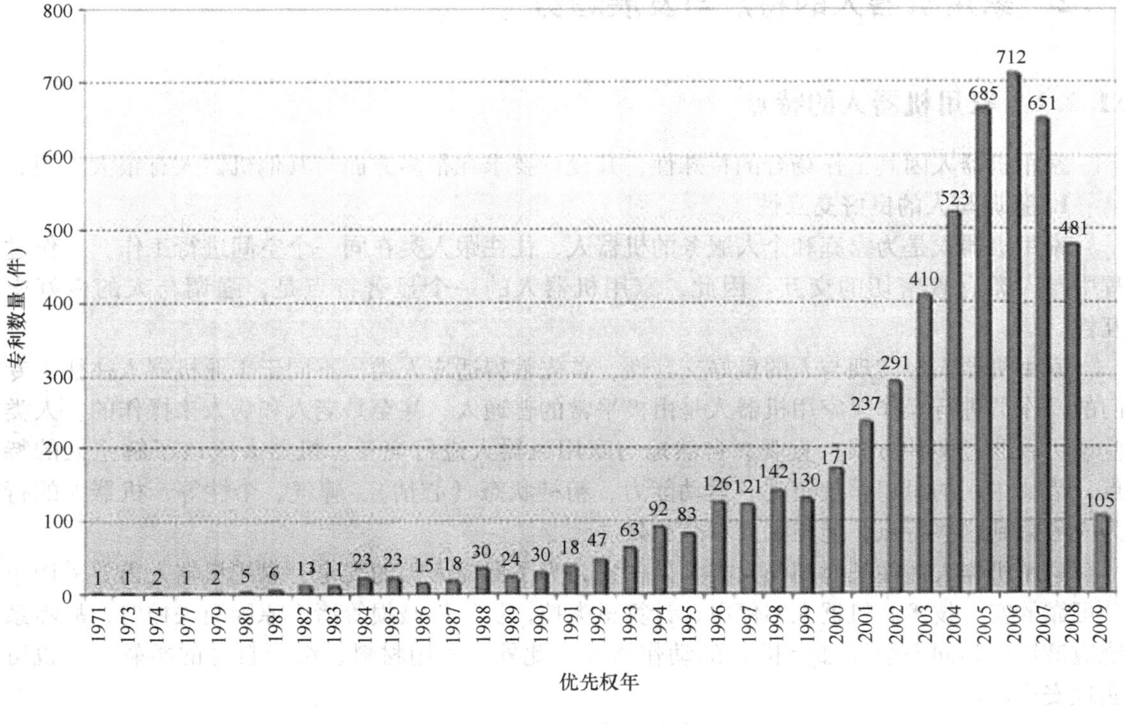

图 11-8　家用服务机器人年度专利申请趋势

据资料显示，日本和韩国受理的专利数量占有绝对优势，尤其是日本，其专利局的受理数量最多，约占总量的42.5%，韩国专利局的受理数量约占总量的30%。其次是美国、中国、德国。由此可见，日本、韩国、美国、中国、德国是家用服务机器人的重要研发和竞争区域。家用服务机器人专利申请数量居前10位的主要申请人主要是韩国、日本和美国的一些大型集团公司，这也表明韩国、日本、美国在家用服务机器人市场领域占据着领导地位。

机器人产业正处于一个新的历史机遇期。根据WTEC评估结果，美国在如下领域保持领先地位：机器人室外导航、机器人体系结构（控制、机构和计算的集成）以及部分服务和个人机器人领域。日本和韩国在机器人移动技术、人形机器人和部分服务和个人机器人（包括娱乐）领域处于领先位置。欧洲在结构化环境的移动技术，包括城市交通领域保持领先。欧洲还在助老和家庭服务机器人领域资助了重大计划。澳大利亚在定位和导航的理论和应用方面具有优势。

纵观服务机器人技术在全球的发展，我国这项技术的发展还处于一个相对较低的水平。中国人工智能协会副理事长韩力群表示，中国服务机器人创新研发不足，产学研合作处在初级阶段，产品价格居高不下。所以，服务机器人技术的兴起对于我们来说是一个机遇又是一次巨大挑战，能否经受住这场挑战将直接影响到我国未来经济和安全形势，因此意义重大。为了尽快提高我国家庭服务机器人的技术水平，国家863计划将服务机器人列入重点项目给予大力支持，在重点项目《机器人模块化功能部件产业化》和《机器人模块化体系结构设计》中，特别针对开发面向家庭应用的服务机器人给予重点支持。

11.2 家用机器人的特点与发展趋势

11.2.1 家用机器人的特点

家用机器人因其工作场合的特殊性，其设计要求在很多方面与其他机器人有很大不同。

1. 强调与人的良好交互性

家用机器人是为家庭和个人服务的机器人，往往跟人类在同一个空间进行工作，工作过程中与人类有着密切的交互。因此，家用机器人的一个显著特点是，强调与人的良好交互性。

家用机器人想实现与人的良好交互性，首先就得适应人类。不同于工业机器人往往由专门的操作员进行操作，家用机器人是由极平常的普通人，甚至是老人和病人来操作的。人类应该可以通过多种方式，直观、自然地与家用机器人进行交互。机器人应该了解主人的特点，诸如主人的思想、价值观、运动能力、精神状态（心情）、脾气、个性等，机器人的行为应考虑到这些特点，能与主人和睦相处。

家用机器人往往长时间与人类共处一室，为了保障人类的安全，家用机器人需要采用十分可靠的安全技术。机器人因停电、计算机失控、机械性破损等诸多原因而失控时，故障系统应该输出趋向安全（如停机）的动作指令。此外，利用材料、结构自身的柔软性，也可实现安全性。

2. 工作在复杂、半结构化或者非结构化的环境中

家用机器人的作业场所——家庭，是一个非常复杂的环境，里面有各种家具，有楼梯和台阶，有移动的人类与宠物。与工业机器人往往工作在结构化的环境不同，家用机器人往往是在半结构化或者非结构化的环境中。人们对家用机器人在复杂环境中安全性和可靠性的要求相比工业机器人更高。

在家庭中，机器人要在桌子、椅子和各种家用电器之间行走，打开各种电器产品的开关，检测主人的位置和行动。这些都应用于非结构化环境，结构比较复杂，能够根据自身的传感器，或通过通信获得外部环境的信息，从而自主进行决策，完成相应的作业任务。

家用机器人还应该具备较好的移动功能和操作功能，特别是移动功能，它是扩大服务范围、实现多功能化不可缺少的功能之一。

11.2.2　家用机器人的发展趋势

1. 交互人性化

以人为本的新型人机交互理念已经得到越来越多的认可和实践。所谓以人为本，就是说机器人要主动适应人，人类可以通过多种自然、舒适、易于掌握的交互方式与家用机器人进行交互。

近年来，采用语音、手势、表情、身体姿态等个体间交互的形式进行人机交互得到越来越多的研究和认同。这些交互方式直观、容易掌握，适合普通用户使用。面向老人和病人的家庭护理机器人，有的还采用了生物电信号（如脑电信号、肌电信号等）实现对机器人的控制。

为了更好地理解用户的意图，机器人需要根据交互场景和用户的特点去解读用户的指令，执行任务并为用户提供合适的反馈。

2. 智能化

虽然家用机器人的设计应用不同，但是无论哪一种类别，都指向一个共同的技术发展——智能化。具体表现在：

1）智能计算。现行的 CPU 运算处理能力已经能够满足一般机器人的运算处理需求，同时软件功能也在不断增强。人们在计算智能技术的发展上，获得了很多有效的算法。有了更高的计算机处理能力，各种智能算法在机器人的应用中将是未来服务机器人技术发展的趋势。

2）环境智能化。与家用机器人技术密切相关的另一个重要技术领域是环境的智能化。机器人进入家庭，不仅仅只是机器人本身的发展，机器人活动的环境同样也在不断完善。环境智能化瞄准的方向是：① 通过智能化的环境本身实现机器人服务；② 通过智能化的环境强化其环境中的单个机器人的功能。

3. 网络化

虚拟的网络和实际的机器人相结合，是家用机器人的重要发展方向。如果说，互联网的出现相当于提供了一个大资源库，那么与网络相结合的机器人的出现则是给用户提供了有效利用这些资源的手段和工具。例如基于 WiFi 和 3G 移动通信网等多种接入方式的智能安防监控机器人，能够把网络表情用实际机器人表达的娱乐机器人等。只要有网络连接，这类服务机器人可以实现主人和机器人之间任何时间、任何地方的实时交互。服务机器人作为一个智能终端和操作载体，本身具备感知、决策、移动与操作功能，完成有益于人类的服务工作。而“互联网＋”的支撑平台则借助物联网、云计算、大数据等技术，为服务机器人提供了一个巨大的信息采集、处理和智能决策平台，延伸了服务机器人自身的感知、计算和操作能力。

4. 标准化、模块化、平台统一化

在世界范围内，建立服务机器人标准，推进服务机器人模块化和平台统一化已成为一种越来越明显的趋势。

建立广泛认可的机器人标准，进行家用服务机器人模块化体系结构的研究，有利于减少重复性劳动，将先进技术转化为生产力，提高机器人产品质量、扩大产品市场，推动家用机器人的产业化发展。如今，美国、欧盟、日本、韩国等发达国家都在加快开展体系结构、中间件与模块化技术攻关，已经相继制定或准备制定服务机器人相关标准。

关于平台统一化，早在 2006 年，微软的机器人部门就推出了机器人系统 Robotics Studio，Robotics Studio 是一个跨越多种不同的硬件平台的机器人软件开发系统。微软选择的切入点似乎是试图通过早期布局确立 Robotics Studio 的垄断性、标准化的战略地位。而在 2010 年，Willow Garage 公司也推出了自己的 ROS 操作系统。相比于更接近 Windows 风格——封闭、垄断的 Robotics Studio，ROS 系统的风格更接近安卓——开源、自由。虽然目前还没有软件开发平台能一统服务机器人操作系统，但平台统一化的趋势已经越来越明显。

11.3 家用机器人关键技术与研究课题

11.3.1 室内自主导航技术

移动机器人的自主导航问题被 Leonard 和 Durrant - Whyte 等人分解为三个经典的问题：“Where am I（我在哪里，机器人定位的问题）?”“Where am I going（我要到哪里去，目标识别的问题）?”“How do I get there（我如何到达那里，路径规划的问题）?”。同样，在室内移动机器人导航里也存在这三个方面的问题，通常涉及地图表示模型和地图创建、自主定位和路径规划这三方面的研究。

1. 地图表示模型和地图创建

机器人地图可以分为两大类：几何地图和拓扑地图。几何地图又可分为栅格地图和特征地图。栅格地图将空间环境地图划分为若干规则方格，根据传感器获取的环境信息，采用有效的传感器几何模型确定当前栅格区域是否被占用。特征地图由一系列包含位置信息的特征组成。特征地图创建主要包括特征检测、特征匹配和更新三个方面。特征的选择非常广泛，多面体、平面体、直线、角点、目标边缘等均可作为地图特征。特征地图的匹配和更新模型常见的有 Kalman 模型、粒子滤波器等。

拓扑地图由环境中特征位置或区域组成的节点及其连接关系组成。拓扑地图节点的定义和识别是首要问题，它可以由操作人员直接定义或由机器人系统自动生成。第一种定义方法是人为预定节点标志，通常选择走廊、门、墙和角点等来完成空间环境的定义；第二种是特定位置法，即根据特定位置的环境信息定义节点；第三种节点定义为传感器测量值相似的区域。拓扑地图中节点之间的关系可以分为：① 邻接关系，即可从一个节点直接到另一节点；② 相对几何关系，即根据机器人内部传感器如里程计和方向盘信息，确定节点之间的相对几何位置；③ 绝对位置关系，即每个节点被指定全局位置坐标；④ 隐含连接，节点之间的关系由包含有通用路标的节点推测获得。根据连接关系信息，移动机器人可从一个节点区域运动到另一节点区域，从而更有利于高级任务处理如导航和规划等。拓扑地图的创建有两种方式，一种是直接根据传感器信息和机器人运动模型创建，另一种是从几何地图（特别是栅格地图）提取节点和连接关系，如常见的广义 Voronoi 图法和四叉树法。

2. 自主定位

服务机器人在完成任何家庭任务前，都需要知道自身在家庭环境中所处的位置，只有知道自身位置后，才能进行下一步的任务规划、行为决策等。所以家庭服务机器人的定位问题是服务机器人关键技术中待解决的基本问题之一。

目前，针对解决家庭服务机器人的定位问题，所应用的定位技术大体可以分为两种类型：相对定位和绝对定位。

（1）相对定位

相对定位也可以称为局部定位，服务机器人预先知道自己的初始位置，在行进的过程中，以初始位置为先验条件，再根据每一步的运动状态确定当前服务机器人在局部环境中的位置。常用的方法有航迹推算法和测距法等。

（2）绝对定位

绝对定位也可以称为全局定位，当服务机器人不知道自己的初始位置时，根据概率密度分布、粒子优化等方法进行定位。常用的方法有混合蒙特卡洛定位方法、马尔科夫定位方法等。

针对家庭服务机器人的室内定位问题，国内外众多学者也提出了多种解决方案。已提出的室内定位问题的解决方案大体上可以分为几类：室内无线定位技术（如射频无线标签定位、超声波定位、光跟踪定位、WiFi 技术定位、ZigBee 技术定位、无线传感器定位等）；GNSS（Global Navigation Satellite System）技术和无线定位组合的定位技术（Assisted - GPS 或 Assisted - GNSS）；其他定位技术（如计算机视觉、图像分析、航位推算等）。

针对室内定位问题的解决方案中，大多数是需要在除家庭服务机器人本体外的室内添加各种人工辅助设备才能实现对目标的定位，如无线射频标签、QR code 人工地标、无限传感器网络设备和全景摄像机等。这些辅助设备日常维护不方便，在一定程度上还影响了家居环境的美观，使得家居环境的舒适度降低。而采用室内自然环境特征进行服务机器人定位和导航，则不会存在这样的问题，有国内外学者已在该领域开展研究工作。如韩国的 Viet Thang Nguyen 和 Moon Seok Jeong 等人设计的家庭服务机器人利用方向朝向屋顶的单目视觉系统（主要为鱼眼相机）采集室内天花板的多幅图像，标定天花板图像中固定不变的特征点作为室内环境中的自然路标进行定位。

定位和地图创建不是相互独立的，而是具有高度相互依赖性的问题。机器人为了创建地图需要知道自己的位置信息，而机器人的定位又要依赖于准确的环境地图，这一问题被形象地比喻为“鸡和蛋”的问题。SLAM（Simultaneous Localization and Mapping）技术，顾名思义，试图同时解决定位和地图创建的问题。SLAM 就是机器人从未知环境中的一个位置出发，在运动的过程中利用内部和外部传感器进行自身定位、建立增量式地图，同时利用已经建立的地图来进行定位和导航，它的基本原理是运用概率统计的方法通过多特征匹配来减小误差，从而达到精确定位的目的。SLAM 最早由 Smith 和 Cheeseman 于 1988 年提出，被广大学者认为是移动机器人在未知环境中实现完全自主的关键。

3. 避障路径规划

家用机器人的工作环境大部分是半结构化的，有行走的人和宠物等，家具的位置也可能发生变化。在复杂、可变的环境中自主移动到目标点，并且能够躲避障碍物是家用机器人最基本、最重要的能力之一，也是其他应用的基础。机器人路径规划最早研究的是从起始点运动到目标点的类型，在家用机器人中许多场合需要该类型。还有一种路径规划要求机器人必须通过环境中的每个自由点（不被障碍物占领的点），这种区域填充式的路径规划简称覆盖规划。

（1）从起始点运动到目标点的路径规划

路径规划问题的输入一般包括环境和机器人的几何描述以及起始点和目标点，输出是一条安全的路径（当该路径不存在时规划算法也应该能够指出该路径不存在）。常用的路径规划方法主要有四种：路线图方法（roadmap approach）、单元分解方法（cell decomposition）、势场法（potential field）和爬行虫方法。

路线图方法主要利用可视图规划路径，该方法适用于环境中的障碍物是多边形的情况，将机器人、目标点和多边形障碍物的各顶点进行组合连接，要求机器人和障碍物各顶点之间以及各障碍物顶点与顶点之间的连线均不能穿越障碍物，即直线是可视的。然后搜索路径的问题就转化为从起始点到目标点经过这些可视线的最短距离问题，如图 11-9 所示。

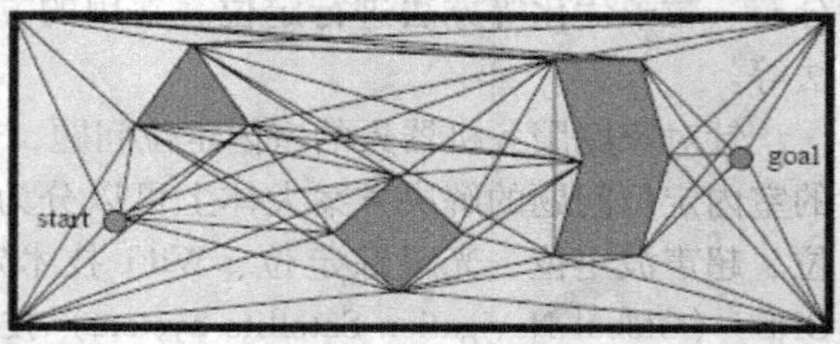

图 11-9　可视图方法

单元分解法是采用预先定义的基本形状单元来分解环境，并将这些基本单元及它们之间的连线组成一个连通图，然后运用图搜索的方法进行路径规划。

势场法是在环境中建立人工势场，目标位置产生引力，使机器人趋向目标运动；障碍物产生斥力，使机器人远离障碍物。机器人在合力的作用下沿着势场负梯度下降的方向运动，用合力控制机器人运动。

上述三种方法都是全信息规划方法，爬行虫算法可以用有限的信息进行规划，该方法是受“虫子”爬行寻找路径所启发的一种路径规划方法。在该方法中机器人时刻知道目标的方位并且只能感知局部范围内的环境，环境中包含有限个障碍物，并且一条直线和障碍物相交有限次。机器人开始时向着目标位置运动，当遇到障碍物时沿着障碍物边线运动，直到障碍物不再阻拦机器人向目标前进，机器人继续向目标位置前进。

（2）覆盖规划

传统的起始点 - 目标点的路径规划并不适合应用到清扫地面、割草、探测地雷、收割、喷涂等任务。这些任务需要进行覆盖路径规划算法，要求机器人必须通过环境中的每个自由点（不被障碍物占领的点）。覆盖算法有启发式算法、基于模板的方法、近似栅格分解法、精确单元分解法和最优分解法等。

1）启发式算法和随机方法。覆盖启发式算法是给机器人一系列简单的行为（如沿墙壁行走等），然后用这些协作行为的等级结构组成一些更复杂的行为如环境探测等。一些试验验证了该方法在覆盖算法中的应用，该算法可以作为基于传感器的完全覆盖规划的基础。Balch 和 Arkin 研究了多机器人覆盖任务，他们用 1 ~ 5 个机器人搜索环境并找到目标。基于行为的方法包括了启发式和随机方法的成分，这些启发式的行为和其他的行为（比如避障）

一起形成机器人的高级行为。机器人不用规划搜索路径，而是随机地选择一个方向并前进，直到遇到障碍物然后转向。

2）基于模板的方法。有学者对非完整约束机器人的覆盖算法进行了研究，在该算法中根据机器人的运动学模型和环境结构定义了一系列模板，对不同的环境采用不同的模板规划清扫路径，如图 11-10 所示。每种模板定义了各自运动的模式，以此避免与环境中的障碍物碰撞。通常规划的轨迹是有重叠的蛇形轨迹。该方法适用于静态环境，避免了在规划时机器人非完整约束的限制，在规划中用已知环境路标进行定位。还有文献对有障碍物的环境用基于模板的方法进行了研究，结果表明遇到障碍物时只要绕过障碍物边线并返回到原来路径即可实现完全覆盖。

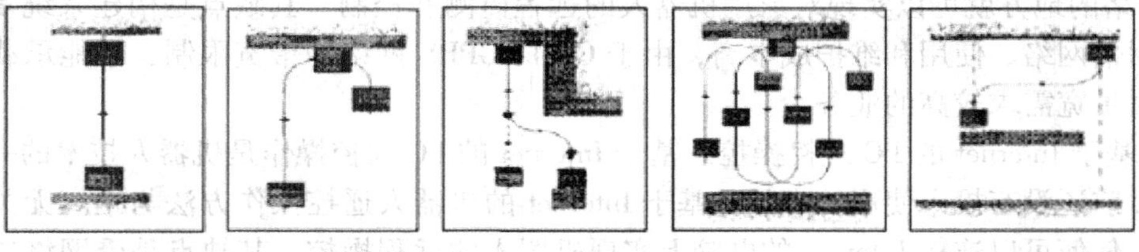

图 11-10　覆盖规划模板

a）直线前进　b）U 形转弯　c）侧移　d）交叉 U 形转弯　e）返回

3）近似栅格分解。近似栅格分解方法是用预先定义好的栅格来代表自由区域，这些栅格的大小和形状相同，但是所有这些栅格只能近似地代表目标区域。该想法最初由 Elfes 和 Moravac 提出。该算法认为，只要机器人进入一个栅格，它就覆盖了该栅格，因此通常栅格的大小为机器人的清扫工具或探测器的探测范围，当机器人通过了所有栅格就完成了完全覆盖。

4）精确单元分解。精确单元分解也是一系列不相交区域的集合，每个区域叫作一个单元，所有单元的集合组成整个环境。通常机器人可以用简单的往返运动覆盖每个单元，因此覆盖路径规划被简化为从一个单元到另一个单元的规划。一种通用的精确分解方法是梯形分解法，在该方法中自由区域被分解为梯形单元，从而生成一个节点为每个单元并且具有共同边界的单元相邻接的邻接表，每个单元可以用往返运动来覆盖，通过访问邻接表中的每个单元来覆盖整个环境。

5）最优分解。Huang 等人采用右行左行交互分解方法进行最优覆盖研究。Huang 对最优的定义不是进行覆盖所需要的最短路径，而是覆盖所有区域所需要的所有转弯数。因为机器人进行转弯时必须减速、旋转，然后加速，并且假设在各个子区域之间运动的代价可以忽略不计，因此该定义可近似等于最小化覆盖时间。用右行左行交互分解方法覆盖一个子区域转弯的次数和该区域的宽度成比例，宽度定义为垂直于右行左行运动的方向。因此最优覆盖问题转换为选择切面线的方向从而最小化宽度的极值问题。

11.3.2　家用机器人的控制

1. 控制方式

针对家用机器人，目前比较成熟的控制方式有：触摸屏操控方式、基于 GSM/GPRS 网络的远程操控、基于 Internet 的 PC 遥控操控、基于 WiFi 无线网络的 PC 操控、红外线遥控等，促使家用机器人在我们的生活中得到一定的应用。

1）触摸屏操控方式。触摸屏操控是技术最成熟、最有效的操作方式，也是大多数家用机器人具有的操控方式，它实时传递指令信息，机器人响应速度快。与其他操控方式相比，该方式受周围环境电磁、温度、噪声、光线等的影响较小。其缺点是缺乏灵活性，由于使用者必须靠近机器人操作，自然也就使机器人失去了很多优点。这种方式适用于机器人的初始化配置等。

2）基于 GSM/GPRS 网络的远程操控。基于 GSM/GPRS 网络的远程操控是当前比较先进的家用机器人操控方式，它的优点是设备简单、实用、可靠，与距离无关，只要有 GSM/GPRS 网络的地方就可以实现对家用机器人的远程监测和控制。其缺点是构建系统复杂、依赖移动通信网络、使用和维护成本高，由于 GSM/ GPRS 网络的带宽限制，不能承载如视频传输等对带宽需求较高的业务。

3）基于 Internet 的 PC 遥控操控。基于 Internet 的 PC 遥控操作是机器人技术的一个研究重点，目前还没有投入使用的产品。基于 Internet 的机器人遥控操作方法与距离无关，可以从世界上任何可以连接 Internet 的电脑上实现机器人的远程操控。其缺点是受网络通信带宽影响较大；其次，因为系统是基于 Internet 的 TCP/ IP 系统，造成的延时也影响系统的执行效果。

4）基于 WiFi 无线网络的 PC 操控。通过 WiFi 无线网络在 PC 上操控家用机器人是一种应用广泛的家用机器人操控方式。在加拿大 DrRobot、美国 iRobot 等公司生产的产品上都有应用。其特点是系统结构简单、造价低廉、易于推广。缺点是 PC 便携性差，没有很好地发挥无线网络和移动机器人的优点，不适合用于家用机器人的操控。

5）红外线遥控。红外线遥控方式通用性强，甚至在控制机器人的同时也可以控制其他家用电器。其缺点是稳定性差、易受干扰、有效距离短、带宽窄、传输速率低等。

2. 控制系统结构

机器人控制系统是机器人的核心，决定了机器人性能的优劣。控制系统按照控制算法的处理方式可分为串行、并行两种结构类型。

串行处理结构是指机器人的控制算法采用串行的方式进行处理。按照控制方式串行结构又可分为以下几种：

1）集中控制方式。集中控制是用一台性能较强的计算机实现全部控制功能。这种系统结构简单、易于实现、也比较经济，适用于功能不多的机器人中。但当控制过程中需要大量计算时，系统运行速度较慢，一般来说实时性差，难以扩展，缺乏对动态复杂环境的适应性。

2）主从控制方式。主从控制方式是由主、从两级处理器来实现控制功能的。主级负责整个系统的管理，实现人机接口以及语言编译等功能，同时完成控制算法的运算并将运算结果送至从级。从级处理器则完成执行机构的动作控制，同时将实际位置量发送至主级处理器。这类系统控制速率较快，实时性较好，但其扩展性差，维修困难。

3）分布式控制方式。分布式控制系统一般采用上、下位机二级分布式结构，上位机负责整个系统管理和控制算法的运算等。下位机由多微处理器组成，它们并行地完成各自的控制任务，这些微处理器和主控机联系是通过总线形式的紧耦合。分布式结构是开放型的，可以根据需要增加更多的处理器，以满足系统的功能需求。这类系统的工作速度和控制性能得到明显改善，是当今家用机器人控制系统的主流。

以上几类串行结构的控制系统都存在共同的缺点，即控制系统的计算任务重、实时性差。当机器人在运行过程中受到外界干扰时，其性能将受到很大影响，难以保证控制系统响应的准确性和快速性。

并行处理结构是指机器人的控制算法采用并行处理方式。并行处理技术是提高计算速度和系统实时性的一个重要而有效的手段。机器人控制系统一般采用以下两种方式来构造并行处理结构：

1）开发机器人控制专用的超大规模集成电路（VLSI）。针对机器人控制算法的并行性，设计专用的 VLSI（very large scale integrated circuits），依靠芯片内的并行体系结构来解决控制算法中的大量计算，从而提高运算速度。但由于芯片是根据具体的算法来设计的，因此采用这类系统控制器不能通用，也不利于系统的维护与开发。

2）利用具有并行处理能力的芯片式计算机构成并行处理网络。随着计算机技术的发展，机器人控制系统控制器的运算精度和处理速度越来越高。一些处理能力强的微处理器，如数字信号处理器（DSP）和具有并行处理能力的芯片，如英国 Inmos 公司研制的晶体管计算机（Transputer）和美国的精减指令集计算机（Reduced Instruction Set Computer，RISC），可以构成并行处理结构，大大提高控制系统的运算能力和运算速度，提高系统的实时性。

目前，家用机器人的控制系统普遍采用这种上、下位机二级分布式结构。一般上位机多采用 PC、工业 PC 或者嵌入式主板加上 PC 处理器作为控制核心，下位机多采用单片机或 DSP 等。这类控制系统具有处理运算能力强、上位机软件支持比较丰富、应用程序开发比较方便等优点，但系统比较复杂、体积较大、耗电量大、成本较高。

11.3.3　家用机器人的社会课题

对于家用机器人，有人在抛出疑问：像这样的机械设备能不能或者应不应该被社会接受？也有人质疑，机器人干了人干的工作，是不是剥夺了人的工作机会？人会不会越来越懒？另外，也有一些人对采用机器人持慎重态度，例如，家用机器人可能会剥夺人与人接触的机会，可能使人与人之间的关系疏远；心理慰藉疗伤机器人的引入可能给人的心理产生坏的影响等。还有人提出这样的观点：能否给家用机器人设定适合人们经济条件的价位？需要让大家都使用高技术产品吗？相对通用机器人而言，限定功能的家用机器人不是更容易被人们接受吗？这些问题是需要对引入家用机器人的种类、它所能完成的工作、引入机器人时的社会环境等等问题进行整理和具体分析，作为研究开发和商品化时分别应该进行讨论的话题。

11.4　家用机器人的应用

现有的家用机器人主要有三大方向的应用：

1）智能家居方向。机器人本身成为一种新的智能家电，能替人完成某项家务工作，或者机器人为其他家电提供远程操控、智能化管理平台。清洁机器人、炒菜机器人以及未来的保姆机器人等属于这一方向。

2）家庭教育娱乐方向。目前市场上各种宠物机器人、教育机器人、聊天机器人等都属于这一方向。

3）家庭安全健康方向。主要指提供家庭安防监控、健康服务的家用服务机器人。

需要指出的是，上面几个方向是可以互相融合的，很多家用服务机器人同时具备多项。比如，一些清洁机器人的厂商已经开始研发生产具备视频监控功能的清洁机器人产品。在可以预见的未来，同时兼顾智能家居、教育娱乐、家庭安全等诸多方面功能，为家庭提供全方位家庭服务的机器人也将走入市场。下面将向大家介绍各个应用方向上比较典型的机器人。

11.4.1 家居智能方向

1. AR

图 11-11 所示机器人是日本东京大学和丰田汽车公司等机构联合开发的“AR”机器人。这是一种家务帮手机器人，“AR”是“Assistant Robot”的缩写。该机器人拥有与人类接近的身高——155cm，重 130kg，她的头部装有五台照相机以确定家具的位置，通过底部的滚轮行走。AR 可以根据衣物的褶皱将衣物分开并投入洗衣机，并按下洗衣按钮。AR 还可以送餐、拖地。AR 在收到用户发出的指令后通过装载的计算机自行完成动作任务，不需要人类的控制。主人只要在出门前对机器人发出指令，机器人就可以独自干活了。研究人员表示将对 AR 机器人加以完善，并尽早投入市场，以帮助家庭主妇和老龄家庭减轻家务负担。

2. 可佳

图 11-12 所示为中国科技大学研制的机器人可佳。它拥有灵敏的视觉，可以对图像进行观测和处理。可佳还有灵活的双手，通过控制软件，完成物体的抓取，并可以完成倒水等高难度动作，可佳对手抓取物体的力道控制也很精密。可佳可以识别和完成人发出的指令，也可以与人对话。最让人称奇的是机器人可佳的自主能力。当可佳面对没有执行过的指令时，会给人进行反馈，人只要告诉它下一步动作，它便会执行。同时，可佳拥有“阅读”学习的能力，当人下达上网搜索说明书并使用微波炉加热食物的指令后，它可以自行下载对应型号的产品说明书，阅读完后便学会了微波炉的使用方法，从而对食物进行加热。

图 11-11 “AR”机器人

图 11-12 机器人可佳

3. 爱可

图 11-13 为国内第一台中国菜烹饪机器人爱可，它由扬州大学旅游烹饪学院、上海交通大学和深圳繁兴科技公司历时四年完成。爱可能烹制 600 多道菜肴，也可以迅速学习和掌握厨师的技巧。凭借特定的软件系统和远红外探头，机器人可以很好地对火候进行控制，从而

烹饪出可口的菜肴。爱可机器人目前在技术上已经逐渐成熟，在不久的将来应该会出现在很多家庭。

4. 清洁机器人

图 11-13　机器人爱可

下面对清洁机器人做一个总述。清洁机器人的研究从 20 世纪 80 年代开始，不过由于清洁的环境基本上是结构、半结构性的，但要清除的垃圾则完全是非结构性的，造成一定困难。随着机器视觉软硬件的进展，许多问题已经得到初步解决，日本、美国、欧洲等国家的许多公司都已经推出了产品。

日本松下电器公司在 2002 年展示了一种可自动为房屋进行真空吸尘的机器人。该吸尘机器人每次充电可运转 55min。工作时，它首先绕房间转一圈，计算出房间的大小，然后在房间内作水平及垂直运动。其缺点是机器人在宽度超 1.2 英寸的障碍物前 6 英寸处停止运动，它无法清洁墙壁边缘处的灰尘。日本日立公司于 2003 年 5 月宣布成功开发出家用清洁机器人。这是一种能够在房间中自由行走并打扫卫生的自律行走机器人。行走速度最快为 40cm/s，打扫 $10m^2$ 的房间约需 10min，可利用遥控器或机身按钮进行操作。该型机器人的主要特点是：机身下部设计了一个最大可自动伸出 5cm 左右的“可动吸口”，机器人走到房间的角落后可动吸尘口就能够自动伸出，把角落打扫干净，不留死角。

由美国麻省理工学院人工智能实验室开发的智慧型自动吸尘器 Roomba，运用人工智能运转与导航侦测技术，聪明地打扫每一寸地板，同时搭配独有的真空吸孔与旋转刷，清洁效果特别好。它仅有 10 cm 高，直径也才 34 cm，可以轻松钻进床底或沙发底下进行打扫。只要按下开关，Roomba 就会全自动在指定区域吸尘打扫，碰到障碍物会自动转向，遇到楼梯也会自动侦测不会掉下去。由于有特殊的真空吸孔、旋转刷与旋转边刷设计，使其无论是地毯或地板，清洁起来都很方便。该型机器人被美国《TIME》杂志评选为 2002 年最酷的发明之一。

澳大利亚某公司也研制出可自动行驶并打扫房间的 V4 型机器人。这种全自动吸尘器表面光滑，体积很小，呈圆形，内置搜索雷达，可以搜索各种房间里的每一处，不会碰撞家具或其他障碍物。不管房间的外形及面积的大小，ARNA 导航算法引导机器人在任何房间的所有无遮掩区域四处运动来进行清洁工作，因为机器人导航沿房间的周围，所以它要创建自己的空间参考图，机器人不需要任何编程“教它应该去哪里”。该机器人操作简单，仅有三个按钮：开始、结束以及暂停，人们只要简单地将它放置在需要清扫的区域或房间中，按下开始按钮即可。这种全自动吸尘器机器人很轻，一只手就可以拿起。

著名的家电厂商伊莱克斯在英国推出了他们的机器人吸尘器“三叶虫”。这款“三叶虫”吸尘器使用超声波探测障碍物，并且可以自行设计出在房间中行走的最佳路线。它通过超声波躲避桌椅腿和宠物等障碍，超声波系统同时帮助它测量房间的尺寸，而最佳行进路线就是根据这些测量数据通过机器内部的计算机算出的。使用者必须在房间门口和楼梯尽头贴上磁条作为无形的墙壁阻止机器人的前进。“三叶虫”是由可充电电池驱动的，每次充电后可以运行 60min。“三叶虫”分三个档位：正常、快速和点清理，吸尘器充满垃圾时还会发出灯光警告。“三叶虫”的高度只有 13cm，可以钻到桌子和床底下清理。

目前国内市场上销售的清洁机器人有深圳银星智能科技有限公司的 kv8 家用清洁机器

人、科沃斯机器人科技（苏州）有限公司的地宝机器人、北京利而浦电器有限责任公司的福玛特保洁机器人、浙江海星电子科技有限公司的 HAC－2 清洁机器人、上海罗宝公司的罗宝智能清洁机器人等。可以说，保洁机器人在国内已经初具规模，并且随着人们购买力的提升，市场容量也在快速增大。

11.4.2 家庭教育娱乐方向

1. 爱宝

机器狗爱宝如图 11-14 所示，是用来设计与人类做伴的。在爱宝的体内，有一片极小的晶片，即索尼（Sony）专利的记忆棒（memory sticks），它赋予机器狗以人的智慧。所以，爱宝能够自我思考以及学习，通过不同的经验，爱宝能够将资料搜集以及存储，有助于其成长并慢慢走向成熟。同时，爱宝具备的“自行充电功能”能让用户省心惬意。另外，如果用户精于计算机编程，还可以为它设计一些新的动作，如挠痒解闷、摇尾乞怜、打滚撒娇等。若是支持无线通信功能，用户还可以使用“AIBO HANDY VIEWER”，利用显示在画面上的文字确认爱宝的心情等。不过，爱宝机器人只生产了五代，索尼公司便停止了对它的进一步开发。

2. NAO

机器人 NAO 的横空出世代替了爱宝的地位，使智能机器人的发展步入新的阶段。图 11-15 所示为法国 Aldebaran 公司研制的“可自治的家庭伙伴”NAO。

图 11-14 机器狗爱宝

图 11-15 机器人 NAO

机器人 NAO 诞生于 2005 年，经过几年的改进，现在功能更加完善。它号称是世界上首个可以表达情感的机器人，具有和人类 1 岁婴儿相同的情感和行为学习模式，能够观察周围人的表情和身体语言分析他们的情绪，并在和人相处的过程中逐步增进对其情绪的了解，再加上它可以识别预定的词汇，与人进行对话或执行人的语音指令，完美地实现了和人类相处以及进行情感互动。运动方面，它有 37 个自由度，可以进行各项复杂的动作。得益于 NAO 本身配备的传感系统和视觉系统，它的视觉处理能力、触觉能力让人震撼。

NAO 之所以是目前世界上最先进的智能机器人的一个重要原因是它的可编程功能。整个 NAO 的软件控制系统平台为 Choregraphe，通过这个软件，用户可以轻松地创建和编辑机器人的动作和行为。其直观的图形界面可以满足普通用户的要求进行图形化编程，掌握 Urbi 语言、Python 语言和 C++语言的用户可以对其进行高级编程。NAO 还可以通过 WiFi 连接到本地网络，通过其他电脑来实现机器人的远程控制并给它编程。除本地交流外，NAO 可以上网，通过外部网站发送或下载它的数据。

3. Kibot

Kibot 是韩国电信（KT）和艾利和公司联合推出的儿童教育娱乐服务机器人。2011 年 4 月 Kibot1（见图 11-16）上市，上市后四个月的时间销售量高达 1 万台，获得了 2011 韩国机器人大总统奖。Kibot2 是 Kibot1 的升级版，如图 11-17 所示，在 2012 年 3 月通过与沙特阿拉伯移动电信运营商 Mobily 公司签署合作协议，进入中东市场。

图 11-16　Kibot1 机器人

图 11-17　Kibot2 机器人

4. PapeRo

PapeRo（Partner－type personal Robot）是一款由 NEC 公司开发生产的伙伴型机器人，如图 11-18 所示，PapeRo 小巧可爱，外形尺寸为 23cm×23cm×39cm，重量为 5kg，采用轮式移动机构。它具有语音识别、与人对话交流、文字识别、避障行走、浏览互联网信息、跳舞表演、闹钟等功能。PapeRo 采用 Intel Pentium M1.6GHz（Dothan）处理器作为机器人的“大脑”，这是机器人的核心控制单元。机器人装有多种传感器，具体包括：机器人双眼的 CCD 数码相机，它不但能够捕捉到逼真、实时的图像，还能够对这些图像进行识别；机器人身上的超声波传感器，能够检测出障碍物的距离信息，并与视觉数据配合使用，可以实现机器人的自由避障行走；机器人头部的触觉传感器，一旦机器人感受到人的抚摸时，通过控制脸部的 LED 灯实现机器人表情的变化。

图 11-18　机器人 PapeRo

5. Pepper

Pepper 是一款人形机器人，由日本软银集团和法国 Aldebaran Robotics 研发，可综合考虑周围环境，并积极主动地做出反应，如图 11-19 所示。

Pepper 是全球首次配备情感识别功能的机器人。它的头部装有一个麦克风、两个摄像头和一个 3D 传感器，因此从人的表情、声调到喜悦及愤怒等感情均可识别。Pepper 还能识别与人的距离以及人类发出声音的方向。机器人配备了语音识别技术、呈现优美姿态的关节技术，以及分析表情和声调的情绪识别技术，可与人类进行交流。

研究人员计划让机器人按照自己的意思采取恰当的行动，而不是直接执行人类编好的程序。为此研究人员导入了一种机制，让各个 Pepper 收集“如何做才能让人高兴”等数据，并将其保存在互联网上的“云 AI”服务器中。通过从世界各地的 Pepper 收集数据，可以加快机器人的学习速度。

6. Wakamaru

2005 年 9 月，三菱重工开发出一款家用机器人 Wakamaru，如图 11-20 所示。该机器人采用轮式移动机构，身高 1m，重 30kg。该款机器人具有人脸识别技术，能记忆 10 种不同容貌，可以听懂 1 万个单词，可以与用户进行简单的交流。Wakamaru 还可以充当秘书，记下备忘录和约会时间，起到日程管理的作用。而且，机器人还具有 WLAN 上网功能，可以拍摄家中的状况并将照片通过无线网络发送出去。机器人装有超声波和红外线传感器使它可在预先设置的区域里自主行走。此外，还能在电池快没电时自动移动到充电位置进行充电。

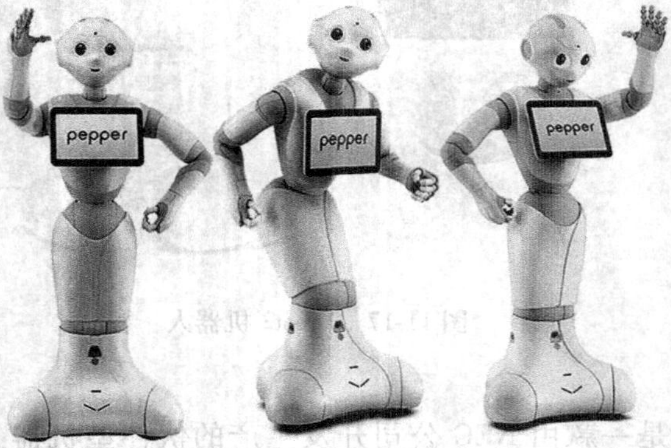

图 11-19 机器人 Pepper

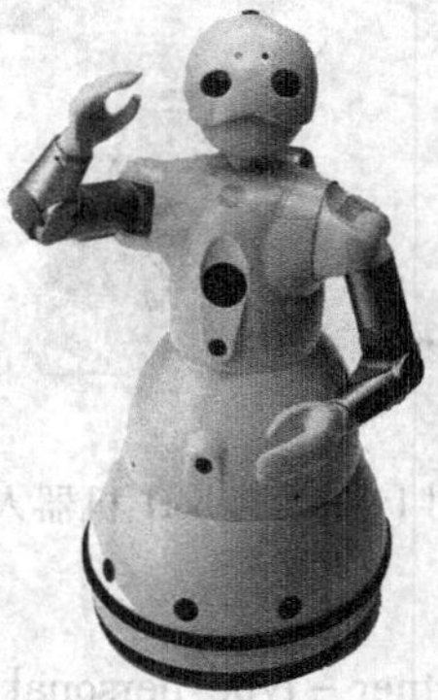

图 11-20 机器人 Wakamaru

另外，美国 WowWee 公司研制的智能机器人 Robosapien，可以与人进行语言交互，用户也可以自己编制程序进行控制；美国 Robo Dynamics 公司正在开发机器人 Luna，它的设计定位是一款家用机器人，完全可编程，以方便人们日常生活中的使用。

比起国外一些智能化程度和实用程度较高的家用机器人，国内在家用智能机器人方面的研究在很多领域还不成熟，但近几年也取得了许多成果。

2008 年 11 月，中国首台家庭智能机器人上市，该机器人名叫塔米。塔米头部配有一个 CMOS 摄像头，视觉部分具有运动场景检测、人形检测、物体识别、人脸识别等功能，基于图像分析技术可实现机器人的定位，再结合超声波传感器、红外传感器可以实现机器人从当前位置自主避障行走到特定的目标位置。机器人还可以通过 WiFi 接入互联网，实现用户对机器人的远程控制和网络监控。此外，还具有无线遥控和自主充电的功能。

浙江大学智能系统与控制研究所研制开发的仿人机器人“悟”和“空”，具备对外界信息做出快速反应的功能，是目前世界上首个宣布研制成功的具有快速连续反应能力的仿人机器人。它全身拥有 30 个可以各司其职、自由活动的关节，仅上肢手臂就可以完成七个自由度的复杂运动。“悟”和“空”还具备精准识别、超前预测、建模和快速反应能力等多种功能，他们在与人进行乒乓球对打时，来回能高达 100 多个回合。

北京理工大学服务机器人研究所研制开发的仿人机器人汇童 BHR－2 是一个会打太极拳的机器人。该机器人攻克了复杂动作设计与协调控制技术难题，像人类一样会跑、会跳，还会前进、后退、下蹲行进、侧行，打起太极来招式优美、动作连贯、收放自如，而且还可以与人类交流互动。

紫光股份旗下北京紫光优蓝机器人公司的家庭亲子机器人爱乐优（昵称小优）也是一款比较成熟的服务机器人产品。它以 Android 为智能平台，融合中国科学院声控技术，是一款主要针对中国家庭对婴幼童进行早教启蒙的心智发育伙伴型家庭亲子机器人。

由腾讯公司、中科睿成和深圳先进技术研究院联合开发的小 Q 机器人在 2011 年 8 月上市，该机器人定位于语音聊天、信息查询、互动娱乐，目前售价 1000 元左右。

11.4.3　家庭安全健康方向

1. 安保、监护机器人

日本 Tmsuk 机器人公司与 Alacom 安保公司合作开发的机器人 T34 配有四个轮子，最高移动速度为 10km/h，如图 11-21 所示。它配备有探测装置，可根据人体温度和声音侦察周围情况，并将相应图像实时地显示于手机屏幕。发现可疑人员后，它可在主人的遥控指挥下，朝可疑人员喷撒一张蜘蛛网式的大网。

韩国最大的移动运营商 SK 电信推出的保安机器人 Mostitech 高 50cm，重 12kg。如果遇到失火或者致命的煤气泄露等紧急情况，机器人的传感器可以探测出潜在的危险。当不速之客进入家中的时候，机器人能够把这些人的照片和报警信息发送出去，如图 11-22 所示。

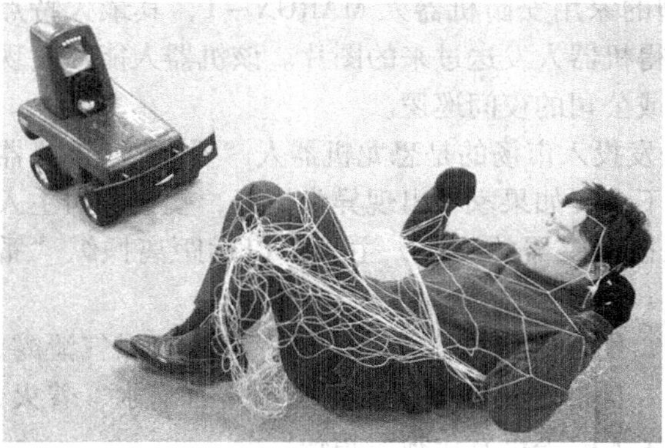

图 11-21　机器人 T34

图 11-22　机器人 Mostitech

由韩国 Yujin 公司开发的 iRobi 家用机器人（见图 11-23），不仅可以自动避开障碍物，在房间内自由走动，而且家里无人的时候，可以通过外设的电脑装置确认大门是否上锁和煤气是否已经关闭。假如有陌生人闯进家门，iRobi 还可以将其拍摄下来，给主人发电子邮件。另外，iRobi 还可以念韩文和英文书，可以唱童谣以及讲童话故事，因此也可以作为教育孩子的新媒介。

图 11-23　家用机器人 iRobi

美国 iRobot 公司开发的远程监控机器人 Connect R 如图 11-24 所示。主人可以通过 Connect R 机器人监控家居环境，可以和朋友视频交互，可以监视宠物。Connect R 通过高质量的视频、语音信息提供虚拟参观。主人可以通过能上网的 PC 控制该机器人，并且通过设置密码，机器人只能让通过认证的人控制和虚拟参观。

机器人 ROVIO 是由美国著名机器人公司 WowWee 开发的，如图 11-25 所示。ROVIO 是一个具有 WiFi 控制功能的移动巡航摄像机器人。最基本的两项功能是：内置摄像机，可以通过实时视频流及音频流观看其所在环境及进行互动；WiFi 控制，消费者可从世界任何角落通过网络利用个人电脑和智能手机等设备对 ROVIO 进行远程遥控。

图 11-24 机器人 Connect R

图 11-25 机器人 ROVIO

2002 年，日本富士通公司开发了一款新型的家用安防机器人 MARON－1，其最大特点是可以利用手机远程控制机器人的运动，并获得机器人发送过来的图片。该机器人能够实现通话、拍照、监控、巡视等功能，适用于家庭或公司的夜间巡逻。

泰姆泽库（Tmsuk）公司于 2003 年首先开发投入市场的是恐龙机器人“番龙”。该机器人比一般的看门狗大一些，大小和大型警犬差不多，如果家中出现异常情况，就会呼叫主人手机，通知主人家中有异常现象出现。或者根据传感器的反应，主人可以远距离操纵“番龙”寻找所出现的异常现象。

沈阳新松机器人自动化股份公司研制了第二代智能型机器人。家里一旦出现煤气泄露，水龙头没关，机器人就会立即通知主人，机器人自带传感器可以监测家中是否漏水、着火、煤气泄露等，发现异常时，机器人会主动地向主人的手机发送报警短信。

哈尔滨工业大学机器人所研制的智能保安机器人能在一个家庭的范围巡视，观察室内环境的变化，发现入侵者，并及时把探测到的信息（盗窃，火、煤气泄露等）用无线网络通信的方法通知主人。机器人具有轮式行走结构和障碍检测传感器，可在用户家中自主行走与避障。通过自带摄像头，主人不但可以拍摄室内的图像，还能通过因特网实现对机器人的控制和查看家里的情况。由于这两款机器人成本较高，目前没有形成产品。

2. 助老助残机器人

德国的 Care－O－bot Ⅱ是帮助残疾人和老年人独立生活的移动家庭看护系统。它可以摆放座椅、拿饮料、控制空调和报警；可以从床上或椅子上支撑用户起身，智能辅助行走；还可以管理视频电话、电视等，与医疗和公共服务机构通信，检测危险信号并紧急呼救。爱尔兰的 VA－PAM－AID、日本的 RFID 和 Walking Helper 导航机器人可以帮助老年人和弱视者独立行走。这类机器人一般带有环境感知和传感器实现导航、避障，可以根据用户的行走习惯设定工作参数，具有操作和信息反馈的人机接口。

在改善老年与残疾人行走与出行方面，传统的轮椅、助行、代步工具正被智能轮椅

（或称为智能椅式移动机器人）、智能助行器（或称为智能助行机器人）所代替。以智能轮椅形式出现的移动服务机器人作为智能移动机器人和康复机器人的一个交叉分支，目前正受到越来越多的重视。德国不来梅大学研制了用于辅助残疾人的半自主轮椅机器人，该系统是将一个 MANUS 机器人手臂安装在轮椅上，由语音识别系统控制，轮椅的正前方安装了电子托盘，左面装有一个平板显示器，系统以程序化运动和用户控制运动两种模式工作。在 FRIEND Ⅰ的基础上，不来梅大学在 2004 年推出了智能化更高、人性化更好的 FRI-END Ⅱ，该系统集成了 ATMEC Robotic Gmb H 公司生产的模块化手臂和五指手爪，并利用视觉伺服帮助残疾人操作手臂。韩国在 2001 年和 2004 年分别研制出了两种轮椅机器人：KOREAS I 和 KOREAS Ⅱ。KOREAS Ⅰ是在电动轮椅上安装了一个 6 自由度手臂的智能康复系统，手臂末端装彩色摄像机、力/力矩传感器来感知环境，可以用 10 个按键手动控制机器臂，或用简单口令操作机器人。KOREAS Ⅱ是在 KOREAS Ⅰ基础上进行改进的一套系统，它重点解决了人机交互技术，可根据不同伤残程度选择。眼鼠标可感知眼球的运动来指向特定对象，并单击屏幕上的按钮，用生物信号识别方式控制机器臂。

第12章 空中机器人

空中机器人就是我们通常所说的“无人机”（Unmanned Aerial Vehicle，UAV）。顾名思义，无人机是指由动力驱动、机内无人驾驶、可重复使用的、可依靠机载控制器自主飞行或由人在计算机或特定遥控器的遥控下飞行的飞行器。无人机雏形的出现可追溯到意大利独立战争时期（1848～1870）。那时，奥地利军队在热气球上安装炸弹，让其利用风力飞到意大利的军队阵地中进行轰炸，用以杀伤敌人，这是最早出现的气球炸弹。诚然，这种气球炸弹并不属于无人机的范畴，因为它既不可重复使用，也不能自主或受控飞行。但是，它的出现却体现了人类的一种美好愿望，那就是利用灵活自主的飞行器低成本地替人类执行危险的任务。

无人机相比于传统的载人飞行器，具有以下的优点：

1）零伤亡。现代科技的发展使得防空武器的性能和杀伤力日益提升，大大增加了使用载人飞行器进行空战的风险，而无人机由于没有驾驶员，会很大程度上减少未来战争中的人员伤亡，因此无人机在军事领域具有广泛的应用前景。

2）成本低。由于无人机不用搭载驾驶员，因此无需搭建人工操作系统、生命保障系统和应急系统等，设计、研制、使用和维护的成本大大降低。一般的无人机造价只有载人飞行器的10%以下。

3）机动灵活，低能耗。无人机本身结构相比于载人机要更简单，因此尺寸小，重量轻，便于起降和控制，机动灵活。同时耗能量较低，续航时间远远长于一般的载人飞行器，相比载人机具有更广阔的活动空间，能够进入恶劣的或载人机不易进入的环境中进行工作。

4）隐蔽性强。无人机的小体积也使得它的反射面积比载人机要小得多，更容易躲避雷达的检测，加之它具有独特精巧的设计以及机体表面涂敷有隐身性能极好的涂料，使得它的暴露率大大减小。而它机动灵活的特性也使得它可以更随意地改变飞行的速度和高度，这也增加了其隐蔽性和生存能力。

正是由于以上的优点，无人机在军事侦察和攻击等军事领域以及公共安全、农林、环保、交通、航拍等民用领域都得到了广泛的应用，无人机技术也成为当前的研究热点，具有十分广阔的发展前景。

本章主要介绍空中机器人（无人机）的有关知识，包括其发展历程、分类、应用以及研究热点与发展前景，使读者对空中机器人有一定的了解。

12.1 无人机的发展历程

无人机的概念最早是由著名的物理学家特斯拉（Tesla）在19世纪末提出的。按照他的描述，他想发明一种“可以通过远程遥控改变飞行方向，或者按照操作员的意愿爆炸，并且不会出现错误”的飞行器，但当时只被人视为天方夜谭。然而不久之后，美国发明家斯佩里（Sperry）就发明了一架被称作“flying bomb”的无人飞行器，于1916年试飞，成功地进行了攻击目标试验，实现了特斯拉对无人机的设想。1918 年，美国的凯特林（Kettering）又研制出一种无人机，取名为“Kettering Bug”，该机颇似普通的双翼机，总重量为 238. 5kg，飞行速度达到 88km/h。这两种飞行器都利用斯佩里发明的陀螺仪装置控制飞行方向，由一个膜盒气压表自动控制飞行高度，可用作空投鱼雷对目标进行轰炸。一战过后，英国皇家海军也研制了一款名为“Larynx”的无人飞行器，这款飞行器属于小型单翼飞弹，可在军舰上起飞，通过机载自动驾驶仪实现自动飞行，飞行速度最高可达 320km/h。以上这些都可以视作现代巡航导弹的雏形，图 12-1 为这几款早期的无人机。

a)　b)　c)

图 12-1　早期无人机

a）flying bomb　b）Kettering Bug　c）Larynx

到了 20 世纪 30 年代，无线电技术发展成熟，逐渐被应用到无人机上。1933 年，英国政府成功研制了名为“Fairey Queen”无人靶机，用于校验战列舰上的火炮对飞机的攻击效果。这种靶机由“Fairey”水上飞机改装而成，通过无线电遥控。此后不久，英国又研制出一种全木结构的双翼无人靶机，命名为“De Havilland Tiger Moth”。在 1934 ~ 1943 年间，英国一共生产了 420 架这种无人机，并重新命名为“蜂王”。与此同时，美国在无线电遥控靶机的研制上也不甘落后，先后研制了很多型号，例如 N2C-2、PQ 系列等，其中 N2C-2 型无人机是由载人飞机 TG-2 遥控飞行的。美国航空专家雷金纳德·德里（Reginald Denny）在 1935 ~ 1939 年先后为美国军方研制出了四款单翼无线电遥控靶机，分别命名为“RP-1” ~

"RP-4"。最终，"RP-4"被美国军方采用，更名为"Radioplane OQ-2"，在二战期间美国大概生产了15000架这种无人机。1941 年，珍珠港事件爆发，美国陆、海军开始大批订购靶机，有 OQ-2A 靶机、OQ-3 靶机、OQ-13 靶机。后两种靶机均安装上了大功率的发动机，飞行速度可达225km/h，飞行高度达3000m。在第二次世界大战中，美国陆军航空队曾大量使用无人靶机，并在太平洋战场上使用过携带重型炸弹的活塞式发动机无人机对日军目标进行轰炸。

特别值得一提的是，美国海军飞机制造厂（Naval Aircraft Factory）在1941年生产了一款名为"Project Fox"的无线电遥控攻击无人机。这款无人机上安装了电视摄像头，它的控制端——TG-2 载人飞机上安装了电视屏幕，遥控人员可以看到无人机飞行的景象，使得遥控更加准确。1942 年，这种无人机成功地将一枚炸弹投放到距离遥控端20mile 的一架驱逐舰上。此外，又成功地将一架以8 海里/小时的速度飞行的靶机撞毁，展示了其强大的能力。

二战结束后，随着航空技术的飞速发展，无人机的性能得到进一步提升，同时一些具有新型功能的无人机也逐渐问世，例如无人诱饵机、无人侦察机、专门用于探测核辐射强度的无人机等，无人机家族也逐渐步入其鼎盛时期。越南战争期间，美国使用了几千架无人侦察机对北越及其周边地区进行侦查。无人侦察机技术得到大力发展。

时至今日，世界上研制生产的各类无人机已达近百种，并且还有一些新型号正在研制之中。而随着计算机技术、自动驾驶技术和遥控遥测技术的发展及在无人机中的应用，其性能和功能日益强大。无人机以其体积小、重量轻、机动性好、飞行时间长和便于隐蔽的特点，尤其是因其无人驾驶，特别适合于执行危险性大的任务，在现代战争中正发挥着越来越大的作用。如在1982 年发生的贝卡谷地之战和1991 年爆发的海湾战争中，无人机在侦察监视、干扰敌方雷达通信系统和引导己方进攻武器等方面，都发挥了极其重要的作用。此外，随着无人机技术的普及，无人机也逐渐被应用到民用领域，为人们的生活提供了极大的便利。

纵观无人机发展的历史，大致经历了以下五个阶段：

第一阶段：20 世纪初到20 世纪30 年代，主要用作空中鱼雷对目标进行轰炸，控制方式为陀螺仪、气压计、自动驾驶仪等机载设备，不可回收。

第二阶段：20 世纪30 年代到60 年代，主要用作防空兵器性能鉴定和部队训练的靶标控制方式为无线电遥控，可多次重复使用。

第三阶段：20 世纪60 年代到80 年代，除用作靶机外，大量用作无人侦察机和无人诱饵机。

第四阶段：20 世纪80 年代到90 年代，无人机的用途大为扩充，除了广泛用于战场监侦、电子对抗、目标指示、战果评估、通信中继等军事用途外，还被用于大地测绘、资源探测、空气采样、环保监视、交通管理等民用领域。此期间无人机的飞行控制与飞行管理也有很大改进，实现了超视距控制和半自主飞行。

第五阶段：20 世纪90 年代至今，在人们的需求推动和技术进步的支持下，无人机技术获得飞跃式发展，一方面，续航时间长、飞行距离远、负载能力强的大型无人机陆续问世并投入使用；另一方面，机动灵活的微型化无人机也逐渐进入人们的视线，扮演着独特的角色。随着智能控制、计算机视觉等技术的发展和应用，无人机的智能化和自主化程度大大提高。此外，多无人机协同合作也逐渐成为现实。

12.2　无人机的分类

12.2.1　按无人机应用领域分类

无人机按照其应用领域分类可分为军用无人机和民用无人机。军用无人机包括靶机、无人侦察机、无人战斗机、无人诱饵机、电子干扰无人机等。也可按任务的周期长短分为战术无人机和战略无人机。战术无人机（TUAV）的主要功能为侦察、搜索、目标截获、部队战役管理与战场目标和战斗损失的有效评估等，任务的周期较短；战略无人机（SUAV）主要承担对敌方部队动向的长期跟踪、工业情报及武器系统试验监视等，所执行的任务往往周期较长，具有长远的战略意义。在民用方面，无人机已经被应用到通信中继、公共安全、应急搜救、农业喷药、环保监测、交通管制、气象预测、影视航拍等多个领域。无人机的具体功能和应用将在下一节中详细介绍。

12.2.2　按无人机机翼布局样式分类

无人机按照机翼的布局样式可分为传统固定翼式无人机、扑翼式无人机和旋翼式无人机三种。

1. 固定翼式无人机

固定翼式无人机的机翼主体是固定的，由动力装置产生推力或拉力，由固定机翼产生升力。其中大部分无人机的外观跟普通飞机的外观相似，在机身两侧中部和后部分别装有机翼和尾翼，头部装有螺旋桨。也有一部分无人机因功能需要而具有独特的外观。典型型号是在美国海军陆战队中被广泛使用的“Dragon Eye”无人机（见图 12-2）以及“Black Widow”无人机（见图 12-3）。

图 12-2　“Dragon Eye”无人机

图 12-3　“Black Widow”无人机

“Dragon Eye”属于固定翼式无人机，主要执行军事侦察任务，是当前投入使用的最小的无人机，它能提供相当于营级指挥需要的信息，首先使用是在阿富汗战争中，随后在伊拉克战争被广泛使用，发挥了巨大的作用。每套“龙眼”系统包括三架无人机和一个地面控制站。无人机机体重 2.3kg，通过手持发射，可以重复使用，飞行高度在 91 ~ 152m 之间，翼展长度约 1.1m。飞行速度约 56km/h，执行任务的时间为 30 ~ 60min。无人机由两名士兵发射后，会按照事先编好的GPS路径点飞行。一旦进入目标区域，“龙眼”就会使用自身携带的传感器收集信息并将图片传回到地面控制站。行军时，两名美海军陆战队士兵组成一个小组就能够用背包携带无人机和重4.5kg的地面控制站及备用电池。“龙眼”无人机可以被应用在城市作战环境中，通过巡逻提供额外的安全保障，也可以在执行掩护任务时为士兵指引行动路径。“龙眼”装备的自动驾驶仪、推进系统和其他可拆换仪器设备，包括地面控制站使用的一台加固的膝上电脑，都是从普通商场采购来的现货。这便节省了采购经费，但价格仍不菲。按照2003年的美国物价水平，一套“龙眼”无人机系统的成本需12.5万美元，一架“龙眼”无人机近4万美元。

另一个固定翼式无人机的例子是“Black Widow”，它的外观比较特殊，是AeroVironment公司为美国国防预先研究计划局的原创微型无人机技术计划研制的第一种微型无人机。原型机于1996年春第一次试飞，完成了9s的飞行。之后机型不断进行改进，到1999年夏季，“Black Widow”的最终设计完成。“Black Widow”头部装有螺旋桨，由电动机驱动，通过一对锂电池供电，后面装有操纵面。飞翼重50g，最大尺寸15cm，有效飞行距离超过1km，续航时间1h，高度244m（800ft），螺旋桨效率达到82%，最大速度约64km/h，推进系统重110mg，飞行控制系统（计算机、无线电接收机和三个基于微电机作动器）重量仅2g。“Black Widow”由肩扛式容器气动发射，容器内装有控制板以及使操作员能够观察到来自摄像机图像的目镜。“Black Widow”上的摄像机重2g。1999年AeroVironment公司及其“Black Widow”微型无人机获得《无人机》杂志第一个无人机设计发明奖，创造了奖牌重于无人机本身的记录。

2. 扑翼式无人机

扑翼式无人机是以仿生学原理为基础，通过模仿飞行生物（例如苍蝇、蝙蝠等）的外观而设计的无人机，这种无人机在飞行时通过机翼的上下扑动产生升力和向前的推进力，通过“翅膀”与尾翼的配合改变飞行航向，就像飞行生物一样。由于扑翼产生的动力有限，因此这种无人机多为微小型无人机。

典型的扑翼式无人机是“MicroBat”，是由加利福尼亚理工学院和AeroVironment公司联合研制的一种仿生物扑翼飞行器，它的翼展只有23cm，重14g，如图12-4所示。其机翼由微电子机械系统（MEMS）技术加工制作而成，振动频率20Hz，由无线电遥控方向舵、升降舵以产生飞行推力，通过可反复充电的锂电池供电，最长的巡航时间22min45s。“MicroBat”可携带微型摄像机及其下行数据链路或声学传感器，在军事侦察、目标指示等领域有广泛的用途。

图12-4 “MicroBat”无人机

2011年4月，一款名为“SmartBird”的仿生扑翼飞行器在德国汉诺威工业博览会上展出(见图12-5)。这款飞行器是由德国Festo公司研制的，灵感来源于鲱鱼银鸥，可自主进行起飞、滑翔和着陆，无需借助外部的驱动装置，如图12-5所示。它的体重只有450g，两翼宽1.96m，外壳采用聚氨酯泡沫和碳纤维材料构成，十分轻便，躯干内装设有充电电池、发动机、变速箱、曲柄轴和电子控制器，两翼配有双向无线信号收发装置，能对飞行进行即时调整。它的机翼由 Compact 135 无刷电动机驱动，同时通过扭转伺服电动机调整机翼的弯曲角度以获得所需的升力。尾巴不仅能产生浮力，也能充当起落架和方向舵的角色，就像飞机上加了垂直起飞稳定器一样，尾部细微的左右摆动会带动纵向轴旋转，从而带动躯干和两翼改变飞行方向。这只人造鸟非常符合空气动力学原理，并具有极佳的灵活性，如同真正的鸟儿一样。

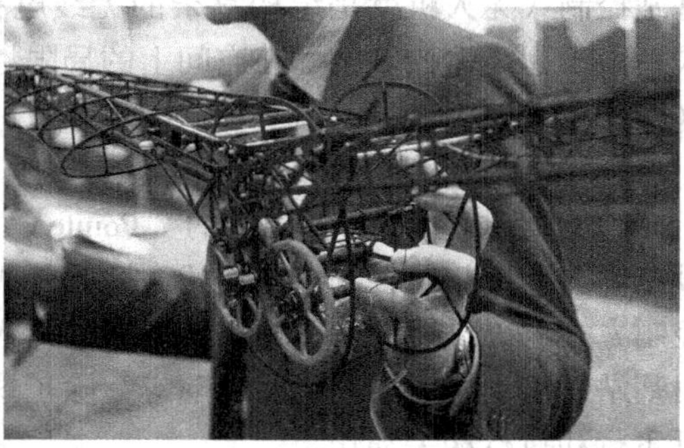

图 12-5　仿生扑翼飞行器 SmartBird 的外观图和内部结构

3. 旋翼式无人机

旋翼式无人机的机翼安装在机身的上方，通过具有特定气动外形的机翼高速旋转获得升力并改变位置和姿态，类似于直升机。根据安装的机翼数量分为单旋翼无人机和多旋翼无人机。四旋翼飞行器目前最为流行的是无人机。顾名思义，这种飞行器具有四个旋翼，四个旋翼大小相同，位置分布对称，通过调整不同旋翼之间的相对速度来调节不同位置的升力，并克服每个旋翼之间的反扭力矩，就可以控制飞行器的姿态，完成各种机动飞行。

“Mesicopter”是由斯坦福大学在美国航空航天局（NASA）的支持下为研究微型旋翼飞行器技术而设计的一款四旋翼微型无人机，如图 12-6 所示。Mesicopter 的机体尺寸属于厘米级大小，有四个螺旋桨，分别由直径 3mm，重 325mg 的微型无刷电动机驱动。

我国在四旋翼飞行器的研究中处于世界领先地位，有许多高校、研究所和企业都在从事相关方面的研究，其中最具代表性的是深圳大疆创新科技有限公司。该公司成立于 2006 年，目前是全球领先的无人飞行器控制系统及无人机解决方案的研发和生产商，主要产品是旋翼式小型飞行器以及相应的控制飞行平台和控制系统。根据 2015 年的报道，该公司已经占据全球消费级无人机市场 70% 的份额。大疆四旋翼无人机如图 12-7 所示。

图 12-6　四旋翼微型无人机“Mesicopter”

图 12-7　大疆四旋翼无人机

12.2.3 按无人机的控制方式分类

1. 基站控制

基站控制式无人机也称为遥控无人机（Remotely Piloted Vehicle，RPV）。在无人机飞行的过程中，需要地面基站的操作员持续不断地向被控无人机发出操作指令。从本质上来看，基站控制式无人机就是结构复杂的无线电控制飞行器。早期的无人机大都采用这种控制方式，由于无线电控制技术在空间上的局限性，现代无人机已经很少采用纯粹的基站控制方式来实现无人驾驶。

2. 半自主控制

20 世纪 80 ~ 90 年代出现的“Pointer”“Sky Owl”无人机系统采用的是基站导航和预先设定导航程序相结合的控制方式，这是无人机半自主控制的最早形式之一。半自主的无人机控制方式可以描述为：基站可随时获得无人机的控制权，并且在飞行过程中某些关键动作需由基站发出指令，如起飞、着陆等，除了这些关键动作，无人机可以按照事先的程序设定进行飞行和执行相关动作。

3. 完全自主控制（智能控制）

完全自主控制无人机又称为智能无人机，可以在不需要人工指令的帮助下完全自主地完成一个特定任务。一个完整的智能无人机系统具备的能力包括自身状态监控、环境信息收集、数据分析及做出相应的响应。

为了进一步研究无人机的自主性，2000 年美国提出了自主作战（Autonomous Operations，AO）概念，它是由美国海军研究实验室（NRL）和美国空军研究实验室（AFRL）的传感器飞机项目组率先提出推广的。对于未来的无人机，增强飞行器的信息处理能力是实现 AO 的关键。为了深入研究无人机的 AO，AFRL 又定义了自主控制等级（Autonomous Control Level，ACL）的 10 个等级，作为标准衡量无人机在自主程度方面的水平，从高到低依次为：机群协同全自主、机群战略目标、分布式控制、机群战术目标、机群战术任务重规划、机群协同、航线重规划、飞行故障和环境自适应、实时故障诊断、遥控。NASA 飞行器系统计划（Vehicle Systems Program，VSP）高空长航时部（Department of High Altitude Long Endurance，DHALE）则提出了一种更加简单实用的评价高空长航时无人机自主性的量化方法。该方法根据人在控制无人机飞行过程中所花费时间的多少来评价无人机的自主性。掌控时间越少，说明无人机自主性越高，反之则越低。NASA 对无人机飞行自主性的等级划分见表 12-1。这样划分的层次和意义更加明确，并具有更好的实际可操作性，但是仅仅根据掌控时间这一个指标划分可能会忽略一些因素。

表 12-1 NASA 对无人机飞行自主性的等级划分

等 级	名 称	描 述	特 征
0	遥控	完全遥控飞行（100% 人为参与）	遥控飞机
1	简单的自动操作	在操作员监视下，依靠自控设备辅助来执行任务（80% 人为参与）	自动驾驶仪
2	远程操作	执行操作员提前编写的程序任务（50% 人为参与）	无人机综合管理预设航路起飞点

（续）

等　级	名　称	描　述	特　征
3	高度自动化（半自主）	具有对部分态势感知能力，可自动执行复杂任务，并对其做出常规决策（20%人为参与）	自动起飞/着陆链路中断后可继续任务
4	全自主	对本体及环境态势具有广泛的感知能力，有做全面决策的能力及权限（≤5%人为参与）	自动任务重规划
5	多无人机协同操作	数架无人机之间团队协作	合作和协同飞行

我国学者综合国内外的研究，根据国内无人机行业及学术研究的发展，提出一种自主控制的能力分级。现列举如下：

0 级：完全结构化的控制方案和策略，对自身和环境变化没有做出反应的能力（自动控制）；

1 级：能够适应对象和环境的不确定性，具有变参数、变结构的能力；

2 级：具有故障实时诊断、隔离和根据故障情况进行系统重构的能力；

3 级：能够根据变化的任务和态势进行决策和任务重规划的能力；

4 级：具有与其他单体或系统进行交互、协同的能力；

5 级：能够自学习，具有集群自组织协调的能力。

12.2.4 按无人机的性能指标分类

1. 按机体重量分类

不同的无人机机体重量差别很大，按机体重量分为微型、轻型、中型和重型和超重型五个等级。

微型无人机：机体重量小于 5kg，例如上面提到的 DragonEye、Black Widow、MicroBat、SmartBird、Mesicopter 等。由于这类无人机体积小巧，部署便捷，机动灵活，隐蔽性强，可以很好地用于军事侦察、通信、电子干扰、对地攻击以及城市监控、边境巡逻等任务，因此微型无人机是当前无人机研究的热点领域之一。美国、日本、以色列、欧洲等都在从事相关研究，并已取得了可喜的成果。

轻型无人机：机体重量在 5～50kg 之间，例如 Aerosky、RPO Midget、Luna、Dragon Drone 等。

中型无人机：机体重量在 50～200kg 之间，例如 Raven、Dragon Warrior、Crecerelle、Pioneer 等。

重型无人机：机体重量在 200～2000kg 之间，例如 Hunter、X-50、A160、Predator、Herron 等。

超重型无人机：机体重量大于 2000kg，例如 Darkstar、Predator B、Global Hawk、X-45 等。

2. 按航程和续航时间划分

近程无人机：最大飞行时间小于 5h，最大航程小于 100km 的无人机，典型型号包括 SilentEyes、FPASS（Desert Hawk）、Pointer 和前面提到的 Dragon Eye 等。

中程无人机：最大飞行时间在 5～24h 之间，最大航程在 100～1500km 内的无人机，典型型号包括 Shadow、Sperwer、Fire Scout、Crecerelle、LEWK 和 Silver Fox 等。

远程无人机：最大飞行时间大于 24h，最大航程大于 1500km 的无人机，例如 A 160、Global Hawk、GNAT、Herron 等。

3. 按机翼载荷量划分

所谓机翼载荷量，是指机体重量与机翼面积的比值。由小到大可分为以下三类：

低载荷：机翼载荷量小于 $50kg/m^2$，如 RPO Midget、Silver Fox、Pioneer、Luna 等。

中载荷：机翼载荷量介于 50 到 $100kg/m^2$，如 Neptune、GNAT、Shadow、X-45 等。

高载荷：机翼载荷量大于 $100kg/m^2$，如 LEWK、Sperwer、Hunter、Global Hawk 等。

4. 按发动机类型划分

无人机使用的发动机主要有涡扇发动机（Turbofans）、活塞发动机（Piston）、转子发动机（Rotary）、涡轮螺旋桨发动机（Turboprop）、电动机（Electric）等。最常用的发动机类型是电动机和活塞发动机。通常，微型和轻型无人机使用电动机较多，大中型无人机和无人战斗机使用活塞发动机较多。

12.3 无人机的应用

12.3.1 无人机在军事领域的应用

无人机最初就是针对军事应用而设计的，随着无人机技术的发展，无人机性能和功能日趋强大，在军事领域中的应用越来越广泛。目前已经有很多专门针对某一特定军事作用而设计的专用无人机问世，在军事活动中扮演着举足轻重的角色。军用无人机按用途可分为靶机、无人侦察机、无人战斗机、无人诱饵机、电子干扰无人机等，下面分别加以详细介绍。

1. 靶机

靶机是指可以模拟各种飞机和导弹的飞行状态和攻击过程的飞行器，主要是用来为各种导弹、战斗机、地面防空和雷达设施的训练和测试提供靶标，以鉴定武器的性能和训练武器的操作人员，也可用于研究空战和防空战术。靶机虽然不会真正参与战争，但其作为参战武器的忠实“陪练”，作用仍是不可或缺的。由于无人机具有良好的飞行品质模拟性、易操作性、使用安全性和经济性，因而非常适合当作靶机。靶机是最先被重视和发展的无人机。

随着武器性能的不断提高，靶机也需要不断地更新换代，以在各种指标上尽可能接近真实的作战目标。特别是在第二次世界大战后，各军事强国为增强自己的防空力量，积极研制导弹、战斗机等各种对空作战武器，靶机也得到不断发展。由于各国研制的空战武器的性能多种多样，因此靶机也形成许多系列。至今已有近 30 个国家的百余家公司研制出 300 多种型号，装备使用总量达几万架。在机体尺寸上，有小型航模靶机、大中型靶机和退役飞机改成的靶机；在飞行性能上，有高空高速靶机，如“火蜂”-2，速度为 1.5Ma（1Ma = 1225.08km/h），飞行高度达 18000m，续航时间约 74min；低空高速靶机，如“破坏者”AQM-127A，飞行速度超过 2Ma，最低飞行高度约 9m；先进的多用途靶机，如美国“火蜂”机族、“石鸡”机种，英国的“小猎鹰”，法国的 C-22，意大利的“米拉奇”系列等。此外，还有专门模拟反舰导弹和弹道导弹的靶机。

2014 年，在北京举行的中国无人机展上，总参 60 所展出了 S-200 亚音速靶机、S-300 高亚音速靶机、S-400 超音速靶机、大机动亚音速靶机，以及一些老式的固定翼螺旋桨动力靶机，其中 S-400 是在研新产品，如图 12-8 所示。在它的机身头部装有龙伯球，可以模拟各种各样战斗机的雷达反射面积和不同大小的目标特征效果。此外，机身下面带曳光管，如果飞机红外辐射特征太小，可以发出指令让其在空中释放，发高光和高热，便于红外导引制导武器的有效捕捉。

2015 年，由美国波音公司改装的第一架 QF-16 靶机已经交付到廷德尔空军基地并正式投入使用。QF-16 靶机是由早期退役的 F-16“战隼”战斗机改装而来，在 F-16 的基础上加装遥控飞行装置，使得它既可以有人驾驶模式飞行又可以在某个遥控范围内实现无人驾驶飞行，如图 12-9 所示。此外，它还配备有一个机载记录系统，用于搜集相关数据，例如报告导弹的飞行轨迹。它是一款超音速可重复使用全尺寸靶机，性能与 F-16 战斗机基本相似，保持着最大过载量为 9G 的高机动性，可以在测试和训练中模拟真实战争环境中的敌方四代机。

图 12-8　总参 60 所研制的 S-400 靶机

图 12-9　QF-16 靶机

2. 无人侦察机

无人侦察机是指借助机上电子侦察设备，以获取目标信息为目的的无人机。它主要是用于战略、战役和战术侦察以及战场监视，为部队的作战行动提供情报，使战场指挥官及时掌握战场情况，制定合适的作战计划，为取得战斗的胜利奠定基础。无人侦察机将成为侦察卫星和有人侦察机的重要补充和增强手段，因为它相比于侦察卫星，具有成本低、控制灵活、地面分辨率高的优点，相比于有人侦察机，它体积小，隐蔽性强，可进行昼夜持续侦查，持续时间长，很少受到天气条件的限制，特别在对敌方严密设防的危险地域实施侦察时，或在有人驾驶侦察机难以接近的情况下，使用无人侦察机更能体现出其优越性。目前，无人侦察机已成为无人机中占比例最多的机种，门类齐全并且被各军事大国大量装备，已经在实战中大量应用。

美国 RQ-4A“全球鹰”无人机由美国诺斯罗普·格鲁曼公司研制，是目前美空军乃至全世界最先进的无人机，如图 12-10 所示。它的机长为 13.41m，翼展为 35.43m，最大飞行速度可达 644km/h，最大航程 24985km，可在某监视地点停留长达 42h，并进行连续不断的监视，是世界上飞行时间最长、距离最远、高度最高的无人机。

图 12-10　美国 RQ-4A“全球鹰”无人侦察机

A160T“蜂鸟”无人旋翼机最初由 Frontier Systems 设计，后由波音公司于2004年购入，于2002年完成首飞，如图12-11所示。它的空重为1134kg，机长10.7m，旋翼直径10.973m，最大飞行速度为258km/h，最大航程可达9150km。“蜂鸟”无人机以续航时间长著称。它采用一副有利速度的旋翼，可根据高度、巡航速度和总重调整其转速。该机采用了所谓的转速优化旋翼（OSR），其刚性旋翼转速调节比（飞行中的最大转速与最小转速之比）可达2，加上机体采用低阻设计，其续航能力得到显著提高，因此其能执行持久情报、监视和侦察，以及目标捕获、定向引导、通信中继和精确补给等任务。

“Aerosky”侦察机是由以色列航空防务系统公司研制的轻型无人机，如图12-12所示。它的重量为40kg，机长3.05m，翼展4m，最大起飞重量70kg。采用活塞发动机，螺旋桨为双叶片推进螺旋桨。该型侦察机采用固定式三轮着陆装置，发射和回收均采用普通轮式起飞和降落方式。其设计为单翼和窄机身、推进器引擎、单或双尾桁以及T形尾翼单元。衍生型号有Aerolight（A）、Aerosky（B）以及Aerostar（C）。Aerolight型号中还有一个摇拍-变倍-变焦光学相机，并配备有防抖、万向安装的白天/夜间E-O/IR传感器。该型号系列的无人机可以很好地执行侦查、监视、目标指示与采集等任务。

图12-11 A160T“蜂鸟”无人旋翼机

图12-12 以色列的“Aerosky”无人机

其他国家使用的无人侦察机包括：英国的“不死鸟”无人侦察机、法德联合研制的“月神”（LUNA）近程无人侦察机以及我国自主研制的“鹞鹰”系列无人侦察机，分别如图12-13a、b、c所示。

3. 无人战斗机

无人战斗机又称作攻击无人机，是无人机技术与战斗机结合所构成的一种全新的武器系统。起初，无人战斗机主要用于防空火力压制，随着科学技术特别是自动化技术的蓬勃发展，无人战斗机的飞行稳定性和定位精确性等性能有了很大的提升，目前已经可以执行制空、近距离空中支援、纵深遮断与定点目标精确打击等多项任务。无人战斗机结构相对简单，隐身性能好，机动灵活，进行军事打击风险小，成本低，因此无人战斗机技术受到各国的普遍重视。

从广义上来讲，无人战斗机可分为一次性使用的无人战斗机和可重复使用的无人战斗机。一次性使用的无人战斗机攻击方式为自杀式攻击，机体安装自动寻的装置和战斗部，与目标共同阵亡。这种无人战斗机类似于导弹，事实上，导弹也可以看作单程的无人战斗机。典型的一次性使用的无人战斗机有德国的DAR、PAD，美国的XBQM-106、“勇士”200以及以色列的“恶妇人”等。由于没有返航功能，这种无人战斗机结构相对简单。可重复使

a)

b)

c)

图 12-13　各国的无人侦察机

a）英国“不死鸟”无人侦察机　b）法德“LUNA”无人侦察机　c）我国的“鹞鹰”无人侦察机

用的无人战斗机是近年来才发展起来的，可以携带小型和大威力的精确制导武器、激光武器或反辐射导弹，能够攻击、拦截地面和空中目标，可回收并多次使用。典型型号有美国的“捕食者”系列、X-45、X-47 系列等。

X-47B 是美国为研究舰载战斗无人机技术而设计的一架试验型无人驾驶战斗机，由美国国防技术公司诺斯罗普·格鲁门开发。X-47 项目开始于国防高等研究计划署的 J-UCAS 计划，随后成为美国海军旨在发展舰载无人飞机的 UCAS-D 计划的一部分，是人类历史上第一架无需人工干预、完全由电脑操纵的“无尾翼、翼身混合式喷气无人驾驶飞机”，也是第一架能够从航空母舰上起飞并自行回落的隐形无人轰炸机。X-47B 生存能力强，飞行范围广，续航时间长，配备有全球定位系统、自动巡航系统等，并且可以根据收集到的目标信息自主决定对目标的打击，是集监控、情报收集和军事打击为一体的军用智能无人机。X-47B 的研制起始于 2005 年，于 2011 年完成首飞。2013 年，X-47B 于“乔治·布什号”航空母舰（CVN-77）成功进行起飞测试，并于一小时后降落马里兰州帕杜克森河海军航空站，成功完成了一系列的地面及舰载测试，这是人类首次使用自主无人机进行舰载测试并取得成功，标志着自主飞行无人机已经正式登上了军事应用的舞台。2015 年，X-47B 成功完成了历史上首次空中自主加油对接的测试，再次创造了无人机应用的里程碑。图 12-14 是正在进行空中加油的“X-47B”无人机。

RQ/MQ-9（捕食者 B）无人机由通用原子航空系统为美国空军、美国海军和英国皇家空军开发，属于超重型无人机，如图 12-15 所示。它重达 2223kg，最大起飞重量有 4760kg，最大飞行速度为 482km/h，最大航程 1852km。它的一个翼下挂架可携带一枚导弹，是极具杀伤力的新型无人作战飞机，并可以执行情报、监视与侦察任务。

图 12-14 正在进行空中加油的“X-47B”无人机

图 12-15 美国“捕食者 B”

4. 电子对抗无人机

电子对抗无人机按照功能可分为诱饵无人机、电子干扰无人机和反辐射无人机。当今时代，电子信息技术的发展使得军队的电子化程度大大提高，以争夺电磁频谱控制权（制电磁权）为目的的电子信息战已然成为战争中一种主要的作战形式，电子对抗技术的发展具有重大的意义。因此电子对抗无人机在未来战争中会有广泛的应用前景。

无人诱饵机又称飞航式雷达诱饵，是电子对抗无人机中的一种，其主要功能是诱使敌雷达等电子侦察设备开机，从而暴露其雷达的位置，获取有关信息，或者模拟显示假目标，掩护己方机群突防。随着各国雷达检测技术和防空技术的提高，单纯使用攻击性飞行武器进攻的成本与代价越来越高，研制诱饵装置势在必行。图 12-16、图 12-17 为在海湾战争中使用的两款诱饵无人机。2012 年，美国海军和雷声公司将小型空中发射诱饵干扰无人机（MALD）集成进美国海军的飞机中，如图 12-18 所示。MALD 是一种先进的、模块化、空中发射的低成本飞行器，重量不超过 300 磅，航程约 500n mile。MALD 通过复

图 12-16 “BQM-74C”无人诱饵机

制美国及其盟国飞机的作战飞行剖面和信号特征来为飞机和驾驶员提供保护。

图 12-17　“ADM”战术空射无人诱饵机

图 12-18　“MALD”小型空射诱饵干扰无人机

另一种电子对抗无人机是电子干扰无人机。电子干扰无人机主要用于飞临目标区域上空，对敌方的通信指挥系统和雷达检测系统进行电子干扰，使其成为“聋子”和“瞎子”，为己方作战机群提供掩护。如美国的“火蜂”干扰无人机（见图 12-19）、俄罗斯的“蚊子”电子干扰无人机等。“蚊子”电子干扰无人机主要用于对无线电通信设备实施电子压制和干扰。该机装备了噪声干扰器以及“全球导航卫星系统”接收机，全重 20kg。它借助安装在军用汽车底盘上的发射装置进行发射，起飞前把预定的飞行航线输入地面移动控制站的计算机和机载计算机，控制人员可根据战场事态发展随时改变无人机的飞行航线。在平原地带对超短波通信设备的压制半径不小于 10km，一个地面移动控制站可同时控制 32 架“蚊子”无人机。

图 12-19　“火蜂”干扰无人机

反辐射无人机是一种利用敌方雷达辐射的电磁信号发现、跟踪、最后摧毁雷达的武器系统。反辐射无人机的出现使敌方雷达不敢轻举妄动。实际上，反辐射无人机不仅可以攻击雷达，而且可用于攻击电子战专用飞机及其他辐射源，因而它的应用大大提高了电子对抗能力，并成为当今电子对抗的重要手段。反辐射无人机通过预编程的导航路径自动飞行到目标区，用反辐射无人机上的被动导引头对敌方雷达目标进行搜索、识别、跟踪和自动寻找，由计算机控制无人机实施俯冲攻击，从而达到压制或摧毁敌方雷达辐射源的目的。这种无人机属于电子战系统中的硬杀伤武器，它攻击距离远，续航时间长，从敌方防区外发射，用途广（可压制警戒雷达、预警雷达、火控雷达、制导雷达等），杀伤概率高，生存能力和机动能力强、价格低廉（威力相当的一架反辐射无人机价格只相当于反辐射导弹的 1/4 到 1/10），被各国军方广泛看好。目前美国、德国、英国、法国、南非、以色列等国都已有了这种反辐射无人机，典型型号有美国的“静默彩虹”AGM-136A、美国与德国合作生产的“大黄蜂”无人机，法国的“ARMAT”反辐射无人机，南非的“LARK”反辐射无人机以及以色列的“哈比”无人机等。

哈比无人机（Harpy）是由以色列航空工业公司（IAI）在 20 世纪 90 年代研制的，于

1995 年完成首飞，如图 12-20 所示。哈比无人机重量为 135kg，机长 2.7m，翼展 2.1m，气动布局为后掠翼型，采用 AR731 气冷活塞发动机，飞行速度处于亚音速级别，最高可达 185km/h，最大航程可达 500km。哈比的设计目标是攻击雷达系统，机身配有红外自导弹头、优越的计算机系统、全球定位系统、确定打击次序的分类软件以及一枚 32kg 高爆炸弹头。它可以从卡车上发射，沿设计好的轨道飞向目标所在地区，可在空中盘旋，也可以自主攻击目标或返回基地。当感应到敌人雷达探测时，它将携带炸弹头撞向目标，与敌方雷达同归于尽。

图 12-20 以色列“哈比”反辐射无人机

哈比无人机的特点是：机动灵活，航程远，续航时间长，反雷达频段宽，智能程度高，生存能力强，可全天候使用。自从研制成功后，受到多国军队的青睐。

反辐射无人机在现阶段也存在一些弱点。首先，反辐射无人机依赖预先侦查的情报，应变能力较差。作战前需要预先载入被攻击目标的参数，参数越准确，实施打击时目标越确定，攻击效果越好。反之，如果目标参数误差过大，将导致无人机对目标识别失败。而这些信息都来自预先侦察的电子情报，一旦无人机升空后，目标区域的情况发生变化，将无法做出有效攻击。其次，这种无人机到达目标区域后会在上空反复盘旋以按照预先加载的雷达信息搜索目标雷达，在搜索到目标之前会一直按照固定航线盘旋或巡逻飞行，这增加了被侦察发现的可能性。再次，缺乏防御设备，自我防护能力较弱，一旦被敌方载人战斗机发现，只能处于被动挨打的境地。这也是其他军用无人机的主要弱点。

12.3.2 无人机在民用领域的应用

1. 农业喷药

农业是国家最基本最重要的产业之一，提高农业生产效率和降低农业生产成本对促进国家经济的发展具有重要的意义。而喷洒农药是农业生产中重要的工序，无人机的出现使得喷药作业由传统的人工喷药和机械装备喷药方式逐步向无人机高空喷洒作业方式转变。无人机喷药作业相对于传统的喷药作业方式有很多优点：作业高度低，飘移少，可空中悬停，无需专用起降机场，喷洒均匀，防治效果好，远距离遥控操作，避免了喷洒作业人员暴露于农药的危险，提高了喷洒作业安全性。同时，节省药量和水量，作业效率高，在很大程度上降低了农业生产成本，提高了生产效率。

日本在无人机农用方面走在世界前列。世界上第一台农用无人机出现在 1987 年，日本雅马哈公司受农业部委托，生产出 20 kg 级喷药无人机“R-50”。经过将近 20 年的发展，截止到 2014 年，日本拥有 2346 架已注册农用无人直升机，操作人员 14163 人，成为世界上农用无人机喷药第一大国。雅马哈公司也是世界上公认的最好的生产喷药无人机的公司之一。他们的产品操作简单，飞行稳定，用户只需拔下开关键，飞机将自主起飞，飞到定高后悬停，用户可以方便地操纵飞机的前进后退，大大降低了对农民的技术要求。同时可以在短时间内更换油箱，补充药剂，作业效率和安全性大大提高。

欧美一直在军用无人机领域处于世界领先地位，然而由于国情和政策的原因，农用无人机发展受到一定限制。在欧洲，所有无人机飞行需要向欧洲航空管理局进行申请，执飞飞行器与操作人员需要资质认证，且质量不得超过 20 kg。由于美国的农业生产方式采用大农场，载人飞机航空喷药，无人机喷药较少，同时美国联邦航空管理局在 2015 年前禁止美国上空出现直接获取经济利益的无人机飞行，个人航模重量不得高于 20 kg，飞行高度低于 140 m，导致美国的农用无人机产业发展落后于日本。

我国系统研究微小型无人机航空施药喷雾技术开始于 2008 年，针对单旋翼无人机低空低量施药技术进行研究，由国家 863 计划项目资助，目前已经产生了一批具备自主研发能力的单位和自主研发的产品和成果。比如，总参 60 所开发了“Z-3”农用轻型无人直升机；以浙江大学、农业部南京农业机械化研究所、华南农业大学等单位为代表开展了航空施药技术、农用无人机平台技术、航空施药污染评价技术等技术的研究，取得了包括无人驾驶自动导航低空施药技术、低量低飘移施药技术研究，在高精度 GPS 的无人驾驶自动导航低空施药技术等多项技术成果；以无锡汉和等企业为代表在引进国外微小型无人机型的基础上，开发了电动航拍系列和农业植保系列无人机型，任务载荷在 10kg、15kg、20kg，目前已基本定型，产品已经进入小批量生产等。虽然这些成果目前还存在一些有待改进的地方，距离投入大规模使用还有一定距离，但是我国作为农业大国，农用无人机技术必将受到广泛的重视，在未来的农业生产中发挥举足轻重的作用。图 12-21 是工作中的喷药无人机。

图 12-21　工作中的喷药无人机

2. 航拍

航拍是指以无人机作为空中平台，通过机载遥感设备，例如数码相机、红外扫描仪、磁测仪等，获取周边信息，通过计算机处理合成图像或视频，是无人机另一大主要民用领域。由于无人机操作简单、飞行稳定、遥感设备搭载简单等特点而广泛应用于航拍，很多影视剧、大型仪式、户外综艺节目等都有航拍无人机参与其中。此外，以航拍无人机为基础，配合不同的机载设备和图像信息处理技术，又衍生出许多其他方面的应用，例如灾害救援、环境监测等。图 12-22 为正在进行航拍的无人机。

3. 灾害救援

我国是世界上受自然灾害影响最为严重的国家之一。一旦发生自然灾害，迅速与灾害的第一现场取得联系，判明现场情况，查明事件原因，快速准确做出应急决策，进行紧急救援，对减少生命财产损失具有重大意义。但是，自然灾害发生后，其破坏力往往会造成一定范围内原有通信系统（包括有线和无线）的损坏，救援人员无法与现场取得联系。同时，灾害对道路的破坏也使得救援人员以及物资无法及时送抵灾区。无人机凭借自身的优点能够很好地解决这些问题，在灾害救援中发挥出重要作用。

图 12-22 正在进行航拍的无人机

1）建立通信中继。当灾害发生导致受灾地区通信设施受到破坏时，可以在无人机安装无线电通信设备，建立临时通信中继。由于无人机机动灵活，成本较低，安装通信设备工序也并不复杂，因此可以迅速地构建应急无线局域通信网，实现灾区与救灾中心的有效联系，从而为救灾的顺利开展赢得宝贵的时间。2008 年四川汶川发生特大地震，使得灾区的通信设施遭到严重破坏，同时由于灾区地形复杂，气候恶劣，载人飞行器无法在灾区上空长期停留，因此外界与灾区的联系一度中断。为此空军派出一架专用无人机担负中继转讯任务，该机在灾区上空架设了一条通信桥梁，扫除了灾区的通信盲区，为抗震救灾指挥部实时指挥提供了强有力的技术支持。

2）采集灾区信息。当自然灾害发生后，在第一时间取得灾区的受灾信息非常重要。当救援人员无法进入受灾地区时，可以在无人机上配备多媒体采集系统，采集灾区的视频、音频数据，进行编码压缩并传回指挥中心。现在的无人机能方便地使用摄像机、热像仪等各种载荷。即使是普通的民用级专业数码相机，也能安装到飞机的平台上。配合自动曝光摄影等一系列先进技术，就能自动获取高清晰度的数码照片。通过后期处理，可以生成数码影像和地形图。同样是在汶川地震中，我国技术工作组应用微型无人机遥感系统，对重灾区北川县进行了航拍。系统中的无人机主要采用玻璃钢和碳纤维复合材料加工而成，遥感系统采用 GPS 自主导航和气压定高，整个飞控系统由遥控接收机、GPS 接收板、GPS 天线、自动平衡仪及自主飞行控制系统组成。自动平衡仪通过四个红外感应头感知飞行姿态，自动保持飞机平稳飞行。飞控系统包含两个微型计算机，分别用于导航和运动控制。技术人员通过无线电设备向无人机发送指令，遥感系统选用高分辨率数码相机。进行拍摄时，通过人工短距离抛射的方式使无人机起飞，通过遥控使其进入自动飞行状态，并按照预先输入的飞行指令执行飞行航拍任务，拍摄频率为 4s 一次。整个航拍历时 25min，共获得 107 张高清晰航拍照片和 8min 的视频影像。之后对图像进行拼接处理，进行几何校正，就得到了灾区图像，如图 12-23所示。这些图像为灾害范围、受灾面积的计算、灾害损失的评估以及救灾的决策提供了强有力的科学依据。

4. 环境监测

传统的环境监测方式有人工调查和卫星遥感拍摄两种。人工调查虽然准确率较高，调查

图 12-23 汶川地震后无人机拍摄的北川灾区图像

结果更为可靠，但是效率低下，且存在一定的危险性和不可行性。卫星遥感的方式比人工调查效率高，范围广，但是卫星影像的分辨率较低，监测时仍需要较多的人工解译与分辨，对于高精度监测场合不适用，同时只能对通过图像得到的环境参数进行测量。由于无人机是在低空飞行，使用无人机进行环境监测可以很好地弥补上述两种方法的不足。进行环境监测时，可以在无人机上搭载摄像头或者可感知自然环境的传感器，使其进入特定的环境中进行拍摄与感知。一方面，低空拍摄的环境影像分辨率更高，更加精确；另一方面，由于无人机自身也处于目标区域中，因此通过搭载的特定传感器可以感知通过图像无法感知的环境参数，比如气压高度、大气温度和湿度、真空速等。

目前无人机在环境监测方面的应用有森林资源调查、大气数据采集以及科研考察等等。进行森林资源调查时在无人机上面搭载摄像头，利用航拍采集目标林区的图像数据，之后对图像进行拼接、几何校正和区域划分，便可用于森林资源调查。用于大气数据采集时需在无人机上搭载大气数据采集系统，这种系统通常由静压传感器、动静压差传感器、温湿度传感器、A/D 转换器、接口电路和通信模块组成，可对周围大气数据进行实时检测、解算和传送。科考方面，中国科研人员曾在第 24 次南极考察中开展了首次极地无人机应用验证实验，在中山站以北的 150m 超低空飞行了 30 km，对南极浮冰区进行冰情侦察。此外，无人机在野生动物监测、土地资源和矿产资源探查等领域也逐渐发挥出重要的作用。

12.4 当前无人机领域的研究热点

1. 无人机非线性控制技术研究

从控制理论角度讲，无人机是一个多变量、强耦合的非线性控制对象。目前多数的无人机控制系统采用的仍然是线性系统控制方法。通过将无人机的非线性模型分别在不同的状态点进行局部线性化，得到一个分段线性的近似模型，之后利用线性系统理论中的根轨迹法、频率特性法、状态空间极点配置等方法设计控制器，或者直接使用 PID 控制器，通过整定和调试确定控制器的参数。采用这种控制器的系统只有在近似点附近工作时才能具有良好的性能，一旦超出一定的范围，系统非线性的影响将大大增强，控制器无法消除这种影响，使得系统的性能急剧变差，甚至会出现发散的情况。近年来，随着人们对无人机的需求越来越大，应用场合越来越广，对其稳定性、快速性和抗干扰性的要求不断提高，采用传统的线性控制器的无人机很难满足人类的需要。而非线性控制技术直接针对无人机的非线性模型进行控制，充分考虑对象的非线性特性，无需作局部线性近似，在很大的工作范围内都具有很好的控制效果。因此，无人机的非线性控制技术已经成为当前研究的热点之一。目前已经取得的成果有：非线性动态逆控制方法、鲁棒伺服 LQP 控制、自抗扰技术、分数阶 PID 控制、Backstepping 控制以及基于神经网络的模型参考自适应方法等。这些非线性控制技术能够在一定程度上对非线性系统产生较好的控制效果，但都存在各自的局限性，比如对系统模型建立的精确度要求高、计算复杂、实时性差等，有待做出进一步完善。

2. 多无人机任务规划技术研究

正如前文所说，无人机在很多领域已经得到应用，发挥了很大的作用。然而，随着无人机技术的普及与推广，人们对无人机技术的应用也不断深化，面对具有复杂的时间、空间约束以及突发性的任务时，单一无人机构成的任务系统逐渐暴露出其局限性。例如无人机携带的能源有限，不能长时间执行任务，无法对任务区域实现大范围多维度的覆盖，一旦无人机出现故障就会导致整个任务失败，容错率不高等。为了解决这些局限性，采用多无人机系统成为未来无人机应用的必然趋势。

多无人机系统的设计比单无人机系统的设计要复杂得多，因为不仅要考虑每一个无人机本身的系统控制和功能实现，还要考虑各个无人机之间的相互协作和配合。如何利用有限的信息和资源，综合多种约束条件，对多无人机系统进行更为合理的任务规划，使各个无人机之间既不产生冲突，又能够相互配合，互补不足，更好地完成复杂得多约束任务，满足多机协同的应用需求，成为当前无人机技术的研究热点之一。

多无人机任务规划技术的研究目前存在许多复杂的技术难题。首先，应用多无人机系统的任务环境往往是十分恶劣的，这样的环境必然会对无人机群的通信网络造成影响，如通信拓扑结构变化、带宽限制、通信干扰、通信延迟等。而良好的通信是多无人机之间相互配合的基础，如何保证无人机之间通信的可靠性成为实现多无人机任务规划技术的难点之一。其次，多无人机任务规划中一项很重要的内容就是使无人机群按照既定时刻到达任务区域，这就需要为无人机群设计合理的航行路线。在多无人机任务执行场景中，任务的突发性、无人机分布的随机性以及特定的时空约束等因素，为多无人机系统的路径规划制造了很大的障碍。如何在满足各无人机之间的多类约束关系，以及在航行安全的前提下为无人机编队规划最合理的航行路线，是实现多无人机航路规划必须解决的问题。再次，由于多无人机系统的任务是十分复杂的，一旦模型建立不当，很有可能会使求解时间大大增加，无法满足实时性要求，甚至会出现 NP-hard 的问题，无法求解。因此合理地建立任务规划问题的数学模型，处理好任务的多种约束要求，使其便于系统设计和求解十分关键，而这也是多无人机任务规划技术的核心难题。

3. 无人机自主飞行（智能化）技术研究

在 2009 年之前，无人机领域的研究成果还是以半自主的控制方式为主，虽然能够在很多领域得到应用，但是在使用过程中还是需要人的参与。此后，研究人员逐渐将研究的重点转移到对智能无人机的研究上来。智能无人机是一个复杂的集成系统，需要飞行器设计、空间定位、路径规划、飞行控制、图像识别等各方面技术的支持。为了充分利用这些技术，研究者通常会将各个功能模块化，通过合理的架构设计将其整合，达到无人机智能化的目的。

由于机载处理器性能的限制，最初的智能无人机的原理是将数据发送到地面基站进行运算处理，然后传回给无人机，指导无人机运动。在这个过程中一般没有人工的参与，所以也能算智能控制的一种，但这种智能控制方式使得无人机的工作空间范围十分有限，地面处理器和无人机之间通信性能对这种控制方式的鲁棒性和自主性影响较大。

之后，随着处理器性能的提升和算法的不断优化，这种方式逐渐被所有数据处理均在机载处理器上进行的方式所取代，机载处理器将全权扮演大脑的角色。一旦无人机起飞，机载处理器将对传感器获取的环境信息进行全权处理和分析，指导无人机做出正确的响应，这种方式更接近于人们理想中定义的智能无人机的形式。

实现无人机的自主飞行，主要是要解决无人机的自主定位、自主路径规划和自主避障问题，计算机视觉技术的发展为其提供了可能。例如，利用 SVM 算法和人工势场法实现无人机室内定位和路径规划，利用 SLAM 技术实现了对环境的二维建模和自主探索，将视觉技术与惯导技术结合实现无人机的自主飞行等。

上述成果的产生是可喜可贺的，但是目前关于智能无人机方面的研究工作还有需要解决的问题，大多工作的研究成果仅限应用于该工作中所设计的试验场景，而其鲁棒性并没有在实际环境中得到验证。并且由于对不同的使用目的，如室内搜救、室外追踪等，相应的智能无人机的设计架构、传感器的使用是不完全一样的，这些都需要在面对实际问题时进行具体的考虑和设计。

第13章 空间机器人

自古以来人类便对神秘的宇宙充满了遐想，随着现代科学技术的迅猛发展，人类遨游宇宙的梦想正在逐渐变为现实。1957年10月4日，前苏联发射了世界上第一颗人造地球卫星，如图13-1所示。1961年4月12日，世界上第一名航天员加加林乘飞船在太空环地球飞行1圈，历时108min后返回地球，开创了人类载人航天的新纪元。1969年7月人类登月成功，人类的空间活动进入了一个新的阶段。

科学技术的飞速发展，地球人口的不断增加以及资源的日益减少，都使得人类的空间活动不再局限于单纯对太空进行探索和考察，而向着开发和利用太空的方向迈进。但是，就当前的技术水平来看，由于太空环境具有微重力、高真空、温差大、辐射强、照明差等特点，使宇航员在空间的作业具有较大的危险性，而且耗资巨大。因此随着空间技术的应用和发展以及空间机器人技术的日益完善，机器人化是实现空间使命安全、低消耗的有效途径。随着航天飞机、宇宙飞船和空间工作站的建立，空间机器人技术越来越受到世界各国的重视。美国NASA指出，到2004年，已有超过50%的在轨工作和行星表面工作是通过空间机器人实现的。2000年《中国航天》白皮书把发展空间科学、开展以月球勘探为主的深空探测的预先研究作为今后十年或稍后一个时期中国航天事业的发展目标之一。因此，充分发展和利用空间机器人技术，对21世纪人类和平探测和利用太空有着广泛而深远的意义。

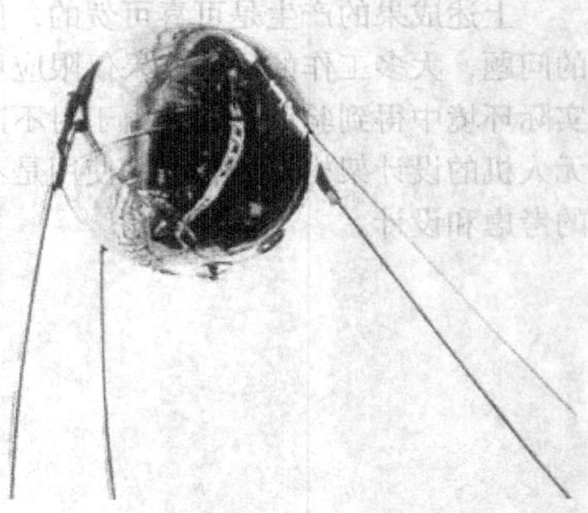

图13-1 世界上第一颗人造地球卫星

本章主要介绍空间机器人有关知识，包括空间机器人的定义和发展历程、特点和分类、基本结构、通信技术及其主要应用。通过本章学习，使读者对空间机器人有一定的了解。

13.1 空间机器人的定义和发展历程

13.1.1 空间机器人的定义

从广义上讲，一切航天器都可以称为空间机器人，如宇宙飞船、航天飞机、人造卫星、空间站等。航天界对空间机器人的定义一般是指用于开发太空资源、空间建设和维修、协助空间生产和科学实验、星际探索等方面的带有一定智能的各种机械手、探测小车等应用设备。空间机器人所从事的工作主要包括：

1）空间站的建设。在空间站的建设中，空间机器人可以承担大型空间站中各组成部件的运输及部件间的组装等任务，尤其是在空间站的初期建造阶段。像无线电天线、太阳电池帆板等大型构件的安装以及大型构架、各舱的组装等舱外活动都离不开空间机器人的协助。

例如，正在建设的国际空间站（International Space Station，ISS）离不开空间机器人的密切合作。美国航空航天局（NASA）、欧洲航天局以及俄罗斯、日本、加拿大、巴西等国的航天部门都参加了 ISS 计划，并不断开发相应的空间机器人以适应 ISS 的不同建设阶段。

2）航天器的维护和修理。随着空间活动的不断发展，人类在太空的财产越来越多，其中大多数是人造卫星。这些卫星发生故障后，如直接丢弃它们将造成很大的浪费，必须设法修理后重新发挥它们的作用。由于强烈的宇宙辐射可能危害宇航员的生命，所以只能依靠空间机器人完成这类维修任务。空间机器人所进行的维修工作主要包括以下两个方面：回收失灵的卫星和就地处理故障。图 13-2 所示为空间机器人正在维修人造卫星。

图 13-2　空间机器人正在维修人造卫星

3）空间生产和科学实验。宇宙空间为人类提供了地球上无法实现的微重力和高真空环境，利用这一环境可以产出地面上难以生产或不能生产的产品，在太空可以进行地面上难以完成的科学实验。例如，可以在空间提炼药品，为人类制造治疗疑难病症的药。在太空制造的某些药品比在地球上制造的同类药品纯度高 5 倍，提纯速度快 4 ~8 倍。在太空实验室可以进行微重力条件下的生物、物理、化学及其他学科的研究，如在太空条件下生长出的蛋白质比地面条件下更纯净。

4）星球探测。空间机器人可以作为探索其他星球的先行者，代替人类对未知星球进行先期勘查，观察星球的气候变化、土壤化学组成、地形地貌等，甚至可以建立机器人前哨基地，进行长期探测，为人类登陆做准备。在“阿波罗”计划中，美国就曾多次派遣空间机器人登陆月球，进行实地考察，获得丰富的月球数据之后才有宇航员的成功登陆。1997 年，NASA 发射的“火星探路者号”宇宙飞船携带“索杰纳”空间机器人登上火星，开创了星际探索的新纪元。欧洲航天局在 2003 年实施了“火星快车”计划。NASA 也在 2003 年发射了两个漫游者机器人“勇气号”和“机遇号”到火星进行考察。

13.1.2　空间机器人的发展历程

空间机器人的发展历程在不同国家是不同的。

（1）空间机器人在美国的发展

美国从空间活动一开始，就在无人和有人航天器上不同程度地使用了空间机器人。航天飞机上的遥控机械手已成功地完成了对卫星的回收和释放任务。

1962 年，美国使用专用机器人采集了金星大气数据。1967 年，“海盗”火星着陆器对火星土壤进行了分析，以寻找生命迹象。同年，“观察者”三号航天器上的机械手在地面遥控下，对月球土壤进行了分析。以上都是空间机器人的雏形。

20 世纪 70 年代初，美国提出在空间飞行中应用机器人系统的概念，并且在航天飞机上予以实施。当初的空间机器人属于遥控机器人，由舱内宇航员通过电视画面直接遥控操作。该空间机器人可用来构造空间站的某些设备，并完成一些恶劣条件下的极限作业。

目前，美国进行的最大的空间机器人计划为飞行遥控机器人服务系统（FTS）。Goddard 空间飞行中心负责研制的飞行遥控机器人是 FTS 系统的核心，它具有多个视觉传感器，可以完成远距离的舱外作业，并具有较高的自主性。

NASA 的约翰逊空间中心正在研制自主空间机器人，用于完成空间站内的检查、维修、装配等工作，也可以回收和维修卫星。NASA 的 JPL 实验室多年来一直从事空间机器人系统和智能手抓捕研究，并执行 NASA 的遥控机器人技术计划。JPL 实验室研制的闻名世界的"索杰纳"火星车，如图 13-3 所示。

NASA 兰利公司在进行一种舱外作业机器人的研究。这种机器人的特点是其末端操作器上带有高级临场传感装置，多臂协同操作，由现场的 CAD/CAM 和专家系统给出指令来完成各种舱外操作。以马丁·马丽埃塔公司为主的美国主要空间机构共同参加的 NASA 的飞行遥控机器人服务装置（FTS），原计划于 1995 年投入到"自由号"空间站上使用，后来由于经费过大而被缩减。

图 13-3 JPL 实验室研制的闻名世界的"索杰纳"火星车

美国一些重点高等院校也正在开发空间机器人。如 MIT、Stanford University、Michigan University、California University 等都承担了 NASA 的空间机器人研究课题，并在许多方面做出了成绩。

（2）空间机器人在加拿大的发展

加拿大航天局在空间机器人项目中为美国航天飞机设计遥控机械臂（RMS）。加拿大同时开展的项目还有针对空间站研制的 MSC，即具有双臂灵巧操作手的可移动作业中心。图 13-4 是加拿大研制的具有双臂灵巧操作手的可移动作业中心。

（3）空间机器人在日本的发展

日本国家空间发展局（NASDA）目前组织力量研究空间机器人系统。东芝公司和电子综合技术研究所共同研制了多功能机械手。主要用于完成外舱、补给舱的组装、支持加压舱内宇航员完成各种实验任务、更换实验仪器、维修实验设备、更换和处理实验材料等。

图 13-4 加拿大研制的具有双臂灵巧操作手的可移动作业中心

日本的 JEM-RMS，即技术试验卫星 VI 型（EIS-VI）计划，是一个实验性的在轨操作空间机器人作业器。主要以开发空间机器人技术、空间交会对接技术以及在空间轨道上进行实验为目的。ETS-VI 是世界上第一颗无人机器人卫星。它可以完成交会、对接及各种轨道作业实验，包括在太空中完成燃料加注、ORU 及电池更换、失效卫星的捕捉及对接等工作。要强调 ETS-VI 为保持与数据中继卫星间的通信连接，必须保持天线固定指向该卫星。另外 ETS-VI 具有较高的自主性，运用了以人工智能为核心的高技术，包括空间运动模型、捕捉目标的机械手路径规划及视觉的实时处理等技术。图 13-5 是日本东芝公司研制的火星探测机器人。

（4）空间机器人在俄罗斯的发展

俄罗斯一直居于世界空间大国前列，在空间机器人领域的研究方面也不落后。20 世纪 60 年代，美苏两国在空间机器人的研究方面各显其能，不相上下。但是到了 20 世纪 70 年代，美国放慢了空间机器人的研究步伐，而前苏联则一如既往，对空间机器人的研究有增无减。前苏联利用空间机器人协助宇航员完成了飞行器的对接任务和燃料加注任务，令美国的空间科学家羡慕不已。但是之后由于其经济发生了困难，对空间机器人的研究有所放慢。

图 13-5　日本东芝公司研制的火星探测机器人

（5）空间机器人在欧洲的发展

欧空局各国在空间机器人的研究方面也进展很快。因此欧空局各国相继成立空间机器人研究机构，如荷兰的 FOKKERSPACE 8L SYSTEM 公司、德国的 DFVLR 公司、法国的 MATRA ESPACE 公司、意大利的 TECNO SPAZIO 公司等。

德国于 1993 年 4 月由“哥伦比亚号”航天飞机携带发射升空的 ROTEX 空间机器人是世界上第一个远距离遥控空间机器人。ROTEX 机器人装有一只具有力传感器、光学敏感器的智能手爪。ROTEX 成功地完成了如下实验：空间站的构造；替换空间站上的可更换零件 ORU；捕捉自由浮游卫星。ROTEX 采用两种遥控方式，一是近距离遥控方式，宇航员在舱内遥控搭载在飞行器上的机械手；另一是操作员在地面通过监控台进行虚拟现实技术，为操作员提供良好的人机接口。图 13-6 是法国 Cybernetix 公司与 CNES 合作研制的火星探测机器人。

图 13-6　法国 Cybernetix 公司与 CNES 合作研制的火星探测机器人

13.2　空间机器人的特点和分类

13.2.1　空间机器人的特点

空间机器人因其工作环境的特殊性，其设计要求在很多方面与其他特种机器人有很大不同。尤其是空间环境对空间机器人的设计有很多的要求。

(1) 高真空对空间机器人设计的要求

空间的真空程度高，在近地轨道（LEO）空间的压力为0.001Pa，而在同步轨道（GEO）空间的压力为0.00001Pa。这样的高真空只有特殊挑选的材料才可用，需特殊的润滑方式，如干润滑等；更适宜无刷直流电动机进行电交换；一些特定的传感原理失效，如超声波探测等。

(2) 微重力或无重力对空间机器人的设计要求

微重力的环境要求所有的物体都需被固定，动力学效应改变，加速度平滑，运动速度极低，起动平滑，机器人关机脆弱，传动率要求极高。

(3) 极强辐射对空间机器人的要求

在空间站内的辐射总剂量为10000Gy，并存在质子和重粒子。强辐射使得材料寿命缩短，电子器件需要保护及特殊的硬化技术。

(4) 距离遥远对空间机器人的设计要求

空间机器人离地面控制站的距离遥远，传输控制指令的通信将发生延迟（称为时延），随空间机器人离地球的远近不同，延迟时间也不相同。地球低轨道卫星服务的通信延迟时间为4~20s，地球低轨道舱内作业的通信延迟时间为10~20s，月球勘探的通信延迟时间为4~8s，无线电信号由火星传到地球需要19.5min。通信延迟包括遥控指令的延迟和遥测信号的延迟，主要由广场波速度造成。实验对空间机器人最大的影响是使连续操作闭环反馈控制系统变得不稳定（在指令反馈控制系统中，由于指令发送的间断性，时延也不会造成闭环系统的不稳定）。同时在存在时延的情况下，即使操作者完成简单工作也需要比无时延情况下长很多，只是由于操作者为避免系统不稳定，必须采取“运动-等待”的阶段工作方式。

(5) 真空温差大对空间机器人设计的要求

在热真空环境下，不能利用对流散热，在空间站内部的温差为-120~60℃，在月球环境中的温差为-230~130℃，在火星环境中的温差为-130~20℃。在这样的温差环境中工作的空间机器人应该需要多层隔热、带热管的散热器、分布式电加热器、放射性同位素加热单元等技术。

除了以上空间环境对空间机器人设计所提出的要求外，空间机器人还具有如下特点：

(1) 可靠性和安全性要求高

空间机器人产品质量保证体系要求高，需符合空间系统工程学标准，有内在的、独立于软件和操作程序的安全设计，需非确定性控制方法，要求内嵌分析器，产品容错性好，重要部件要有冗余度。空间机器人中的无人系统可靠性大于80%，与人协作系统可靠性大于95%。

(2) 机载质量有限且成本昂贵

按照20世纪末的物价，空间机器人的成本每千克在20000美元以上，有的甚至成倍增加，空间机器人的高成本要求应用复合材料的超轻结构设计，有明显的细薄设计，需极高的机载质量和机器人质量比等。

(3) 机载电源和能量有限

空间机器人需要耗电极低的高效率电子元器件，计算机相关配置有限，如处理器、内存等的限制。

13.2.2 空间机器人的分类

空间机器人分类的依据不同，其分类方法也不同，空间机器人通常可以按照如下的方法来划分：

（1）根据空间机器人所处的位置来划分

1）低轨道空间机器人。离地面 300 ~ 500km 高的地球旋转轨道。

2）静止轨道空间机器人。离地面约 36000km 的静止卫星用轨道。

3）月球空间机器人。在月球表面进行勘探工作。

4）行星空间机器人。主要指对火星、金星、木星等行星进行探测。

（2）根据航天飞机舱内外来划分

1）舱内活动机器人。

2）舱外活动机器人。

（3）根据人的操作位置来划分

1）地上操纵机器人。从地面站控制操作。

2）舱内操纵机器人。从航天飞机内部通过直视或操作台进行控制操作。

3）舱外操纵机器人。舱外控制操作。

（4）根据功能和形式来划分

1）自由飞行空间机器人。

2）机器人卫星。

3）空间实验用机器人。

4）火星勘探机器人。

5）行星勘探机器人。

（5）根据空间机器人的应用来划分

1）在卫星服务中的应用。如对人造卫星 SMM 的急救实验，使得以观测太阳活动为目的的 4.5t 大型卫星 SMM 恢复正常工作状态，再投入运行；对哈勃望远镜卫星的修理计划等。

2）在空间站中的应用。包括在空间站、移动服务中心（MSC）和遥控机械手系统（RMS）中的应用等。

3）实验性空间机器人。空间站上的机器人是以遥控为主，局限在空间站桁架间移动，主要用作舱外作业支援工具。随着空间机器人的发展，出现了遥控与自主相结合的类似卫星边自由飞行边自主完成某个简单作业的卫星机器人。比较有代表性的机器人卫星为日本的 ETS-VII 型和美国的 RANGER 型机器人卫星。其中，ETS-VII 进行了协调控制机械手遥控操作、轨道服务、功能协调和智能控制四种实验；而 RANGER 则完成了机械臂控制、智能行为、基本作业、扩充作业和轨道交会对接等实验。

4）行星表面探测空间机器人。对行星表面进行科学考察，包括采集土壤和岩石样本、观察行星地形地貌等任务。

（6）根据控制方式来划分

1）主从式遥控机械手。主从式遥控机械手由主手和从手组成。从手的动作完全由操作人员通过主手进行控制，早期航天器的机器人都属于这种类型。这种遥控机械手具有严重的缺点：一方面，操作人员的劳动强度很大，短时间操作即可使操作人员疲惫不堪；另一方面，在进行操作时，控制信号的时延会带来不稳定性。主从式遥控机械手已经为遥控机器人所取代。这种机械手也有优点，在宇宙飞船、空间站外部空间距离近的地方仍可以利用其反应快、触觉真实的特点进行时间较短的操作。

2）遥控机器人。遥控机器人是将遥控机器人和一定程度的自主技术结合起来的机器人系统，机器人远地接收操作人员发出的指令进行工作。现阶段，遥控机器人是最重要的一种空间机器人。它可以工作在舱内，也可以工作在舱外，还可安装在空间自由飞行器上派往远离空间站的地方执行任务。

3）自主机器人。自主机器人是一种高智能机器人，具有模式识别和作业规划能力，有似人的视觉、触觉、力觉、听觉等感知能力，能感知外界环境的变化和自动适应外界环境，自己拥有知识库和专家系统，具有规划、编程和诊断功能，可在复杂的环境中完成各种作业，如火星探测机器人就属于自主机器人。

自主机器人是空间机器人的未来发展方向。随着电子学、计算机科学、人工智能等机器人技术的进一步发展，功能完善的自主式机器人必将在人类的空间活动中发挥其巨大的作用，成为空间机器人强大的一员。

13.3 空间机器人通信技术

13.3.1 空间机器人的深空通信

空间机器人在太空或其他星球中的工作情况必须传回地面，同时地面指令也必须传达给空间机器人，所以，地面控制站和空间机器人的通信非常重要。空间机器人和地面控制站的数据链路是通过深空通信网（Deep Space Network，DSN）来完成的。

在深空通信中，下行链路的符号首先被调制在一个方波副载波上，然后已调副载波再调制到RF载波上。这样可以传送与数据频谱不重叠的残留载波频率分量，因此两者之间的干扰最小。

在美国深空网（DSN）由NASA喷气推进实验室（JPL）开发并管理，是世界上最大、最灵敏的测控通信网。DSN主要为NASA的深空探测器提供跟踪、数据获取和通信服务。DSN还用于收集射电科学、射电天文、超长基线干涉仪（VLBI）和行星雷达等领域的科学数据，并用于支持大椭圆轨道（HEO）航天器的发射和早期轨道段（LEOP），以及在紧急情况下为低轨道（LEO）任务提供支持。目前，DSN由位于美国加州戈尔德斯敦、澳大利亚堪培拉、西班牙马德里的三个深空通信设施（DSCC），位于加州帕撒迪那的控制中心，以及位于加州帕撒迪那附近和佛罗里达肯尼迪角的测试设施组成。DSCC与帕撒迪那控制中心不间断连续工作，可对深空航天器提供近似连续的覆盖。

俄罗斯深空网由三个地面站、两个指控中心（MCC）和两个弹道中心（BC）组成。三个地面站分别是乌苏里斯克、叶夫帕托里亚、熊湖。深空任务的主控中心位于加里宁格勒，备用和本地指控中心与叶夫帕托里亚站在一起。两个弹道中心分别设在莫斯科附近的飞行控制中心（FCC）和俄罗斯科学院的应用数学所。图13-7是一个测控跟踪站的组成框图。

日本的航天活动都在其空间活动委员会（SAC）管理和领导之下，宇宙开发事业团（NASDA）是日本航天活动的主要组织和实施机构，负责发展运载火箭和应用卫星。宇宙科学研究所（ISAS）是一个小规模的航天组织机构。它是由原东京大学宇航科学研究所重建而成

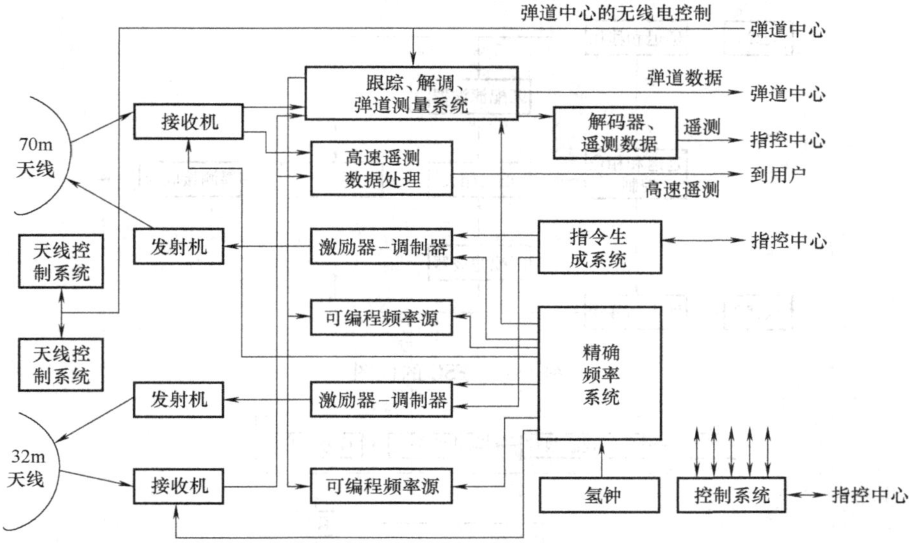

图 13-7　测控跟踪站的组成框图

的，负责科学实验卫星和深空探测器的发射，并执行深空探测任务。ISAS 的深空网是专用于跟踪和控制科学卫星和深空探测器的。该网由鹿儿岛站、臼田站和相模原控制中心构成。

深空通信中提高信噪比的方法一般有以下几种：① 深空网天线的设计；② 提高射频工作频度；③ 提高发射功率；④ 降低接受系统噪声温度；⑤ 使用先进的编译码技术；⑥ 采用好的信源压缩方法（如无损压缩法）。

13.3.2　空间机器人深空通信的接收技术——天线组阵

深空通信天线组阵技术将是未来的发展趋势。若要接受逐渐远去的空间机器人的微弱信号，应该加大地面站接收天线的口径和降低接收机噪声温度。目前，唯一的出路是利用分布在不同地点的多个天线组成天线阵列，接收来自同一深空机器人的信号，并将各个天线接收的信号进行合成，从而获得所需的高信噪比接收信号。这种方法称为天线组阵。天线组阵可以增加天线等效口径，降低天线的指向误差，系统可用性更高、维护灵活且工作可靠，可以减少用于备件的费用，可以通过使用更小口径的天线来降低成本，天线组阵还可以提高系统的可操作性和计划的灵活性。

天线组阵技术包括：

1）全频谱合成（FSC）。来自每个天线的中频（IF）信号被发送至合成站进行信号合成。为了确保相关性，信号必须在合成前进行延迟和相位调整。通常通过信号流相关来完成修正延迟和相位的估计。图 13-8 是 FSC 的框图。

2）复符号合成（CSC）。来自每个天线的中频信号送至一台接收机，在这里使用现有最佳载波预测进行开环载波跟踪。如果这种跟踪保持在比符号率低得多的频率误差范围内，则可以完成副载波解调和符号同步。这些复符号（因为载波未锁定）送至合成站进行合成。为了确保相关性，在合成前这些信号必须进行相位调整。修正相位的估计通常通过各信号流的相关来完成。图 13-9 是 CSC 的框图。

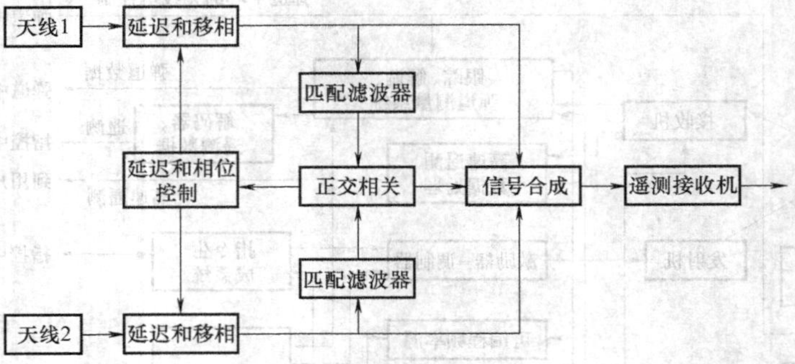

图 13-8 FSC 的框图

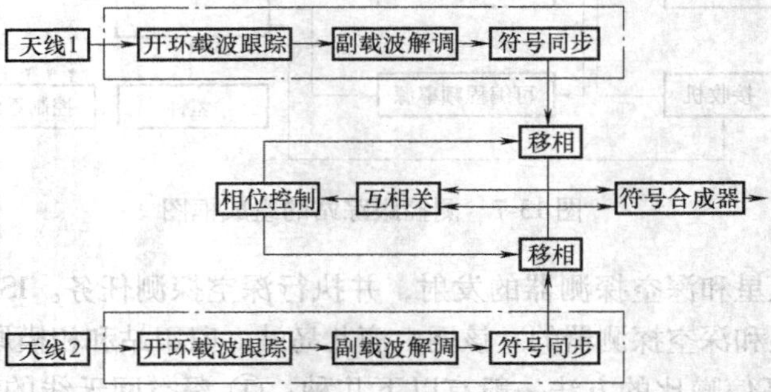

图 13-9 CSC 的框图

3）符合流合成。接收机使用来自各个天线的信号来跟踪载波并完成符号同步。符号同步后，相对于另一个数据流直接延迟一个数据流，使符号在时间上对齐比较简单。判决给定比特（通过数据译码从符号得到）是“+1”还是“-1”之间，以适当的权值合成符号，形成一个“软”符号估计，即原始遥测数据。图 13-10 是符号流合成的框图。

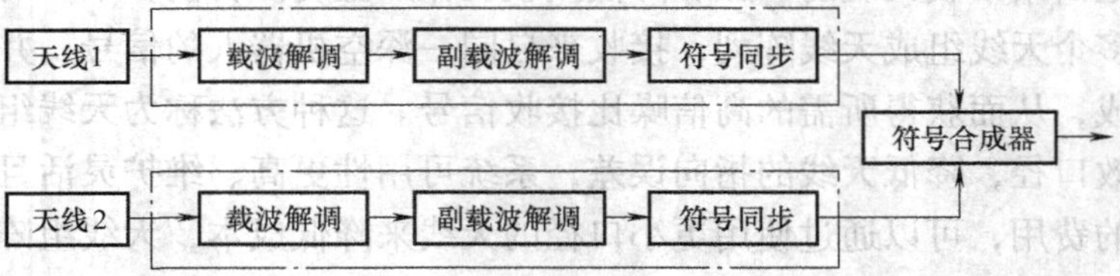

图 13-10 符号流合成的框图

4）基带合成。来自每个天线的信号都是载波锁定的。载波环的输出在基带频率上并且包括一系列副载波的谐波分量。该基带信号被数字化、延迟、加权，然后进行合成。延迟偏移量通常由各天线基带信号互相关得到。用合成的信号完成副载波锁定和符号解调。如果没有副载波，则这种技术就变成了符号流合成。图 13-11 是基带合成的框图。

5）载波组阵。在载波组阵中，每个阵元上的各载波跟踪环是“成对的”，以提高所接收载波的信噪比，因而减少了单个天线上载波锁定不良造成的“无线电”损失。如图 13-12 是载波组阵的框图。

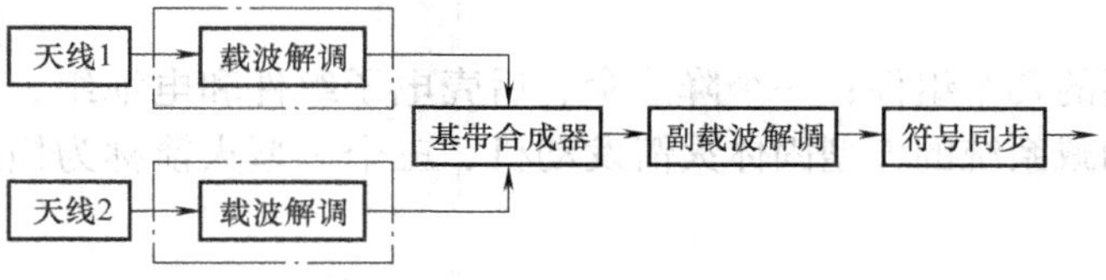

图 13-11　基带合成的框图

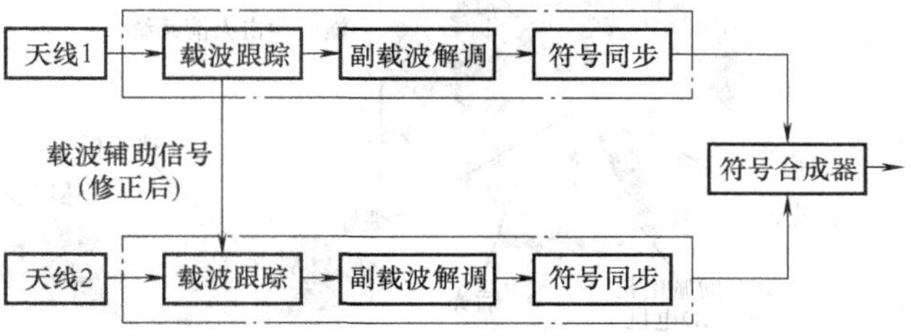

图 13-12　载波组阵的框图

13.4　空间机器人的应用

空间机器人在人类开发和利用空间过程中起着巨大的作用，下面介绍两类得到成功应用的实例。

13.4.1　探测空间机器人

探测空间机器人主要用于对空间星体进行科学探测，发现新现象和新物质，解释宇宙生成的奥秘。目前，人类所从事的最成功的空间探测是火星探测，且研制并实际使用了多种火星探测空间机器人。

开发火星探测空间机器人的目的是了解火星上是否曾经存在生物，生物存在所必需的条件，并寻找生物的痕迹，了解火星的气候特性和地质特性，为人类探测火星做准备。

飞往火星的航天器主要包括由地球飞往火星的装备、着陆装备和携带探测仪器的空间机器人。着陆于火星表面的航天器如图 13-13 所示。下面介绍各个主要部分的特点。

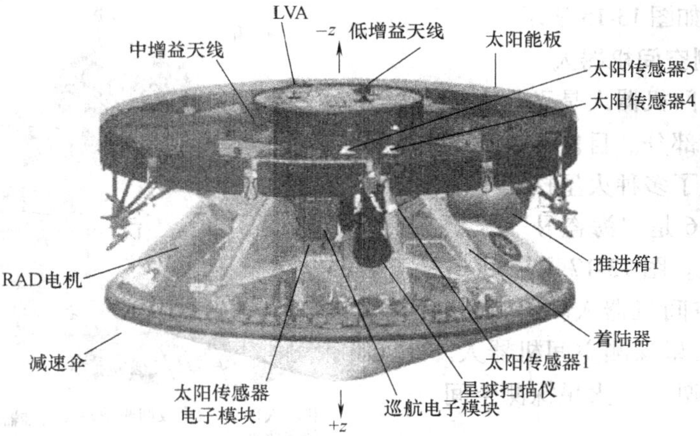

图 13-13　着陆于火星表面的航天器

1. 气囊

它的外壳包括的几个组件：一个降落伞、后壳电子组件和电池组、一个惯性测量组合、三个被称为火箭助减系统的大型固体火箭发动机、三个小型火箭称为横向冲击火箭系统等。如图 13-14 所示。

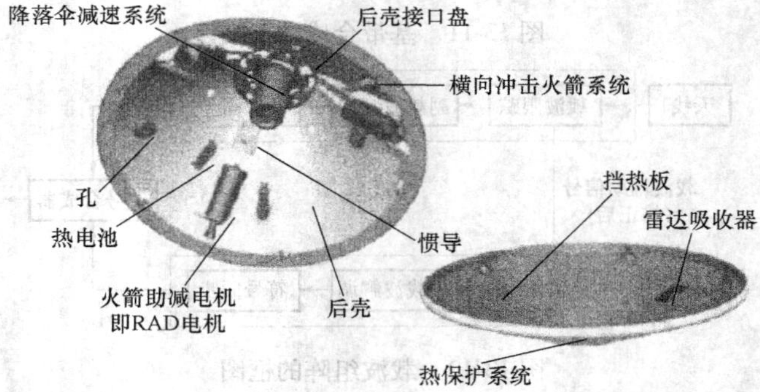

图 13-14 航天器的外壳

气囊用以确保航天器在岩石或粗糙的地形上着陆时得到缓冲，并且在着陆后能使航天器以高速在火星表面弹跳。更复杂的是，气囊必须在着陆前数秒膨胀，待安全着陆后再缩小。

新型火星探测器气囊使用的织物是一种称为 Vectran 的人造材料，Vectran 有几乎其他人造材料如 Kevlar 纤维两倍的强度，并且在低温时有更好的表现。每个探测器使用四个气囊，每个气囊有六个相互连接的圆形凸起。连接很重要，因为它通过保持气囊柔顺及对着地压力的反应来帮助减小部分着地力。气囊的织物并非直接与探测器接触，互相交叉的绳索包裹着气囊使织物与探测器在一起。绳索使气囊成形，可使膨胀更容易。在飞行途中，气囊连同用来膨胀的三个气体发生器一并收藏起来。

2. 着陆器

着陆器是一个牢固且轻的结构，由一个底座及三片“花瓣”组成金字塔形。着陆器结构由复合材料制成的梁和薄片组成。着陆器的梁由石墨纤维的碳基层编织成的织物制成，这种材料比铝轻，刚性比钢高。空间机器人通过螺栓和特殊的螺母安装在着陆器内，着陆后通过小型爆炸使它松开，如图 13-15 所示。

3. 火星探测空间机器人

火星探测空间机器人是飞往火星的航天器的核心部分。目前，人类已经在火星上使用了多种火星探测空间机器人。图 13-16 是“海盗号”火星探测空间机器人。图 13-17 是“机遇号”火星探测空间机器人。图 13-18 是“勇气号”火星探测空间机器人。图 13-19 是“凤凰号”火星探测空间机器人。

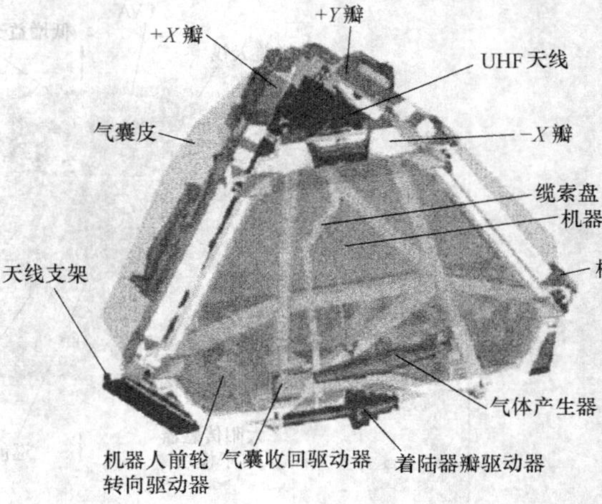

图 13-15 着陆器

下面以“勇气号”火星探测空

间机器人为例，介绍火星探测空间机器人的主要结构，如图 13-20 所示。

图 13-16　“海盗号”火星探测空间机器人

图 13-17　“机遇号”火星探测空间机器人

图 13-18　“勇气号”火星探测空间机器人

图 13-19　“凤凰号”火星探测空间机器人

图 13-20　“勇气号”火星探测空间机器人的主要结构

“勇气号”火星探测空间机器人的主要结构包括：

1）机体。机器人的机体被称为热电子盒（Warm Electronics Box，WEB），是一层坚硬的外壁，它能起到保护机器人的计算机、电子系统和电池（机器人的核心）等主要器官的作用。并实现温度控制。热电子盒被一块三角形的称为机器人装备甲板（Rover Equipment Deck，RED）封装在顶部。这块甲板使得机器人成了一辆可以变形的小车，并为各种摄像机、天线和支撑杆提供了安装空间，使得机器人在航行过程中能够不断拍照和拍摄火星地形。机器人绝缘性能良好的机体被涂成了金色，可以在火星温度下降到零下96℃时保持热量不散失。

2）控制系统。机器人的计算机安装在机体内一个称为机器人电子模块（REM）内。主计算机与机器人的设备和传感器通过总线来交换数据，这种总线是一种标准的工业接口总线。机器人的计算机由高端的、功能强大的计算机组成，包括能够忍受来自空间的极端辐射环境并能在计算机掉电期间保护数据并确保程序不丢失，确保在机器人夜间关机时，数据和程序不清除。随机器人携带的存储器包括128MB具有错误检测和纠正功能的动态随机存取存储器，3MB可擦除只读存储器，该随车携带的存储器是用于探路者计划的Sojourner容量的1000倍左右。机器人携带了一个惯性测量装置来提供它所在的三坐标轴的位置信息，这使得机器人能够做精确的垂直、水平和偏航运动。该设备用在机器人航程中为安全的航行提供支持，当机器人在火星地面上探测时该设备还能够估测倾斜度。机器人控制系统还能够检测自身“健康”，计算机记录健康信号、温度和其他保持漫游者“活着”的一些数据。一旦航天器开始进入火星大气层，机器人主计算机中的软件便开始更改模式。

3）机器人的轮子。机器人有六个轮子，每个轮子有独立的电动机。它的两个前轮和两个后轮还有独立的转向发动机。转向装置能控制转360°内的任何角度。这四个转向轮还可以使机器人突然转向和弯曲（成弓形转向）。机器人一般以10mm/s行驶。

4）科学仪器。科学仪器主要包括：磁体排列/微型热辐射分光计（Miniature Thermal Emission Spectrometer，Mini-TES）、穆斯堡尔谱分光计、射线粒子X射线分光仪（APXS）、磨石工具（RAT）等。

5）机器人的摄像机。“勇气号”机器人有九个摄像机，如图13-21所示，包括四个避障摄像机、两个导航摄像机、两个科学探测全景摄像机、一个显微镜摄像机用于测定标定对象（它以日晷的形式安装在机器人的平台上）。

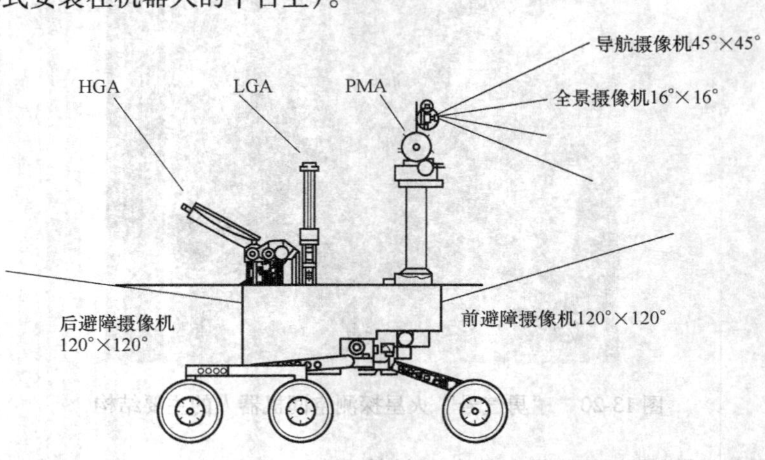

图13-21 “勇气号”机器人上的摄像机布局

6）机器人的“颈”和“头”。在“勇气号”机器人上看上去像颈和头的装置被称为全景摄像机桅杆头（Pancam Mast Assembly），如图 13-22 所示。它有两个作用：作为装在机器人内部的微型热辐射分光计潜望镜、全景摄像机和导航摄像机提供一个适合的高度和视界。

图 13-22　机器人上的“颈”和“头”

7）机器人的手臂。机器人的手臂也叫工具执行装置（IDD），如图 13-23 所示。该手臂具有三个关节：肩、肘和腕。该手臂能够使工具操作延伸、弯曲和转动一定精确的夹角，并能剔除岩石表层，拍摄微小图像，并分析岩石和土壤的组成成分。装在机器人手上的四个工具是：显微镜摄像机、Mossbauer 谱分光计、射线粒子 X 射线分光仪和岩石研磨工具。

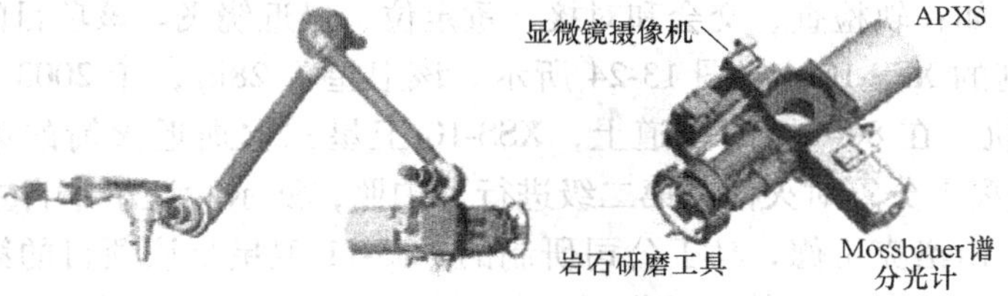

图 13-23　机器人的手臂

8）机器人的温度控制。火星探测空间机器人最重要的器件绝对不能超过 $-40\sim40℃$ 这个范围。通常保温的方法有以下几种：利用黄金涂料防止热量扩散，防止热量扩散的绝热材料是“气溶胶”，通过加热器、自动调温器、热转换器、散热管等来保持温度。

火星探测空间机器人的工作过程主要包括以下步骤：

1）开始通信准备。
2）旋转太空船。
3）开始传输音频信号。
4）巡游舱脱离。
5）“勇气号”进入火星大气层。
6）展开减速伞。
7）隔热屏脱离。
8）登陆器脱离。
9）雷达系统开始工作。
10）降落成像器对火星表面拍照。
11）开始向火星环绕检测卫星进行数据传输。
12）气囊的膨胀。
13）减速火箭推进器。
14）绳索剪断和第一冲击发生。
15）登陆器翻滚直到最终完全停止。

16）通信尝试开始。

17）关键的布置开始。

18）开始向火星长期卫星传输信号。

19）休眠。

13.4.2 空间机器人航天器

空间机器人的主要作用是对在轨卫星进行外部监视，故障诊断和维护，并可以保护己方卫星或攻击敌方卫星，代替宇航员来完成一些舱外作业。有关空间机器人航天器的研究和应用主要有以下实例：

AeroAstro 在第十七届 AIAA/USU 小卫星年度会议上提出“护航者”的概念，即在发射一颗大卫星时，同时从这颗大卫星上释放出一个小卫星以监视大卫星的工作状况。这颗小卫星能够自主靠近大卫星，并且能从任意角度、任意距离对大卫星进行拍照。

瑞士空间集团目前正在准备一项名为 PRISMA 的太空任务，以演示编队飞行、交会对接和传感器等技术。他们计划在 2008 年发射一颗质量为 140kg 的主卫星和一颗质量为 40kg 的目标卫星。

英国萨瑞（SURREY）大学的小卫星公司研制的 SNAP-1 纳卫星，重 6.5kg，能够为在轨卫星近距离拍照，于 2000 年 6 月 28 日在俄罗斯 Plesestk 人造地球卫星发射基地与清华大学研制的“清华一号”卫星（50kg）和“Nadezhda 6”卫星一起搭载 Kosmos 3M 火箭顺利发射入轨。SNAP-1 卫星在分离 2s 后首先在 2.2m 距离处对俄罗斯的“Nadezhda 6”进行了拍照，接着又在 9m 距离处对中国的清华-1 卫星进行了拍照，并把图像传回了地面。

由美国空军主要负责的实验卫星系统（XSS）微小卫星演示验证项目，用于演示验证自主逼近操作技术，如在轨检查、交会和对接、重定位、逼近绕飞。该项目的第一颗卫星是由波音公司负责研制的 XSS-10，如图 13-24 所示。该卫星重 28kg，于 2003 年 1 月由 DELTA-7925 火箭发射入轨。在 800km 的轨道上，XSS-10 卫星三次逼近火箭的第二级，在 200m、100m 和 35m 的距离上分别对火箭的第二级进行了拍照，演示验证了半自主运行和近距离空间目标监视能力。由洛克希德．马丁公司研制的 XSS-11 卫星是该项目的第二颗星，也已经于 2005 年 4 月由 minotaur-1 火箭成功发射入轨，如图 13-25 所示。该卫星重约 100kg，具备在轨成像能力。图 13-26 是 XSS-11 卫星从距离 0.5km 处拍摄的 minotaur-1 火箭的照片。截至 2005 年秋季，XSS-11 卫星绕发射装置的扩展级飞行了 75 圈。在任务期间，XSS-11 卫星计划与位于同一轨道内的 6 ~7 个空间物体进行自主交会，以验证其较高的自主飞行能力。

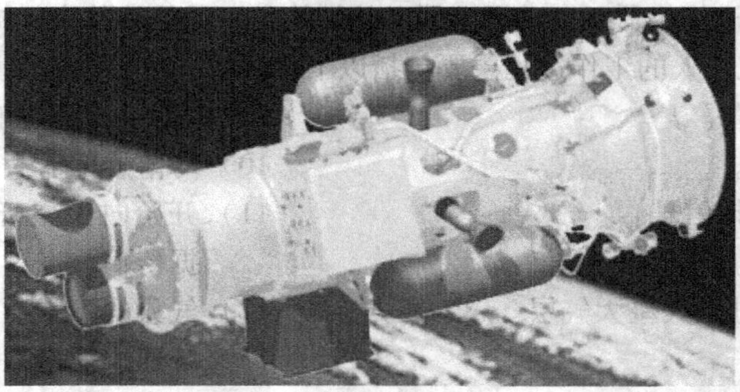

图 13-24　XSS-10 卫星

图 13-25　XSS-11 卫星

图 13-26　XSS-11 卫星在距离 minotaur-1 火箭 0.5km 处拍摄的照片

DART 是一颗为进行自主交会技术验证的演示卫星，于 2005 年 4 月在美国范登堡空军基地成功发射。DART 的任务包含四个阶段：① 发射和入轨阶段；② 交会阶段；③ 接近操作阶段；④ 离开和退休阶段。DART 卫星上搭载有高级视频导航传感器和防撞程序。DART 计划接近目标星 MUBLCOM 后，绕目标星进行飞行监视，同时利用卫星上的特殊标记进行视频导航以防止发生碰撞，如图 13-27 所示。DART 在顺利完成前两个阶段的任务后，在接近操作阶段燃料消耗比预期多，因而在未能完成第三个阶段的任务时，提前进入第四个阶段。

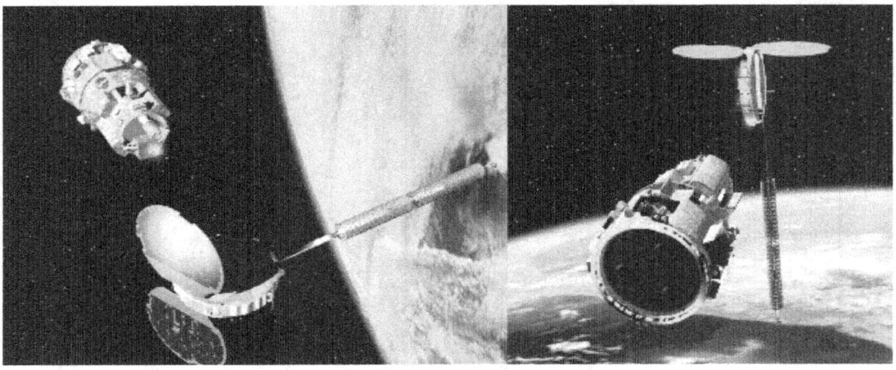

图 13-27　DART 交会对接演示

由于 DART 卫星是一个自主卫星，无法接收地面遥控指令，卫星按预定程序运行。在第四阶段与目标星 MUBLCOM 发生碰撞。尽管卫星上含有防撞程序，但是它主要依赖导航数据，由于导航数据测量的严重偏差，程序设计时并未预料到这种情况。

由华盛顿大学的研究员和学生提出的 Bandit 太空飞行监视器重 25kg，是 Akoya 大学纳星计划的一部分，一个 1kg 的监视器从母星上分离后，可对母星进行监视，并且这个监视器可以再返回到母星上进行补给以便进行下一次任务。这是 SNAP1 和 XSS-10 所不具备的功能。

EDAS Astrium 公司自 1998 年开始着手研制可自主飞行的多功能微小卫星平台 MICROS，它具有三轴稳定功能，质量为 7kg，直径约为 230mm。其在轨时间可达 5 年，在轨期间可以每月执行一次飞行任务，任务可持续数小时。MICROS 可以在载人航天器或国际空间站附近执行绕飞监视、辅助宇航员进行太空作业和环境监测等任务。MICROS 具有三组成像系统和环境探测系统，可以实现三轴稳定控制等特点[12]。

图 13-28 “清华一号”小卫星

由清华大学、中国航天机电集团公司与英国萨瑞大学联合研制的“清华一号”小卫星（见图 13-28）于 2000 年 6 月发射入轨。该星重约 50kg，具备遥测照相功能，可进行对地光学成像观测。该卫星的地面分辨率为 39m。

由清华大学研制的另一颗星“纳星一号”已于 2004 年 4 月在西昌卫星发射中心成功发射。该卫星是一颗高技术探索实验卫星，旨在通过一些关键技术的研究，开发纳星卫星平台并进行关键载荷的搭载试验，完成航天高技术飞行演示。

总之，空间机器人的应用将会随着航天技术的发展得到进一步的扩大，特别是人工智能技术将会更多地应用于空间机器人的研制中，使之具有更强大的功能，能够完成更加复杂的任务，为人类对太空的探索和发现发挥更大的作用。

第 14 章 多机器人系统

本章主要讲述多机器人系统。首先是多机器人系统的概述，然后介绍多机器人系统的体系结构和协调控制方法，以及一种典型的多机器人系统，即网络机器人，最后介绍多机器人系统的主要应用。通过本章的介绍，帮助读者了解多机器人系统。

14.1 多机器人系统概述

在机器人研究的早期，单机器人的结构、运动学、控制和信息处理是研究的重点。随着机器人技术的发展，面对一些复杂的、需要高效率的、并行完成的任务时，单个机器人则难以胜任。因此，出现了多机器人系统的研究。作为典型的多机器人系统主要有以下几种：

1）群智能机器人系统：由许多无差别的自治机器人组成的分布式系统。它主要研究如何使能力有限的个体机器人通过交互产生群体智能。

2）自重构机器人系统：以一些具有不同功能的标准模块为组件，根据目标任务的需要，对这些模块进行相应的组合，进而形成具有不同功能的系统。

3）协作机器人系统：由多个具有一定智能的自治机器人组成，机器人之间通过通信实现相互间的协作以完成复杂的任务。

4）机器人足球赛：前述几类机器人系统中，机器人之间的关系是合作的、互助的。而在机器人足球赛中，不同球队的机器人之间的关系是对抗的、竞争的。同队的机器人之间则是合作的、互助的。

多机器人系统的特点主要包括空间分布、功能分布、时间分布、信息分布和资源分布。利用多机器人系统的目的主要是：

1）利用多机器人系统的空间分布特性，通过各个机器人并行工作以提高完成任务的效率。

2）利用多机器人系统内资源（信息、知识、物理装置等）的共享来弥补个体能力的不足，扩大完成任务的能力范围。

3）利用系统内机器人资源的冗余性、各机器人功能的互补性提高完成任务的可能性，增强系统的容错性、鲁棒性和灵活性。

4）利用多机器人系统功能分布、资源分布的特点来降低单个机器人系统的成本和系统设计的难度，减少执行危险任务过程中机器人系统的损失。

多机器人系统中存在的问题包括：

1）分布式的结构使多机器人系统在进行全局优化时存在一定困难或无法找到最优解。

2）多机器人系统中各机器人之间由于资源的分配和使用不合理可能发生冲突或死锁现象。

3）随着多机器人系统中机器人数量的增加，多个机器人之间进行组织和相互协调协作的困难也随之以指数倍数增长。

4）多机器人系统中，功能、信息和资源的分布在增强机器人系统灵活性、适应性的同时，也增加了机器人对可用功能、信息、资源进行搜索和信息交换的时间。多机器人系统由此而产生的通信问题为系统快速响应外界环境的变化造成了一定的困难。

多机器人系统研究的主要内容包括：

1）群体体系结构。研究多机器人系统的群体体系结构是为了实现多个机器人相互间的合作。对群体体系结构的研究就必须确定机器人之间逻辑上的和物理上的信息关系和控制关系，以及问题求解能力如何分布等问题。针对以上问题进行的研究可以将多机器人系统的结构与控制有机地结合起来，保证多机器人系统中信息流与控制流的畅通，为机器人之间的活动、交互作用提供框架。总之，合理的群体体系结构可以使多机器人之间进行有效的合作。多机器人系统的群体体系结构可以分为集中式（centralized）和分散式（decentralized）两种。集中式通常有一个主控单元掌握全部环境信息及各受控机器人的信息，运用规划算法和优化算法，主控单元对任务进行分解和分配，向各受控机器人发布命令，并组织多个受控机器人共同完成任务。集中式结构的优点在于理论背景清晰，实现起来较为直观，但存在以下缺点：①容错性差：一个机器人的简单的错误可能会造成整个系统的瘫痪；②灵活性差：系统中机器人个数的变化会使原有的规划结果无效，需重新进行规划；③适应性差：由于在实际环境中所有信息对于主控单元并不完全已知，所以主控单元在复杂多变的环境下无法保证各受控机器人快速地响应外界的变化，以做出适当的决策，因此该结构不适合动态、开放的环境。另外，集中式结构还存在主控单元和其他机器人之间的通信瓶颈。分散式结构很难或者无法保证全局目标的优化，但是它以其故障冗余、可靠性等诸多优点引起人们对分散式结构研究的兴趣。在分散式结构中各机器人之间的关系是平等的，各机器人均能够通过通信等手段与其他机器人进行信息交流，自主地进行决策。这种方式具有灵活性和适应性强的优点。分散式结构要注意避免个体片面强调“个性”，以自我为中心，过分强调自己任务的重要性，而导致过多占有资源的情况，使得任务完成的效率低下。分层式结构与分布式结构的不同之处在于前者存在局部集中。

2）感知。机器人的感知包括感觉和理解。机器人配备多种不同功能的传感器可以使机器人能够“感觉”到外部环境的变化，获取不同性质的局部环境信息。通过对获取的信息进行有效的融合、处理及解释，机器人可以“理解”这些信息的意义，并将其与机器人的决策和控制紧密地结合起来。各机器人的感知能力对多机器人之间的协作主要有以下作用：①通过感知可以估计协作者的意图和动作效果，从而降低对通信的依赖；②感知是实现行为的基础，系统可以快速响应环境变化；③通过感知可以更新和维护系统模型。

3）通信。通信是机器人之间进行交互和组织的基础。通过通信，多机器人系统中各机器人可以了解其他机器人的意图、目标和动作以及当前环境状态等信息，进而进行有效的磋商，协作完成任务。一般来说，机器人之间的通信可以分成隐式通信和显式通信两类。使用隐式通信的多机器人系统通过外界环境和自身传感器来获取所需的信息并实现相互之间的协作，机器人之间没有通过某种共有的规则和方式进行数据转移和信息交换来实现特定含义信息的传递。在隐式通信中有一种比较特殊的方式，即各机器人可以通过某种方式在环境中留下某种特定信息进行信息传递。机器人在通过传感器获取外界环境信息的同时也可能获取到其他机器人遗留在环境中的某些特定信息。使用显式通信的多机器人系统利用特定的通信介质，通过某种共有的规则和方式实现特定含义信息的传递，因而可以快速、有效地完成各机器人间数据、信息的转移和交换，实现许多在隐式通信下无法完成的高级协调协作策略。在多机器人显式通信方面的研究主要包括：通信协议、网络拓扑结构、通信效率、通信内容和通信语言。

4）学习。机器学习的成果对多机器人系统学习方法的研究有很大的帮助。机器学习主要包括四种重要的学习机制：诱导式学习、分析式学习、遗传算法和联结主义的学习算法。多机器人系统的学习可以根据其结构的不同有所区别。集中式体系机构中，学习发生在主控单元上，其过程类似于个体机器人的学习；在分散式体系结构中，所有机器人都参与到学习中，它们可能会相互影响。多机器人系统通过学习可以获得较强的适应性和灵活性等智能特性。多机器人系统的学习按学习过程划分为独立学习和交互学习。独立学习指单个机器人独立进行的学习过程，不依赖于其他机器人。交互学习指多个机器人共同进行学习的过程。在交互学习算法中，ACE（Action Estimation）算法和 DFG（Dissolution and Formation of Groups）算法是两种较好的分布式增强学习算法，可以帮助多机器人系统实现相互之间协调协作的学习，乃至整体组织结构的调整。多机器人系统的学习按反馈类型划分为监督式学习、增强式学习和无监督式学习。多机器人系统作为一个群体进行学习时，依据不同的学习目的，其内部存在以下几种学习类型：机器人某种特定能力的学习，如通过学习某机器人可以将某种任务完成得更好；对群体组合特性的学习，如某几个机器人作为一组可以更好地进行工作；对任务模式的学习，例如如何合理分解给定任务、如何确定子任务的合理执行顺序；对环境特性的学习，以帮助多机器人系统进行任务和资源的合理分配。多机器人系统的学习一般可以分为三个阶段：在学习开始前的数据收集阶段；学习进行中，单个机器人依赖局部数据进行学习，同时通过通信将部分学习结果与其他机器人进行共享的阶段；局部学习完成后，各机器人共享并综合其学习所得的数据和知识，形成最终学习结果的阶段。

5）协调协作机制。多机器人系统的协调协作机制与系统的群体体系结构、个体体系结构、感知、通信和学习等方面的研究密切相关。协调协作按主观意愿来划分，可以分为有意识协作和无意识协作；按协作的类型来划分，可以分为合作型和竞争性。多机器人系统的协调协作反映了在多机器人系统不同层次上对系统控制与交互提出的不同要求。W. Rausch 等提出多机器人系统不同层次的协调协作：隐含协作关系，机器人按其自有的规划模型考虑其他机器人规划的影响；异步协调关系，多个机器人在同一环境下存在相互间干涉的条件下为完成各自目标而产生协作；同步协作关系，多个机器人为完成一个共同目标而产生的协作。

在多机器人系统的设计中，通常采用的是自顶向下的设计方法，如图 14-1 所示。即将

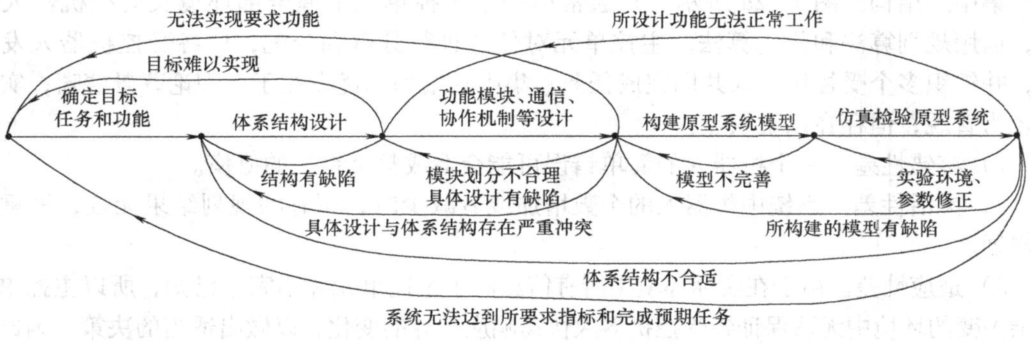

图 14-1　自顶向下设计方法的流程

复杂得多机器人系统的功能和目标要求逐层分割分解，逐步细化多机器人系统各功能模块，集成实现目标所必需的控制算法和协作策略。自顶向下设计方法的流程是明确所设计的多机器人系统要实现的目标、任务和要达到的功能；进行多机器人系统群体体系结构和机器人个体体系结构的选型，并面向具体目标、任务对其进行调整；在体系机构基础上确定具体的各机器人的基本功能模块和机器人之间的通信机制、协作方式等。依据系统设计方案在系统辅助设计工具上构建多机器人系统原型。在系统仿真工具中模拟系统的运行环境并进行仿真验证，如果系统原型不符合要求则需要返回前几步，找出问题所在并进行修改；系统原型设计通过后，就可以进入具体的系统实现阶段。在此阶段，如果发现某些设计缺陷则需要调整原设计方案。

多机器人系统的另一种设计方法是"突现"现象启发而形成的自底向上的设计方法，即先设计好底层机器人的结构和功能，然后利用机器人之间、机器人与外部环境之间的局部交互作用在多机器人系统整体行为层面上获得所需要的功能，达到所要求的目标。但这种方法目前主要在研究"突现"现象机理、模拟"突现"现象特征的多机器人系统设计中使用，而在对功能要求比较严格、任务比较复杂、指标要求比较高的多机器人系统设计中还难以使用，很多基本问题还需要进一步探讨。

14.2 多机器人系统的体系结构

体系结构是多机器人系统研究的一个重要内容，它主要研究如何组织和控制机器人的硬件和软件系统来实现机器人所需完成的功能。体系结构通常分为群体体系结构和个体体系结构。群体体系结构为实现预定的行为把个体联系到一起的形式。它表示个体之间所能存在的问题：知识、信息、控制等方面长远的、静态的关系模式，并从全局角度定义每个个体在系统整体行为的高级观点，从而有助于引导局部控制实现协作，增强系统的全局一致性。多机器人系统是由个体机器人组成的。作为个体机器人的核心部分，机器人控制系统决定了多机器人系统中机器人的协作能力。机器人个体体系结构将决定其适应环境的能力及其智能的复杂程度。

多机器人系统的体系结构可以分为集中式（centralized）结构和分散式（decentralized）结构两种。分散式结构又可以进一步划分为分层式（hierarchical）结构和分布式（distributed）结构。

集中式结构如图 14-2a 所示，它通常由一个主控单元掌握全部环境及受控机器人的信息，运用规划算法和优化算法。主控单元对任务进行分解和分配，向各受控机器人发布命令，并组织多个受控机器人共同完成任务。集中式结构的优点在于，理论背景清晰，实现起来较为直观，但存在以下缺点：

1）容错性差。一个机器人的简单错误可能会造成整个系统的瘫痪。

2）灵活性差。系统中机器人的个数增加或者减少时，原有的规划结果无效，需重新进行规划。

3）适应性差。由于在实际环境中所有信息对于主控单元并不完全已知，所以主控单元在复杂多变的环境中无法保证各受控机器人快速响应外界的变化，以做出适当的决策，因此该结构不适合动态、开放的环境。另外集中式结构还存在主控单元和其他机器人之间的通信瓶颈。

相对于集中式结构来说，尽管分散式结构很难甚至无法做到全局目标的优化，但是它以故障冗余、可靠性等诸多优点引起人们对分散式结构的兴趣。分布式的结构中没有主控单元，如图 14-2b 所示。各机器人之间的关系是平等的，各机器人均能通过通信手段与其他机器人进行信息交流，自主进行信息交流，自主进行决策。这种方式具有灵活性和适应性强的优点。但是，要注意避免个体片面强调“个性”，过分强调自己任务的重要性，而导致过多占有资源的情况，使得任务完成效率低下。分层式与分布式的区别在于前者存在局部集中，如图 14-2c 所示，它是介于集中式和分布式之间的一种混合结构。下面介绍几种较为典型的多机器人系统的体系结构。

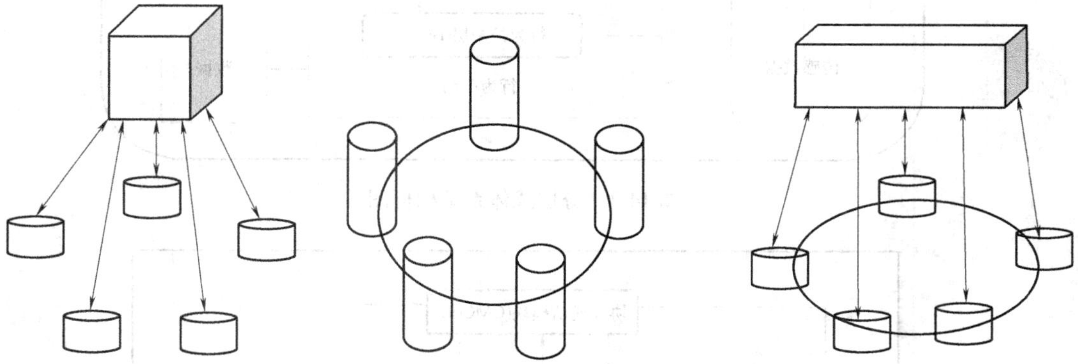

a)　　b)　　c)

图 14-2　几种多机器人系统体系结构示意图
a）集中式结构　b）分布式结构　c）分层式结构

14.2.1　分层式结构

面向多机器人协作系统（Multi-Robot Cooperative System，MRCS）为了满足自主性和协作性要求，多机器人体系分层式结构设计成三层结构形式，分别为协作规划层（Cooperation Planning Layer，CpPL）、协调规划层（Coordination Planning Layer，CdPL）及行为控制层（Behavior Control Layer，BCL），如图 14-3 所示。

1. 协作规划层

协作规划层是为了满足机器人的任务协作要求而设计的。在 MRCS 中，许多复杂的任务需要多个机器人协同完成，而协作层赋予机器人协作能力、组织能力等。

协作层可以实现：①任务的承接、分解和分配；②机器人之间的通信、协商等功能的管理。对于需要协作执行的任务，将任务分解为若干子任务后，按某种协议与其他机器人磋商，制定联合行动计划。若是决定独立执行，则将任务交给协调规划层处理。

下面具体介绍协作规划层的各个模块，如图 14-4 所示。

1）协作通信模块（Communication Module of Cooperation Layer，CMCoL）负责机器人之间任务级的信息传递，如任务的承接、发布等。

2）待规划的任务模块（Task Module of be Panned，TMP）存放来自用户或其他机器人的招标任务。

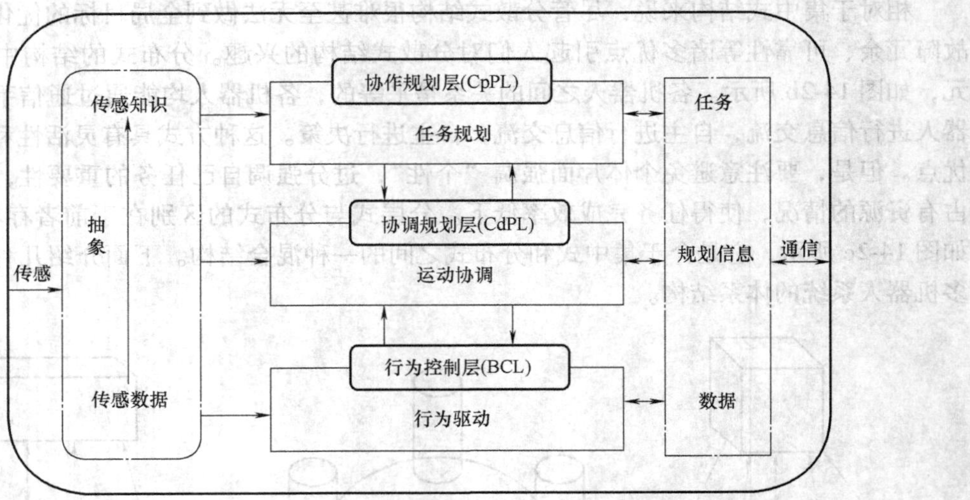

图 14-3 分层式体系结构框图

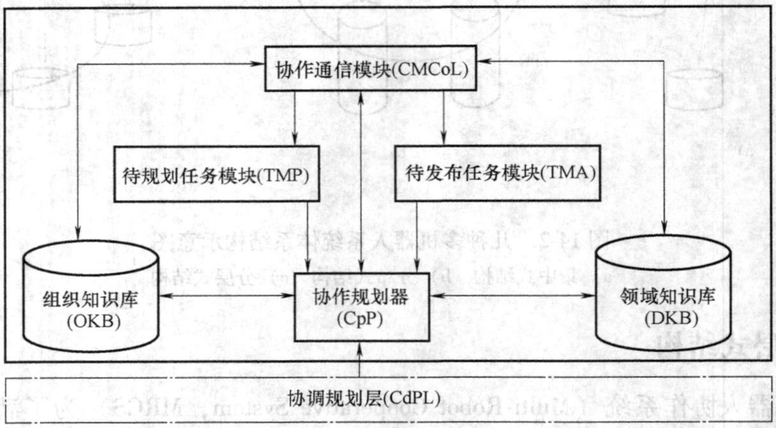

图 14-4 协作规划层结构框图

3）待发布任务模块（Task Module of be Announced，TMA）存放任务分解后需其他机器人协作执行的任务。

4）组织知识库（Organization Knowledge Base，OKB）组织模块中存放社会规则、谈判策略以及组织结构重组等方面的知识。

5）领域知识库（Domain Knowledge Base，DKB）领域问题求解知识，包括规划任务的规则、前提数据等。

6）协作规划器（Cooperation Planner，CpP）协作规划器是协作规划层的核心。

协作规划器根据领域知识将承接的任务分解（若不需分解则将任务交给协调层处理）。基于确定的协商策略和协商协议以协商方式实现机器人之间任务的动态分配，协调机器人之间的合作，建立机器人之间的协作关系。

2. 协调规划层

协调规划层是为了解决机器人之间协作关系确定下来以后具体的运动控制问题，协作层确定了机器人的任务/子任务后，机器人根据当前目标（任务）、自身状态、以往经验、传感信息等来规划自身行为。另外，它在动作执行的过程中负责检查冲突和采取有效的措施消解冲突。对于协调层中无法处理的问题，则返回协作规划层，由协作规划层重新规划。它的主要模块包括如下，如图 14-5 所示。

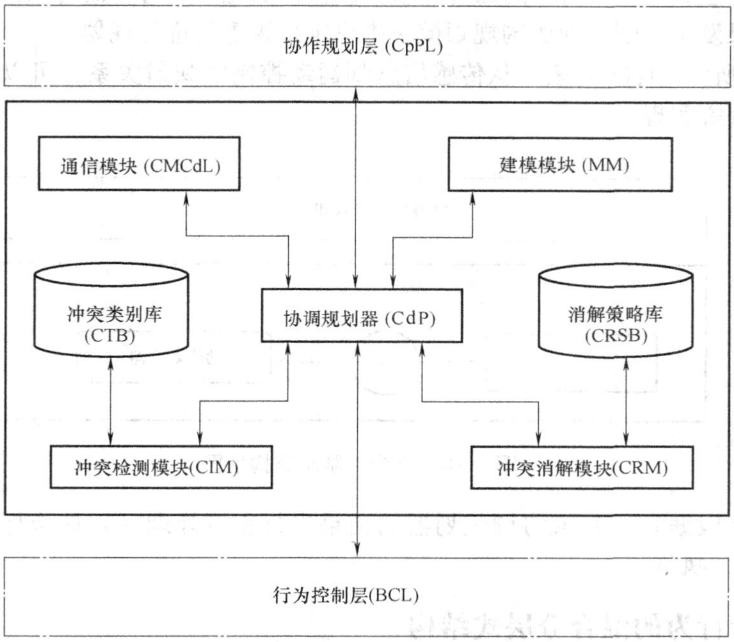

图 14-5　协调规划层结构框图

1）协调通信模块（Communication Module of Coordination Layer，CMCdL）。负责机器人之间运动规划信息的传递。

2）建模模块（Modeling Module，MM）。根据传感器信息和通信信息对外部环境进行建模，目的是为了对其他机器人的运动状态做出预测，作为自己动作的参考。其中建模模型包括世界模型和其他机器人的状态模型。

3）冲突检测模块（Conflict Inspecting Module，CIM）。随着时间的推移及外部环境的变化，原来的计划在执行过程中可能会产生冲突。冲突检测模块则检测冲突的发生、判断冲突发生的类型以及推测冲突发生的原因等。

4）冲突类别库（Conflict Type Base，CTB）。存放各种冲突类型，如目标冲突、资源冲突等。

5）冲突消解模块（Conflict Reconciling Module，CRM）。根据冲突类型提供相应的冲突消解策略。

6）消解策略库（Conflict Reconciling Strategy Base，CRSB）。存放冲突消解策略。

7）协调规划器（Coordination Planner，CdP）。它是协调层的核心，负责机器人运动协调的局部规划。根据任务（目标）、自身状态及外部环境信息，规划自身的行为，产生近期的运动序列，并负责与机器人规划层之间的协商，实现机器人之间冲突的消解。

3. 行为控制层

行为控制层的设计有两个目的：一是为了使机器人对紧急情况或简单任务迅速做出反应（如避障）。它直接由传感信息映射到某种行为，基本上不作推理或根据简单规则直接推理。二是执行协调规划层产生的运动控制命令，产生相应的动作。

通过反应产生的运动具有最高的优先级，动作模块立即执行，而将从协调规划层送来的动作中断。如果发生中断，则协调规划模块将决定是否重新进行规划。

如图 14-6 所示，f:(*) 表示从传感信息到运动控制的映射关系，可以由神经网络、分类器、规则推理等实现。

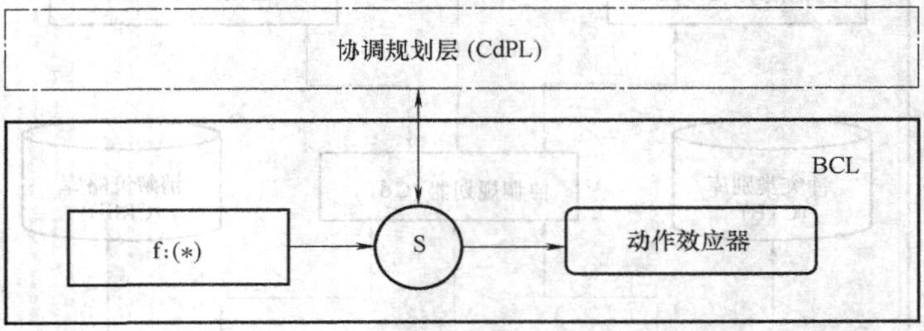

图 14-6 行为控制层结构框图

动作效应器根据 f:(*) 或协调规划器的结果进行相应处理（例如坐标变换、运动学计算等），实现动作执行。

14.2.2 基于行为的混合分层式结构

为了使机器人适应动态环境和任务，混合分层体系结构分为行为模块层、行为管理层和行为综合层，如图 14-7 所示。

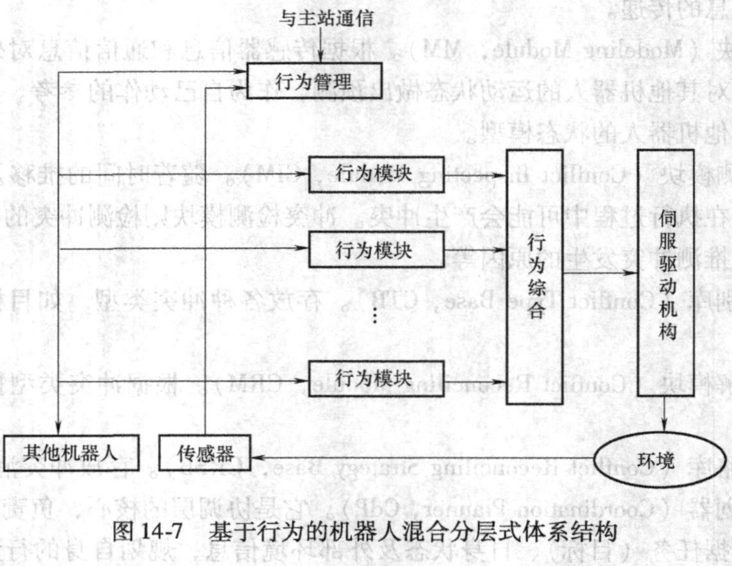

图 14-7 基于行为的机器人混合分层式体系结构

行为模块层由多个行为模块组成。行为管理层的主要功能是根据机器人当前任务、状态、周围环境及合作要求，对机器人的行为进行调整，如图 14-8 所示。

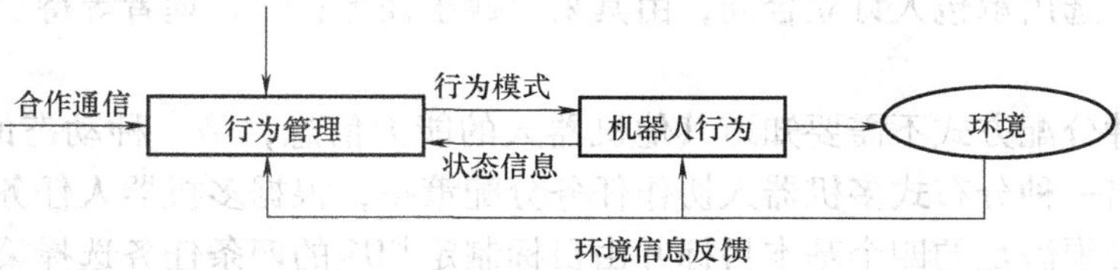

图 14-8　行为管理层概念框图

其中行为模式指的是机器人控制系统对所获信息的反应模式。行为模式决定了控制系统在收到信息后，将做出何种行为决策。对行为模式的调整包括改变行为模块激活状态、改变行为算法的参数、改变行为综合方式和参数等。通过这种在线调整，可提高机器人的适应性，同时为机器人之间协作的顺利进行提供一定的保证。行为综合层处于结构的最下层，其目的是对各个激活的行为模块的输出做出综合决策，控制机器人最终的运动。

14.2.3　任务级协作式结构

1. 任务级协作

（1）集中式任务分配

系统存在集中式分配者，内部存储一张关于所有机器人技能的表格。任务分配时，它通过查询这张技能表直接指定机器人或者协商完成任务分配。对于该分配方式来说，通信瓶颈是一个主要缺点。随着机器人数量的增加，系统性能会显著降低。此外，系统容错性也变差。

（2）分布式任务分配

系统中不存在集中式分配者，常用的主要有以下两种：

1）熟人网分配。熟人网是机器人利用内部已有的有关机器技能的知识进行分配，主要通过查询熟人表（包括所了解的机器人名称，即标识，以及它们所具有的技能组成的表格）实现。这种分配方式有两种分配策略：直接分配和间接代理分配。当采用直接分配策略时，机器人按完成任务所需的技能从其内部的表格中挑选适于完成任务的机器人，并将任务分配给它执行。当采用间接分配策略时，机器人委托其他机器人来寻找合适的任务完成者，并对任务进行分配。当然其他机器人有权拒绝来自某机器人的邀请。当在小范围内使用直接分配策略时，可以得到很好的响应，能够及时进行任务分配。当直接进行任务分配策略不能使用时，机器人可以用委托的方式进行任务执行者的搜索，此时，任务的响应速度将受到一定的影响。

2）合同网分配。合同网是在研究分布问题求解系统的过程中提出的，任务分配通过合同网协议来完成。在这种方法中，假设存在一个分散的市场结构，机器人可有两种角色：一是管理者，即将任务分解成多个子任务，寻找合适的承包人来完成各项子任务，并且全程监视任务的完成情况；二是某一任务的承包人，它可以作为完成者独立完成该项子任务，也可以作为管理者对该项子任务进行进一步分解，并将分解后得到的子任务承包给其他机器人完成。

管理者选定承包人的招、投标过程如下：①管理者声明一项任务；②承包者得到任务的说明后根据自身的能力、工作负担对任务进行评估；③管理者对所有收到的承包人的投标值进行综合评估，选出承包人订立合同，由其来完成子任务；④管理者等待承包人完成任务的结果。

合同网这种分配方式不需要知道其他机器人的能力信息，是一种动态的任务分配方式。董炀斌等人提出一种分布式多机器人协作任务分配策略，根据多机器人任务特点提出了多机器人任务分配必须满足的四个基本目标并由目标制定相应的四条任务选择策略，按形式化思想为子任务建立了一个通用模型。模型包含了与任务选择相关的子任务基本属性和运行状态，结合子任务模型和任务选择策略建立了一个子任务适应度模型，包含静态适应度、进度适应度、资源适应度和外部适应度四个分量，机器人根据适应度大小来选择子任务。机器人可以动态地加入和退出，可以很好地平衡各机器人的负载，易于实现，但是合同网方法对通信比较敏感。

将熟人网和合同网结合在一起可以形成一种更加灵活得多机器人系统任务分配机制。一般来说，熟人/合同网任务分配机制比较适合小型的多机器人系统。为了使这两种机制适应于大型机器人群体系统，系统应该具有一定的组织形式，创建一种分层式组织形式，可分为以下三步：

1）对于一个多机器人系统，根据机器人所具有的技能等因素将其分解为数目相当的若干小组，同时各个小组选出自己的管理者作为系统的最底层的管理成员，并且各个小组管理者建立自己的熟人表。

2）对各小组管理者继续分组，选出各个新组的管理者作为上一层成员并建立下属表（一种简单的熟人表，只包含下属机器人的名称）。

3）循环执行2)，直到该层所有机器人个数 n 满足 $1<n\leqslant G_{\max}$（$G_{\max}$为形成一个小组所需要的最大机器人个数)。创建系统最高管理者，并建立下属表。

当某些机器人加入、离开系统以及接受了一定任务或完成任务后返回系统时，系统局部做出一些改变，必要时系统进行重组，实现对机器人群体的有机管理和控制。

2. 具体设计

如图 14-9 所示，控制体系结构包括系统监控层、协作规划层和行为控制层。通信是协作的机器人之间交互的基本手段，机器人之间相互交换的信息包括任务、有关的内部状态和一些运动数据等。

（1）系统监控层

当系统发生不可预见的情况使得协作规划层和行为控制层都无法解决时，由系统监控层（System-Monitoring Layer，SML）通知操作人员处理这些异常、冲突和死锁，如改变任务的执行状态和机器人运动的方向。另外，操作人员可以通过系统监控层直接对任务或运动规划进行干预。

（2）协作规划层

协作规划层（Coorperation Planning Layer,

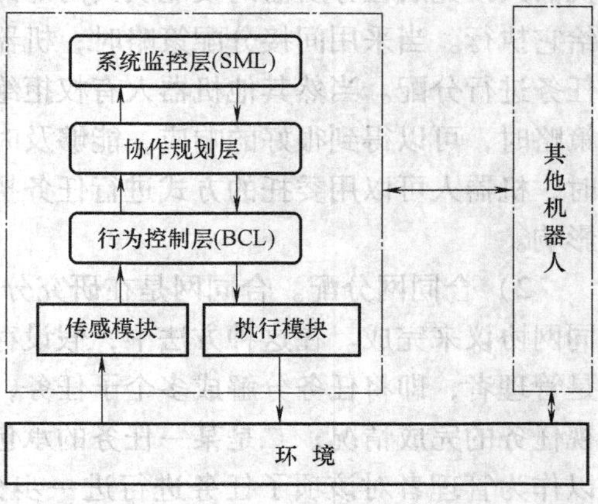

图 14-9 多移动机器人系统框架结构

CpPL）的主要功能是建立机器人之间的分层式组织关系，根据任务的要求创建和组织合适的机器人群体，解决多机器人之间的任务级协作问题。它还承担处理一些异常、无法解决的冲突和死锁，同时作为系统监控层和行为控制层信息传递的媒介。其功能结构如图 14-10 所示。

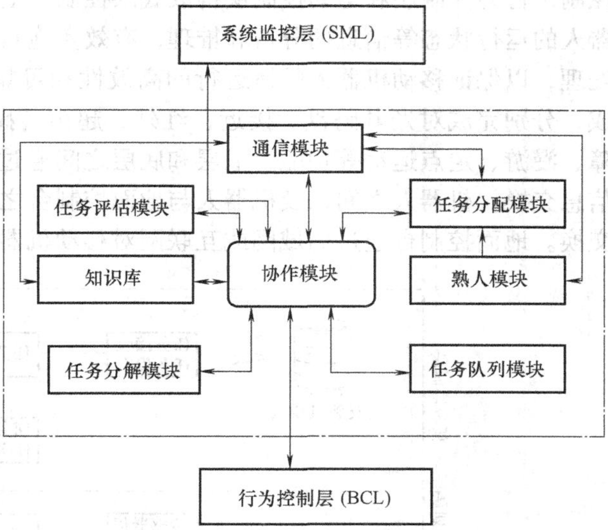

图 14-10　协作规划层结构框图

1）任务评估模块：该模块可以对任务进行情况评估。如果能够完成则按照一定标准产生，完成任务需付出的代价。

2）任务分解模块：用于实现任务分解。

3）任务分配模块：按照机器人在分层式组织中的地位不同，采用合同网或者熟人网方式进行任务的分配。

4）熟人模块：保存熟人表和下属表。

5）知识库：包含了机器人所需要的各种知识。

6）通信模块：实现机器人之间传递任务的相关信息。

7）协作模块：协作规划层的核心部件，负责完成其主要功能。

8）任务队列模块：按照所执行任务的先后顺序形成待执行任务队列。

（3）行为控制层

采用基于行为的方法，根据当前的任务状态，综合感知模块检测到的环境信息，通过通信获得的相关信息及来自上层的有关命令，结合对工作环境的了解进行决策，为机器人规划出具体的运动方向和运动速度，实现具体的运动控制。行为控制层组成如图 14-11 所示。

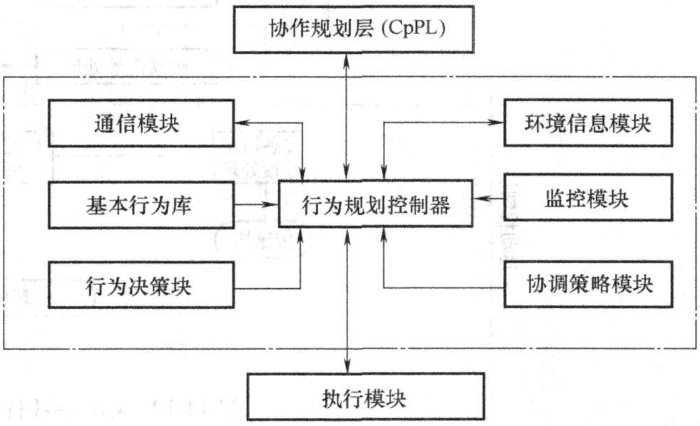

图 14-11　行为控制层结构框图

14.2.4　并行处理混合式结构

基于多 DSP 并行处理的混合式体系结构利用 DSP 高速的数字信号处理能力来提高机器人的响应速度，有助于提高机器人运动的平稳性。基于这种体系结构，设计制造的轮式移动机器人 CASIA-I 是将整个机器人控制系统分为四层，按功能从上至下依次为任务协调层、行为规划层、行为控制层和运动控制层，如图 14-12 所示。任务协调层和行为规划层构成上层控制，行为控制层和运动控制层构成底层控制。上层控制通过对传感器感知的环境信息和机器人的运行状态等信息的分析和推理，有效实施对底层控制中各功能模块的任务调度和故障处理，以保证移动机器人整体运行的高效性和可靠性；底层由各自独立的 DSP 功能模块组成，分别完成对光电码盘、接近、红外、超声传感器信号的处理以及运动控制、定位、避障、漫游、定点运动等功能。上层和底层之间通过 CAN 总线进行通信，以实现两者之间的信息交换。机器人之间以及机器人与地面控制台之间采用无线通信，以完成它们之间的信息交换。地面控制台通过局域网或互联网对移动机器人本体实现远程监视和控制。

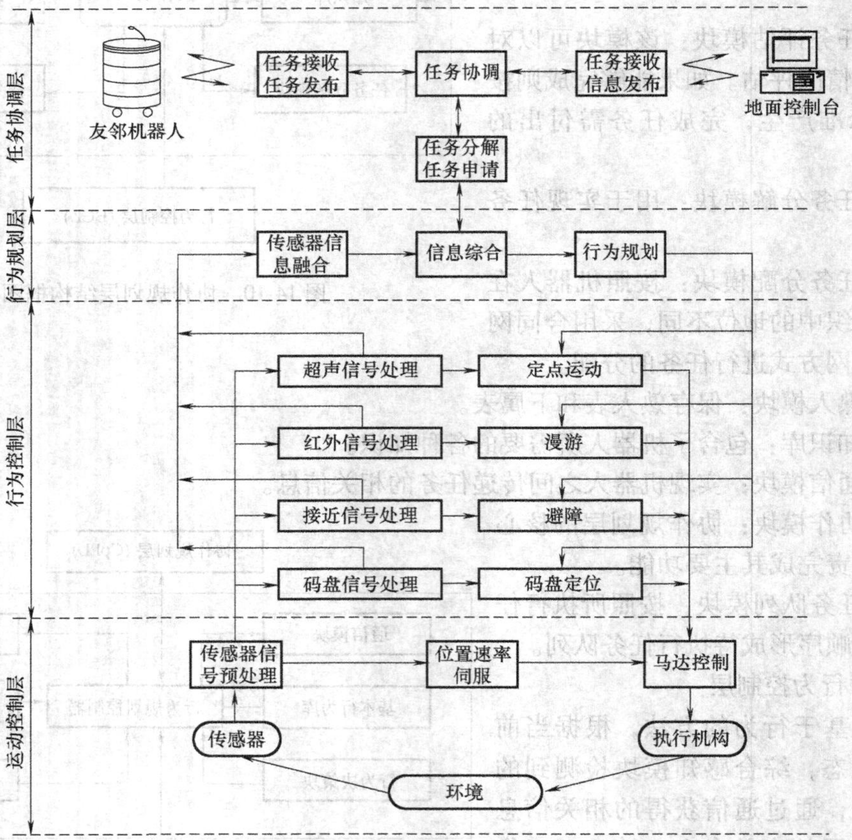

图 14-12 CASIA-I 体系结构

14.3 多机器人系统的协调控制

14.3.1 协调控制策略

1. 多机器人协调合作的主要研究方法

(1) 协商和反应式方法

对一个多机器人系统，可以从多机器人作为一个群体和群体中单个机器人两个层次进行考察。早期对多机器人系统的研究方法主要借鉴单机器人系统的方法，即规划方法、反应式方法和混合方法。把规划方法推广到多机器人系统，需要建立包括每个机器人状态的全局状态空间。全局状态空间的规模随机器人数的增加按指数形式增长。因此，除了个体数量很少的多机器人系统外，系统的在线规划非常困难。另外，全局规划需要各机器人和控制器间的信息通信，所需要的通信带宽随机器人数的增加而急剧增加。因此，全局规划的方法不是研究多机器人系统的合适方法。完全基于行为的反应式系统，由一组反应式机器人个体组成，仅仅根据局部的感知和通信来完成共同的工作。这种系统没有集中控制器、扩展方便，不要全局通信，鲁棒性强。缺点是难以预测由局部相互作用形成的全局行为。混合方法是基于规划的方法和反应式方法的结合，所构建的系统一般由两层组成：规划层和反应式层。典型的混合方法在高层采用规划器，群体行为由全局规划器和分布在各机器人上的自治模块共同实现。

（2）分布式人工智能方法

近年来，涌现出多智能体系统的群体智能和结构与行为的研究，已经成为计算机科学和相关学科研究的热点。多智能体系统研究的主要内容是多个自治智能体相互作用的自组织机制的理论分析和实验研究，通过协作和相互作用能完成复杂任务的分布式人工生物体的创建。多智能体系统研究的主要问题有智能体间的相互作用，实现合作行为中任务分配和行动协调的通信方法，智能体个体及多智能体群体的体系结构等。

尽管智能体是一个抽象的、理想化的计算实体，而多机器人系统的机器人是一个具体、真实的物理实体，两者存在明显的差别，但多机器人系统要研究的问题和多智能体系统要研究的问题非常类似，多机器人系统可以与多智能体系统有非常类似的拓扑结构、组织方式和运行机制。所以，研究多机器人系统可以借鉴多智能体系统的许多研究方法和成果。

（3）学习与进化方法

自然界始终是人类灵感的重要来源。仿生学直接模仿生物界的现象和原理。自然界中的生物体根据对环境的信息感知，做出决策和行动，适应环境的变化。高等动物适应环境的能力则主要来源于学习和进化。由于多机器人协作是一种非常复杂的行为，20 世纪 90 年代中期以来，应用机器学习、人工进化方法，对单个机器人和多机器人系统的行为形成进行了大量的研究，形成了一个新的研究方向——进化机器人学。

2. 多机器人协调合作的一些知名模型

目前，在国内外相关研究领域中，由于 MAS 的结构不同，所要处理的问题各异，所以，智能体间的协调和合作方式也不尽相同。下面列举了一些国内外知名的模型：

最著名的就是 Bratman 等人提出的 BDI（Belief Desire Intention）模型。Cohen 和 Levesque 又将“承诺（commitment）”和“公约（convention）”的概念补充进来，后又经 Jennings、Wooldridge 等人的进一步发展，形成了一套目前最为系统和成熟的多智能体协调理论框架——联合意图理论。它的基本要点是多个智能体在完成一个共同任务时会形成一个共同承诺，如果不出现“任务已完成”“任务无法完成”和“任务不必完成”三种情况之一，智能体就应该遵守公约，即坚持承诺，直到成功完成共同任务；否则，智能体就会设法通知正在合作执行共同任务的其他智能体，自己将要退出承诺。这样，其他智能体就能够适时做出调整。该理论侧重于智能体在完成任务时的一致性参与及坚持承诺，没有提出具体分工上的协作，所以该理论只是提出了一个框架，针对不同的问题还应该有相关的领域问题需要解决。

Viosz 等提出了共享计划理论。它建立在一种联合精神状态之上的，其中最重要的概念就是它引入的概念算子："打算"（intention that）和"打算做"（intention to），它们通过一系列原子操作符定义，引导智能体采取包括通信在内的行动来使得个体、子团体和整个合作团体能够协调一致的执行所赋予的任务。共享计划理论通过一个全队的共享计划实现多个智能体的动态组合及分工协作，在这方面它强于联合意图理论，但它没有涉及当智能体在不能很好完成共享计划时的保证机制，这方面又比联合意图理论弱。因此，将二者结合起来研究就能扬长避短，目前也是一个研究的热点。

对策论（game theory）的研究始于20世纪40年代，现在已被公认为是解决斗争局势中冲突问题的数学理论。所以多智能体系统中对基于对策论的协商模型也展开了广泛的研究。最早提出基于对策论协商模型的是Rosenschein。他首先应用对策论来分析MAS的协商过程。在其博士论文中，Rosenschein第一次为MAS定义了一个基于对策论的协商机制，对于智能体在目标有冲突的情况下的交互进行了深入研究，运用对策论建立了理性主体交互的静态模型，成为多主体协调与协作问题的形式化理论基础。此后的基于对策论的协商机制的研究工作，都是在他定义的框架上开展的。Rosenschein的协商模型使用的对策论工具主要是Nash合作与非合作对策。协商机制以下面三个假设为基础：①智能体追求自己的最大效用；②效用矩阵是公共知识；③智能体是理性的。基于对策论协商机制研究的主要问题是：①非合作领域的协商，如何处理冲突；②如果不了解对方的效用矩阵，如何处理不完全信息；③如何处理协商过程中可能出现的欺骗行为；④如何考虑历史信息，即智能体之间以往的交互情况。清华大学石纯一、王学军等人也都采用对策论研究了智能体之间的协作问题。

Shoham等人提出为智能体制定一套社会规则（social laws），要求每个主体都必须遵守，而且相信别的主体也会遵守。例如在一些实际的交通运输系统中，每一个智能体代表一个运输工具，则可以定义一个基本的社会规则：所有的智能体必须沿道路的右侧行走。利用社会规则可以大量减少求解问题时的搜索空间，降低控制的复杂度，而且减少了智能体间的交互，但同时也会伴随着一些可理解的丢失。

合同网模型是针对资源不足的多智能体动态环境的情况，采用了任务分解、任务分配、任务监督和任务评价等要素构成的一种协商策略。合同网模型源于1980年Smith提出的合同网协议，合同网包括三个节点：管理者、投标者和合同者。整个过程类似于招标投标过程，首先将任务分解成一系列的子问题，管理者对每个子问题进行招标，最终中标者成为合同者，这样就建立起合同关系，合同完成后合同者将结果返回给管理者，管理者发中止信文，合同结束。该模型主要解决任务的分布、资源的冲突和知识的冲突，如将其应用于分布式车辆派货系统中，每个车辆根据自己的能力对每一次的派货任务进行投标。

基于行为主义的多智能体系统的协调机制是以Brooks的基于行为的系统分析与设计方法为基础的。行为主义者认为智能体只需具有最基本的动作行为，智能体的智慧表现来源于对外界环境和变化的及时反应。这种协调机制也在许多方面得到了成功的应用，典型的应用就是多机器人的编队。在编队中，每个智能体机器人只受到周围机器人位置的刺激而调整自身的位置。个体的简单行为最终形成群体的协作效果。现在利用这种简单的机制已经成功的模拟出了昆虫的集群和大雁的编队飞行。实际的系统如SWARM。

14.3.2 协调控制平台

针对协调控制问题，人们开发了多种协调控制平台。这些平台主要有两类，一类针对集中式协调控制策略，另一类针对分布式协调控制策略。随着网络技术的发展，基于网络的协调控制平台得到了很大的发展。人们希望通过网络实现多机器人的协调行为，并且融合不同机器人的智能，基于对多机器人系统建立的模型和网络平台实现多机器人系统的智能协调行为。例如，本书作者之一的研究小组开发了一种基于知识模型的智能协调网络平台 K-ICNP（Knowledge model-based Intelligent Coordinative Network Platform）。该平台采用 Java 编程语言开发。基于这一网络平台并采用知识模型的方法，有效地实现了多机器人系统的智能协调控制。

在网络平台 K-ICNP 中，用户以及各种机器人都由对应的智能体（agent）来描述和操作，这些智能体是通过 TCP/IP 网络与 K-ICNP 进行通信的。在这个平台上一组协作机器人或者它们的智能体可以通过基于框架知识表示的方法在网络平台中描述出来。经过对用户提出的任务进行推理规划，网络平台将具体任务指令通过网络发送给各个机器人的智能体，由这些智能体操作机器人的底层硬件从而实现协调操作行为。网络平台在整个多机器人系统协调控制体系中起到全局规划集中控制的作用，各个机器人可以进行局部任务规划。在平台中通过人机交互可以理解人的任务要求后，由平台实现任务规划并控制各机器人完成任务，其中各个机器人的底层控制由机器人自己实现，而网络平台则专注于多机器人之间的协调控制。

K-ICNP 主要由图形用户界面、知识库和知识管理器、推理机制、JavaScript 解释器、基础类和网关这六个功能模块组成。友好的图形界面用于知识管理。在此基础上用户可以直接操作基于框架的知识库内容，如添加、修改、删除框架等操作。同时基于图形界面可以进行人机交互，从用户那里获取任务要求，并将完成情况反馈给用户。知识库和知识管理器是 K-ICNP 的核心模块。通过 K-ICNP 的知识管理器可以装载并解析 XML 格式文件存储的多机器人系统知识模型，在图形化显示知识模型后可以手动的基于图形界面对知识库进行编辑。同时通过人机交互进行新知识的学习后，通过知识管理器可以将新知识加入到原知识库中。最后可以将知识库用 XML 格式进行存储。推理机制是通过验证和处理来自外部模块的信息，创建、销毁框架实例以及执行框架创建和销毁时的预定义操作。JavaScript 解释器用来解释执行那些在框架中定义的条件以及过程槽中的 JavaScript 代码，同时它可以用于直接操作平台中定义的一些 Java 类。K-ICNP 提供一些用于创建智能体的基础类。各个机器人智能体以及用户等与 K-ICNP 的通信等都需要通过网关。

基于 K-ICNP 可以进行知识处理和存储并进行任务规划和执行，同时还可以进行知识推理、知识学习、人机交互等。用户以及各种机器人等所对应的智能体可以通过 TCP/IP 网络与 K-ICNP 进行通信。在这个平台上一组协作机器人的智能体可以通过基于框架知识表示的方法而在网络平台中描述出来，在经过对用户提出的任务进行推理规划后网络平台将具体任务指令通过网络发送各个机器人的智能体，由这些智能体来操作机器人的底层硬件从而实现协调操作行为。

14.3.3　协调控制中的学习

传统的机器人研究是建立在工作环境的精确的先验知识的基础上的，存在着知识获取、工程实现和精确性等问题，适应能力很差。当机器人要求在未知环境下工作，就必须注重机器人的自适应性，需要机器人能“学习”。机器人依靠与环境的不断交互来获取知识，通过反复调整环境模型和自身的模型，最终学会在未知环境下运行。

多机器人协调系统是一个极其复杂非线性动态系统，不可能具有完备的先验知识，而必须依赖其自学习和自适应能力。通过自学习和再励学习建模，动态调整控制参数来优化系统性能适应环境变化。有不少文献对多机器人协调系统的自学习和再励学习做了研究，并提出了一些学习算法，大致可分为四类：个体再励学习、群体再励学习、基于遗传算法的学习算法和基于模糊神经元的学习算法。如在 L-ALLIANCE 结构中提出一个标准再励学习算法。通过机器人学习如何评估其他机器人的表现而提高系统的协调性能。基于遗传算法的 Hill-climbing 学习算法，克服了传统遗传算法不保证系统性能的缺陷。基于进化算法和遗传算法的再励学习算法已被较多地开发。它解决了个体再励学习的收敛性问题和群体再励学习的样本复杂性问题，而基于模糊逻辑、神经网络或模糊神经元学习算法的研究近几年引起了极大关注。

另外，多机器人学习方法中还包括行为控制参数的学习、增强式学习和学习分类器系统。行为控制参数的学习又有基于遗传算法的行为控制参数学习和基于案例的空间时间推理的行为参数学习。其中基于案例的空间时间推理的行为参数学习是指一个案例包含一套行为参数值。在此基础上，通过学习新的案例和优化已有的案例实现了机器人行为参数的学习，优化了机器人的性能。增强式学习（Reinforcement Learning，RL）又叫强化学习或再励学习，是一种实时的、在线的学习方法。它采用试错法（trial-and-error），不需要建立环境和任务的精确数学描述。因此，不需要告诉机器人如何达到它的目标，只需告诉它目标是什么。通过学习，机器人能够从获取的关于系统状态、动作、奖励的有用的经验中掌握一套优化的策略和知识。学习分类器系统（Learning Classifier System，LCS）是由 Holland 在 1978 年提出的。Dorigo 和 Colombetti 将学习分类器应用于机器人，使机器人能够学会追踪光源和逃避敌人。学习的结果是使机器人发现一组用于指导其行为的规则。由于每一条规则（或称为分类器）可以概括机器人的多个状态，因此该方法所需的存储空间小于传统的 Q 学习。学习分类器系统实际上是一个规则发现系统，在该系统中运行有两种算法：增强式学习和规则发现算法。增强式学习用于确定规则（或分类器）的权值。权值是一个用来标志规则有用程度的数值，用于确定规则权值大小的算法通常是 Holland 提出的 bucket-brigade 算法。在现有各规则的权值确定之后，规则发现算法开始执行，从现有规则中淘汰掉较差的（权值较小的），并利用较优的规则产生出新的规则，然后开始下一轮的增强式学习。规则发现算法一般使用遗传算法，而每一规则的权值即为遗传算法中的适应度函数。学习分类器系统一般可以分为三个子系统：执行子系统、权值分配子系统和规则发现子系统。

14.4 网络机器人

14.4.1 网络机器人的组成与特点

把标准通信协议和标准人-机接口作为基本设施，再将它们与有实际观测操作技术的机器人融合在一起，即可实现无论何时何地，无论是谁都能使用的远程环境观测操作系统，即网络机器人。随着远程控制与自主机器人的结合，基于网络的自主机器人在未知的、危险的、非结构化的环境中具有更为广阔的应用。

基于 Web 服务器的网络机器人技术以 Internet 为构架，将机器人与 Internet 连接起来，采用客户端/服务器（C/S）模式，允许用户在远程终端上访问服务器，把高层控制命令通过服务器传送给机器人控制器，同时机器人的图像采集设备把机器人运动的实时图像通过网络服务器反馈给远端用户，从而达到间接控制机器人的目的，实现对机器人的远程监视和控制。

1. 网络机器人的硬件结构

网络机器人系统是一个典型的分布式系统，由四部分组成，系统结构如图 14-13 所示。

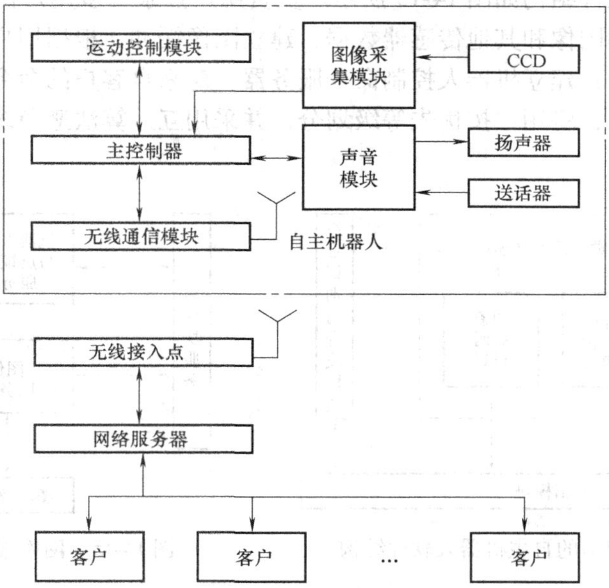

图 14-13　网络机器人硬件结构图

1）自主机器人：具有多种传感器，如上下两个 CCD 摄像机、超声波传感器、电机码盘等，可有效感知环境信息，通过 MagicLan 无线局域网与外部世界通信。此外，自主机器人还可配备声卡、扬声器以及语音识别引擎，加入声音识别与合成功能。机器人采用了嵌入式计算机（相当于 Pentium-III 500 MHz），自身具有计算能力，能融合多传感器信息，具有识别、定位功能，自主导航，完成特定的工作。由于采用了嵌入式计算机，计算能力有限。系统运行在 Windows 98 平台上。

2）网络服务器：配备高性能处理器（P-IV 2GHz，256 MB 内存，60G 硬盘）作为机器人对于 Internet 的窗口，提供网络服务。系统运行在 Windows2000 平台上。

3）客户：主机通过 Internet 与网络服务器连接，在线远程监控网络机器人。

4）无线网络系统：利用无线网络代替有线网络，使得对机器人的控制不再受空间和地域的限制。本系统采用了无线局域网（Wireless LAN）有中心的网络拓扑结构，自主网络机器人通过无线接入点（AP）与网络服务器连接，采用 802.11b 协议，传输速率为 11 Mbit/s。

2. 网络机器人的软件结构

（1）自主机器人

自主机器人的软件结构如图 14-14 所示。机器人通过自身的传感器感知环境信息，并将视觉反馈给远程用户。机器人本身又具有推理、行为决策能力与定位、识别能力，能执行避障、对路径的自主规划、自主导航以及对多任务的决策。这些都有利于减少网络通信中不可预测时延对机器人控制实时性的影响。当网络通信出现拥塞而导致传输速率下降时，自主机器人暂缓低优先级任务，降低网络通信的负载；如果出现系统暂时的通信中断，远程机器人的自主性与学习机制可避免机器人处于失控状态。此外，通过视觉反馈，用户可以通过远程界面来指导机器人的学习。

（2）网络服务器

网络服务器的软件结构如图 14-15 所示。负责用户登录，多用户协调调度；通过接收来自自主机器人的采集图像和其他传感器数据，建立图像缓冲，根据用户要求向远端用户提供不同质量的图像服务；建立机器人控制命令服务器，对来自客户的命令进行排队、过滤。限于系统硬件资源有限，将用户按优先等级划分，并采用互斥算法避免多用户对于远程机器人的控制冲突。

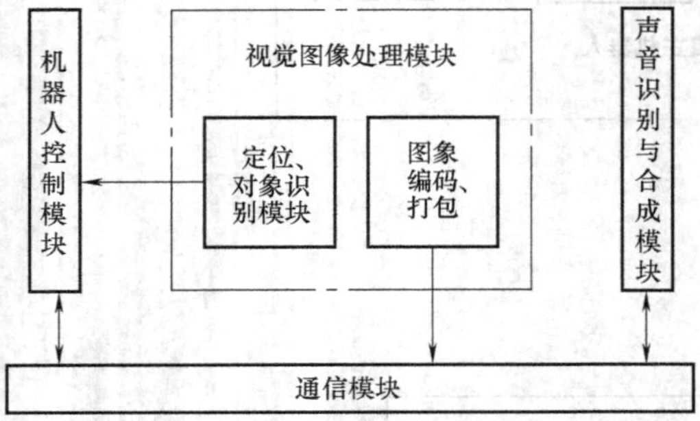

图 14-14 基于网络的自主机器人软件结构

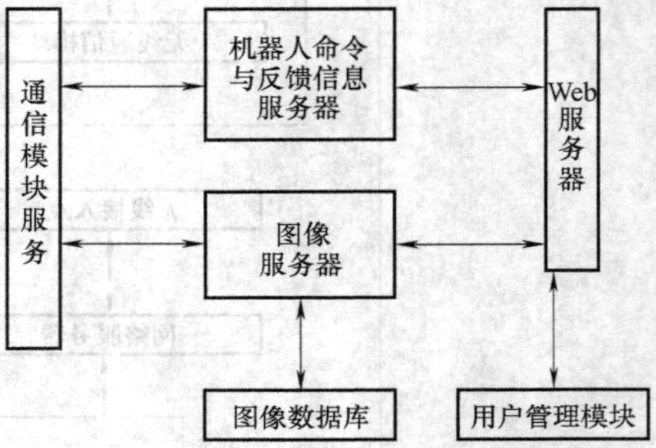

图 14-15 网络服务器的软件结构

（3）客户

客户软件结构如图 14-16 所示。它主要提供友好的用户界面和丰富的人机接口，接收来自网络服务器的各种自主机器人的传感器信息并显示，对图像则需要先进行解码然后再显示。接收用户指令，包括来自键盘鼠标的消息以及语音识别的指令，并发送给网络服务器。

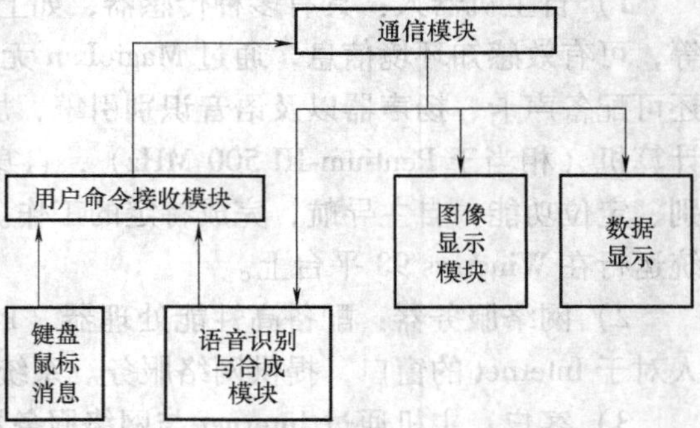

图 14-16 客户的软件结构

3. 网络机器人的特点

1）基于网络的机器人技术涵盖并有机结合了现代网络技术和机器人控制技术两方面的内容。

2）基于网络的机器人建立在 Internet 的基础上，相应地具有 Internet 特有的一些功能，拥有良好的人机界面，可以实现人机交互功能。

3）基于网络的机器人以 HTTP 作为控制系统的标准通信协议，其系统控制软件具有良好的可移植性和互用性，可以使用一个服务器供不特定的多个用户在网络上任意使用。

4）由于网络的存在，网络机器人技术使得机器人系统中必需的多数控制软件可以分散配置，机器人的软件开发也可以分散进行，更容易实现。

14.4.2 网络机器人的控制

利用网络机器人可以实现远程实时控制，使机器人在恶劣的环境下工作，如强辐射环境，而操作人员则可以处于较好的工作环境中，获得与现场相同的控制效果。这样，可以充分地发挥操作员和机器人的作用，实现恶劣环境中的精确作业。同时，网络机器人远程实时控制的实现，为多机器人的同步控制提供了基础，对于多机器人协调控制具有十分重要的意义。

图 14-17 所示为网络机器人远程实时控制框架，最上层为智能与人机交互层，用于进行人机交互、任务规划、与 CAD 系统的连接以及视觉、语音等信号的处理。该层形成了机器人运动所需的空间直线、圆弧的特征参数，其中空间直线只需要起点和终点的位姿参数，空间圆弧只需要起点、终点和一个中间点的位姿参数。其次是运动规划层，根据空间直线、圆弧的特征参数，进行在线运动规划、逆运动学求解、选出控制解等，形成各关节电动机的位置。下一层为运动控制层，给定从运动规划层接收到的关节电动机位置，反馈测量到的关节电动机的实际位置，通过插值和 D/A 转换形成模拟量的速度信号。该层实现位置闭环控制。最下层为伺服控制层，给定运动控制层的速度信号，反馈已测量到的关节电动机的实际速度，由伺服控制与放大器实现速度伺服控制。

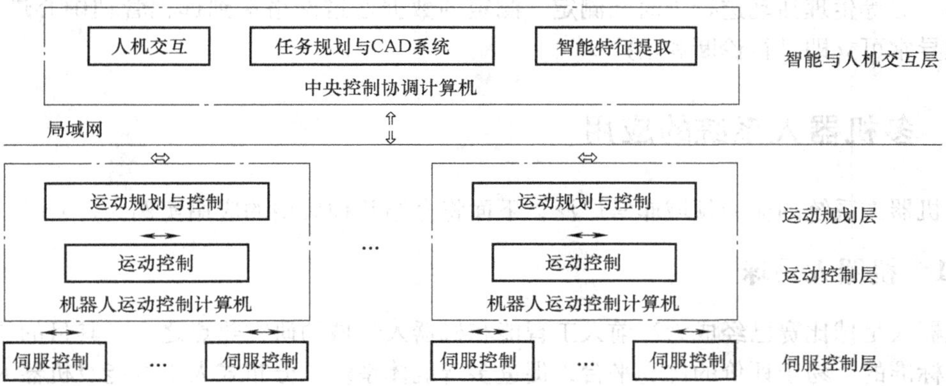

图 14-17 网络机器人远程实时控制框架

由于智能与人机交互层对实时性的要求相对较低，而对界面的要求较高，所以该层利用 Windows 操作系统，由一台中央控制协调计算机实现。运动规划层对实时性要求较高，该层利用 Linux 操作系统进行实时控制。运动控制层采用多轴运动控制器，作为一个功能卡集成到运动规划层的 PC 中。由运动规划层、运动控制层和伺服控制层构成开放式机器人的本地实时控制器。智能与人机交互层和运动规划层之间通过局域网进行数据交换，从而构成基于网络的跨平台远程实时控制系统。

中央控制协调计算可以控制多台本地实时控制器，而每台本地实时控制器控制一台工业机器人的运动，工业机器人的状态被实时地返回到中央控制协调计算机。中央控制协调计算机根据要实现的任务、各台工业机器人的当前状态、操作员输入的命令与参数等外部输入，进行任务规划，形成各台工业机器人运动所需的空间直线、圆弧的特征参数，从而实现多台工业机器人的运动协调控制。由于中央控制协调计算机与各台本地实时控制器的数据交换量很小，利用局域网进行通信的速度又较快，所以图 14-17 所示系统的远程控制的实时性能够满足实际应用的需要。

14.4.3 网络机器人的应用

虽然网络和机器人的结合才刚刚开始，但网络机器人技术在工业、空间、海洋、战场等远程控制方面，以及远程教学等领域有着广泛的应用前景。

1）远程制造：应用网络机器人技术，通过网络遥控处于工作现场的工业机器人，实现加工制造过程的自动化、精密化、无人化，对于提高劳动效率、产品质量和减轻工人负担有着显著意义。

2）遥操作：遥操作的应用较多，大到空间飞船、水下探险机器人、远程手术，小到远程的家庭护理、简单的看护等；还可通过遥控操作处于矿井中的地下采矿设备，人们可以在任何地方操纵这些设备。

3）娱乐领域：网络机器人连接在 Internet 上，远端的各种声音、图像信号经传感器收集后通过网络传输，可以为网络远端的用户接收，满足用户娱乐的要求。此外，人们还可以通过操纵遥控机器人和其他互联网设备中获得乐趣。

4）远程健康监控：利用网络机器人进行远程健康监控，可以对人们日常生活中的饮、食、起、居等生理活动进行长时间测定，测定的数据通过网络送到远程管理中心进行分析，若发现异常可立即进行诊断和治疗。

14.5 多机器人系统的应用

多机器人系统的应用领域非常广泛，下面将介绍几种典型的应用实例。

14.5.1 机器人足球

机器人足球比赛已经成为当前人工智能和机器人领域的研究热点之一，其目的是通过提供一个标准的、易于评价的比赛平台，促进多智能体系统、分布式人工智能及机器人学等领域的研究与发展。机器人足球比赛要解决分散存在的多智能体在复杂动态环境下，通过相互通信和协调，以实时方式进行的知识处理问题。

设计和开发全自主足球机器人是最具挑战的研究项目，因为全自主型足球机器人是真正的分布式智能体系统，每个机器人由独立的环境感知、行为决策及运动控制系统组成，并且通过无线通信交换信息实现多机器人合作。全自主足球机器人还能用于智能移动机器人的室内导航、物体收集等方面的研究，因此具有更高的理论研究价值和实际应用价值。

目前，举办全自主机器人足球比赛的国际组织有两个：RoboCup 联合会和 FIRA 组织。RoboCup（Robot World Cup Soccer Games）是由日本、欧美等国家发起并创立的组织，从 1997 年开始每年举办一届比赛。该组织在瑞士注册，现有成员国近 40 个，包括美国、德国、日本、意大利等发达国家。RoboCup 的目的是促进人工智能、机器人技术及相关领域的发展，它提供一个标准的机器人足球平台，在此平台上，大量的技术可以被集成并接受检验。RoboCup 有仿真组、小型组、中型组和四腿机器人组四个主要的比赛类型。FIRA（Federation of International Robot-Soccer Association）是由韩国发起并创立的组织，从 1997 年开始每年举办一届比赛，目前主要由韩国、新加坡、巴西等一些国家的研究机构组队参赛。

1. 足球机器人控制系统的体系结构

（1）单机器人系统的体系结构

在中型组比赛中，单个机器人的控制系统广泛采用混合式的体系结构，控制系统的上层采用规划技术，底层采用基于行为的反应是控制技术，这样既保证了系统的鲁棒性和快速性，又使系统具有较高的决策智能。

以德国弗赖堡大学队的机器人为例（见图 14-18），感知模块接收机器人自身的传感器信息并通过通信获得其他机器人的内部信息。这些信息共同作为规划层和行为控制层的输入，使机器人有较多的信息来进行决策，提高了决策的正确性。当行为控制层产生运动到场地上某一点的行为时，自动启动规划层为机器人规划出一条到达目标点的最优路径。

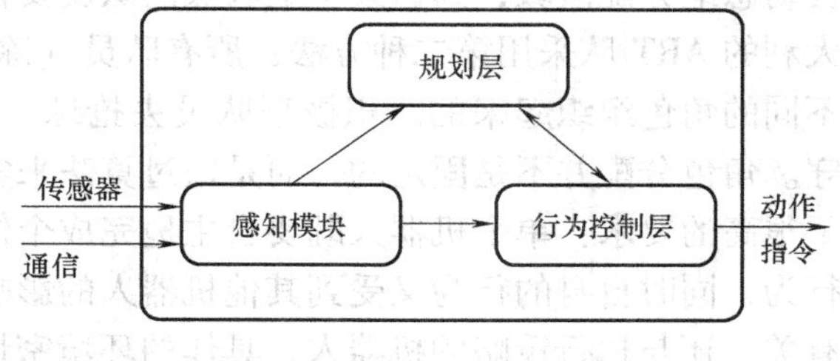

图 14-18 单机器人系统的体系结构

行为控制层是一个由状态空间到行为空间映射构成的规则库，针对具体的环境，机器人能够迅速地做出反应。Werger 提出了一种完全反应式的结构，并将它应用到足球队“Spirit of Bolivia”中。在这种结构中，所有队员的个体行为以及队员之间的合作行为都设计为反应式的。该结构的优点是动作的连续性、快速性比较好；缺点是对具体机器的依赖性较强，通用性差。

（2）多机器人系统的体系结构

各队普遍采用基于无线局域网（遵守 IEEE802. 11 标准）的通信技术。每个机器人和场外计算机作为网络的节点，共同构成一个无线局域网络系统，高达 11Mbit/s 的无线网络为机器人之间的信息传递提供了一个快捷通道。根据场外服务器是否参与决策，将球队的体系结构分为两种：集中与分布式结合的混合型结构和完全分布式的结构。对于前者，场外服务器作部分或全部的决策；对于后者，场外服务器不参与决策，只用来建立全局模型。伊朗 Sharif 大学队采用前一种结构，场外的服务器根据场上的情况来动态地为单个机器人分配任务，指定每个机器人的角色（前锋、中场或后卫），这时球队的控制方式是集中式的；当角色分配完成后，不同角色的机器人要根据场上的具体情况自主地选择行为，做出反应，最终完成射门的任务。这时球队的控制方式是分布式的。德国弗赖堡大学队和意大利的 ART 队都采用后一种结构，如图 14-19 所示。图中场外计算机只负责建立全局模型，并通知每个机器人。它并不对机器人进行任务、角色分配。场上的机器人需要自主地进行角色选择，相互配合以完成射门的任务。

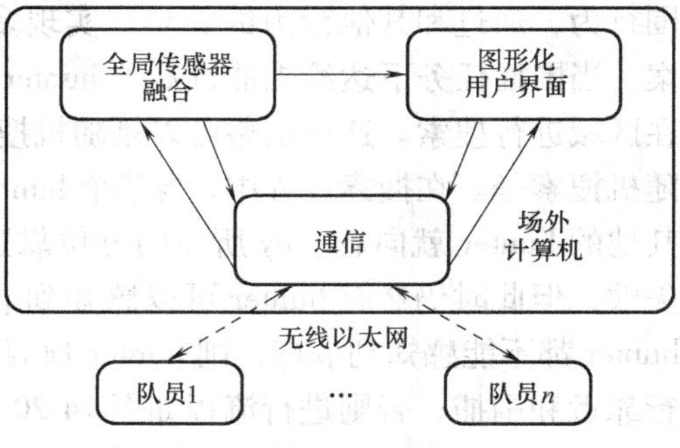

图 14-19 机器人系统的体系结构

多机器人的协作是指多个机器人通过协调各自的行为，合作完成共同目标。机器人的协作策略在很大程度上决定了一支球队的强弱，也是机器人智能的一个集中体现。在 RoboCup 中，一支球队中的多个机器人要完成进球的任务，就必须以一定的形式组织起来，以达到相互配合的目的。常用的协作策略有基于区域的队员组织和基于角色的队员组织两种方法。第一种方法比较简单，其基本思想是场外的服务器为所有队员分配不同的区域，处于某特定区域的队员要自主地做出动作选择。第二种方法看起来智能程度比较高，其基本思路是队员通过交流效用值来选择不同类型的角色，队员组织起来后，角色之间有明显的配合。伊朗 Sharif 大学队采用第一种方法：场外的服务器为所有队员动态地分配区域，到达某特定区域的队员要自主地做出动作选择。德国弗赖堡大学队和意大利的 ART 队采用第二种方法：所有队员（除守门员）是以积极型、辅助型和策略型三种不同的角色组织起来的。积极型队员去抢球，辅助型队员帮助它进攻，策略型队员负责防守。角色分配并不是固定的，而是通过算法来实现的。多机器人的协作对机器人的智能提出了很高的要求：单个机器人既要自主地完成个体行为，又要与其他机器人通信，影响它们的行为，同时自身的行为又受到其他机器人的影响。因此，某一种策略的优劣不仅与策略本身有关，还与执行策略的机器人、具体的环境密切相关。

2. 足球机器人目前存在的难题

1）如何充分利用多个机器人的传感器信息以获得对环境相对完整的感知。

2）如何设计协作策略以提高机器人球队的整体性能。

3）如何通过学习技术来获得或发展单机器人的控球技巧甚至多个机器人的配合策略，并应用于真实的机器人系统。

全自主机器人足球比赛更接近人类足球比赛，相对于小型组的比赛，技术含量更高，难度更大，更具挑战性。其中的关键技术也正是当今移动机器人技术领域的热点问题，从某种程度上，代表着世界机器人技术发展的方向。

14.5.2 多移动机器人协作围捕

利用多机器人协作围捕移动目标是一个重要的研究课题。Yamaguchi 提出一种包含反馈控制和反应式控制的混合框架系统，将反馈控制律用于协调多个移动机器人的运动，采用队形矢量控制群体队形。韩学东等提出一种快速收敛的机器人部队包围“入侵者”的队形分布式控制算法。Denzinger 等利用最邻近规则（nearest-neighbor rule）对当前状态进行分类，对每一个状态用遗传算法搜索为实现围捕智能体应当采取的最优动作。Osawa 提出 metalevel 协调策略，协作抓捕智能体实现围捕。

作者提出一种在连续未知环境中实现围捕任务的整体方案。用强化学习实现机器人的包围行为，通过和其他行为的综合，实现多个机器人围捕共同目标，实现围捕任务的整体方案。当围捕任务下达给围捕机器人 hunter 群体后，hunter 群体按照一定的搜索策略对目标所在区域进行搜索。这种策略可以是随机搜索、四叉树法、优化法，或者组成一定的队形进行随机搜索等。在搜索过程中，当某个 hunter 发现被围捕目标 prey 后，通知其他 hunter，这样其他的 hunter 就向着 prey 所在的方位靠近。当满足围捕条件后，开始围捕 prey。如果围捕失败，但此时仍然有 hunter 可以感知到 prey 的方位，其他 hunter 则靠近 prey；如果所有的 hunter 都不能感知到 prey，则 hunter 预测 prey 逃跑的方向并进行搜索。如果发现 prey，则进行靠近和围捕；否则进行流程如图 14-20 所示的搜索围捕。

关于流程图的几点说明：

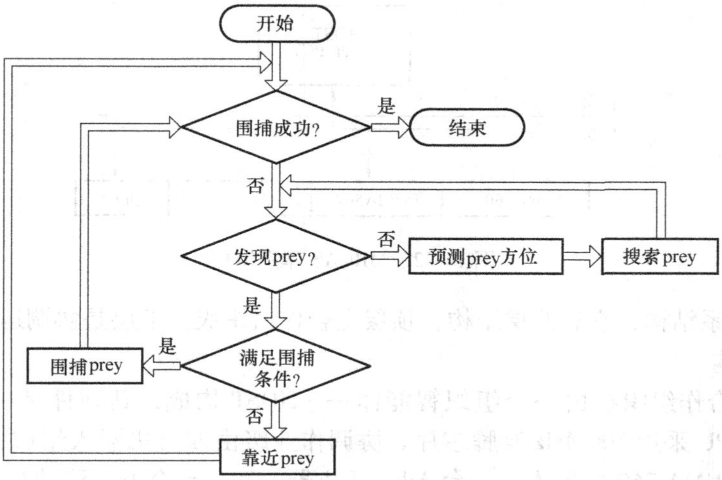

图 14-20　围捕流程图

1）围捕成功的条件：所有的 hunter 距离 prey 足够近，并且 hunter 均匀分布在 prey 周围，即

$$
\begin{cases} d_i < d \ (\forall h_i \in H) \\ \sum \left| \alpha_i - \dfrac{360^2}{n} \right| < 45^\circ \end{cases}
$$

式中，H 为所有 hunter 组成的集合，其中有 n 个元素；h_i 为 H 中第 i 个元素；d_i 为 h_i 与 prey 间的距离；d 为常数；α_i 为 h_i 和其邻近 hunter 与 prey 间的夹角，如图 14-21 所示。

2）发现 prey 条件：某 hunter 距离 prey 足够近，即 $h_i \in H$，$d_i < d$ 为 hunter 的传感器所能感知的最大距离。

3）围捕条件：所有的 hunter 距离 prey 足够近，即 $\forall h_i \in H$，$d_i < R$，R 是围捕半径（常数）。

4）靠近 prey：hunter 驶向 prey 的当前位置。

5）预测 prey 方位：如果 prey 在上一时刻刚刚逃离，则根据它上一时刻的速度和方向推测它的方位；如果 prey 逃离多时，则随机确定其方位。

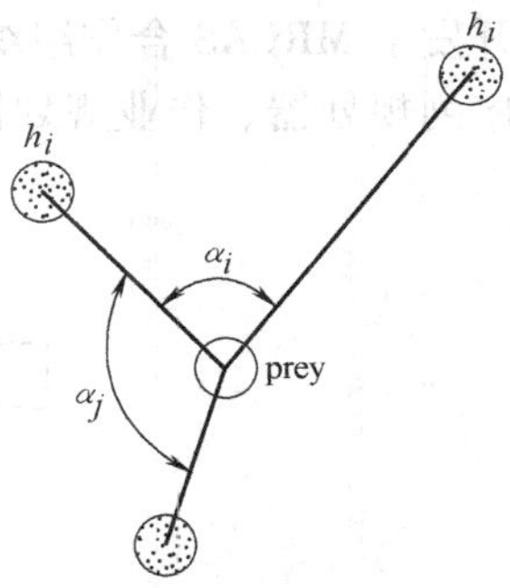

图 14-21　α_i 角度示意图

14.5.3　多机器人协作装配

基于多智能体概念实现的多机器人协作装配系统（Multi-Robot Cooperative Assmbly System，MRCAS）由组织级计算机、三台工业机器人和一台全方位移动小车（ODV）组成，采用分层递阶体系结构。利用 MRCAS 系统进行了多机器人协作装配的实验：在 ODV 装配平台上，四台机器人合作装配一个大型桁架式工件。该工件具有多种装配构型，但任何一台机器人不能独立完成装配。

在建立 MRCAS 时，将两种结构进行了结合，以分层递阶体系结构进行组织。图 14-22

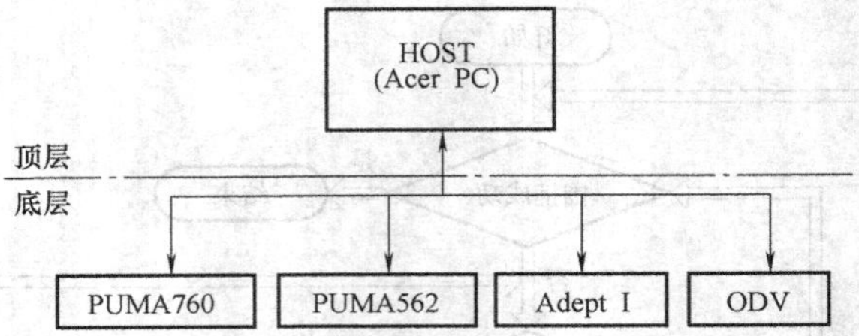

图 14-22 MRCAS 体系结构

是 MRCAS 的体系结构，它有两层结构，顶层是合作组织级，下层是协调运动级。

1. 硬件结构

MRCAS 的合作组织级由一个组织智能体——HOST 构成，其硬件是一台 AcerPower PT 100PC。该机 CPU 采用 100MHz 奔腾芯片。协调作业级由四台机器人组成：一台 PUMA 562 机器人、一台 PUMA 760 机器人、一台 Adept I 机器人和一台全方位移动车（ODV）。底层的体系结构是一个分散式结构，每个机器人由自己的控制器控制。Adept I 由 V + 系统控制，PUMA 562 由 VAL 2Ê 系统控制，PUMA760 和 ODV 分别由 SVAL 系统控制。SVAL 系统是中国科学院机器人学实验室开发的。五个智能体之间的相互通信采用串行通信方式，其中 ODV 控制器与 HOST、AdeptÊ 通信是通过无线串口进行的。

2. 软件系统

对于具有两层的 MRCAS 来说，HOST 是一个中心智能体，负责整个系统的任务组织、确定机器人间的合作关系以及进行任务的规划与调度等。基于 Windows 平台和C++ 语言，开发了 MRCAS 合作组织级的软件系统。该系统包括图形用户接口（GUI）、系统模型、装配序列规划器、作业规划器和任务监控器等模块。组织级软件系统结构如图14-23所示。

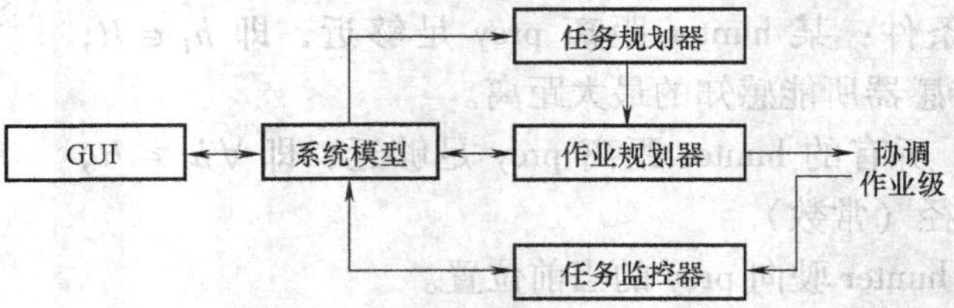

图 14-23 合作组织级软件系统结构框图

其中，图形用户接口 GUI 在 Windows 环境下运行，提供了以图形方式代替文字方式对装配任务进行建模的手段。在屏幕上，操作者通过图形的拖放操作可指定工件的最终装配构型。系统模型包括机器人能力及状态模型、环境模型和装配规则等。装配序列规划器用于自动产生装配顺序。值得指出的是，装配序列规划是面向被装配工件，而不是面向机器人的。因此，规划是独立于机器人的。作业规划器根据机器人能力及状态模型将装配序列分解为一系列的命令代码，并将它们送往各个机器人。命令代码不是文本程序，而是一系列内部代码。这样，实现了任务级形式描述的装配作业。通过任务监控器，HOST 实施对装配过程的实时监控，并以图形和文本两种方式显示每个装配步骤的状态。如果发生异常，HOST 能迅速停止装配，并检查装配能否继续进行。如果能进行，HOST 将重新规划后续的装配序列，并再次启动装配过程。反之，HOST 将在屏幕上显示故障原因。

协调运动级采用分散型的体系结构，每个机器人受自身控制器的控制。协调级的作业编程是面向内部命令代码的。系统工作时，各机器人接收来自顶层 HOST 的装配操作命令代码，然后将命令代码变换为自身语言形式的运动程序。装配操作是并行进行的。当某个机器人不能独立完成一个操作时，将与其他机器人进行通信联系，请求帮助。如果有机器人响应请求，它们将协调运动。由于底层采用分散式体系结构，当系统中机器人数量发生变化时，系统的结构不受影响。此外，由于控制算法是并行运行的，当系统机器人数量增加时整个计算时间不会显著增加。因此，MRCAS 具有较大的灵活性。

第15章　未来机器人

在未来社会中，机器人不仅将会在工业领域得到更加广泛的应用，应用领域也将不断扩大，种类日趋增多，并且以惊人的速度向军事、医疗、服务、娱乐等非工业领域扩展。另外未来机器人将成为各国必争的知识经济制高点和研究热点，已列入各国高技术发展计划。为了适应上述要求，未来机器人将会在机器人的性能、智能化、机动性、可靠性和安全性方面有很大的提高。未来机器人将会更加追求与人类环境的完美融合，目标是融入人类生活，和人类一起协同工作，完成一些人类从事和无法从事的工作，以更大的灵活性给人类社会创造更多的财富和价值。下面将具体介绍未来机器人的发展趋势和应用。

15.1　机器人的发展趋势

目前，根据社会的发展及科学技术的进步，机器人主要有以下几个发展趋势：

1. 传感型智能化机器人发展迅速

作为传感机器人基础的机器人传感技术有了新的发展，各种新型传感器不断出现。例如，超声波触觉传感器、静电电容传感器、用于光纤陀螺惯性测量的三维运动传感器，以及具有工件检测、识别、定位功能的视觉系统等。我国研制成功了一种机器人插入装配主动柔软策略-模式识别法。在机器人插孔搜索时，该法采用力-位置控制的主动柔顺装配方法，实现了可编程的机器人轴孔装配作业。

多传感器集成和融合技术在智能机器人上获得应用。由于单一传感信号难以保证输入信息的准确性和可靠性，不能满足智能机器人系统获取环境信息以及系统决策能力。采用多传感器集成和融合技术，利用各种传感信息，获得对环境的正确理解，使机器人系统具有容错性，保证了系统信息处理的快速性和正确性。

在多传感器集成和融合技术研究方面，人工神经网络的应用特别引人注目，成为研究热点，研究成果层出不穷。例如，日本三菱电气公司提出了一种新的定位误差补偿方法，该法引入前馈分层神经网络，应用人工神经网络的非线性映射功能，能够补偿一般方法无法补偿的误差因素，补偿了工业机器人的运动学误差。该研究成果在国际工业机器人会议上荣获日本工业机器人协会的研究开发奖。

2. 开发新型智能技术

智能机器人有许多诱人的研究课题，对新型智能技术的概念和应用研究正酝酿着新的突破。

虚拟现实技术是新近研究的智能技术，它是一种对事件的现实性从时间和空间上进行分析后重新组合的技术。这一技术包括三维计算机图形学技术、多功能传感器的交互接口技术以及高清晰度的显示技术。虚拟现实技术可应用于遥控机器人和临场感通信等。例如，可从地球上对火星探测机器人进行遥控操作，以采集火星表面的土壤。

形状记忆合金（SMA）被誉为“智能材料”。SMA的电阻随温度变化而变化，导致合金形变，可用来执行驱动动作，完成传感和驱动功能。可逆形状记忆合金也在微型机上得到应用。

多智能机器人系统（MARS）是近年来开始探索的又一项智能技术，它是在单体智能的发展到需要协调作业的条件下产生的。多个机器人系统具有共同的目标，完成相互关联的动作或作业。MARS 的作业目标一致，信息资源共享，各个局部（分散运动）的主体在全局下感知、行动、受控和协调，是群控机器人系统的发展。

在诸多新型智能技术当中，基于人工神经网络的识别、检测、控制和规划方法的开发和应用占有重要位置。基于专家系统的机器人规划获得新的发展，除了应用于任务规划、装配规划、搬运规划和路径规划外，又被用于自动抓取规划。

3. 采用模块化的设计技术

智能机器人和高级工业机器人的结构要力求简单紧凑，其高智能部件甚至全部机构的设计已向模块化方向发展；其驱动采用交流伺服电动机，向小型和高输出方向发展；其控制装置向小型化和智能化发展，采用高速 CPU 和 32 位芯片、多处理器和多功能操作系统，提高机器人的实时和快速响应能力。机器人软件的模块化则简化了编程，发展了离线编程技术，提高了机器人控制系统的适应性。例如，日本日产公司的智能型车身焊接和装配系统，由于其软件采用模块化设计技术，因而功能很强。该系统能显著地减少更换工具的时间，提高焊接精度和装配生产率。

4. 微型机器人的研究有所突破

微型机器人为 21 世纪的尖端技术之一。日本的一位科学家设计了一种可在血管中游动的微型机器人，它的长度为 8mm，直径不到 1mm，磁铁用钕-铁-硼合金做成。由于它的尺寸非常小，完全可以用普通的用于皮下注射的针头将其注入血管中。当它进入血管后，人们借助三维磁场系统和控制器就可以让这个机器人向任何方向运动。在体内，这种微型机器人可以将药物运送到受感染的部位；甚至可以给它配备一个金属探针，加热后的探针可以破坏癌细胞。

预计不远的未来将生产出微米级大小甚至更小（纳米级）的微型移动机器人。让它们直接进入人体器官，进行各种疾病的诊断和治疗，而不伤害人的健康。图 15-1 表示一种能钻入血管的机器人想象图。

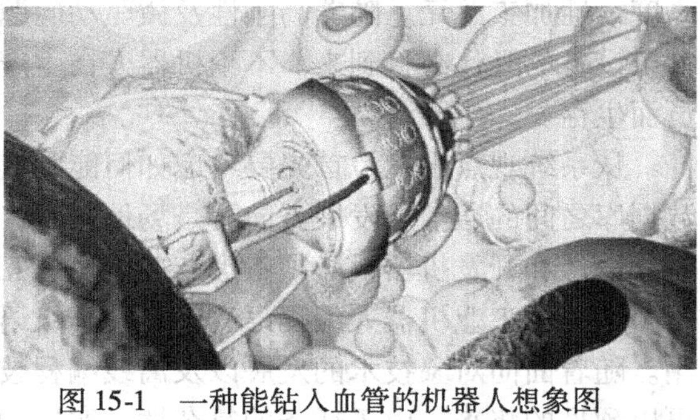
图 15-1　一种能钻入血管的机器人想象图

微型驱动器是开发微型机器人的基础和关键技术之一，对精密机械加工、现代光学仪器、超大规模集成电路、现代生物工程、遗传工程和医学工程产生重要影响。在微型驱动器的研究方面，我国的研究成果处于国际领先地位。

在大中型机器人和微型机器人系列之间，还有小型机器人，小型机器人移动灵活方便、速度快、精度高，适于进入大中型工件进行直接作业，也是机器人发展的一个趋势。比微型机器人还要小的超微型机器人，应用纳米技术，将用于医疗和局势侦查。

5. 应用领域向非制造业和服务业扩展

为了开拓机器人市场，除了提高机器人的性能和功能，以及研制智能机器人外，向非制造业扩展也是一个重要方向。开发适应于非结构环境下工作的机器人将是机器人发展的一个长远方向。这些非制造业包括航天、海洋、军事、建筑、医疗护理、服务、农林、采矿、电力、煤气、供水、下水道工程、建筑物维护、社会福利、家庭自动化、办公自动化和灾害救护等。下面为非制造业应用智能机器人技术的一些典型例子。

1）太空。空间站服务机器人（装配、检查和修理），机器人卫星（空间会合、对接与轨道作业），飞行机器人（人员和材料运送及通信），空间探索（星球探测等）和资源收集，太空基地建筑，卫星回收以及地面实验平台等。

2）海洋。海底普查和采矿机器人，海上建筑的建设与维护，海滩救援机器人，海况检测与预报系统。

3）建筑。钢结构自动加工系统，防火层喷涂机器人，混凝土地板研磨机器人，外墙装修机器人，天花板和灯具安装机器人，外墙清洗、喷涂、检验和瓷砖铺设机器人，钢筋混凝土结构检验机器人，桥梁自动喷涂，小管道和电缆地下铺设，混凝土预制板自动安装等。

4）采矿。金属和煤炭自动采掘机器人，矿井安全监督机器人。

5）电力。配电线带电作业机器人，绝缘子自动清洗、变电所自动巡视机器人，核电站反应堆检查与维护机器人，核反应堆拆卸机器人等。

6）煤气及供水。管道安装、检查和修理机器人，容器检查、修理和喷涂机器人。

7）农林渔业。剪羊毛机器人，森林自动修剪和砍伐机器人，鱼肉自动去骨、切片、分选和包装机器人。

8）医疗。神经外科感知机器人，胸部肿瘤自动诊断机器人，体内器官和脉管检查及手术微型机器人，用于外科手术的多只手等。

9）社会福利。老年人和卧床不起的病人护理机器人，残疾人员支援系统，人工假肢等。

6. 开发敏捷的制造生产系统

工业机器人必须改变过去那种“部件发展方式”，而优先考虑“系统发展方式”。随着工业机器人应用范围的不断扩大，机器人早已从当初的柔性上下料装置，发展成为可编程的高度柔性加工单元。随着高刚性及微驱动问题的解决，机器人作为高精度、高柔性的敏捷性加工设备的时代必将到来。不论机器人在生产线上起什么样的作用，它总是作为系统中的一员而生存。

从系统观点出发，首先要考虑如何能和其他设备方便地实现连接与通信。机器人和本地数据库之间的通信从发展方向看是场地总线，分布数据库之间则采用以太网。从系统观点来看，设计和开发机器人必须考虑与其他设备互联、协调工作的能力。

通用的工业机器人编程语言仍是动作级语言，虽然开发了很多任务级语言，但大多不实用。随着面向对象技术的发展以及离线编程技术的成熟，任务级语言可能会日趋成熟。但在可以预见的将来，由于任务的复杂性，实用的语言仍将是动作级语言。机器人群作为整个集成化生产装备的一部分，编程及监控技术必须进一步改进，以便和整个生产设备在统一的框架下进行编程、仿真和监控。

机器人编程方式是一个大问题，目前仍在广泛适用的示教编程方式，在机器人发展的历史上起到过不可磨灭的贡献。如今，机器人作为一个群体在生产线上工作，例如汽车车身组装线，有的多达上百台机器人。当投产到一个新产品时，仍采用示教方式编程，则占用时间过长，严重影响生产效率。生产进入敏捷制造后，因为产品变化非常频繁，这一问题就显得更加突出，应该说到了非解决不可的时候了。解决这个问题可从三方面着手：一是改进结构，改善加工精度；二是在开发新一代控制器时，有必要重新研究误差补偿问题，研究实用化方法；三是引入传感器来补偿机械精度。这一问题的解决可使机器人的编程与机床的数控设备一样，完全可以实现离线编程，再加上易于大规模安全修改的软件，就可实现“敏捷制造生产线”。

总之，为了适应敏捷制造企业底层敏捷生产设备发展的需要，工业机器人的发展又到了一个新的时期，因此必须从敏捷生产系统出发，在更高、更广的角度研究机器人的发展。

7. 军用机器人将装备部队

由于微小型机器人体积小，因而生存能力特别强，具有广泛的应用前景。例如，一种名叫“扁虱”的无人驾驶飞行机器人，是只有昆虫大小的半自主机器人，可以附着在敌人装备上，深入敌人的防线，秘密地收集敌军情报，也可以向敌人的通信系统注入一个功率脉冲干扰，爬到敌人的机械装备中，破坏装备关键部件。研究发现，陆军的机器人是相当先进的。未来无人地面车辆的大小可分为以下几类：微型（由昆虫到老鼠那么大），超小型（像猫一样大），小到中型（大狗到自行车到轻便马车那样大），以及大型（吉普车及卡车那么大）。到 2020 年，高度灵敏的轮履合一的机器人车辆将会成为现实。但步行机器人系统的广泛应用仍然是很困难的。图 15-2 所示为美军排爆机器人在执行任务。图 15-3 表示试验中的“未来战斗系统”军用机器人，上面搭载一架微型无人侦察机。图 15-4 表示近期研制的“反恐一号”机器人。图 15-5 表示 iRobot 公司研制的 PackBot 系列战场机器人，分别担任侦察和排雷任务。

图 15-2　美军排爆机器人在执行任务

图 15-3　试验中的“未来战斗系统”军用机器人，上面搭载一架微型无人侦察机

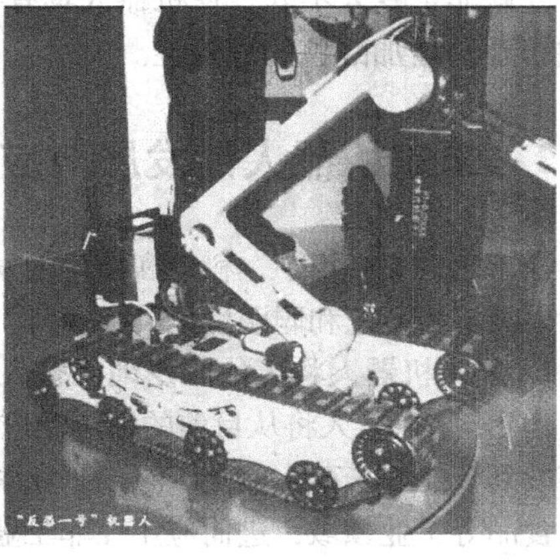

图 15-4　“反恐一号”机器人

图 15-5 iRobot 公司研制的 PackBot 系列战场机器人，分别担任侦察和排雷任务

未来，半自主机器人的联网是一个重要应用。将游动的传感器组合起来可提供战场空间的总体图像。例如，可利用数十个小型价廉的系统来搜索地面上的子母弹的子弹，并将它们堆积起来。对网络机器人的研究，已成为一个热点。

还可以利用廉价的一次性使用的机器人作为假目标迷惑敌人。

另外，人们提出一种称为“机器人附属部队”的概念，这种部队的核心是有人系统。它的周围是一些装有武器及传感器的各种无人系统。无人车辆是有威慑力的，当敌人对一支庞大的一次性使用的部队进行攻击时，他们必然要三思而后行。也许将来需要一种新的组织形式——“机器人兵团”。机器人大部队需要有知识水平更高的陆军人员，将来甚至可能出现独特的军事科学院，专门培养按按钮的新的陆军军队。

一些人认为，一般机器人学的最大难题是需要把机器人的机动性和人工智能提高到一个数量级。战场机器人需要对传感器数据进行处理及自动规划，机器人的机动性有时应达到与人员驾驶时相同的水平。

自主并非自由意志。聪明的有自由意志的机器人是人们所不希望的。可能还没有什么技术基础能够组织自主机器人杀手的出现，但是能够独立决定是否要杀人的机器人系统这种想法本身就非常令人不安。使机器人具有寻找目标并把目标杀死的权利，这本身就会产生伦理问题，并会增加战争的危险性。

15.2 未来机器人的发展与应用前景

在未来的100年中，科学和技术的发展会使机器人技术提升到一个更高的水平，机器人将成为人类多才多艺和聪明伶俐的“伙伴”，更加广泛的参与人类各方面的生产劳动和社会生活。

1. 未来机器人将更加广泛地代替人从事各种生产作业

1）未来机器人将从目前的以广泛应用于汽车、机械制造、电子工业及塑料制品等生产领域扩展到核能、采矿、冶金、石油、化学、航天、航空、船舶、建筑、纺织、制衣、医药、生化、食品等工业领域，进而应用在非工业领域中，如农业、林业、畜牧业和养殖业等方面。

2）未来机器人将成为人类社会生产活动的“主劳力”，人类将从繁重的重复单调、有害健康和危险的生产劳动中解放出来，从而有更多的时间去学习、研究和创造。图 15-6 所示为搬运机器人。图 15-7 所示为焊接机器人。

图 15-6　搬运机器人

图 15-7　焊接机器人

2. 未来机器人将成为人类探索与开发宇宙、海洋和地下未知世界的有力工具

1）将人类送入太空进行宇宙探索是非常危险和昂贵的。未来机器人将代替人从事空间作业和太空探索。目前，航天飞机已经将舱外作业机器人带入太空进行太空作业，火星探测车已被送到火星表面上，并成功地完成了预定的探测任务。图 15-8 所示为火星车模拟图。

2）水下和地下作业对于人类来说是一项危险作业，也是人类未解决的难题。水下和地下机器人将解决这个问题，被用于海底和地底的探索和开发、海洋和地下资源的利用、水下作业和救生等。图 15-9 所示为水下机器人。

图 15-8　火星车模拟图

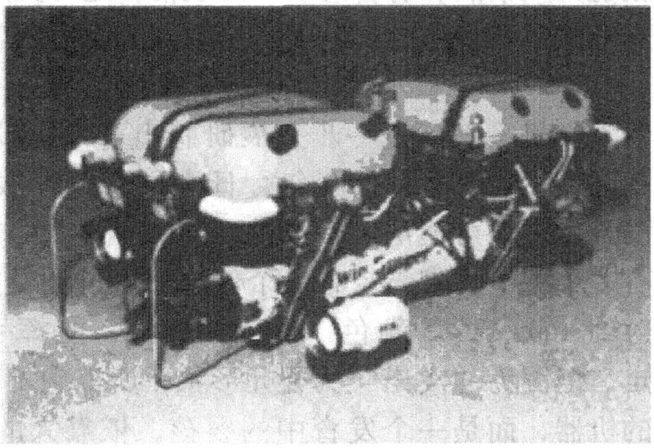

图 15-9　水下机器人

3. 未来机器人将在未来战争中发挥重要作用

1）军用机器人可以是一个武器系统，如机器人坦克、自主式地面车辆、扫雷机器人等，也可以是武器装备上的一个系统或装置，如军用飞机的“副驾驶员”系统。舰船作战管理系统、武器装备的自动故障诊断和排除系统、坦克炮装弹机器人系统等。图 15-10 所示为排爆机器人。

2）将来可能出现机器人化部队或兵团，在未来战争中将出现机器人对机器人的战斗。

4. 未来机器人将用于提高人类健康水平与生活质量

1）改善生活条件，提高生活水准始终是人类面临的一个重要课题。在 21 世纪，服务机器人将进入家庭和服务产业。

2）家庭服务机器人可以从事清洁卫生、园艺、炊事、垃圾处理、家庭维护与服务等作业。

3）在医院，未来机器人可以从事手术、化验、运输、康复和病人护理等作业。

4）在商业和旅游业中，导购机器人、导游机器人和表演机器人都将得到发展。智能机器人玩具和智能机器人宠物的种类将不断增加。各种机器人体育运动比赛和文艺表演将层出不穷。机器人不再只用于生产作业，大量的服务机器人、表演机器人、科教机器人、机器人玩具和机器人宠物将进入人类社会，使人类生活更加丰富多彩。

图 15-10 排爆机器人

未来机器人在外形方面将有很大的改观，如目前的机器人多为不成比例的粗大的方脑袋、四方身体，行进时要靠轮子或只作上下、前后左右的机械运动，而未来机器人从相貌上来看与人无区别，他们将靠双腿行走，其上下坡和上下楼梯的平衡能力也与人无异。

另外，他们的眼球也像人的眼球一样能自由转动，有视觉、嗅觉、触觉、思维，能与人对话、唱歌、跳舞，能进行体育比赛，能在核反应堆工作，能灭火，能在危险场合工作，甚至能为人治病，有喜怒哀乐的表情，还可克隆自己和自我修复。总之，他们能在各种非常艰难危险的环境中，代替人甚至超过人类完成工作。

1997 年，日本本田公司率先研制出第一台类人型步行机器人样机，随后进一步发展研制出“ASIMO”拟人机器人，如图 15-11 所示。2000 年，日本科学技术振兴事业团宣布，已开发成功可模仿 1 岁婴儿行走的机器人“皮诺”。它全身有多个关节，脚心装有一个传感器，可测量重心；眼睛可分辨红、蓝、黄等颜色，可自测距离；能挥手，并能珊珊行走。但因为“皮诺”为婴儿形象，所以它不是一个强壮无比的机器，而是一个发育中的婴孩，依靠人的帮助才能活动。在我国较早进行机器人研究的国防科技大学，在国家 863 计划和国家自然科学基金的支持下，一直在从事两足步行机器人、类人型机器人研究开发。他们在 1990 年成功研制出了我国第一台两足步行机器人的基础上，经过十年攻关，于 2000 年又研制成功我国第一台类人型机器人——“先行者”。这台类人型机器人可以前进、后退、左右侧行，左右转弯和前后摆动手臂，并可快速自如地行走，实现了机器人技术的重大突破。

图 15-11 日本本田公司研制的拟人机器人“ASIMO”

5. 未来机器人与人类共生

目前，国际机器人界都在加大科研力度，进行机器人共性技术的研究，并朝着智能化和多样化以及与人类共生方向发展，主要研究内容集中在以下几个方面：

1）工业机器人操作机构的优化设计技术：探索新的高强度轻质材料，进一步提高负载自重比，同时机构向着模块化、可重构方向发展。

2）机器人控制技术：重点研究开放式、模块化控制系统，人机界面更加友好，语言、图形编程界面正在研制之中，机器人控制器的标准化和网络化，以及基于 PC 网络式控制器已成为研究热点。

3）多传感器系统：为进一步提高机器人的智能化和适应性，多种传感器的使用是其他问题解决的关键，其研究热点在于有效可行的多传感器融合算法，特别是在非线性及非平稳性，非正态分布的情形下的多传感器融合算法。另一问题是传感系统的实用化。

4）机器人的结构灵巧，控制系统越来越小，二者正朝着一体化的方向发展。

5）机器人的遥控及监控技术，机器人半自主和自主技术，多机器人和操作者之间的协调控制，通过网络建立大范围内的机器人的遥控系统，并能够预先显示遥控指令等。

6）虚拟机器人技术：基于多传感器、多媒体和虚拟现实以及临场感技术，实现机器人的虚拟遥控操作和人机交互。

7）多智能体（multi-agent）协调控制技术：这是目前机器人研究的一个崭新领域，主要对多智能体的群体体系结构、相互间的通信与磋商机理、感知与学习方法、建模和规划、群体行为控制等方面进行研究。

8）微型和微小机器人技术（micro/miniature robotics）：这是机器人研究的一个崭新的领域和重点发展方向。过去的研究在该领域几乎是空白，因此该领域研究的进展将会引起机器人技术的一场革命，并且对社会进步和人类活动的各个方面产生不可估量的影响，微小型机器人技术的研究主要集中在系统结构、运动方式、控制方法、传感技术、通信技术以及行走技术等方面。

9）软机器人技术（soft robotics）：主要用于医疗、护理、休闲和娱乐场所。传统机器人设计未考虑与人紧密共处，因此其结构材料多为金属或硬性材料。软机器人技术要求其结构、控制方式和所用传感系统在机器人意外地与环境或人碰撞时是安全的，机器人对人是友好的。

10）仿人和仿生技术：这是机器人技术发展的最高境界，目前仅在某些方面进行了一些基础研究。对于仿生机器人，中科院沈阳自动化研究所和北京航空航天大学机器人研究所已研制了水下仿生机器鱼样机。图 15-12 为北京航空航天大学机器人研究所研制的机器鱼。

图 15-12　北京航空航天大学机器人研究所研制的机器鱼

水下机器鱼的灵活性远远高于现有的潜艇，几乎可以达到水下任何区域。由人遥控，它可轻而易举地进入海底深处的海沟和洞穴，可用于测绘海洋地图，检测水下污染，拍摄海洋生物；也可以悄悄地溜进敌方的港口，进行侦察而不被发觉。作为军用侦察和科学探索的工具，其发展和应用的前景十分广阔。

图 15-13 为日本索尼公司设计制作的一只叫作“AIBO”的高智能化机器狗。很多公司通过研制仿照动物的机器人，制作各种高智能玩具，成为人们生活中的伴侣。

此外，感情是人类交流不可或缺的部分，所以任何机器人都必须具有能够识别人类感情表现以及正确表达自我感情的能力，这样才能和人类自然地交流。这方面的研究（被称作“情感计算模型”）的先驱之一就是赛尼亚·布瑞兹。这位麻省理工学院的机器人专家创造了一个名为“克米特（Kismet）”、形状类似人头的感情表达装置。克米特配有可以活动的嘴唇、眼睛和眼睑，并且可以做出一系列的表情。当把它单独放在一边时，它看起来会显得十分忧愁，但是当感应到人类面部的时候，它就会做出笑的样子以引起人们的注意。如果有人推着它走得太快时，它甚至会流露出害怕的表情来提醒人们。和克米特玩耍时，人们都会不自觉地与它这些简单的感情流露产生共鸣。

图 15-13　日本索尼公司设计制作的高智能化机器狗“AIBO”

未来的机器人将生活在人们的日常生活当中，在人类身边提供服务，成为人们生活当中不可或缺的一部分。

明天的高级智能机器人将比今天的智能机器人具有更丰富的感觉功能和更熟练的活动能力，到那时，家庭里将有服务周到、态度和蔼可亲的家庭机器人。早晨，主人吃过早点上班以后，它立即用吸尘器清扫房间，用洗衣机洗涤主人换下的衣服。可以接电话，并在一张便条上记下对话内容。摇篮里的婴儿醒了，它又像慈祥的母亲一样抱起婴儿，喂水、喂奶，轻声哼起一支优美动听的催眠曲，把婴儿再次送入梦乡。门铃响了，它并不急于开门，而首先问来访者是谁，然后根据来访者的声音仔细辨别他是不是主人的客人，以此决定是否开门。即使是盗贼的恐吓，它也不会害怕，而是声色俱厉地高喊：“快走，你这个无赖！再不走，我要报警了！”。做午餐的铃声响了，它走进厨房，熟练地烤面包、炸牛排，为主人准备可口的饭菜。门铃又响了，一听那熟悉的声音，它就知道是主人下班回来了，马上开门迎接……。

由于服务机器人将领导 21 世纪初机器人发展的潮流，因此它将成为研究的热点。新世纪服务机器人将被赋予的鲜明特征是对人类更多的友善性，即所谓的 Haman-Friendly Robots。它指在日常生活、社会活动、生产过程中支持人类或与人类协调作业的机器人，它适应环境、强调与人类共存而绝不伤害人类。

为使未来的机器人与人类共同生活，软机器人技术在未来的机器人当中占有重要位置。未来在家庭、医疗护理、休闲娱乐等经常与人共存的环境中，机器人的结构、传感器、控制方法都需要考虑安全。在机器人与人相互碰撞时发生“软性接触”增强人对机器人的安全感和亲近感。

科学幻想与科学现实之间的距离正在慢慢靠拢。实际上，机器人技术现在的发展速度非常快，以至于有人开始担心当机器人拥有了和人类一样的感情能力后会发生什么样的事情。它们会像卡帕克所预言的那样与人类反目成仇吗？

2004 年，日本丰田公司研发出可以步行的高科技机器人，如图 15-14 所示。

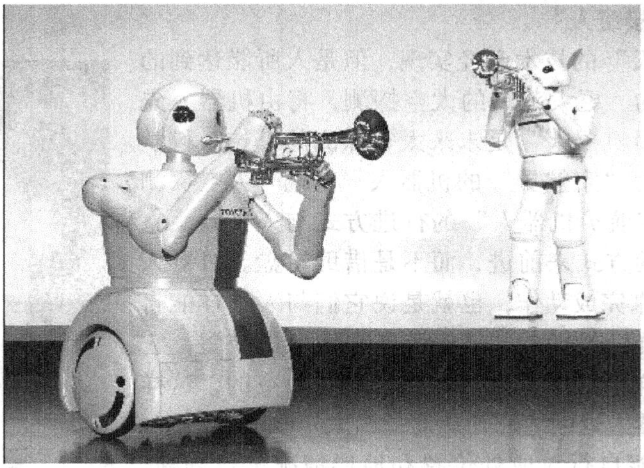

图 15-14　日本丰田公司研发出的高科技机器人

15.3　未来机器人与人类社会

随着机器人技术的发展，未来机器人与人类社会将会产生更加紧密的关系。因此，机器人的“人性化”是当代科技的主题。作为一个特殊的领域，科学家对机器人的“人性化”还有一个专门的注解。“类人化”是指未来的机器人能和人一样进行“人-机”和“机-机”的交流，以及在各种复杂或者危险的工作中用机器人替代人进行作业。虽然许多发达国家已经有了某些智能化机器人，但是这些机器人的“智能”都是通过预置的计算机程序获取的。科学家指出，灵活的机械构造和具有“自主性”的软件系统是造出真正“类人化”机器人的关键。预计“未来机器人”的雏形将在以下几个研究领域中显现出来。

1. 机器人医生

在未来，如果你要接受手术，给你开刀的也许不是外科医生，而是机器人。美国内布拉斯加医学中心的研究人员研发了一种微型的“手术机器人”，如图 15-15 所示。它被用于协助外科医生实施手术。这种机器人由两个旋转探头组成，其总直径只有 1mm。虽然操刀的是医生，但是这种机器人在手术中扮演着最重要的角色。它承担了所有的信息任务：具有高灵敏度的探头，能在腹腔中自由游走，为医生提供细致入微的病人体内图像；机身上带有可回收的针头，能为医生带去切片检查的样本。此外，平滑的外形设计使它不会对体内的器官和组织造成伤害。小巧轻盈的机身，只需要很小的创口便能放入体内，给病人造成的痛苦远远小于内窥镜。

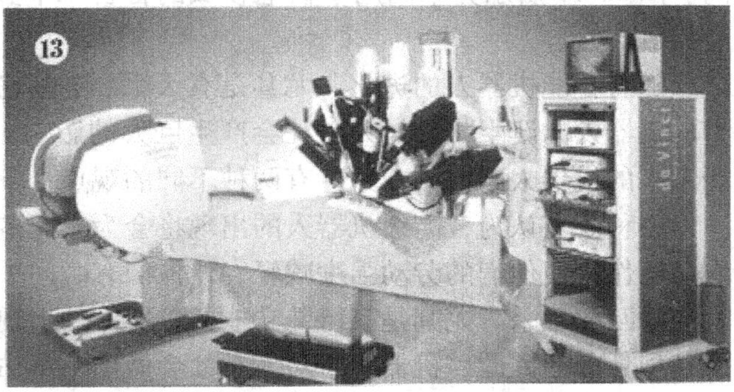

图 15-15　美国内布拉斯加医学中心研发的微型的“手术机器人”

2. 杨利伟的“接班人”

虽然“载人航天”的技术已经实现，但是人所能达到的太空范围是很有限的，更大范围的太空探测，将由机器人先行一步——“宇航员机器人”是未来太空探测的首选。科学家介绍说，被称之为“宇航员”的机器人，是现有太空探测器的发展方向。“宇航员机器人”的行进方式与人一致，它们将更多地用跳跃的方式来前进，而不是借助轮盘。机器人依靠“人工肌肉”来完成动作，也就是说它们与人一样能自如地运动。“宇航员机器人”并非安装在火箭上的装置，它们和真人宇航员一样，是“乘坐”太空舱进入太空的，这样设计是为了能让机器人返回地球，从而带回太空物质的样本。智能化的机器人还能自行对所处位置和地形情况进行判断，不需要人来远程控制。科学家表示，要造出“宇航员机器人”，至少还需要10年时间。图15-16所示为美国太空总署设计的太空机器人。

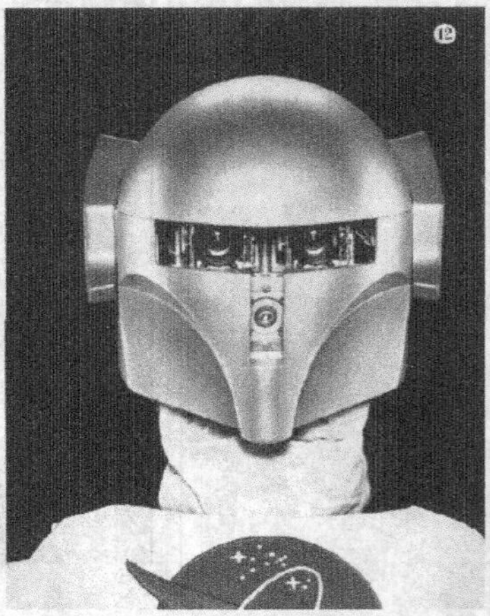

图15-16 美国太空总署设计的太空机器人

3. 未来救灾全靠机器人

在灾难来临的时候，赶往第一线的救灾人员冒着生命危险工作。以矿难为例，救援队赶到现场后，首先要对情况进行评估：是否有继续坍塌的危险以及毒气蔓延的程度。在救援人员深入地下之前，他们已经在勘测上花了很多时间，最佳的救援时机也许就这样被耽误了。而如果在救援中使用机器人，那么救援工作的效率将大大提高。首先，带摄影头和气体探测器的机器人能凿洞进入地下，以最短的时间获取地下的情况，在获得有关数据之后，机器人能迅速制定最有效的救援方案。当机器人找到被救者，它能与被救者进行交流，以判断被救者的状态。由此可见，机器人在救灾工作中是极其实用的。图15-17所示为中国用于核电领域的首台水下异物打捞机器人。

图15-17 中国用于核电领域的首台水下异物打捞机器人

随着智能机器人的进化，尤其是有天赋、有思考能力的机器人的诞生，将对人类社会产生巨大的影响。对于未来的机器人，西方专家持有两种不同的观点：

一种观点认为，高级机器人的出现将会为人类造福，如工业、农业机器人可替代工人和农民工作，使他们的劳动强度减轻，让他们有时间去娱乐和学习。而战场机器人可大大减少人类的互相残杀。尤其是有特殊功能的机器人的出现，他们可以代替人到恶劣的环境中去完成各项任务。因此，机器人将对人类社会做出不可估量的贡献。

而持有悲观论点的一些科学家则认为，正像原子能的两面性一样，其一面可为人类做出巨大的贡献（比如发电），而另一面可以作为武器杀戮人类，为人类带来灾难。它们能替人工作和做家务；另一方面，也是更重要的方面，它们也可能违背人们的意愿而破坏人类社会。这些持悲观论点的专家害怕机器人自主能力的加强而失去控制，从而做出一些破坏社会甚至攻击人类的疯狂行动。

针对这种观点，有的专家认为，作为人类创造的产物，机器人无论发展到何种阶段，都永远是人的附属品，它们的“大脑”再发达，也必须有人去创造。为防止它们“发疯”，人类给他们戴上一个“紧箍咒”，正像如来佛为孙悟空戴的紧箍咒一样，让它们听人的使唤，按人的意志去行事。例如，专家可为高级机器人安上一个“关闭键”，如果它们因发疯而攻击人类，那么装在它们身上的那个“关闭键”就可以自动关闭电源。因此，人们大可不必对机器人的进化感到危机和恐惧。

参考文献

[1] 王灏，毛宗源．机器人的智能控制方法［M］．北京：国防工业出版社，2002.

[2] 孙增圻，等．智能控制理论与技术［M］．北京：清华大学出版社，2000.

[3] 谭民，王硕，曹志强．多机器人系统［M］．北京：清华大学出版社，2005.

[4] 蔡自兴．机器人学［M］．北京：清华大学出版社，2000.

[5] 陈恳，杨向东，刘莉，杨东超．机器人技术与应用［M］．北京：清华大学出版社，2006.

[6] 付京逊，等．机器人学：控制、传感技术、视觉、智能［M］．北京：中国科学技术出版社，1989.

[7] 王俊普．智能控制［M］．合肥：中国科学技术大学出版社，1996.

[8] 张毅，罗元，郑太雄，等．移动机器人技术及其应用［M］．北京：电子工业出版社，2007.

[9] 孟庆鑫，王晓东．机器人技术基础［M］．哈尔滨：哈尔滨工业大学出版社，2006.

[10] 赵晓玲．可编程序控制器原理及应用［M］．大连：大连海事大学出版社，2004.

[11] 郭巧．现代机器人学：仿生系统的运动感知与控制［M］．北京：北京理工大学出版社，1999.

[12] 林良明．仿生机械学［M］．上海：上海交通大学出版社，1989.

[13] 白井良明．机器人工程［M］．王棣棠，译．北京：科学出版社，2001.

[14] Saeed B Niku. 机器人学导论——分析、系统及应用［M］．孙富春，朱纪洪，刘国栋，等译．北京：电子工业出版社，2004.

[15] 刘治，李春文．基于模糊神经网络的5连杆双足机器人混杂控制［J］．控制理论与应用，2002，19（3）.

[16] 张恩勤，施颂椒，高卫华，等．模糊控制系统近年来的研究与发展［J］．控制理论与应用，2001，18（1）.

[17] 李杰，韦庆，常文森，等．基于阻抗控制的自适应力跟踪方法［J］．机器人，1999，21（1）.

[18] 王国庆，等．基于神经网络的多指灵巧手控制研究［J］．机器人，1996，18（5）.

[19] 牛玉刚，等．基于神经网络的不确定机器人自适应滑模控制［J］．控制与决策，2001，16（1）.

[20] 徐旭，车延博．基于FMAC的交流伺服数控系统［J］．组合机床与自动化加工技术，2007，1：46－49.

[21] 陈建安，等．智能控制的技术、方法及特点分析［J］．电子科技，1997，41（3）.

[22] 董炀斌，蒋静坪，何衍．基于适应度的多机器人任务分配策略［J］．浙江大学学报：工学版，2007，41（2）.

[23] 王磊，孙增圻．基于行为的多机器人对手意图识别二次估计方法［J］．清华大学学报：自然科学版，2005，45（10）.

[24] 刘海涛，洪炳镕，郭耸．基于无线网络的全自主足球机器人［J］．哈尔滨工业大学学报，2003，35（9）.

[25] 吴文杰，刘桥，蒋梁中．网络机器人技术及其在机械制造业中的应用［J］．机床与液压，2005，5.

[26] 马光．仿生机器人的研究进展［J］．机器人，2001，23（5）：464－466.

[27] 许宏岩，付宜利，王树国，等．仿生机器人的研究［J］．机器人，2004，26（3）：283－288.

[28] 吉爱红，戴振东，周来水．仿生机器人的研究进展［J］．机器人，2005，27（3）：284－288.

[29] 刘军考，陈在礼，陈维山，等．水下机器人新型仿鱼推进器［J］．机器人，2000，22（5）：427－432.

[30] 洪炳镕，阮玉峰，高庆，等．HIT-Ⅱ型全自主足球机器人硬件系统的设计与实现［J］．哈尔滨工业大学学报，2003，35（9）.

[31] 贾建强，陈卫东，席裕庚．全自主足球机器人系统关键技术综述［J］．上海交通大学学报，2003，37（增刊）．
[32] 张芳，林良明．多移动机器人协调系统体系结构与相关问题［J］．机器人，2001，23（6）．
[33] 王越超，谈大龙，黄闪，等．一个多智能体机器人协作装配系统［J］．高技术通讯，1998，8（7）．
[34] 苏治宝，陆际联，童亮．一种多移动机器人协作围捕策略［J］．北京理工大学学报，2004，24（5）．
[35] 徐德，赵晓光，陈刚，等．基于网络的机器人跨平台远程实时控制［J］．武汉大学学报：信息科学版，2003，28（2）．
[36] 蔡自兴．21世纪机器人技术的发展趋势［J］．南京化工大学学报，2000，22（4）．
[37] 陈梦东，王田苗，张启先．医疗外科机器人系统的研究和发展［J］．国外医学生物医学工程分册，1998，21（4）．
[38] 王东署，白静．医用服务机器人关键技术分析［J］．微计算机信息，2007，23（11）．
[39] 杜志江，孙立宁，富历新．医疗机器人发展概论综述［J］．机器人，2003，25（2）．
[40] 胡飞，顾大强，陈柏．微型泳动机器人研究［J］．机床与液压，2006，12.
[41] 景扶苇，王伯华．医用机器人［J］．机器人技术与应用，2001（4）．
[42] 梁亮，周银生．医用微型机器人的体内运行实验研究［J］．润滑与密封，2002（4）．
[43] 王军强，苏永刚．医用机器人及计算机辅助导航手术系统在胫骨髓内钉手术中的设计与应用［J］．中华创伤骨科杂志，2005，7（12）．
[44] 卢秋红，颜国正．微型压电蠕动医用机器人系统模型［J］．中国医疗器械研究与论著，2004，28（1）．
[45] 穆晓枫，周银生．无损伤医用肠道机器人驱动机理［J］．上海交通大学学报，2004（8）．
[46] 何斌，陈鹰，周银生．医用微型机器人的姿态可控性研究［J］．自动化学报，2004，30（5）．
[47] 黄敏齐，张建国，严小玲，等．鼻内镜手术中全智能化机器人的应用［J］．山东大学基础医学院学报，2005，19（4）．
[48] 李大寨，孙旭光，等．眼科显微手术机器人年研究现状［J］．机器人技术与应用，2003（6）．
[49] 胡一达，李大寨，等．角膜移植显微手术机器人系统的研究［J］．高技术通讯，2005，15（1）．
[50] L E Parker. ALLIANCE: An Architecture for Fault Tolerant Multirobot Cooperation [J]. IEEE Transactions on Robotics and Automation, 1998, 14 (2): 220－240.
[51] T Fujii, Y Arai, H Asama, et al. Multilayered Reinforcement Learning for Complicated Collision Avoidance Problems [J]. Proc IEEE Int Conf on Robotics Automat, 1998, 2: 186－219.
[52] F Ho, M Kamel. Learning Coordination Strategies for Multiple Robots [J]. Proceedings of IEEE IROS'98, 1998: 279－285.
[53] C F Juang, J Y Lin, C T Lin. Genetic Reinforcement Learning Through Symbiotic Evolution for Fuzzy Controller Design [J]. IEEE Transactions on Systems Man and Cybernetics-Part B: Cybernetics, 2000, 30 (2): 290－301.
[54] O Rediniotis, D Lagoudas, et al. Development of a Shape Memory Alloy Actuated Underwater Biomimetic Vehicle [J]. Journal of Smart Material and Structure, 1999, 99 (5): 673－683.
[55] M S Triantafyllou, G S Triantafyllou. An Efficient Swimming Machine [J]. Scientific, 1995, 272 (3): 64－70.
[56] M Sfakiotakis, David, et al. Review of Fish Swimming Modes for Aquatic Locomotion [J]. IEEE Journal of Oceanic Engineering, 1999, 34 (2): 237－252.
[57] K Autumn, M Sitti, et al. Evidence for VanderWaals Adhesion in Gecko Setae [J]. Proceedings of the National Academy of Sciences of USA, 2002: 12251－12256.
[58] K Hirata, T Takimoto. Study on Turning Performance of a Fish Robot [J]. http://www. nmri. go. jp/eng/

khirata/fish/.

[59] D Iijima, W Yu, H Yokoi, et al. Obstacle Avoidance Learning for a Multi-Agent Linked Robot in the Real World [C]. Korea: Proceedings of the 2001 IEEE International Conference on Robotics and Automation, 2001.

[60] C T Lin, I F Chung. An Reinforcement Neuro-Fuzzy Combiner for Multi-objective Control [J]. IEEE Transactions on Systems Man and Cybernetics-Part B: Cybernetics, 1999, 29 (6): 726 – 744.

[61] C N Kim, M M Trivedi. A Neuro-Fuzzy Controller for Mobile Robot Navigation and Multirobot Convoying [J]. IEEE Transactions on Systems Man and Cybernetics-Part B: Cybernetics, 1998, 28 (6): 829 – 840.